JN298114

環境と微生物の事典

日本微生物生態学会 [編]

朝倉書店

口絵1　超高空間分解能二次イオン質量分析計（Nano SIMS）（提供：海洋研究開発機構 高知コア研究所 諸野祐樹・伊藤元雄）（21 微生物の群集と機能をつなぐ同位体）

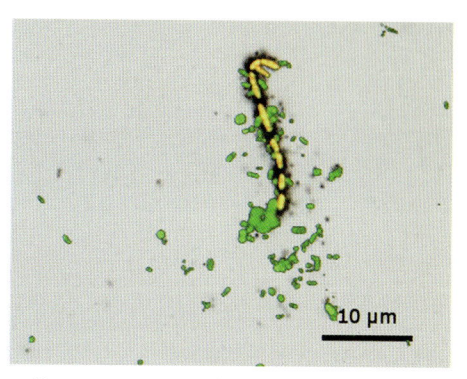

口絵3　MAR-FISH法（MAR：^{3}H標識エストロン（女性ホルモン）を取り込んだ微生物，FISH：全細菌（緑），*Sphaerotilus*近縁細菌（黄）．試料：下水処理場から採取した活性汚泥．）（21 微生物の群集と機能をつなぐ同位体）

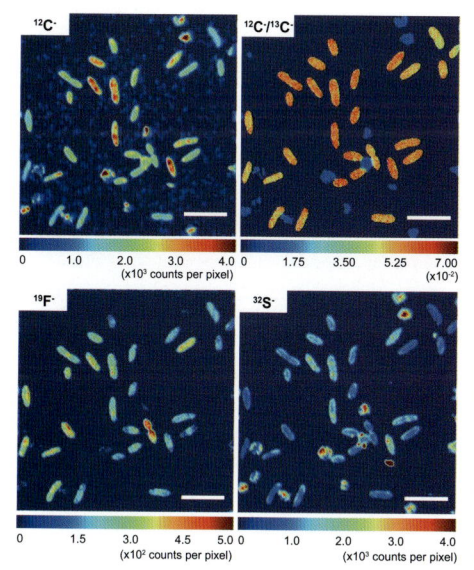

口絵2　同位体標識した物質の細胞への取り込みを観察したNano SIMS解析の例．メタン生成菌と^{13}C基質を取り込んだ大腸菌が存在．EUB 338プローブによるCARD-FISHにより，大腸菌にフッ素標識したチラミドが沈着している．白棒：5μm（提供：海洋研究開発機構 高知コア研究所 諸野祐樹・伊藤元雄）（21 微生物の群集と機能をつなぐ同位体）

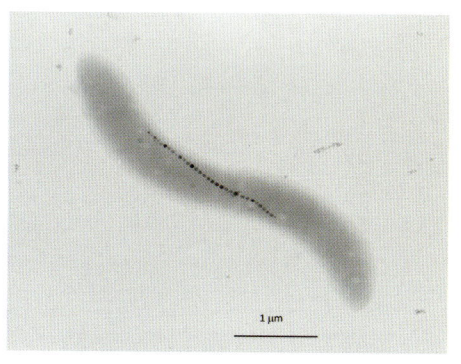

口絵4　磁性細菌 *Magnetospirillum magnetotacticum* MS-1の電子顕微鏡写真．細胞内にマグネトソームと呼ばれる黒い小さな粒子が15～30個，細胞の長軸に沿って並んでいる（32 磁性細菌）

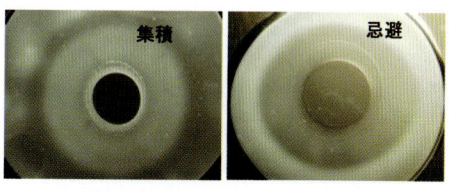

口絵5　運動性細菌の「好ましい」化合物（アミノ酸）を含む寒天片への集積応答（左）と「好ましくない」化合物（トリクロロエチレン）を含む寒天片からの逃避応答（右）（37 微生物の集積・逃避運動）

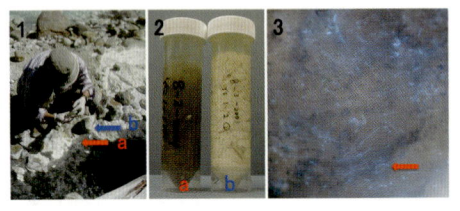

口絵6　温泉の硫黄を利用する微生物．1: 水温75℃，pH 6の硫黄温泉．2: 硫黄と微生物からなる硫黄マット．aとbは写真1のaとbから採取した硫黄マット．3: 硫黄マット上のDAPI染色液で染色された微生物．赤色の矢印は硫黄をエネルギー源として利用する好熱性細菌 *Sulfurihydrogenibium*．（38 硫黄と微生物）

口絵7　オンネトー湯の滝由来の環境微生物・藻類試料を用いた模擬現場実験の結果．無機栄養塩類と2価マンガンを添加し光を照射した場合にのみ褐色のマンガン酸化物様物質（糸状の藻体以外の変色域全体）が形成される．（42 マンガンを沈殿させる微生物）

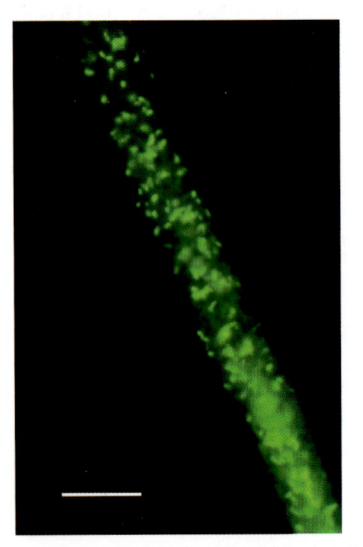

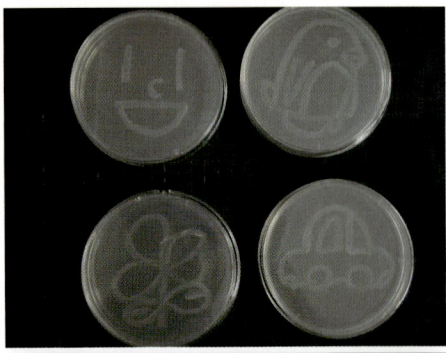

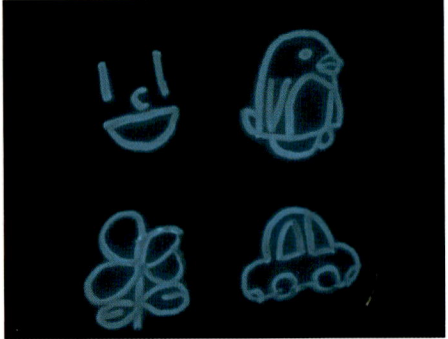

口絵9　発光細菌による発光．細菌培養用の寒天プレートに，発光細菌の菌液で絵を描いて培養したもの（上図）．これを暗闇で見ると，プレート上で増殖した発光細菌が放つ青い光が肉眼ではっきりと見える（下図）（49 発光細菌）

口絵10　東京湾冬季の珪藻群集（奥　修氏提供）（53 海洋の珪藻）

口絵8　*Mortierella* 属糸状菌の細胞内部に内生する細菌（緑色の粒子様構造物）の蛍光顕微鏡写真．スケールバーは10 μmを示す．（43 カビの細胞内で生きる細菌）

口絵11　*Noctiluca* 属（夜光虫）赤潮（54 赤潮）

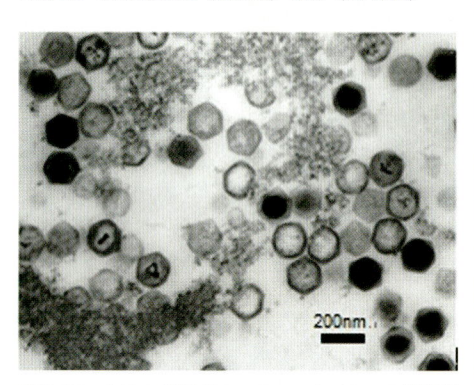

口絵14　地下水が浸出している所でみられる鉄細菌の被膜（水面が白く光っている）と酸化鉄の沈殿．（北海道釧路湿原）（74 湿地の微生物）

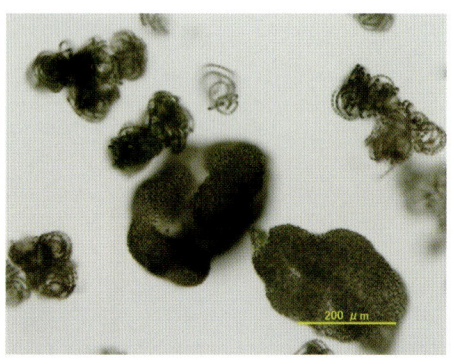

口絵12　ラフィド藻 *Heterosigma akashiwo* の細胞質内で複製する大型二本鎖 DNA ウイルス HaV（断面像）（56 藻類とウイルス）

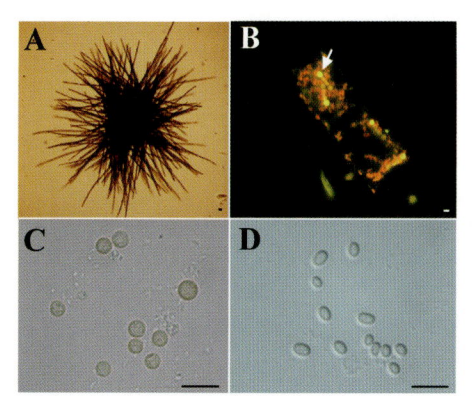

口絵15　アオコが発生した水の顕微鏡による観察．球形の細胞が集まり袋状寒天質に覆われた *Microcystis* 属（中央と右下）と糸状の群体が絡まったようにみえる *Anabaena* 属が発生している．（76 アオコ）

口絵13　海の窒素固定シアノバクテリア *Trichodesmium*（A）コロニーの実体顕微鏡写真（福井県立大・大城　香教授提供）と珪藻 *Hemiaulus* に共生する *Richelia* の蛍光顕微鏡写真（B，矢印：*Richelia* のヘテロシスト）．*Crocosphaera watsonii* WH8501（C）と *Cyanothece* sp. TW3（D）の光学顕微鏡写真．バーは 10 μm．（64 海の窒素固定）

口絵16　ハメリンプールカーブラポイント（西オーストラリア）に残されるストロマトライト．表面は藻のようにぬるぬるとしており，陸からの砂を挟んでいる．潮の流れに沿ってキャベツ状や細長い枕の形状になる．（79 ストロマトライト）

口絵 17　27億年前のタンビアナ層中のキャベツ状ストロマトライト．まわりは波の影響を残す地層やバイオマット組織をもつ地層が広く分布する．（79 ストロマトライト）

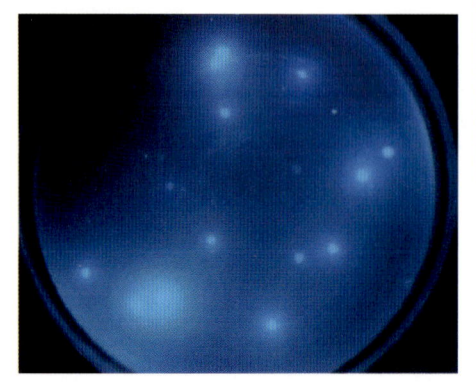

口絵 18　蛍光性シュードモナス（近中四農研 堀氏提供（90 畑の微生物）

口絵 19　岡山県児島湾干拓地水田（グライ土）の土壌断面（写真提供，渡邉健史博士）．還元された Fe^{2+} に由来する灰色を示す．黄褐色の鉄酸化物の斑紋が認められる．（92 逐次還元過程と微生物）

口絵 20　（左）モジホコリの変形体 *Physarum polycephalum*．（右）コシロジクキモジホコリの子実体 *Physarum melleum* f. *luteum*．スケールバーは 1 mm（96 粘菌類）

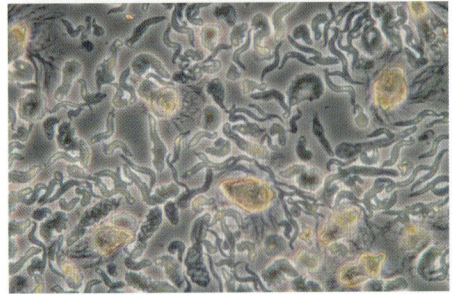

口絵 21　日本産のヤマトシロアリ（上）とその腸内の原生生物（下）（98 シロアリと微生物）

口絵 22　森林限界を超えた高山帯岩上に発達する地衣類．スイスアルプス・ローヌ氷河東側クラインフルカホルンの花崗岩肌に張り付く様子（標高 2,340 m）（103 高山の微生物）

口絵 23　湿原の積雪に発達したアカシボ現象（群馬県尾瀬ケ原）およびアカシボ粒子（スケールバー，$20\,\mu m$）（104 雪の微生物）

口絵 24　温泉水が流れるコンクリート壁に形成される色とりどりの微生物マット（長野県中房温泉）．右上の囲み図は採取した微生物マットの断面（107 陸上温泉の微生物）

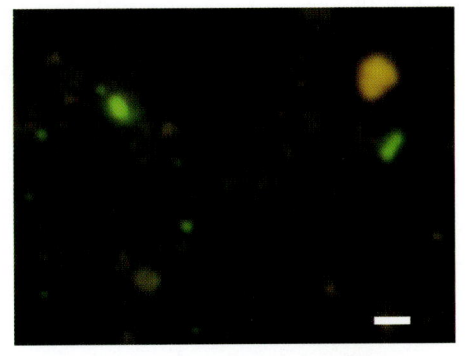

口絵 25　海底下微生物の顕微鏡写真．細胞内のDNAを染色して観察（緑色が微生物）．白棒は $2\,\mu m$．（114 海洋底下の微生物）

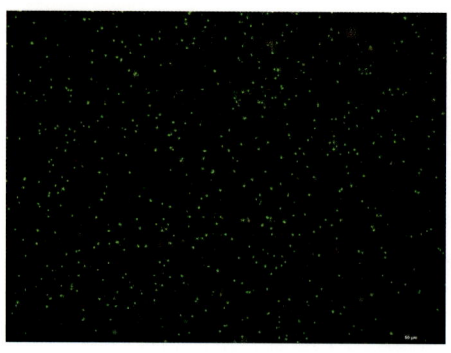

口絵26 海洋底下219 mから採取した試料の顕微鏡観察像．多数の微生物が検出される．（114 海洋底下の微生物）

口絵27 Halobacteriaceae科アーキアのコロニー．Halobacteriaceae科アーキアのほとんどはオレンジ，ピンク，赤色のコロニーを形成する．写真中の *Halobacterium salinarum* JCM 9120では大部分はピンク色・不透明なコロニーを形成するが，赤色半透明のコロニーも高頻度で出現する（右上のコロニー，左上コロニーも部分的に半透明になっている）．前者では細胞内にガス胞が存在しているが，後者では変異によりガス胞を欠損しているものと考えられている．（115 塩湖の微生物）

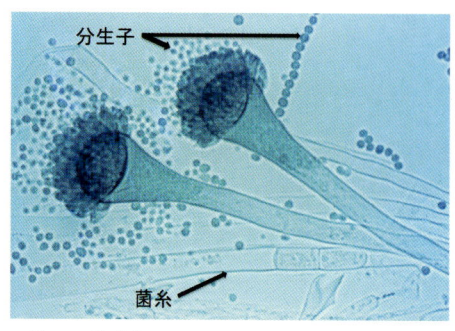

口絵28 培養後の *Aspergillus fumigatus* の光学顕微鏡像．（×400）（124 病気を起こすカビ）

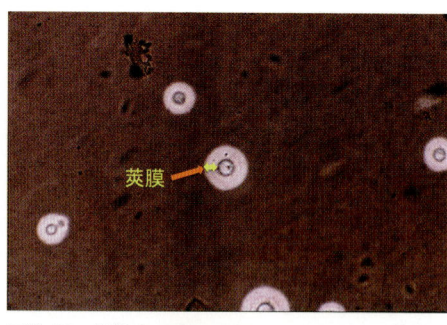

口絵29 髄液中の *Cryptococcus neoformans* の光学顕微鏡像．〔墨汁標本〕（×400）（124 病気を起こすカビ）

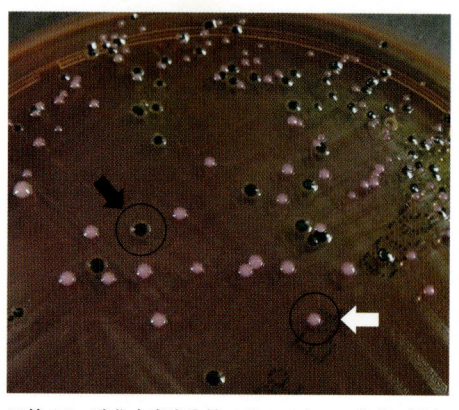

口絵30 硫化水素産生性のサルモネラの集落（黒矢印）と乳糖分解菌の集落（白矢印）．（145 病原体の分離同定）

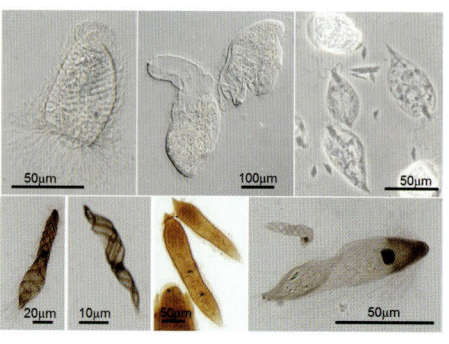

口絵31 シロアリの共生原生生物．下段はプロタルゴール染色観察像（標本は茨城大北出博士からお借りした）．（147 昆虫に共生する原生生物）

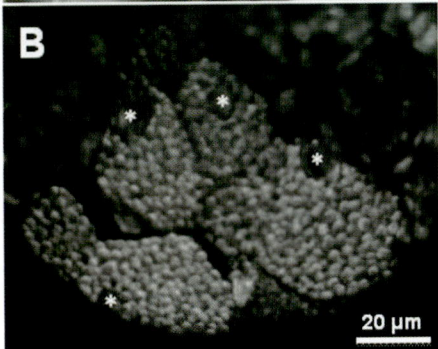

口絵 32 アブラムシの細胞内共生細菌．(A) エンドウヒゲナガアブラムシ．(B) エンドウヒゲナガアブラムシ体内に発達する細菌細胞（宿主昆虫の核を＊で示す．その周辺の小型の顆粒はすべて共生細菌ブフネラ (*Buchnera*)）．(149 昆虫に共生する多様な細菌)

口絵 33 沖縄の深海熱水域（1,000〜1,500 m）で独自の進化を遂げたゴエモンコシオリエビはお腹の体毛に硫黄酸化細菌やメタン酸化細菌を飼っており，それらをエサにして生活する．(150 深海生物に共生する微生物)

口絵 34 大規模に白化したサンゴ群集（151 サンゴ礁生態系と微生物）

口絵 35 空気伝染病（地上部病害：左）と土壌伝染病（土壌病害，地下部病害：右）の例（157 植物の生育を妨げる微生物）

口絵 36 表面掻き取りのために水が抜かれた緩速ろ過池（174 浄水処理と微生物）

口絵37　麴菌の電子顕微鏡写真（191 国菌：麴菌）

口絵39　鉄添加直後（右）と11日後（左）のプランクトンネット試料（Column 海洋鉄散布実験, p.89）

口絵38　大日本物産図会 下総国（千葉県）醤油製造之図（提供：キッコーマン）（197 醤油の微生物）

序

　微生物は，生命の進化の歴史の中で最も古い生命体であり，その生物活動と惑星活動の相互作用によって現在の地球環境は作られ，維持されています．人間にとって，なくてはならない存在でありながら，「小さな生物」であるが故に，普段はほとんど気にかけられることがない空気のような存在でもあります．近年の微生物分析技術の急速な進歩は，これまでほとんど未解明であった自然環境中における微生物活動のダイナミックな変動の様子を明らかにしつつあり，微生物の生態，いわゆる「生きざま」に関する研究が大きく進展しています．

　そこで本書では，「環境」をテーマに，生命誕生と微生物進化の歴史，病気の原因微生物と動植物や人間との関わり，微生物を利用した伝統食品づくりや環境浄化のしくみ，農林水産業と微生物との関わりなど幅広い内容を網羅しつつ，様々な角度から微生物について解説することを目指しました．現在の地球環境がどのようにして生み出されてきたのか，人間の生活環境を含めた環境の中で微生物はどのように生きているのか，最新の科学的知見を集めることによって，地球上のあらゆる生命が微生物と共にこれまで生きてきたこと，さらに現在生きていることを実感していただければ幸いです．

　本書の執筆は，微生物の生態を専門とする研究者で構成される日本微生物生態学会の全面的な協力を得て，関連する分野の第一線の研究者の方々にお願いしました．従って，まさに今研究が進展しつつある最新の知見が網羅されており，環境と微生物に関わる新しい知見を広く見渡せるという意味で，他にはないユニークな内容となっています．執筆にあたっては，専門家だけでなく，初学者にとっても専門分野への導入となるように，専門的な内容をできるだけ平易に解説することに努めていただきました．本書によって，「微生物」というものの具体的なイメージと，その面白さをお伝えできることを願っています．

　最後に，貴重な研究の時間を割いて，本書の表紙や扉絵のために素敵な絵を描いていただいた吉澤晋博士，参考図版のためにオリジナルの細胞構造図を描いていただいた吉田奈央子博士に御礼申し上げます．

　2014年6月

編集委員一同

編集委員 (五十音順)

栗栖　　太	東京大学	春田　　伸	首都大学東京
木暮　一啓	東京大学	村瀬　　潤	名古屋大学
濱﨑　恒二	東京大学	森川　一也	筑波大学

執筆者 (五十音順)

浅川　　晋	名古屋大学	太田　敏子	前 筑波大学
芦内　　誠	高知大学	太田　寛行	茨城大学
阿部美知子	北里大学	大友　陽子	海洋研究開発機構
生嶋　茂仁	キリン株式会社	大友　　量	北海道農業研究センター
池田　成志	北海道農業研究センター	大庭　良介	筑波大学
石井　　聡	北海道大学	大林由美子	横浜国立大学
石井　正治	東京大学	岡田　　茂	東京大学
石野　智子	愛媛大学	小熊久美子	東京大学
伊藤　　歩	岩手大学	梶村　　恒	名古屋大学
伊藤考太郎	キッコーマン株式会社	春日　郁朗	東京大学
伊藤　　隆	理化学研究所	片山　新太	名古屋大学
糸川　浩紀	日本下水道事業団	加唐　圭太	九州大学
犬伏　和之	千葉大学	加藤　純一	広島大学
今田　千秋	東京海洋大学	加藤創一郎	産業技術総合研究所
岩井　祥子	Second Genome, Inc.	加藤　祐輔	農業生物資源研究所
上野　俊洋	栗田工業株式会社	上村　一雄	岡山大学
内田　英明	株式会社明治	神山　孝史	水産総合研究センター
浦嶋　泰文	農林水産省	加茂野晃子	首都大学東京
江口　　充	近畿大学	川口　敦史	筑波大学
江沢　辰広	北海道大学	川﨑　信治	東京農業大学
遠藤　銀朗	東北学院大学	木川　りか	東京文化財研究所
大熊　盛也	理化学研究所	菊池　義智	産業技術総合研究所
大島　敏久	大阪工業大学	北村　真一	愛媛大学
太田　尚志	石巻専修大学	木村　勝紀	株式会社明治

木村 浩之	静岡大学	
清川 昌一	九州大学	
金田一 智規	広島大学	
國頭 恭	信州大学	
久保田 健吾	東北大学	
栗栖 太	東京大学	
桑田 晃	水産総合研究センター	
見坂 武彦	大阪大谷大学	
木暮 一啓	東京大学	
小林 統	キリン株式会社	
小林 泰男	北海道大学	
近藤 竜二	福井県立大学	
斎藤 慎二	筑波大学	
齊藤 剛	京都大学	
佐伯 雄一	宮崎大学	
坂本 一憲	千葉大学	
﨑山 弥生	製品評価技術基盤機構	
佐藤 弘泰	東京大学	
佐藤 嘉則	東京文化財研究所	
佐野 大輔	北海道大学	
塩崎 拓平	東京大学	
重松 亨	新潟薬科大学	
柴草 哲朗	味の素株式会社	
清水 健	千葉大学	
珠坪 一晃	国立環境研究所	
杉田 治男	日本大学	
鈴木 聡	愛媛大学	
鈴木 大典	前 名古屋大学	
鈴木 庸平	東京大学	
砂村 倫成	東京大学	
妹尾 啓史	東京大学	

髙尾 祥丈	福井県立大学	
高畑 陽	大成建設株式会社	
髙見 英人	海洋研究開発機構	
多胡 香奈子	農業環境技術研究所	
多田 雄哉	北海道大学	
田中 恒夫	フランス国立科学研究センター・パリ6大学（LOV UMR7093）	
田中 靖浩	山梨大学	
田中 良和	北海道大学	
谷内 由貴子	水産総合研究センター	
谷口 亮人	近畿大学	
玉木 秀幸	産業技術総合研究所	
千浦 博	東京大学	
塚本 久美子	前 東京大学	
津田 敦	東京大学	
土居 克実	九州大学	
豊田 剛己	東京農工大学	
豊福 雅典	筑波大学	
中川 達功	日本大学	
長崎 慶三	水産総合研究センター	
中島 敏明	筑波大学	
中島 典之	東京大学	
永田 俊	東京大学	
中田 典秀	京都大学	
長沼 毅	広島大学	
中野 伸一	京都大学	
中村 浩平	岐阜大学	
中山 二郎	九州大学	
西田 浩徳	シスメックス株式会社	
西村 昌彦	東京大学	
布浦 拓郎	海洋研究開発機構	
野田 悟子	山梨大学	

野村 暢彦	筑波大学	
橋本 知義	農業・食品産業技術総合研究機構	
秦 洋二	月桂冠株式会社	
服部 勉	アチックラボ	
花島 大	農業・食品産業技術総合研究機構	
花田 智	産業技術総合研究所	
馬場 重好	オリンパスメディカルシステムズ株式会社	
濱﨑 恒二	東京大学	
濱村 奈津子	愛媛大学	
早津 雅仁	農業環境技術研究所	
春田 伸	首都大学東京	
東出 正人	江東微生物研究所	
広木 幹也	国立環境研究所	
深見 公雄	高知大学	
福井 学	北海道大学	
福田 秀樹	東京大学	
福森 義宏	金沢大学	
藤井 建夫	東京家政大学	
藤村 玲子	東京大学	
二井 一禎	前 京都大学	
二又 裕之	静岡大学	
北條 研一	株式会社明治	
堀越 孝雄	前 広島経済大学	
本郷 裕一	東京工業大学	
前橋 健二	東京農業大学	
真砂 佳史	東北大学	
間世田 英明	徳島大学	
松浦 克美	首都大学東京	
丸山 明彦	産業技術総合研究所	
丸山 潤一	東京大学	
円山 由郷	大阪歯科大学	
三木 健	国立台湾大学	
南澤 究	東北大学	
宮内 啓介	東北学院大学	
宮道 慎二	製品評価技術基盤機構	
宮永 一彦	東京工業大学	
村瀬 潤	名古屋大学	
持丸 華子	産業技術総合研究所	
森 浩二	製品評価技術基盤機構	
森川 一也	筑波大学	
森川 茂	国立感染症研究所	
森崎 久雄	立命館大学	
諸野 祐樹	海洋研究開発機構	
山岸 明彦	東京薬科大学	
山口 進康	大阪大学	
山口 晴代	国立環境研究所	
山田 奈海葉	産業技術総合研究所	
山本 啓之	海洋研究開発機構	
横川 太一	愛媛大学	
吉澤 晋	東京大学	
吉田 天士	京都大学	
吉永 郁生	鳥取環境大学	
吉本 真	東京大学	
N. M. Lee	ミュンヘン工科大学	
和田 実	長崎大学	
渡邉 健史	名古屋大学	
渡邉 智秀	群馬大学	
和辻 智郎	海洋研究開発機構	

目　次

第1章　環境の微生物を探る

1　環境微生物学小史 ……………………………………………〔服部　勉〕… 2
2　環境微生物学の開拓者たち …………………………………〔服部　勉〕… 5
3　地球と生命の共進化 …………………………………………〔松浦克美〕… 9
　　Column　地球最古の微生物化石 ……………………………〔大友陽子〕… 11
4　環境中での微生物の分布 ……………………………………〔鈴木　聡〕… 12
5　微生物の同定・種の概念 ……………………………………〔森　浩二〕… 14
6　微生物の簡易同定 ……………………………………………〔西田浩徳〕… 16
7　新規微生物（新門）の探索と発見 …………………………〔花田　智〕… 18
8　微生物のエネルギー源 ………………………………………〔砂村倫成〕… 20
9　細菌生産 ………………………………………………………〔多田雄哉〕… 22
10　環境中での微生物の増殖 ……………………………………〔木暮一啓〕… 24
11　洗浄・消毒・滅菌・除菌 ……………………………………〔馬場重好〕… 26
12　圧力で微生物を制御する ……………………………………〔重松　亨〕… 29
13　微生物を数える1　培養法 …………………………………〔村瀬　潤〕… 30
14　微生物を数える2　直接計数法 ……………………………〔西村昌彦〕… 32
15　微生物を数える3　分子生物学的手法 ……………………〔中川達功〕… 34
16　バイオマス測定法 ……………………………………………〔犬伏和之〕… 36
17　多様性をどうはかる？ ………………………………………〔石井　聡〕… 38
18　生物多様性における微生物 …………………………………〔山本啓之〕… 41
19　群集構造解析 …………………………………………………〔石井　聡〕… 43
20　マイクロアレイ ………………………………………………〔岩井祥子〕… 45
21　微生物の群集と機能をつなぐ同位体 ………………………〔村瀬　潤〕… 47
22　顕微鏡の基礎 …………………………………………………〔久保田健吾〕… 49
23　進化する顕微鏡 ………………………………………………〔久保田健吾〕… 51
24　環境ゲノミクス ………………………………………………〔本郷裕一〕… 53
25　メタゲノム ……………………………………………………〔本郷裕一〕… 54
26　一細胞ゲノミクス ……………………………………………〔本郷裕一〕… 56

第2章　微生物の多様な振る舞い

27　微生物の相互作用 ……………………………………………〔二又裕之〕… 60
28　微生物のコミュニケーション ………………………〔豊福雅典・野村暢彦〕… 62

	Column　微生物学研究のノーベル賞　レーウェンフック・メダル〔村瀬　潤〕… 63
29	付着という生き方 〔森崎久雄〕… 64
30	遺伝子の水平伝播 〔千浦　博〕… 66
31	有用な機能を運ぶ遺伝子メカニズム 〔丸山明彦〕… 68
32	磁性細菌 〔福森義宏〕… 69
33	細菌を食べる細菌 〔春田　伸〕… 71
34	ナノサイズの微生物 〔長沼　毅〕… 72
35	無酸素を好む微生物 〔中村浩平〕… 73
36	微生物の飢餓適応 〔春田　伸〕… 75
37	微生物の集積・逃避運動 〔加藤純一〕… 76
38	硫黄と微生物 〔中川達功〕… 78
39	鉄で呼吸する 〔加藤創一郎〕… 80
40	ウランで呼吸する 〔鈴木庸平〕… 82
41	微生物とヒ素 〔濱村奈津子〕… 84
42	マンガンを沈殿させる微生物 〔丸山明彦〕… 86
43	カビの細胞内で生きる細菌 〔佐藤嘉則〕… 88
	Column　海洋鉄散布実験 〔津田　敦〕… 89
44	環境中での大腸菌の振る舞い 〔見坂武彦〕… 90
45	嫌気環境の微生物の共同作業 〔渡邉健史〕… 91

第3章　水圏環境の微生物

46	微生物の住処としての海洋 〔木暮一啓〕… 94
47	海の粒子と微生物 〔福田秀樹〕… 96
48	海洋の放線菌 〔今田千秋〕… 98
49	発光細菌 〔和田　実〕… 100
50	海洋性アーキア 〔横川太一〕… 102
51	原生生物の多様性 〔山口晴代〕… 104
52	原生生物の生態 〔太田尚志〕… 106
53	海洋の珪藻 〔桑田　晃〕… 108
54	赤　潮 〔神山孝史〕… 110
55	貝毒とその原因藻類の生態 〔神山孝史〕… 112
56	藻類とウイルス 〔長崎慶三〕… 114
57	海のウイルスと遺伝子伝播 〔千浦　博〕… 116
58	溶存態有機物と微生物 〔鈴木　聡〕… 118
59	微生物ループ 〔濱﨑恒二〕… 120
60	ラビリンチュラループ 〔髙尾祥丈〕… 122
61	微生物炭素ポンプ 〔谷口亮人〕… 123
62	菌体外酵素 〔大林由美子〕… 125
63	海洋の炭素循環と微生物 〔永田　俊〕… 127

64	海の窒素固定	〔谷内由貴子〕	129
65	海洋の窒素循環と微生物	〔塩崎拓平〕	131
66	磯の香りと微生物	〔濱崎恒二〕	133
67	海洋の硫黄循環と微生物	〔近藤竜二〕	135
68	海洋のリン循環と微生物	〔田中恒夫〕	137
69	海底の微生物	〔砂村倫成〕	139
70	青　潮	〔近藤竜二〕	141
71	養殖場と微生物	〔江口　充〕	143
72	種苗生産と微生物	〔江口　充〕	145
73	干潟の微生物	〔吉永郁生〕	147
74	湿地の微生物	〔広木幹也〕	149
75	湖の微生物	〔中野伸一〕	151
76	アオコ	〔吉田天士〕	153
77	川の微生物	〔中野伸一〕	155
78	海洋細菌の光利用	〔吉澤　晋〕	157
79	ストロマトライト	〔清川昌一〕	159
80	環境と微生物の数理モデル	〔三木　健〕	161
81	海洋酸性化と微生物	〔山田奈海葉〕	163

第4章　土壌圏環境の微生物

82	微生物の住処としての土壌	〔豊田剛己〕	166
83	陸上の炭素循環と微生物	〔堀越孝雄〕	168
84	陸上の窒素循環と微生物	〔多胡香奈子〕	170
85	陸上のリン循環と微生物	〔坂本一憲〕	172
86	陸上の硫黄循環と微生物	〔太田寛行〕	174
87	物質循環を司る土壌酵素	〔國頭　恭〕	176
88	森林の微生物	〔二井一禎〕	178
89	草地の微生物	〔大友　量〕	180
90	畑の微生物	〔浦嶋泰文〕	182
91	水田の微生物	〔妹尾啓史〕	184
92	逐次還元過程と微生物	〔浅川　晋〕	186
93	放線菌	〔﨑山弥生・宮道慎二〕	188
94	カビ	〔豊田剛己〕	190
95	キノコ	〔堀越孝雄〕	192
96	粘菌類	〔加茂野晃子〕	194
97	土壌の被食−捕食関係	〔橋本知義〕	196
98	シロアリと微生物	〔大熊盛也〕	198
99	人に役立つ土壌微生物	〔鈴木大典・片山新太〕	200

第5章　極限環境の微生物

100	無重力空間における微生物	……	〔太田敏子〕	… 204
101	成層圏の微生物	……	〔山岸明彦〕	… 206
102	放射線と微生物	……	〔齊藤　剛〕	… 207
103	高山の微生物	……	〔福井　学〕	… 208
104	雪の微生物	……	〔福井　学〕	… 210
105	氷河の微生物	……	〔福井　学〕	… 211
106	火山噴火堆積物と微生物	……	〔藤村玲子・太田寛行〕	… 213
107	陸上温泉の微生物	……	〔春田　伸〕	… 215
108	地熱発電所と微生物	……	〔大島敏久・土居克実〕	… 217
109	洞窟の微生物	……	〔宮永一彦・N. M. Lee〕	… 219
110	地下水の微生物	……	〔木村浩之〕	… 221
	Column　湖沼や海洋はDNAのスープ	……	〔丸山明彦〕	… 222
111	陸上地下の微生物	……	〔木村浩之〕	… 223
112	深海の微生物	……	〔布浦拓郎〕	… 224
113	深海底熱水活動域の微生物	……	〔布浦拓郎〕	… 225
114	海洋底下の微生物	……	〔諸野祐樹〕	… 226
115	塩湖の微生物	……	〔伊藤　隆〕	… 228
116	乾燥に耐える微生物	……	〔川﨑信治〕	… 230
117	酸性好きの微生物	……	〔上村一雄〕	… 232
118	好アルカリ性微生物	……	〔髙見英人〕	… 233
119	有機溶媒に耐える微生物	……	〔加藤純一〕	… 234
120	重金属の毒性に耐える微生物	……	〔遠藤銀朗〕	… 236

第6章　ヒトと微生物

121	食中毒	……	〔東出正人〕	… 240
122	病原性大腸菌	……	〔清水　健〕	… 242
123	冬のインフルエンザ	……	〔川口敦史〕	… 244
124	病気を起こすカビ	……	〔阿部美知子〕	… 246
125	口腔内細菌叢	……	〔円山由郷〕	… 248
126	バイオフィルムと感染症	……	〔円山由郷〕	… 250
127	表層常在細菌叢と病原菌	……	〔大庭良介〕	… 252
128	腸内細菌叢	……	〔斎藤慎二〕	… 254
129	細胞性免疫 vs 微生物	……	〔斎藤慎二〕	… 256
130	液性免疫 vs 微生物	……	〔斎藤慎二〕	… 258
131	酸化ストレス耐性	……	〔大庭良介〕	… 260
132	抗菌ペプチドと耐性	……	〔加藤祐輔〕	… 261
133	抗生物質と耐性菌	……	〔吉本　真〕	… 263
134	病原性・耐性の獲得と進化	……	〔森川一也〕	… 265

135	人体環境での鉄の獲得	〔田中良和〕	267
136	細胞集団の多様性	〔間世田英明〕	269
137	環境と新興・再興感染症	〔森川 茂〕	271
138	人獣共通感染症	〔森川 茂〕	273
	Column　タンカー事故海域で働く微生物	〔丸山明彦〕	274
139	マラリア	〔石野智子〕	275
140	生活環境と病原微生物	〔山本啓之〕	277
141	宇宙居住環境中の微生物	〔山口進康〕	279
142	飲用水中の微生物	〔小熊久美子〕	281
143	水系感染症	〔真砂佳史〕	283
144	衛生指標微生物	〔佐野大輔〕	285
145	病原体の分離同定	〔東出正人〕	287

第7章　動植物と微生物

146	花の蜜を吸う微生物	〔川﨑信治〕	290
	Column　「えっ！ チョコレートに乳酸菌？」	〔北條研一〕	291
147	昆虫に共生する原生生物	〔野田悟子〕	292
148	昆虫と共生する真菌	〔梶村 恒〕	294
149	昆虫に共生する多様な細菌	〔菊池義智〕	295
150	深海生物に共生する微生物	〔和辻智郎〕	297
151	サンゴ礁生態系と微生物	〔深見公雄〕	298
152	魚の腸内細菌	〔杉田治男〕	300
153	水圏生物の病気と微生物	〔北村真一〕	302
154	藻類の生育を妨げる微生物	〔吉永郁生〕	304
155	藻類の生育を助ける微生物	〔丸山明彦〕	306
156	動物と微生物	〔小林泰男〕	308
157	植物の生育を妨げる微生物	〔豊田剛己〕	310
158	植物の生育を助ける微生物1	〔佐伯雄一・南澤 究〕	312
159	植物の生育を助ける微生物2	〔江沢辰広〕	314
160	植物の生育を助ける微生物3	〔南澤 究〕	316
161	植物と微生物1	〔池田成志〕	318
162	植物と微生物2	〔池田成志〕	320
163	水生植物の微生物	〔玉木秀幸・田中靖浩〕	322

第8章　環境保全と微生物

164	地球温暖化と微生物	〔犬伏和之〕	326
165	下水道システムと微生物	〔佐藤弘泰〕	328
166	生物学的廃水処理	〔栗栖 太〕	330
167	好気性廃水処理の微生物	〔栗栖 太〕	332

168	嫌気性廃水処理の微生物	〔久保田健吾〕	334
169	廃水からの窒素除去	〔金田一智規〕	336
170	廃水からのリン除去	〔佐藤弘泰〕	338
171	生物学的廃水処理による微量汚染物質除去	〔中田典秀〕	340
172	有害金属の処理と微生物	〔伊藤　歩〕	341
173	生物学的廃水処理モデル	〔糸川浩紀〕	342
174	浄水処理と微生物	〔春日郁朗〕	344
175	水域の汚濁と微生物	〔春日郁朗〕	346
176	環境を測る微生物	〔中島典之〕	347
177	バイオ燃料	〔岡田　茂〕	349
178	微生物燃料電池	〔渡邉智秀〕	352
179	バイオガス生産	〔珠坪一晃〕	354
180	埋立地の微生物	〔森　浩二〕	356
181	堆肥化と微生物	〔花島　大〕	358
182	ガス田・油田の微生物	〔持丸華子〕	359
183	生分解性プラスチックと微生物の話	〔中島敏明〕	361
184	微生物による土壌・地下水浄化	〔高畑　陽〕	363
185	バイオレメディエーション技術	〔高畑　陽〕	364
186	塩素系化合物による汚染の浄化	〔上野俊洋〕	365
187	石油系物質による汚染の浄化	〔上野俊洋〕	367
188	硝酸性窒素汚染と浄化	〔早津雅仁〕	369
189	難分解有機物汚染と浄化	〔宮内啓介〕	371
190	文化財と微生物	〔佐藤嘉則・木川りか〕	373

第9章　発酵食品の微生物

191	国菌：麴菌	〔丸山潤一〕	376
192	麴菌の多様性	〔丸山潤一〕	377
193	日本酒の微生物	〔秦　洋二〕	378
194	世界のワインと酵母	〔生嶋茂仁・小林　統〕	380
195	世界のビールと酵母	〔生嶋茂仁・小林　統〕	382
196	天然酵母はどこから来る？	〔生嶋茂仁・小林　統〕	384
197	醬油の微生物	〔伊藤考太郎〕	385
198	味噌の微生物	〔前橋健二〕	387
199	糠床の微生物	〔中山二郎・加唐圭太〕	389
200	食酢を作る微生物の生態	〔石井正治〕	391
201	調味料を作る微生物	〔柴草哲朗〕	393
	Column　海藻好きの日本人の腸内細菌	〔塚本久美子〕	394
202	鰹節の微生物	〔柴草哲朗〕	395
203	くさやの微生物	〔藤井建夫〕	397
204	ふなずしの微生物	〔藤井建夫〕	398

205	納豆菌の生態と利用 ……………………………………	〔芦内　誠〕…	399
206	納豆菌と炭疽菌の違い ……………………………………	〔芦内　誠〕…	400
207	乳酸菌の分類と分布 ………………………………………	〔北條研一〕…	402
208	生体における乳酸菌の働き ………………………………	〔内田英明〕…	404
209	世界の発酵乳と乳酸菌 ……………………………………	〔木村勝紀〕…	405

用語集 ……………………………………………………………………… 407
資　　料 …………………………………………………………………… 411
事項索引 …………………………………………………………………… 415
学名索引 …………………………………………………………………… 424

第 1 章
環境の微生物を探る

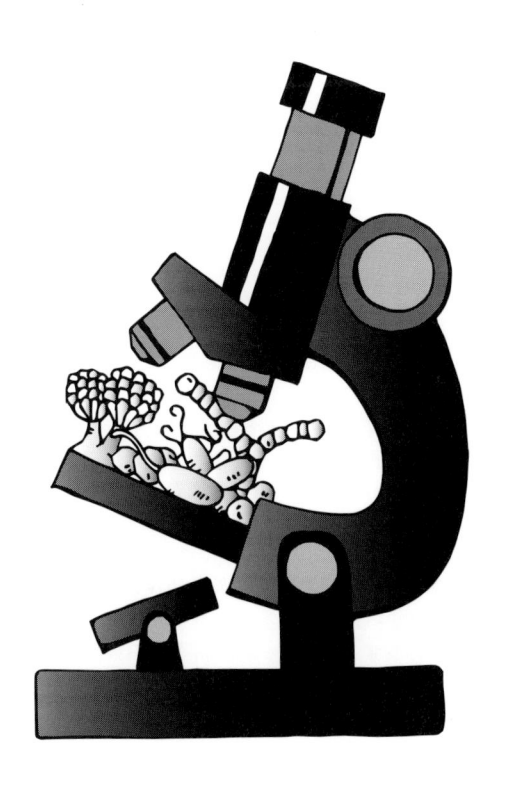

1 環境微生物学小史

17〜18世紀，19世紀，20世紀，明日に向かって

■ 17〜18世紀

ルネサンスのしばらく後，西ヨーロッパは動的になった．人々に好奇心が湧き，自分の目で見て考え，探求するようになった．17世紀はじめに望遠鏡や顕微鏡が発明され，いち早くガリレオ（Galileo Galilei; 1564-1642）が望遠鏡で天体を観測した．フック（Robert Hooke; 1635-1703）は1665年出版したミクログラフィアに，カビの見事な線描を掲載した．直後，レーウェンフック（Antony van Leeuwenhoek; 1632-1723）が倍率200倍以上の高性能シングルレンズ顕微鏡で，湖水中に動き回る微小な生き物をみつけ，animalcule（微小な動物）と名づけ，ロンドン王立協会に手紙で知らせ，好奇心の大反響を呼んだ．好奇心だけでなく，探究心の強い彼はさらに雨水，汚水，尿，唾液など身のまわりに，どんなanimalculeがいるか，突き詰めて調べ，原生動物や細菌のかなり多くの種類を観察した．animaculeとは何者か，幻影ではないか，人々は訝った．微積分を発見したばかりの若きライプニッツ（Gottfried Wilhelm Leibniz; 1654-1716）は，animalcluleに深く感じ，晩年のモナド哲学でもその基礎の支えとしたといわれる．

同じ頃発表のニュートン力学は人々を刺激し，その影響は18世紀一段と深まった．人間は自然を理性的に理解できる．まず，万物を命名，分類し系統的に配置することだ，18世紀の人々はそう考えた．早速リンネ（Carl Linnaeus; 1707-78）が植物分類から始め，自然全体の体系化計画を発表，探検博物学時代の幕を明けた．

レーウェンフックの死後，人々の好奇心は消え，訝りが残るなか，animalculeの存在を確信，性能の悪い顕微鏡で粘り強く観察し，リンネ流の命名を目指す研究者たちがいた．その一人，ミュラー（Otto Friderich Müller; 1730-84）は注意深い観察で，比較的大きい多数のinfusoria（animalculeよりこの呼称を好む）の形で分類記載した．*Monas*, *Vibrio*などの用語がみられる．

動植物で「親から子が生まれる」ことが科学的事実と認められるのは，19世紀も中頃のことで，17〜18世紀の研究者たちは有機体が特別の力で集まって生き物が生まれると考えたらしい．こんな状況からinfusoriaの自然発生説も出てくる．熱したスープからinfusoriaは発生するのか，しないのか．実験は無菌操作が十分か不十分かで，反対の結果となり，論争は決着しなかった．

18世紀後半，酸素や二酸化炭素を発見した化学者たちの関心は動植物の栄養にまで及んだ．先駆的なラボァジェ（Antoine Laurent Lavoisier; 1743-94）は，元素は動物，植物，無機の三界を循環すると考え，腐敗，発酵の化学的研究を目指した．

■ 19世紀

19世紀になり顕微鏡の性能と技術が次々と改良された．植物研究者シュワン（Theodor Schwann; 1810-82）が顕微鏡でビール発酵を研究し，ビール酵母は生き物で，発酵はこの酵母の生理過程だと発表し，自然発生論者はもちろん，有機化学者リービヒ（Justus von Liebig; 1803-73）らも，発酵に生命の神秘を持ち込むなと強く反発した．

科学的探検家フンボルト（Alexander von Humboldt; 1769-1859）は，拡大鏡，気圧計，磁気計などの最新科学機器を携え，新天地南米などで活躍し，生物地理学，地磁気学，気象学，海洋学を建設，生態学，環境科学の先駆けとなる．

エーレンバーグ（Christian Ehrenberg; 1795-1876）は，フンボルトのシベリア探検に同行後，地質層を顕微鏡で調べはじめ，珪藻土が珪藻の死骸であること，沈積層生成に

infusoriaの寄与が大きいこと，淡水や塩水，深海，大気塵にもinfusoriaが多数生存していることなどを「顕微鏡地質学」にまとめた．また，秩序の連続性を考えるライプニッツ哲学を念頭に，混沌状態のinfusoriaをいくつかのグループに分け，個々のものを分類し，多数の原生動物属，種を記載，原生動物学の建設者ともいわれる．エーレンバーグの弟子の一人コーン（Ferdinand Cohn; 1828-98）は，鋭い顕微鏡観察眼により各種のinfusoriaの形態を研究，とくに困難な細菌の形態判別を徹底させ，細菌分類法の基礎を築いた．もう一人の科学的探検家ダーウィン（Charles Darwin; 1809-82）は，infusoriaに関心をもち，エーレンバーグとはBeagle号航海前から交流，航海中も文通，航海後はinfusoriaの地理的分布，自然淘汰，系統的位置関係について思索した．

デ・バリ（Anton de Bary; 1831-88）もまた，生物生活の複雑，多様な姿を見つめ，鋭い解析のメスを振るった．カビ，藻類，粘菌などの生活史を研究し，カビなどの分類体系を構築．カビと植物の共生・寄生関係を発見，カビと藻類の共生体，地衣を発見．多くの植物病原菌を確認し，植物病理学やカビ学の父ともいわれる．

一方，光学異性体研究を通じて生命への強い関心を抱いた新鋭化学者パストゥール（Louis Pasteur; 1832-95）は，発酵研究に転じ，発酵の酵母生理過程説を発展させ，自然発生論論破に挑んだ．自然発生論者の実験では，空気中の微小生物が紛れ込んでいることを，白鳥の首フラスコ実験を含む一連の実験で厳密に証明した．

医師，コッホ（Robert Koch; 1843-1910）も，家畜炭疽の病原菌が繊維状か桿状かの論争の決着のため，顕微鏡下で炭疽病菌を培養，観察し，双方の形態を示す生活期をもつ胞子形成細菌であると厳密に証明し，顕微鏡による細菌研究の信頼度を高めた．さらに細菌染色法，顕微鏡写真技術，平板法，熱殺菌法などを考案，病原菌厳格認定3条件を解明，微生物研究法を飛躍的に発展させた．

パストゥールとコッホが導入した殺菌技術，無菌操作，培養培地により信頼性の高い微生物実験法が確立し，研究を加速した．医学・衛生面への貢献がとくに大で，社会的期待も高まった．infusoriaなどの混乱気味な名称も，'microbes'に統一されていく．パストゥールは，自然には多様な化学能力の細菌が存在すると確信，アンモニア酸化や窒素固定など，肥沃に関わる一連の細菌の研究を農芸化学者たちに促した．一方，コッホは環境衛生への平板法利用を考えた．

■ 1880年代～1980年代

19世紀末，諸科学の視野も地球規模に向かう．フンボルトが展望した植物景観も生態学として実りはじめる．同じ頃土壌学も「土は鉱物，動植物および微生物が物理的，化学的因子の作用を受け地質学的時間をかけ形成された自然物だ」として，ドクチャエフ（Vassili Vassilievich Dokouchaev; 1846-1903）によって建設される．一方，農芸化学者たちは農地の窒素固定，脱窒素，硝化に，また環境衛生研究者は汚染の激しい河川底や湖底の硫化水素やメタン発生に注目した．

この時期に，二人の微生物生態学建設者が登場した．一人はウィノグラドスキー（Sergei Winogradsky; 1856-1953）で，土壌微生物学建設へと歩む探求者，もう一人はベイエリンク（Martinus Beijerinck; 1851-1931）で，生命研究の大志を抱く多才な微生物研究者．ともに，選択培地，選択培養（または集積培養）を導入し，窒素，炭素，硫黄の化学変化を担う微生物を次々発見，分離した．ウィノグラドスキーが分離した硝化菌，鉄酸化菌は独立栄養という新型生物．地球化学者ベルナドスキー（Vladimir Ivanovich Vernadsky; 1863-1945）は刺激され，地球や宇宙には諸元素が生物により循環する生命圏概念を描き始めた．一方，ベイエリンクが注目した微生物変異現象は，後に分子生物学研

1 環境微生物学小史 3

究で重要な役割を果たす．

20世紀になると，研究の社会化，制度化が強化される．環境微生物研究は農事試験場で盛んとなり，ラッセル（John Russell; 1872-1965）らリーダーは，微生物の定量化を志向，細菌の平板計数や二酸化炭素放出，アンモニア生成の活性測定がなされた．細菌平板計数では，平板使用培地に選択性があり，土のミクロ団粒内細菌の水分散が困難である．さらに平板法と顕微鏡法で計数値が通常2桁も違い，定量研究への困惑が常態化した．世紀中頃に本格化した海洋微生物でも，事情はほぼ同様であった．

1943年ワックスマン（Selman Waksman; 1888-1973）のストレプトマイシン生産菌の発見に刺激され，各種有用菌狩りが展開された．化学測定機器の進歩も，さまざまな化学反応を営む微生物の発見，分離を促し，環境内微生物の多様な化学活性情報が蓄積されてきた．

本小史の考察は1980年代で区切りとする．

■ **1990年代から21世紀へ：結び**

1980年代分子生物学が誕生，ウーズ（Carl R. Woese; 1928-2012）らが提案した分子系統分類法で従来の細菌は真正細菌とアーキアに二分される．90年代以降，環境微生物研究も環境DNAの解析により培養法の重圧から解放され，微生物分類情報が指数的に増大し，研究の一大転機を迎えつつある．

〔服部　勉〕

参考文献

1) P・ド・クライフ，秋元寿恵夫訳．1980．微生物の狩人，上下，岩波文庫．
2) G. Drews. 2000. *FEMS Micrbiol. Revs.* **24**: 225-249.
3) B. Jardine. 2009. *Studies in history and Philosophy of Science.* **40**: 382-395.
4) F・ジャコブ，島原　武・松井喜三訳．1997．生命の論理．みすず書房．

表1　環境微生物研究年表

(*は別分野の本文関連事項)

年	事項	年	事項
1664	フック：ミクログラフィア出版	1865	メンデル：遺伝法則*
1674	レーウェンフック：animalcule発見	1872	コーン：細菌の分類法
1687	ニュートン：「プリンキピア」（力学三法則）*	1881	コッホ：平板法を考案
1764	リスバーグ：animalculeに代え，infusoriaと呼称	1882	コッホ：病原菌確定のための"3原則"
1773	リンネ：「自然の体系」（動植物の分類）*	1888	ベイエリンク：根粒菌の分離
1774	プリーストリ：酸素の発見*	1886	ドクチャエフ：土壌の分類法
1789	ラボァジェ：発酵の化学反応式	1891	ウィノグラドスキー：硝化菌の分離
1800-04	フンボルト：中南米大陸の科学探検*	1895	ウィノグラドスキー：嫌気的窒素固定菌の分離
1831-36	ダーウィン：ビーグル号探検*	1900	ド・フリース：メンデル遺伝法則の再発見*
1837	シュヴァン：ビール発酵の研究	1901	ベイエリンク：*Azotobacter chroococcum*の分離
1840	リービヒ：窒素，リン，カリは植物必須三栄養素*	1902	ワックスマン：ストレプトマイシン生産菌の分離
1847	ヘルムホルツ：エネルギー保存則の定式化*	1925	Bergey's Manual of Determinative Bacteriology（初版）*
1845	エーレンベルグ：地質変化推進力としてのinfusoria	1953	ワトソン，クリック：DNA二重ラセン・モデル*
1857	パストゥール：乳酸発酵を顕微鏡下で研究	1957	スタニエら：The Microbial World（初版）出版*
1859	ダーウィン：「種の起原」*	1990	ウーズら：分子系統分類法の提唱
1861	パストゥール：白鳥の首フラスコ実験		

2 環境微生物学の開拓者たち

レーウェンフック，パストゥール，コッホ，
ウィノグラドスキー，ベイエリンク

■ **レーウェンフック**（Antony van Leeuwenhoek; 1632-1723）

微生物 animalcule を発見した微生物世界最初の探検家．オランダ，デルフトの人．倍率 200 倍以上の自製高性能シングル・レンズ顕微鏡で湖水，雨水，排泄物から動植物組織まで，さまざまな試料を詳細に観察した．原生動物や細菌の姿，行動から大きさや個体数まで，その記述は的確である．観察は animalcule に限らず，ヒトや動植物のさまざまな器官および，赤血球，精子などを発見している．観察結果は，ロンドン王立協会や各地の知識人に手紙で伝えた．

彼は好奇心が強く，驚くべき観察眼の人であった．細菌らしきものの大きさの測定の手紙（1680 年 11 月 12 日付ロンドン王立協会宛）で以下の目測をしている．まず，視野に微細な砂粒を置き，大きさの基準とする．視野の中には，砂粒の 1/12 の大きさの小動物が見られた．その脇にさらに小さく，先の小動物の 1/4 くらいの別の小動物がいた．そして最後に問題の細菌と思しき生き物は，2 番目の小動物の 1/10 くらいであった．微細な砂粒の径を約 1 mm とすると，最後の細菌は $12 \times 4 \times 10 = 480$ 分の 1 mm，つまり約 2/1000 mm（2 ミクロン）となる．この大きさの細菌は，自然環境でよくみられる．この目測力には，脱帽のほかない．

無学で織物商であった彼が，このような探検ができた背景に何があったのか．当時のオランダは商業が栄え，先端的工芸であったレンズ磨きが栄え，水没しやすい低地のため測量技術も盛んで，彼自身も測量士の資格を持っていた．幼な友達で顕微解剖の先駆者，スワンメルダム（Jan Swammerdam; 1637-80）から，試料作成や観察法を学んだ．光の波動説で著名な同国人ホイゲンス（Christiaan Huygens; 1629-95）も応援，自身も多数の animalcule を観察した．

■ **パストゥール**（Louis Pasteur; 1822-95）

生命自然発生説否定の周到な実験を行い，実験微生物学を築いたフランスの科学者．化学者たちが原子，分子の実在を信じないなか，若きパストゥールは博士論文研究で，発酵産物の有機物の多くが光学異性を示す理由は，原子の非対称な立体配置だとする論を実験的に展開し，学界を驚かせた．光学異性体には左旋性，右旋性の 2 成分がある．彼は，

図 1　レーウェンフック

図 2　パストゥール

ある種のカビは一方を選択的に消費することを発見．生命と対称性との深い関連性に深く感銘した．

その後，リール大学に赴任，発酵研究を本格化．当時，発酵を起こす酵母は生物か無生物か，論争されていた．1827 年，植物学者シュワン（Theodor Schwann; 1810-82）は，発酵は酵母が酸素なしで成長する際に起こるとした．彼は，シュワンのこの研究を継ぐ．顕微鏡のステージに平板状に変形したガラス・チューブを置き，チューブの中を流す発酵液を注意深く観察．液中の固形物に付く点状灰色粒に注目した．発酵時には増え，膨らむ．腐敗が始まると数は増えず，異形の粒が現れる．点状の粒は発酵を起こす微生物であると結論し，発酵は点状菌の「空気なしの呼吸」だと洞察する．

その後，感染症との戦いに専念する．発酵菌や感染菌の特異性を体験した彼は，自然環境にはさまざまな特異的化学活性をもつ微生物が存在し，互いに関連しあって「天地万物の動的調和」に大きな役割を果たしていることを強調し，化学者たちに研究を促した．後述のウィノグラドスキーにも，深い影響を残した．

■ コッホ（Robert Koch; 1843-1910）

細菌の分離・純粋培養法を確立し，病原菌認定 3 原則を提起したドイツの病原細菌学者．19 世紀中頃ヨーロッパでは，炭疽が家畜に猛威を振るっていた．伝染病が何によって起こり伝染するのか，まだ何もわかっていなかった．炭疽で死んだ羊の血液には紐状，または桿状の異物がみられ，病原菌かもしれない．菌だとしたら紐状，桿状のどちらか，それとも両方ともか，議論は混乱し，論争となった．若きコッホはこの難題に挑む．マウスを使って炭疽を起こす物体を採取し，新しいマウスに移植を繰り返した後，顕微鏡下のスライド上でその原因菌を幾日も培養し，観察を続けた．すると桿状が紐状になり，紐の中に円状または楕円状の粒が生じ，やがて粒は細胞外に出る．炭疽菌の生活環と芽胞の発見である．これで混乱は一掃されると考えた彼は，確認のため分類学者コーン（Ferdinand Julius Cohn; 1828-98）を訪ね，改めて実験した．結果の正否の判断を仰いだ．コーンはその経過をつぶさに見，確認した後，「紐状か桿状かの長い論争はこれで終わった」と宣言した．

病原菌の研究をさらに展開し，病気の原因菌の認定に必要な 3 条件を提起した：その病気の患者にいつも存在する，患者から分離できる，分離菌でその病気を起こしうる．

彼は細菌の顕微鏡観察を重視し，染色法の導入や写真撮影技術の開発にも心血を注いだ．また，平板培養法や試験管保存法，高温殺菌法を考案，細菌の純粋培養法を完成し，その後の病原微生物研究に大きく貢献した．

■ ウィノグラドスキー（Sergei N. Winogradsky; 1856-1953）

微生物生態学，土壌微生物学を開拓したロシアの科学者．ウクライナの大農場で育った．サンクトペテルブルグ大学に進学，当時注目された下等植物の分類や植物エネルギー論を熱心に学ぶ．最初の研究は，パストゥールの方法でカビを培養，栄養物同化と消費エネルギーの関係を調べ，貴重な経験となった．その後，ストラスブルグ大学の著名な植

図 3　コッホ

図4 ウィノグラドスキー

物学者デ・バリー（Anton de Bary; 1831-88）の下で，硫黄泉に棲む硫黄酸化菌 *Beggiatoa* の研究に挑む．はじめコッホ流の純粋培養を試みたが成功せず，パストゥール流選択培養に切り替える．以前と同様な培養装置で，温泉水中のフィラメント状 *Beggiatoa* を移植，脇から栄養となる硫化水素液を滴下し，顕微鏡下で培養，じっくり観察．*Beggiatoa* の硫化水素還元で，みるみる硫黄顆粒が生じ，微生物の働きを実感．また有機物の抑制作用にも気づいた．なぜ大量の硫黄が産出するのか，思案の末，硫黄が酸化され硫酸になる，この反応により生育に必要なエネルギーが供給されると考えた．無機物酸化のエネルギーを利用する新しいタイプの微生物の発見である！　ただ実験の *Beggiatoa* はコッホ流の純粋培養ではなく，説得力に乏しかった．

デ・バリーの死去のため，チューリッヒ大学に移る．土の肥沃に深い関心をもつ彼は，脱窒菌発見を知り，硝化菌や窒素固定菌に注目しはじめる．硫黄酸化菌で自信を得た彼は，当時難航していた硝化菌分離に挑むことを決意．パストゥールの発酵実験や先の硫黄酸化菌では，特定微生物の増殖が特異的基質で支えられた．同様に硝化菌増殖に特異的な基質を試料に加える選択培養で，まず硝化活性を高めた後，硝化菌の分離を試みたが，成功しなかった．*Beggiatoa* のときの有機物の抑制作用を思い出し，培地から全有機物を除くと，見事に分離，純粋培養に成功．硝化菌は無機物だけで増殖できる化学合成無機栄養という新型菌であった．土の細菌の働きで，窒素や炭素が循環変化し，肥沃が維持されていると考え，これら細菌の研究構想を描きはじめたらしい．

サンクトペテルスブルグに戻った彼は，ロシアの研究者たちと窒素固定菌をはじめ，炭素サイクル関連菌の植物遺体分解，ペクチン分解菌，セルロース分解菌，メタン生成菌らの分離を目指すとともに，土の生態的諸因子の分析などの生態研究を展開した．1905-1922年，父の遺した農場経営に従事．1924年，パストゥール研究所に招聘され，ロシア時代の研究を再開．顕微鏡を駆使し，土壌微生物動態を研究，形態観察による細菌新属を多数記載（細菌分類の大綱として最も有名なBergey's Manual の初版に採録された細菌属の15%にも及ぶ），微生物間競争下の物質循環変化，栄養としての土壌腐植，粘土への吸着などに注目，壮大な土壌微生物学の構想を築き上げた．彼の視線は土壌の先，地球全体にと向けられていた．「地球上のあらゆるスポットで，物質は生命により循環変化している．微生物は主要因であり，地球全体は巨大な生物体にたとえうる」（1897年サンクトペテルスブルグでの講義）．

■ベイエリンク（Martinus M. Beijerinck; 1851-1931）

微生物生態学の建設に貢献したオランダ科学者．集積培養法による産業用細菌，植物共生菌，地球化学変化を担う各種細菌など，幅広く研究．20世紀欧米で活躍する微生物研究者多数を輩出したデルフト学派の祖．

デルフト工科大学の学生時代，やがて物理化学や遺伝学で大活躍する友人たちと競って多くの専門科目を学び，科学最前線の空気に浸った．卒業後，植物研究者となるが，生物研究の先端課題は遺伝と変異で，その最適材

図5 ベイエリンク

料は微生物だと察知，微生物研究に転進を決意する．デルフト工科大学新設微生物講座の教授となり，基礎から応用まで，幅広く微生物を研究する方針を宣言．発光細菌，硫酸還元菌，硫黄酸化菌，硝酸還元菌，水素酸化菌，メタン酸化菌など，多種多様な細菌の研究を手がけるが，これらの細菌はコスモポリタンで，どこにでもおり，探求しようとする菌にとくに適切となる環境を創ってやれば，その菌を見つけることができる，と考えていた．ダーウィンやパストゥールにこの発想があったと，彼はいう．実際の実験では，ウィノグラドスキーの選択培養法に似た作業となるが，彼はこれを集積培養法と呼んだ．集積培養法は，豊富な微生物生態情報を提供する宝庫とされる．'Every thing is everywhere, but, the environment selects'は，彼の言葉ではないが，彼にふさわしく，デルフト学派の象徴フレーズとされている．多彩な学識，先見的着想を抱く彼は，鋭い観察眼で，実に多種の微生物に挑もうとするあまり，スタッフをしばしば戸惑わせたらしい．

一方，遺伝と変異に強い関心をもつ彼は，現象の本質は植物と微生物で共通だと確信し，微生物の培養中に現れる多くの変異菌に注目し，変異はどのような過程かをめぐり，学生時代からの友で，メンデル再発見者，ド・フリース（Hugo de Vries; 1848-1935）と論争を続けた．

19世紀末から20世紀初頭の大学では，微生物研究は医学と発酵が主要で，応用的であった．彼のように生物学の視点から微生物研究を目指すのは，当時としては例外中の例外で，生化学や分子生物学が躍進する20世紀中頃，ようやく欧米で受け入れられ始めた．

〔服部　勉〕

参考文献
1) C・ドーベル，天児和暢訳．2004．レーベンフックの手紙．九州大学出版会．
2) L・パストゥール，山口清三郎訳．1970．自然発生説の検討．岩波書店．
3) L. T. Ackert Jr. 2006. *J. Hist. Biol.* **39**: 373-406.
4) G. A. Zavarzin. 2006. *Microbiol.* **75**: 501-511.
5) M. A. O'Malley. 2008. *Stud. Hist. Phil. Biol. & Biomed. Sci.* **39**: 314-325.

3
地球と生命の共進化

光合成, 酸化還元反応, 酸素

　生命の誕生と進化は，地球の環境に大きく依存している．一方，地球表層の環境は，生命活動の影響を強く受けてきた．とくに，光合成による酸素の発生は，大気および海洋の環境を激変させた．このような生命活動による地球環境の変化は，再びはね返って生命の進化に大きく影響を与えた．この生命の進化と地球の表層環境の変化が相互に依存的であったことを「地球と生命の共進化」と呼んでいる．

■ 生命の誕生と従属栄養生物のみの時代

　46億年前に誕生した後の高温の地球表層では，水は気体の水蒸気として存在した．やがて温度が低下して，原始の海が形成された．一方，生命誕生の素材となった有機化合物は，大気中の放電，太陽からの紫外線や放射線，また海底の熱水作用で合成され，蓄積されていった．蓄積された有機物は，海水中のイオンや海底の鉱物表面での触媒作用を受けて，複雑な有機物に化学進化していった．

　このような無生物的な初期地球の変化は，生命誕生の条件をもたらしたという点で，地球と生命の共進化の始まりといえる．生命が約38億年前に誕生すると，蓄積された有機物を取り込み・消費しながら進化を始め，現在の細胞に近い生命体が誕生したと考えられる．

　生命が誕生すると，地球上に蓄積した有機物は短時間にほぼ消費され尽くされた．これが，生命が地球環境に与えた最初の大きなインパクトである．蓄積有機物減少という地球環境変化は，生命の現存量の大幅な減少を招いたに違いない．その結果，生命は，わずかな有機物の無生物的な供給に見合う分だけのかすかな存在となった可能性が高い．

■ 化学合成誕生後の時代

　生命が持続的に繁栄するためには，自ら有機物を合成する独立栄養的生き方が欠かせない．初期の従属栄養生物のなかから，無機物の酸化還元のエネルギーを利用して有機物を合成する生物が進化したと考えられる．

　初期の生物が有機物を合成する反応は，水素と二酸化炭素から，メタンとそのほかの有機物を合成する反応であるメタン産生型の化学合成である可能性がある．もう一つの有機物合成反応が，水素を電子供与体とし，硫酸などの酸化物を電子受容体とする反応を利用して二酸化炭素を固定する型の化学合成である．

　化学合成の誕生によって，生命は，継続的・拡大的発展の時期に入る．現在地球上に存在する生物の共通祖先が誕生したのは，化学合成誕生後である可能性がある．もしそうだとすると，共通祖先はすでに，発酵，嫌気呼吸，好気呼吸，化学合成という多彩なエネルギー獲得手段をもっていたことになる．好気呼吸は，以前は酸素発生型光合成が誕生した後に進化したと考えられていたが，さまざまなエネルギー変換反応の系統分布や，酸素呼吸に関する酵素タンパク質の系統進化に関する研究から，水の紫外線分解や熱分解によるわずかな酸素を利用して，共通祖先はすでに酸素呼吸の能力も備えていたとする考え方が有力である．

　生命の誕生や共通祖先の誕生は，100℃以上の高温下で進行したと考えられている．化学合成が盛んに行われるようになると，生命活動による酸化還元反応で地球環境が変化していく．二酸化炭素濃度が減少し，温室効果が低下して，地球表層の温度低下の一因になった．

■ 酸素非発生型光合成誕生後の時代

　化学合成の誕生により生物生産が始まると，その生産に依存する従属栄養生物も多様化して，海中の生態系が拡大する．しかし，化学合成に必要な電子供給源は限られてお

り，また化学合成では，供給される電子は二酸化炭素の固定よりも多量にATPなどの高エネルギー物質生産のために使用される．

次の進展は，酸素非発生型光合成の進化によってもたらされた．クロロフィルが獲得されて，光エネルギーを利用した酸化還元反応が可能となった．このことにより，ATPの生成には光エネルギーを利用し，水素や硫化水素によって供給される電子は，すべて二酸化炭素の固定に使用できるようになった．生物反応による生産効率が，数倍に向上したと考えられる．

酸素非発生型の光合成の誕生は，33億年前から35億年前と推定されるが，そのころの地球表面の温度は70℃程度まで低下していたと考えられる．酸素非発生型の光合成の誕生によって二酸化炭素の固定が一段と進むようになり，地表と海の温度低下がさらに進んだ．

■ 酸素発生型光合成誕生後の時代

太陽からの光エネルギーの総量は地球上の生物界にとって十分であるが，酸素非発生型光合成では水素や硫化水素などの電子供給量に光合成が制限されていた．この制限を取り払ったのが，水を電子源とする酸素発生型光合成の誕生である．

酸素発生型光合成は，酸素非発生型光合成が進化して約27億年前に誕生した．27億年前というのは，地球の地磁気が形成された時期に相当し，太陽からの粒子線（放射線）が地表に到達せずに極地方に向かって曲げられるようになり，海表面近くに生物が進出しやすくなったと推定される．また，海水中の鉄イオンの沈殿が始まり大規模な縞状鉄鉱床が形成され始めた時期が27億年前とされており，酸素発生型光合成を行うシアノバクテリアの働きで酸素が供給されはじめた時期と考えられる．

酸素発生型光合成の結果発生するようになった酸素は，最初の数億年は海水中の2価鉄イオンを酸化して沈殿させるために消費された．それが終了する約20億年前になると，大気中や海水中の酸素濃度が増加していった．その結果，酸素呼吸で成育する生物も繁栄することとなった．

■ ミトコンドリアと葉緑体の誕生後の時代

約20億年前にプロテオバクテリアの一種の細胞内共生でミトコンドリアが誕生し，十数億年前にシアノバクテリアの細胞内共生で葉緑体が誕生した．地球表層の酸素濃度の増

表1 地球と生命の共進化：主なできごと年表（年代と地表温度については仮説的な推定値）

	生命現象・生物の変化	地球の変化	地表温度
38億年前頃	発酵による有機物代謝系の誕生	無生物的に蓄積された有機物の質の変換	100℃以上
38億年前頃	嫌気呼吸・好気呼吸の電子伝達系の誕生	無生物的に蓄積された有機物の量の大減少	100℃以上
38億年前頃	化学合成による有機物合成系の誕生	海中の有機物量の増加と酸化的環境の増加（第一段）	100℃以上
33億年前頃	酸素非発生型光合成の誕生	海中の有機物量の増加と酸化的環境の増加（第二段）	70℃
27億年前頃	酸素発生型光合成の誕生	海中の有機物量の大幅増加	60℃
		地殻中への有機物の蓄積開始（化石燃料を含む）	
		海中の鉄イオンの酸化と沈殿	
		海中および大気中の酸素分子の増加	
20億年前頃	細胞内共生によるミトコンドリアの誕生	海中の物質循環系の拡大（第一段）	50℃
15億年前頃	細胞内共生による葉緑体の誕生	海中の物質循環系の拡大（第二段）	45℃
		海中および大気中の酸素分子のさらなる増加	
10億年前頃	多細胞生物の誕生	大気中の酸素分子濃度の継続的増加	40℃
		成層圏のオゾン層が徐々に形成される	
4.5億年前頃	生物の陸上進出	陸上環境の大変化	30℃
		陸上・海中の生態系を通した物質循環系の成立	

加は，ミトコンドリアをもった真核生物の繁栄をもたらし，多細胞生物の発展にもつながった．これらによって，海中の生態系は複雑化・多様化した．また，大気中の酸素濃度の増加は，陸上の岩石の酸化的風化を促進し，海水へのイオン供給も大きく変化した．この過程で，海水中のナトリウム濃度やカルシウム濃度が増加した可能性がある．これもまた，生物の進化に大きな影響を与えた．

■ **生命の陸上進出後の時代**

大気中の酸素濃度がさらに増加すると，成層圏にオゾン層が形成され，太陽からの生物に有害な紫外線の多くを吸収するようになった．これにより4億数千万年前に生物は陸上に進出した．生物の陸上進出は，陸上の地球環境を一変させた．その環境で，生物はさらに進化を続けた．有機物を含む土壌中で新たな進化をとげる微生物も増えたと考えられる．陸上生態系の発達は，陸上と海洋間の物質の移動にも影響を与え，現在の地球生態系が形成された．

〔松浦克美〕

Column ❖ 地球最古の微生物化石

生命はいつから地球上に存在していたのだろうか？　この謎に答えるため，長年多くの研究者が古い岩石中に生命の痕跡を探してきた．岩石の年代は，岩石に含まれる元素の同位体測定によって見積もることができる．同位体には原子核が安定している安定同位体と，原子核が不安定な放射性同位体がある．放射性同位体は放射線を出しながら放射壊変を起こし，より安定な原子核へと変化する．放射壊変の確率は一定なので，この確率と，放射壊変により生成される放射性源同位体および元の放射性同位体の量がわかれば，岩石の年代を決定することができる．この方法によりさまざまな岩石の年代が測定されており，現在見つかっている最も古い地球の岩石はカナダのアカスタ片麻岩（約40億年前）である．では，古い岩石の中に生物の痕跡はどんな形で残るのだろうか？　地球の表面はプレートという岩盤で覆われている．このプレートは長い時間をかけて地球深部に沈み込み，高温高圧状態を経た後また地表に押し上げられる．古い岩石ほど高温高圧の変成を受けており，この過程で岩石中に残された微生物の死骸は圧縮され，焼かれ，ついには炭素の粒になってしまう．炭素の粒が「元微生物」であったかどうかのチェックには炭素の安定同位体測定が使われる．炭素には質量数12と13の安定同位体が存在する．微生物は炭素源を取り込み，代謝を介して自分の体を形成するが，軽い質量数12の炭素を優先的に使う．その分別は微生物に特異的なため，無機反応でできた他の炭素と区別することができる．岩石と一緒に高温高圧を経験した炭素はグラファイトという結晶になる．生物はもともと複雑な組成と構造をもった有機分子の集合体であるから，結晶構造には有機分子由来の特徴的な歪みが残されている．古い生物の痕跡はこれらの証拠をもとに判定されており，現在見つかっている最も古い微生物の痕跡は，グリーンランド・イスア地域に分布する岩石中のグラファイトである（約38億年前）．この岩石は化学組成から海洋堆積物であったことが示されており，約38億年前の初期地球海洋には，すでに高い生産性をもつ微生物が繁殖していたと考えられる．

〔大友陽子〕

4
環境中での微生物の分布

地球の全環境,見えない主役,
物質循環,巨大バイオマス

■ 全環境に生息

地球上で緑色植物の分布を考えると,熱帯雨林に多く,砂漠にはほとんど自生していない,といった極端な偏りがあることは容易に想像できる.一方で,(微生物では)環境によって生物量(バイオマス)に違いはあるものの,「微生物は地球上すべての環境に生息している」といってよいだろう.生物の体表や腸管内,土壌中,河川や海洋はいうに及ばず,高温の温泉,低温の極地,乾燥した砂漠,大気圏の雲滴や舞い上がった黄砂にも微生物が付着している.さらに,1990年代になってからは,深海底や海底下の地殻中にも大量の微生物が存在することが明らかになっている.細菌に限っても現在6,800種以上が知られているが,これは今後バイオインフォマティクス解析で桁違いの数に増加するであろう.種の多様性も高く,同じ種でも地理的な多様性も知られている.さまざまな環境における特徴的な微生物分布については,本書の3章〜7章に詳しく書かれている.環境ごとの推定微生物数を表1にまとめる.

表1 地球のさまざまな環境で推定される全細菌数

場　所	推定菌数(細胞)
水圏(海洋,淡水,湖沼の合計)	1.2×10^{29}
海洋堆積物	3.8×10^{30}
土壌	2.6×10^{29}
陸圏堆積物	$2.5 \times 10^{29〜30}$
ヒトの腸内	3.9×10^{23}
ウシのルーメン	2.9×10^{24}
シロアリの消化管	6.5×10^{23}

出典:E. L. Madsen. 2008. *Environmental Microbiology*, Blackwell. 註:菌数は2008年以前の概数であり,今後大きく変わる可能性が高い.

■ バイオマスと多様性

地球上の微生物の総バイオマス量は原核微生物に限っても$4〜6 \times 10^{30}$細胞,炭素重量で350〜550 Pgと見積られる[1](Pgはペタグラムで,$1 \text{ Pg} = 10^{15} \text{ g}$).微生物といっても原核生物の細菌,アーキアのほかに,真核生物であるカビ,酵母に至るまで,きわめて多様な種がさまざまな環境に適応して生息している.真核微生物はほかの生物体由来の有機物を栄養源とする従属栄養生物が多いが,細菌とアーキアでは,栄養要求性で分けると,光合成や化学合成を行う独立栄養菌と従属栄養菌がある.環境中の微生物はコッホ以来の培養法では,とくに細菌類では検出できないものがたいへん多い.すなわち,人工的な寒天培地上で培養できるものとできないものがあり,培養できない菌の方が圧倒的に多い.

■ 土壌環境

表層土壌(地面から数cm)では$10^{6〜11}$個/g存在する全菌数のうち培養可能な菌数は数%から10%ほどである.種数では,土壌中細菌種は1万種とも800万種ともいわれているが[2],確定的なことはいえない.団粒構造の内部にも微生物は生息しており,微小な1粒の粒子でさえすべての菌数・菌種を明らかにすることはたいへん困難である.

■ 水圏環境

河川では$10^{4〜6}$細胞 ml^{-1}の全菌数のうち1から数%が培養可能であり,海洋では$10^{3〜6}$細胞 ml^{-1}の全菌数のうち,0.1%以下,多くても1%程度しか培養可能菌はいない.海洋細菌の種数は確定できないが,海底堆積物では2〜3千種[3]といわれている.水圏に培養困難な細菌が多い理由は明確にはわかっていないが,人工培地では水分・光・酸素分圧が自然環境と大きく異なることや,有機物が豊富すぎることなどが挙げられる.また,菌が休眠状態だったり,培地上で増殖可能な菌との競合が起こることも考えられる.環境中の細菌のサイズは1 μm以下の場合が多く,とくに海洋の従属栄養細菌では0.2 μm

以下の小さなものさえある．これは有機物栄養が希薄な環境に適応し，かつ原生生物などの捕食者から逃れるための戦略と考えられる．海洋の深度別に微生物分布をみると，表層から数十m程度の深度までは細菌が80%以上を占めるが，深度を増すにつれてアーキアの優占率が高くなり，500mを超える深海ではアーキアが50%以上を優占する[4]．

■ 環境での微生物の働き

地球表面の土壌や水圏に生息する微生物の働きとしては，第一に，タンパク質や糖質などの生物体を構成する有機物を分解して，最終的に二酸化炭素やアンモニアなどの無機物へ分解する「分解者」としての働きがある．第二に，ほかの生物が利用できないきわめて小さい溶存態有機分子を取り込んで増殖し，粒子である細菌細胞へ変換して食物連鎖系へ有機物を転送する，「変換者」としての働きがある．これら二つの働きはすべての環境で行われている．微生物は肉眼では見えないが，地球上の物質循環の主役である．

■ 新しいパラダイム

近年，海底下を掘削する技術が発展し，日本では世界一の深海掘削船「ちきゅう」が建造された．この船によって，生命の起源を海底下に探索するプロジェクトが進められている．これまでに得られているデータと，海底掘削によって得られつつあるデータを合わせると，海底下には地球上すべての微生物バイオマスのうち約55%が存在すると計算されている．他の環境では，陸上地下に約39%，土壌に約4%，海洋・河川・氷河など水圏すべてを合わせて約2%とされている[1]．海底下の生命圏は巨大である．地下生物圏で微生物がどのような働きをしているのかを解明するためには，どのような菌がどれくらい生きた状態にあるのか，を明らかにしなくてはならず，この分野は今後さらなる発展を期待したい重要な研究領域である．

■ 人体の環境

われわれの体にもたくさんの細菌が生息している．人体の各部位における細菌数は，口腔内の歯垢に 10^{11} 細胞 g^{-1}，唾液に $10^{8～9}$ 細胞 g^{-1}，皮膚に $10^{3～6}$ 細胞 cm^{-2}，鼻汁に $10^{4～7}$ 細胞 ml^{-1} 程度存在し，大腸中の固形物（糞便）では $10^{11～12}$ 細胞 g^{-1} で，この数は糞便の1/2～1/4は細菌ということを示している．一方，胃から十二指腸・空腸にかけては胃液の強い酸性の影響で，ほとんど0からせいぜい 10^3 細胞 ml^{-1} 程度である．体全体では，100兆個以上の細菌がいることになり，これは人体を形成する全細胞数を上回る．しかし，細菌はあまりに小さいため肉眼で認識できないのである．ヒトの腸内に生息している細菌は海洋や土壌中の細菌に比べるとサイズがやや大きく，1μm以上のものが多い．これは，自然環境中と違って，動物腸内は有機物が豊富な環境であり，そこに適応して盛んに増殖する菌が多いためである．

■ 敵か味方か？

ヒトの体表・体内には数千種以上の細菌が存在していると考えられるが，実際の数についてはメタゲノム解析が進んでいる今日でもまだ研究途上である[5]．ヒトをはじめ，動植物の体に付着している微生物たちは，多くのものは無害であるが，ときに宿主の生体防御能（免疫）が落ちたときには感染症を起こす日和見感染菌になることもある．地球上の，細菌をはじめとするほとんどの微生物は，われわれ人間にとって環境維持や産業において有用かつ重要なものである．病気を起こすなどの不都合な働きをするものは微生物全体のなかのごく一部である． 〔鈴木　聡〕

参考文献

1) W. Whitman *et al.* 1998. *Proc. Natl. Acad. Sci. USA*. **95**. 6578–6583.
2) J. Gans *et al.* 2005. *Science*. **309**: 1387–1390.
3) S-H. Hong *et al.* 2006. *Proc. Natl. Acad. Sci. USA*. **103**: 117–122.
4) M. B. Karner *et al.* 2001. *Nature*. **409**: 507–510.
5) The Human Microbiome Project Consortium. 2012. *Nature*. **486**: 207–228.

5 微生物の同定・種の概念

分類，命名法，リボソームRNA遺伝子

種（species）とは，生物を識別する際に同じ仲間であることを表す分類学上の最小基本単位である．同じ仲間であると見なされた株が集まって，一つの種は構成される．種の概念は諸説あり，生物学者 E. W. Mayr は生物において自然交配により子孫を残すことができる個体同士が同種であるとしている．一方，原核生物である細菌とアーキアは明確な種の定義付けが困難であり，形態や生理生化学的特徴および分子情報の相同性に基づいて種を識別している．分類学的に近い（類似している）種をまとめた集団が上位分類階級の属であり，近い属をまとめたものがさらに上位分類階級の科になる．科より上位には目，綱，門，界が分類階級として順次存在する．それぞれの階級においてさらに細分化する必要性がある場合は，亜種，亜科，亜綱などが中間的に用いられる場合もある．大腸菌（*Escherichia coli*）の分類階級的な位置づけを表1に示した．

分類階級の最小単位を表す種の学名（種名）は，生物学者 Carl von Linné によって提唱された属名と種形容語からなる二名法で表されるラテン語である．すなわち *Escherichia coli* という種名は，所属する属名の *Escherichia*（医学者 Escherich の意）と種形容語である *coli*（大腸の意）からなる．細菌とアーキアの学名は，国際原核生物分類命名委員会（International Committee on Systematic of Prokaryotes, ICSP）が定める国際細菌命名規約（International Code of Nomenclature of Bacteria）に沿って命名されている．ただし，この命名規約に規定されている階級は綱までであり，それより上位の分類階級には決まり事はない．

現在の種名は，1980年に発効された細菌学名承認リスト（Approved Lists of Bacterial Names）に掲載された1,792の種名から始まっている．それ以降は，新しい学名に関する記載論文が International Journal of Systematic and Evolutionary Microbiology（IJSEM）に掲載されるか，ほかの学術論文に発表のうえで IJSEM の Validation List に掲載されるとその学名が正式に発表されたと見なされる．近年では毎年約600の種名が提案されており，2012年7月現在，11,412の学名が細菌とアーキアの種名として承認されている．それぞれの種には，その種を定義づける基準株（type strain）が存在し，これら基準株は微生物保存機関（カルチャーコレクション）で恒久的に維持管理されている．また，それぞれの属を定義づける基準種（type species）のように，基準株以外にもそれぞれの上位分類群に基準となるタイプが定められている．

未知の微生物に対して，その分類学的な帰属を明らかにする作業を同定（identification）という．この作業は，獲得した未知微生物の学術的な位置づけを明らかにするばかりでなく，病原性などの安全性を確認するうえできわめて重要である．同定とは既知種と同等であることを確認する作業であるが，いずれの既知種とも一致しない場合は新しい種となる．原核生物において同定の基準となる特徴は，形態的特徴，生理生化学的特徴，化学分類学的特徴（菌体の構成成分における特徴）および16SリボソームRNA遺伝子配列

表1 大腸菌の分類学的位置

界 kingdom	*Bacteria*
門 phylum	*Proteobacteria*
綱 class	*Gammaproteobacteria*
目 order	*Enterobacteriales*
科 family	*Enterobacteriaceae*
属 genus	*Escherichia*
種 species	*Escherichia coli*

- 形態的特徴
 (形状, グラム染色性, 運動性, 胞子形成能 etc.)
- 生理生化学的特徴
 (至適増殖条件, 呼吸方法, 炭素源 etc.)
- 化学分類学的特徴
 (DNA の GC 含量, 細胞壁成分, 脂肪酸組成, キノン組成 etc.)
- 16S リボソーム RNA 遺伝子配列

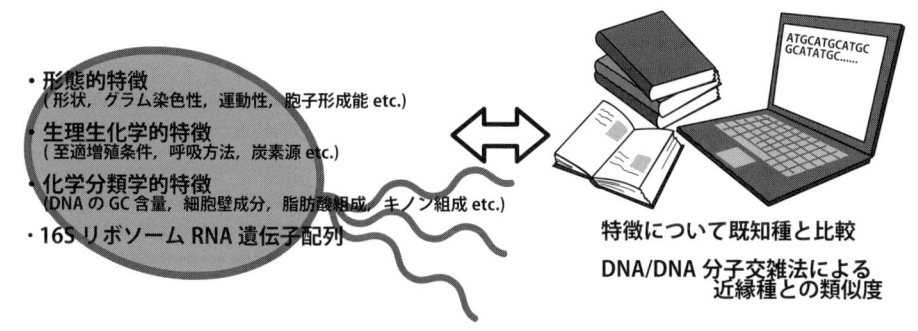

特徴について既知種と比較
DNA/DNA 分子交雑法による近縁種との類似度

図1 原核生物における種の同定

情報である（図1）．これら特徴を既知種と比較することで，未知微生物を同定することが可能である．とくに16S リボソーム RNA 遺伝子配列を用いた既知種との比較は経験と知識が必要とされた従来法の同定に比べて客観的な指標であり，その情報は公共のデータベースで公開されている．このため，誰でもアクセスして未同定株と既知種との類似度を検討することが可能であり，その類似度が98％以上であることが同種であると見なす目安になっている．ただし，16S リボソーム RNA 遺伝子配列の類似度は必ずしも同種であることを保証するものでなく，100％の類似度でもそのほかの特徴から別種とされる場合は多々ある．16S リボソーム RNA 遺伝子以外のハウスキーピング遺伝子などを分類体系や株・種の近縁性を明らかにするために使用する場合もある．また，近縁種との DNA/DNA 分子交雑法（DNA/DNA hybridization）による類似度の検討は同定を行ううえできわめて重要な客観的指標であり，この類似度が70％以上である場合は同種と見なされる．一連の原核生物の同定作業を通して，さまざまな特徴を明らかにすることで新しい種の発見がなされる．また，近年，基準株の全ゲノム配列決定・公開が進んでいる．この情報を利用して分類体系や株間の近縁性を検討する試みがなされており，将来的に種を決めるひとつの指標になりうると考えられる．

16S リボソーム RNA 遺伝子配列の差異は種を分けるクライテリアの一つであると認知されている．このことを利用して，さまざまな環境中から直接ゲノム DNA を抽出して，そこに含まれる 16S リボソーム RNA 遺伝子の種類を決定し，その環境中の構成種を推定することが可能になった．多種多様な環境に対してその構成種を検討した結果は，地球上の様々な環境中に多種多様な原核生物が存在し，培養株を獲得できている種が数％にすぎないことを示している．地球上にはまだまだ未知の原核生物が溢れているのが現状である．近年，ゲノム DNA 情報をはじめとするさまざまな解析手法から培養を介さずに新たな種を見出し，その諸性状を類推することが可能となりつつある．しかし，ゲノム DNA 情報の解析技術が躍進した近年においても，培養株の獲得なく個々の微生物の性状や能力を完全に把握することは難しい．新たに得た培養株を同定するまたは新しい種とすることは，地道な作業ではあるが，微生物学研究において重要なピースであるという認識に古今変わりがない．

〔森　浩二〕

6 微生物の簡易同定

生化学的性状検査，菌種同定キット

■生化学的性状試験

各々の微生物は，特徴的な生物学的，生化学的性状を有しており，各種細菌が利用する酵素の種類や生物学的特徴（運動性など）を調べることで，菌の鑑別が可能になった．代表的な同定手段として，従来から実施されてきた生化学的性状試験が挙げられる．試験には，試験管培地が多用され，項目数として50項目以上が存在する．グラム染色による形態分類，オキシダーゼ試験，カタラーゼ試験などの簡易鑑別試験により，大まかな細菌分類を行った後，その分類に応じて詳細な生化学的性状試験を実施する．各項目から得られた成績をもとに，既知の報告からまとめられている生化学鑑別性状表と比較し，菌種を同定する．代表的な培地として以下の試験管培地がある．

■ OF基礎培地 (oxidation fermentation agar)[1]

細菌が糖を利用する場合，酸素の存在の有無にかかわらず分解する菌群と，酸素の存在下でなければ糖を分解できない菌群に大別される．ブドウ糖を添加した本培地2本に試験株を接種し，1本は好気条件，もう1本は流動パラフィンなどで重層し，空気が遮断された嫌気条件にて培養を行う．各培地の色調変化を確認することで，糖分解における酸素の利用有無を確認できる．

■ TSI培地 (triple sugar iron agar)[1]

ブドウ糖，乳糖，白糖を含有し，糖の分解試験が確認できる．分解した糖から産生される酸により培地中のpHが低下し，指示薬であるフェノールレッドの色調の変化を読み取り分解能を判定する．

またペプトン中の含硫黄アミノ酸およびチオ硫酸ナトリウムを利用することで，硫化水素を発生し，クエン酸鉄（または硫酸第一鉄）との反応を経て黒色の硫化鉄の確認が可能である．腸内細菌の鑑別に常用される最も基礎的な培地である．

■ SIM培地 (sulfide indole motility agar)[1]

本培地はペプトン量が多いため，トリプトファンが豊富でインドール産生試験に適している．また，トリプトファンから産生されたインドールピルビン酸がクエン酸鉄アンモニウムの鉄イオンと結合し，褐色に発色するIPA反応の確認も可能である．

また，硫化水素産生試験および，運動性の確認が可能である．

■ リジン・オルニチン脱炭酸試験培地 (ornithine decarboxylase test, lysine decarboxylase test)[1]

アミノ酸を脱カルボキシル化し，アミンを形成して，アルカリ性にする酵素活性を対象菌が有しているかを確認する．

酵素活性によりアルカリに傾いた培地は，含有するブロムクレゾールパープルの色調を紫色にする．

■ VP試験培地 (voges-proskauer test)[1]

細菌がグルコースを発酵して，その結果中性の終末産物であるアセチルメチルカルビノールを産生する能力の有無を調べる．

アセチルメチルカルビノールが形成された培地にアルカリ液を加えると空気中の酸素によって酸化され赤色のジアセチルになり赤変する．

図1　アピ20（API 20E）

■ 簡易同定キット

1970年代の初頭にフランスのAPI社（現在のbioMerieux SA）が腸内細菌用の簡易同定キットであるアピ20（API 20E）（図1）をはじめて開発した．従来の生化学的性状試験の多くは，自家製試験管培地や自家調整試薬による検査が多く，都度作成を余儀なくされていた．また，精度管理や保管の面からも労力を必要とされていた．

簡易同定キットの特徴として，固相化された各種生化学項目がストリップの反応ウェルに少量ずつ分注されており，所定濃度の菌液と一定時間培養させることにより，従来の試験管培地と同様の反応を得ることができる．試験項目は同定キットで異なり，10～50の生化学項目を収載している．

解析には，各基質の反応に重みをつけ，コード化することにより，従来の試験管培地のみでは鑑別が困難だった細菌に対しても対応が可能になった．簡易同定キット発売当初は，解析表（コードブック）に収載されているデータベースと照らし合わせることで菌の検索を実施していたが，PCの普及により検索方法も進化をとげ，現在では，コードを入力するだけで，対象菌種および可能性の高い菌を瞬時に解析できるようになっている．現在入手可能な同定キットの種類は，腸内細菌，ブドウ糖非発酵菌，嫌気性菌，連鎖球菌，ブドウ球菌，ヘモフィルス，ナイセリア，酵母様真菌などと多岐に渡り，さまざまな細菌の同定に対応している．

かつての簡易同定キットは24時間判定がほとんどであったが，各メーカーの開発が進み，今日では4時間から同定が可能なキットも発売されている．

また読取方法は目視判定であったが，自動読取装置が開発され，細菌同定の標準化にも大きく貢献をしている．

■ 細菌同定の進化

生化学的性状検査は試験管培地による同定検査から簡易同定キットに移行し，現在では，全自動機器が市場に展開されている．キットの大きさもコンパクト化され，最小の試薬では名刺大の大きさまで小型化された．レートアッセイ[2]（被検菌と試薬を反応させて，反応速度を単位時間あたりの吸光度変化量として測定する方法）を原理に用いた機器も開発され，最短では2時間で同定可能な試薬も販売されている．

近年の細菌同定技術の進歩として，従来の生化学的性状検査の小型化・迅速化に加えて，分子学的手法や質量分析の利用が挙げられる．

分子学的手法では，細菌がもつ16SリボソームRNA遺伝子の塩基配列が菌種によって多様であることを利用し，その相同性の差から細菌同定を行う．質量分析では，リボソームタンパク質を中心とした菌体の構成成分であるタンパク質の分子量を分析し，個々の細菌がもつ特徴的なピークパターンからパターンマッチング解析[3]によって同定を行う．これらの手法は，近似した菌種であっても非常に高い識別能で同定が可能であり，今後も活用範囲の拡大が期待される．　〔西田浩徳〕

参考文献

1) 坂崎利一，三木寛二，吉崎悦郎．1986．新 細菌培地学講座〈下Ⅰ〉．近代出版．
2) 西田浩徳．2005．埼臨技会誌．**2**: 169．
3) 島　圭介．2009．島津評論．**3-4**: 133-13．

7

新規微生物（新門）の探索と発見

微生物の分類，新門，分離培養

われわれの身のまわり，いたるところに微生物は存在している．微生物の中の一つの生物群である細菌も，土壌，河川，地下水，海洋，さらには空気中にも漂って生存している．加えて，われわれの体内（口腔や消化管の中）すらも生育環境の一つなのである．細菌に関しては分布域の広さばかりでなく，その系統的多様性も驚くほど大きいことが知られている．今までさまざまな環境中から，多様な細菌が分離培養されてきており，現時点（2012年7月）で約10,000種類の細菌が種として記載されている（Bacterial Nomenclature Up-to-date, http://www.dsmz.de/bacterial-diversity/）．しかし，このように種として学名を付けられて記載されているものは，地球上に生息している細菌の1％以下であり，その99％以上が分離培養されることなく，未知細菌として環境中に存在しているといわれている．実際，環境中の細菌ゲノム（メタゲノム）中の遺伝子（16S ribosomal DNA）を対象とした〈培養に依存しない分子生物学的多様性解析〉は細菌の系統学的多様性が，培養を基本とした細菌系統分類学が示すものよりはるかに広大であることを示唆した．細菌の最上位分類階級である門（phylum）に関しても，10年前（2000年代初頭）には23門ほどが記載されているのみであったが，同時期の〈分子生物学的多様性解析〉の結果は，少なくともこの数の倍以上の52種類の門が細菌のなかに存在する可能性を示していた[1]．細菌の分類においては，分離された培養菌株がなければ，門を含むいかなる分類群も提案できないことから，このような〈分子系統解析のみから存在が予見された門〉はcandidate phylum（「門の候補」の意）と呼ばれている．なお，これらcandidate phylum（複数はphyla）について明らかになっているのは，系統学的位置と検出された環境がどこかといった情報だけである．しかし，微生物学者としては，このようなcandidate phylumに属する菌株の生理学的性質や，環境中の微生物生態系における役割について知りたいのは当然だろう．たとえば，これらに属する新規分離株を手にすることができれば，生理学的性質，代謝，含有する生化学的物質などの情報が付加されることとなり，その意義は大きい．そればかりではなく，その培養可能な分離株を基準種として門の提案もまた可能になるのである．

2003年，BD groupと呼ばれるcandidate phylumに系統学的に属する *Gemmatimonas aurantiaca* の分離培養に成功し，これを基準種とした *Gemmatimonadetes* 門が新門として提案された[2]．翌年の2004年には湾岸海水を分離源としたハイスループット分離手法により，*Lentisphaera araneosa* が発見される．系統解析の結果，candidate phylum VadinBE97に近縁であることがわかり，このcandidate phylumが *Lentisphaera* 門として提案されることになった[3]．同様に，2009年に温泉から発見された嫌気性繊維状細菌 *Caldisericum exile* を基準種としてcandidate phylum OP5が *Caldiserica* 門[4]に，2011年には葦の根圏から分離された *Armatimonas rosea* によって，candidate phylum OP10が *Armatimonadetes* 門[5]に〈正当な門〉として提案された．なお，これら四つの新門提案のうちの三つは日本人研究者によるものである．これはかねてより発酵産業の盛んであった日本において，細菌の分離培養に卓越した技術や知見を有する研究者や研究グループが存在しているといった理由だけではなく，分離培養といった地味な研究に対しても喜びを見出せる国民性（？）に関係しているのかもしれない．

このような門レベルで新規な細菌を分離す

表1 発見された分離株に基づき2003年以降に提案された細菌の新門

新門名，基準種の分離情報
Gemmatimonadetes 門（2003）
基準種　*Gemmatimonas aurantiaca*
分離源　活性汚泥（廃水処理システム）
分離法　栄養基質濃度の比較的低い培地を用いた寒天平板培養
Lentisphaera 門（2004）
基準種　*Lentisphaera araneosa*
分離源　湾岸海水
分離法　きわめて低栄養の培地を用いた限界希釈法
Caldiserica 門（2009）
基準種　*Caldisericum exile*
分離源　温泉水（貧栄養）
分離法　イースト抽出物とチオ硫酸を含む培地での嫌気培養
Armatimonadetes 門（2011）
基準種　*Armatimonas rosea*
分離源　水生植物（葦）の根圏
分離法　低栄養培地を用いた寒天平板培養

るのは容易なことではない．だが，これら四つの新門提案成功例から，新門菌の分離成功のキーワードを読み取ることができそうだ．これらに共通するのは，当該新門菌だけではなく大量の菌株の分離培養が行われていることだが，それだけではなく貧栄養培地を分離に使用する，生育の遅い（またはコロニー形成に時間がかかる）菌株を分離対象とするといった戦略がみて取れる．また，これら新門菌の分離源が，活性汚泥や湾岸海水，温泉，水生植物根圏といった（海底熱水孔や大深度地下などの極限環境ではない）アクセスが容易な一般的な場所であるというのも興味深い．そもそも細菌の分離培養は多額の資金を必要するものではない．そういった意味においては，新門菌の発見は，それを望んで努力を重ねる者すべてに均等に分け与えられているチャンスといえるかもしれない．

なお，Jean P. Euzebyによる学名命名法に基づく原核生物学名リスト（LPSN, http://www.bacterio.cict.fr/）には，現在（2012年7月）で前述の四つの新門を加え30の細菌門が記されている．これらの門は最上位分類階級として微生物研究者におおむね認知されているものと考えられる．しかし，実はこれらの名称はいまだ非公式なものなのである．それは国際細菌命名規約（International Code of Nomenclature of Bacteria）において，門の定義が規定されていないことによる．門の定義を含む命名規約の改定は，微生物分類学者の喫緊の課題というほかはない．

〔花田　智〕

参考文献

1) M. S. Rappé & S. J. Giovannoni, 2003. *Ann Rev. Microbiol.* **57**: 369-394.
2) H. Zhang *et al. IJSEM.* **53**: 1155-1163.
3) J. C. Cho *et al. Environ Microbiol.* **6**: 611-621.
4) K. Mori *et al. IJSEM.* **59**: 2894-2898.
5) H. Tamaki *et al. IJSEM.* **61**: 1442-1447.

8 微生物のエネルギー源

エネルギーの種類，エネルギーの獲得，エネルギーの貯蔵

　自己の維持，複製，外界との隔離が条件とされる生命体が，崩壊から逃れ，秩序を保ち続けるためには，外部からのエネルギーの導入が不可欠である．たとえば，代謝に必要な酵素類の合成，自己複製のための生物体成分の生合成，生命活動に必要な物質の細胞内への取り込みや排出の多くは，自然には起こりえない反応であり，生命体の維持にはこれらの反応を促進するためのエネルギーが必要となる．なお，独立栄養生物と従属栄養生物という生物学の用語があるが，これは生体成分の炭素源を二酸化炭素から生合成するか，有機物を取り込んで再利用するかを示すものであり，エネルギー源とは別に考える必要がある．生物が直接利用しているエネルギー源には，光エネルギーと化学エネルギーが確認されている．

■ **微生物が直接用いるエネルギー：プロトン駆動力**

　微生物に限らず，生物のエネルギーのほとんどは，プロトン駆動力を通じて得られる．プロトン駆動力とは，光合成や呼吸などの代謝活動を通じて，膜を介した細胞の内外で水素イオンの濃度勾配を作りだし，その濃度差からプロトンが細胞内に入るときに膜チャンネルタンパクを通り抜けることで生み出されるエネルギーである．われわれ人間を含む真核生物のエネルギー代謝でも，最も大きなエネルギーを生み出すのは，電子伝達系を介したプロトンポンプである．進化の過程で真核生物細胞の祖先に取り込まれた細菌と考えられているミトコンドリアがその役割を担っている．プロトン駆動力は，ほかのチャンネルタンパクに伝達されることで，能動的な物質の取り込みに用いられる．プロトン駆動力

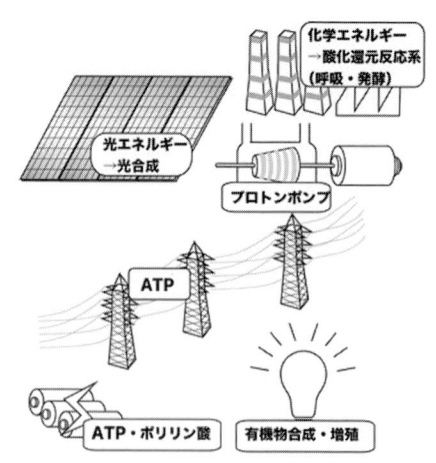

図1 エネルギー源と微生物によるエネルギーの利用

はいうなれば電気のようなもので，光合成過程の光化学系は太陽電池，呼吸の電子伝達系は火力発電に似ている．プロトン駆動力は保存が利かないこと，エネルギーの直接伝達が難しいことから，高エネルギーリン酸結合を用いた化学エネルギーとしてエネルギー伝達と蓄積する役割を果たすのがATPであり，電気と蓄電池の役割を果たしている（図1）．

■ **光エネルギー**

　地球上で得られるエネルギーには，太陽からの放射エネルギー，地球内部からの熱エネルギー，月や太陽の引力に由来する潮汐エネルギーが知られている．このうち太陽からの放射エネルギー（光エネルギー）は全エネルギーの約99.97％を占める最も重要なエネルギーである．光エネルギーは，クロロフィルを有する植物や藻類，バクテリオクロロフィルをもつ光合成細菌により，水から還元型の水素を取り出したり，プロトン濃度勾配の形成やATPの生産に利用され，さらに二酸化炭素からの有機物合成に用いられる．このほかにもロドプシンやバクテリオロドプシンをもつ微生物が発見されており，光エネルギーを用いていると考えられている．

光合成により生産された有機物は還元型化学物質として貯蔵され，生態系で利用される．光合成のもう一つの重要な側面は，地球上で最も重要な酸化剤である酸素の生成である．後述する化学合成微生物もその大部分は光合成産物である酸素に依存しており，地球上の生態系は，光エネルギーに支えられているといえる．

■ 化学エネルギー

石油を酸素により燃焼すると熱エネルギーが得られるように，化学エネルギーは酸化還元反応に伴う電子の流れとして生物に用いられる．この反応の場合，石油が還元物質で酸素が酸化物質として働き，電子は還元物質（石油）から放出され，酸化物質（酸素）に吸収される．還元物質の代表例には，水素，メタン，有機物，アンモニア，硫化水素，二価鉄など，酸化物質の代表例には，酸素，硝酸，硫酸，3価鉄などが挙げられる．酸化物質と還元物質の組合せは，主に物質の酸化還元電位（ORPやEh）によって相対的に決まるため，亜硝酸やチオ硫酸など，酸化物質としても還元物質としても働く物質も知られている．

微生物の重要な特徴に，化学エネルギー獲得のための多様な代謝系が挙げられる．われわれ人類は生体エネルギー源として有機物と酸素の組合せしか利用できないが，上記で挙げた還元物質と酸化物質の組合せをエネルギー獲得に利用できるさまざまな微生物が発見されている．具体的な例は，本書の窒素循環や硫黄循環の項を参照されたい．

酸化還元反応により得られる化学エネルギー量は，反応物質の濃度，圧力，温度などのさまざまな要因を考慮した化学熱力学に基づき，計算から概算される．ただし，化学反応で得られるエネルギーの多くは，熱として放出され，生物が利用できるエネルギーは総エネルギーの30〜40%程度と見積もられている．この値は，化学物質の濃度によっても変化するため，生命が利用できる化学物質濃度の下限を規定するためにも，エネルギー変換効率や物質の取り込みおよび濃縮コストも含めたエネルギー論の構築が期待される．

■ 非平衡状態と化学反応速度

化学反応は平衡状態に達すると，反応が進まなくなり，酸化還元反応によるエネルギーを取り出すことはできなくなる．つまり，化学エネルギーを得るためには，非平衡状態を作りだすことが重要であるといいかえることができる．たとえば，地下に眠っている石油は，地下で長い時間をかけて熟成され，反応がほとんど進まない平衡もしくは準安定状態に達しているが，地上に運び出され酸素と触れると，非平衡状態になりエネルギー源として利用できる．非平衡状態は，温度，圧力，物質の濃度の変化や，外部からのエネルギーにより，物質の状態を強制的に変化させることで生み出される．環境中に当てはめると前者の例は，メタン湧水，熱水，温泉など物理的な物質移動を通じた化学非平衡が作られる場合で，後者の例は光エネルギーを用いた物質の分解，つまり光合成による水の水素と酸素への分解が挙げられる．

生命が利用可能な化学エネルギーの確保という観点からは，非平衡状態にある化学物質からの電子の流れを安定的に構築することが必須である．平衡状態に至るまでの時間がきわめて短く，非生物的に平衡状態に達してしまう場合や逆に生命の存在温度範囲で準安定な物質や（たとえばダイアモンドなど）酸化還元のスピードがきわめて遅くエネルギーがほとんどとれない場合も生命はこれらのエネルギーを利用できない．生命が利用可能な化学エネルギー源には，両者の中間程度の安定性が必要になる．生命は，酵素を使って，化学的安定性を下げたり，鞭毛や鉱物などを通じて物理的に離れた場所へ電子を移動させることで，非生物的には進みにくい酸化還元反応を優先的に進めて化学エネルギーを得ているのである．

〔砂村倫成〕

9 細菌生産

チミジン法, ロイシン法

■細菌生産を知る

　海洋や湖沼には1 mlあたり約100万細胞という膨大な数の細菌が存在している．これらの細菌の増殖は好適条件下で非常に早く，なかには数時間で細胞分裂するものも存在する．細菌は分裂する際，水中に溶けている有機物や無機栄養塩を取り込むため，水圏環境の物質循環に大きく寄与している．つまり，細菌の増殖または細菌生産量を測定することは，水圏生態系における物質循環を考えるうえで重要である．現在，環境中の細菌生産を測定する方法として放射性同位元素で標識された基質をトレーサーとして取り込ませ，その取り込み量から細菌生産を見積もる方法（チミジン法，ロイシン法）が広く用いられている．

■チミジン法

　細菌は増殖する際，新たなDNAを合成する．Fuhrman & Azam（1980）らは，チミンの前駆物質であるチミジンをトレーサーとし，DNAの合成速度を測定することで間接的に細菌生産を推定する手法を開発した[1]．DNAはアデニン，グアニン，シトシン，チミンから構成されているが，チミジンがトレーサーとして選ばれた理由はチミン塩基がほかの塩基と違って直接的にはRNA合成に利用されないため，純粋にDNA合成速度を測定することができるからである．

　具体的には，放射性同位元素（^{3}Hおよび^{14}Cがよく用いられる）で標識されたチミジンを環境中の細菌に取り込ませ，細菌画分のみをメンブレンフィルター上に捕集し，そこから発せられる放射線量をシンチレーションカウンターで測定することでDNA合成速度を見積もる．シンチレーションカウンターは，放射線があたると蛍光を発するシンチレーターと呼ばれる物質を用いて放射線量を蛍光強度に変換し，その蛍光強度を測定することで放射線量を推定することができる分析装置である．

■ロイシン法

　また，Kirchmanら（1985）は，放射性同位元素で標識されたアミノ酸（ロイシン）を用いて細菌生産を測定する方法を考案した[2]．これは，細菌細胞のタンパク質含量は，乾燥重量にして約50％以上とされ，ロイシンの取り込みによるタンパク質合成速度を測定することで，より正確に細菌生産を推定できると考えたからである．

■細菌生産量への換算

　チミジン，ロイシンの細胞内への取り込み量を炭素量に換算する際には，下記のような方法で計算される．ただし1細胞あたりの炭素量は沿岸域や外洋域などで変動するため，ここでは一般的によく用いられている値を示す．

　チミジン1 molの細菌細胞への取り込みは約2×10^{18}細胞の細菌数の増加に相当することが知られている．これと細菌1細胞あたりの炭素量（約20 fgC，$1 \text{ fgC} = 10^{-15}$ gC）から，単位時間あたりどれくらいの炭素を取り込んだか（生産量）を求めることができる．

　ロイシン法の場合，タンパク質中のロイシン含有率（7.3％），同位体希釈率（タンパク質合成の際に取り込まれた全ロイシン量に対する放射性同位元素標識ロイシンの割合：50％），タンパク質の炭素含有率（86％）が推定されており，これらを用いて計算された換算係数（ロイシン1 molあたり3.1 kgC）が，現在，広く用いられている．

■チミジン法とロイシン法の比較

　海水域，淡水域，河口域および堆積物中の細菌生産をチミジン法とロイシン法を用いて同時に測定した結果，二つの方法によって得られた値はよく一致することが報告されている．しかしながら，シアノバクテリアが多く

存在する一部の淡水域において，チミジン法とロイシン法による細菌生産測定に差が生じることも報告されている．これは，一部のシアノバクテリアがチミジンを細胞外から取り込まないことが原因の一つだと考えられる．このような水域では，チミジン法による細菌生産測定が，より従属栄養細菌の生産を反映している可能性も考えられる．

■ 海域間における細菌生産の比較

細菌生産の測定法が確立されて以来，これまで，さまざまな海域で細菌生産が測定されてきた．ここでは，代表的な海域における細菌生産と植物プランクトンの光合成による一次生産とを比較した表を示す（表1）．これをみると，細菌生産は一次生産に対して約5～25％の寄与率があることがわかる．

また，図1には細菌生産と細菌増殖効率から細菌炭素消費量を見積もり，植物プランクトンによる一次生産量と比較したグラフを示

表1 代表的な海域における植物プランクトン一次生産，細菌生産，細菌増殖効率（Ducklow 2000 を改定）[3]

	植物プランクトン一次生産 ($mgC\,m^{-2}\,d^{-1}$)	細菌生産 ($mgC\,m^{-2}\,d^{-1}$)	細菌増殖効率 (d^{-1})
北部北大西洋	1,083	275	0.3
太平洋赤道域（春季）	1,083	285	0.13
太平洋赤道域（秋季）	1,548	176	0.12
北太平洋亜寒帯域	629	56	0.05
アラビア海	1,165	257	0.18
バミューダ	465	70	0.05
ロス海（南極）	1,248	5.5	0.25

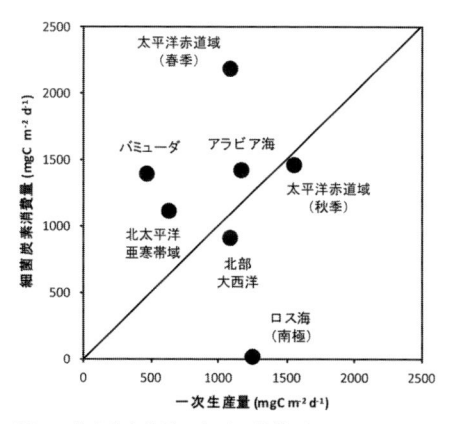

図1 代表的な海域における植物プランクトンの一次生産量と細菌炭素消費量の関係．図中の線は1対1対応の線を示す（Ducklow 2000を参考に作成）[3]．

した．この図から，南極のロス海では一次生産に対して細菌炭素消費量は非常に小さく，逆に，春季の太平洋赤道域では細菌の炭素消費量が一次生産量を大きく上回ることがわかる．このことから，細菌を介した炭素循環系が海域や季節によって大きく変動することが理解できる． 〔多田雄哉〕

参考文献

1) J. A. Fuhrman and F. Azam. 1980. *Appl. Environ. Microbiol.* **39**: 1085-1095.
2) D. Kirchman, E. Knees and R. Hodson. 1985. *Appl. Environ. Microbiol.* **49**: 599-607.
3) H. Ducklow 2000. *Microbial Ecology of the Oceans* (D. L. Kirchman ed.), pp.85-112. Wiley-Liss.

10 環境中での微生物の増殖

有機物，捕食者，対数増殖

　増殖とは微生物がその生物量を増やすことである．ここでは従属栄養性の細菌が有機物を利用して無性的に増殖する場合を考える．これについては一般に微生物の教科書に記載してあるが，本項ではそれと環境中での増殖の相違に注目しつつ述べる．

■ いわゆる対数増殖について

　フラスコ中の液体培地中である細菌株の増殖を観察すると，最初の導入期に次いで対数的に増加する対数増殖期，次いでその増殖が遅くなり最終的には死滅期へと繋がっていく定常期がみられる．一般に，その比増殖速度は対数増殖期を対象として以下の式で表される．

$$\mu = \frac{\ln x_1 - \ln x_0}{t_1 - t_0}$$

ただし，ここで x_0, x_1 はそれぞれ時間 t_0, t_1 における生物量である．

　こうした"教科書的な"増殖パターンがみられるにはいくつかの条件があるが，以下に述べるように，その条件は環境中では必ずしも満たされない．

　第一に，それらの結果は特定微生物株の純粋培養で得られるものである．しかし環境中に単一種のみで占められている場を探すのはきわめて難しい．複数種が混在する場合，群集全体の見かけの増殖は個々の種の増殖パターンの足し合わせに加えて異種間の相互作用を反映する．このため個々の株の純粋培養で得られた知見を環境にそのまま当てはめることはできない．

　第二の条件は，連続的な対数的増殖を支えるだけの十分な有機物が存在することである．実験室での培養では通常 1 l あたり g 単位の有機物を添加する．これに対し，環境中の有機物濃度はそれより少なくとも 3 桁程度低いのが普通である．多くの微生物は恒常的な飢えのなかで，多種と有機物を奪い合っている．そこで"対数的な増加"が保証される可能性は小さい．

　第三に，有機物の量に加え，その質に変動がないことも条件になる．その質が変化する場合には細菌はその代謝系を変化させていく必要があり，その増殖速度もそれに応じて変化する．環境中の有機物はつねに混合物であって，特定の有機物が高濃度に蓄積される場はまれであろう．

　第四に，培養実験は通常コンスタントな環境条件下で行われる．しかし，たとえば温度が変われば化学反応速度が変化し，増殖速度も変わる．環境中では温度以外にも光，pH，塩分，有機物濃度と組成などの多くの要因が絶え間なく変動しており，微生物はその変動に応じた生理的な対応を迫られる．

　第五に，通常実験室では攪拌によって均一な水相を作り出し，培養を行っている．しかし，たとえば，攪拌が十分でなく，表面と底部で酸素濃度やそのほかの化学的な不均一性が生じたり，あるいはそこにビーズのような固体が入ると，フラスコの中で不均一な増殖パターンが生じるだろう．水界環境にはさまざまな懸濁物が浮遊しているし，固体表面にはいわゆるバイオフィルムが形成されている．また，土壌環境では土壌粒子と水とが複雑な立体的構造を作り出している．つまり環境とは時空間的な不均一場の集合である．

　第六に，フラスコの中には通常捕食者はいない．捕食者とは，鞭毛虫などの単細胞生物群とウイルスである．水界環境中では通常ウイルスの数は細菌数を少なくとも数倍上回っている．増殖した細菌はコンスタントにこれらの捕食者によって死滅，除去されるため，菌数が単調に長時間にわたって増加し続けることはない．

　第七に，フラスコは閉ざされた空間であるのに対し，環境は開放系である．環境中の場

は，微生物自体の流入，流出に加え，ほかの生物群やさまざまな化学物質などがつねに出入りする動的な性質をもっている．

実験室と環境との間のこうしたさまざまな違いを考慮すると，実験室で得られた結果をそのまま環境に当てはめるのは危険であることがわかる．では細菌の環境中での増殖は何によって制約を受けているのか，そもそも環境中の増殖を測定する意味は何かについて考察してみる．

■ 環境中での増殖規定要因

大腸菌はフラスコの中では約20分に1度ずつ分裂をする．もしそれが2日ほど休みなく続くと，計算上，その総重量は地球のそれを超えてしまう．つまり，至適環境下での細菌の増殖能は潜在的にはきわめて大きいものの，それが実際に発揮される場は時空間的にきわめて限定されている．

環境中の細菌群集の増殖速度は，温度，光，圧力，水分含量，浸透圧，pH，各種有機物の質と量，無機物質の質と量，他生物との相互作用，などさまざまな要因によって規定される．実際にはそれらの要因が複合し合って働いているが，そのなかで一番大きな要因は利用可能な有機物の質と量である．逆にいえば，きわめて極限的な環境であろうと，そこに有機物が供給されるならば従属栄養性細菌が生息している．

地球上の有機物のほとんどは光合成生物によって作られるため，それによって生産される有機物の総量と，そこから細菌群集に"配分される"有機物の総量が環境中の細菌群集の増殖可能量を決める．

環境中の細菌群集の増殖速度はこれまでさまざまな場で測定されてきた．水界を例にざっくりとした値を挙げると，汚れた湖沼や内湾などの富栄養的な水域では5～6時間，中栄養域では1日程度，外洋海域のような貧栄養海域では数日に1度程度の速さで群集全体が分裂している．また深海になると，それが見かけ上，1月から数か月以上に及ぶ．上述したように，これはおおむね有機物濃度に依存しており，温度の効果は二次的である．

■ 環境中での増殖を知る意味

細菌が増殖する際には有機物が必要である．有機物は炭素源と同時にエネルギー源として使われる．このためたとえば炭素含量1の菌体を作るにはその5から10倍量の有機態炭素を必要とする．これはたとえば魚の養殖の際に多くの餌を与えるのと同じである．さて，この考え方を使うと，増殖によって一定量の菌体が新たに作られる際，それがどのくらいの有機物を利用した結果なのかを推定することができる．たとえば，海洋細菌の全菌数は約10^{29}と推定されている．それを炭素量で表すと約1 Pg（10^{15} g）に相当する．もしそれらが一斉に分裂し，その際にその5倍量の有機態炭素を必要としたとすれば，海洋細菌群集は5 Pgの有機態炭素を取り込み，そのほぼ8割を炭酸ガスとして排出し，2割を菌体として残したことになる．これは地球規模の炭酸ガス収支を考察するうえで無視できない量である．

同様の推定はたとえば一つの湖や池などのはるかに小さなスケールについても行うことができる．すなわち，増殖の測定は細菌の生理的な特性の解明という側面のみならず，環境中の炭素循環への寄与を見積もるうえで重要な情報を提供する． 〔木暮一啓〕

11 洗浄・消毒・滅菌・除菌

洗浄剤，消毒剤，滅菌方法

われわれの身のまわりには，多くの微生物が存在している．これらの菌は人にとって有益な場合もあるが，感染症の原因になるなど有害な作用を引き起こすことも多く，とくに医療の分野では問題になることが多い．そのため，使用後の器材に対して適切な洗浄・消毒・滅菌や除菌が求められる．ここでは，医療領域における洗浄・消毒・滅菌や除菌を中心に解説を行う．

■用語の定義

日本薬局方や日本石鹸洗剤工業会などによって定義されており，次のようにまとめられる．

滅菌：物質からすべての微生物を殺滅または除去すること．また，その状態を維持すること．

消毒：人体に有害な微生物の数を減らすために用いられる方法で，必ずしもすべて殺滅したり除去したりすることは求められない．消毒には，消毒剤を使用する方法，熱や熱水を使用する方法がある．また，紫外線を用いる方法もある．

消毒剤は，効果によって高水準消毒剤，中水準消毒剤，低水準消毒剤に分けられる．

洗浄：ブラッシングのような物理的な力や洗浄剤のような化学的な力を用いて汚れを取り除くこと．

除菌：増殖可能な菌を対象物から有効数減少させること．消毒という言葉は，消毒剤として認可されているものにしか使用できないと薬事法で定められている．そのため，それ以外の手段で菌を殺したり減らす場合には，"除菌"という言葉が用いられる．

現在，日本の法律で効果の判定基準が決まっているのは滅菌だけである．そのほかの基準は，製造者や関連団体によって自主的に定められている．

なお，狂牛病やクロイツフェルトヤコブ病の原因とされているプリオンは，微生物ではなくタンパク質であるため通常の消毒法や滅菌法で不活化することができないので注意が必要である．

■洗浄・消毒・滅菌に用いられる薬剤や方法

①洗　浄

消毒や滅菌を行う前に十分な洗浄を行わないと目的とする効果を得られないことがあるため，洗浄は重要な行為である．十分な洗浄効果を得るために，汚れにあった洗浄剤を用いる必要がある．そのため，医療現場では，血液や脂肪などを落としやすい医療機器用洗浄剤が用いられている．

酵素系洗浄剤：血液などの汚れ落ちをよくするため，タンパク質分解酵素などを配合した，酵素系洗浄剤が多く使用されている．酵素は1種類だけではなく，複数の酵素が含まれている場合もある．

アルカリ系洗浄剤：アルカリの作用によってタンパク質を溶解する．自動洗浄消毒装置（ウォッシャーディスインフェクター）を用いて，加温して使用されることもある．

②消　毒

消毒剤の強さは，殺すことができる微生物の範囲（図1参照）を基に，高・中・低水準の3段階に分けられている．以下に代表的な消毒剤の特徴を記す．

高水準消毒剤：大量の細菌芽胞がある場合を

高	芽胞	*Bacillus subtilis, Clostridium sporogenes*
↑	抗酸菌	*Mycobacterium tuberculosis*
	親水性または小型ウイルス	poliovirus, coxsakie virus, rhinovirus
	真菌	*Trichophyton* spp., *Cryptococcus* spp.
	栄養型細菌	*Pseudomonas aeruginosa, Staphylococcus aureus, Salmonella choleraesuis*
低	親油性または中型ウイルス	herpes simplex virus, cytomegalovirus, HIV, HBV, HCV, HIV

図1　微生物の種類による消毒剤への抵抗性

除き，すべての微生物（一般細菌，真菌，ウイルス，抗酸菌や少量の芽胞）を殺すことができる消毒剤．消毒効果が高いが，人体への影響も大きいため，人体や環境の消毒に用いてはならない．
・過酢酸：化学式において酢酸に酸素原子が一つ余分についている物質．強い酸化力で酵素などのタンパク質や脂質を酸化し，破壊することで病原菌を殺す．消毒剤への曝露や強い酸化力による機器の損傷を防ぐため，専用の装置と組み合わせて軟性内視鏡の消毒に使用されることが多い．
・アルデヒド類：アルデヒド基が酵素の反応基に結合し，不活化させることで微生物を殺す．グルタルアルデヒドやオルトフタルアルデヒドが用いられる．作業環境におけるグルタルアルデヒドの蒸気毒性が問題視されており，過酢酸をはじめとするほかの高水準消毒剤への切り替えが進んでいる．

中水準消毒剤：一般細菌，真菌，ウイルスや抗酸菌に対して効果がある消毒剤．消毒剤の濃度によっては細菌芽胞を殺せるものもある．アルコールのように人にも環境にも使用できるものや，塩素系の次亜塩素酸ナトリウムのように環境や機器に対して使用するものなどがある．
・アルコール類：エタノールやイソプロパノールが使用されている．タンパク質を変性させることで病原体を殺す．乾燥が速いことから，残留しにくいため，人体だけでなく環境の消毒にも多用されている．
・塩素類：次亜塩素酸ナトリウムが多く使用されている．細胞内の酵素反応の阻害や細胞の破壊によって病原体を殺すとされている．金属の腐食や高濃度での蒸気に注意する必要がある．
・ヨウ素類：ヨウ素化合物であるポビドンヨードを含む製剤が，多く使用されている．手術部位の皮膚や手指消毒，うがい薬などに使用されている．ただし，粘膜や創部に高濃度のものを頻回使用すると毒性を示すため，注意が必要である．

低水準消毒剤：一般細菌，真菌や一部のウイルスに対して効果のある消毒剤．一部の一般細菌には，抵抗性をもつものも存在する．
・第4級アンモニウム塩：逆性石鹸とも呼ばれる．主に環境の消毒に用いられるが，皮膚の消毒に用いたり，手指消毒用アルコールに含まれている場合もある．
・クロルヘキシジン類：使用時だけでなく，皮膚に留まった薬剤の効果も認められるため，皮膚の消毒剤に多く用いられている．
・両性界面活性剤：環境や機器の洗浄・消毒に用いられる洗浄性もある消毒剤．低水準消毒剤であるが，使用法によっては，結核菌を殺すこともできる．

熱や熱水を使用する消毒方法には，以下の方法がある．
パストゥリゼーション：パストゥールの考案した方法で，65℃30分間の穏やかな加熱を行うことにより微生物を殺す．タンパク質などの変性を抑えることができるため，牛乳などの食品の消毒に用いられている．しかし，耐熱性のある微生物への効果が弱いため，現在，医療の分野では用いられていない．
ウォッシャーディスインフェクター：洗浄と熱水による消毒工程を連続して行う洗浄消毒装置である．洗浄工程では，専用の酵素系洗浄剤やアルカリ系洗浄剤を使用する．消毒工程では，熱水（80～90℃）を用いて行われ，一定の条件で行うことで高水準消毒と同程度の効果があるとされている．

環境の消毒に紫外線が使われることがある．
紫外線消毒（殺菌）：紫外線は，殺菌効果が高いが，紫外線が当たった部分しか効果が現れない．影の部分は，菌が死んでいないため注意することが必要である．また，紫外線ランプの寿命やプラスチックや樹脂の劣化にも注意する必要がある．

③ 滅　菌

すべての微生物を殺す滅菌であるが，その方法によって適応できるものが異なる．

オートクレーブ（高圧蒸気滅菌）：100℃以上の高温高圧の蒸気の熱エネルギーを使用する方法．高温高圧の蒸気を使用するため，熱に対して弱いものを滅菌することはできない．医療施設では最も多く使用されている．

エチレンオキサイドガス滅菌：エチレンオキサイドガスを用いる方法．細胞内のタンパク質をアルキル化することで，微生物を殺す．比較的低温で処理を行えるため，熱に弱い機器を滅菌することができ，浸透性が高いという特徴をもつ．しかし，エチレンオキサイドガスは発がん性物質に指定されているため，作業環境規制，排出規制や取扱責任者をおくという規制に準拠する必要がある．

過酸化水素ガスプラズマ滅菌：ガス化した過酸化水素に高エネルギーを与えることで生じる過酸化水素ガスプラズマを用いてすべての菌を殺す方法．機器の素材や形状などによっては滅菌が行えない場合がある．たとえば，粉末，液体，セルロース製品などの滅菌は行えず，また，管腔を有する機器も，管路の内径や長さによっては滅菌できないことがある．使用前に適合性があるかを医療機器の製造元に確認することが必要である．

フィルター濾過法：注射液などの液体を滅菌する際に用いる方法．目の細かいフィルター（ポアサイズ 0.22 μm など）に液体を通し，微生物を取り除く．

乾熱滅菌：加熱した乾燥空気によって滅菌する方法．蒸気のような湿熱を用いる方法に比べ高い温度と時間（通常180℃1時間程度）が必要であるため，微生物試験用の金属キャップやガラス機器などの処理に用いられる．

放射線滅菌：放射線のもつエネルギーをあてることにより，滅菌する方法．使用する放射線の種類によってガンマ線滅菌，電子線滅菌やX線滅菌などがある．滅菌の信頼性が高く，工程管理が簡単であるため広く使用されている．しかし，放射線の種類により，透過性やエネルギーが異なることやプラスチック製品が劣化することもあるため，事前の検討が必要である．また，放射線を扱うには，大規模な施設が必要となるため，一般の医療施設で行われることはなく，注射器などの使い捨て製品の工業的滅菌に使用されることが多い．

火炎滅菌：ガスバーナーなどの直接的な炎の熱により菌を殺滅する方法．最も確実な方法である．しかし，微生物検査に用いられる白金耳など，使用できる対象が限られている．

　上記で紹介した方法以外にも多くの洗浄剤，消毒剤，消毒・滅菌法があり，また，新しい消毒・滅菌法も開発されている．これらの手段を用いて，使用済み器材の洗浄・消毒・滅菌を行う場合には，薬剤や洗浄・消毒装置の添付文書や取扱説明書だけでなく，洗浄・消毒・滅菌される機器の添付文書や取扱説明書も必ず確認し，適切に使用することが重要である．　　　　　　　　〔馬場重好〕

参考文献

1) 小林寛伊，大久保　憲，尾家重治．2011．新版消毒と滅菌のガイドライン．へるす出版．
2) 大久保　憲監修．2012．消毒薬テキスト第4版．吉田製薬株式会社．
3) 第十六改正日本薬局方
4) 日本石鹸洗剤工業会ホームページ（http://jsda.org/w/index.html）

12
圧力で微生物を制御する

圧力, 微生物死滅, 殺菌

■ 圧力と微生物

静水圧により微生物が死滅（不活性化）することが1895年Rogerによって報告されて以来，さまざまな微生物の細胞状態に対する圧力の効果が研究されてきた[1]．真核細胞・原核細胞を問わず，一般に常温下においておおむね50 MPaの圧力を微生物に施すと，増殖が抑制され，そして100 MPaを超える圧力により圧力処理時間に応じて死滅する．そのため，深海微生物の圧力耐性機構など，細胞生理に及ぼす圧力の作用に関する研究には100 MPa以下の"sub-lethal な"圧力領域が用いられ，微生物の死滅機構に関する研究および殺菌による微生物制御技術には，100 MPa以上の"lethal な"圧力領域（通常200～700 MPa）が用いられる．

■ 圧力で微生物が死滅する機構

微生物の集団を高温にさらした場合の加熱殺菌と同様，圧力を施した場合も，すべての微生物が一斉に死ぬわけではない．とくに，短い圧力処理時間においては，多くの微生物が一次反応に従う形で，処理時間に伴い生存率を減少させながら死滅する．

細胞の脂質二重膜がおおむね100 MPa以上の圧力で相転移すること，出芽酵母 *Saccharomyces cerevisiae* の核膜が200 MPaの圧力で損傷を受けるという観察結果，塩・浸透圧濃度などの外的環境により，圧力死滅挙動が鋭敏に変化すること，*S. cerevisiae* のアミノ酸輸送膜タンパク質の機能が圧力により損なわれること，エルゴステロール合成に関与する遺伝子の破壊株が顕著に圧力感受性を示すこと，細胞内トレハロースによる膜の保護により圧力耐性が増大することなどから，圧力による細胞膜およびオルガネラ膜系の構造と機能の障害が微生物の圧力死滅の大きな原因であると考えられている．また，細胞骨格を形成するタンパク質複合体の圧力による損傷や，異常タンパク質の修復・分解システムも圧力死滅の原因と考えられている．微生物に熱ショックを施し，タンパク質の修復を司る熱ショックタンパク質の発現を誘導すると，圧力耐性が向上する．

■ 圧力殺菌による微生物制御技術

圧力により微生物制御を行う技術として，レトルト食品の製造に用いられているオートクレーブ殺菌技術（121°C，0.2 MPa）がポピュラーな例であろう．しかし，これは圧力を水の沸点を上げるために間接的に利用しているにすぎず，本質的には加熱処理の範疇に含まれる．現在，より高圧力かつ低温条件において有効な殺菌技術の開発が研究されている[2]．また，圧力感受性の発酵微生物を発酵プロセスに用いることで，圧力による有効な殺菌効果を及ぼし，発酵制御を行う研究も進められている．

最近，静水圧だけでなく，加圧気体を用いた殺菌技術の開発を目的とした研究も進められており，CO_2 や O_2 などの加圧気体を用いた殺菌技術も研究されている．

圧力は温度とともに，物質の三相を決定する環境因子である．両者は，微生物の死滅には基本的に類似した効果を示すが，圧力の微生物に及ぼす影響については，温度に比べて著しく知見が乏しい．圧力の微生物に及ぼす影響についての知見が蓄積することで，圧力の微生物制御技術への応用も拡大すると考えられる．

〔重松　亨〕

参考文献
1) C. Michiels, D. H.Bartlett and A. Aertsen (eds.). 2008. *High-Pressure Microbiology*. ASM Press.
2) 重松　亨，西海理之監修．2013．進化する食品高圧加工技術．エヌ・ティー・エス．

13 微生物を数える1　培養法

希釈平板法，MPN法，集積培養

　微生物はその名の通り微小で肉眼では観察できないので，われわれが環境中に生息する微生物を認識するためには大型の生物とは異なるアプローチが必要である．その一つは，環境中の微生物を培養，増殖することによってその存在を明らかにする培養法である．

■ 希釈平板法

　結核菌の研究により1905年にノーベル医学・生理学賞を受賞した細菌学者コッホ（Robert Koch）は，ほかにも炭疽菌，コレラ菌の発見で知られるが，医学病原性微生物の研究で培った培養法をはじめて環境微生物の培養・計測に応用した．微生物の生長に必要な養分を含んだ寒天培地をシャーレ（ペトリ皿）に作成し，そこに一定倍率で希釈した環境試料を塗り広げて培養し，集落（コロニー）の形成によって微生物の存在量（数）や種類を知ろうとする希釈平板法は，現在でも広く用いられる環境微生物の研究手法である．

　培地の組成は対象とする微生物によってさまざまであり，一般的な従属栄養細菌には肉，ジャガイモ，酵母などのエキスやペプトン，各種糖類などの有機培地が用いられる．培地は種類とともに濃度も重要な要素となる．医学細菌の培養に用いられる肉エキス培地のような有機培地の栄養濃度は一般的な自然環境に比べて非常に高い．通常の肉エキス培地を1/100倍に薄めた培地（DNB培地）のような有機物濃度のきわめて低い条件で生育する細菌は「低栄養細菌」と呼ばれ，土壌のような貧栄養の環境では，通常の培地に生育できる細菌よりも数が多い．

　有機物を炭素源として利用できない独立栄養細菌には無機塩培地が用いられる．環境微生物学の祖とも呼ばれるロシアの微生物学者ウィノグラドスキー（Sergei Winogradsky）は，無機塩培地を用いて，炭酸ガスを固定することのできる硝化菌や硫黄酸化菌をはじめとする化学合成独立栄養細菌の存在を明らかにした．この発見は環境微生物の代謝能力の多様性を示す歴史的な出来事となった．寒天の成分が独立栄養細菌の生育を阻害することがあるため，培地の固化剤として代わりにシリカゲルやゲランガムが用いられる．

　対象以外の微生物の生育を抑えるため培地に抗生物質や特殊な色素を加える場合もある．たとえば糸状菌を希釈平板法で計数する場合，環境試料中に混在する細菌の生育を抑えるためストレプトマイシン，クロラムフェニコールなどの抗生物質が培地に加えられる．塩基性色素であるクリスタルバイオレット（CV）は，ペプチドグリカン層と強く結合し，ペプチドグリカン層の厚い多くのグラム陽性菌の生育を阻害する．一方グラム陰性細菌の多くはCVの影響を受けない．CVを含んだ培地で計測された細菌数はCV耐性菌数と呼ばれグラム陰性細菌数の指標とされる．また，細菌の胞子（芽胞）は，栄養細胞に比べて熱に対する耐性が高い．そのため，環境中で胞子の状態で存在する細菌の数を推定するために，試料希釈液を一定時間加熱した後に培地上で培養することがある．

■ 嫌気性菌の培養

　培地の組成だけでなく，培養条件を工夫することで多様な生理をもつ微生物を培養することができる．培地にシステイン塩酸塩や硫化ナトリウムなどの還元剤を加えて作成した寒天培地に試料希釈液を加え嫌気ジャーの中で培養することにより，嫌気性微生物の培養を行うことができる．嫌気性細菌の培養や分離にさらに有効な方法としてロールチューブ法がある．ロールチューブ法とは，溶解した寒天培地に酸素を除いた窒素ガスを吹き込んで還元状態にした後に試料希釈液とともに試験管に加え，ブチルゴム栓で密栓した後に，

試験管を回して内側壁面に寒天培地の薄膜を作るものである．この方法だと大掛かりな装置を必要とせず嫌気性細菌を培養することができる．

■ 最確値法

コロニーの形成によらず環境微生物の計数をすることも可能である．最確値法（most probable number method, MPN法）は，試験管などに用意した多数の培地に数段階に希釈した試料を一定量ずつ接種して培養し，微生物の生育の有無を判定して統計処理により計数する方法である．微生物の生育は，培地の濁りで判定するほか，特殊な代謝能力をもつ微生物の計測には各培地での基質の利用あるいは代謝産物の蓄積を生育の判定に用いる．たとえば，アンモニア酸化菌の生育は，アンモニアの酸化反応によって生じた亜硝酸イオンの検出により判定する．試料の希釈段階が進むほど陽性と判定される培地の数が少なくなり，ある段階ですべて陰性となる．陽性となった数の減少のパターンからもともとの数を統計的に類推する．この方法では，個々の細胞はばらばらに存在しており，1細胞でも存在すれば陽性を示すことを前提としている．また，希釈段階が10倍，5反復の条件で計数すると，計数値の95%信頼区間の最低値と最高値は10倍程度の開きがある．このように，多くの反復が必要であるにもかかわらず，MPN法の計数値は精密とはいえない．しかしながら，微生物の代謝能力を利用して生育を判定することができる場合，MPN法は現在でも有効な計数法の一つである．

■ 培養法の限界と可能性

培養法は現在でも微生物の検出，計数，分離のための基本的な手法であるが，一つの条件ですべての微生物を培養することは不可能である．自然環境中に生息する微生物のうち，一般的な有機培地上で増殖しコロニーを形成することができるのは全体の1%未満であり，残りの99%以上は，条件が適さない，休眠状態である，などの理由から培養できないとされている．したがって，培養法による環境微生物の計数は，あくまで一部の微生物を対象としていることを理解しておく必要がある．見方を変えると，このことは，培養法では環境微生物の生育に選択圧がかかることを意味しており，培養条件によって特定の微生物群を集積することも可能である．人工化合物の分解菌などの分離には，対象とする化合物を加えた培地を利用する集積培養法が用いられる．

環境から直接得られた遺伝情報から推定される微生物の種類と，これまで人類が分離に成功した微生物の種数とは大きな隔たりがあり，培養法によって微生物を実際に手にすることは，環境微生物学の発展に大きく寄与することになる．新たな微生物を分離・培養することにより，分類，生理，生化学，遺伝子発現などに関するより詳細な情報を得ることができる．環境中の微生物の生き様を明らかにするためには，培養法のほかにも，顕微鏡による観察や活性測定，環境試料中の微生物生体成分の直接的な解析などさまざまなアプローチを総合する必要があるが，培養法は培養によらない解析手法と合わせ環境微生物をよりよく知るための重要な研究アプローチである．

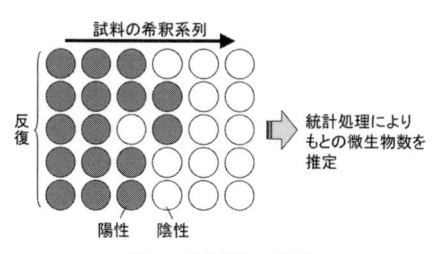

〔村瀬　潤〕

図1　最確値法の原理

14 微生物を数える2　直接計数法

DAPI，ナリジキシン酸，FISH，粒子計測法

■ 培養法から直接計数法へ

　微生物はほかの動植物と異なりそのサイズが極端に小さいことから，それらの観察には顕微鏡を要する．また，形態から種を判別することが困難であり，そのためほかの生物群とは異なる分類同定手法を必要とする．コッホ（Robert Koch）らにより提案された，寒天培地を用いた微生物の純粋分離法は，後に世界中の研究者から認められ，微生物分離の標準法となった．しかしながら，皮肉にもその後の顕微鏡技術の発展により，微生物生態学者たちは「自然環境中の微生物の多くが寒天平板培養法では分離できない」という事実を知ることとなった．とくに水圏微生物学の研究者たちは，これら"培養できない微生物たち"の存在にいち早く気付いていたものと思われる．海水や湖水に浮遊した水圏の微生物たちは，それらの菌体サイズよりも小さな孔径（穴の直径）をもつフィルター上に容易に濾過濃縮される．この際，あらかじめ微生物DNAを核酸染色剤（DAPI）などで蛍光染色しておくと，フィルター上に濾過濃縮された微生物たちは，蛍光顕微鏡下で夜空にきらめく星のような輝点として観察され，それらをカウントすることで試料中の微生物全菌数が算出される．ところが，この直接計数法により得られる海水試料中の全菌数が，寒天平板培養により得られる生菌数（コロニー総数）よりもはるかに多かったのである．

■ 16SリボソームRNAプローブによる微生物検出法

　微生物はその単純な細胞形態から，ほかの動植物のように，形態から分類学的情報を得ることができない．蛍光顕微鏡視野内に観察される無数の微生物群のなかから，特定種のみを選択的に識別して計数するためには，なんらかの方法で標的とする微生物を特異的に蛍光標識する必要がある．顕微鏡視野内でとくに計数を行いたい標的菌種をある色の蛍光色素で標識して，そのほかの菌種を別な色の色素で蛍光標識すれば，顕微鏡下で標的菌種とそのほかの菌種を色の違いから別々に分けて計数することができる．微生物のリボソームを構成するRNAの一つである16SリボソームRNAは，その塩基配列が微生物の系統を反映していることから，微生物の分類と同定に用いられる．つまり，16SリボソームRNA分子の特定部位にその種に特異的な塩基配列（その種のみがもつ固有のRNA塩基配列）があれば，その特定部位を標的とした蛍光遺伝子プローブを作製することができる．1989年，DeLongらはこの16SリボソームRNAを標的とした蛍光遺伝子プローブを用いて，FISH（fluorescence in situ hybridization）を行って，特定菌種を顕微鏡下で観察することに成功した．彼らのこの実験は，スライドガラス上に固定した培養菌体に対して，FISHを行うものであった．天然海水（湖水）中の微生物を対象とした場合は，あらかじめ濾過法により試料中の微生物を濾過膜上に濃縮する必要がある．現在では，特定菌種の定量的計数を行う場合は，濾過濃縮法が併用され，濾過膜上の微生物に対してFISHを行うことで，標的とする菌を計数している．

■ FISH法の問題点

　天然海水中の微生物群集に対して，DeLongらの培養菌株を用いたFISH法をそのまま適用したところ，標的とする微生物は十分に蛍光標識されず，当初蛍光顕微鏡下での観察と計数はできなかった．一般に，天然海水中の有機物濃度は，培地のそれに比べてきわめて低いことが知られている．そこに生息する微生物菌体内RNA量は培養菌株と比べてはるかに少なく，そのためにわずかな蛍光遺伝子プローブしか標的菌体に結合できな

いためと考えられた．初期の実験では，海水中に抗生物質ナリジキシン酸と培養基質を添加することにより，菌体の分裂を阻止しつつも，細胞内の代謝活性を促進して，菌数を維持したまま細胞内 RNA 量を増大する DVC 法（direct viable count）の併用により，海洋微生物の計数を行った．現在では，蛍光色素の改良，顕微鏡の性能向上，さらには CARD（catalyzed reporter deposition）法に代表される蛍光シグナル増強法により，DVC 法を行うことなく，海洋微生物を直接観察と計数することができるようになった．

■ **粒子計測法による海洋微生物の検出と計数**

生物海洋学の進歩は，まさに顕微鏡に代表される光学機器，精密分析機器の発展に大きく依存するものであった．とくに，環境中に生息する 99％ 以上の微生物が，寒天平板培養法により分離できないこと明らかになって以来，顕微鏡的に視認される 1 個 1 個の微生物から直接情報を読み取る試みが注目されるようになった．この代表的なものとして，コールターカウンターによる海洋粒子のサイズ分布に関する研究が挙げられる．この装置は，懸濁態粒子が電解質溶液中の細孔を通過する際に生じる電気抵抗の変化を測定することで，粒子の体積を推定し，粒子全体のサイズ分布を明らかにする装置である．この装置の導入により，海洋微小粒子の研究が大きく進展した．粒子計測を原理とする海洋微生物研究技術のもう一つの主役は，FCM 法（flow cytometry）である．flow cytometer は，細い流路を高速で流れる微生物に光を照射して，その微生物から発せられる蛍光と散乱光を解析することで微生物の物理化学的特性を明らかにする機器である．この装置では，あらかじめ菌体を蛍光色素で染色するが，色素の種類の選択により，菌体に含まれる生体高分子の量や，酵素活性などが解析可

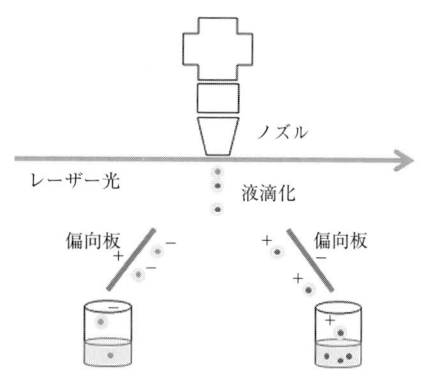

図 1 水滴荷電方式によるセルソーティングの原理（文献 3）を一部改変）
ノズルから噴出するジェット水流を振動により液滴化する．細菌が液滴に入る瞬間に ＋ もしくは － の電荷をかけ，標的とする細菌を含む液滴を帯電させる．液滴は偏向板に引き付けられ進路が変わり，それぞれの容器に回収される．

能である．

■ **培養に依存しない菌株分離法**

flow cytometer の発展型として，cell sorter と呼ばれる機器がある．この装置は，FCM 解析により得られた個々の微生物の光学的情報を基に，特定の微生物のみを分取（cell sorting）する機能をもつ．この方法は，培地を用いた分離培養とは異なり，顕微鏡的に視認される微生物を試料系内から直接取りだすことが可能である．培養に依存しない微生物分離法として，今後の活用が期待される技術である． 〔西村昌彦〕

参考文献
1) E. F. DeLong, G. S. Wickham and N. R. Pace. 1989. *Science*. **243**: 1360–1363.
2) N. Yoshida, M. Nishimura, K. Inoue *et al.* 2009. *Microbes. Environ.* **24**: 297–304.
3) 山下達雄, 丹羽真一郎. 1999. 細胞工学別冊 フローサイトメトリー自由自在, pp.14–23.

15 微生物を数える3　分子生物学的手法

定量PCR

前述の培養法や直接観察法に比べ、本項の分子生物学的手法は比較的に短時間で再現性がよく多数の試料から実験結果を得ることができる。そのため、分子生物学的手法による微生物の定量は土壌、湖沼や河川の底泥、海砂や海水といった多くの自然生態系を対象に利用されている。

■ 定量PCR

分子生物学的手法を利用して環境中に生息する微生物を定量する方法は、細胞内のDNAやRNAを定量的に検出する技術を使用している（図1）。そのDNAを定量的に検出する方法として、定量PCR（polymerase chain reaction）が使用されている。定量PCRには競合PCRとリアルタイムPCRがある。近年、DNA増幅装置やその検出機械、ならびに耐熱性DNAポリメレースの技術改良が進み、環境中の微生物の数の測定にはリアルタイムPCRが使用されている。

■ 試料からの核酸抽出

環境中の微生物の数を定量するためには、まず試料の質量や体積を測定する必要がある。試料は核酸抽出実験まで、-20℃あるいは-80℃で冷凍保存する。RNA用の試料は必ず-80℃で冷凍保存する。次に、試料中の生物から核酸を抽出する。土壌や泥には鉱物や腐植物質が多く含まれているため、土壌や泥からの核酸抽出は海水や湖水からの核酸抽出に比べて難しい。RNAだけを抽出する方法として、酸性フェノール法が知られている。抽出後の核酸は-20℃で冷凍保存し、RNAは-80℃で冷凍保存する。RNAはPCRの実験に進む前に、逆転写酵素を使用してRNAから相補的DNA（complementary DNA, cDNA）を作製する必要がある。

■ リアルタイムPCR

リアルタイムPCRはPCRサイクルごとにPCR産物の量をモニタリングすることができるため、多数の検体数を調べることができる。PCR産物の検出に使われるSYBR Greenは二重らせん構造のDNAのみに結合し蛍光を発する。調査対象のPCR産物の蛍光強度と検量線の蛍光強度を比較することで、試料中の調べたいDNA量を算出することができる。

リアルタイムPCRの実験を行う際は、実

表1　リアルタイムPCRに用いられる環境中の微生物の機能遺伝子

微生物機能	標的遺伝子	標的遺伝子がコードする酵素
窒素固定	nifH	ニトロゲネース
硝化	amoA	アンモニア モノオキシゲネース
脱窒	nirK, nirS	ナイトライト リダクテース
メタン酸化	pmoA	メタン モノオキシゲネース
メタン生成	mcrA	メチル コエンザイム M リダクテース
硫酸還元	dsrAB	サルファイト リダクテース
石油成分分解	alkB	アルカン ハイドロキシレース
非酸素発生型光合成	pufM	光合成反応中心 M サブユニット

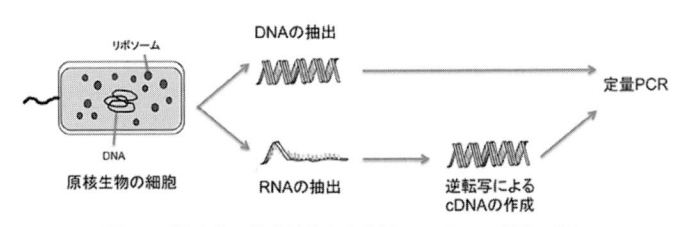

図1　原核生物の核酸抽出から定量PCRまでの実験の流れ

験者の調査対象の微生物に適したPCRプライマーを選択する必要がある．原核生物の数を調べるためには，抽出された染色体DNAから16SリボソームRNAをコードしている遺伝子領域を特異的にPCR増幅するPCRプライマーを使用する．現在，細菌ドメインに属する微生物用のPCRプライマーとアーキアドメインに属する微生物用のPCRプライマーがある．

微生物がもつ特定の機能に着目し（例：硝化におけるアンモニア酸化），その機能を担う酵素をコードする遺伝子（機能遺伝子）の量を調べることにより，特定の機能をもつ微生物の環境中の数を評価することができる．例として，土壌中のアンモニア酸化菌の数を調べたい場合，その細菌がアンモニア（NH_3）を亜硝酸（NO_2^-）に変換する反応を担うアンモニアモノオキシゲネースをコードするamoA遺伝子に着目する．リアルタイムPCRにより，土壌中のamoA遺伝子の量を調べ，土壌中のアンモニア酸化菌の数を推定することができる（図2, 3）．

真核生物に相当する微生物の環境中の数を調べるためには，抽出されたDNAから18SリボソームRNAをコードしている遺伝子領域を特異的にPCR増幅するPCRプライマーを使用する必要がある．しかし，真核生物には微生物以外の生物も多く存在するため，実験者が調査対象としている個々の微生物を特異的に検出するPCRプライマーを使用あるいは開発する必要がある．真核生物の場合は下記の原核生物とは異なる注意点が必要である．①目的遺伝子中にイントロンが含まれている可能性がある．②原核生物と同様に，微生物の種間によって，一つの細胞の体積が大きく異なる場合，環境中に占める細胞の数と細胞のバイオマスとの間で大きな差を生じる可能性がある．

■ リアルタイムPCRの問題点

非特異的PCR産物　プライマーによっては非特異的PCR産物が増幅されることがある．リアルタイムPCRの実施後，アガロースゲル電気泳動でPCR産物の確認が必要である．

PCRサイクル　PCRのサイクル数は多くても35～40回に設定する必要がある．これ以上の高い回数では非特異的PCR産物が増幅されることがある．

SYBR Greenの検出温度の設定　目的とする微生物の量が少ない状態でPCRのサイクル数が増えると，プライマーダイマーが生じる．このプライマーダイマーを検出しない温度を設定する必要がある．

染色DNA上の目的遺伝子の数　微生物の種類によっては，目的遺伝子が染色DNA上に複数存在する場合がある．　〔中川達功〕

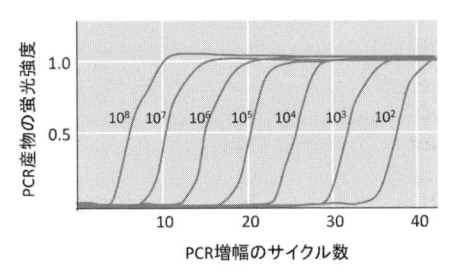

図2　10^2〜10^8コピー濃度に段階的に希釈したamoA遺伝子がリアルタイムPCRにより増加されていく様子

図3　10^0〜10^8コピー濃度に段階的に希釈したamoA遺伝子のリアルタイムPCR産物のゲル電気泳動写真
レーン2〜10：10^0〜10^8コピーのamoA遺伝子．1：マーカー．

16 バイオマス測定法

クロロホルム燻蒸法，ATP法

環境中に生息している微生物を培養法・直接観察あるいは分子生物学的手法で定量化しようとするのとは別に，環境中の微生物全体を重さで表現する方法がバイオマス測定法である．水圏では，顕微鏡やフローサイトメトリー（FCM）による直接計数から得られる全菌数（詳細は［14 微生物を数える2］を参照）に細胞あたりの炭素重量を乗じることによって，微生物バイオマスを計算する方法が広く用いられている．また，微生物の細胞膜や細胞壁に含まれる化学成分を測定することによりバイオマスを推定する手法もある．一方，鉱物粒子や腐植物質などが混在する土壌では，直接計数によるバイオマスの推定が水圏に比べて困難であるため，別の手法が広く用いられている．

土壌では殺菌剤の影響で土壌呼吸（土壌からのCO_2発生量）が増加する現象（部分殺菌効果）を応用すれば，土壌バイオマスが測定できることを1976年に英国ロザムステッド試験場のジェンキンソン（David Jenkinson）とポールソン（David Powlson）らが提案した．その方法はまず土壌の一定量を密閉容器に入れ，クロロホルム蒸気で24時間燻蒸し，次にその蒸気を取り除いた後，一定温度で培養し，土壌呼吸量を経時的に測定し，同様に培養した非燻蒸土壌の呼吸量との差から微生物バイオマス炭素量を求めるものである．この際，直接観察［→ 15 微生物を数える3 分子生物学的手法］による結果と比較し，係数を決めて両者が一致するような数式を提示した．この土壌呼吸量の増加は，大部分の土壌中の微生物がクロロホルムによって死滅し，その死滅菌体炭素が少数の生き残った微生物によって分解されCO_2に変換されるためであり，係数は菌体炭素の分解率に相当する．同様に培養期間中に燻蒸土壌の菌体窒素から無機化された窒素量と非燻蒸土壌の無機化窒素量との差から微生物バイオマス窒素量を求めることも可能である．

この方法（クロロホルム燻蒸培養法）はその後，ブルックス（Phil Brookes）らにより，クロロホルム燻蒸後に自己溶菌した菌体成分を抽出するクロロホルム燻蒸抽出法に改良され，培養が不要となり，バイオマス炭素・窒素以外にもバイオマスリンや硫黄の定量も可能になった．

一方，ドイツ土壌学研究所のアンダーソン（JPE Anderson）とドムシュ（KH Domsch）は，土壌にグルコースなどの基質を添加すると土壌呼吸量が増加し，この増加初期速度が微生物バイオマスに比例することから，これを基質誘導呼吸（substrate induced respiration, SIR）法として1978年に提案した．この方法は，抗生物質を組み合わせることにより細菌または糸状菌のバイオマスを別々に測定できる特長がある．

さらに土壌バイオマス炭素あたりの土壌呼吸量を次のように specific respiration ratio またはqCO_2として求めると，たとえば重金

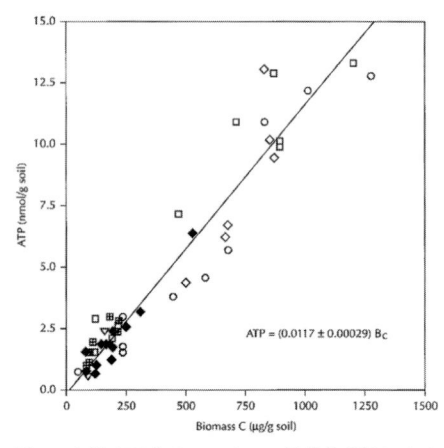

図1 土壌ATPとクロロホルム燻蒸培養法によるバイオマス炭素との関係

属汚染土壌などストレスを受けた土壌ではこの値が増加することが認められている.

$$qCO_2 = \frac{土壌呼吸 CO_2 量}{土壌バイオマス炭素}$$

これは通常の代謝維持による呼吸量に加えて,ストレスを緩和克服するために呼吸量が増えるため,と理解される.

また土壌に基質を加えると微量な熱が発生することから,微小熱量計がバイオマスの定量や活性解析に活用されている.

これに対して,微生物の菌体成分を抽出し定量してバイオマスの手法とする提案もなされてきた.土壌 ATP は土壌にトリクロロ酢酸とリン酸緩衝液を加え,その懸濁液を超音波処理して,菌体を破砕し ATP(アデノシン5′三リン酸)を抽出し定量できるが,クロロホルム燻蒸法と高い相関があること(図1)から,1979年ジェンキンソンとオーデス(JM Oades)によってバイオマス測定法として提案された.ATP は土壌粒子に吸着されるため,抽出液にあらかじめ既知量の ATP を加えた液と加えない液を準備し,両者のATP 抽出定量結果の差から回収率を求め補正する必要がある.ATP の定量にはルシフェリンとルシフェラーゼが必要であるが,ATP が微量でも定量できるので簡便迅速な方法として普及している.

ATP と同時に試料中の ADP や AMP も抽出し,酵素で ATP に変換後,定量し以下の式に代入して,アデニレートエネルギーチャージ(AEC)を求めると微生物バイオマスの活性度がわかる.

$$AEC = \frac{[ATP] + 0.5 \times [ADP]}{[ATP] + [ADP] + [AMP]}$$

この AEC は最大1,最小0の値をとるが,土壌では 0.8 前後の値をとり,ストレスを受けた土壌ではこの数値が低下する.

土壌から DNA やリン脂質脂肪酸など菌体成分を抽出し,バイオマスの指標とすることが可能であるが,さらにそれらの組成を詳細に検討することで,微生物群集構造を明らかにする方法に発展している[→ 19 群集構造解析].

土壌バイオマスはこのような方法で定量され,物質循環の要である微生物中の養分保持量や代謝回転速度,土壌肥沃度や土壌環境の指標として利用されている.

土壌バイオマスは一般に土壌有機物が多い土壌ほど多く,その全有機物に占める割合は,通常の鉱質畑土壌で平均 2～3%,火山灰土壌では 0.3～1% の範囲である.土壌バイオマス中の N や P などの養分存在量は作物の1作期に吸収する養分量に匹敵しており,全有機物に占める割合は小さいが植物養分の貯蔵庫あるいは作物への養分の通り道として重要である.

また作物の養分吸収速度や重窒素標識法などを用いて微生物バイオマス中の養分の代謝回転速度が計算され,安定化した有機物に比べて早いことが見出されている.これは微生物が土壌中で増殖と死滅を繰り返し,養分を吸収(有機化)したり放出(無機化)しているためと考えられる.たとえば,代謝回転速度と比例する半減期でみると,英国ロザムステッド試験場のコムギ畑では微生物バイオマス炭素は 1.69 年,南オーストラリアのマメ科牧草を鋤込んだ畑では,鋤込み後半年は 0.34 年,1～4 年後には 4.2 年,水田ではさらに早い値が得られている.

代謝回転が速いので,土壌への有機物や化学肥料・資材・農薬の施用など管理の短期的影響も認められる.また,乾燥や降雨・湛水など環境の影響も受け変動する.さらに酸性雨や重金属など環境ストレスを早期に検出できるため,環境モニタリング指標や早期警戒指標としても注目されている. 〔犬伏和之〕

参考文献
1) E. A. Paul and F. E. Clark. 1996. *Soil Microbiology and Biochemistry, 2nd Ed.* Academic Press.
2) K. Ritz, J. Dighton and K. E. Giller. 1994. *Beyond the Biomass.* John Wiley.

17

多様性をどうはかる？

多様度指数, rarefaction curve

　1992年にリオデジャネイロで採択された生物の多様性に関する条約では，生物多様性とは，「すべての生物の間の変異性をいうものとし，種内の多様性，種間の多様性および生態系の多様性を含む」と定義されている．種内の多様性は，遺伝子の多様性として扱われることが多い[1]．遺伝子の多様性は種の多様性の源泉であるが，生物多様性を区分する際には，種内の遺伝的多様性のことを指す[1]．生態系とは生物およびそれを取り巻く環境のことであり，種の多様性を支えている[1]．したがって遺伝子の多様性，種の多様性および生態系の多様性は相互に関連している．

　微生物には難培養・未同定のものが数多く存在するため［➡4 環境中での微生物の分布，5 微生物の同定・種の概念，18 生物多様性における微生物］，微生物の種多様性をはかるときに培養・同定されたものだけを対象にしていると，多様性を過小評価することになる．そこで，微生物の多様性を評価する際には遺伝子配列の多様性を対象にすることが多い．一般的には，微生物の種多様性を議論する場合は，系統を反映すると考えられる遺伝子マーカー（リボソームRNA遺伝子など）を対象とし，その配列多様性やDNAフィンガープリントパターン［➡19 群集構造解析］から解析をすることが多い．一方で種内の遺伝的多様性をはかる場合は，全ゲノム比較やsingle-nucleotide polymorphism（SNP）解析，multilocus sequence typing（MLST），などの遺伝子配列の多様性に基づく方法のほか，pulse field gel electrophoresis（PFGE），repetitive sequence-based PCR（rep-PCR）などのDNAフィンガープリントパターンに基づく方法がある．配列に基づく解析の場合も，DNAフィンガープリントパターンに基づく解析の場合も，種やジェノタイプの数（豊富さ）とそれぞれの種・ジェノタイプに含まれる個体数がどれだけ同じ割合で存在するか（種の均等度）に基づいて多様性を評価する．

　多様性をはかる場合は，目的に応じてα, β, γ 3種類の多様性を使い分けるとよい．複数の環境から採取したサンプルについて多様性をはかる場合，一つの環境サンプルにおける多様性をα多様性，複数の環境サンプル間の多様性の違いをβ多様性，全サンプル中の多様性をγ多様性という．γ多様性はα多様性とβ多様性から説明される．

　α多様性は，種の豊富さ（species richness）と種の均等度（evenness）によって説明される．培養に依存しない手法で微生物のα多様性を算出する場合は，便宜的な種としてoperational taxonomic units（OTU）を用いることが多い．OTUとは，リボソームRNA遺伝子などの配列を類似度からまとめたものである．一般的に，同種の細菌であれば16SリボソームRNA遺伝子の相同性は98%以上であるといわれている［➡5 微生物の同定・種の概念］．OTUの数を"種の豊富さ"，OTUに含まれる配列数を"種に含まれる個体数"として扱い，多様度指数を計算する．同様にDNAフィンガープリントパターンを用いて環境サンプルにおける微生物多様性を評価する場合は，バンドの数を"種の豊富さ"，バンドの濃さを"種に含まれる個体数"として便宜的に扱うことができる．α多様性を評価する多様度指数はいくつか提唱されているが，Shannon指数およびSimpson指数が使われることが多い．

　なお，その環境における微生物の"種数"を統計学的に推定する方法として，Chao1やACEといった期待種数が用いられることがある．そのほか，クローンライブラリ解析やパイロシーケンス法による配列解析［➡19 群集構造解析］の場合は，解読した配列数に

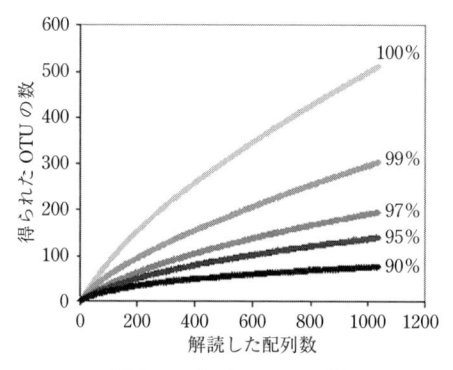

図1 rarefaction curve の例
種レベル（97％，99％の相同性）に相当するOTUはまだ飽和していないことから，全"種数"をカバーするためにはさらに配列を解読する必要があると判断できる．文献2) より改変．

対して得られたOTUの数をプロットしてrarefaction curveを描くことができる（図1）．rarefaction curveによって，その環境における全"種数"の推測や，その"種数"をカバーするのに十分な量の配列を解読したかどうかの判断が可能になる．また，DNA二本鎖が再結合（reassociation）する際の反応速度から環境中における"種数"を推測する方法もあるが，正確性に対する議論は多い[2]．

β多様性は，環境サンプル間で共有するOTUの数から求める方法と，OTUによらない方法がある．前者では2サンプル間におけるJaccard類似度指数やSørenson類似度指数を計算する．これはMothurプログラムなどを用いることで計算できる[4]．すべての配列の距離行列からβ多様性を計算して環境サンプル間の多様性を比較する手法としてLibshuffプログラムがあり，これもMothurの一部に組み込まれている．UniFracでは，すべての配列（あるいはOTUの代表配列）を用いて系統樹を作成し，環境サンプル間で枝が共有される度合いを調べることによって類似度（UniFrac値）を計算する[5]．OTUの代表配列を用いた場合は，そのOTUに含まれるクローン数に重み付けをしてUniFrac値を計算することもできる（Weighted UniFrac）．LibshuffまたはUniFracを用いた場合は，サンプル間の多様性における有意差の有無を検定できる．UniFracやWeighted UniFracを用いると，環境サンプル間において多様性に有意差があったと記述するだけでなく，どのサンプルどうしが近いのか，UniFrac値に基づいたクラスター解析や主座標分析（principal coordinate analysis, PCoA）によって視覚的に評価することができる（図2）．クローンライブラリ解析やパイロシーケンス法による配列解析の場合は各サンプルにおける微生物種の構成割合を図

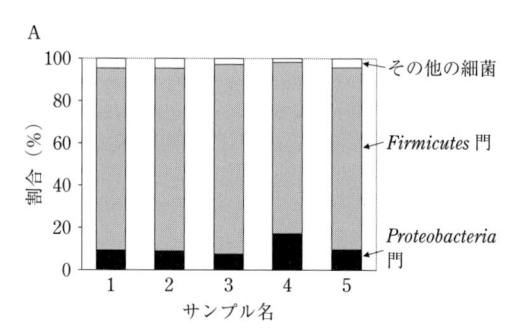

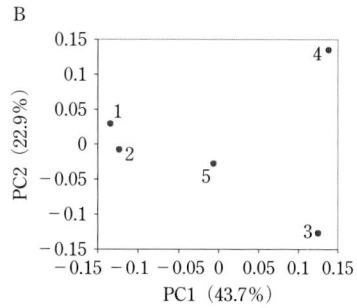

図2 主座標分析によるβ多様性解析の例
16SリボソームRNA遺伝子のクローンライブラリ解析結果（A）から五つの環境サンプル間のβ多様性をWeighted UniFracを用いて計算した（B）．各地点の距離が大きいほどβ多様性の差も大きい．文献2) より改変．

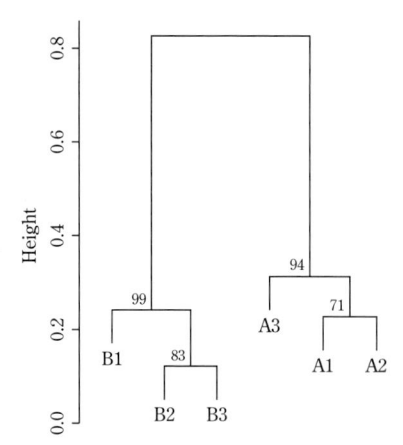

図3 DNAフィンガープリント解析結果からβ多様性を評価した例

[19 群集構造解析] 図1に示すDGGEフィンガープリントにおいて，各サンプルで共通するバンド数およびその濃淡を数値化し，Rプログラムを用いてクラスター解析を行うことで系統樹を作成した[6]．系統樹において，各サンプルをつなぐ枝の長さが長いほどβ多様性の差も大きい．枝の分岐に示した数値はbootstrap値を示し，100に近いほどクラスターの信頼度が高いことを表す．解析に用いたRコードは文献6) より入手可能．

2Aのような棒グラフで示すことが多いが，これだけではサンプル間の多様性比較はできない．UniFracなどの統計処理を行うことでβ多様性を定量的に評価できる．

DNAフィンガープリントを用いて複数の環境サンプル間のβ多様性を評価する場合は，共通するバンドの数およびその濃淡を数値化することによりクラスター解析や主成分分析（principal component analysis, PCA）を行うことができる（図3）[6]．DNAフィンガープリントのゲル画像も見た目で判断するのではなく，これらの統計処理を行うことにより客観的な多様性解析が可能になる．マイクロアレイ［→ 20 マイクロアレイ］の各スポットにおけるシグナル強度を数値化した後のデータから多様性を評価する際も，上述の統計処理が応用可能である．

今後は次世代シーケンス解読技術やメタゲノム解析手法［→ 25 メタゲノム］の発展に伴い，新たな多様性解析手法が提案される可能性があるが，配列データを数値データに変換した後の基本的な処理は上述の手法と共通することが多いと予想される．統計的処理を行い，客観的に多様性を評価することが今後ますます重要になっていくであろう．

〔石井　聡〕

参考文献
1) 宮下　直，井鷺裕司，千葉　聡．2012. 生物多様性と生態学，朝倉書店．
2) S. Ishii, M. Yamamoto, M. Kikuchi *et al.* 2009. *Appl. Environ. Microbiol.* **75**: 7070-7078.
3) J. Gans, M. Wolinsky and J. Dunbar. 2005. *Science.* **309**: 1387-1390.
4) P. D. Schloss, S. L. Westcott, T. Ryabin *et al.* 2009. *Appl. Environ. Microbiol.* **75**: 7537-7541.
5) C. Lozupone and R. Knight. 2005. *Appl. Environ. Microbiol.* **71**: 8228-8235.
6) S. Ishii, K. Kadota and K. Senoo. 2009. *J. Microbiol. Methods.* **78**: 344-350.

18 生物多様性における微生物

生態系サービス，環境影響評価，メタゲノム

生物多様性（biodiversity）という造語は1980年代後半から使われ，生物学だけでなく政治や経済の分野にまで普及した．もとは多様な生物種の存在についての定義であるが，現在は「生物の分布と地域特性，生態系の維持，進化系統と環境適応」という広い範囲を包括する概念として使われている．1992年にリオデジャネイロで開催された地球サミットでは「遺伝子の多様性，種の多様性，生態系の多様性」と定義され，これを骨子とした「生物の多様性に関する条約（Convention on Biological Diversity）」が調印された．国際条約では微生物多様性よりも安全や遺伝子資源の観点が目的にされている．

1972年　細菌兵器に関する条約
1977年　特許に関するブダペスト条約
1992年　生物多様性条約
2003年　カルタヘナ議定書

20世紀の終わり頃から，生物多様性と人間社会との密接な関係が社会経済の分野で認識されはじめた．地球の人口増加と環境への負荷，生物多様性の消失と生態系の劣化による生産性の低下などの問題が目に見えるようになり，地球の環境や資源をどこまで利用できるのか，生態系の損耗はどこまで進んでいるのかを評価するプロジェクト（Millenium Ecosystem Assessment）が国連の主導により2001～2004年にわたり全世界を対象に実施された．この評価では，生物学や生態学だけでなく経済学からの視点も組み込まれた．その結果「人間活動による環境負荷と天然資源の利用の状況は限界にきており，生態系サービスを回復するために適切な行動が必要である」との結論が示された．「生態系サービス」とは，経済の視点から，生物多様性により維持され生態系から人間社会へともたらされる有益な機能を評価するための定義である．生態系サービスは，物質循環や基礎生産などの「基盤」，食物や木材などの「供給」，気候調節や災害防御などの「調整」，さらに精神活動や科学などの「文化」に分類されている（図1）．この定義には，生態学での機能という価値ではなく，経済学での「利益」の概念が使われている．すでに生態系サービスを基準において経済活動のリスクマネジメントなどが始められている．たとえば，環境から特定の生物種が絶滅すると生物生産がどれだけ減少するのか，これを管理するために経

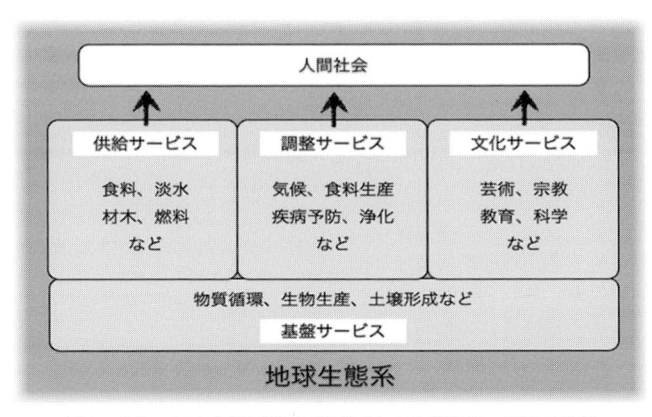

図1　ミレニアム生態系評価で規定された生態系サービスの分類

費を出した場合の収支は，という生態系サービス評価の調査研究が民間企業のレベルで実施されている．

生物多様性に関する情報は，遺伝子データベースにも登録されているが，環境情報が未記載など生態系研究に不適な点がある．生物多様性の定義を前提に構築された国際運用のデータサイト（global biodiversity information facility, GBIF）には，動植物から微生物まで，共通の書式（Darwin core）で記録したデータが収集され，公開されている．Darwin core は，Taxonomic Databases Working Group（TDWG）が中心となり開発した書式である．生物種を基本に出現情報を記載するのに適しており，この書式が普及してデータ共有が可能となり，地球全体での生物分布と多様性の状況確認が容易になった．一方，生物量などのデータを利用する解析では，EML（ecological metadata language）という言語が開発されている．

遺伝子塩基配列による多様性のデータは，数理統計による分析に適しているため，曖昧な基準で解釈をしてきた古典的な学問体系に大きな変容を与えた．塩基配列を基準とした系統分類の手法が確立すると，それまでの表現型を基準にしてきた分類体系は大きく再編された．1990 年代には微生物の分類体系は大規模に再編され，検出と同定の技術が確立すると，自然界から多様な種が発見された．さらに系統群を代表する種のゲノム情報が蓄積されると，恣意的に解釈されてきた微生物の進化系統にも理論的な説明が付きはじめた．また遺伝子の水平伝播や組み換えの痕跡が発見され，さらに同種でも生息由来が違えばゲノム構造が一致しないなどの事実が見出され，種が必ずしも生態系機能を代表する指標にならない可能性が示された．微生物における遺伝子レベルの多様性は，動植物にはない環境適応のメカニズムにも関わる．

微生物にみることができる多様性の範囲は，研究技術の進歩につれて増大してきた．顕微鏡による観察では菌類や原生生物が示す形態の多様性，分離培養により生理機能の多様性，遺伝子解読からは無限とみえる多様性が種と機能において検出されている．一方，生態系モデルを使用した研究において微生物群集は多様な機能をもつブラックボックスとして規定することで解析されてきた．微生物群集のブラックボックス内の多様な構成と機能を明らかにしたのが環境メタゲノムの手法である．この手法が開発された当初は，コンピュータのデータ処理能力の不足，メタゲノム解析用のデータベースシステムの不備，高額な分析経費などの課題が指摘された．

生態系サービスでの定義をみると微生物群集の機能に依存する要素が多い．「基盤」では物質循環，基礎生産，土壌形成，「供給」では生物生産，「調整」では疾病や水質など，いずれのサービスにも微生物の機能が必須因子である．生態系の環境影響評価では主に動植物を指標にして解析されているが，基盤である微生物生態系を指標にした手法が検討されている．2010 年頃からは，環境メタゲノムのデータを利用した生態系の調査研究や環境影響評価の方法に関する国際ワークショップ（たとえば，Genomic Standard Consortium）が開催され，微生物の多様性情報を生物多様性の分野において活用することが検討されている．〔山本啓之〕

参考文献

1) Convention on Biological Diversity. 1992. http://gensc.org/gc_wiki/index.php/Main_Page
2) Millennium Ecosystem Assessment Report. 2005. http://www.maweb.org/en/Index.aspx
3) Biodiversity Information Standards TDWG.2007. http://www.tdwg.org
4) Global Biodiversity Information Facility. 2001. http://www.gbif.org
5) Ecological Metadata Language. 1997. http://knb.ecoinformatics. org/index. jsp
6) Genomic Standards Consortium. 2005. http://gensc.org/gc_wiki/index.php/Main_Page

19

群集構造解析

DNAフィンガープリント法, クローンライブラリ法,
パイロシーケンス法, リン脂質組成, キノン組成

環境中には多種多様な微生物が存在している. それら微生物群集について, どのような微生物がどれくらい存在しているのかを解析することを, 群集構造解析という. 単離培養が可能な微生物は, 全体の数％といわれているので, 培養法によって微生物群集を見積もることは難しい. そこで, 培養に依存せずに群集構造を解析する手法が開発・利用されてきた. 大きく分けてDNAに基づく手法と, リン脂質やキノンのような細胞構成物質の組成に基づく手法の2種類に分けられる. さらに, DNAに基づく手法は, DNAフィンガープリント法, クローンライブラリ法, マイクロアレイ法, パイロシーケンス法などに分けられる. 以下, それぞれの手法とその利点／欠点を概説する.

■ DNAフィンガープリント法

DNAフィンガープリントとは, DNA断片を電気泳動によって分離することによって得られるバンドパターンのことである. フィンガープリントは"指紋"という意味だが, これはこの手法が個体識別や種の識別などに使われてきたことに起因する. 個体や種それぞれに特有なDNAのバンドパターンを指紋のように利用することで, 個体や種が識別可能である. この手法を多様な微生物が存在する環境サンプルに適用することで, 群集構造を解析することができる.

DNAフィンガープリント法による群集構造解析では, どのような微生物が存在するか知りたい場合が多いので, 微生物の系統を反映すると考えられているリボソームRNA遺伝子を対象とすることが多い. 群集構造解析に用いられるDNAフィンガープリント法は, DNA断片の分離方法の違いによってい

くつかに分けられるが, いずれもPCRによってリボソームRNA遺伝子断片を増幅する点は共通している. restriction fragment length polymorphism (RFLP；制限酵素断片長多型) では, PCR産物を制限酵素で切断したのち, DNA断片をゲル電気泳動によって分離する. 簡便だが, 多くのバンドが得られるため多様な群集構造を解析するのにはあまり向いていない. terminal restriction fragment length polymorphism (T-RFLP；末端制限酵素断片長多型) はRFLP法の改良版であり, 蛍光標識したプライマーを用いてPCRを行い, 制限酵素処理することによって, 末端の制限酵素切断DNA断片のみを検出する手法である. キャピラリーゲル電気泳動とサイズマーカーを用いることによって, 再現性の高い結果を得ることができ, 多様な群集構造を解析することも可能である. バンドの分取はできないが, 既知細菌のterminal restriction fragment (T-RF) のデータベースと照合することによって環境中に存在する微生物を推定することができる. denaturing gradient gel electrophoresis (DGGE；変性

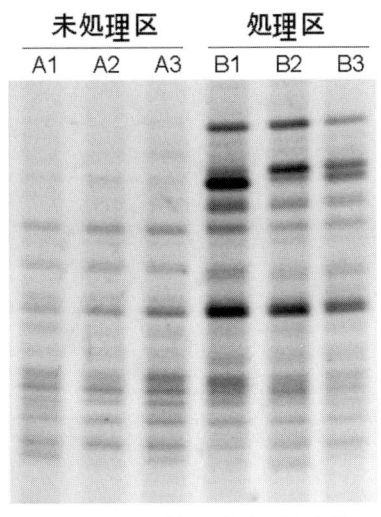

図1 DGGEの例（文献1）より改変

剤濃度勾配ゲル電気泳動法）は，変性剤の濃度勾配があるゲルで電気泳動を行うことによりバンドを分離する手法である（図1）．これは異なる分類群から得られたPCR産物は変性しやすさが異なるということを利用している．ゲル間比較が難しいという欠点があるものの，バンドを切り出して塩基配列を解読することが可能であるため，群集構造解析としてよく用いられる．

■ クローンライブラリ法

クローンライブラリ法は，環境サンプルから抽出したDNAを鋳型として用いたPCR産物をベクターに組み込んで大腸菌に取り込ませ（クローニング），得られたクローンに含まれるDNA断片の塩基配列を解読する手法である．クローニングを経ると，一つのクローンには1種類の配列のみが保持されることを利用している．群集構造を反映するためにはある程度のクローン数から解読を行う必要があるため金銭的な負担は増えるが，塩基配列から微生物の帰属を推定できるメリットは大きい．PCRバイアスやキメラの存在，細胞あたりのリボゾームRNAオペロン数など，実施にあたって考慮すべき点があるので注意を要する．

■ マイクロアレイ法

マイクロアレイとは，スライドガラス上に数万～数十万スポットのプローブ（20～60塩基程度のオリゴヌクレオチド）を固定し，その配列と相補的な配列をもつDNAあるいはcDNAをハイブリダイズさせ，検出する手法である．微生物のリボゾームRNA遺伝子を対象とした特異的プローブを用いることにより，群集構造を解析することができる [➡ 20 マイクロアレイ]．

■ パイロシーケンス法

パイロシーケンス法は第2世代の塩基配列解読技術の1種であり，DNAの合成時に取り込まれるヌクレオチドをモニタリングすることで塩基配列を決定する手法である．パイロシーケンス法の前処理として，DNA断片にアダプターを付加し，ビーズあるいは基盤上に固定してPCRを行い，ライブラリを作成する．このとき用いるDNA断片を，リボゾームRNA遺伝子を対象としたPCR産物とすることで，クローンライブラリ法と同様に群集構造を解析することができる．この手法には，解読できる配列長が比較的短い（～700 bp）という短所がある一方で，PCR産物から数万～数億個といった大量の塩基配列を解読できるという長所がある．

■ リン脂質脂肪酸組成分析

細胞生体膜の主要成分であるリン脂質の構成成分である脂肪酸（phospholipid fatty-acid, PLFA）の組成は，微生物分類群によって異なることが知られている．これを利用して，環境サンプルからリン脂質脂肪酸を抽出し分析することで群集構造を解析することができる．リン脂質脂肪酸組成分析は環境サンプルにおける微生物バイオマス量を反映するという利点があるが，微生物を識別する能力はDNAに基づく解析には劣る．

■ キノン組成分析

呼吸鎖に関与するキノンも，リン脂質脂肪酸と同様に微生物分類群によって異なるため，群集構造解析に使われる．リン脂質脂肪酸と同様に，キノン量も環境サンプルにおける微生物バイオマス量を反映する．キノン組成分析による微生物識別能力はDNAに基づく解析には劣るものの，リン脂質脂肪酸組成分析よりもよいといわれている．

〔石井　聡〕

参考文献

1) Ishii *et al.* 2009. *Appl. Environ. Microbiol.* **75**: 7070-7078.

20 マイクロアレイ

PhyloChip, functional gene array

マイクロアレイ法は環境中微生物のさまざまな DNA または RNA 配列を同時にハイスループットにプロファイルする手法である.

■ マイクロアレイ法の原理と用途

マイクロアレイとは，既知の標的遺伝子に対し，特異的な 20〜60 塩基程度の配列の相補鎖をプローブとして高密度に担体上に固定したものである．プローブ数は数百種類のものから数百万種類まで，用途によりさまざまなタイプがある．このマイクロアレイに対し，蛍光標識したサンプル DNA または cDNA の形にした RNA をハイブリダイゼーションさせ，その標識を検出することにより，各プローブに対応する配列のサンプル中の有無，および相対的な存在量が得られる（図1）.

非常に多くの配列を同時に検出できることは大きなメリットであるが，一方で各プローブのハイブリダイゼーションの特異性が不確かであることや，検出されたシグナルが標的の配列と近似の配列によるクロスハイブリダイゼーションの可能性があることがデメリットとして挙げられる．とくに複雑な環境サンプル DNA に対して設計されたアレイは，クロスハイブリダイゼーションを避けるためにプローブ設計方法や標的配列の有無の決定方法にさまざまな工夫がなされている．また，アレイ上のプローブは既知の遺伝子配列より作成するため，未知の配列は検出できないこともマイクロアレイの短所といえる.

マイクロアレイは，ゲノムレベルでの遺伝子の発現解析や遺伝子の変異の同定などに当初使用されていたが，環境微生物学の分野でも同時に多くの配列を検出できる方法として，微生物相およびその遺伝子相の解析などに応用されている.

■ 16S リボソーム RNA 遺伝子のマイクロアレイ

細菌およびアーキアの 16S リボソーム RNA 遺伝子を標的とし，微生物相の解析を行うマイクロアレイとして，PhyloChip[1] がある．このアレイでは，16S リボソーム RNA 遺伝子という高度に保存された遺伝子の多様性を検出するための工夫がみられる.

既知の rRNA 遺伝子を約 6 万の OTU に分類し，一つの OTU あたり平均 37 の 25 塩基長のプローブセットが割り当てられている．プローブセットは標的と 100% 相同のパーフェクトマッチプローブ（PM）と，25 塩基中

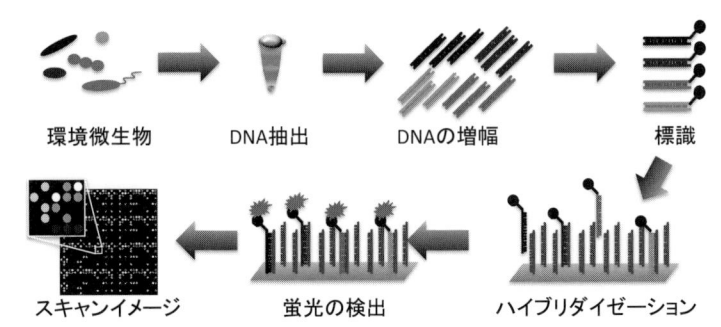

図1 マイクロアレイ法の流れ．環境微生物から抽出された DNA を PCR などにより増幅し，標識する．標識 DNA と担体上に高密度に固定されたプローブとのハイブリダイゼーションを行い，形成されたハイブリッドを蛍光を用いて検出する．スキャンしたイメージから，各プローブに対応する配列のサンプル中の有無および相対的存在量が定量できる.

13塩基目がミスマッチとなるようなミスマッチプローブ（MM）からなる．各OTUの有無を，そのOTUに割り当てられた各プローブセットのPMとMMの蛍光強度差の分布から定性的に評価する．各プローブのハイブリダイゼーション効率は配列依存であるため，同一アレイ上のOTUどうしの定量的な比較はできないが，異なるサンプル間において，同一OTUの相対的な比較を行うことができる．

実際には，まず環境サンプルのDNAを抽出し，細菌またはアーキアのユニバーサルプライマーでPCRを行う．PCR産物の精製・断片化後ビオチン標識を行い，ハイブリダイゼーションを行う．その後剰余サンプルを洗浄し，ビオチン標識されたサンプル断片とアレイ上のプローブとのハイブリッドを蛍光ラベルされたストレプトアビジンで検出する．

■ 機能遺伝子のマイクロアレイ

微生物の機能遺伝子を標的としたGeoChip[2]では，292の機能遺伝子ファミリー（炭素，窒素，リンおよび硫黄循環，エネルギー資化，抗生物質耐性，金属耐性，有機汚染物質分解など）に属する約5万7千の遺伝子に対し，50塩基長の約2万8千のプローブが設計されている．

機能遺伝子を標的とする場合，プローブ設計のためのデータベースの構築が重要となる．Heら[2]は，公共のタンパクデータベースを用いて多角的にキーワードサーチを行い，各遺伝子の候補配列を得た．さらに，その機能が実験的に確認されており全長配列のデータがあるものを各遺伝子のシード配列とした．このシード配列のアミノ酸配列をもとに候補配列から近似した遺伝子の配列群を得，これをプローブ設計のためのデータベースとしている．

GeoChipでは標的配列特異的プローブとグループ特異的プローブの2種類を用いることで検出精度を高めている．標的配列特異的プローブは標的外の配列に対し相同性が90％以下，連続した相同部位は20塩基以下であり，ハイブリッド形成時の自由エネルギーが－35 kcal/mol以上になるように設計されている．また，グループ特異的プローブはグループ内の配列と96％以上の相同性と35塩基以上の連続した相同部位を有し，ハイブリッド形成時の自由エネルギーが－60 kcal/mol以下になるように設計されている．

実際には，サンプルDNAを whole community genome amplificationによりすべての配列を一様に増幅し，Cy-5蛍光によってランダムに標識する．標識されたサンプルを精製した後，ハイブリダイゼーションを行う．剰余サンプルを洗浄した後，スキャナーにて蛍光を検出する．

■ マイクロアレイの使用例

Hazenらは，メキシコ湾の石油汚染事故に際し，その環境微生物への影響をPhyloChipおよびGeoChipを用いて解析した[1]．その結果，石油汚染により既知の石油分解菌と近縁のGammaproteobacteriaが集積され，また炭化水素分解遺伝子の違いが石油濃度と相関していることがわかった．このように，マイクロアレイによる遺伝子のプロファイルにより自然浄化力の可能性を示すことができた．

■ マイクロアレイの今後

マイクロアレイ法を用いることで，これまでデータベースに蓄積されてきた環境微生物の情報を網羅的に解析できる．一方，近年のシークエンス手法の飛躍的な発展で新たな配列が次々発見され，データベースは日々増加している．そして，環境中には未知の配列が多く，いまだ全体像を把握しきれていない．マイクロアレイをデータベースをもとに更新していくことが，環境微生物全容のさらなる理解につながるだろう． 〔岩井祥子〕

参考文献

1) T. Hazen *et al.* 2010. *Science.* **330**: 201-208.
2) Z. He *et al.* 2010. *ISME J* **4**: 1167-1179.

21 微生物の群集と機能をつなぐ同位体

SIP, MAR-FISH, isotope array, NanoSIMS

　分子生物学的手法の発達によって，環境中にはきわめて多様な微生物が生息していることが明らかになった．一方で，それら微生物の環境中で実際の働きについてはほとんどわかっていない．微生物の代謝機能は培養実験で確認したり，ゲノム情報から推測したりするが，分離できる微生物は限られているし，潜在的な微生物の機能が環境中で実際に発現されているかどうかは，培養実験やゲノム情報からだけではわからない．環境中における微生物の機能とその系統分類を結ぶこと「誰が何をしている？」は，環境微生物学の重要な課題である．

　生物の代謝プロセスを理解するために同位体元素がトレーサー（標識物質）として用いられる．同位体とは，同じ原子番号をもつ元素のなかで原子核の中性子の数，すなわち質量が異なる核種のことである．たとえば炭素であれば質量12（^{12}C），13（^{13}C），14（^{14}C）の3種が天然中に存在する．^{14}Cは放射壊変により放射線（β線）を放出することから放射性同位体と呼び，それに対し^{12}C，^{13}Cは安定同位体と呼ぶ（便宜的に質量の大きい^{13}Cだけを指して「安定同位体」と呼ぶこともある）．^{13}Cは天然存在比が低く（約1%），種々の分析手法を用いることで多量に存在する^{12}Cと区別して検出できる．また，^{14}Cは放射線の検出によってその存在を確認することができる．これらの特徴を利用して同位体で標識した特定の炭素化合物の生体内での変化を追跡することができる．同位体は，環境中での微生物の代謝機能を明らかにするためにも利用され，分子生物学的手法と組み合わることによって，どのような微生物が実際にある働きを担っているかを調べることができるようになった．主な手法を以下に概説する．

■ **SIP**（stable isotope probing, 安定同位体プロービング）

　安定同位体（^{13}C, ^{15}N, ^{2}H, ^{18}Oなど）で標識した物質を環境試料に添加して一定期間培養し，微生物の生体成分（DNA, RNA, リン脂質脂肪酸［PLFA］など）を抽出・解析することにより，安定同位体を同化した，すなわち対象となる物質を利用した微生物群集を解析する手法．対象となる生体成分の名称をつけて，DNA-SIP, RNA-SIP, PLFA-SIPなどと呼ぶ．標識物質としては純粋化合物のほかに光合成産物などの複合化合物も用いられる．また，対象となる微生物の活性を向上させたときに取り込まれる$^{13}CO_2$や$H_2^{18}O$由来の同位体を含む生体成分を解析することもある．

　安定同位体が核酸に取り込まれると，わずかながら通常の核酸より比重が大きくなる．この「重い核酸」を遠心分離によって自然安定同位体比をもつ「軽い核酸」から分離し，その後さまざまな分子生物学的手法により，安定同位体を取り込んだ微生物群集を解析する．PLFAの場合は，PLFA分析用のガスクロマトグラフに安定同位体比測定用質量分析計をつなげ，分離後燃焼により得られたCO_2の安定同位体比を測定する．

　核酸を対象としたSIPは，微生物群集に関する詳細な情報を得ることができるが，核酸が十分に安定同位体で標識されないと解析が困難という短所をもつ．一方，PLFAは，核酸に比べて安定同位体による標識レベルが低くても解析できる，定量性に優れるという長所はあるが，微生物の分類に関する情報量は核酸に比べて劣る．

■ **MAR-FISH**（microautoradiography combined with FISH）

　対象基質に含まれる放射性同位元素を取り込んだ微生物の分類学的特徴をFISH［→14 微生物を数える2 直接計数法］によって明らかにする方法．^{14}C, ^{3}H, ^{35}S, ^{32}Pなどの放射性同

位元素で標識した基質を環境試料に添加して短時間培養し，環境試料中の微生物細胞にその基質を取り込ませる．その後反応を停止させ，特異的なFISHプローブによって試料中の微生物を蛍光標識する．次いでマイクロオートラジオグラフィー用のエマルジョンフィルムを試料に滴下・露光し，放射性同位元素の微生物細胞内への取り込みあるいは細胞周辺への集積の様子を視覚化する．別途FISHの画像から微生物の分類系統の情報を得，二つの画像を重ね合わせることで，基質を取り込んだ微生物の分類学的特徴を細胞単位で明らかにする．

■ isotope（micro）array（アイソトープ［マイクロ］アレイ）

MAR-FISHは，基質を取り込んだ微生物を細胞レベルで検出できるという点で優れた方法であるが，一度に使用できるFISHプローブの数に一定の制限があるため，多様な微生物が関わっている場合，すべての微生物の系統分類を明らかにすることは難しい．isotope（micro）arrayは，マイクロアレイ［➡ 20 マイクロアレイ］とオートラジオグラフィを組み合わせることによって放射性同位元素で標識された基質の取り込みに関わる微生物の系統分類を同時にかつ網羅的に解析する方法である．

■ NanoSIMS（nanometer-scale secondary ion mass spectrometry，ナノスケール2次イオン質量分析法）

固体表面にビーム状のイオン（1次イオン）を照射すると表面からさまざまな粒子が放出される．そのうち放出されたイオン（2次イオン）を検出し，試料に含まれる成分の定性・定量を行う分析法を2次イオン質量分析法（SIMS）という．NanoSIMSは，イオンビームによる走査をきわめて高密度で行うことにより，50 nmという高解像度で試料表面の成分の分布を解析するものである．地学・宇宙化学から，物質科学，生命科学にわたる幅広い分野で利用され，環境微生物のさまざまな解析にも応用されている．

先に述べた方法と同様，同位体元素で標識した物質を加えて培養した試料を解析することで，標的物質の微生物への取り込みを検出することができる．ナノスケールで分析が可能なので，環境微生物の代謝機能を1細胞レベルで解析できるばかりでなく，細胞内での標識元素の分布を調べることも可能である．また，多元素同時分析が可能なので，異なる安定同位元素でラベルされた複数の物質の利用を調べることができる．さらに，メタンや硫黄の代謝など，自然同位体比の変化が大きな微生物代謝の場合，自然同位体比の空間分布を解析することにより，人工的に基質を加えることない環境中のありのままの微生物の働きを調べることもできる．

微生物の機能と系統分類を結ぶ手法として，先述した蛍光プローブを使ったFISHが用いられるが，そのほかにも生体内の存在量が少ない物質（ハロゲンなど）を付加したハイブリダイゼーションプローブを用いることによって，環境微生物の物質代謝機能と微生物の分類に関する情報をNanoSIMSで同時に取得することもできるようになった．

同位体を用いて微生物の代謝機能と分類に関する情報を細胞レベルで取得する方法としては，ほかにラマン顕微鏡を用いるものがある［➡ 23 進化する顕微鏡］．

同位体元素を使用した以上のような手法の開発によって環境微生物の群集と機能を結ぶことが可能となってきた．しかし，多くの場合環境試料の培養が必要であり，そのバイアスを考慮しておかなくてはならない．また，基質を取り込まない異化的代謝には適応が難しい，逆に基質を利用した微生物の代謝産物を2次的に利用したほかの微生物が誤認されるなどの制限もある．一つの手法ですべてを明らかにすることは不可能であり，異なる方法を組み合わせて解析することが重要である．

〔村瀬　潤〕

22 顕微鏡の基礎

明視野, 位相差, 微分干渉, 蛍光

　微生物は, 肉眼ではっきりと認識できない生物であり, 通常, 顕微鏡を用いて観察される. この微生物を世界で最初に発見したのが, オランダ人のアントニ・ファン・レーウェンフック (Antonie van Leeuwenhoek) であり, 今から300年以上も前の1674年のことである. 彼が作成した現存する顕微鏡の倍率は250倍強に達するものもあり, その分解能は数 μm である. 原生動物や藻類, 酵母, 細菌などの最初の記載は彼によるものであり, 微生物学において偉大な業績を残している. 当時, 彼が製作した顕微鏡は, 虫眼鏡のような単式顕微鏡であったが, これは取扱いが難しく, 普及しなかった. 代わりに, ヤンセン親子 (Hans Jansen & Zacharias Jansen) が発見した2枚の凸レンズを組み合わせて拡大するという仕組みを用いて, ロバート・フック (Robert Hooke) が製作した複式顕微鏡が, その後の顕微鏡のひな形となった. フックは植物細胞を発見し, それを cell と名付けた. その後, レンズの改良や組合せなどにより, より高倍率の観察ができるようになったが, 可視光の下で得られる最大解像度はおよそ 200 nm である. 今日では, その壁を破る顕微鏡も報告されているが, ここでは一般的に用いられている明視野, 位相差, 微分干渉, 蛍光顕微鏡についてそれぞれ簡単に述べる.

■ 明視野顕微鏡

　最も基本的な顕微鏡であり, 顕微鏡観察の入り口として, 多くの人が触れたことがある顕微鏡で, 試料に対して均一照射光を当て, 透過してきた光を観察する. すなわち明視野顕微鏡では, 試料, あるいは試料の部位によって光の吸収率が異なり, コントラストがつくことで観察が可能になるのである. しかしながら, 微生物の多くは無色透明であるため光の吸収率が低い場合が多く, 明視野顕微鏡で観察する際には, なんらかの染色を施す場合が多い. たとえば, 細胞壁の構造により微生物を識別するグラム染色法では, 染色液で染めた後, 濃紫に染まるか (グラム陽性), 赤に染まるか (グラム陰性) を観察するために明視野顕微鏡が使われる.

■ 位相差顕微鏡

　明視野顕微鏡では難しい, 無色透明な微生物を観察するための方法として, 位相差顕微鏡を用いる観察方法がある. 試料に光を当てると, 試料に当たらずに通過した光 (直接光) と, 試料に当たり回折した光 (回折光) が生じ, これらの光が干渉して結像光が生じる. ここで回折光は直接光に比べ位相が変化するが, 直接光に比べ極端に弱いため, 何も見えない. そこで直接光の位相を一定量 ($+\lambda/4$ あるいは $-\lambda/4$ [ここで λ は波長]) 変化させることで, 直接光と回折光の位相差を 0 あるいは $\lambda/2$ にし, その干渉によって結像光の振幅を変化させることで, 明暗のコントラストをつけ, 観察することができる (図1). 位相差顕微鏡には直接光の位相を変

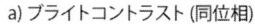

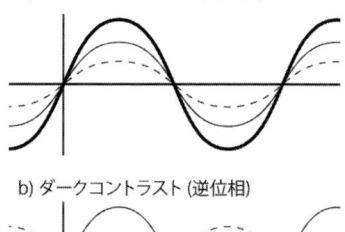

図1 位相差顕微鏡における直接光に一定量の位相を与えた後の光の関係

化させるための位相板が取り付けられているが，この位相板には直接光を弱めるためのフィルターが取り付けられ，回折光との干渉の効果を高めている．直接光と回折光の位相差を0にした場合，結像光の振幅は大きくなり，直接光よりも明るくなるため，試料が明るく，周りが暗いブライトコントラスト（同位相）となる．一方，λ/2にした場合は，結像光の振幅が小さくなるため，直接光よりも暗くなるため試料が暗く，周りが明るいダークコントラスト（逆位相）となる．この位相差顕微鏡による微生物観察は，広く用いられている（図2-A）．

■ 微分干渉顕微鏡

位相差顕微鏡と同じく染色などを用いずに無色透明なサンプルを観察することができる．微分干渉顕微鏡では，光がある物質を透過する際に屈折率や厚さの違いによって生じる光路差を利用する．まず光源からの光を直線偏光にし，それを少しだけ離れて進む二つの偏光にする．試料を透過後，二つの偏光を一つに戻した際，光路差がある場合には干渉が生じ，明暗のコントラストができる．位相差顕微鏡に比べ厚みのある試料の観察や分解能も高く，立体感のコントラストを表すことができる．

■ 蛍光顕微鏡

2008年ノーベル賞受賞で多くの人が知ることとなった蛍光タンパク質などを観察するのに必要な顕微鏡が蛍光顕微鏡である．蛍光とは，物質に光エネルギーを当てると（励起光），物質中の分子や原子がその光エネルギーを吸収し，その中の電子が基底状態から励起状態になる．この励起状態から基底状態に戻ろうとする際に発せられる光が蛍光である．そしてこのような物質を蛍光物質という．蛍光物質の蛍光波長は励起波長よりも長く（たとえばノーベル賞の緑色蛍光タンパク

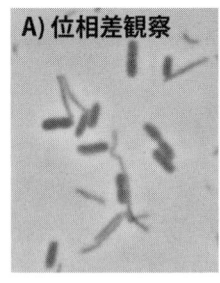

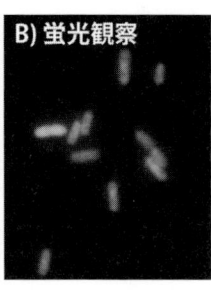

図2 2種類の微生物の位相差顕微鏡観察写真（A）と桿菌のみを遺伝子プローブで特異的に光らせた蛍光顕微鏡観察写真（B）

質では，青色の励起光で緑色の蛍光が発せられる），得られる蛍光は非常に弱い．また，励起光を当て続けると褪色して蛍光を発しなくなる，などの特徴がある．蛍光を観察するためには，蛍光物質を励起するための光源が必要である．そのため，蛍光顕微鏡には，超高圧水銀ランプやキセノンランプなどの光源が備え付けられているが，一般的に広く用いられているのは超高圧水銀ランプである．このほかに蛍光顕微鏡には励起および蛍光のフィルターが備え付けられている．励起側のフィルターは励起光源から蛍光物質に適した波長域のみが通過できるように，蛍光側のフィルターは蛍光物質から発せられる蛍光波長域が通過できるように設計してある．

微生物研究において蛍光顕微鏡は，系統学的識別を可能にする蛍光標識遺伝子プローブを用いた微生物の識別などに広く用いられている（たとえばfluorescence in situ hybridization［FISH］法など）．図2-Bにおいては，桿菌に特異的なプローブを用いてFISH法を行った際の，蛍光顕微鏡観察写真を示してある．このように遺伝子レベルでの微生物の識別を可能にすることから，形態学的な多様性に乏しい微生物の膨大な多様性を，視覚的に捉えることができる．　　　〔久保田健吾〕

23 進化する顕微鏡

共焦点レーザースキャン顕微鏡，
全反射蛍光顕微鏡，共焦点レーザーラマン顕微鏡

　[22 顕微鏡の基礎] で述べたように，明視野顕微鏡や位相差顕微鏡，微分干渉顕微鏡などにより微生物の形態学的情報を得ることができる．さらには，蛍光プローブで特定の微生物を標識した後，蛍光顕微鏡を用いて，形態学的多様性の少ない微生物を遺伝学的あるいは免疫学的に識別することが行われ，培養によらず特定の微生物に関する情報が得られるようになってきた．遺伝学的あるいは免疫学的に微生物を染色する技術に加え，顕微鏡の技術も日々進化しており，微生物細胞からより多くの情報が得られるようになってきている．

■ **共焦点レーザースキャン顕微鏡**（confocal laser scanning microscope, CLSM）

　CLSM は蛍光顕微鏡の進化版と捉えることもできる．CLSM では，光源から発せられた光が対物レンズを通してサンプル上の1点に集光するように照射される．試料から発せられる蛍光は，ビームスプリッターで分離され，ピンホールに集光される．光源からの光の焦点位置と共役な位置に開口をもつ位置にピンホールを配置することで，焦点のあった位置からのみの蛍光を検出することが可能となる（焦点以外からの光はピンホールでカットされる）．そのため，一般的な落射蛍光顕微鏡が水銀ランプを光源に用いているのに対し，CLSM はレーザー光を光源とし，焦点へ集光させている．レーザー光は試料を走査していき全体像を得るが，焦点位置は高さ方向にも変化させることができるため，厚みのある試料などからも，きわめて鮮明な蛍光像を得ることができ，3次元構造を把握することができる．このほかにも，CLSM ではセンサーの感度がよく，幅の狭いバンドパスフィ

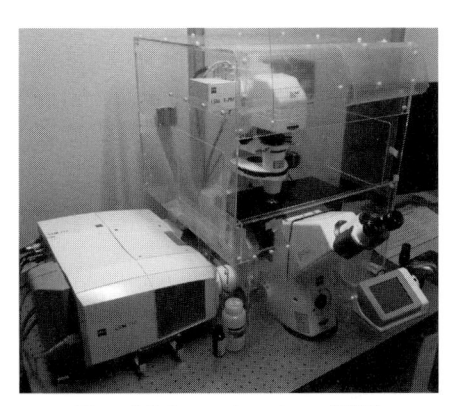

図1 共焦点レーザースキャン顕微鏡

ルターを使用できるため，多重染色において，検出したい蛍光物質の蛍光スペクトルに近い，ほかの蛍光物質から発せられる蛍光の混在を少なくすることができるなどのメリットがある．

　最近の CLSM に付加されているスペクトルイメージング機能は，微生物を解析する上で，今後重要性が増していくと考えられる．スペクトルイメージング機能とは，たとえば，蛍光検出器の波長域を 400 nm から 600 nm まで 10 nm 刻みに設定すると，計21波長のそれぞれの検出波長において画像を取得することができる機能である．これによりバンドパスフィルターでは区別できなかったスペクトルの異なる蛍光物質も使用することができるようになり，多重染色の幅が広がった．このスペクトルイメージング機能を利用して，より多重な染色を可能にした方法の一つに CLASI-FISH（combinatorial labeling and spectral imaging-fluorescence *in situ* hybridization）法がある．CLASI-FISH 法では，標的微生物ごとに異なる1種類以上の蛍光物質で標識したプローブを用意し，それを用いて微生物を染色する．スペクトルイメージング機能を用いて取得した画像を解析することで，それぞれの微生物がどの蛍光物質で標識されているかを明らかにすることができ

るため，その微生物種を同定することができるのである．この方法によれば，たとえば比較的スペクトルの分離が容易な4種類の蛍光物質を用いるだけでその組合せにより15種類の異なる微生物を識別することができるため，生物膜などにおける微生物の空間分布の把握など，原位置での微生物相互作用の解明に貢献すると考えられる．

■ 全反射蛍光顕微鏡（total internal reflection fluorescence microscope, TIRFM）

全反射蛍光顕微鏡も，蛍光顕微鏡の進化版と捉えることができる．全反射とは，屈折率の異なる物質が隣接する場所で，屈折率の高い媒質（カバーガラス）から低い媒質（試料）へ臨界角以上の入射角で光を入射させた場合に起きる現象である．入射光は全反射されるが，この全反射の境界面において低屈折率側にエバネッセント光が発生する．全反射蛍光顕微鏡では，このエバネッセント光を励起光として用いている．エバネッセント光は速やかに減衰するため，その励起可能な範囲は，カバーガラス表面から試料側へ数百nm程度である．また，エバネッセント光を発生させるための光は全反射されるため，きわめてバックグラウンドの少ない観察が可能である．蛍光染色試料を高感度に観察する方法には，蛍光シグナルをノイズに比べ高める方法と，ノイズを減少させる方法があるが，全反射蛍光顕微鏡は後者のアプローチを取っているといえる．全反射蛍光顕微鏡を用いると，落射蛍光顕微鏡などではバックグラウンドに埋もれ観察できなかった蛍光シグナルを捉えることができるため，一分子蛍光イメージングなどに用いられている．

■ 共焦点レーザーラマン顕微鏡（confocal laser Raman microscope）

共焦点レーザーラマン顕微鏡は，ラマン効果を利用した顕微鏡である．ラマン効果とは，物質に光を当てると，当てた光の波長の散乱光のほかに，当たった物質の構成により異なる波長の散乱光が得られる現象である（これをラマン散乱という）．レーザー光など一定波長の光を試料に当て，ラマン散乱によって生じるラマンシフト（横軸）とラマン散乱強度（縦軸）で描かれるラマンスペクトルは物質によって固有であり，その違いで物質を識別することができる．

環境微生物学への共焦点レーザーラマン顕微鏡の適用は，微生物を構成する核酸やタンパク質・脂質などの細胞レベルでのラマンスペクトルの違いにより，微生物種や微生物の増殖フェーズを識別することに用いることができる．加えて，安定同位体が取り込まれた物質のラマンスペクトルがシフトする性質を利用して，微生物の基質利用性などを知るためにも用いられている．たとえば，炭素の安定同位体である^{13}Cで標識した基質を用いて培養を行った細胞のフェニルアラニンを示すラマンスペクトルのピークは，そうでない細胞に比べてシフトすることが知られている．そのため，フェニルアラニンのピークの変化をみることで，微生物が^{13}Cで標識した基質を取り込んだかどうかを知ることができる．同時に，FISH法による分子系統学的同定を行うことで，微生物を分離・培養することなく，細胞レベルでその生理学的特徴などを把握することができるのである．

〔久保田健吾〕

24 環境ゲノミクス

ゲノミクス，難培養微生物

　環境中では一般に，難培養性の微生物種が多数を占めている．したがって，環境中の微生物群集構造を把握するためには，培養に依存しない手法を用いなければならない．1990年代には，PCR（polymerase chain reaction）やFISH（fluorescence in situ hybridization）などの分子生物学的手法を応用した，小サブユニットリボソームRNA（SSU rRNA）遺伝子配列に基づく微生物群集構造解析が始まった．SSU rRNAは，すべての生物がもつ優れた分類マーカーであり，これによって多様な環境中の微生物群集構造が解明され，多くの未培養系統群が発見されてきた．

　しかしながら，難培養性種やそれを含む微生物群集全体の機能を解明するには，SSU rRNAだけではなく，多様な機能遺伝子の配列を網羅的に解析する必要がある．環境ゲノミクス（environmental genomics）とは，環境中の微生物種や群集をゲノムレベルで研究する分野の総称で，培養を介することなく，環境微生物の機能解析を行おうとするものである．別項で解説するメタゲノム解析（metagenomics）や一細胞ゲノム解析（single-cell genomics）などの手法を用いる．ちなみに微生物学以外の分野では，環境応答のゲノムレベルでの研究を環境ゲノミクスと呼ぶので注意を要する．

　微生物のゲノム解析は，1990年代後半以降，単離培養された原核生物種を対象に盛んに行われてきた．とくに，2000年代後半に次世代DNAシーケンサーが登場すると，比較的低コストで配列解析可能となり，モデル生物や医学・農学的に重要な原核生物種のゲノムは，ほぼ解読済みである．2010年代以降は，応用科学的価値は不明だが系統分類学的に重要な単離培養株のゲノムが，次々に解読されるようになった．これによって，原核生物系統群を各々代表するような単離培養株のゲノム配列データが，加速度的に集積している．

　ところが，たとえば細菌の場合，単離培養株が存在する門レベルの系統群は約30存在するが，SSU rRNA遺伝子系統樹に基づく分類では，未培養種だけで構成される門レベル系統群が，さらに数十個も発見されている．綱や目，科レベルならば，数えきれないほどの未培養系統群が存在する．原核生物の場合，近縁種や種内であっても，遺伝子の水平伝播などによって機能が大きく異なる場合がある．まして科レベル以上の未培養系統群の場合，それらの生理・生態を予測するのはきわめて困難である．

　詳細は各項目に譲るが，メタゲノム解析とは，ある環境中の微生物群集のDNAをまとめて抽出し，網羅的に塩基配列解析する手法で，その群集全体としての機能を遺伝子レベルで推定可能である．地理・時間・処理の有無などで群集間の機能を比較する場合にも威力を発揮する．一方，一細胞ゲノム解析は，環境中の微生物群集から1ないしごく少数の細胞を物理的に分離して，細胞あるいは種ごとのゲノム解読を行うものである．これらの手法を用いれば，まったく培養を介することなく，各未培養微生物種や群集全体の機能推定が可能となる．環境ゲノミクスは，現代の環境微生物学にとって，欠かせない研究分野となっている．

〔本郷裕一〕

25 メタゲノム

ゲノミクス，難培養微生物

　環境中の微生物群集は一般に，難培養性種を多く含んでいる．そうした微生物群集の機能を解明するためには，培養を介さない手法が必要である．そこで登場したのが，メタゲノム（metagenome）という概念とそれを研究する分野（メタゲノミクス metagenomics）である．

　Handelsmanら（1998）は，難培養性種を含む微生物群集を対象とした機能解析を行うために，群集全体のゲノム（メタゲノムと命名）DNAを抽出して断片化，クローン・ライブラリーを作成し，機能遺伝子を探索することを提唱した．実際この後，さまざまな環境中のメタゲノムを対象とした機能遺伝子探索（スクリーニング）が行われ，数多くの成果が報告されている．

　メタゲノムを対象とした機能遺伝子スクリーニング法としては，大腸菌に導入したメタゲノム断片の異種発現，特定の遺伝子配列を標的としたハイブリダイゼーションやPCR法による検出などがある．しかし，異種発現でスクリーニング可能な機能は限られており，塩基配列相同性に依存するハイブリダイゼーションやPCR法も，既知種と離れた系統の遺伝子は検出しにくい．

　そこで，スクリーニングを行わずにメタゲノム断片を大量に配列解析し，情報解析学的に遺伝子探索を行う手法が登場した（図1）．たとえばDeLongらの研究グループは，2000年に海洋細菌群集のメタゲノム断片を130 kb配列解析し，細菌が光合成用のロドプシン様タンパク遺伝子をもつことをはじめて明らかにした．2004年には，Tysonらがリッチモンド鉄鉱山の酸性排水中の微生物塊のメタゲノムを11 Mb配列解析し，細菌2種類の完全長に近いゲノム配列再構築に成功した．これは，この微生物群集がわずか数種類で構成されていたために，未培養優占種のゲノム再構築が可能となった例である．さらに同年，Venterらはサルガッソー海の微生物群集のメタゲノム配列解析を行った．その解析塩基数は1.6 Gbに及び，少なくとも1,800種の微生物のゲノム配列断片を含んでいた．発見された新規遺伝子数も120万に上った．これらの重要な成果によって，メタゲノム断片の網羅的配列解析の威力が，微生物学の世界に広く知れ渡った．

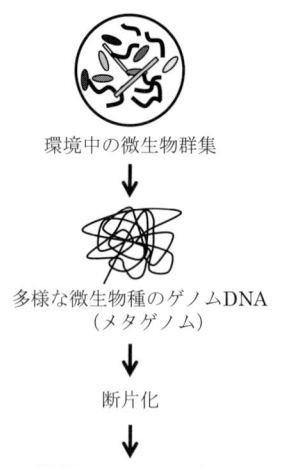

　この後，土壌，海水，海底，湖沼，地下水，空気，氷河，温泉，各種動物の組織・表面・消化管，病理組織，発酵食品など，さまざまな環境サンプルでメタゲノム配列解析が行われるようになった．目的も，生態系解明から病原微生物検出，有用遺伝子探索など基礎と応用両面にわたり，また原核・真核微生物だ

環境中の微生物群集
↓
多様な微生物種のゲノムDNA
（メタゲノム）
↓
断片化
↓
高速DNAシーケンサーで
10^7–10^{10}塩基以上を配列解析
↓
断片接続，遺伝子同定，
群集機能推定，群集間比較解析
などのバイオインフォマティクス

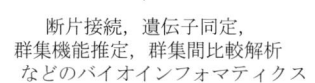

図1　メタゲノム配列解析の概要

けではなく，ウイルス群集を対象とするメタゲノム研究も多い．ゲノム・データベースのGOLDには，2013年までに，3,000サンプル以上のメタゲノム解析結果あるいは計画が登録されている．

　2007年くらいまでに発表された成果の多くは，高コストなSanger法でDNA配列解析したものであった．しかし2000年代後半に454 Genome Sequencer（ロッシュ社）やIllumina Genome Analyzer（イルミナ社）などの次世代DNAシーケンサーが登場すると，配列解析コストが大幅に低下し，単一サンプルだけではなく，宿主個体間，経過時間，地域間など，複数サンプル間での比較メタゲノムも容易になった．

　こうしたなかで，最も多くの予算を投じられてきたのが，ヒトの身体に常在する微生物群集を対象としたメタゲノム配列解析である．欧州では8か国14研究機関が連携し，ヒト腸内メタゲノムプロジェクト（MetaHIT）を2008年に発足した．124人の糞便のメタゲノム配列を577 Gb解析して3百万以上の微生物遺伝子を取得し，ヒト大腸細菌群集構造は個人間で異なるが，メタゲノム中の機能遺伝子の種類はある程度共通しており，主に三つに類型化されることを報告した．米国のHuman Microbiome Project（HMP, 2008-2012）では，口腔，皮膚，消化管，膣，鼻腔，肺に生息する常在微生物群集の大規模メタゲノム配列解析が行われ，2012年には，242人から各々15〜18か所サンプリングし，合計3.5 Tbにも及ぶメタゲノム配列を取得して比較している．こうした成果は，ヒトの健康維持，個人個人に合わせたオーダーメイド医療などに役立つ可能性がある．

　取得したゲノム配列はコンピューターで情報解析するが，メタゲノムには多様な種・系統のゲノムが混在しているため，通常のゲノム解析用ソフトではうまく処理できない．今日では，メタゲノム情報解析用のさまざまなパイプライン（プログラムの組合せ）が，ゲノム研究機関や研究室のweb上で公開されており，それらを用いて，配列断片の連結（アッセンブル assemble）と遺伝子検出・同定（アノテーション annotation）を行う．

　メタゲノム配列解析を行う場合，並行して，分類マーカーである16SリボソームRNA遺伝子をPCR増幅し，群集構造解析を行うことが多い．これをメタ16S解析と呼ぶ．また，群集全体の転写産物（メタトランスクリプトーム metatranscriptome）解析も同時に行う研究が増加している．さらに，対象となる環境の地理情報やpHほか各種物理化学的データも取得することが望ましいとされ，このような情報をまとめてメタデータ（metadata）と呼ぶ．現在，メタゲノム解析のみを行うことは少なく，こうした各種データの解析を同時に行うことで，より有意義な研究がなされるようになっている．

〔本郷裕一〕

参考文献

1) 服部正平監修. 2010. メタゲノム解析技術の最前線. シーエムシー出版.
2) The Human Microbiome Project Consortium. 2012. *Nature*. **486**: 215-221.

26
一細胞ゲノミクス

ゲノミクス，難培養微生物

　環境中の大多数の微生物種は難培養性であり，それらの機能はほとんど未知である．メタゲノム解析［→ 25 メタゲノム］は，こうした環境微生物群集の機能解析に大きな威力を発揮してきた．しかしメタゲノム解析によって群集全体の機能を推定できても，群集を構成する個々の微生物種の機能は未知のままである．各微生物種の機能が不明ならば，より詳細な研究は困難である．この状況を打開する革新的手法として期待が高まっているのが，一細胞ゲノム解析（single-cell genomics）である．

　一細胞ゲノム解析とは，環境中の微生物を一細胞だけ分離し，そのゲノム配列を解析することをいう．本来，ゲノム完全長かそれに近い配列（ドラフト・ゲノム）を再構築するには，大腸菌なら10億個以上が必要である．つまり，単離培養可能な種以外のゲノム解析は，通常は不可能である．

　一細胞ゲノム解析を可能としたのは，ファージ由来のphi29 DNAポリメラーゼというDNA複製酵素である．この酵素は，他酵素の助けなしにDNA二重鎖をほどいて複製することが可能で，多重置換増幅（multiple displacement amplification, MDA）と呼ばれるタイプのDNA合成を行う（図1）．PCR法のように95℃での熱変性を含む温度サイクルは不要で，30℃一定で数時間以上反応させる．一晩で，数十億倍以上に増幅可能で

ある．複製エラー率は低く，最終的に数kbから数十kbの二本鎖DNAを産する．とくに環状DNAを高効率に増幅することから，rolling-circle amplification（RCA）法とも呼ばれる．

　2002年，Laskenらの研究グループによって，同酵素とランダムなヌクレオチドで構成されたプライマーを組み合わせることで，単一のヒト培養細胞から，ゲノムDNA全域を網羅的に増幅できることが示された．ゲノムDNA全体を増幅することを全ゲノム増幅（whole genome amplification, WGA）と呼ぶ．Phi29 DNAポリメラーゼを用いる等温全ゲノム増幅法以外にも，PCRを応用した全ゲノム増幅法が存在するが，あまり一般的ではない．

　2005年，Venterらの研究グループは，等温全ゲノム増幅法を，未培養細菌種のゲノム配列解析へ応用することを提唱した．実際，Hongohら（2008）は等温全ゲノム増幅法を用いて，シロアリ腸内原生生物の細胞内に共生する未培養細菌種の，わずか数百細胞からのゲノム完全長配列取得に成功している．しかし，単一細胞を対象としたゲノム配列解析は，2013年の時点でもいまだ容易ではない．海水・消化管・バイオリアクター中の原核生物など，一細胞ゲノム配列解析例は飛躍的に増加しつつあるが，ゲノム全長の半分程度以下の配列しか取得できていないことも多い．したがって，得られる情報も断片的である．一細胞ゲノム解析が困難な理由は複数ある．以下に，主な細胞単離法と，一細胞ゲノム解析における諸問題およびその解決法を紹介する．

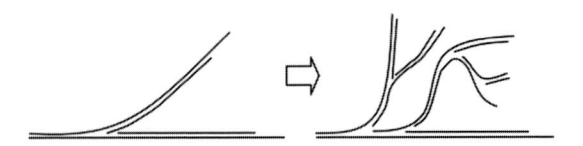

図1 Phi29 DNAポリメラーゼによる多重置換増幅（MDA）の概略図

■ 環境からの微生物細胞単離法

マイクロマニピュレーション　倒立顕微鏡にマイクロマニピュレーターを搭載し，任意の細胞を極細のガラス毛細管で回収する．形状や局在から標的を識別できる場合には，最も確実である．

蛍光励起セルソーティング　蛍光励起セルソーターと呼ばれる装置で，蛍光標識した微生物細胞を1個ずつ高速自動回収する．ほぼランダムに単離するため，目的の微生物種を回収できるかは不確実で，細胞形態も確認不能である．一細胞ゲノム研究グループの多くは，この手法を用いている．

微細流路（チップ）と光ピンセット　微細流路内で原核生物1細胞を光ピンセットでトラップし，同一チップ上の微小反応炉まで移動させて，全ゲノム増幅反応を行う．Stanford 大学の Quake らのグループが考案した手法である．

■ 一細胞ゲノム解析の諸問題と解決法

外来 DNA の混入　極微量の DNA 混入が致命的失敗につながる．作業中の混入だけではなく，環境サンプル中の溶存 DNA や，市販酵素キット中の混入 DNA も問題となる．クリーンベンチで作業すること，使用器具や溶液をすべて紫外線処理すること，などが必要である．DNA を加えない対照実験でもみられる増幅（非特異的増幅）は，こうした微量の混入 DNA が原因とする説もある．

増幅バイアス　等温全ゲノム増幅では，ゲノム領域間で増幅バイアスが生じる．反応溶液を nl 以下にする，などで低減できるとされる．領域間での取得断片数の偏りを情報解析学的に是正することで，ゲノム再構築の効率が上昇する場合もある．現在，全ゲノム増幅サンプル専用の配列結合（アッセンブル）プログラムも開発されている．

キメラ生成　ゲノム増幅反応中に，ゲノムの別領域の配列どうしが結合するなどして，実際には存在しない配列断片が生成されてしまうことがある．キメラ配列の融合部に存在する一本鎖 DNA 部分を S1 ヌクレアーゼという酵素で処理することで，キメラ発生率を低減できるとされるが，実際の効果が不明なため，省略する研究グループが多い．

　一細胞ゲノム解析はまだ発展途上の分野であり，細胞単離法もゲノム増幅反応法も，さらなる最適化が必要である．しかし，現時点の技術によって得られた断片的情報も，従来はまったく取得不可能なものであり，一細胞ゲノム解析は環境微生物学に大きく貢献しつつある．とくに，メタゲノム解析と一細胞ゲノム解析を組み合わせた研究は，群集全体としての機能と優占種の機能の両面から，群集の生態解明に迫るという点で，きわめて効果的である．また，未培養微生物のゲノム増幅サンプルは，さまざまな実験に繰り返し使用することが可能であり，遺伝子資源の確保という点でも意義が大きい．　〔本郷裕一〕

参考文献

1) 本郷裕一，大熊盛也．2010．難培養微生物研究の最新技術 II（大熊盛也，工藤俊章編），pp.136-146．シーエムシー出版．
2) R. S. Lasken. 2007. *Curr. Opin. Microbiol.* **10**: 510 -516.

第 2 章
微生物の多様な振る舞い

DIVER SITY

BACTERIA - ARCHAEA - EUKARYA

27 微生物の相互作用

複数者培養系の特殊性，機能

　環境中には多種多様な微生物が生息している．そして，それらが互いに相互作用を及ぼし合い，結果としてある生態系が構築されていると考えることは，十二分に可能である（一般的な捕食－被食関係に関しては［→33 細菌を食べる細菌］）．しかし，具体的にどのようなメカニズムで相互作用が働き，その結果としてどのようにして生態系が構築されるのか，といった一連の動きには不明な点が多いのが現状である．ただ，N-acylhomoserine lactonesおよびそれら関連物質に基づくクオラムセンシングによる菌株間の相互作用に関しては，ある程度の理解が進みつつある状況にある［→28 微生物のコミュニケーション］．

　複数の微生物群の集合体である微生物生態系を制御する試みは，学術的にも実用的にもきわめて重要な課題である．たとえば，水耕栽培を含む農耕地における作物生産，廃水処理やバイオレメディエーション，発酵食品製造あるいは医療などにおいて，効率化や安全性の面からも微生物群集を制御することが希求されている．

　複数の微生物群集が存在する系において，各微生物群がどのような挙動を示すのかについては，栄養源に対する親和性と増殖の面から検討されてきた[1]．2者混合連続集積培養系では，基質に対する動力学的パラメーター（親和定数［K_S］，増殖速度定数［μ］，連続集積培養の希釈率［D］）から算出されるλ値（$\lambda = K_S D/(\mu - D)$）から推測が可能である．すなわち，設定されている系の希釈率よりも早く増殖し（分母はより大きく），供給基質に対する親和性がより大きい（分子はより小さい）特性を示す微生物が混合系では優占種となる（λ値がより小さいもの）と解釈できる．この理論は種間競争のダイナミックスに関するシミュレーション研究においてLiapunov functionとして知られるものであるが，上記λ値は実験により求めることができる点で実証可能である．しかし実際には下記に示すように，3者以上の複数者培養系ではLiapunov functionあるいはλ値に基づいて考えることは，実際の現象と異なる場合が起こりうるため，きわめて慎重に取り扱うことが求められる．

　実際の微生物生態系は，3者以上の微生物により構成されている場合がほとんどである．このような3者以上の複数者培養系において，どの微生物が優占化するのか，あるいはどのように変化するのかといった微生物群の挙動を予測することは，実はきわめて困難である．このことを複数者培養系の特殊性と捉えることも可能である．たとえば，ある環境試料を接種源とし，フェノールを唯一の炭素源とする培地で連続集積培養を実施した場合，フェノールに対してλ値の低い微生物が集積される場合[2]と，その反対に，λ値の高い微生物が集積される場合とが報告されている[3]．λ値の高い微生物が優占化した要因として，微生物間の相互作用を無視することはできないだろう．

　複数者培養系の特徴として，機能的多面性をもっていることが挙げられる．これは多様性とも関連している．ある機能をもった微生物集団は，系統学的にも同一のグループに属することが多々報告されている．一方で，たとえば脱窒機能のように，系統学的位置を越えて，多くの微生物が獲得しているエネルギー生産機能も存在するが，むしろこのような機能はまれである．そのため，系統学的に多様な集団は，同時に機能的にも多様な集団となりうる．この機能的多面性は，複数者培養系のもう一つの特徴である自己組織化能力を発揮しうる根源と考えることができる．自己組織化能力とは，多くの要素が絡み合ったなかからある種の秩序がひとりでにできる現象

を指す[4]．外部からの攪乱や培養系内部の変化（代謝産物の蓄積などに基づく）といった環境条件の変化に応答して，複数の微生物集団は適した状態へ変化する．この動的変化の解析手法として分子生物学的手法（T-RFLP解析，DGGE，メタゲノム解析）や統計学的解析手法（多次元尺度構成法）が利用されている．また，これらの変化の要因を直接解析する方法としてメタトランスクリプトーム解析やメタボローム解析が実施されており，今後，複数の微生物集団である微生物生態系のもつ柔軟性や自己組織化能力について，これら網羅的解析技術であるオーム解析によって一般原理が見出される可能性がある．一方で，全体像を捉える技術や視点はいまだ発展の途上にあり，今後の進展がきわめて楽しみな分野といえる． 〔二又裕之〕

参考文献

1) S. R. Hansen and S. P. Hubbel. 1980. *Science*. **207**: 1491–1493.
2) K. Watanabe, H. Futamata and S. Harayama. 2003. *Antonie van Leewenhoek*. **81**: 655–663.
3) H. Futamata, Y. Nagano, K. Watanabe *et al*. 2005. *Appl. Environ. Microbiol*. **71**: 904–911.
4) 栗原　康．1998．共生の生態学．岩波書店．

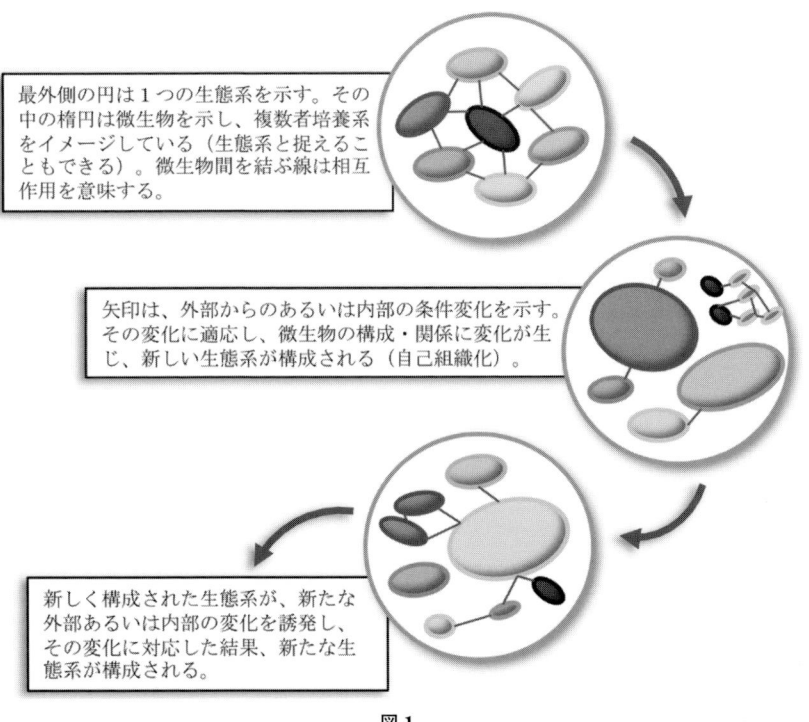

最外側の円は1つの生態系を示す。その中の楕円は微生物を示し、複数者培養系をイメージしている（生態系と捉えることもできる）。微生物間を結ぶ線は相互作用を意味する。

矢印は、外部からのあるいは内部の条件変化を示す。その変化に適応し、微生物の構成・関係に変化が生じ、新しい生態系が構成される（自己組織化）。

新しく構成された生態系が、新たな外部あるいは内部の変化を誘発し、その変化に対応した結果、新たな生態系が構成される。

図1

28 微生物のコミュニケーション

微生物間コミュニケーション，ホモセリンラクトン，
ペプチドシグナル，メンブランベシクル

　細菌は単細胞生物でありながら，周囲の細菌とシグナルを伝達し，集団としての挙動を示す．1957年に培養液中のなんらかの成分が放線菌の形態変化を促すことが示され，その物質がγ-ブチロラクトン（A-factor）であることが後に明らかとなった．さらに，Tomaszらの研究は *Streptococcus pneumoniae* のDNA取り込み能が細胞外に排出されるホルモン様物質によって制御されることを提唱した．このホルモン様物質はペプチドの一種であることが明らかとなっている．現在では微生物間コミュニケーションはさまざまな微生物で発見され，微生物一般にみられる現象として認知されつつある．微生物間コミュニケーションは細胞間のシグナル伝達を指すが，基本的には，シグナル物質とそれを受け取る特異的な受容体によって成り立つ．細胞外に拡散するシグナル物質のほかにも細胞同士が接触することによってシグナル伝達が行われる報告もある．微生物間コミュニケーションによって制御される形質は多岐にわたり，たとえば，バイオフィルム形成，病原性因子，コンピテンス能などが挙げられる．

■ 拡散性のシグナル物質を介したコミュニケーション

　多くの細菌では，細胞外にシグナル物質が拡散し，周囲の細菌は特異的な受容体を介してそれを受け取る．その結果，シグナルを受け取った細菌ではさまざまな遺伝子の発現が調節される．現在までにさまざまな構造をもったシグナル物質が見つかり，微生物種によって用いられるシグナル物質が異なる．
　グラム陰性菌ではホモセリンラクトン類（HSL）が代表的なシグナル物質であり，100種を超えるプロテオバクテリアがHSLを生産するといわれている．HSLは一般的にはアシル化されており，側鎖の脂肪酸の長さは微生物種によって異なる．それゆえにシグナルの多様性が生まれ，種特異性が生じる．最近では側鎖がp-クマル酸のようなアリル基のホモセリンラクトンも発見され，HSLを基本骨格としたシグナル物質の多様性が予想以上に広いことが示された．
　グラム陽性菌ではペプチドがシグナル物質として広く使われている．これらのペプチドは一般的に5から26アミノ酸残基からなり，環状あるいは直鎖状のペプチドからなる．ペプチドシグナルは細胞膜を透過できないため，トランスポーターを介して細胞外に排出される．細胞外に排出されたシグナル物質は二成分制御系によって認識されて，レスポンスレギュレーターを介して遺伝子発現調節が行われる．
　グラム陰性菌，グラム陽性菌の両方で使われるシグナル物質としてAI-2が挙げられる．AI-2はLuxSによって合成された4,5-dihydroxy-2,3-pentanedioneが変換されたもので，ゲノム情報に基づくと *luxS* 遺伝子をもつ細菌は350種にも上り，細菌の共通言語として注目を浴びている．
　これらの代表的なシグナル物質のほかにも *Pseudomonas aeruginosa* が生産する *Pseudomonas* quinolone signal（PQS），*Xanthomonas* 属細菌などで生産される diffusible signal factor（DSF）などが報告されており，今後も新奇シグナル物質が発見される可能性がある．

■ 細胞同士の接触を介した微生物間コミュニケーション

　Myxococcus xanthus は飢餓状態では子実体を形成するがその過程でC-シグナルと呼ばれる細胞表層に呈示された17 kDaのタンパクを介して周囲の細胞にシグナル伝達を行う．C-シグナルによって転写調節因子のリン酸化が行われ，遺伝子の発現制御が行われるが，そのシグナル伝達経路は明らかとなっ

ていない．細胞同士の接触によって周囲の細胞に影響を与える例としてはほかに，*Pelotomaculum thermopropionicum* と *Methanothermobacter thermautotrophicus* のフラジェラを介した共生関係でも観察される．

■ シグナル物質の運搬体

一部の細菌はメンブランベシクル（MV）と呼ばれる，数十から数百 nm の小胞体を形成する．MV は主に細胞外膜から構成され，緑膿菌においては PQS の運搬体として働くことが報告されている．

〔豊福雅典・野村暢彦〕

Column ❖ 微生物学研究のノーベル賞　レーウェンフック・メダル

オランダ科学アカデミーでは，微生物学の分野で顕著な発見を行った科学者に対して，自作の顕微鏡を使って人類で初めて環境中の微生物を発見したオランダの商人レーウェンフック［➡ 2 環境微生物の開拓者たち］の名を冠した賞，レーウェンフック・メダル（Leeuwenhoek Medal）を授与している．10 年に一度しか与えられないこの賞はこの分野で最大の栄誉とされている．歴代の受賞者は以下の通り．

1877 年　クリスチャン・G・エーレンベルク（C.G. Ehrenberg, ドイツ）
1885 年　フェルディナント・コーン（F. Cohn, ポーランド）
1895 年　ルイ・パストゥール（L. Pasteur, フランス）
1905 年　マルティヌス・ベイエリンク（M.W. Beijerinck, オランダ）
1915 年　デヴィッド・ブルース（Sir D. Bruce, イギリス）
1925 年　フェリックス・デレーユ（F. d'Herelle, エジプト〔当時〕）
1935 年　セルゲイ・ウィノグラドスキー（S. Nikolaevitch Winogradsky, ロシア（ウクライナ）
1950 年　セルマン・ワクスマン（S.A. Waksman, アメリカ）
1960 年　アンドレ・ルヴォフ（A.L. Lwoff, フランス）
1970 年　コーネリアス・ヴァン・ニール（C.B. van Niel, アメリカ）
1981 年　ロジェ・スタニエ（R.Y. Stanier, フランス）
1992 年　カール・ウーズ（C.R. Woese, アメリカ）
2003 年　カール・シュテッター（K.O. Stetter, ドイツ）

［1 環境微生物学小史］［2 環境微生物の開拓者たち］で紹介されたエーレンベルグ，コーン，パストゥール，ベイエリンク，ウィノグラドスキーのほかにも，さまざまな環境から新規の微生物を発見した研究者や微生物の新たな分類体系を提唱した研究者がこれまでメダルを受賞しており，土壌微生物から抗生物質を発見したワクスマン，バクテリオファージの感染メカニズムを発見したルヴォフはノーベル賞も受賞している．環境微生物の探索は微生物学の新世界を開く扉でもある．

〔村瀬　潤〕

29
付着という生き方

付着，細胞表面，バイオフィルム

　現在の世界の総人口はおよそ70億人である．飛行機などに乗り地面から離れているような例外を除き，人類の大部分は地上に暮らしている．微生物の世界も状況は似ている．微生物の大部分は何かものに付着しており，浮遊しているものは少ない．微生物は浮遊よりは付着して生きていると捉えることができる．

　ここでは，微生物はどのようにしてものに付着するのか，付着した微生物のまわりに広がる世界はどのようなものなのか，について紹介する．

■ 付着に関わる力

　微生物の細胞表面は一般に負に帯電している．自然環境は同じく負に帯電した表面に満ちている．負に帯電した二つの物質表面間には，静電的反発力が働く．一方，微生物細胞と物の表面の間には引力（van der Waals力）も働く．水和，疎水性相互作用などほかにも付着に影響する因子があるので注意を要するが，大雑把にいえば，この引力と静電的反発力のどちらが勝つか負けるかで，微生物が付着するかどうかが決まる．これまでは静電的反発力がかなり大きいと考えられてきた．しかし，最近になって微生物細胞のように表面にポリマー類が豊富に存在する場合には，静電的反発力がかなり小さくなることが明らかになってきた．このように微生物の付着メカニズムの解明はかなり進んできている．

■ 微生物が作る共同体「バイオフィルム」

　川の中の石はぬるぬるしている．この「ぬめり」の中には多種多様な微生物が生息している．これら微生物は単独で生きているのではなく，まわりの微生物と物質，エネルギー，情報をやり取りしながら一種の共同体を形成して生きている．この微生物社会は「バイオフィルム（Biofilm；BF）」と呼ばれ，一般にも知られるようになってきた．ところで，このBFは単なる微生物細胞の集まりではない．高分子のポリマー類がネットワークを形成し，微生物細胞はその中に組み込まれている．このポリマー類は付着した微生物が生産したもので，水になじみやすい性質をもっている．したがって，ポリマーとポリマーの間にはたっぷりと水が含まれている．このポリマー間の水「間隙水」中に身を浸し，微生物は生きているといえる．

　筆者らは琵琶湖の各所で湖水中の石やヨシ茎表面に形成される種々のBFを調べてきた．これらBFは凹凸に富んだ構造をしており，厚みという概念を適用しにくいが，計算上は，およそ70 μmという平均的な厚みが算出される．この値は人間にとって0.1 mmにも満たないごく小さなものであるが，微生物にとっては自身の細胞に比べ数十倍も大きい．親水性ポリマーが縦横無尽に絡み合い，その間に満々と水がたたえられ，その水に身を浸した多種多様な微生物が棲む見上げるほどの巨大構造物，それが微生物の視点から見たBFといえよう（図1）．

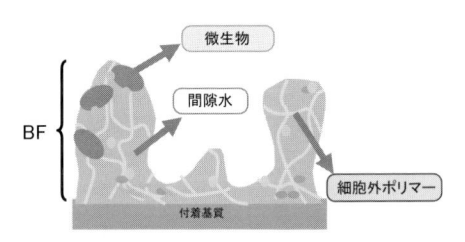

図1 バイオフィルム（BF）の構造と構成成分（概念図）

■ バイオフィルム内部は栄養豊富

　筆者らは自然環境中のバイオフィルムに着目し，琵琶湖の各所でBFを採取し，その特性を湖水と比較しながら調べてきた．数年にわたる調査の結果，次のことがわかってきた．すなわち，BF間隙水中の栄養塩濃度は

湖水と同じパターン（早春高く，夏低い）で季節変動していたが，濃度のオーダーがmMであり，湖水（μM）とはまったく違っていた．BF中には，そのすぐ外側に比べ，栄養塩濃度が数百倍高い栄養豊富な環境が形成されていたのである．

■ バイオフィルムポリマーのイオン濃縮機能

バイオフィルム中の栄養塩濃度はなぜ高いのだろうか．筆者らがBFポリマーの荷電状態（電気泳動移動度）をさまざまなpHで測定したところ，負に帯電したカルボキシル基と正に帯電したアミノ基がポリマー中に存在するという結果が得られた．BFポリマーを懸濁し，酸あるいは塩基溶液で滴定した結果もカルボキシル基やアミノ基といった官能基の存在を支持する．これらの官能基はpH7近傍では各々負荷電（$-COO^-$），正荷電（$-NH_3^+$）をもっている．これら荷電が静電的相互作用により，反対荷電をもつ種々の物質，イオンなどを周囲湖水からBF内に濃縮していると推測される．

■ 高密度微生物社会

バイオフィルム内では栄養塩濃度が高い．そのためと思われるが，細菌も湖水中よりはるかに高密度で存在する．BF中の全菌数は10^9 cells/wet-g，DNB培地（NB培地を100倍に薄めたもの）でのコロニー形成数は10^7 cells/wet-gのオーダーに達し，それぞれ湖水中の数百倍以上の値を示した．琵琶湖環境でみられるBFではコロニーを形成できる細菌も湖水中の数百倍以上の密度で存在することから，高密度だからBF中の微生物の活性が低いとは言い切れない．

上述したようにBF内部は周囲湖水に比べ栄養塩濃度が高い富栄養な環境になっている．このような環境に生息する細菌の群集構造をPCR-DGGE法により調べたところ，周囲湖水のそれと大きく異なっていた．湖水から基質表面に付着してきた特定の細菌が増殖し，それにより次に付着あるいは増殖する細菌が影響を受け，結果的にBF内に独特の細菌群集構造が形成されたのかもしれない．

■ 付着という生き方は普遍的

バイオフィルムは特殊な存在ではない．花を生けしばらくおいておくと，花瓶の内部はぬるぬるしてくる．また，どの川でも，程度の差はあるものの，水中の石の表面はぬるぬるしている．このような「ぬめり」，すなわちバイオフィルムは，海に浮かぶ船，人体内に挿入された医療器具表面にもみられる．このようにBFは人工，自然環境を問わず水と固体表面が接するいたるところにみられる普遍的存在である．微生物の多くはこのバイオフィルムの中で暮らす，付着という生き方を選んでいるといえる．

バイオフィルム中の環境は，そのすぐ外側とまったく異なっていることがわかってきた．したがって，自然環境中の微生物を正しく理解するには，バイオフィルム構造を支えるポリマーの特性，その影響を受けるBF間隙水の性質・内部環境，その中で展開される微生物活動，微生物間の相互作用を総合的に理解する必要がある．そのことが，自然環境を支える微生物とわれわれ人間との共生につながると考えられる． 〔森崎久雄〕

30 遺伝子の水平伝播

形質転換，接合，形質導入

■自然形質転換

自然形質転換（transformation）は，ある生物系統（供与体）から化学的に抽出・精製したDNAを他系統（受容体）に与えたとき，そのDNAが受容体に取り込まれ，受容体のDNAとの間で遺伝的組換えを起こし，供与体がもつ形質が発現するとともに，遺伝的に子孫に伝えられてゆく現象である．

Griffith（1928年）が肺炎双球菌で端緒を見つけ，Avery（1944年）らが遺伝子の本体がDNAであると実証した最初の実験系だが，全生物に普遍的ではない．その後，枯草菌で見つかり遺伝解析に広く用いられている．自然形質転換には受容細胞の外来性DNA取込み能力が必須で，この受容能をコンピテンス，取り込める状態になった細胞をコンピテント細胞と呼ぶ．枯草菌系では細胞外DNAは，まず細胞表層タンパクに結合し，次いで表層のヌクレアーゼで片方の鎖を分解されつつ一重鎖として細胞内に取り込まれ，そこで染色体の相同部位で組換えを起こす．なお，染色体DNAの代わりに，精製したファージDNAを用い同様の機構で細胞内に取り込ませ感染状態を成立させることができ，この現象をトランスフェクション（transfection）という．

細胞表面荷電の工夫や細胞壁除去などで大腸菌や酵母が受容菌として利用可能になり，プラスミドを用いた組換えDNA技術として遺伝子工学の発展に大きく寄与した．

■接合

接合（conjugation）は核，細胞，個体レベルでの会合あるいは合一の現象をいうが，微生物遺伝学では稔性（伝達性，接合性）プラスミド（性因子）を保持する菌（供与菌）から保持しない菌（受容菌）への遺伝物質伝達現象をいい，環境中での水平遺伝子伝達で大きな役割を果たしている．

稔性プラスミドは接合により自己伝達する遺伝物質で，Fプラスミド，薬剤耐性因子（Rプラスミド），Colプラスミドの一部などがある．性因子は，自律増殖状態と，染色体へ組込み状態となる能力をもつ．

大腸菌K12株で発見（1946年）された有性生殖因子Fプラスミドは，約6×10^7 Da，94.5 kbpの閉環状二重鎖DNAで，宿主染色体の複製機構に支配され，細胞周期のある時期にだけ複製が行われる．雌雄を決めるDNAがF因子で，これを含む細胞をF^+，含まない細胞をF^-と呼ぶ．オスの性質とは，F^-細胞（メス）へのDNA移入を意味し，F^-どうしは組換え型を生じない．F^+どうしでも組換え型を生じるが，$F^+ \times F^-$に比べて低頻度である．F^+とF^-との混合培養では，ほとんどすべての細胞が速やかにF^+になる．F^+をアクリジンオレンジで処理するとF因子を失いF^-に変わる．

F因子が染色体中に組み込まれ，染色体上の遺伝子の移入頻度が高くなったHfr株，HfrからF^+への復帰変異の際に染色体上の遺伝子の一部をF因子上に取り込んだF'（Fプライムと読む）株なども分離され，遺伝地図作成ほか種々利用される．

■形質導入

形質導入（transduction）は細菌ウイルス（バクテリオファージ）によって供与菌の染色体の一部が受容菌に運び込まれ，供与菌の遺伝形質が受容菌で発現する現象．形質導入を行うファージ粒子（形質導入粒子）は誤って宿主ゲノム断片を保持し，本来のファージゲノムの一部または大部分を欠失しており，ファージとしては欠陥品で正常なファージとしての増殖ができない（defective phage）．通常のファージ溶菌液での特定遺伝子に関する形質導入粒子の出現頻度は$10^{-7} \sim 10^{-5}$程度である．

通常，ファージ1個が伝達できる供与菌染色体断片の大きさは，細菌全ゲノムの1％以下，特定の遺伝子に着目した形質導入頻度は，10^{-9}～10^{-5}/ファージ粒子で，個々の遺伝子の微細構造分析，二つの突然変異間の相補性の検定などに有力な手段である．受容菌に運び込まれた供与菌の染色体断片は，乗換えで受容菌染色体に組み込まれ安定化し，受容菌の遺伝子型そのものを変えるか，受容菌染色体に組み込まれずに細胞質中に留まり，受容菌を部分接合体（merozygote）状態にする．前者を完全導入，後者を不稔導入といい，起こる比率はほぼ1:10で，後者の場合，持ち込まれた細胞中では遺伝子発現できるが，通常は複製されず，細胞分裂で嬢細胞の片方だけが受け継ぐ（線形遺伝現象）．当該遺伝子は，続く過程で受容菌染色体に組み込まれない限りやがて集団から消失する．

形質導入を行うファージは溶原性ファージで，受容菌をすべて溶菌してしまう溶菌性ファージは行えないが，溶菌性ファージでも増殖制限環境下の感染で形質導入できる．このように，溶菌性ファージが感染後，環境温度の低下により細胞中で溶菌に至らないまま保持される現象が自然界の *Pseudomonas* などで知られている．

形質導入には，①普遍（一般）形質導入と②特殊形質導入があり，ファージ種に依存する．①は供与菌ゲノムのいずれの遺伝子もいずれかの形質導入粒子で受容菌に伝達され，サルモネラ菌のP22や大腸菌のP1などが典型例である．②はλファージ（大腸菌）のように，ファージ・ゲノム中に宿主菌ゲノムと親和性のある部位が1か所だけあり，その周辺だけの供与菌ゲノム遺伝子群が導入される．λファージはガラクトース発酵性関連遺伝子群のみを，また，φ80ファージはトリプトファン合成関連遺伝子群のみを特異的に伝達する．これらのファージが菌に感染すると，必ずその部位での相互作用により溶原化する．溶原菌となった宿主が誘発を受けると，溶原化時の相互作用部位近傍に限られた宿主ゲノムの特定部分を取り込んだ形質導入粒子が低頻度で生じる．

■ 特異性の高い様式

膜小胞（membrane-derived vesicles (blebs)） 今日までに14種のグラム陰性細菌から染色体やプラスミドのDNAを内包した membrane-derived vesicles が観測されている．自然界にはこのような membrane-derived vesicle による遺伝子伝達の機構があるらしいが詳細はわかっていない．

キャプシダクション（capsiduction）
光合成細菌の一種 *Rohdobacter* には，染色体断片を内包した膜小胞を分泌するものがあり gene transfer agent（GTA）と呼ばれる．この粒子に内包されるDNAは約4.5 kbpで，同属同種に対し遺伝子を伝達するが，最近広い宿主域にも寄与している可能性が指摘されている．

トランスフォーマゾーム（transformasome） コンピテンス発現では細胞膜の組成変化や構造再編が起こるが，*Haemophilus influenza, H. parainfluenza* のコンピテンス発現時に，細胞膜が外部に35 nm伸張し20 nmφの球状突起が，細胞あたり10～12個形成されることが電顕的に観察される．周囲に形質転換DNAが存在すると，特異な吸着点でこれを捕捉し，二重鎖DNAを内部に取り込む．この粒子は細胞周囲に放出され，また，この粒子から一重鎖DNAを細胞内部に取り込むことができる．

〔千浦 博〕

31

有用な機能を運ぶ遺伝子メカニズム

可動性遺伝因子, インテグロン, ジーンカセット

　地球上にはさまざまな微生物が生息し，その環境に応じてさまざまな物質を生産したり分解したりしており，われわれはしばしばその恩恵に預かっている．これらの機能を担う遺伝子は，進化の過程で過去に生まれ現在まで受け継がれてきたものと考えられるが，その中には，もともとはほかの生物の遺伝子であったと考えられるものがある．すなわち，いくつかの機能遺伝子は，有用であるがゆえにほかの微生物にも受け継がれ，その生態系内で広く保存されているものと考えられる．

　この過程には，環境中で種を越えて遺伝子をやり取りするメカニズム（遺伝子の水平伝播機構：horizontal gene transfer）が存在しており，ウイルスやプラスミド，トランスポゾン，インテグロンといった形で特殊な塩基配列をもった可動性遺伝因子（mobile gene element）が介在している．病原菌から人や動植物を守るために使われる抗生物質への耐性能が，その環境中の微生物群集内に短時間のうちに拡大し薬が効かなくなる事例がこれにあたる．この場合，人や動植物への被害は拡大するが，微生物側からみると，その薬剤によるダメージを群集内で最低限に抑える役目をもつ．しかし，人に悪い面ばかりではない．

　最近，病原菌以外の一般環境微生物にも研究が及び，上述した可動性遺伝因子が，かなり広範囲にかつ古い時代から存在していたと考えられるようになってきた．なかでも，多数の機能遺伝子をその発現能を保持したままそっくり効率的にほかの微生物に転移させる機構（インテグロン・ジーンカセットシステム）についての解明が日本などで大きく進み，それらが人里から遠く離れた深海や海底の微生物たちにも広く存在していることがわかってきた．また，このシステム特有の塩基配列を標的に，その環境中の有用機能遺伝子を簡単迅速に獲得する方法が確立され，微量で貴重な極限環境試料中の機能遺伝子情報が次第に解明されはじめている．どういった機能遺伝子が，どういった条件で細胞外へ飛ぶのか，どうやって群集内に定着していくのか，そのなかに人の役に立つ情報はないのかなど，今後の進展が期待されている．

〔丸山明彦〕

参考文献

1) H. Elsaied and A. Maruyama. 2011. *Handbook of Molecular Ecology II: Metagenomics in Different Habitats*（F. J. de Bruijn ed.), pp.309-318. John Wiley & Sons.

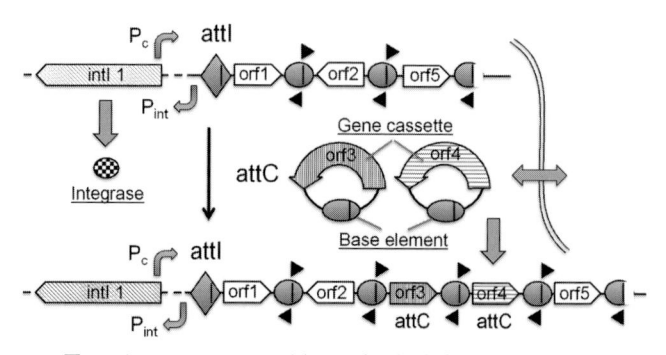

図1　インテグロンによる遺伝子の水平伝播（attC単位での場合）

磁性細菌

地磁気，マグネタイト，オルガネラ

　磁性細菌とは，地磁気に沿って，N極あるいはS極に移動する走磁性をもつ細菌の総称である．1975年，Blakemoreにより磁性細菌が発見され，1979年，同グループが磁性細菌 *Magnetospirillum magnetotacticum* MS-1を単離し，純粋培養に成功した．その後，多くの種類の磁性細菌が発見され，16SリボソームRNAの塩基配列に基づく分子系統解析によれば，これまで発見された磁性細菌は，Alphaproteobacteria, Gammaproteobacteria, Deltaproteobacteria, Nitrospirae, およびOP3門に属していることが明らかとなっている．一方，磁性細菌のゲノムについては，*Magnetospirillum magnetotacticum* MS-1, *Magnetospirillum gryphiswaldense* MSR-1, *Magnetospirillum magneticum* AMB-1, *Magnetococcus marinus* MC-1, *Desulfovibrio magneticus* RS-1で解読され，データが公開されている．しかしながら，多様な磁性細菌が池，沼などの身近な場所に生息していることは知られているが，培養が可能な磁性細菌は10種類程度であり，さらに，分子生物学的手法が利用できる磁性細菌も限られているのが現状である．

　図1は磁性細菌 *M. magnetotacticum* MS-1株の電子顕微鏡写真である．本細菌は微好気性の細菌であり，細胞内に黒い小さな粒子が15～30個，細胞の長軸に沿って並んでいる．この黒い小さな粒子がマグネトソームと呼ばれる磁気微粒子である．マグネトソームは，大きさ約50 nmの単結晶のマグネタイト（磁鉄鉱：Fe_3O_4）が脂質二分子膜で被われており，それが細胞中央付近で長軸方向にアクチン様細胞骨格に沿って直鎖状に並んでいる．

　磁性細菌はマグネトソームを磁気センサーとして用いて磁気を感知することができる．磁石のそばで，磁性細菌の培養液を顕微鏡観察すると，細菌はS極（あるいはN極）に向かって移動し，磁石を反転させると，逆向きに移動する．自然環境下では，マグネトソームは地磁気を感知するコンパスとして機能していると考えられている．磁性細菌は地磁気に沿って移動することで，環境中で1次元的に移動でき，生育に適した環境を見出していると考えられている．このように，マグネト

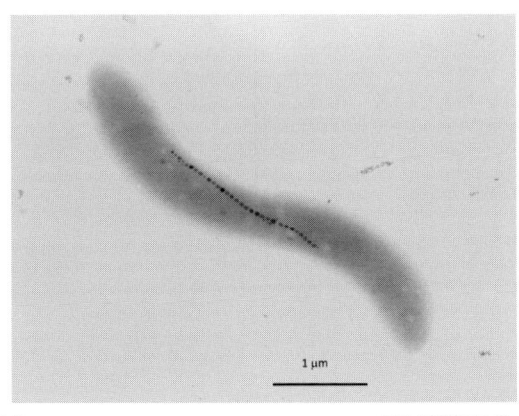

図1 磁性細菌 *Magnetospirillum magnetotacticum* MS-1の電子顕微鏡写真（口絵4参照）

ソームは，"膜で仕切られ，特化した形態と機能をもつ細胞内構造物"であることから，原核細胞のオルガネラということができる．

磁性細菌のマグネトソームには，細胞質，ペリプラズムおよび細胞質膜には存在しない可溶性タンパク質と膜結合性タンパク質が局在する．興味あることに，それらタンパク質の遺伝子が，magnetosome island と呼ばれるゲノムの特定の領域にオペロンを構成している．さらに，それら遺伝子欠損株の表現型を解析した結果，これらの遺伝子産物は，マグネトソームの生成に関わっていることが明らかとなっている．しかしながら，磁性細菌の運動性やシグナル伝達に関わる遺伝子は，magnetosome island 外のゲノム領域に存在する．

磁性細菌のように，生物が細胞内外に鉱物を生産することをバイオミネラリゼーションという．磁性細菌は，マグネタイト（Fe_3O_4）またはグレガイト（Fe_3S_4）の単結晶を室温で生合成する．しかも，その結晶型は種に特異的で，大きさもきわめて均一である．たとえば，磁性細菌 M. magnetotacticum MS-1 のマグネタイト単結晶の型はすべて cubo-octahedron であり，大きさは約 50～100 nm である．その大きさはマグネタイトが単磁区構造をとることができる最大の大きさである．すなわち，磁性細菌 M. magnetotacticum MS-1 は，マグネタイトを生合成する際，磁石として最大の能力を発揮できる大きさで結晶成長が止まるように制御している．このような特徴から，磁性細菌がどのようなプロセスでマグネタイトやグレガイトを生合成するかは，微生物学だけでなく，生物工学，結晶学，鉱物学，地球科学などのさまざまの分野の研究者の興味を集めている．

これまでの研究成果に基づくマグネトソーム生合成モデルを述べる．そのモデルでは，マグネトソームは，三つのステップで形成される．まず，細胞質膜が細胞質側へ陥入し，数十個のマグネトソーム膜小胞が形成される．その際，マグネトソーム膜局在タンパク質がマグネトソーム膜に配置される．次に，細胞質に形成されるアクチン様細胞骨格タンパク質とマグネトソーム膜局在タンパク質との相互作用により直鎖構造が形成される．最後に，マグネトソーム膜小胞内でバイオミネラリゼーションが起こり，単結晶のマグネタイトが生成される．

マグネトソームは膜で覆われ，その膜に特定のタンパク質が局在している．この性質を利用して，マグネトソームに抗体，GFP，金粒子，DNA などを結合させ，多機能磁気ナノ微粒子として用いる応用研究やマグネトソームをドラッグデリバリーデバイスとして使用し，磁気誘導型のドラッグデリバリーシステムの開発も試みられている． 〔福森義宏〕

参考文献

1) D. Faivre and D. Schuler. 2008. *Chem. Rev.* **108**: 4875-4898.
2) A. Komeili. 2007. *Ann. Rev. Biochem.* **76**: 351-366.
3) 福森義宏，田岡 東．2008. 蛋白質 核酸 酵素．**53**(13): 1746-1751.

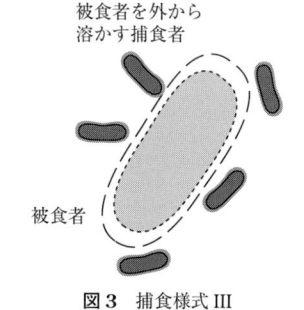

33 細菌を食べる細菌

捕食−被食，細胞溶菌酵素

捕食−被食関係は，生態系に広く観察される生物どうしの関係である．細菌もその例外ではなく，他細菌を溶菌させ，その細胞成分を栄養とする捕食細菌が知られ，微生物生態系における細菌同士の生存競争や一次生産者からの有機物の獲得方法と考えられる．また近年では，医療・衛生分野において，病原菌を捕食除去する「生きた抗菌剤」としても注目される．

捕食細菌は，プロテオバクテリア門，バクテロイデテス門など，多岐にわたる系統群から見つかっており，なかには他細菌の捕食でしか生育できない偏性細菌捕食性のものもある．捕食様式は大きく次の三つに分けられる．

捕食様式 I：細胞表面から吸い取る 餌となる細菌細胞に付着し，その細胞表層から，細胞内容物を吸収する（図1）．結果として，捕食者は被食細胞の細胞表層で増殖する．この捕食様式を示す細菌として，Alphaproteobacteria に属する *Micavibrio* 属細菌が知られている．*Micavibrio* 属細菌は，細胞サイズが1 μm 程度で，被食者の細胞に付着し，被食細菌の細胞表面から捕食するこ とが知られている．細菌種によって餌とする細菌の好みが異なる．一方，*Vampirovibrio* 属細菌のように生きた緑藻を好む細菌も知られる．

捕食様式 II：細胞内に侵入する Deltaproteobacteria に属し，土壌や水圏に広く分布しているデロビブリオ（*Bdellovibrio*）属や *Baceriovorax* 属細菌にみられる捕食様式．餌となる細菌に出会うと，その細菌の外膜に穴を開け，細胞質膜との間（ペリプラズム空間）に侵入する（図2）．侵入した細菌から有機物を吸収して，ペリプラズム空間で分裂・増殖する．最後には餌となった細菌を溶菌する．これらの捕食者の被食者に対する選択性は低く，大腸菌をはじめとして多くのグラム陰性細菌を捕食する．

捕食様式 III：細胞細胞を溶かす 菌体外に細胞溶菌物質を放出し，餌となる細菌細胞を分解して，その分解産物を栄養にする（図3）．この場合，捕食者と被食者の細胞接触は必要ではない．滑走運動することで知られる *Myxococcus* 属細菌は，多種類の細胞溶菌酵素を分泌し，細菌，カビ，酵母，真核藻類など多様な細胞を分解することが知られている．

〔春田 伸〕

参考文献
1) H. E. Jurkevitch. 2007. *Predatory Prokaryotes: Biology, Ecology and Evolution*. Springer.

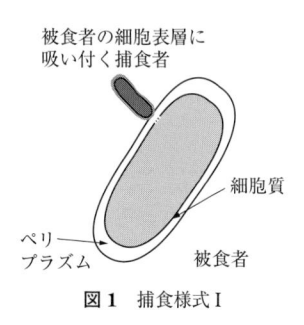

図1 捕食様式 I

図2 捕食様式 II

図3 捕食様式 III

34

ナノサイズの微生物

ウルトラミクロバクテリア，ナノバクテリア

　微生物は小さい生物である．では，その最小サイズはどれくらいか．経験則や理論的な考察から 0.2 μm（200 nm）が最小サイズだろうと考えられてきた．一般的な細胞膜の厚さは 8〜10 nm，リボソームの直径は約 20〜30 nm，分子量が一万〜十数万のタンパク質の大きさは数〜十数 nm である．寄生性細菌などを参考にして最小直径 0.14 μm まで可能という考察もある．

　理論的考察と並行して"小さな微生物"の探索も行われてきた．具体的には孔径 0.2 μm のフィルターを通過する微生物の研究例が 1970 年代からある．たとえば海水中の全菌数に占める 0.2 μm 通過菌の割合は 1〜10％という報告例がある．さらに全菌数が 10^8〜10^9 cells l^{-1} である沿岸海水において 0.2 μm 通過菌の生菌数（培養できる菌数）は 10^0〜10^1 cells l^{-1} との報告例もある．

　0.2 μm 通過菌のなかには，生活史の一部だけが 0.2 μm 以下のものと，生活史全般が 0.2 μm 以下のものがいる．前者には飢餓で矮小化した「生きているのに培養できない」ものも含まれるだろう．後者は偏性ウルトラミクロバクテリア（obligate ultramicrobacteria）あるいはナノバクテリア（nanobacteria）と呼ばれ，世界各地の海水や淡水，土壌や氷河から分離・培養されている．

　非培養法として 16S リボソーム RNA 遺伝子に基づく系統解析やメタゲノム解析も行われている．深海の熱水噴出孔には 0.2 μm 通過菌に特異的な細菌とアーキアの系統群があり，そのいくつかは系統樹の根元近くから枝分かれしていたほか，新規遺伝子（たとえば DNA ポリメラーゼ，DNA 修復酵素，細胞分裂タンパク質，硝酸イオン，硫酸イオンのトランスポーター）と考えられる配列が多数検出された．「ナノサイズの極限環境」は新規分類群・新規遺伝子の宝庫かもしれない．

　生命維持に必要な最小ゲノムサイズ問題に対しても 0.2 μm 通過菌のゲノムサイズに興味がもたれる．現在のところ，自由生活性と寄生・共生性の境界となるゲノムサイズは 100 万塩基対（1 Mbp）のようである．ゲノムが 1 Mbp より小さい生物はすべて寄生性ないし共生性である．自由生活性では，海洋に普遍的に存在する 0.3 μm 級の *Pelagibacter ubique* のゲノムが 130 万塩基対（1.3 Mb），淡水産の 0.2 μm 通過菌 *Polynucleobacter* 属菌も 1.9 Mb と比較的小さい．

　小さなアーキアとしては *Nanoarcheum equitans* がいる．属名の通り細胞径 0.4 μm と微小で，超好熱性アーキア *Ignicoccus hospitalis* の細胞外共生菌である．宿主 *I. hospitalis* のゲノムは自由生活性で最小級の 1.3 Mb 程度である．共生菌 *N. equitans* のゲノムサイズは約 0.49 Mb，両方合わせても 1.8 Mb 程度しかない．

　一方，超純水から単離された 0.2 μm 通過菌 *Minibacterium massiliensis* のゲノムは 4.1 Mb と大きい．細胞の矮小化とゲノムサイズの関連を論ずるにはまだ培養株コレクションの拡充が必要である．

　なお，地質学分野で電子顕微鏡観察，医学分野では腎結石形成との関連からナノバクテリアの存在が提唱されたことがあるが，現在では非生物的な鉱物ならびにウイルスやプリオンに似た「自律増殖性微粒子」であると考えられ，それらがナノバクテリアという見解には否定的である．　〔長沼　毅〕

参考文献

1) 長沼　毅．2009．マリンメタゲノムの有効利用（松永　是・竹山春子監修），pp.153-165．CMC 出版．
2) 中井亮佑，長沼　毅．2011．微生物の生態学（日本生態学会編），pp.85-97．共立出版．
3) R. Nakai, T. Abe, H. Takeyama *et al.* 2011. *Mar. Biotechnol.* **13**: 900-908.

35

無酸素を好む微生物

鉄還元菌, 硫酸塩還元菌, メタン生成菌

われわれヒトは酸素を使って有機物を酸化して, そのエネルギーを使って生命の通貨ともいえる ATP を生産する, いわゆる好気 (酸素) 呼吸をしている. そのため, 空気中の酸素がないとヒトは生きていけない. たとえば, 酸素濃度 6% (大気中は 21%) の空気を吸えばヒトは 6 分間以内に死に至る. われわれヒトには酸素はなくてはならないが, 酸素がない方がいい, むしろない環境 (無酸素環境) を好む生物が存在する.

無酸素環境を好む生物とは, 細菌 (バクテリア, アーキア) から原生動物までのさまざまな嫌気性微生物である. 無酸素環境を好む大きな理由は, 有機物 (または無機物) を酸化するのに酸素が使えないためである. 酸素以外のどういった物質を使うのか? それは, 硝酸塩, 酸化マンガン(IV), 鉄酸化物, 硫酸塩, CO_2 などである. 酸素を含めた上記のような物質を terminal electron acceptor (TEA, 末端電子受容体) といい, 無酸素環境ではその環境に存在する TEA に, さまざまな嫌気性微生物が有機物や無機物から取り出した電子を送り込んで ATP を生産する嫌気呼吸を行っている.

また, 嫌気呼吸とは異なり, 発酵も嫌気性微生物にとって重要な ATP 生産方法である. 発酵は, 嫌気呼吸と同様に酸素を TEA に利用できないため, ATP 生産の代替手段として用いている. ただし, 嫌気呼吸との大きな違いは, 発酵が基質レベルのリン酸化によるのに対し, 嫌気呼吸が電子伝達系を用いた酸化的リン酸化によることである. また, 発酵では水素, 有機酸やアルコールなどの副産物が生じることが多く, 発酵産物はわれわれの食生活を豊かにしている (乳酸発酵によるヨーグルト, アルコール発酵による酒など).

それでは無酸素環境とはどのような場所だろうか. 身近な場所でいえば, ヒトや動物の腸管内や, 水田の泥や湖などの底泥のような場所があり, 海の底泥や地表からずっと地下の環境なども無酸素環境である. そういった無酸素環境には, 何かしらの TEA が存在し, それを利用する嫌気性微生物が生息する.

嫌気性微生物の TEA の利用には, 酸素, 硝酸塩, 酸化マンガン, 鉄酸化物, 硫酸塩, CO_2 といった具合に順序がある. これは, 有機物 (または無機物) を燃焼するときに使う TEA によって得られるエネルギー (ATP 生産量) が異なり, 酸素が最も大きく, CO_2 が最も小さいためである. そのため, この得られるエネルギーの大きい順に TEA が利用される. 酸素は最もエネルギーを多く得られる

TEA (還元型) [化学式]	呼吸に基づく呼称
酸素分子 (水) [O_2 (H_2O)]	好気性菌
硝酸塩 (窒素分子) [NO_3^- (N_2)]	脱窒菌
鉄 (III) (炭酸鉄 (II)) [Fe^{3+} ($FeCO_3$)]	鉄還元菌
硫酸塩 (硫化水素イオン) [SO_4^{2-} (HS^-)]	硫酸塩還元菌
二酸化炭素 (メタン) [CO_2 (CH_4)]	メタン生成菌
二酸化炭素 (酢酸塩) [CO_2 (CH_3COO^-)]	ホモ酢酸菌

(左側の縦軸: 大←→小 得られるエネルギー / 高←→低 酸素濃度)

図1 環境中に存在する最終電子受容体 (TEA) とそれを利用する微生物

が，水中への溶解度は1 l あたり8 mg前後と低く，連続的に供給されない限り，すぐに枯渇し無酸素環境が形成される．無酸素環境が形成されれば，そこに存在するほかのTEAが獲得できるエネルギーの高い順に利用される（厳密には，あるTEAが完全に枯渇する前に徐々にほかが利用されはじめる）．

硝酸塩はTEAのなかでも最も大きなエネルギーを得られる物質の一つでさまざまな嫌気環境に存在し，多くの細菌がこの物質を使って呼吸する．硝酸塩を亜硝酸塩に還元する硝酸塩呼吸と硝酸塩をガス態窒素（NO，N_2O，N_2）に還元する脱窒がその様式である．硝酸塩をTEAとする呼吸は細菌だけではなく，一部のカビ（*Fusarium* 属）や原生生物（底生有孔虫の一種）[1] も脱窒で生育する．真核微生物で嫌気呼吸を行うものは，ほかにあまり知られていない．

酸化マンガンや鉄酸化物をTEAに利用する細菌も数多く存在し，マンガン還元菌や鉄還元菌と呼ばれる．これらの金属は土壌や海底の熱水噴出孔近辺などに存在する．酸素や硝酸塩と違って，これらの物質はほとんど水に溶けないため，これらを利用する金属還元菌はその金属表面に生育して，有機物や無機物の酸化から得た電子を金属に送り込んで呼吸する［➡ 39 鉄で呼吸する］．酸化マンガンや鉄酸化物をTEAに利用できる細菌は，ほかの金属（U^{6+} や As^{5+}）も利用でき，これらの物質の土壌と地下水間への移動に重要な役割を果たしている．

硫酸塩をTEAに利用できる細菌は硫酸塩還元菌と呼ばれ，硫酸塩が存在するさまざまな環境に生息する．硫酸塩が最も豊富な環境は海洋で，その濃度は数十mMに達する．ただし，海水中に酸素が十分に溶存するため，海洋性硫酸還元菌の生育場所は主に有機物が存在し，酸素が枯渇した海底泥になる．硫酸還元菌は呼吸の結果，硫化水素を産生する．硫化水素はご存知のように，独特の不快な臭いのもとである．夏場のドブ川のこの臭いは，酸素の供給が足りない淀んだ水に多くの有機物が滞留し，そこに海水の混入などによって硫酸塩が共存することで，硫酸塩還元菌が発生させる．しかし，硫化水素は悪臭のもとだけでなく，水に溶けて硫化物イオンとなり金属イオンと反応して不溶化することから，人体に有害な Hg^{2+} や As^{3+} などの重金属イオンを水系から除去する役割もある．

CO_2 をTEAとする呼吸には，メタン生成とホモ酢酸生成がある．メタン生成はメタン生成菌と呼ばれるアーキアの一部のみが行う．ホモ酢酸生成はホモ酢酸菌と呼ばれる細菌が行う．両細菌はそれぞれ，CO_2 をメタンや酢酸に変換してエネルギーを生産する．メタン生成菌もホモ酢酸菌もあらゆる嫌気環境に存在し，地球上の炭素循環の最終末端を担っている．それは，CO_2 以外のTEAがすべて枯渇しても，CO_2 だけはどのような環境でも大気中から補充されるなどして存在するからである．メタン生成菌は，ごく限られた無機物（水素），有機物（メタノールや酢酸など）からメタンを生成する．ホモ酢酸菌はさまざまな有機物（と水素）から酢酸を生成し，生じた酢酸はメタン生成菌によりメタンと CO_2 に変換される．メタンは天然ガスの主成分であり，南関東平野の地下には広大な天然ガス貯留層が存在し，その起源は地下に閉じ込められた古代の海水と堆積物中の有機物がメタンへと変換された結果である［➡ 182 ガス田・油田の微生物］．無酸素を好む微生物には，上記のほかにもフマル酸塩や塩素化有機化合物などの有機物をTEAにするものも存在する．

このように無酸素の環境で生息する嫌気性微生物の息吹が，地球上の物質循環に大きな役割を担っている． 〔中村浩平〕

参考文献
1) N. Risgaard-Petersen, A. M. Langezaal, S. Ingvardsen, *et al.* 2006. *Nature*. **443**: 93-96.

36 微生物の飢餓適応

栄養飢餓，適応戦略，休眠

微生物は，海洋，地下圏をはじめとして栄養素の供給が限られた貧栄養環境にも生育している．そのほかの環境でも，常に潤沢な栄養を得られているわけではなく，しばしば栄養の枯渇を経験する．微生物には，このような栄養飢餓に対抗する多様な適応戦略が知られている．

■貯蔵物質

細菌の貯蔵物質としてポリリン酸，ポリヒドロキシ酪酸，ポリグルタミン酸，多糖類，硫黄顆粒が知られる．飢餓に応じて，細胞に貯蔵しているこれらの物質をエネルギーや生体構成分子に変換する．

■細胞成分の分解

自身の細胞構成成分を分解し，エネルギーや必要な生体構成分子に変換する．分解される細胞成分として，細胞膜やリボソームなどに含まれるタンパク質や核酸が挙げられる．

■細胞分解

自己分解した一部の細胞から放出される栄養をほかの細胞が利用する．それにより細胞集団内において死滅細胞と生存細胞が混在する．また自身による溶菌だけでなく，細胞集団の一部の細胞が細胞分解酵素を産生し，ほかの細胞を分解して有機物を獲得する「兄弟殺し」も肺炎連鎖球菌（*Streptococcus pneumoniae*）や枯草菌（*Bacillus subtilis*）の仲間で報告されている．

■休眠

細胞の代謝を抑えた状態．ただし，外環境の変化から細胞を守り生命を維持するための最低限の代謝は行っていると考えられる．このような休眠状態では，浸透圧変化などのストレスに対する耐性が上昇することも知られている．休眠状態での生存性を維持するエネルギー（メンテナンスエネルギー）の獲得に，光を利用している微生物もいる．

■胞子

*Bacillus*属などの細菌は細胞内に胞子（内生胞子，芽胞ともいう）を形成し，活動を停止する．乾燥や熱，放射線，酸，アルカリ，有機溶媒に耐えるようになり，栄養の供給によって再びもとの細胞状態に戻る．

そのほか，特定の元素やビタミンの飢餓に対して，細胞内への取込み系の発現，吸着タンパク質による濃縮，他生物との共生による獲得，といった戦略を駆使している．これらは，光または水素や硫化水素などをエネルギー源とする独立栄養生物が希薄な必須元素や二酸化炭素を獲得する機構としても知られる．

ある種の細菌では，飢餓条件において細胞サイズが小さくなることが知られている．上述した細胞膜の自己分解によるエネルギーの獲得でもあるが，細胞の体積に対する表面積の割合を増加させることで，細胞内の代謝に対する栄養の取込み効率を上げる効果があると考えられる．そのほかにも，高濃度の有機栄養素があると生育が抑制される（低栄養細菌），栄養があっても利用しつくさず，ある一定の細胞密度以上には増殖しない，世代時間が数か月以上と非常に長い，といった生育特性をもつ微生物が環境中に存在する．これらの性質も飢餓状態への適応性をあげる戦略と考えられる． 〔春田 伸〕

参考文献
1) R. Y. Morita. 1997. *Bacteria in Oligotrophic Environments: Starvation-Survival Lifestyle.* Chapman & Hall.

37
微生物の集積・逃避運動

走化性，索餌行動，生物間相互作用

　運動性細菌は鞭毛と呼ばれる細胞小器官をもち（図1），それを回転して運動する．運動性細菌の懸濁液の中に化合物を含んだ寒天ブロックを置くと，ある化合物には集積し，また別の化合物からは逃避するのが観察される（図2）．この運動性細菌の行動的応答を走化性と呼ぶ．環境に生息する細菌の多くは運動性/走化性を有している．運動性/走化性の機能のためには，およそ50の遺伝子が必要である．環境細菌は何億年にもわたり自然淘汰の圧力のもとに曝されている．それにもかかわらず多くの環境細菌で多数の遺伝子を必要とする運動性/走化性が保持されているということは，この微生物機能が自然環境での生存になんらかの利益をもたらしていることを物語る．

　走化性を引き起こす化合物は，メチル基受容走化性タンパク質（methyl-accepting chemotaxis protein）と呼ばれる走化性センサーによって感知される．これまで解読された環境運動細菌のゲノム情報をみると，ほとんどの運動性細菌は多種類の走化性センサーをもつことがわかる．なかには50以上の走化性センサーをもつ環境細菌もいる．ある運動性細菌がどのような化合物を走化性で認識するかは，その菌の走化性センサーのレパートリーによる．したがって，環境細菌は多種類の化合物を感知して走化性応答を起こす潜在性をもっている．

　多くの運動性細菌が集積応答する化合物（誘引物質）には，アミノ酸，糖類，有機酸（クエン酸，リンゴ酸，コハク酸など），リン酸，酸素などがある．いずれも細菌の栄養源となる物質である．自然界ではしばしば栄養物質が乏しくなるので，栄養物質への集積応答は索餌行動と捉えることができよう．走化性応答では，化合物の濃度そのものを感知するのではなく，濃度勾配を感知して，集積応答であれば濃度の高い方向，忌避応答では濃度の低い方向に移動する．したがって，栄養物質濃度が高い領域にいったん集積した運動性細菌がその濃度の薄い方へ間違って移動した場合，もう一度濃度が高い領域に引き戻す役割も走化性は果たすことができる．

　自然環境において環境細菌が単独で生息するのはきわめてまれである．微生物，動物や植物などほかの生物と相互作用（たとえば，共生，寄生，感染など）して生息している．この自然環境における生物相互作用の開始に走化性が寄与していると考えられている．なぜなら，生物相互作用が開始されるには，まず当該の生物どうしが出会う必要があり，生物相互作用の相手の生物を探し出すのに走化性が活用されていても不思議はないからである．この考えは，運動性細菌と植物との相互

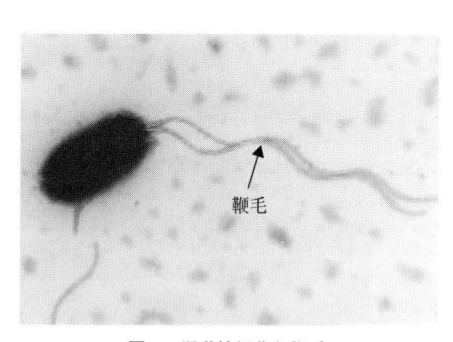

図1　運動性細菌と鞭毛

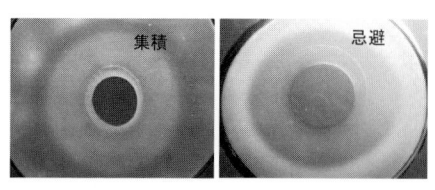

図2　「好ましい」化合物（アミノ酸）を含む寒天片への集積応答（左）と「好ましくない」化合物（トリクロロエチレン）を含む寒天片からの逃避応答（右）（口絵5参照）

作用で検証が行われている．

　主にナス科の植物に感染して青枯病を発症する植物病原菌 Ralstonia solanacearum は，土壌に長期間残留する．宿主となる植物が植えられるとその根圏に集積し，根の傷口などの開口部から植物体内に侵入して感染する．運動性は保持しているものの走化性機能を失った青枯病菌の植物感染能はもとの菌株よりも劣っていた．このことから，青枯病菌の植物感染に走化性が寄与していることが示唆された．

　植物の根の周辺に住み着く根圏細菌 Pseudomonas fluorescens は，土壌中に残留している不溶性リンを可溶化して植物に栄養塩を与える，病原カビや病原細菌の感染を抑圧することで植物成長促進効果を示す．うまく活用すれば農薬や肥料を大幅に節約できる環境調和型農業が可能になることから，P. fluorescens は注目を集めている．P. fluorecens が植物成長促進機能を発揮するためには，植物の根圏に定着しなくてはならない．P. fluorescens の走化性機能を失った変異株と正常な株を混ぜて土壌に添加すると，正常な株が優先して根圏に定着することから，この P. fluorescens の根圏定着にも走化性が寄与していることがわかった．植物の根はアミノ酸，有機酸および糖類を分泌しているので，それらに対する走化性が青枯病菌の植物感染，P. fluorescens の根圏定着に関与していると思われるが，具体的にどの化合物かについてはまだ不明である．

　Rhizobium 属細菌はマメ科植物の根に感染して根粒を形成し，そこで大気中の窒素ガスをアンモニアに変換する．変換されたアンモニアは植物の窒素源として利用されるため，Rhizobium 属細菌は農業にとって重要な土壌細菌である．植物の根から分泌されるフラボノイド化合物は，Rhizobium 属細菌の根粒形成を開始させる．そのフラボノイドに Rhizobium 細菌は集積応答を示す．また，別のフラボノイドは根粒形成開始を抑制するが，その化合物は Rhizobium 属細菌のフラボノイド走化性をも阻害する．このことから，フラボノイドに対する走化性が Rhizobium 属細菌の宿主植物の選択性に関与すると考えられている．

　運動性細菌に忌避応答を引き起こさせる化合物（忌避物質）には，短鎖脂肪酸（酢酸など），疎水性アミノ酸（ロイシンなど），芳香族化合物（安息香酸，トルエン，インドールなど），重金属イオン（Ni^{2+}，Co^{2+} など）などがある．その多くは細菌にとって有害な化合物であるので，忌避応答は危険回避応答と捉えることができる．これら忌避物質は，忌避物質が引き起こす細胞障害作用で感知されるのではなく，誘引物質と同様に走化性センサーによって感知される．

　化合物には集積応答と忌避応答双方を引き起こすものがある．好気呼吸を行う大腸菌は酸素に集積応答を示す．しかし，酸素濃度が高くなると逆に忌避応答を示すようになる．酸素は好気呼吸に必須な物質であるが，高濃度の酸素は活性酸素などを通じて細胞に有害な作用を及ぼしてしまう．大腸菌は酸素に対する集積応答と忌避応答をうまく利用して，適切な酸素濃度の領域に集積するのである．Pseudomonas aeruginosa は環境汚染物質トリクロロエチレンに対し忌避応答と誘引応答を示し，特定濃度の領域に集積する．しかし，この菌はトリクロロエチレンを資化することができないので，この応答がどのような意味をもつのか不明である．　〔加藤純一〕

38 硫黄と微生物

硫黄粒，硫化水素

硫黄を利用できる微生物は硫黄酸化菌（sulfur-oxidizing microbes）と硫黄還元菌（sulfur-reducing microbes）に分けられる．

■ 硫黄酸化菌

独立栄養の硫黄酸化菌（sulfur-oxidizing bacteria）は，栄養分類的に無機還元硫黄（H_2S, HS^-, S^0, $S_2O_3^{2-}$）を酸化してエネルギー源を得ることができる化学合成独立栄養-硫黄酸化菌，光を利用してエネルギーを獲得する光合成-硫黄酸化菌に分けられる．

■ 化学合成独立栄養-硫黄酸化菌

化学合成独立栄養-硫黄酸化菌は，硫化水素（H_2S, HS^-），硫黄（S^0），あるいはチオ硫酸（$S_2O_3^{2-}$）を電子供与体として利用し酸化することができる．

$$H_2S + 2O_2 \rightarrow SO_4^{2-} + 2H^+$$
$$HS^- + H^+ + 0.5O_2 \rightarrow S^0 + H_2O$$
$$S^0 + 1.5O_2 + H_2O \rightarrow SO_4^{2-} + 2H^+$$
$$S_2O_3^{2-} + H_2O + O_2 \rightarrow 2SO_4^{2-} + 2H^+$$

これら還元型無機硫黄から得られた電子は電子伝達系によりペリプラズマ上のプロトン勾配作成に利用され，これにより得られたATPは独立栄養的CO_2固定に必要なエネルギー源として使用される．

Thiobacillus 属の細菌はグラム陰性の桿菌であり，独立栄養のためのエネルギーをH_2S, S^0, $S_2O_3^{2-}$を酸化して得ることができる硫黄酸化菌である．土壌，海水や陸水の底泥，あるいは水処理施設から分離培養されることが多い．

Acidithiobacillus 属の細菌はグラム陰性の桿菌であり，硫黄を利用できる硫黄酸化菌である．好酸性の細菌であり，pH 2～4で増殖する．鉱山の酸性化した水に生息している．鉱山において鉱石から金属成分を溶かし出す方法であるバクテリアリーチングに *Acidithiobacillus* 属の細菌が働いている．

Achromatium 属の細菌は硫化水素を利用できる硫黄酸化菌である．純粋分離された細菌はいまだ報告がない．細胞の長径が10～100 μmであり，大きな細菌である．陸水域や汽水域の底泥に生息し，硫化水素を酸化し，細胞内に硫黄顆粒として硫黄（S^0）を貯蔵する．その後，細胞内の硫黄顆粒は硫酸に酸化され，細胞内から消失する．細胞内に炭酸カルシウム（$CaCO_3$）顆粒も観察される．

Beggiatoa 属の細菌は滑走運動を示す糸状性硫黄酸化菌である．円柱型をした細胞が数千もつながり，1 cm以上の長さに達することがある．海水や陸水の硫化水素が多く発生している底泥，硫黄泉，または熱水噴出孔から観察されている．細胞内に硫黄顆粒がみられる．多くの *Beggiatoa* 属は還元型硫黄を電子供与体として利用しながら，CO_2に加え有

表1 硫黄や硫化水素を利用する微生物

栄養的分類	代表的な微生物	代表的な微生物の学名（種名）	利用する硫黄の形態
化学合成独立栄養	硫黄酸化菌	*Thiobacillus*	$H_2S, S^0, S_2O_3^{2-}$
		Halothiobacillus	$S^0, S_2O_3^{2-}$
		Acidthiobacillus	S^0
		Beggiatoa	$H_2S, S_2O_3^{2-}$
		Thiothrix	H_2S
		Thioploca	H_2S, S^0
		Achromatium	H_2S
		Thiomicrospira	$S_2O_3^{2-}, H_2S$
		Thiosphaera	$H_2S, S_2O_3^{2-}$
		Thermothrix	$H_2S, S_2O_3^{2-}$
		Thiovulum	H_2S, S^0
	好熱性細菌	*Sulfurihydrogenibium*	$S^0, S_2O_3^{2-}$
	好熱性アーキア	*Sulfolobus*	H_2S, S^0
光合成	紅色硫黄細菌	*Chromatium*	$H_2S, S^0, S_2O_3^{2-}$
		Thiospirillum	$H_2S, S^0, S_2O_3^{2-}$
		Thiopedia	$H_2S, S^0, S_2O_3^{2-}$
	緑色硫黄細菌	*Chlorobium*	H_2S
従属栄養	好熱性アーキア	*Thermoproteus*	S^0
	硫黄還元菌	*Sulfurospirillum*	S^0
		Desulfuromonas	S^0

機物を電子受容体として利用できる混合栄養でも生育する．*Thioploca* 属と *Thiothrix* 属の細菌も糸状性硫黄酸化菌であり，細胞内に硫黄顆粒がみられる．

Thiovulum 属の細菌は運動性を示す長径 10～100 μm の球型の硫黄酸化菌である．海水や陸水の硫化水素が多く発生している底泥で観察され，細胞内に硫黄顆粒がみられる．

Sulfurihydrogenibium 属の細菌は好熱性細菌であり，水温 55～75℃，pH が中性の硫化水素を含む温泉水中に漂う白色の硫黄マットから確認することができる．

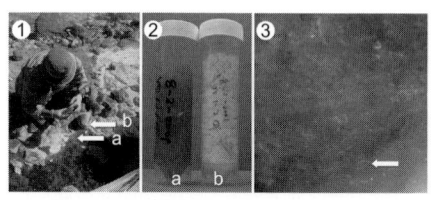

図1 温泉の硫黄を利用する微生物．1: 水温75℃, pH 6 の硫黄温泉．2: 硫黄と微生物からなる硫黄マット．a と b は写真1の a と b から採取した硫黄マット．3: 硫黄マット上の DAPI 染色液で染色された微生物．矢印は硫黄をエネルギー源として利用する好熱性細菌 *Sulfurihydrogenibium*．（口絵6参照）

■ 硫黄酸化アーキア

硫黄を豊富に含んだ 95℃ 以上の高温な pH 1～5 の酸性温泉には独立栄養で硫黄を酸化する超好熱性アーキア *Sulfolobus* が生息し，独立栄養的に H_2S あるいは S^0 を酸化し H_2SO_4 を生成する．

■ 光合成-硫黄酸化菌

光合成-硫黄酸化菌は，非酸素発生型の光合成細菌であり，水の代わりに CO_2 の還元力として硫化水素や硫黄を利用することができる．その際に必要な ATP は光合成によって得られる．

紅色硫黄細菌（purple sulfur bacteria）は非酸素発生型の光合成細菌であり，硫化水素，硫黄，あるいはチオ硫酸を CO_2 還元のための電子供与体として利用することができる．光合成色素としてバクテリオクロロフィルとカロテノイドをもつ．細胞内に硫黄顆粒を貯蔵する細菌と細胞外に硫黄顆粒を生成する細菌がいる．太陽光が届き，かつ硫化水素が豊富な水圏環境に生息する．とくに，水温や塩分濃度の勾配によって生じた部分循環湖の硫酸還元菌が生成した硫化水素を含む嫌気層において，紅色硫黄細菌の紅色に呈した試料が採取される．

緑色硫黄細菌（green sulfur bacteria）も非酸素発生型の光合成細菌であり，硫化水素を酸化し，硫黄を生成し，その後硫酸を生成する．光合成色素バクテリオクロロフィルが集積された巨大集光アンテナ系クロロソームを細胞内にもつため，微弱光の利用が可能である．そのため，部分循環湖の嫌気層において紅色硫黄細菌が生息する場所より太陽光が届きにくい深い水深でも生息できる．湖沼からは緑色硫黄細菌 "*Chlorochromatium aggregatum*" などが細胞の集合体を形成している光合成共生系として，しばしば顕微鏡観察される．

■ 硫黄還元菌

硫黄還元菌は従属栄養的に硫黄を電子受容体として利用できる．

$$\text{有機物} + S^0 + 2H \rightarrow H_2S + CO_2$$

Desulfuromonas 属の細菌は嫌気的に酢酸などの有機物を酸化し硫黄を硫化水素に還元する硫黄還元菌である．しばしば硫酸還元菌や緑色硫黄細菌とともに嫌気層に生息し，嫌気的硫黄循環に関与している．

好熱性アーキア *Thermoproteus* は絶対嫌気性であり，従属栄養的に硫黄を還元する．温泉や熱水噴出孔から分離培養される．

〔中川達功〕

39 鉄で呼吸する

鉄酸化，鉄還元，細胞外電子伝達

　鉄の地殻存在量は約5％であり，地球の表層で4番目に多く存在する元素である．多くの環境において，鉄は2価，3価のいずれかの価数で存在する．この豊富な存在量を有し，二つの安定な酸化還元状態をとるという特徴から，鉄は生命活動に必須の元素として，酸素輸送タンパク（ヘモグロビンなど），電子伝達タンパク（シトクロムなど），酸化還元酵素（カタラーゼなど）の活性中心などに使われている．それに加えて，微生物の中には2価，3価の鉄の酸化還元反応をエネルギー代謝（呼吸）の基質として利用するものが存在する[1]．2価鉄の酸化を行う微生物（鉄酸化微生物）としては，酸素還元（好気呼吸），硝酸還元（硝酸呼吸），非酸素発生型光合成などを行うものが知られている．3価鉄の還元を行う微生物（鉄還元微生物）は，各種有機物や水素などを呼吸の電子供与体としてエネルギーを獲得する．微生物による鉄の酸化・還元は生命進化の初期から存在していたと考えられており，地球規模での物質・エネルギー循環に大きな影響を及ぼしてきた（現在も及ぼしている）とみられている．

　酸性環境で鉄呼吸を行う微生物は鉱山排水が流入する河川などでよくみられ，それぞれ *Acidithiobacillus*, *Acidiphilum* などがよく知られている［➡ 117 酸性好きの微生物］．一方で中性環境の鉄酸化微生物としては *Leptothrix* や *Gallionella*（好気呼吸），*Thiobacillus*（硝酸呼吸），*Rhodomicrobium* や *Chlorobium*（非酸素発生型光合成）がよく知られている．中性環境の鉄還元微生物はアーキアも含め多くの種類が知られているが，なかでも *Geobacter* や *Shewanella* がモデル微生物としてよく研究されている．

　酸性条件では2価鉄，3価鉄ともに溶解度が高く，Fe^{2+}, Fe^{3+}イオンの状態で水に溶けて存在する．一方中性環境では鉄（とくに3価鉄）の溶解度は非常に低い．2価鉄は主に炭酸塩，リン酸塩，硫化物の形で，3価鉄は酸化物，水酸化物の形で固体として存在する．微生物の呼吸は細胞膜（細胞内膜）上の酸化還元酵素・電子伝達タンパクで行われる．通常の呼吸では，有機物や酸素，硝酸などの可溶性，もしくはガス状の物質はいったん細胞外から取り込まれ，細胞内でその酸化還元反応が進行する．一方，固体で存在する鉄は細胞内に取り込むことができないため，鉄を呼吸基質として利用するためには特殊な機構を必要とする．

　その機構としては，以下の3種類が知られている．一つめは特殊な低分子化合物（シデロフォア）や有機酸などの鉄を可溶化する物質（キレート剤）を細胞外に放出し，溶解した鉄を細胞内に取り込んで呼吸基質として使う，というものである．二つめはキノン，フラビンなどの電子授受反応を行う低分子化合物（メディエーター）を細胞外に放出し，鉄から電子を受け取った，あるいは鉄に電子を渡したメディエーターを再び細胞内に取り込み呼吸に利用する，というものである．しかし以上二つの機構は，実際の自然環境中では放出した物質が拡散により薄まってしまう，ほかの微生物に利用・分解されてしまう，といった難点があり，それほど優位に機能していないと考えられる．三つめの機構は微生物が固体鉄表面に付着し直接電子をやり取りする，というものである．しかし微生物の細胞膜・細胞壁は脂質や多糖からなる絶縁体であるため，そこを電子が通り抜けるための特殊な仕組みが必要となる．その仕組みについては，鉄酸化菌の *Acidithiobacillus*，鉄還元菌の *Geobacter* や *Shewanella* で詳細に調べられている．いずれの場合にも，シトクロム c という電子伝達タンパクが重要な機能を果たしている．数種類の異なるシトクロム c が細

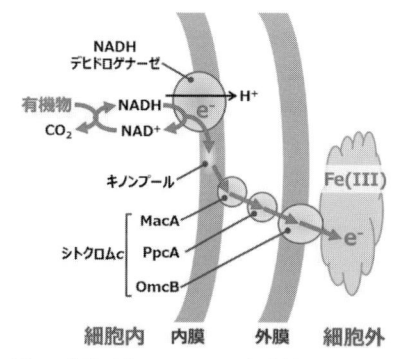

図1 鉄還元菌 *Geobacter* の細胞外電子伝達機構[1]．太い矢印は電子の流れを表す．

胞内膜，ペリプラズム空間（内膜-外膜間のスペース），細胞外膜に配置され，それらがバケツリレーのように電子を運搬することで固体鉄との電子授受を可能にしている（図1）[1]．さらに *Geobacter* や *Shewanella* では，ナノワイヤと呼ばれる導電性をもった線維状物質（繊毛）を微生物が作り，それを介して細胞から離れた位置にある固体鉄とも電子授受を行える，という報告もなされている[2]．

このような固体の物質を呼吸基質として使う機構は「細胞外電子伝達」と呼ばれ，近年大きな注目を集めている．細胞外電子伝達能をもつ微生物のなかには，鉄のみならずマンガン，クロム，ウラン，白金などの多種多様な金属の酸化還元能をもち合わせたものが存在し，環境浄化や希少金属回収の手段として期待されている［➡ 40 ウランで呼吸する］．また細胞外電子伝達は金属の酸化還元のみならず，導電性物質（金属電極，グラファイトなど）と微生物との電子授受をも可能にする．近年この特性をもとに，微生物燃料電池（廃水中の有機物などから電気エネルギーを取り出すシステム［➡ 178 微生物燃料電池］）や微生物電気合成[3]（電気エネルギーから燃料などの有機物を作るシステム）といった，新たなバイオエネルギーデバイスの開発が進められている．さらには，2種類の微生物が導電性の鉄鉱物粒子を流れる電流を介してエネルギーをやり取りする，「電気共生」と呼ばれる新たな微生物代謝も近年明らかにされた[4]．微生物の鉄呼吸，ならびに細胞外電子伝達は近年非常にホットな研究分野であり，今後もますます面白い発見が出てくるであろう．

〔加藤創一郎〕

参考文献

1) K. A. Weber, L. A. Achenbach and J. D. Coates. 2006. *Nat. Rev. Microbiol.* **4**: 752-764.
2) G. Reguera, K. D. McCarthy, T. Mehta *et al*. 2006. *Nature.* **435**: 1098-1101.
3) K. Rabaey and R. A. Rozendal. 2010. *Nat. Rev. Microbiol.* **8**: 706-716.
4) S. Kato, K. Hashimoto and K. Watanabe. 2012. *Proc. Natl. Acad. Sci. U. S. A.* **109**: 10042-10046.

40 ウランで呼吸する

ウラン，放射能汚染

ウランは，その核分裂反応から原子力エネルギーを生み出す燃料として，また核兵器として利用される．一方で，生物組織の微細部を電子顕微鏡で観察する際，染色剤としても利用される．とくに後者は，ウランが溶液中で生体分子中の官能基に吸着する性質に起因する．この性質により，放射線損傷に加えてウランは化学的にも有害である．

1990年に *Geobacter metallireduncens* と *Shewanella putrefaciens* がウランで呼吸することが発見されるまで，ウランの生物学的機能は知られていなかった．ウランは水溶液中で価数が+6と+4で安定しており，6価のウランに電子を受け渡し，4価に還元することで微生物は呼吸している．ウランは6価で水に溶けやすく，4価で溶けにくいため，還元されると沈殿物を生じる（図1上）．この沈殿物は，既知組成の淡水培地中や表層堆積物中では，閃ウラン鉱（UO_{2+x}）と呼ばれる鉱物である．エネルギー獲得による増殖を伴う異化的還元反応のほかに，増殖を伴わないが，酵素反応により還元反応が触媒される場合に大別され，前者は *Geobacter* spp. や *Shewanella* spp. に加えて，*Anaeromyxobacter dehalogenans*，および *Desulfotomaculum reducens* が知られる．一方後者は，超好熱性アーキア（*Pyrobaculum islandicum*）や高熱性細菌（*Thermus* sp.）などのより幅広い系統群に分布している．

環境中で，ウラン濃度は一般的に低く，ウランのみを電子受容体とする場合は考えにくい．しかし，ウランに汚染された環境では，ウランを主要な電子受容体として生息することも十分考えられる．冷戦時代の核兵器製造過程で生じる，ウランを高濃度で含む廃棄物が投棄され，現在欧米諸国で深刻な環境問題となっている．ウランを還元沈殿する微生物作用を，人為的に促進する原位置バイオリメディエーションが，浄化が困難な浅層地下水中のウランを不動態化する技術として盛んに研究されている．

ウラン鉱山を採掘した際に，大量に生じる鉱くずの処理問題も深刻化しており，すでに鉱山周辺まで汚染した場合は同様の浄化が必

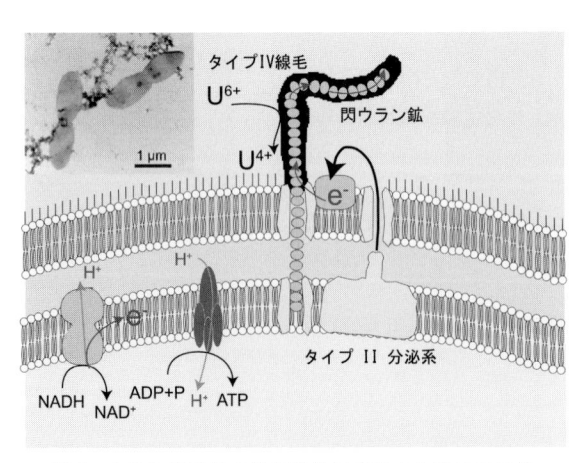

図1 ウラン呼吸により細胞外に沈殿する閃ウラン鉱（上）とウラン呼吸における電子伝達の模式図（下）

要とされる．日本ではウランの環境問題は深刻ではないが，福島第一原子力発電所の事故により，使用済み核燃料の廃棄が確実になっている．使用済み核燃料の燃料棒は酸化ウラン（UO_2）のペレットが95％を占める．酸化ウランは，微生物がウラン呼吸により沈殿する閃ウラン鉱と組成と結晶構造が同じであり，微生物によるウラン沈殿物の環境中での挙動の理解は，使用済み燃料の1次保管や地中処分などの安全性を考えるうえで重要である．

生物学的視点で考えた場合，微生物が呼吸によりウラン鉱物を沈殿することは，非常に不利である．前述のウランの化学的毒性のため，細胞内に入り込むとDNAやRNAなどに結合し死滅する．それゆえに，細胞内で還元される酸素やほかの主要な電子受容体と異なり，ウランで呼吸するためには細胞膜と細胞壁の間，もしくは細胞壁外で電子のやり取りが行われる必要がある．もし細胞膜と細胞壁の間が，ウラン酸化物の沈殿物で満たされると，ATP合成酵素を駆動するための水素イオン勾配を，物理的に形成できない．微生物によりウランを還元させると，図1左上の透過型電子顕微鏡写真に示したように，ウランの沈殿物は微生物が細胞外に排出している姿が観察される．

Shewanella 属や *Geobacter* 属の細菌が，犬のしっぽのような付属体（線毛）を複数本出していることが明らかになっている．線毛は直径が約50〜150 nm，長さが数十μmに及び，*Geobacter* 属の場合は，線毛は導電性があるナノ導線（nanowire）である．線毛を発現しない変異体は，鉄を用いた細胞外呼吸の効率が著しく低下する．そのため，導電性の鞭毛が，細胞外の鉄に電子を受け渡すうえで必要である[1]．同様に，ウラン呼吸も，線毛が発現しない場合は，ATP合成酵素によりエネルギーを獲得できない．線毛が発現して，細胞膜と細胞壁の間を沈殿物で詰まらせずに，細胞外でウランを沈殿することがウラン呼吸に必須である（図1下）[2]．線毛形成にはタンパク質を細胞外へと分泌する必要があり，この際に利用される分泌系が，タンパク質と沈殿物を細胞外に放出して，ウランを用いた細胞外呼吸が可能になっている可能性が高い．

鉱物沈殿を伴うウラン呼吸のもう一つのエッセンスとして，沈殿する閃ウラン鉱が，直径1〜5 nm程度の超微細なナノ粒子であること挙げられる[3]．細胞外呼吸を考えた場合，粒径が小さい方が排出に有利である．呼吸により沈殿を生じる硫酸還元菌も，直径3 nm程度の硫化亜鉛のナノ粒子を形成し，細胞外に排出することも知られている．これらの嫌気性呼吸は，地球上に酸素が満ちあふれる約25億年より前に，微生物が鉱物化する場所を制御し，鉱物のサイズをナノレベルまで進化させて，獲得した代謝様式ではないだろうか．

〔鈴木庸平〕

参考文献
1) T. Mehta, SE. Childers, R. Glaven *et al.* 2006. *Microbiology.* **152**: 2257-2264.
2) D. L. Cologgi, S. Lampa-Pastirk, A. M. Speers *et al.* 2011. *Proceedings of the National Academy of Sciences.* **108**: 15248-15252.
3) Y. Suzuki, S. D. Kelly, K. M. Kemner *et al.* 2002. *Nature.* **419**: 134.

41

微生物とヒ素

ヒ素酸化, ヒ素還元, ヒ素耐性

ヒ素は地殻の構成元素のなかで20番目に存在量が多い元素であり, 水圏・地圏や岩石中など自然界に広く分布している. ヒ素の環境への流出は, 鉱山開発や産業活動などの人為起源とともに, 火山活動や鉱物からの溶出などの天然発生源からの放出量が多くを占めている. 環境中のヒ素の大半は無機態で存在し, 5価のヒ酸 [As(V)] と3価の亜ヒ酸 [As(III)] が主体である. ヒ素の毒性はその形態と価数に依存し, とくに3価の無機ヒ素は毒性が強く, タンパク質のチオール基に結合してさまざまな酵素の活性を抑制する. また5価のヒ酸はリン酸と構造が類似しているため, リン酸輸送システムにより細胞内に取り込まれ, リン酸化反応や解糖系などを阻害する. このように強い生体毒性を示すヒ素であるが, 微生物は耐性機構のみならず, ヒ素の酸化還元反応によりエネルギーを獲得するより積極的なヒ素利用の代謝機構も発達させてきた (図1). 猛毒なヒ素を利用して生育できるのは, 地球上の生物のなかでも微生物だけである.

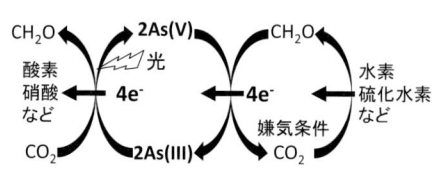

図1 微生物のヒ素利用:ヒ素の酸化還元反応によるエネルギー代謝(文献1)より改変)

■ 微生物のヒ素耐性

リン酸の輸送システムによって細胞内に取り込まれた As(V) は, 細胞質内でヒ素還元酵素 (ArsC) により3価へと還元されたのち As(III) に特異的な排出ポンプ (ArsB) で細胞外へと排出される. この Ars 型ヒ素耐性機構は, Bacteria および Archaea の主要な系統グループに幅広く分布している. そのほかにも微生物から高等真核生物まで広く分布している解毒機構として, ヒ素のメチル化反応がある[1]. 細菌におけるメチル化経路では, 細胞内に取り込まれた As(V) が As(III) へ還元された後, ヒ素メチル転移酵素 (ArsM) によるメチル基の付加が段階的に起こり, 揮発性のアルシンガスが生成される.

■ ヒ素還元菌

嫌気条件下で As(V) を最終電子受容体として用いて呼吸を行い, 従属栄養または独立栄養的に生育する菌 (異化型ヒ素還元菌) はさまざまな環境から分離されており, 系統分類的にも Bacilli や β-, γ-, Epsilonproteobacteria, Thermoprotei など, Bacteria と Archaea に広く分布している. 異化型ヒ素還元菌の利用する電子供与体は種によって異なり, 水素, 硫化水素, チオ硫酸塩, 酢酸やギ酸など多様である. またこれらの菌の多くは, As(V) 以外にもセレン酸塩, Fe(III), Mn(IV), 硝酸や酸素による呼吸も行うことが知られている[2].

異化型ヒ素還元を司る酵素 (Arr) は, 機能・構造的に耐性機構に関与している ArsC とは異なる. Arr はペリプラズム膜に存在し活性部位にモリブドプテリンを含むジメチルスルホキシド (DMSO) リダクターゼファミリーに属し, 活性部位を含むラージサブユニット ArrA と [4Fe-4S] を含むスモールサブユニット ArrB から構成される. 前述の Ars ヒ素耐性機構は, 異化型ヒ素還元には直接関与してはいないが, 高濃度の As(V) 還元による呼吸を行っている場合には, As(V) 還元により産生された As(III) の毒性を緩和する役目を果たしていると考えられている[3].

■ 好気的ヒ素酸化菌

好気的条件下でヒ素酸化活性を有する菌は系統的に幅広く分布し, 好熱菌や低温菌, 好

アルカリ性菌などの極限細菌も含めヒ素汚染環境から数多く分離されている．これら多くはヒ素酸化能を有する従属栄養ヒ素酸化菌であり，一般に解毒作用として毒性の高いAs(III)をより毒性の低いAs(V)へ酸化すると考えられている．そのほかに，As(III)を電子供与体とするエネルギー代謝により炭素固定を行う独立栄養ヒ素酸化菌も知られている．両者ともヒ素酸化に関与するヒ素酸化酵素は，Arr同様DMSOリダクターゼファミリーに属するヒ素酸化酵素（Aio）により代謝される．Aioはモリブドプテリンを活性部位に含むラージサブユニット（AioA）と[2Fe-S]を含むスモールサブユニット（AioB）から構成されている．Aio遺伝子は染色体とプラスミドの両方から検出されており，水平伝播により拡散することも示唆されている．

■ 嫌気的ヒ素酸化菌

現在，ヒ素酸化は嫌気的条件下でも起こることが明らかになっており，嫌気的ヒ素酸化に関与する新規微生物群の発見が相次いでいる[1]．好アルカリ好塩性菌の *Alkalilimnicola ehrlichii* MLHE-1は，嫌気的条件下においてAs(III)，水素，硫化水素などを電子供与体とし硝酸還元により化学合成独立栄養的に生育する．また，嫌気条件下で光照射時に酸素非発生型の光合成によるAs(III)酸化反応を行い，独立栄養的に生育する紅色細菌（*Ectothiorhodospira* sp. PHS-1株）も新規に分離されている．これら嫌気的ヒ素酸化を司る酵素は，好気的ヒ素酸化酵素（Aio）よりも異化型ヒ素還元酵素（Arr）に相同性が高く，Arxと名付けられている．このArxとArr両者の酵素は，*in vitro* アッセイでAs(V)の還元とAs(III)酸化の可逆的反応を触媒することが示されているが，生理学的には一方の反応（還元または酸化）のみにおいて機能することから，そのほかの電子伝達系の構造や付加的サブユニットの有無が酵素の特性を決定付けるのではないかと考えられている[4]．

〔濱村奈津子〕

参考文献

1) J. F. Stolz, P. Basu and R. S. Oremland. 2010. *Microbe.* **5**: 53-59.
2) H. L. Ehrlich and D. K. Newman. 2009. *Geomicrobiology*, pp.243-263. CRC Press.
3) C. W. Saltikov, A. Cifuentes, K. Venkateswaran *et al.* 2003. *Appl. Environ. Microbiol.* **69**: 2800-2809.
4) C. Richey, P. Chovanec, S. E. Hoeft *et al.* 2009. *Biochem. Biophys. Res. Comm.* **382**: 298-302.

42

マンガンを沈殿させる微生物

マンガン酸化, 芽胞, *Metallogenium*

　マンガンは, 植物や藻類などが光エネルギーを利用するうえで重要な光合成系IIのなかの酵素の必須成分である. また, すべての生物が保有する数多くの酵素の活性化因子ともなっている. 一方で, 2価のマンガンは, 多量に存在する場合, 多くの生物の活動を阻害することも知られている. その毒性は鉄よりも強いため, 鉄より厳しい水質基準値が定められている.

　自然環境の大部分を占めるpH 6〜8の中性付近では, 微生物などが関与する生物学的マンガン酸化 (biological manganese oxidation) は, それらがまったく関与しない非生物学的な酸化に比べると数万倍も速いといわれている. したがって, その鉱物や堆積物が形成された年代や形成過程にもよるが, 環境試料中のマンガン酸化物のなかには, 直接的であれ間接的であれ, 微生物などが介在して生成された酸化物がかなりの割合で含まれていると考えられる. また, このマンガン酸化の過程では, ほかの重金属類も共沈しやすいことが知られており, 複雑な組成の鉱物あるいは鉱床が形成される一因ともなっていると考えられる.

　この生物学的マンガン酸化が, 現在の地球上では普遍的で優占的と考えられる一方で, 実際の反応過程は多様であり不明確な点も多い[1]. したがって, 一般の微生物学の教科書で詳しく紹介されることはほとんどなかった. これまで, 多くの化学合成独立栄養微生物の場合と同様, マンガン酸化菌の場合も, 2価マンガンの酸化により得られるエネルギーで増殖を行っているのではないかと考えられ, そこに関与する代謝系や酵素の探索が進められてきた. しかし, 2価から4価に酸化される過程で獲得可能なエネルギーは中性付近ではごくわずかでしかないため, それほど活発な増殖は見込めず, またその証明自体も難しい状況にある. 一方で, 従属栄養細菌用の培地に2価マンガンを添加して分離された微生物のなかにも, 高いマンガン酸化・沈着活性を示すものがいることが報告されている. したがって, 上述した化学合成独立栄養以外に, 従属栄養や, 独立栄養と従属栄養が混在する混合栄養といった広範なタイプの栄養要求性が, マンガン酸化を行う微生物のエネルギー獲得系の基礎として想定される. 実際には, エネルギー源となりうる有機物の種類や濃度, 2価マンガンの濃度, 微量だが生育に必須な無機・有機栄養素 (重金属, ビタミンなど) の有無, それに塩分濃度などにより, どういった種類の微生物がマンガン酸化に寄与しているのかが異なっている可能性が高い.

　これまでの研究で最も解明が進んでいるマンガン酸化菌は, 米国西海岸で分離されたグラム陽性の *Bacillus* sp. SG-1株である. 現在では, ほかの菌株に先駆けて遺伝子レベルの解析まで進んでいる. この株の場合, マンガン酸化は代謝が活発な増殖期ではなく休眠期に行われるのが大きな特徴である. このときに生産される芽胞 (spore) の外部にマンガン酸化能をもったタンパク質が位置し, その働きで2価から3価, 3価から4価といった2段階でマンガン酸化が進んでいることが近年明らかにされ, さらにこの反応に関わる一連の酵素遺伝子群 (*mnx* と呼ばれる) まで解析が及んでいる. 芽胞期の現象であり生育のためのエネルギー獲得まではしていないと思われるものの, 生物学的マンガン酸化研究を進めるうえでのよいモデルとなっている.

　このほか, こういった酵素が関与しない事例や酵素の関与が曖昧な事例などが存在している (図1). 実際の環境中では, 生存のためのエネルギー獲得系とは連動せず, 微生物により副次的に生産されたある種の有機物や無

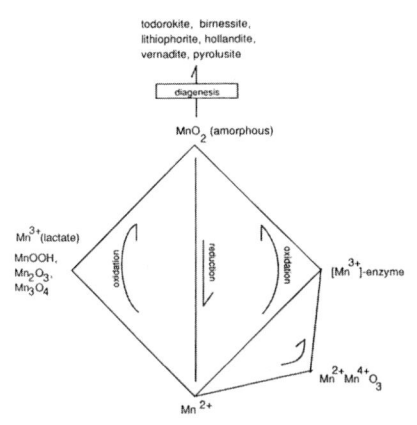

図1 自然界におけるマンガン循環[2]．酵素が関与する酸化（右側）と関与しない酸化（左側）が想定されている．

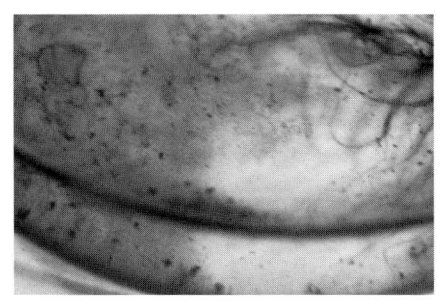

図2 オンネトー湯の滝由来の環境微生物・藻類試料を用いた模擬現場実験の結果．無機栄養塩類と2価マンガンを添加し光を照射した場合にのみ褐色のマンガン酸化物様物質（糸状の藻体以外の変色域全体）が形成される．（口絵7参照）

機物（リガンド）を介してマンガンが酸化されるケース（広義の自動酸化）が優占的である可能性が高い．この場合，その酸化に寄与する微生物の種類は，環境条件により大きく異なっているものと思われ，これまでに報告されていない種類やすでに報告はなされているがマンガン酸化への関与が明らかでない種類の微生物が大きく貢献している可能性がある．

環境ごとにみた場合，琵琶湖をはじめ世界中の湖沼のいくつかでは，放射状に群体形成する点が特徴的なメタロゲニウム（*Metallogenium*）と呼ばれる微生物が，湖底付近のマンガン沈着物形成に深く関与しているものと見なされている．陸上の温泉のなかで北海道の雌阿寒岳の麓に位置するオンネトー湯の滝（国の天然記念物）では，現在でも活発なマンガンの酸化・沈着が進行している[3]．現場調査や模擬的な室内実験からは，滝の斜面に生息する藻類の光合成による有機物生産が，その周辺の微生物によるマンガン酸化を大きく促進しているものと見なされている（図2）．一方，光の届かない海底熱水活動域周辺の深層海水中でも，生物学的マンガン酸化が進行している．ここでは，上述した芽胞様微生物様の微粒子が広く分布しており，その膜外周辺域に比較的多量のマンガンが酸化・沈着していることが報告されている．

応用面からみた場合，こういった2価マンガンの酸化・沈着現象の解明やそこから派生する利用法の検討は，水質の保全と鉱物資源の確保という二つの課題を解決するものとして注目されている．また，海洋とは違い陸域の場合，真菌（カビや酵母）の関与の度合いも大きく，樹木（木材）の主成分であるリグニンを分解する酵素（ラッカーゼ）がマンガン酸化にも貢献し得ることなどが知られている．分子・細胞レベルでのより踏み込んだ解析が期待される．　　　　　　〔丸山明彦〕

参考文献
1) 丸山明彦．マンガン酸化物形成に関与する微生物活動．海底マンガン鉱床の地球科学．東京大学出版会．印刷中．
2) H. L. Ehrlich and D. K. Newman. 2009. *Geomicrobiology Fifth Edition*. Figure 17.22. CRC Press.
3) A. Usui and N. Mita. 1995. *Clays and Clay Minerals*. **43**: 116-127.

43
カビの細胞内で生きる細菌

共生，糸状菌，細胞内生細菌

　地衣類は，菌類の細胞外に作られた構造体でシアノバクテリアや藻類が共生する生物体である．シアノバクテリアや藻類は，菌類の作った構造体の内部で安定して増殖でき，菌類は光合成産物を利用して発育する．そのため地衣類は，ほかの植物が生育できないような厳しい環境で生育できるものが多い．

　このような細胞外の共生に対して，近年いくつかの菌類において，細胞内部に細菌が内生する現象が報告されている．たとえば，毒素リゾキシンを生産する植物病原糸状菌 *Rhizopus* 属菌の細胞内に *Burkholderia* 属細菌が内生していることが報告されている[1]．この糸状菌の毒素産生に関して，抗生物質処理によって内生細菌を除去するとリゾキシン産生能がなくなり，さらに内生細菌単独の培養でリゾキシンの生産が認められたことから，これまで宿主である *Rhizopus* 属菌が生産していると考えられてきたリゾキシンは内生細菌が生産していたことが明らかとなった[1]．さらに，糸状菌は毒素生産だけでなく，内生細菌の存在によって胞子形成が誘発されることがわかっている．この内生細菌は，*Salmonella* 属細菌などが有する宿主細胞の侵入に関わるⅢ型分泌装置を備えており，糸状菌の細胞内部への侵入や安定的な増殖に役立てており，両者の相互関係はとても密接である[2]．

　別の報告では，クオラムセンシングと呼ばれる細菌間の情報伝達に用いられる物質 *N*-アシル-L-ホモセリンラクトンが *Mortierella* 属糸状菌の培養から検出された．これは *Mortierella* 属糸状菌の細胞内部に内生する2種類の細菌（*Castellaniella* 属菌と *Cryobacterium* 属菌）によるものであること

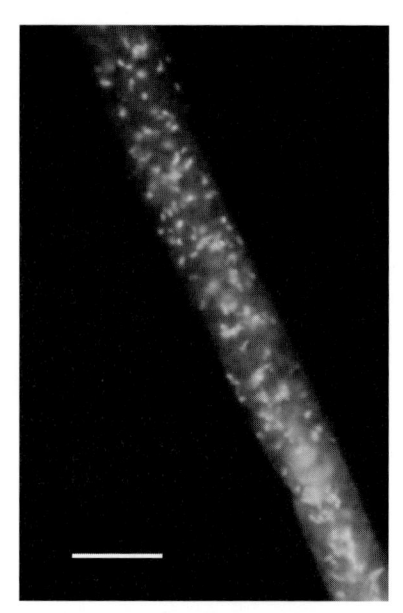

図1 *Mortierella* 属糸状菌の細胞内部に内生する細菌（粒子様構造物）の蛍光顕微鏡写真．スケールバーは 10 μm を示す．（口絵8参照）

が報告されている[3]．

　同じく *Mortierella* 属糸状菌の細胞内部に *Burkholderia* 属に近縁の細菌が内生していることも報告されている（図1）[4]．この報告では，畑地土壌から分離された亜酸化窒素生成糸状菌である *Mortierella* 属菌の複数株から内生細菌が認められた．抗生物質処理によって内生細菌を除去した株でも亜酸化窒素生成が認められたことから，糸状菌の亜酸化窒素生成に内生細菌が寄与していた可能性が低いと結論されている．内生細菌を除去した宿主株の作成は成功しているものの，内生細菌の宿主細胞外での培養はいまだ成功しておらず，両者の相互作用はまだ明らかにされていない[4]．

　これまで糸状菌を扱う実験において，細菌の存在はコンタミネーションとして積極的に取り除くべき対象であったといえる．なぜなら，個々の微生物の性質を調べるためには単

一の菌株（純粋培養株）を用いてさまざまな試験をする必然性があり，純粋培養株を得る操作（純化）は，微生物実験の最も基本となるからである．糸状菌の分離や純化を行う際には抗生物質を添加して細菌の混入を避ける操作が行われるため，自然環境において糸状菌と細菌が共生状態にあった場合でも，その関係が断ち切られることが多かったのではないかと考えられる．

冒頭で触れた地衣類は，菌類から光合成生物を切り離すのではなく，共生体を一つの生物個体としてその生態学的な振る舞いが論じられている．

本項で紹介したいくつかの事例は，糸状菌の振る舞いに内生細菌が直接影響を与えるという現象であり，これまで糸状菌が単独で行っていたと考えられていたことを内生細菌が担っていたという事例である．これらの事例は共生という現象も考慮して糸状菌と細菌の共生体を一つの生物体と捉えた新しい概念をもって，その生態学的役割を再検討する必要性があることを示唆している[5]．〔佐藤嘉則〕

参考文献
1) L. P. Partida-Martinez and C. Hertweck. 2005. Nature. **437**: 884-888.
2) G. Lackner, N. Moebius and C. Hertweck. 2011. The ISME J. **5**: 252-261.
3) K. Kai, K. Furuyabu, A. Tani et al. 2012. Chembiochem. **13**: 1776-1784.
4) Y. Sato, K. Narisawa, K. Tsuruta et al. 2010. Microbes Environ. **25**: 321-324.
5) 佐藤嘉則，成澤才彦，西澤智康ほか．2011．土と微生物．**65**: 49-55.

Column ❖ 海洋鉄散布実験

海洋の主な一次生産者は，微小な植物プランクトンであり，植物プランクトンは適当な条件を与えてやれば1日に1分裂程度の速度で増加する．適当な条件とは，一般的には光と栄養塩である．従来，栄養塩としては，窒素（硝酸，亜硝酸，アンモニア），リン酸，ケイ酸であり，外洋域では窒素が最も枯渇する栄養塩として知られてきた．すなわち光と栄養塩が十分にある環境では植物プランクトンは指数関数的に増加し，窒素が枯渇して植物プランクトンの増殖は止まる．したがって，光が十分にあって，硝酸が十分量保たれる状況が続くのは不自然であり，何か特別な条件が必要である．このような硝酸が高濃度で，植物プランクトン量が低い海域（HNLC海域）は，既存の海洋学では説明されない現象の一つであった．1980年代後半に，HNLCの原因が植物の成長にとって必要な微量栄養素である鉄が不足していることが仮説として提唱された．この鉄仮説を検証するため，さらには，人為的に放出された二酸化炭素の海洋への吸収を促進し大気中二酸化炭素濃度を下げる地球工学的手法の基礎実験として，海洋鉄散布実験は始まった．

海洋鉄散布実験とは，10×10 km程度のHNLC海域に鉄（硫酸鉄 $FeSO_4$）溶液を加え，0.1 nmol程度の海域の溶存鉄濃度を2 nmol程度にし，鉄添加水塊を追跡しながら，植物プランクトンの増殖や，それに付随して起こる，二酸化炭素の吸収，栄養塩の消費などの生物化学的現象を観測する実験である．実験は1993年に主なHNLC海域である赤道湧昇域で始まり，90年代に入り南極海でいくつかの実験があり，2000年代に亜寒帯太平洋で実験が行われた．2010年までに20回弱の鉄散布実験が行われている．一般的に鉄が不足しているHNLC海域に鉄を添加すると，植物プランクトンは増殖を活性化させ，3〜20倍程度に現存量を増加する．増殖する植物プランクトンは主に珪藻である．〔津田 敦〕

図1 鉄添加直後（右）と11日後（左）のプランクトンネット試料（口絵39参照）

44
環境中での大腸菌の振る舞い

生存, 貧栄養, 増殖

　大腸菌は，通性嫌気性のグラム陰性桿菌である．人や牛，羊，豚，ウサギ，犬，猫，マウス，鳥類などの温血動物腸管内，とくに大腸に共生する．本菌は腸管内で食物の消化を助けるとともに，一部のビタミン類を生合成し宿主に供給するという栄養上の役割がある．腸内細菌叢に占める大腸菌の割合は0.1％未満と低いものの，糞便には10^{11}個/g以上の細菌が存在することから，糞便1 gには10^6を超える大腸菌が含まれる．

　大腸菌の生活環は，宿主と関係をもちながら生息する共生生活と，宿主とは関係をもたずに生息する単生生活がある．宿主の外部から侵入し，腸管に定着する場合にはpHが低い胃酸によるストレスから逃れる必要がある．とくに，食中毒を引き起こす病原性大腸菌には酸抵抗性に関連する機能が複数備わっている．単生生活では，人や温血動物の体外，すなわち，淡水，土壌，海洋などの自然環境や人間の生活環境周辺で生息する．腸管内で共生生活をする大腸菌であっても体外へ排出されれば，単生生活を行う．体外環境は，一般的に利用できる炭素源やエネルギー源が少なく，かつ温度，酸素濃度，浸透圧などの因子が時間的，空間的に大きく変動する．

　大腸菌がそれぞれの生息環境に適応し増殖できるか否かは，自身の遺伝子発現や，細胞内タンパク質の種類と量を環境に応じて制御できるか否かに大きく依存する．栄養源が多い環境で活発に増殖すると，貧栄養な環境に比べてタンパク質翻訳に関連した遺伝子の発現が顕著に上昇する一方で，アミノ酸の生合成に関わる遺伝子の発現は低い．

　貧栄養な環境下では，限られた栄養源やエネルギー源を最大限に利用するために，通常とは異なる代替の代謝機能が活性化される．飢餓状態では，RpoS（RNAポリメラーゼサブユニット）の産生を促進することで，温度変化，低pH，高浸透圧など多様なストレスに対して備える．また限られた量のさまざまな形態の炭素を摂取するために，細胞膜と外膜の間のペリプラズムに結合するさまざまなタンパク質を発現させて生存する．一般的には生息環境の温度変化が少ないほど，また低温（4℃など）の方がエネルギーの消費が少なく長期生存には有利である．

　体外環境下では共存するほかの微生物も大腸菌の生存に大きな影響を与える．原生生物による捕食とバクテリオファージによる感染は大腸菌が溶菌する要因となる．ほかの細菌は栄養源を競合する相手となるため，生存に対して不利な影響を与える場合が多い．一般的には，共存する微生物の多様性が低いほど，外来の大腸菌が生存しやすく，共存する微生物の多様性が高い場合には，そのなかで生存し優占種となるのは難しい．

　植物表面では，大腸菌は繊維状の構造物を細胞外に出すことにより，付着性を高め細胞集落を作る．植物細胞に損傷部分があると内部へ侵入して増殖することもあり，洗浄消毒などで細菌を取り除きにくい場合がある．病原性のある大腸菌が野菜の構造物内部に侵入した場合には，野菜の加工段階で病原菌が広がり，食中毒の原因となる．

　生存や増殖に関わる機能は，種々の大腸菌で保存され，多様な環境に適応できるように備わっていると考えられる．〔見坂武彦〕

45
嫌気環境の微生物の共同作業

種間水素転移，発酵菌，メタン生成

　嫌気環境下の有機物の分解は，酸素が豊富に存在する好気環境とは大きく異なり，さまざまな機能を有する多様な微生物の共同作業により進行する．その分解経路は，環境の酸化還元状態や環境そのものにより異なるが，ここでは，最終分解産物としてメタンが生成される条件下を例に説明する．

　嫌気条件下でのメタン生成過程は図1のように示すことができる．大きく，多糖類，タンパク質などのポリマーから，糖類，ペプチド，アミノ酸などのオリゴマー，モノマーへの加水分解，およびオリゴマー，モノマーから脂肪酸やアルコールなどの生成（図中，黒矢印），脂肪酸，アルコールなどから，水素およびC_1化合物，酢酸の生成（図中，白矢印），水素およびC_1化合物，酢酸からのメタン生成（図中，濃灰色矢印），の三つのステップに分けられ，各過程には異なる微生物が関与する[1]．

　ただし，環境の酸化還元状態によっては，分解の過程で生じた代謝産物は，嫌気呼吸を行う微生物によっても消費される．嫌気呼吸とは，いわゆる酸素を利用した呼吸とは異なり，有機物を酸素以外の無機物で酸化する反応を指し，硝酸，マンガン，鉄，硫酸，二酸化炭素が逐次的に最終電子受容体として利用される（還元される）．すなわち，中間代謝産物が，硝酸還元菌，マンガン還元菌，鉄還元菌の順に優先的に利用される［→ 92 逐次還元過程と微生物］．

　また，環境条件によっても最終分解経路が異なる．嫌気的消化槽や淡水環境中の堆積物などでは，メタンが最終分解産物であるが，海水に豊富な硫酸イオンが含まれる海洋の堆積物では，硫酸還元反応が最終分解過程の大部分を担う．牛や羊などの反芻動物の第一胃（ルーメン）はメタン生成が行われる場でもあるが，分解で生じた1次発酵産物や酢酸は動物によって吸収されるため，水素由来のメタン生成が最終過程を担う．シロアリの後腸と呼ばれる部分では，水素を巡ってホモ酢酸生成菌とメタン生成アーキアが競合する．

　図1の各過程を少し詳しくみていこう．第1過程であるポリマーからオリゴマー，モノマーへの分解は，主に発酵菌が生産する菌体外加水分解酵素の作用により進行し，その後の分解では，発酵菌が分解産物を代謝する．発酵とは，有機物を有機物で酸化する反応であり，大きく1次発酵と2次発酵に区別できる．1次発酵は，オリゴマー，モノマーから脂肪酸やアルコールなどの生成を担う過程に関わっており，有機物が豊富な培地から比較的容易に分離される嫌気性細菌は，1次発酵を行う微生物である．

　2次発酵は，脂肪酸やアルコールなどの分解に関わる．しかし，1次発酵とは異なり，

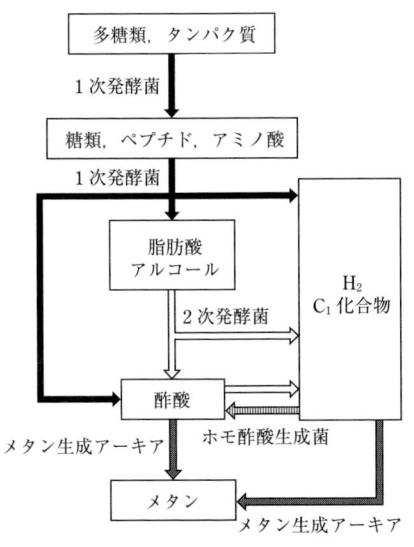

図1　メタン生成段階における嫌気的な有機物分解過程

代謝産物である水素の分圧が高くなると, 反応が進行しなくなるために（反応の起こりやすさを示すギブスの自由エネルギー変化が正の値を示し, 自発的に反応は進行しない), 水素消費菌による水素の速やかな消費が不可欠である. この水素生成菌と水素消費菌の水素の授受は, 種間水素転移と呼ばれ, 有機物分解を円滑に進めるうえで, きわめて重要な役割を担う. 種間水素転移は, エタノールを分解してメタンを生成する菌として分離された Methanobacillus omelianski が, エタノールを発酵して酢酸と水素を生成するS菌と, 生成された水素を消費するメタン生成アーキアの共生系であったことから発見された. その後, 多様な2次発酵菌が分離されているが, それらはすべて低G＋Cグラム陽性菌グループとグラム陰性菌のDeltaproteobacteria 亜門に属している. また, 硫酸還元菌のように, 環境中に硫酸塩が豊富なときは, 硫酸還元反応（呼吸）を行い, 枯渇すると発酵に切り替えてメタン生成アーキアと共生する菌も存在する.

このように1次発酵, 2次発酵を経て生成された水素やC_1化合物, 酢酸から, 最終的にメタン生成アーキアによりメタンが生成される. しかし, 水素は多くの嫌気呼吸を行う微生物にとって重要な基質であり, 水素を巡った競合が生じる. その優先度は, 水素消費反応の熱力学的な水素利用限界濃度により決まる[2]. たとえば, 水素を基質とする鉄還元反応や硫酸還元反応は, メタン生成反応より低い水素濃度でも反応が進行するため, 環境中に3価鉄や硫酸塩が豊富に存在する場合は, 水素分圧が低く保たれ, より高い限界濃度を示すメタン生成反応は進行しない.

水素と同様にきわめて重要な中間代謝産物である酢酸は, 1次発酵, 2次発酵, メタン生成を除く嫌気呼吸により生成される. 酢酸は主に, 炭素源として, また嫌気呼吸のための電子供与体として利用されるが, 水素と同様に, 酢酸利用限界濃度の違いが, 反応の優先順位に大きく影響を及ぼす.

このように, 嫌気環境下の有機物分解は, さまざまな機能を有する多様な微生物が関わり, 中間代謝産物を巡ってときに共生しながら, ときには競合しながら共同で分解が進行していく. 嫌気環境下では, 計算上, 1分子のグルコース ($C_6H_{12}O_6$) は, 最終的に3分子の二酸化炭素 (CO_2) と3分子のメタン (CH_4) まで分解される. また, 3分子のメタンは, 1分子が水素と二酸化炭素より, 2分子が酢酸より生成される. このときの, ギブスの自由エネルギー変化はわずか-390 kJ/molであり, 好気条件下での水とCO_2への分解反応のエネルギー変化 ($-2,870$ kJ/mol) と比較するときわめて小さい. 嫌気環境下では, このわずかなギブスの自由エネルギー変化のなかで, 多様な微生物が分解に関与している. 一見, 酸素がなく目立たないような環境中でも, 多様な微生物が複雑な相互作用の下, その環境を支えているのである.

〔渡邉健史〕

参考文献

1) B. Schink. 1997. *Microbiol. Mol. Biol. Rev.* **61**: 262-280.
2) R. Conrad. 1999. *FEMS Microbiol. Ecol.* **28**: 193-202.

第 3 章
水圏環境の微生物

AQUATIC ENVIRONMENT

46
微生物の住処としての海洋

塩分，低栄養，有機物粒子

海洋は約 $1.37 \times 10^9 \text{ km}^3$ の水量を保持し，地球表層域の水の約97%あまりを占める一つの巨大な水塊である．さらに，その水塊の大部分は，低温，高圧，低栄養，暗黒の世界である．しかし，深海，超高圧の世界でも，$1 \text{ m}l$ あたり，千程度の細菌類が分布している．ではそうした場での生息を可能にしているのはどのような特性によるものなのだろうか．海洋のいくつかの特徴を挙げ，それに適応している微生物群の特性について述べる．

■高塩分

海水の塩分は約3.5%である．主要な無機元素6種類（塩素，ナトリウム，マグネシウム，硫黄，カルシウム，カリウム）が全体の約99%を占めており，これらの元素の相対的割合はきわめて安定している．これは，地球に海が形成されて以来，約40億年以上にわたって水が陸域，海底を含む地球表層を循環し，諸元素類の沈積と溶出の平衡状態を保っているためである．これに対し，より微量存在するいくつかの元素，たとえば酸素，窒素，リン，ケイ素などは生物活動に関わるとともに，水平的，鉛直的に変動を示す．

生物活動はこうした海水中の元素組成に密接に関わっている．一般に生物体液の塩分組成は海水のそれに比較的似ているものの，その濃度は海水の1/4程度である．つまり生物は体液のイオン強度をつねに低く保つと同時に，逆に濃度差を利用した機能をもっている．一例として，ビブリオ科細菌のナトリウム代謝についてみてみる（図1）．

ビブリオは二つのタイプの呼吸鎖をもち，電子伝達の結果，一方はプロトン（H^+）を，もう一方はナトリウム（Na^+）を細胞外に排出して細胞内外にそれらの濃度勾配を作る．海水中には約460 mMのナトリウムがあるので，その細胞内濃度を低く保てば，ナトリウムが細胞内に入ろうという駆動力を生む．この内向きの駆動力を使って基質やイオンなどの取り込みを行うのが能動輸送である．逆にそれを使ってなんらかの物質を細胞外に排出するアンチポータを動かすこともできる．図ではプロトンとナトリウムとのアンチポータが示されている．また，鞭毛はプロトンあるいはナトリウムの内向きの駆動力を使って回転するモーターである．ビブリオはナトリウム駆動力を使って回る極鞭毛をもつ．

■低栄養

海洋表層の溶存態有機物濃度は炭素量にして約 $1 \text{ mg}/l$ で，富栄養化している海域でもおおよそその数倍以内である．しかも利用可能な有機物はそのうちのごく一部と考えられる．つまり海洋に生息するあらゆる細菌は低濃度の有機物環境下で増殖あるいは生残し続

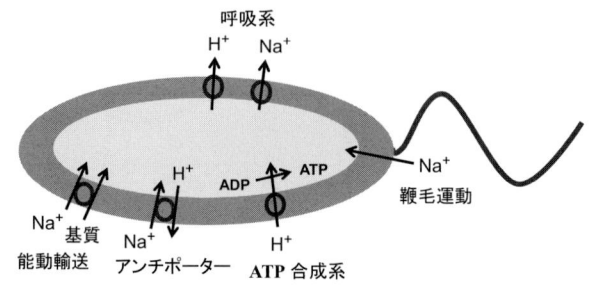

図1 ビブリオ科細菌のプロトンおよびナトリウムの代謝系

ける能力をもっている．一般に実験室で細菌の培養に用いる有機物濃度はその約3桁程度上なので，そうした条件下で得られた知見は必ずしも天然海水中の細菌に当てはめられない．一般に実験室でみられる菌体と天然のそれらとの間には以下のような相違がある．
① 天然海水中の菌体は直径 0.5 μm 程度の球菌状を示すことが多く，培養細胞の体積と比較すると1桁以上小さくなる．
② 増殖速度がはるかに遅くなる．実験室では1時間ごとに分裂する菌でもおそらく10時間あるいはそれ以上かかる．
③ 実験室では鞭毛をもって運動している株でも，天然では鞭毛をもたず，運動性を示さない可能性が高い．
④ 機能している遺伝子群が異なると予想される．具体的には異なる σ ファクターの制御下におかれ，その生理状態も大きく異なる．

なお，低栄養細菌という概念がしばしば使われるが，明確な一貫した定義はない．すでに述べたように海洋はもともと低栄養環境であり，そこに生息する菌はすべてそうした環境での増殖，生残が可能と考えられる．

■ 懸濁態粒子

海水中にはいわゆるマリンスノーと呼ばれる懸濁態の有機物粒子が漂っている．その起源は植物プランクトン由来の分解物，動物の糞などであるが，一般に表層付近で作られた懸濁物が次第に沈降しながら凝集し，大きくなっていくと考えられる．

これらの粒子は栄養の希薄な海洋では"濃縮された有機物源"となる．動物はこれらを捕食，消化する．また一般に多くの細菌類がそこに付着し，増殖している．ここでそうした懸濁物に付着していない菌を自由遊泳性とすると，両者には次のような違いがある．
① 付着細菌は一般に自由遊泳性の細菌よりも菌体が大きく，細胞あたりの生物活性および増殖速度が大きい．
② 両者の群集組成には違いがみられる．
③ 付着細菌群は動物によって懸濁物とともに捕食される，あるいはウイルスによって死滅させられる可能性がより高い．
④ 懸濁物は一般に沈降していくので，その付着細菌はより深層に運ばれる傾向にある．これに対し，自由遊泳性の細菌の鉛直的な移動はきわめて小さい．

このように，有機物の存在状態に対応し，異なるライフスタイルをもつ細菌が海洋には生息している．

■ 細菌 v.s. アーキア

原核生物は細菌，アーキアからなる．アーキアは当初，高熱，高塩分，嫌気環境など，いわば極限的な環境から見出されてきたため，そうした環境に特異的に適応した一群と見なされてきた．しかし，最近の研究から，海洋の水深 1,000 m 以深では，原核生物の半数近くをアーキアが占めることがわかってきた[1]［→ 50 海洋性アーキア］．このため，海洋に生存する約 10^{29} の原核生物のうち，その 1/3 近くがアーキアと推定されている．ではそれらのいわば"非極限性"のアーキアはどのような群集組成，機能，生物的特性などをもつのだろうか．これまでに，それらのアーキアが深海から直接分離培養された報告はなく，これまでに得られているのは，遺伝子レベルの情報と，特定基質の取り込みおよび同位体分析の情報などだけである．最も注目されている発見の一つは，アンモニアと炭酸ガスをそれぞれエネルギー源，炭素源とする硝化性のアーキアが海洋に広く分布していることである．硝化に関わる遺伝子（amoA）の定量的解析から，海水中では硝化アーキアは硝化菌より広く分布しており，それらが炭素循環，窒素循環に果たす役割もきわめて大きいことがわかってきた． 〔木暮一啓〕

参考文献
1) M. B. Karner, E. F. DeLong, D. M. Karl. 2001. *Nature.* **409**: 507-510.

47 海の粒子と微生物

溶存有機物，コロイド粒子，
懸濁粒子，マリンスノー

「環境中で微生物が生息している様子」と聞いて，読者の方々はどのような様子を想像されるだろうか？　水の中を漂っているところ，あるいは生物の体表や堆積物の表面に付着しているところだろうか？　水の中にはこれらのほかにも微生物が付着できるようなさまざまな非生物粒子が固相として存在している．これらの非生物粒子には多くの場合，有機物が希薄な周辺の水中よりも有機物が集積しているため，微生物群集にとっては豊かな生息環境となる．この微生物群集の活動が活発な「ホットスポット」では，彼らの増殖の場となるだけでなく，ウイルスなどによる感染や遺伝的な交流などが促進される場などにもなりうる．

図1にさまざまな手法により検出した非生物粒子のサイズと出現密度の関係を示す．これら非生物粒子の内部には無機物のほか，生物群集の活動により放出された有機物が含まれている．動物の糞粒のように環境中にある程度の大きさをもったものとして放出されたものだけでなく，流体の動きや重力の作用により引き起こされる物理的な衝突と，それに続く吸着過程により由来もサイズも異なるさまざまな物質が凝集して生成されたものも含まれるため，その構成成分は一様ではなく，非常に多様な粒子群であると考えられている．

水中に存在している非生物粒子は図1からわかるように実に幅広いサイズスケールにわたって存在しているが，この図が示すもう一つの特徴が，これら非生物粒子には「典型的な大きさがない」という点である．この図の縦軸と横軸はともに対数目盛で表されているが，このサイズと出現密度の関係は，この

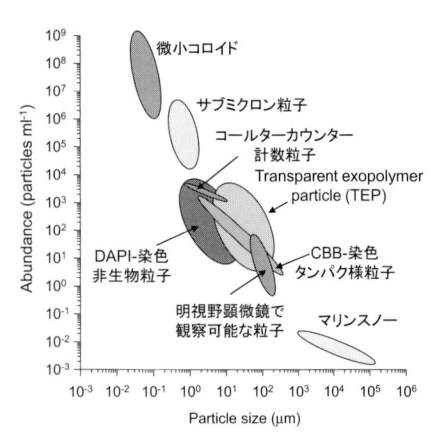

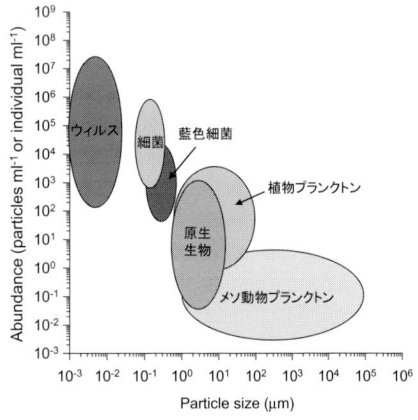

図1　上段は海水中に存在するさまざまな手法により検出した非生物粒子のサイズと出現密度の関係．下段はウイルスおよび各プランクトン群集のサイズと出現密度の関係．文献2)を改変．

両対数プロットではほぼ直線的な分布となっており，なんらかの平均的な大きさを中心とした正規分布のような形はとっていない．このような分布は，凝集作用などあるサイズの粒子の出現密度を決める作用が，サイズスケールの大きく異なる範囲においてもほぼ一定の相似性をもって存在していることを示唆している．生物間で食うものと食われるものの体サイズの関係が，さまざまなスケールにおいてほぼ10倍の比となっていることもサイズ

96　3章　水圏環境の微生物

に関わる相似則の一つである．実際，非生物粒子もそのサイズにより特定のサイズをもつ生物群集に摂食されると考えられているため，この作用も非生物粒子の出現密度に影響を与える相似性の一つであると考えられる．

　粒子のサイズはそれを取り込む生物群集を決める重要な要因となるが，そのほかにも流体中での物理的な挙動を決める重要な要素ともなっている．直径が1 nm 未満のものは"溶存"物質とされ，流体中では挙動は熱運動が中心となるが，直径が大きくなり，1 nm 以上1 μm 未満のものはコロイドと呼ばれ，さらに直径が1 μm 以上と大型になると懸濁粒子と呼ばれるが，このサイズになると重力による沈降など，熱運動とは異なる挙動が顕著になりはじめる．また直径 0.5 mm 以上の粒子になると肉眼でも捉えることができ，海底に向かって沈降していく様子はまるで降り注ぐ雪のようであることから，とくにマリンスノーなどと呼ばれる．

　一方で水圏科学の現場ではさまざまな分析作業に先んじて，溶存物質と粒子群を分離するために濾過という操作が行われるが，この際に孔の大きさが 0.7 μm のガラス繊維濾紙が用いられるため，一般的にこの孔を通過するものを溶存態物質，通過しないものを懸濁態物質と呼ぶことが慣例となっているので，注意が必要である．

　膜輸送により低分子有機物しか取り込むことができない細菌群集にとって，高分子有機物以上の大きさをもつものはすべて，細胞外酵素による分解後でないと取り込むことができないという点では同じものである．しかし，固着する粒子の大きさによっては，捕食される生物のサイズおよび種が変化したり，深層へと沈降していく可能性が生じたりするため，固着する粒子のサイズは生物学的および物理学的な観点から彼らのライフサイクルに影響を与える可能性をもっているといえよう．

　一方で微生物群集による非生物粒子の分解が非生物粒子の動態に影響を与えることにより，今後の気候変動の推移の鍵を握っているという指摘もある．海洋表層において，光合成により有機物に取り込まれた大気中の二酸化炭素の一部は，マリンスノーなどの大型の粒子として沈むことにより海洋の深層へと運ばれ，大気から遠く離れた場所へと隔離される．微生物群集による有機物の分解過程は有機物の無機化に伴う有機物含量の低下や粒子の断片化の促進に伴う沈降速度の低下という作用を通じて深層まで輸送される炭素量を減少させる可能性があるため，気候変動に対するこの分解過程の応答が地球規模での炭素循環に与える影響に対する関心が高まっている．

　本項では水中に漂う成分の不均一な分布が微生物群集の生態に与える影響を紹介したが，今後も粒子群とその上に生息する微生物群集の活動に対する分析・観察技術の向上とともに新たな微生物観が研究者たちにより提示され続けていくものと思われる．

〔福田秀樹〕

参考文献

1) A. B. Burd and G. A. Jackson. 2009. *Annu. Rev. Mar. Sci.* **1**: 65-90.
2) 小池勲夫．2006．海洋生命系のダイナミクス・シリーズ3（木暮一啓編），pp.232-246．東海大学出版会．
3) 福田秀樹．2006．海洋生命系のダイナミクス・シリーズ3（木暮一啓編），pp.247-265．東海大学出版会．

48

海洋の放線菌

抗生物質，NaCl 耐性，Streptomyces

　放線菌は高 GC 含量のグラム陽性細菌であり，陸上微生物と考えられている．しかし海洋環境にも生息している．陸上放線菌の場合は分離菌株の 95% 以上を Streptomyces 属が占めるが，海洋環境では属レベルの組成が陸上のものとかなり異なっている（図1）[1,2]．

　一般に，海洋環境から分離された放線菌は海洋細菌のように生育に NaCl 要求性がみられない．つまり，これらは陸上から雨，風や河川水によって運ばれてきたものであり，海洋環境を仮の住処としていると考えられている（「海洋放線菌」というのは学術的に認められてはいない）．

■ 陸上と海洋の放線菌の NaCl 耐性の比較

　陸上放線菌が海洋環境に到達すると海洋による選択と適応が行われ，海洋の特性を有するように改変されることもある．表1に陸上および海洋環境から分離した放線菌約 80 株についての NaCl 耐性を調べた結果を示す．NaCl 濃度 0% では両放線菌とも良好な増殖を示すが，海水濃度に近い 3% では，陸上由来のものは全体の 41% しか生育できないのに対し，海洋由来のものは 70% に生育がみられた．このことから，陸上から海洋に放線菌が流入すると，長い年月をかけて，海洋の特性に適応したと考えられる．このように進化したと思われる海洋放線菌のなかには代謝産物まで変化したものも存在している．

　Streptomyces aureofaciens は NaCl 感受性の高い放線菌であるが，徐々に NaCl 濃度を高めた培地で培養すると次第に増殖がみられるようになり，図2に示すように親株（NaCl 耐性 0%）とは明らかに異なる紫外部

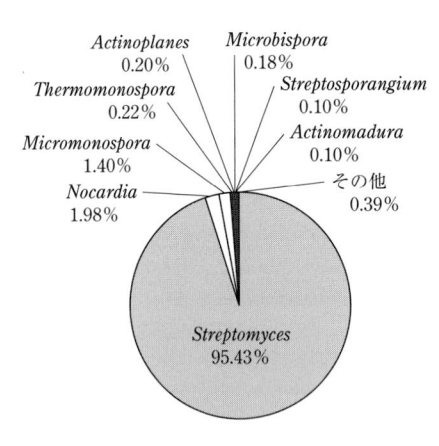

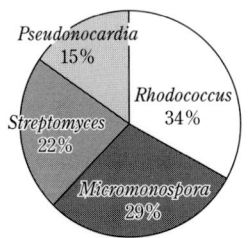

図1　陸上（上）と海洋（下）の放線菌の属レベル組成[3]

表1　陸上および海洋放線菌の NaCl 耐性

菌株	供試菌株数	NaCl 濃度（%）						
		0	1	2	3	4	5	6
陸上菌	83	100%*	75.9	61.4	41.0	21.7	14.9	7.2
海洋菌	87	100		93.1	80.5	70.1	55.2	47.1	32.2

22℃，4 週間培養
*育成した菌株数/供試菌株数 × 100（%）

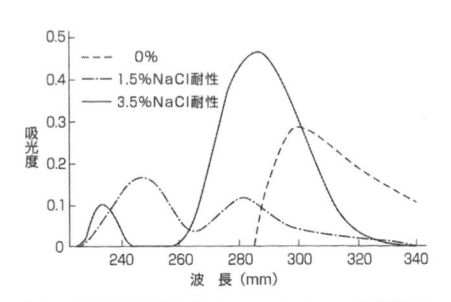

図2　耐塩性を増した S. aureofaciens の培養液の紫外部吸収スペクトル

吸収スペクトルを有する代謝産物を培地中に生産していた[4].

■ 浅海から分離されたStreptomyces griseusの性状

Streptomyces griseusは抗生物質ストレプトマイシン（図3）を生産することで有名な放線菌であるが，相模湾の浅海から分離された本菌について調べたところ，分類学的には

図3　ストレプトマイシンの化学構造

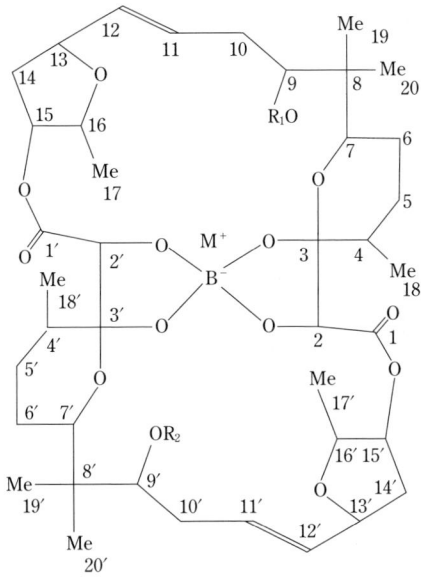

図4　アプラズモマイシン群の化学構造
M^+ = 1価の金属イオン
$Me = CH_3$
アプラズモマイシン A　　R_1, R_2 = H
アプラズモマイシン B　　R_1 = COOH, R_2 = H
アプラズモマイシン C　　R_1, R_2 = COOH

S. griseusとまったく同一性状を有するにもかかわらず，ストレプトマイシンを生産しなかった．そこで，この分離株を栄養成分の希薄な海水培地で培養したところ，新たな抗生物質の生産が認められた．本物質を培養液中から単離精製した結果，図4に示すようなホウ素を中心に有するポリエーテル構造であり，Na^+，K^+などの陽イオンを液から液へ移送する能力を有していることが判明した．本物質にはA，B，Cの三つの誘導体が知られており，グラム陽性細菌のみならず，抗マラリア原虫（Plasmodium berghei）のマウスにおける増殖を阻止したことから，アプラズモマイシンと命名された[5].

■ カイメンから分離された海洋放線菌

海洋放線菌は通常NaCl要求性がないことが知られているが，NaCl要求性のある珍しい放線菌が熱帯および亜熱帯に生息するカイメンから分離された．本菌は塩分（saline）にちなんで，Salinisporaと命名された．本属には現在十数種類が報告されているが，分子系統学的にはMicromonospora属と近縁であり，コロニー性状などの形態がよく類似している．本属はほかの放線菌よりも高い頻度で抗菌物質や抗癌物質の生産性がみられることから最近注目されている放線菌である[6].

〔今田千秋〕

参考文献

1) 日本放線菌学会．2001．放線菌の分類と同定，p.3．日本学会事務センター．
2) H. Fiedler et al. 2005. Antonie van Leeuwenhoek. **87**: 37-42.
3) 今田千秋．2009．海の微生物の利用―未知なる宝探し―，p.77．成山堂書店．
4) H. Okazaki and Y. J. Okami. 1975. Ferment. Technol. **53**: 833-840.
5) K. Sato et al. 1078. J. Antibiotics. **26**: 632-635.
6) T. K. Kim et al. 2005. Environ. Microbiol. **7**: 509-518.

49 発光細菌

共生，蛍光タンパク質

発光細菌は光を放つ細菌の総称であり，海洋に多くみられる．

■ 分類

現時点で既知の発光細菌は30種程度だが，すべてGammaproteobacteriaに属し，Vibrio科に含まれる種類が圧倒的に多い．Vibrio科は，コレラ菌や腸炎ビブリオなどを含むグループだが，同種でも光る株と光らない株があるなど，発光能力の有無と細菌の分類・系統の関係は単純ではない．Vibrio科以外の発光細菌はAlteromonas科，もしくは腸内細菌科に属するが，前者は海洋性で，後者は陸性である[1]．

■ 分布と生態

沿岸の浅海から外洋の水深4,000 mを超える深海に至るまで広く分布している．培養可能な発光細菌の存在量は海域や季節などによって変動するが，通常，沿岸海水1 ml中に10細胞程度は存在する．発光細菌は海水だけでなく，動・植物プランクトン，魚や底生生物などの多様な海洋生物の表面や体内（腸内），マリンスノーのような非生物体の粒子状有機物（デトリタス：遺体や糞粒を含む）にも存在している．

一部の発光細菌種は，特定の魚やイカの発光器官内において高い細胞数密度で存在している．発光細菌は宿主の魚やイカに発光能力を提供する見返りとして，住む場所（発光器官）と栄養（アミノ酸など）供給を受けている．特定の発光細菌と宿主がどのような相互作用を介して共生しているのかについては未解明な点が多いが，ハワイ産のダンゴイカと共生する発光細菌（*Vibrio fischeri*）の関係をモデルとして，研究が進められている[2]．

■ 発光反応と制御

一般に生物発光は，発光酵素（ルシフェラーゼ）によって発光基質（ルシフェリン）が酸化される際に生じる．細菌のルシフェリンは還元型のフラビンモノヌクレオチド（$FMNH_2$）と長鎖アルデヒドであり，細菌の種類によらず共通している．通常，細菌の発光波長分布は490 nmをピークとし，青緑色に見える．しかし，発光細菌の種類や株ごとに発光波長の分布パターンは多様であり，細胞内の蛍光タンパク質が発光反応系に作用して発光色が変化することも知られている[2]．

細菌のルシフェラーゼおよびルシフェリンをコードする*lux*（ラックス）遺伝子群は全長8 kb程度のオペロン構造をとり，基本的にはすべての発光細菌で共通している．発光細菌の細胞あたりの発光量は生理状態や増殖過程に応じて変化するが，とくに対数増殖期に著しく強くなる．この現象はauto-inductionもしくはquorum sensingと呼ばれ，細胞内で合成される膜透過性の低分子化合物（ホモセリンラクトンなど）が，細胞数密度の増大とともに*lux*遺伝子群の転写を促進することによって引き起こされる[3]．

■ 発光の意義

細菌にとっての発光の意義については諸説あるが，生理学的な意義と生態学的な意義の二つに大別される．前者は，発光反応が細胞内の活性酸素種の除去に役立つ，もしくは発光が損傷したDNAの光修復を促進するという考えであり，発光細菌株の実験結果に基づいて提案されている．後者は，発光細菌がほかの発光生物と同様に海に多く分布するという事実に基づいて提案されており，以下に記すように実証は難しいが魅力的な仮説である．海水中に漂う発光細菌の光は細胞数密度が低いため検出するのは難しいが，弱った魚や動・植物プランクトンなどの表面，新鮮なデトリタスや糞粒などで発光細菌が急激に増殖した際には，発光を検出できる[4]．したがって実際の海洋でも，デトリタスや糞粒など

は，発光細菌によって少なからず光ると考えられる．そのような光は，高感度の視覚をもった魚類や甲殻類などの海洋生物によって認識されて，餌として捕獲されやすくなると予想される．前述のように発光細菌の多くは動物の腸内環境に適応したVibrio科に属しており，海産動物の腸内に存在する豊富な有機物を利用できる．捕食者の腸内にたどり着いた発光細菌は活発に増殖するとともに，一部は糞として再び水中に戻され，海洋環境中を絶えず循環することができると考えられる．

■ milky sea現象

広範囲の表層海水が数日間にわたって白く色づき，夜間には青白く光る現象（milky sea現象）が古くから知られている．刺激に応答して閃光を放つ夜光虫のような真核発光微生物の赤潮とは異なり，milky seaの光の強さは安定していることから，高密度に増殖し，lux遺伝子が十分に発現した発光細菌の集団がその原因とされている．milky seaはいつ・どこで発生するか予測できないため定量的な観察や研究は困難だが，人工衛星を使った観察により，アフリカ東岸域において南北に250 km以上，東西に20 km以上の広がりをもつmilky sea現象が確認された[5]．milky seaの原因となる発光細菌の種類や，発生メカニズムなどはこれまでのところ不明だが，ある種の植物プランクトンの赤潮に伴う発光細菌の増殖が関わっているとの報告もある[6]．

〔和田　実〕

参考文献

1) P. V. Dunlap and K. Kita-Tsukamoto. 2006. *Prokaryotes*. **2**: 863-892.
2) M. J. McFall-Ngai and E. Ruby. 1998. *BioScience*. **48**: 257-265.
3) C. Fuqua and E. P. Greenberg. 2002. *Nat. Rev. Mol. Cell. Bio*. **3**: 685-695.
4) M. Wada, I. Yamamoto, M. Nakagawa *et al*. 1995. *J. Mar. Biotechnol*. **2**: 205-209.
5) S. D. Miller, S. H. D. Haddock, C. D. Elvidge *et al*. 2005. *Proc. Natl. Acad. Sci. USA*. **102**: 14181-14184.
6) D. Lapota, C. Galt, J. Losee *et al*. 1988. *J. Exp. Mar. Biol. Ecol*. **119**: 55-81.

50 海洋性アーキア

海洋環境，アーキア，従属栄養，独立栄養

1910年代からアーキアに関する観察および純粋分離が行われてきたが，海洋環境（水柱）においてアーキアの存在がはじめて確認されたのは1990年代半ばである（アーキアという系統が定義されたのは，Woese (1990) が提唱した分子系統の概念以降である）．さらに，近年の観測結果から，海洋性アーキアはいずれの海洋環境にも存在し，その多くが自由遊泳性であることが明らかになってきている．なお，海洋性アーキアのほぼすべてが単離培養されていない．

海洋に生息するアーキアにはクレンアーキオータ（Crenarchaeota）とユーリアーキオータ（Euryarchaeota）の二つの大きな系統分類群が確認されているが，クレンアーキオータの一系統であるマリン・クレンアーキオータ・グループⅠ（Marine Crenarchaeota Group Ⅰ（MCGI）または近年 Thaumarchaeota と呼ばれている）が海洋性アーキア群集の中で優占しているという報告例が多い．中深層（200 m以深）では，MCGIの細胞数が原核生物（アーキアと細菌がこの分類に属する）の1/3程度を占めるときもある．

中深層において高い生物量を示すMCGIがどのようにエネルギーを獲得し，どのような炭素源を利用しているかに関しては，体系立った知見が得られていない．近年の研究は，MCGIの多数が化学合成独立栄養（無機化合物を使ってエネルギーを獲得し，無機態炭素を細胞の炭素源とする）であるという結論と，従属栄養（エネルギー源および炭素源の両方に有機態炭素を利用する）であるという結論で二分されている．この整合性のない知見を統合するために，今後の研究では次の2点が重要な課題となる：①MCGIによる化学合成独立栄養活性と従属栄養活性の量を正確に測定し，その時空間パターンを明らかにすること．②この二つの栄養獲得能が系統分類に則したものなのか，あるいは，個々の細胞が両栄養獲得能を有し，環境によってそれを使い分ける混合栄養的な戦略があるのかを調べていくこと．

以下では現時点で得られているMCGIに関する知見を「化学合成独立栄養」と「従属栄養」に分け並列して説明する．

■化学合成独立栄養性アーキア

MCGIの一部は化学合成独立栄養であるという報告が多くある．海洋性アーキアで唯一単離されている Nitrosopumilus martimus も化学合成独立栄養である（この菌はMCGI系統に属する．アンモニアを酸化してエネルギーを獲得し，無機態炭素を利用する）．単離されている Nitrosopumilus martimus と同様に，海洋に存在するほかのMCGIの多くもアンモニア酸化をエネルギー源として，海水中に溶けている無機態の炭素を取り込んでいる．この結果は次の三つの観察結果から導き出されている．①MCGIが溶存態の無機炭素を取り込むこと（観察方法：放射性同位元素で標識した重炭酸塩を用いたトレーサ法，およびMCGI細胞の炭素同位体比測定法）．②アーキアがアンモニア酸化を行っていること（観察方法：MCGIが多く存在する系での培養実験）．③アンモニア酸化遺伝子が海洋中深層で多く存在すること（観察方法：archaeal ammonia monooxygenase subunit A（amoA）を対象とした定量 polymerase chain reaction 法）．

■従属栄養性アーキア

いくつかの研究結果は，すべてのMCGIが化学合成独立栄養ではなく，従属栄養あるいは混合栄養的な活動をしていることを明らかにしている．これらの研究では，放射性同位元素で標識した数種類の有機物質を用いて，その有機物質がMCGI細胞に取り込ま

れたことを確認している．

　従来の研究はいずれも，アーキアが従属栄養あるいは化学合成独立栄養であることを定性的に示している．しかし，アーキアの活性がどれくらいの量と速さで行われているかはほとんど観察されていない．したがって，アーキアが海洋生態系における物質循環過程にどの程度の寄与を示しているかは依然として不明である．

　アーキアの全従属栄養活性への寄与を定量的に見積もろうとする研究がある．これは細菌のタンパク合成のみを阻害するエリスロマイシン（erythromycin）とアーキアのタンパク合成のみを阻害するジフテリアトキシン（diphtheria toxin）をそれぞれ加えて一定時間培養し，培養中の有機物質の取込み量を測定するものである．この方法により，アーキアおよび細菌それぞれの全従属栄養活性への寄与率を見積もることができる．その結果，アーキアは水柱において全従属栄養活性の約30％程度に寄与していることが明らかになった．この結果は，従属栄養活性のほとんどが細菌によって行われていると考えられてきた従来の知見と大きく異なる．アーキアの生物量および従属栄養活性に対する高い寄与率を考慮に入れると，依然として体系立った知見が得られていない海洋性アーキアの生態学的機能を正確に把握することが重要な課題であると考えられる．

〔横川太一〕

参考文献
1) C. R. Woese, O. Kandler and M. L. Wheelis. 1990. *Proc. Natl. Acad. Sci. USA.* **87**: 4576–4579.
2) E. F. DeLong. 1998. *Curr. Opin. Genet. Dev.* **8**: 649–654.
3) M. B. Karner, E. F. DeLong and D. M. Karl. 2001. *Nature.* **409**: 507–510.
4) C. Wuchter, B. Abbas, M. J. L. Coolen *et al.* 2006. *Proc. Natl. Acad. Sci. USA.* **103**: 12317–12322.
5) T. Yokokawa, E. Sintes, D. De Corte *et al.* 2012. *Aquat. Microb. Ecol.* **66**: 247–256.

51 原生生物の多様性

栄養様式，混合栄養，盗葉緑体

　原生生物（プロティスト）は真核生物のうち，後生動物（多細胞動物），菌類，陸上植物を除いた生物の総称で，非常に多様な生物の集まりである．ふだん私たちが藻類，粘菌，鞭毛虫，アメーバなどと呼んでいる生物はすべてこの原生生物のなかに含まれる．近年の分子系統学の発展により，真核生物は系統学的に八つの大きなグループ（オピストコンタ・アメーボゾア・エクスカバータ・植物・ストラメノパイル・アルベオラータ・リザリア・ハクロビア）に分けられると考えられるようになってきた．そのなかで原生生物は八つのグループすべてに散在しており，その栄養様式（エネルギー獲得様式）もさまざまである．

■ 光独立栄養

　生物の栄養様式は，エネルギー源として光エネルギーを使うか化学エネルギーを使うか，炭素源として二酸化炭素を使うか有機物を使うかによって，大きく分けられる．原生生物のなかで，エネルギー源として光エネルギーを使う生物は真核藻類と呼ばれる．真核藻類は，原核生物であるシアノバクテリアが従属栄養性真核生物に細胞内共生した一次共生由来の藻類と，一次共生によって誕生した真核藻類がさらに別の従属栄養性真核生物に細胞内共生した二次共生由来の藻類とに大別できる．一次共生由来の藻類（一次植物と呼ばれる）には，緑色植物，紅色植物，灰色植物（八つの大きなグループでいうと植物）が含まれる．また二次共生由来の藻類（二次植物）には，不等毛植物（ストラメノパイル），渦鞭毛植物（アルベオラータ），クロララクニオン植物（リザリア），ユーグレナ植物（エクスカバータ），ハプト植物（ハクロビア），クリプト植物（ハクロビア）が含まれる．これらの真核藻類は共通して，エネルギー源として光エネルギーを使って水と二酸化炭素などの無機化合物から，炭水化物を作り出す．つまり，真核藻類は光合成という光エネルギーを化学エネルギーに変換する系を使ってエネルギーを獲得している．これらの真核藻類は，光独立栄養生物と呼ばれ，水圏生態系の一次生産者として非常に重要な地位を占めている．

■ 化学合成従属栄養

　光独立栄養生物以外の原生生物は，われわれと同様にエネルギー源および炭素源として有機物を利用する化学合成従属栄養生物であり，いわゆる鞭毛虫やアメーバなどの原生動物や卵菌のようにかつて菌類に分類されていた生物が含まれる．これらの化学合成従属栄養性の原生生物は，先に挙げた真核生物を構成するすべてのグループ中に存在しており，真核生物の共通祖先はこのような従属栄養性の原生生物であったと考えられる．化学合成従属栄養生物はその栄養摂取様式により，捕食栄養と吸収（浸透）栄養の二つに大別される．捕食栄養とは，固体の形の餌（他生物や遺骸など）を細胞内に取り込んで分解する栄養摂取様式である．餌の取り込み様式は多様であり，アメーバのように取り込む場所が不定の生物から，多くの繊毛虫や鞭毛虫のように細胞の決まった場所（細胞口）から取り込む生物まである．また餌を丸ごと細胞内に取り込むだけではなく，たとえば一部の渦鞭毛植物のようにほかの生物に捕食装置を突き刺し，内容物を吸い取ってしまう例もある．捕食栄養の原生生物は，種によって取り込む餌の大きさがおおよそ決まっていることが多く，細菌のように小型の餌だけを取り込むもの，ほかの真核生物といった大型の餌を取り込むものなどがある．このような捕食栄養に対して，有機物を細胞外で分解して可溶性有機物を吸収する栄養摂取様式が吸収栄養である．吸収栄養を行う生物としては，細菌や菌

類が代表的な存在であるが，原生生物のなかにも卵菌やラビリンチュラ（ストラメノパイル），無色ユーグレナ（エクスカバータ）などが挙げられる．

■ 混合栄養

原生生物のなかには光独立栄養と化学合成従属栄養の二つの栄養様式をあわせもつ生物も含まれる．真核藻類のなかには，葉緑体をもって光合成を行い，さらに（同時に，または条件によって）有機物を取り込んで利用することができるものもおり，このような栄養様式は混合栄養と呼ばれる．たとえばミドリムシ（エクスカバータ）は光合成を行うが，暗黒下では有機物を吸収して生きることができる（吸収栄養）．また不等毛植物やハプト植物，渦鞭毛植物のなかには，光合成を行いながら餌を取り込むことができる種が少なくない．水圏生態系のなかにはこのような原生生物が生産者であると同時に消費者として重要な役割を果たしている．

■ 盗葉緑体

原生生物のなかには，光独立栄養と化学合成従属栄養という二つの栄養様式を頻繁に転換しているものも知られる．原生生物のさまざまな系統で，一度光合成性を獲得したにもかかわらず，二次的に葉緑体を消失させた生物が数多く知られている．このような原生生物は，葉緑体を消失させた後，捕食栄養または吸収栄養によって，エネルギーを得て生活している．渦鞭毛藻の一部では，もともともっていた葉緑体を失ったあと，さらに別の藻類を一時的に細胞内に取り込み，その光合成産物を利用することが知られている．この現象のことを盗葉緑体現象と呼び，一時的に細胞内に保持された葉緑体のことを盗葉緑体と呼ぶ（図1）．盗葉緑体は一時的な葉緑体で，一定期間細胞内に保持された後消化されてしまうため，新たな藻類が細胞内に取り込まれる必要がある．この現象は，現在進行中の葉緑体獲得現象だと捉えられている．

原生生物の栄養様式の変化は光合成生物が細胞内共生するか否かによるところが大きい．一見，植物的な生き方の方が楽なようにも思えるが，二次的に光合成能を捨てるものも数多くみられ，実際の原生生物の栄養様式はわれわれが想像する以上に非常にダイナミックで多様である．　　　　　〔山口晴代〕

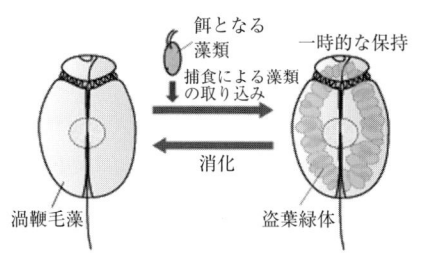

図1　盗葉緑体の成立過程

表1　原生生物の栄養様式

	光独立栄養	化学合成従属栄養		混合栄養	盗葉緑体
		（捕食栄養）	（吸収栄養）		
オピストコンタ	×	○	○	―	○
アメーボゾア	×	○	○	―	×
エクスカバータ	○	○	○	○	○
植物	○	×	○	○	×
ストラメノパイル	○	○	○	○	×
アルベオラータ	○	○	○	○	○
リザリア	○	○	○	○	○
ハクロビア	○	○	○	○	○

各グループに一例でもみられる場合に○，みられない場合には×を記した．オピストコンタとアメーボゾアでは，光独立栄養が知られていないため，混合栄養の欄は―とした．

52 原生生物の生態

生態系，分布，生態学的機能

原生生物の大部分は，一つの細胞を個体として生活を営む顕微鏡サイズの微小な真核性単細胞生物である．原生生物のなかには固い殻を形成し乾燥に耐える能力をもつ種もいるが，自然界のなかでの生活の場は基本的に水のあるところに限られる．地球上の水圏は，海水で満たされた海洋と淡水で満たされた湖沼，河川，氷河，地下水などの陸水に大別され，それぞれ環境に適応した海水固有種，淡水固有種が出現する．また，両者が交じり合う河口域のような汽水には，塩分濃度の変化が大きい環境に適応した好広塩性（塩分耐性範囲が広い）の汽水種が出現する．このように，水圏の環境特性に応じて原生生物の生物相は変容する．しかし，同属の近縁種が海と淡水の双方に生息する例は少なくないし，また原生生物の群集構造や生態系に果たす役割には，水圏の形態によらず，ある程度の共通点も見出される．

■ 原生生物の区分

原生生物には未知種が多いうえに既知種についても同定が容易でないケースは珍しくない．そのため，原生生物群集の構造や生態を理解するためには，植物的なものを藻類（光独立栄養者），動物的なものを原生動物（従属栄養者）とする区分のほか，サイズによる区分も有効である．たとえば，海洋や湖沼における浮遊生物群集は伝統的にピコ（0.2～2 μm），ナノ（2～20 μm），マイクロ（20～200 μm），メソ（0.2～2 mm）といったサイズ区分が適用される．この区分に従えば，水圏に出現する大部分の藻類はピコ～マイクロ，原生動物はナノ～メソサイズの範囲におさまる．

■ 生理生態と環境要因

生物は個体レベルでとりまく物理・化学・生物環境と相互作用しながら生命活動を営んでいる．そのため，原生生物の個体群（同一種の集合）や群集（複数の個体群の集合）の生態，あるいは生態系に果たす機能的な役割を調べるうえでは，細胞レベルでの生理やそれに関わる環境要因との関わりを理解することが基本である．生物の代謝速度（酸素消費速度，増殖速度，摂食速度，排泄速度など）は，生物重量（あるいは体積）のおよそ 0.75 乗に比例して増加する（3/4 乗則）．これを生物重量で除した固有代謝速度（単位重量あたりの代謝速度）は，体重のおよそ -0.25 乗に比例する．つまり，体サイズが小さいほど固有代謝速度は大きくなる．このことは，原生生物は多細胞生物に比べて代謝が速いことを意味する．細胞生理に関わる環境因子のなかで最も重要なものの一つは水温である．代謝速度は温度依存的であり，温度の上昇とともに代謝速度は高くなる．ただし，ある温度以上になると急激に代謝速度は低くなる．水温以外にも，塩分，水素イオン（pH），光，栄養塩，酸素などが生理過程に影響する．また，個体群，群集の生態には生物間の相互作用，すなわち，捕食-被食，競争，共生，寄生などが深く関わる．

■ 水圏食物連鎖における位置づけ

ある領域内に存在する生物的要素と非生物的要素（物理的，化学的環境）の総体が一つの系と見なせる場合を生態系と呼ぶ．水圏の生態系も陸上同様，基本的には太陽エネルギーによって駆動される．植物（基礎生産者）は光合成過程で光エネルギーを化学エネルギーに変換して有機化合物を生産し，動物（第一次消費者）はその有機物をエネルギー源として成長，再生産を果たす．そのエネルギーは食物連鎖を通して順次，高次消費者に転送され，生態系を流れてゆく．この生態系の基本的なしくみは水圏も陸圏も同じだが，いくつかの大きな相違点がある．陸圏の主たる一

次生産者は多細胞で大型の草木類だが，水圏では，微小な原核・真核性の藻類が一次生産の大部分を担う．また，陸圏では，大きな草木類を小さな昆虫や草食動物が食べたり，大型の草食動物を小型の肉食動物が襲うことは珍しくないが，水圏では大きな生物が小さな生物を摂食するのが普通である．栄養段階があがるとともに生物サイズは大きくなるため，水圏の食物連鎖は有機物サイズを順次大きくする過程でもある．この捕食者：被食者のサイズ比はおおよそ1：10といわれている．水圏の一次生産者はサイズが小さいため，原生動物を中心とする小さな生物が捕食者となる．すなわち，原生生物は生産者（真核藻類），消費者（原生動物）として水圏食物連鎖の低次食段階の主要部分を構成している．

■分　布

原生生物はつねに環境と相互作用しながら増殖・死亡し，結果として個体群の大きさや群集の構造は時間的，空間的に変化する．原生生物の多くは繊毛や鞭毛，仮足により水の中を移動し，なかには1秒間に細胞長の数百倍を移動できる生物もいる．しかし，原生生物は体サイズが小さいゆえに水の動きに比べ移動能力はきわめて小さいため，分布は生理生態に作用する環境因子のほかに水の動きや水柱の物理構造にも大きく支配される．たとえば温帯，亜寒帯の海洋・湖沼では，秋から冬にかけて表層付近の水温が低下すると水は比重を増して沈降を始め，上下に混合した状態（鉛直混合期）になる．一方，春から夏に向けて太陽放射熱が増大すると，暖められた水は沈降をやめ，冷たい下層水の上に比重の軽い暖かい上層水が覆うようにして鉛直混合が停止する（成層期）．藻類の場合は主に光エネルギーと無機栄養塩が，また原生動物の場合は，餌（有機物），酸素濃度，水温が分布を決める重要因子であり，それぞれの鉛直分布は水柱の物理構造の変化と連動する．また，地理的な分布には地史的条件が影響する．原生生物のようにサイズが小さく数が多い生物は分散性が高いため，どこにでも出現する普遍種（cosmopolitan species）が多いとされるが，淡水では地史的隔離性の高い古代湖，海水では南極沿岸域などで固有種（endemic species）の存在が報告されている．

■生態学的機能

個々の生物の働きは小さくとも，個体群，群集としてまとまれば環境に大きな影響を与えうる．サイズ依存の水圏食物連鎖では，捕食者にとってあまりに小さすぎる生物は餌の対象とはならない．たとえば，後生動物であるカイアシ類が摂食できる一次生産物はほぼマイクロサイズの藻類に限られる．一方，原生動物はピコ，ナノサイズの藻類のほか，従属栄養性の細菌を捕食する．細菌生産の起点となる溶存有機物［➡58 溶存有機物と微生物］プールの50％は藻類由来と考えられているので，原生動物は後生動物が直接利用できない一次生産由来の物質・エネルギーを高次栄養段階へ転送する（食物連鎖へ連結する）役割を果たしている．一方，原生動物は粒状有機物を取り込み，同化するが，過剰な窒素やリンは無機態（NH_4^+，PO_4^{3-}）として排泄される．これは栄養塩の再生産過程でもある．原生動物はサイズが小さい（したがって代謝が速い）うえに，現存量も多く，さらに原生動物群集内でも複数段階の食物連鎖が存在することから，環境中への無機栄養塩供給量は後生動物に比べてはるかに大きい．とくに系外から無機栄養塩供給が乏しく貧栄養状態にあるような成層期の表層混合層では，原生動物から排泄された無機栄養塩が藻類の一次生産に大きく寄与している．また，取り込んだ有機物のうち同化されなかった部分は，微小な粒状有機物や溶存有機物として細胞外に排出（排糞）される．これらは従属栄養性細菌の生産基質として再び利用されることで微生物ループ［➡59 微生物ループ］を流れることになる．

〔太田尚志〕

53

海洋の珪藻

珪藻類

珪藻は珪酸質を主成分とする細胞壁（被殻）をもつ2 μmから2 mmの顕微鏡サイズの単細胞性の微細藻類である（図1）．珪藻は種固有の美しい幾何学的な形態をもち，古くから多くの研究者を魅了してきた．珪藻は極地から熱帯まで水圏のあらゆる場所に生息し，全種数は推定10万種以上と藻類で最も多様性に富むグループである．また海洋における炭酸固定量も，地球全体の約1/5と熱帯雨林に匹敵し，珪藻は海洋生態系全体を支える最も繁栄している基礎生産者となっている．

珪藻は被殻形態により分類され，円柱が基本形で殻面の紋様が放射相称の中心珪藻と楕円柱が基本形で紋様が線対称の羽状珪藻の二つに分けられる．中心珪藻は主に水中で浮遊生活を行い，羽状珪藻は主に基質上で底生・付着生活を行っている．さらに，中心珪藻は被殻の形態が円盤・単極型と双極・多極型に分けられ，羽状珪藻は，長軸に沿った溝（縦溝）の有無で無縦溝と有縦溝に分けられる（図2）．最近の分子系統解析により，珪藻は

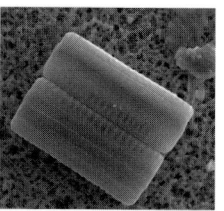

図2 珪藻の走査電子顕微鏡写真．左：二極・多極形中心珪藻 *Thalassiosira nordenskioeldii*（著者撮影）右：有縦溝羽状珪藻 *Neodenticula seminae*（嶋田智恵子氏提供）．

円盤・単極型の中心珪藻，双極・多極型の中心珪藻，羽状珪藻全体の三つの大きな系統群からなることが示唆されてきている．

珪藻は，大型藻類の褐藻や微細藻の黄金色藻など多様な藻類グループを含む不等毛植物（黄色植物）に属し，それらは約10億年前に真核従属栄養生物が紅藻を取り込んだ二次共生によって生じた生物を起源としている．

珪藻は地球史的には比較的新しく，化石記録で1億9千万年前のジュラ紀初頭に円盤・単極型の中心珪藻が最初に出現した．出現時の珪藻は，厚い被殻をもち浅海の底生生活に限定されていた．1億年前の前期白亜紀になると，多様な双極・多極型の中心珪藻が出現し，珪藻は炭素循環で主要な働きをするようになった．現在このグループは，海水の混合が盛んで表層への栄養塩の供給が豊富な沿岸域・湧昇域で大規模なブルームを形成し，海洋の主要な基礎生産者となっている．6,500万年前，後期白亜紀末に生物大量絶滅が起き，海洋植物プランクトンの渦鞭毛藻と円石藻の大部分が絶滅したが，珪藻は絶滅を逃れ，外洋域までニッチを拡大した．無縦溝の羽状珪藻はこの時期に出現した．3,000万年前の始新世/漸新世境界になると，現在最も多様なグループである有縦溝の羽状珪藻が出現した．このグループは縦溝から粘液糸を出して基質上を滑走することで，生育地の移動を可能とし，海洋と陸水ともにニッチを大きく拡大し，珪藻の多様化を推し進めた．

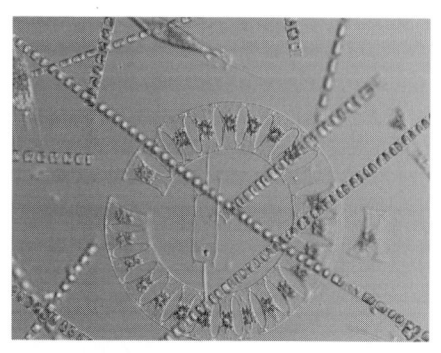

図1 東京湾冬季の珪藻群集（奥 修氏提供）（口絵10参照）

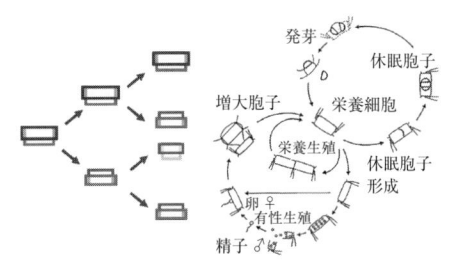

図3　珪藻の分裂様式と中心珪藻（双極・多極型）の生活史（*Chaetoceros pseudocurvisetus*）

　珪藻の被殻は弁当箱のような上下の二つの殻からなり，上殻の内側に小さめの下殻が組み合わさった構造となっている．珪藻は細胞分裂で増殖する際，強固な親細胞の下殻の内側にさらに小さめの殻が形成されて娘細胞となるため，分裂の繰り返しとともに細胞サイズは減少していく（図3）．やがて細胞サイズがある最小限度まで達すると，通常有性生殖過程により増大胞子を形成し，サイズを回復する（図3）．有性生殖過程は，中心珪藻と羽状珪藻で大きく異なる．浮遊生活（3次元空間で生活）をしている中心珪藻は，鞭毛をもつ遊泳性の精子と卵との接合による卵生殖を行い，底生生活（2次元空間で生活）をしている羽状珪藻は，遊泳する配偶子を形成せずアメーバ状の同型配偶子による接合を行う．また，*Chaetoceros* 属など沿岸域でブルームを形成する珪藻の多くは，ブルーム形成後の不適な環境下での生存手段として休眠胞子を形成する（図3）．

　珪藻の珪酸質の被殻は分裂面にできる珪酸沈着小胞と呼ばれる細胞小器官内で珪酸が沈着することにより形成される．20世紀末になり，珪酸質の被殻中の珪酸質と強く結合し，試験管内で珪酸溶液を珪酸質の球状粒子に凝集する働きをもつ分子が発見され，現在，高度に修飾されたリン酸タンパク質シラフィン（silaffin），長鎖ポリアミン，酸性タンパク質シラシディン（silacidin）の三つのタイプの分子が相次いで単離されている．珪藻殻中に含まれるこれらの分子は分子量，構造ともに種特異的で，それらが種固有の被殻の複雑なナノ構造パターンの形成にとって重要な役割を果たしていると考えられているが，いまだに不明な点が多い．近年，シンギュリン（cingulin）という新たなタンパク質グループが被殻中の不溶有機画分から発見され，このタンパク質を含む複合体が被殻のナノ構造パターンの鋳型となることが示唆され，今後の研究の発展が期待される．

　現在，珪藻の生態学的・進化学的な重要性から世界的にゲノム解読が進められており，すでに2種の全ゲノム解読が完了している．その結果，珪藻の核ゲノムは，紅藻を取り込んだ祖先の真核従属栄養生物由来の遺伝子，紅藻由来の遺伝子，水平伝搬により組み込まれた細菌由来の遺伝子，取り込まれたと推定されている緑藻由来の遺伝子のキメラとなっていることがわかった．また動物が特異的にもつとされた尿素回路を完全な形でもつこと，細菌由来のEntner-Douderoff経路を解糖系にもつこと，脂肪酸のβ酸化経路をミトコンドリアとペルオキシソームの両方にもち，脂肪分解から化学エネルギーを産出する動物的な能力と分解物から代謝中間物を産生する植物的な能力をあわせもつことなどが明らかとなってきている．

〔桑田　晃〕

参考文献
1) E. V. Armbrust. 2009. *Nature*. **459**: 185-192.
2) N. Kröger and N. Poulsen. 2008. *Annu. Rev. Genet.* **42**: 83-107.
3) 井上　勲. 2007. 藻類30億年の自然史第2版. 東海大学出版会.

54 赤潮

種類，発生原因，生態，対策

　赤潮は一般的には「プランクトンを主とする海洋微生物の急速な増殖に伴う海色変化」と定義される．全世界で赤潮形成種は184〜267種といわれ，わが国でも珪藻，渦鞭毛藻，ハプト藻，ユーグレナ藻，クリプト藻，ディクチオカ藻，プラシノ，繊毛虫類の多岐にわたる生物群が赤潮を形成する．種類や密度によってその着色の仕方は異なり，赤色だけでなくオレンジ色，赤褐色，緑色，茶褐色などと多様で，ほかの生物に及ぼす影響も多様である．

　赤潮が問題となるのはその発生が他生物，とくに水産生物に悪影響を及ぼすことがあるためであり，それは直接的な作用と間接的な作用に区別される．直接的な作用としては，赤潮生物が魚介類のエラ組織などに障害をもたらし酸素欠乏を起こしたり，神経障害を及ぼす例がある．大規模な発生は，養殖魚介類の大量斃死を招き，甚大な被害を引き起こすこともある．渦鞭毛藻類やラフィド藻類の一部の種類がその代表であるが，作用機構の多くはいまだ不明である．間接的な作用としては，栄養塩消費によって同じ栄養源を利用する養殖ノリの色落ちを起こす例や赤潮崩壊時の有機物分解による海域の著しい貧酸素化現象の例が相当する．前者は主に珪藻類の赤潮で起こる．後者は多様な赤潮で発生するが，とくにそれ自身は無害な赤潮生物（たとえば夜光虫（*Noctiluca* 属）赤潮，図1）でもその原因となることがある．

　赤潮の発生には，出現，増殖の条件，物理的な集積作用，生物的な制限要因の条件が整わなくてはならない．赤潮生物は常時プランクトンとして海水中に生息することもあるが，わが国では，大きな環境変化に適応する

図1　*Noctiluca* 属（夜光虫）赤潮（口絵11参照）

ために増殖に不適な時期を耐久性のある休眠細胞（シスト）として海底で過ごす種も多い．近年，いくつかの重要種では，シストの形成，発芽がプランクトンとしての消長に大きな影響を及ぼすこと，温度，光，栄養条件などの環境刺激がそれらのトリガーになること，さらに，環境要因に左右されない内因性休眠期間があること，それらが種特異的であることがわかってきた．

　発芽した栄養細胞が赤潮を形成するために最も重要な要因が，その増殖能力を発揮できる環境が整うことである．十分な栄養塩環境はその第一の要因である．わが国では富栄養化が進んだ60〜70年代前半まで赤潮発生件数が急速に増加した．その後の各種規制によって栄養塩濃度が低下し，発生件数もそれとともに減少したことは赤潮発生における栄養環境の重要性を示している．また，栄養要求を調べた実験によって，一部の種類では窒素やリンなどの無機態栄養塩類や金属，ビタミンなどの微量栄養素あるいは溶存有機物の利用特性などが明らかにされている．

　赤潮生物は生態系の構成員の一つであり，他生物との相互作用のなかで消長を繰り返すはずである．赤潮崩壊時にある捕食動物の増加が起きることや室内実験における動物プランクトンの捕食能力から，赤潮生物に対する捕食圧が注目された．一方，赤潮生物は高密度に増殖するために捕食作用を受けにくくす

る機構を有することも判明しており，拒食あるいは致死作用をもたらすなんらかの化学的作用や群体形成による大型化が防御機構の一例といえる．一方，珪藻類の増加は有害渦鞭毛藻類の増加を抑制することがあり，それは栄養塩競合や他感作用によって起きると考えられている．この効果も現場における赤潮藻類の増加に及ぼす生物的な要因である．

赤潮は，原因生物が能動的に集積したり，受動的に集積されたり，それらの組合せで海面の着色に至るケースも多い．鞭毛を有する赤潮生物の場合には，走光性をもち，良好な光条件を求めて上層に集積するケースが多い．また，表層に集積した赤潮生物が風による吹送流によって陸側に吹き寄せられる場合や対流渦によって部分的な集積が起こる場合もある．さらに，海側から陸側への吹送流は表層から底層に循環する流れを作り，それによって鉛直的な遊泳力のない珪藻類だけが排除され，遊泳力によって中層から底層に集積された鞭毛藻類の卓越を助長する場合もある．

赤潮が水産業に甚大な被害をもたらすことからその対策に向けた研究が数多く実施されてきた．対策としては，赤潮が発生しにくい環境を作ること，発生を予測すること，発生した赤潮を除することに大別できる．発生しにくい環境を作る施策としては陸上からの栄養塩負荷の規制がその成功例といえる．また，最近では海藻・海草の表面に多くの殺藻細菌が付着し，藻場に赤潮形成を防止する効果があることが指摘されている．このことは，藻場形成や海藻と魚類の混合養殖が赤潮形成やその被害を未然に防ぐ手段となることを意味する．赤潮の発生予測手法については，赤潮生物の生理学的知見の集積，過去の赤潮発生環境の整理などからいくつかの試みが行われてきた．しかし，実用的な手法の開発には至っていないため，結局は原因生物のモニタリングに依存せざるをえない状況である．赤潮の制御はさらに非常に難しい課題であり，いまだに有効な手段はないが，それを目指した研究は実施されてきた．赤潮生物に対する殺藻細菌，殺藻ウイルス，捕食動物プランクトンを赤潮海域へ投与する方法はその制御を目指した手法である．しかし，細菌やウイルスは現場での投与への社会的な抵抗が大きいこと，動物プランクトンについてはそれを大量生産することなどの問題があり，実用化のめどは立っていない．唯一，現場において実施されている例が *Cocholodinium polykrikoides* 赤潮の発生の際に実施される粘土散布である．しかし，広い海域への散布は非常に手間がかかることに加え，大量に海洋に撒くことの生態系への影響が懸念されている．

全国の赤潮の発生件数は長期的には陸域からの栄養塩負荷の制限によって減少してきた．しかし，近年，栄養塩濃度が低下しているのにもかかわらず発生件数は横ばいであることや，これまで発生していなかった種類，海域での赤潮発生や一部海域での増加傾向があることは，環境と赤潮生物との関係を新たな視点でみていく必要性を示している．

〔神山孝史〕

参考文献

1) 岡市友利編．1997．赤潮の科学（第二版）．恒星社厚生閣．
2) 広石伸互，今井一郎，石丸　隆編．2002．有害・有毒藻類ブルームの予防と駆除（水産学シリーズ134）．恒星社厚生閣．
3) 今井一郎．2008．そるえんす．**79**: 10-17.

55 貝毒とその原因藻類の生態

種類，監視体制，原因種の生態

■ 貝毒の種類と監視体制

貝毒とは，二枚貝が有毒プランクトンの摂食により毒を体内に一時的に蓄積し，これを食べた人が中毒症状を起こす現象を呼ぶが，二枚貝などが後述する出荷自主規制措置に至る毒量をもつ現象で使用されることが多い．日本で問題となる貝毒は中毒症状から麻痺性貝毒と下痢性貝毒の2種類に分けられる．これ以外に神経性貝毒，記憶喪失性貝毒，アザスピロ酸貝毒が知られているが，国内ではこれらの発生事例はない．

麻痺性貝毒の主要成分は，サキシトキシン群あるいはその類縁体であり，原因プランクトンは渦鞭毛藻の Alexandrium 属，Gymnodinium 属，Pyrodinium 属が知られている（表1）．下痢性貝毒としては，オカダ酸・ジノフィシストキシン群とペクテノトキシン（PTX）群が知られ，渦鞭毛藻 Dinophysis 属がその生産者として重要である．底生性 Prorocentrum 属もオカダ酸を生産することが知られているが二枚貝毒化への関与について

は不明である．また，そのほかの毒成分であるイエッソトキシン（YTX）群は Protoceratium 属と Lingulodinium 属が生産することがわかっている．このうち PTX 群と YTX 群はマウス試験で検知されるが下痢原性を示さないため，これらは下痢性貝毒とは区別して脂溶性貝毒とも呼ばれる．神経性貝毒の原因毒はブレベトキシンであり，渦鞭毛藻 Karenia brevis が原因種となる．記憶喪失性貝毒の原因毒はドーモイ酸であり，珪藻 Pseudonitzchia 属数種が原因となる．アザスピロ酸貝毒の原因種として渦鞭毛藻 Azadinium spinosum が最近特定された．

わが国では，公定法マウス毒性試験に基づく自治体・民間での二枚貝毒量の検査による監視体制が敷かれ，可食部1gあたり麻痺性貝毒については4MU（マウスユニット），下痢性・脂溶性貝毒については0.05MUを超える場合に，それぞれ出荷自主規制措置がとられる．2008〜2010年の麻痺性と下痢性の貝毒規制件数は，それぞれ10〜21件と14〜32件であった．また，地方自治体は原因種の出現状況の監視を実施しており，その結果から貝毒に関する注意喚起や各種情報提供が行われる．このため，わが国ではここ数十年間流通している二枚貝類の喫食による食中毒の事例はない．

■ 原因種の生態

わが国で発生する麻痺性貝毒のほとんどは A. tamarense, A. catenella および G. catenatum を原因とするものである．A. tamarense（図1）は低温を好む種類であり，主に1980年代前半までは北海道，東北地方でその貝毒

表1 麻痺性貝毒と下痢性貝毒の原因プランクトン

麻痺性貝毒	
Alexandrium 属	A. tamarense, A. catenella, A. tamiyabanichii, A. minutum, A. ostenferdii
Gymnodinium 属	G. catenatum
Pyrodinium 属	P. bahamense var. compressum
下痢性貝毒	
Dinophysis 属	D. fortii, D. acuminata, D. acuta, D. caudata, D. infundibulus, D. miles, D. mitra, D. norvegica, D. rotundata, D. succulus, D. tripos
Prorocentrum 属	P. lima
Lingulodinium 属	L. polyedrum
Protoceratium 属	P. reticulatum

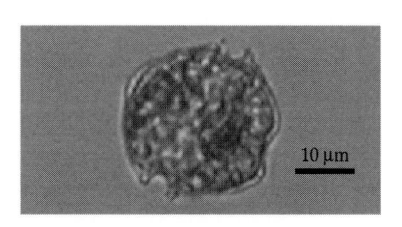

図1 Alexandrium tamarense

を引き起こしてきたが，1990年代中頃以降，西日本各地でも出現するようになった．本種は，本州では冬季から春季を中心にプランクトン（栄養細胞）として海水中に出現する．出現はシストの発芽によって海水中に出現し，晩秋から初夏に有性生殖を経てシストを形成する．シストは通常海底で過ごし，数か月から半年の好適環境でも発芽しない内因性休眠期間を経て，環境条件が整ったときに発芽できる外因性休眠状態に移る．このときに，温度条件（おおむね<15℃），光，貧酸素状態でない条件が整えば8〜10日間で発芽する．発芽した栄養細胞は主に十分な栄養塩類と光条件のもとで増殖し，温度がおおむね10〜15℃の時期にピークを迎える．北日本では数十〜100 cells l^{-1} を越えると二枚貝の毒化が起きるケースが多いが，西日本では，より高い密度が警戒密度として設定されている．A. catenella もシストを形成する生活史を送るが，シストの内因性休眠期間は1週間程度と短く，発芽までに要する時間は高温では5日程度で，発芽適温域はおおむね A. tamarense よりも5℃高く，栄養細胞の出現ピークも22℃付近にあることから，本種が A. tamarense よりも高温に適応でき，環境条件に応じて海水中に速やかに出現，増殖できる生態的特性を有する．西日本では，A. tamarense より高密度になることがあるが，細胞あたりの毒性は低く，貝毒発生の警戒密度は A. tamarense より高い．

G. catenatum は熱帯〜暖温帯を中心に分布する暖海性種で，わが国では西日本で出現する種類である．通常は，粘液糸で穏やかに結合した2〜16細胞の連鎖を形成し，大きく蛇行しながら遊泳する．生活環の中で有性生殖を行い，それに伴い，堅い石灰質の殻に包まれた球形のシストを形成し，海底泥中にタネとして存在できる．西日本では夏季から冬季に出現し，30 cells l^{-1} 以上で二枚貝の中腸線毒量の増加が始まり，100 cells l^{-1} 以上で中腸腺を含む可食部の毒化が起こるといわれている．

わが国の下痢性貝毒の二枚貝毒化のほとんどは D. acuminata と D. fortii によるものである．1996年以降本属の主要種の培養が可能となり，その生態的情報が蓄積されつつあるが，いまだ多くは不明である．これまでわかっている Dinophysis 属 2 種の生態的特徴は以下のとおりである．本種は葉緑体による光合成を行いながらほかの生物を捕食する混合栄養の特性をもつ．現在判明している餌生物は同じく葉緑体をもつ繊毛虫 Myrionecta rubra だけであり，捕食のためチューブを繊毛虫に差し込み内部から葉緑体とほかの原形質を吸い取るという捕食様式をとる．その際に，葉緑体だけはそのまま体内に保持し，光合成エネルギーを得るという盗葉緑体現象（kleptoplasty）を行う［➡51 原生生物の多様性］．餌となる M. rubra もクリプト藻（Teleaulax 属や Geminigera 属）を餌とした盗葉緑体現象を行うため，クリプト藻の葉緑体が，2段階の食物連鎖を経由して Dinophysis 属に移り，その機能が発揮される．D. fortii と D. acuminata の増殖速度は温度，光強度，餌条件の影響を受け，その毒生産も温度や餌料供給の影響を受ける．わが国の下痢性貝毒のほとんどは東日本で発生してきた．原因種が多く出現する西日本でほとんど発生しない原因は，原因種の細胞毒量や二枚貝の種特異的な毒代謝動態が関与していると推察されている． 〔神山孝史〕

参考文献

1) 今井一郎，福与康夫，広石伸互編．2007．貝毒研究の最先端―現状と展望（水産学シリーズ 153）．恒星社厚生閣．
2) B. Reguera and G. Pizarro. 2008. *Seafood and Freshwater Toxins: Pharmacology Physiology and Detection*, 2nd edition (L. Botana ed.), pp.257-284. Taylor & Francis.
3) S. Nagai, T. Suzuki, T. Nishikawa *et al*. 2011. *J. Phycol*. **47**: 1326-1337.

56 藻類とウイルス

感染, 特異性, 進化, 赤潮

藻類に感染するウイルスを「藻類ウイルス (algal virus)」と呼ぶ. 広義には, シアノバクテリア (原核生物) を宿主とするシアノファージを含むが, ここでは主に真核性藻類を宿主とするウイルスについて概説する. 海産シアノファージに関する最近の知見については過去の総説を参照されたい[1,2].

現在までに40種類以上の真核藻類感染性ウイルスが単離され, その生理・生態・遺伝学的情報が蓄積されつつある. これまでに発見された, 多細胞性藻類 (シオミドロなど) を宿主とするウイルスがすべて大型二本鎖DNA (dsDNA) ウイルスであるのに対し, 単細胞性藻類を宿主とするグループではさまざまなタイプのウイルスが見出されている (後述).

■ クロレラウイルスとその近縁種

藻類ウイルス研究の歴史上, 最も集約的な研究がなされてきたのは, クロレラウイルスであろう. クロレラウイルスの代表株であるPBCV-1 (*Paramecium bursaria Chlorella virus 1*) は, その名の通り, ゾウリムシ (*P. bursaria*) に細胞内共生する緑藻 *Chlorella* に感染するウイルスであり, 約330 kbpという巨大な dsDNA ゲノムを有する. ゲノム上には, 366個のタンパク質と11個のtRNAをコードする遺伝子が存在し, ウイルスの複製や粒子形成に必要な情報が蓄えられている[3]. これまでに, 海産微細藻類である *Micromonas pusilla* (プラシノ藻), *Emiliania huxleyi* (ハプト藻), *Heterocapsa circularisquama* (渦鞭毛藻), *Heterosigma akashiwo* (ラフィド藻) など, さまざまなグループの藻類を宿主とする巨大 dsDNA ウイルスが発見・解析されている[4] (図1). これらのうちの多くは, DNA ポリメラーゼ活性部位近辺のアミノ酸配列の比較に基づき, PBCV-1 に近しい「Phycodnaviridae 科」と, アメーバ感染性の世界最大のウイルスであるミミウイルスを含む「Mimiviridae 科」に大別される. また渦鞭毛藻 *H. circularisquama* を宿主とするウイルスは, 上述の2科とは進化系統的にかけ離れた Asfaviridae 科と高い相同性を示す. これらウイルスの宿主は, 「藻類」として一括りにされるが, 分類学的にはきわめて多様であり, ウイルス側が示す多様性はそれを反映している可能性が高い. 藻類と大型 dsDNA ウイルスは共進化を果たしてきたと考えられ, DNA ウイルスを巡る進化研究の格好の素材であるといえる. 成熟粒子は, 細胞質で合成された後, 細胞の崩壊に伴い細胞外に放出され, 次の宿主細胞に感染する (図1).

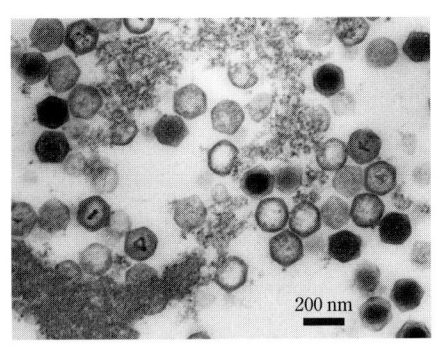

図1 ラフィド藻 *Heterosigma akashiwo* の細胞質内で複製する大型二本鎖 DNA ウイルス HaV (断面像) (口絵12参照)

ちなみに上述のミミウイルスの発見は, 従来のウイルスに関するいくつかの教科書的常識を覆した. まず直径 0.75 μm という細菌並みのサイズ, 細菌マイコプラズマをはるかに凌駕する 1.2 Mbp というゲノムサイズ, そこにコードされている 900 個超という遺伝子数, さらにウイルス粒子中に DNA と RNA の両方を含んでいるという事実[5]. これらの発見のどれもが, さまざまな分野の微生

物学者を大いに驚かせるものであった.

■ 小型の藻類ウイルス

上述のdsDNAウイルス群は，粒径130 nm以上と，ウイルスとしてはかなり大型である．これに対して近年，粒径40 nm以下の小型藻類ウイルスも多く見つかりつつある[4]．それらは，一本鎖DNA（ssDNA）ウイルス，ssRNAウイルス，およびdsRNAウイルスに群別される.

珪藻類は，地球上で最も生物量の多いプランクトングループである．ある種の珪藻ウイルスのゲノムは，共有結合的に閉じた環状一本鎖DNAであり，その一部分（約1 kb）のみが相補的な一本鎖DNAと水素結合し，二本鎖構造をとる[4]．このゲノム構造はほかのウイルスではまったく発見例がなく，現時点では数種類の珪藻ウイルスだけで知られている．機能面では，ガラス質の殻をもつ珪藻細胞に対してウイルスがどのようにして感染を成立させるかも興味深い.

珪藻にはssRNAウイルスも感染する．ラフィド藻，渦鞭毛藻，ならびに従属栄養性単細胞生物ラビリンチュラなどの海産プランクトンのssRNAウイルスも発見されており[4]，いずれも粒径30 nm前後の小型ウイルスである．dsRNAウイルスとしては，*M. pusilla*を宿主とする11本の分節ゲノムをもつウイルス1種が発見され，Reoviridae科に分類されている.

これらのウイルスがコードするRNA依存性RNA合成酵素のアミノ酸配列に基づく系統解析により，陸・海の多様な環境に存在するRNAウイルスが共通の起源をもつ可能性が示唆された．RNAウイルスと宿主の共進化を考えるうえで，これらの新奇ウイルスの発見がもたらす意義は大きい[6].

■ ウイルスの生態学的役割

H. akashiwo, *H. circularisquama*, *E. huxleyi* などの大量発生（ブルーム）に際し，その挙動にウイルス感染が少なからず影響していることが明らかとなった．こうした赤潮原因藻（ブルーム形成能をもつ微細藻類）の個体群は，量的にも質的にもウイルス感染の影響を受ける[4]．すなわち，ある種のウイルス病の蔓延により生物量が急減する現象がみられる．その結果，蔓延したウイルスタイプに対して耐性の個体が生残し，増殖を継続する場合もある．宿主側もウイルス側も，それぞれ感受性・感染性が異なる複数かつ多様なタイプから構成されており，両者のせめぎ合いの図式は複雑である.

一方，ウイルスの感染特異性は高く，他生物への影響が低いと考えられることから，赤潮防除（環境修復）ツールとしての応用を模索する研究も進められている． 〔長崎慶三〕

参考文献

1) M. H. Mann. 2003. *FEMS Microbiol. Rev.* **27**: 17-34.
2) S. Molloy. 2006. *Nat. Rev. Microbiol.* **4**: 642-643.
3) T. Yamada, H. Onimatsu and J. L. Van Etten. 2006. *Adv. Virus Res.* **66**: 293-336.
4) K. Nagasaki. 2008. *J. Microbiol.* **46**: 235-243.
5) J. M. Claverie, C. Abergel and H. Ogata. 2009. *Curr. Top. Microbiol. Immunol.* **328**: 89-121.
6) E. V. Koonin, Y. I. Wolf, K. Nagasaki *et al.* 2008. *Nat. Rev. Microbiol.* **6**: 925-939.

57 海のウイルスと遺伝子伝播

遺伝子水平伝達, ファージ, GTA

自然界で遺伝情報伝搬担体としてのウイルス（バクテリオファージ，ファージ）の寄与はほとんど無視されてきたが，bioinformaticsの隆盛に伴い注目を集めるようになった．海洋ウイルスの水平遺伝子伝搬機構とその障害，伝達頻度，これまで見落されてきた広宿主域遺伝子伝達媒体の普遍的存在としての可能性について現況を解説する．

■ 海洋環境でのウイルス

1989年，Bergen大学の研究者らは，それまでの"常識"を覆し，自然水圏におびただしい数のウイルス（ウイルス様粒子）存在の事実を発表した．環境中の微生物群集の個体数は環境の栄養状態に大きく依存し，ウイルスは主に微生物起源である．水圏での細菌の個体数はおおむね 10^6 cells ml^{-1} で，ウイルスは，その約10～100倍以上にいる．

ウイルス様粒子（virus like particle, VLP）とは，典型的なファージと異なりマンジュウ様の形状をもち，電子顕微鏡でウイルスのように見えるものを指す．大きさは20～750 nmϕ で，海洋では60～80 nmϕのものが一番豊富にいる．海洋ウイルスは，一本鎖または二本鎖のDNAまたはRNAを遺伝物質としてもち，タンパクからなる（場合によっては脂質を含む）外套に包まれている．ウイルス自身には代謝活性はなく，宿主の細胞機能のみを用いて増殖する．細胞からなるすべての生物には，その細胞を宿主とするウイルスが存在すると考えられる．培養実験から，1種類のウイルスが感染・増殖できる宿主領域（宿主域）は限定されており，ほとんどは1生物種か広くとも属レベルに留まる．属以上の宿主域をもつウイルスを広宿主域といい，ウイルス全体中の0.5%未満である．シアノバクテリアのウイルスには，広宿主領域を示すものがあるが，この現象が微生物群の系統的位置に由来するのか，生物としての根源的な差異に基づくのかはわかっていない．ウイルスに運動性はなく，受動拡散により宿主と接触し感染成立する．ウイルスの吸着部位は，細胞表面に露出する輸送関係のタンパクや繊毛などである．

ウイルスは，増殖完了時に寄生細胞を当然殺してしまうので，ウイルスが生菌数の計数値を下げる可能性が示唆され，物質循環での環境要因として強い関心を集める．環境ウイルスの密度検定には，溶菌斑検定（plaque-forming assay）が用いられてきたが，本法は宿主となる微生物が一緒にいないと力価測定できず，環境中ウイルス計数が過小評価されてきた原因である．現在では，環境中のウイルス計数には，透過電子顕微鏡や落射蛍光顕微鏡が用いられ，フローサイトメータの利用も進められている．

■ ウイルスによる遺伝子伝播の生物学

ウイルスによる遺伝子伝達として，細菌ウイルス（＝ファージ）によって供与細菌の染色体の一部が受容細菌に運び込まれ，結果として供与菌の遺伝形質が受容菌で発現する形質導入（transduction）現象が知られている
[➡30 遺伝子の水平伝播]．

■ 環境ウイルスによる遺伝子伝播

環境中での形質導入の寄与は，否定的な見方が支配的だった．以下の4点が，環境中での形質導入を規制している諸点である．
①ウイルスの宿主域は限られ，多くとも類縁2～3種でしか感染増殖できない．
②細菌には，感染し細胞内に侵入した異種DNAを分解する制限修飾系がある．
③環境中で，ウイルスは宿主と出会える確率が非常に低い．
④環境中の遊離ウイルスは有限な感染可能期間があり，迅速に不活性化が起こる．

環境中での形質導入が，実際にどの程度の頻度かはほとんどわかっておらず，また，環

境中での溶原菌の頻度も十分な知見がいまだない現在，つねに潜在的可能性としての議論である．しかし，貧栄養環境である海洋では，溶原菌は非常に一般的存在と考えられるから，形質導入の普遍性は，十分に考えられる．また，人工的に宿主域を拡大させたP1が，遺伝子工学的に有効な手段として頻用されている現状からも，人類よりはるかに能力の高い自然選択の結果として，広宿主域ウイルスが存在する可能性は，信ずるに足る．同時に，λファージの誘発と感染・増殖の過程のみからしか，形質導入についての説明が現状ではなされないが，それ以外の機構の存在可能性も十分に考えられる．

■自然界で水平遺伝子伝播に寄与するウイルスに似て非なるもの

通常生菌数として分離される溶原菌のなかに，既知のものとはまったく性質を異にする存在がある．ある種の海洋分離細菌を100時間以上の培養を続けると，培養液の中にVLPが細菌群集密度の1/10〜1/1位程度に蓄積した．VLP粒子は，細菌が定常期に入ると非誘導的に出芽形式で生産される．この粒子の溶原菌を平板で培養してもプラークは生じず，粒子生産は細胞死に直接結び付かない．一方，この種のVLPを遺伝系統が科以上異なる受容菌に感染させると受容菌群集が0〜6〜96％下がる．しかし，この粒子に紫外線照射して核酸を破壊しても受容菌致死効果はほとんど変わらない．したがって，この種のVLPは通常のウイルス生産に伴う致死効果とは異なる機構が考えられる．

既知の海洋ウイルスによる単独の遺伝子標識の形質導入効率は10^{-9}〜10^{-7} cfu/粒子（最大＝10^{-7} cfu/粒子）であるが，この種のVLPによる形質導入効率は，由来する海洋細菌種によりバラツキがあるものの一菌種から得られたものでは略一定で10^{-7}〜10^{-2} cfu/粒子（平均＝10^{-4} cfu/粒子）で非常に効率が高く，形式は一般形質導入型である．

"常識"として，形質導入体から子孫ウイルス粒子は生じず（不稔感染），自然界での形質導入の寄与が過小評価されてきた理由である．ところが，この種のVLPにより形質導入を受けた復帰変異株は，このVLPの生産性も同時に獲得した．さらに，その復帰変異株の生産VLPはもとのVLPと同様の受容菌致死効果と遺伝子伝達能を示した．この種のVLP中の遺伝物質はこれまでのところDNAで分子量的には均一だが1断片に含まれる遺伝情報は不均一である．

この種のVLPは，太平洋，インド洋，地中海，バルト海，好熱環境である地上温泉や海底熱水噴出孔から分離した細菌から得られている．GTA［➡30 遺伝子の水平伝播］に比べ，きわめて広い宿主域を示すこの種のVLPの存在は，自然水圏でこれまで見過ごされてきた広宿主域遺伝子伝達媒体が，普遍的に存在している可能性強く示唆している．

〔千浦 博〕

参考文献

1) 千浦 博．2004．微生物学入門（日本微生物生態学会編），pp.153-166．日科技連出版．
2) H. X. Chiura. 2004. *Microbes. Environ.* **19**: 249-264.

58

溶存態有機物と微生物

微生物ループ，物質変換，有機炭素の巨大リザーバ

■ 海洋の食物連鎖系

　地球環境にはさまざまな生態系があり，それぞれの生態系において，生物どうしによる「喰う・喰われる」の関係がある．捕食食物連鎖（grazing food web または food chain）と呼ばれる連鎖である．また，下記に述べる微生物ループ［→ 59 微生物ループ］と対比して古典的食物連鎖（classical food chain）といわれることもある．この連鎖系において，無機物から有機物を生産する生物を基礎生産者といい，陸上においては太陽エネルギーを使って光合成で有機物を作る植物がそれにあたる．海では真核植物プランクトンや原核生物のシアノバクテリアが同様の働きをする．これら基礎生産者は植物食の捕食者（消費者）によって食され，ついで二次，三次の捕食者が捕食することを繰り返して順次上位の栄養段階へと物質・エネルギーが転送される．さまざまな生物種どうしが網目状の生物間相互作用を形成しているのである．この連鎖は，生産者から最上位の消費者まで，すべて肉眼か低倍率顕微鏡で見える生物の連鎖，つまり細胞から細胞への「粒子態」の連鎖である．

■ 微生物ループ

　生態系には捕食食物連鎖のほかに，微生物が有機物を粒子化する過程を含む「微生物捕食食物連鎖（微生物ループ，microbial loop）」がある．この連鎖系では，微生物以外の生物が利用できないほど微細な非生物態有機物が粒子状有機物に変換され，捕食食物連鎖へ物質とエネルギーが受け渡される．土壌生態系を含めて「腐食連鎖」といわれることもある．微生物ループで最も重要な物質が微細な非生物態有機物であり，これが溶存態有機物である．

■ 溶存態有機物

　溶存態有機物とは，海水に溶解した有機物および 0.6 μm 以下の微細な非生物態の有機物の総称であり，英語では dissolved organic matter（以下 DOM）と呼ばれる．DOM の起源はすべての生物に由来する屍骸・排泄物・生産物である．それらが捕食・消化の過程を経て，さらに微生物分解・酵素分解などの生物分解ならびに光分解・酸化分解などの物理化学的分解などによって形成される．微生物は DOM 形成過程でも重要な要素であり，DOM をさらに分解して無機化までを行う「分解者（scavenger）」としての働きを担う．

■ DOM の存在量

　海にはプランクトンからクジラまで，無数ともいえる生物が生息し，それらが有機物のほとんどを占めるとイメージするかもしれないが，実態はまったく違う．海洋では，生物体として存在する炭素量は約 3 Pg（1 Pg（ペタグラム）= 10^{15} g）であるのに対し，DOM として存在する炭素量は 700 Pg 以上である．つまり，すべての海洋生物を集めても海洋有機炭素全量の 1 ％にも満たないのである．DOM は大気中の全二酸化炭素量にも匹敵する炭素を蓄えている巨大貯蔵庫である．

■ DOM の変換

　DOM のサイズは 0.1〜100 nm とあまりに微細なため，通常原生動物や動物プランクトンには利用されない．DOM を取り込んで栄養として利用できるのは，主として原核生物である従属栄養細菌である．光合成に由来する多糖類や生物体に由来するタンパク質などの高分子は分解しやすい有機物であり，従属栄養細菌はこれらが取り込みやすいサイズまで分解されたものを吸収する．細菌細胞は小さくても「粒子態」であるから，DOM はこの段階で粒子態有機物（particulate organic matter，以下 POM）に変換されたことになる．細菌細胞は原生生物である鞭毛虫，繊毛

虫などに捕食され，順次上位の栄養段階へ有機物転送が行われて，捕食食物連鎖につながる．微生物はDOMからPOMへの「変換者（transformer）」として重要な役目を果たす．

■ 残存するDOM

海洋の表層では光合成や生物体に由来する易分解性のDOMが産生され，盛んに細菌に利用されるが，実は，量的にみると海洋のDOMのほとんどは細菌が利用しにくい難分解性および準易分解性の物質である．難分解性DOMの全有機物中の比率では海洋表層で約50％であるが，1,500 m以深では90％以上となる．濃度でみると，各深度でほぼ40 μMで均一である．また，易分解性DOMは10 kDa以上の高分子が多く，準易分解性DOMは1～10 kDa，難分解性DOMは1 kDa以下の低分子態が多い[1]．難分解性DOMの形成でも細菌類が重要な役割を果たしている．従属栄養細菌は易分解性のDOMを取り込んで栄養とするが，その細胞が死滅したあとに残存する低分子有機物，および細胞から放出される低分子有機物には難分解性のものが多いのである[2]．細菌起源の脂質，ペプチドグリカン成分などがそれであり，また，高分子としては細菌の膜タンパク質などが分解しづらいDOMとして知られている．さらに，陸上植物のリグニン起源の難分解性DOMなども沿岸海洋に流入し，滞留する．易分解性DOMから難分解性DOMへの変換は細菌の作用以外にも光化学反応で起こることが知られている．

■ DOMの研究

海洋有機物の実に99％以上がDOMであるにもかかわらず，この「なぞ多き物体」を研究している研究者人口は世界的にも少ない．多くの海洋生物学者は目に見えるサイズの生物を研究し，多くの海洋化学者は元素レベルの研究をする．海の研究において，これらの中間サイズ，つまり分子レベル，ナノレベルの視点の研究は地球生態系での物質循環を知るうえで必須である．今後海洋科学を志す若者たちのなかに，微生物とDOMの相互作用を定量的に研究する優秀な人材が出てくることを願う． 〔鈴木　聡〕

参考文献

1) D. A. Hansell and C. A. Carlson (eds). 2002. *Biogeochemistry of Marine Dissolved Organic Matter*. Academic Press, pp.774.
2) H. Ogawa *et al*. 2001. *Science*. **292**: 917-920.

59 微生物ループ

細菌，溶存態有機物，原生動物

海洋の浮遊生態系における食物連鎖のうち，光合成生産者である植物プランクトン―動物プランクトン―魚とつながる経路は，捕食食物連鎖あるいは生食食物連鎖（grazing food chain）と呼ばれる．これに対して，細菌が溶存態有機物を取り込んで増殖し，これを原生動物が捕食して増殖，さらに原生動物を動物プランクトンが捕食するという一連の経路を「微生物ループ（microbial loop）」と呼ぶ．

浮遊生態系の生物生産構造を考えるうえで，微生物の食物連鎖経路「微生物ループ」が不可欠かつ重要な経路であるとするコンセプトは，米国スクリプス海洋研究所のアザム（Farooq Azam）を第一著者とする論文で1983年にはじめて提唱され，現在では教科書的事実として広く認められている．

細菌が利用する有機物のもとは，植物プランクトンが細胞外に溶出する有機物のほか，動植物プランクトンなどの死骸や糞などの排泄物に由来する．また，植物プランクトンのうち熱帯・亜熱帯海域に多い単細胞性シアノバクテリア類のようなきわめて小型のものは，原生動物に捕食されることから，「微生物ループ」の主要な構成者となる．このコンセプトは，死骸や糞を出発点とする食物連鎖経路であるという点で，土壌生態系や海底生態系における腐食食物連鎖（detritus food chain）と共通しているが，溶存態有機物によって増殖する浮遊性細菌や，きわめて小型の植物プランクトンが重要である点で大きな違いがある．

海洋のプランクトン研究は19世紀後半から始まり，当時から海洋細菌の存在も知られていたが，食物連鎖や生態系の物質循環における微生物の重要性が認識されるようになったのは，ごく最近のことである．「微生物ループ」の提唱からわずか30年しか経っていない．一般に，海水試料から細菌を分離培養する際には，海水をベースに，タンパク分解物と酵母抽出液，微量の金属塩類を添加した栄養培地が用いられる［➡13 微生物を数える1 培養法］．しかし，海洋環境中に生息する微生物の多くは，こうした栄養添加培地で生育させることができず，難培養性であるとされている［➡10 環境中での微生物の増殖］．海水環境中に生息する細菌数を把握する手法として，寒天培地に生育するコロニー数によっていた時代には，海洋細菌数は非常に少なく見積もられており，したがって海洋の食物連鎖を考えるうえではほとんど考慮されていなかった．しかし，1970年代以降，顕微鏡とくに蛍光顕微鏡による計数技術［➡14 微生物を数える2 直接計数法］の進歩によって，細菌だけでなく原生動物や微小植物プランクトンについてもより正確な計数が可能となり，しだいにその生物量の多さと重要性が認識され

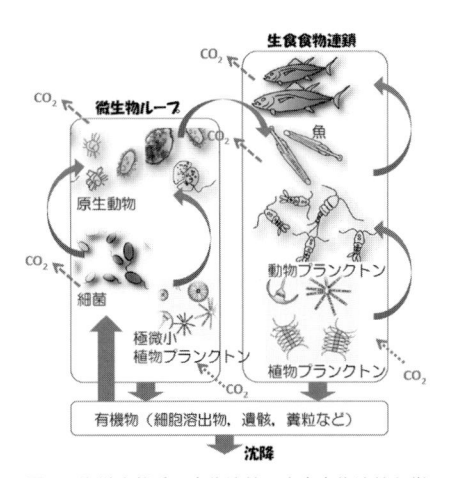

図1 海洋生態系の食物連鎖．生食食物連鎖と微生物ループによって構成される．ブロック矢印は有機物の流れを示す．点線は光合成，破線は呼吸による二酸化炭素の吸収と排出を示す．

るようになったのである．

地球上の光合成生産の半分は，植物プランクトンによるものであるが，植物プランクトンの光合成によって生産された有機物のおよそ半分は，細菌の増殖に利用され微生物ループを経由する．海水中にタンパク質の構成成分であるアミノ酸や，DNAの構成成分であるヌクレオシドを加えると，そこに生息する細菌によって活発に細胞内に同化される．したがって，添加した物質の取込み速度から海水中の細菌群集の増殖速度を推定できる．さらに，この増殖速度から細菌による有機物消費量を推定し，光合成量と比較することにより，微生物ループを経由する有機物量の割合が見積もられている．実際には，アミノ酸の一種であるロイシンやヌクレオシドの一種であるチミジンを放射性同位元素で標識したものを添加し，一定時間後に細菌細胞内の放射活性を測定することによって取込み速度，増殖速度を計算する．こうした手法は，ロイシン法，チミジン法と呼ばれ，海水中の細菌群集の増殖速度測定手法として広く用いられている．

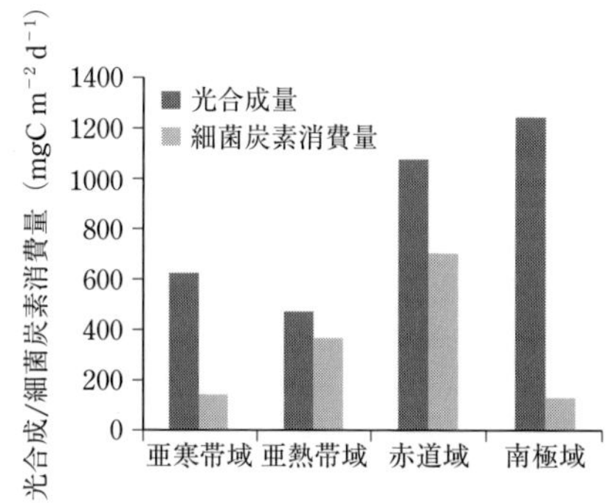
光合成/細菌炭素消費量（mgC m^{-2} d^{-1}）
1400
1200
1000
800
600
400
200
0
光合成量
細菌炭素消費量
亜寒帯域
亜熱帯域
赤道域
南極域

図2　光合成生産量と細菌炭素消費量の比較．文献2）のデータを基に作成．

海の魚類生産を支えているのは，生食食物連鎖である．同時に，動物プランクトンは原生動物も捕食することから，細菌―原生動物―動物プランクトン―魚とつながる経路により，微生物ループもまた魚類生産に寄与している．細菌は，有機物を分解，無機化することにより，窒素やリンなど光合成に必要な無機栄養塩類を再生する役割を担うと同時に，有機排出物や糞粒のように，生食食物連鎖で不要となった有機物を利用して増殖し，微生物ループを経由してこれらの有機物を再び生食食物連鎖に戻す役割を果たしている．

微生物ループを構成する微生物群集の活動は，炭素循環にも影響を及ぼすと考えられている．光合成で生産された有機物は，生食食物連鎖や微生物ループを通じて消費され，呼吸によって二酸化炭素として排出される．しかし，一部の有機物は，生物遺体や糞粒として深層に沈降してゆく．こうした有機物の沈降は，光合成で固定された二酸化炭素を深層に輸送し貯蔵する働きをもつことから，「生物炭素ポンプ」と呼ばれている．海水中の微生物とくに細菌群集は，植物プランクトン由来の有機物粒子の生成や分解作用を通じて，生物炭素ポンプを制御していると考えられる．また，細菌による有機物の代謝過程で，一部が微生物分解を受けにくい物質に化学的に変質し，難分解性の溶存物質として海水中に残存することが知られている．この働きは，結果として二酸化炭素の貯蔵につながるため，「微生物炭素ポンプ」と呼ばれている［➡61 微生物炭素ポンプ］．　〔**濵﨑恒二**〕

参考文献

1）F. Azam, T. Fenchel, J. G. Field, J. S. Gray, L. A. Meyer-Reil and F. Thingstad. 1983. *Mar. Ecol. Prog. Ser.* **10**: 257–263.

60 ラビリンチュラループ

微生物ループ，分解者，原生生物

海洋における生物生産では，植物プランクトンによる光合成を起点とする食物連鎖に加えて，微生物ループ［→59 微生物ループ］と呼ばれる有機物の分解・資化を起点とする食物連鎖が重要である．一般に，陸上生態系における分解者としては細菌類とともに菌類が挙げられるのに対して，海洋においては陸上における菌類のような役割を果たす生物の重要性については認識されてこなかった．しかし，近年ラビリンチュラ類というユニークな生物による有機物の分解・資化を起点とする生物生産経路（ラビリンチュラループ）が注目されている．

ラビリンチュラ類は沿岸域に普遍的に生息する直径5～20 μmほどの無色の原生生物である．古代の怪物を思わせる名前をもつこの生物は，分類学的には珪藻や褐藻などの藻類が葉緑体を獲得する以前に分岐した起源的な生物として位置づけられている．ちなみに，最近話題になった「石油を作る藻オーランチオキトリウム」も，キャッチコピーの是非に関する議論は別にして，歴としたラビリンチュラの一員である．

ラビリンチュラ類が生態学的に注目される

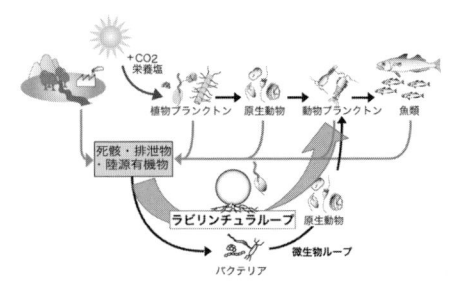

図2 ラビリンチュラループの概念図

理由の一つが生息域の広さと現存量の豊富さである．本生物群の生息域は，熱帯・亜熱帯地域のマングローブ域から中緯度域の沿岸・汽水域はもちろん，極域や深海にまで及んでいる．また，本生物群のバイオマスが同海域に存在する浮遊性細菌の3.5～43％にも達する場合があることが明らかとなっている．

加えて，ラビリンチュラ類はDHAなどに代表される高度不飽和脂肪酸を高濃度・高純度に生産・蓄積する能力をもっている．DHAは魚類の成長に必須であることがよく知られており，ラビリンチュラ類は稚魚や動物プランクトンにとって有用なフードソースになっているものと予想されている．

さらにラビリンチュラ類は，細菌類よりもはるかに大きいことから，微小鞭毛虫などの細菌類捕食者よりも高次の栄養段階に属する生物群に捕食されると考えられる．すなわち，他生物の死骸や環境中有機物を分解して得たエネルギーを高次栄養段階の生物に効率よく（直接的に）伝達することができる．

これらのことから，ラビリンチュラ類は質・量ともに，細菌類に匹敵する重要な分解者であると認識されはじめており，「ラビリンチュラループ」が沿岸域生態系に与える影響の重要性が認識されはじめている．

〔髙尾祥丈〕

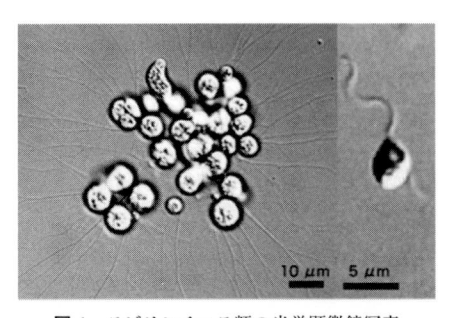

図1 ラビリンチュラ類の光学顕微鏡写真

参考文献
1) S. Raghukumar. 2002. *Europ. J. Protistol.* **38**: 127-145.

61
微生物炭素ポンプ

難分解性溶存有機物，炭素循環，温暖化

微生物炭素ポンプ（microbial carbon pump）は，Jiao et al.（2010）が提唱した海洋における炭素循環の概念である．従来の生物ポンプ（biological pump）[→63 海洋の炭素循環と微生物] とは異なる概念である．この新しい概念では，海洋微生物が難分解性溶存有機物（refractory dissolved organic matter, RDOM）を生成することで，数千年スケールで大気中の二酸化炭素を隔離（RDOMとして大気中の二酸化炭素を留め置くこと）していることを指摘している．海洋微生物による二酸化炭素の隔離は，地球上の炭素循環において重要な役割を担っており，地球温暖化のメカニズムを解明する鍵を握る．

微生物炭素ポンプは，易分解性溶存有機物（labile DOM, LDOM），準易分解性溶存有機物（semilabile DOM, SLDOM），あるいは粒子状有機物（particulate organic matter, POM）からRDOMへの微生物による変換メカニズム，およびそれらの相互作用に言及している（図1）．微生物によるRDOM変換が，海洋が果たす二酸化炭素隔離の駆動源となる．

海洋は巨大な炭素貯蔵庫であり，大気中の二酸化炭素の吸収源として機能している．人間活動によって放出された二酸化炭素のおよそ30％をも吸収していることが報告されており，温暖化の抑制に貢献している．そのため，海洋は地球規模での気候調節に影響を与えている．

海洋の有機炭素のほとんどが，DOMとして存在している．この炭素量はおよそ7,000億tとされており，陸上の全生物炭素量（およそ6,000億t）よりも多く，大気の二酸化炭素量（およそ7,500億t）に匹敵する．このDOMの90％以上はRDOMで占められている．RDOMの生成には微生物が深く関与しており，それを概念化したものが微生物炭素ポンプである．

RDOMは，生物によって分解されにくい．そのため，数千年以上もの間，海水中に漂い続け，海洋の二酸化炭素隔離に貢献している．RDOMの炭素の放射性同位体（^{14}C）平均年齢を調べると，4,000～6,000年であることが報告されている．これは，海洋大循環において海水が世界を一巡回する（550～2,000年）よりも長い．この事実は，微生物によるRDOMの生成が，海洋における大気中の二

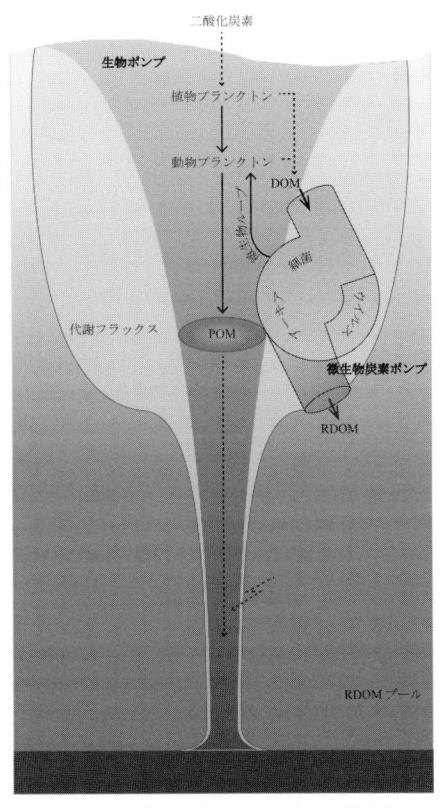

図1 海洋の炭素循環に関わる主要な微生物プロセス．文献1）を基に作成．

酸化炭素隔離の重要なメカニズムであることを示唆している.

現在では,微生物炭素ポンプにおけるRDOMの起源として,主に三つが挙げられている.一つ目は,LDOMあるいはSLDOMの細菌・アーキアによる代謝で,二つ目は,細菌・アーキアのウイルスによる溶菌や原生動物による捕食・排泄である.三つ目は,細菌・アーキアによるPOMの分解である.

従来の生物ポンプは,光合成による無機態炭素の有機物への固定,食物網による有機物の変換,成層構造の崩壊などの物理的混合,沈降や動物プランクトンの鉛直移動による有機物転送のプロセスを扱っている.つまり,生物ポンプでは有光層から深層への鉛直的な有機物の転送が強調されている.生物ポンプによって,年間最大およそ1.6億tもの炭素がPOMとして海底へ沈降している.

従来の生物ポンプの駆動源は一次生産であるのに対し,微生物炭素ポンプのそれは従属栄養的な微生物活性である.従来の生物ポンプでは,RDOMとして二酸化炭素が海洋に隔離されていることにはあまり触れられていない.したがって,海水柱におけるRDOMの大規模プールの生成メカニズムは,生物ポンプの概念では十分に考慮されていなかった.

生物ポンプは一次生産者が二酸化炭素を吸収・固定し,POMあるいはDOMとして深層へ有機物を転送するプロセスである.微生物炭素ポンプは,微生物活動がPOMあるいはDOMを利用し,RDOMを生成するプロセスである.これらのプロセスは,海水柱において密接に関わっている.微生物は,沈降するPOMをDOMに分解し,そのうちの一部をRDOMとする.微生物が利用したDOMの一部は,微生物ループを介して再び生物ポンプに取り込まれる.一方,沈降するPOMも海水からRDOMを吸着し,生物ポンプに取り込んでいる.

陸上の全炭素量にも匹敵するRDOMプールと微生物の相互作用は非常に重要になる.なぜなら,RDOMが数千年間も分解されずに炭素貯蔵庫として機能しているからである.ある微生物が利用できないRDOMは,多くの微生物にとっては永遠に利用することができない.一部の微生物はその限りではない.そのため,微生物のさまざまな系統群や機能グループレベルでのDOM利用能を理解する必要がある.

微生物炭素ポンプで注目されている主な疑問は,どれくらいの二酸化炭素隔離作用があるのか,RDOMの濃度や組成は時空間的にどのように変動しているか,微生物はなぜRDOMを代謝することができないのか,RDOMを代謝するうえで有機物の構造的な制約があるのか,などである.

地球温暖化が進行すると,海洋の成層構造がさらに強固なものとなり,海洋表層は貧栄養となる.この場合,一次生産が減少するため,生物ポンプによる二酸化炭素隔離の効率は悪くなり,微生物炭素ポンプがより重要となる.微生物炭素ポンプについて,学際的な解析と新規な手法を用いて,遺伝子レベルから生態系レベルにわたる幅広い研究が求められる.このような研究の積み重ねにより,地球の気候調節に果たす海洋の二酸化炭素隔離のメカニズムを把握することができるだろう.　　　　　　　　　　　　　〔谷口亮人〕

参考文献

1) N. Jiao, G. J. Herndl, D. A. Hansell *et al.* 2010. *Nat. Rev. Microbiol.* **8**: 593-599.

62
菌体外酵素

有機物分解

■ "泳ぐ胃袋"

透明に見える海水や湖水でも，その中には通常，1 ml あたり数万～100 万個程度の原核微生物細胞が含まれている．その多くは従属栄養性細菌である．従属栄養生物は"餌"を"食べる"必要がある．水圏の従属栄養性細菌は何をどうやって食べているのだろうか．彼らは，水の中にある溶存態有機物［→58 溶存有機物と微生物］（dissolved organic matter；濾過しても水と分けられない有機物）や粒子態有機物（particulate organic matter；生物体やその死骸，殻や糞，それらの凝集物など，濾過により水と分けることのできる有機物）を"餌"として，細胞膜を通した輸送により"食べる"．細菌が細胞膜を通して細胞内に取り込むことができるのは，分子量 600 程度よりも小さな分子に限られることが知られている．ところが，細菌にとって"おいしい餌"である生体高分子有機物（タンパク質など）は，もっと大きな分子である場合が多い．そこで従属栄養性細菌は菌体外酵素を用いる．動物ならば消化器官で使う消化酵素を自分の体の外（細胞外）に作用させることで，高分子有機物をあらかじめ途中まで消化し，細胞膜を通して取り込めるサイズにしてから細胞内に取り込むのである．このことから，水圏の従属栄養性細菌を"泳ぐ胃袋"と表現する研究者もいる．

■ 水圏物質循環における菌体外酵素

「菌体外酵素」とは，細菌が細胞外に作用させる酵素のことであり，酵素そのものの種類を規定するわけではないが，生態系においてとくに重要なのは，消化酵素として有機物の分解に寄与する加水分解酵素類（たとえば，プロテアーゼ，グルコシダーゼ，ホスファターゼ，リパーゼなど）である．こうした有機物分解酵素の働きは，水圏での物質循環，とくに有機物の動態や微生物食物網を考えるうえで，なくてはならないものである．水圏では，一次生産された有機物のうちの一部がなんらかの過程を経て溶存態有機物となり，それを従属栄養性細菌が利用することで，「微生物ループ」と呼ばれる物質の流れが駆動されていることが知られている［→59 微生物ループ］．菌体外酵素の作用なくしては，微生物は溶存態有機物を利用できず，すなわち，微生物ループが駆動されないことになる．また，水中に放出された"新鮮な"溶存態有機物分子は，その後さまざまな変遷・分解の過程を経ることになるが，菌体外酵素の作用はその第一段階といえる．

■ "はさみ"と"手裏剣"？

従属栄養性細菌の菌体外酵素は，溶存態有機物に対してどのように作用するのだろうか．菌体外（細菌細胞外）に作用する酵素としては，酵素本体が細菌細胞にくっついた（外膜やペリプラズムに埋まった）状態で細胞外に対して作用するものと，細菌細胞から放出されて，離れたところで基質に作用するものの両方がある．細胞にくっついた状態の酵素は，基質となる有機物分子が細胞近くにあればそれを断片化し，その結果できた産物を細菌は確実に取り込むことができる．いわば手に持った"はさみ"である．一方，細菌細胞から放出されて作用する酵素は，細菌が産物を獲得できるかどうかの確実性は劣るが，細胞から離れた位置にある基質にも作用することができる．いわば"手裏剣"である．しかし，忍者の手裏剣のように細菌自身が獲物を定めてそこをめがけて投げつけているのかどうかは，現在のところ明らかになっていない．放出した酵素や産物が拡散する可能性のある水圏では，確実に産物を得られる"はさみ"を活用するほうが有利なようにも思えるが，これまでの研究で，水圏の従属栄養細菌群集は"はさみ"も"手裏剣"もとも

に活用していることが，観測からもモデル計算からも示唆されている．

菌体外酵素が作用するのは溶存態有機物に対してばかりではない．水中に存在するさまざまな非生物体有機物粒子（生物遺骸，生物体を離れた殻，糞，それらの凝集物など）もその作用を受ける．細菌の餌となる有機物の少ない水圏においては，非生物体有機物粒子は"有機物ホットスポット"である．こうした有機物粒子には多くの場合，従属栄養性細菌が"かじりついて"いる．もちろん歯でかじっているわけではない．粒子に付着した細菌は，有機物の塊である粒子に菌体外酵素を作用させ，取り込み可能なサイズの有機物を切り出して取り込む．まさに"はさみ"の活用である．このような有機物粒子に付着した細菌群集は，取り込み可能な有機物を自分達が使う以上に切り出しており，有機物粒子からはこうした"おこぼれ"が滲出して，水中を漂う細菌群集をも養っている可能性があるといわれている．

■ **水圏の有機物分解酵素研究の実際**

水中の有機物分解酵素活性を測定する方法としては，ターゲットとする有機物分子の特徴を模したモデル基質を試水に添加し，添加した基質が分解される速度から，その有機物グループを分解する酵素の活性（ポテンシャル活性）を見積もる方法が一般的に用いられている．この方法は，水中に含まれる有機物分解能のポテンシャルを表現できる．しかし，実際に水圏に存在する多様な有機物分子に対して水中の酵素がどのように機能しているのかについては示すことができない．また，試水に含まれる酵素分子そのものの化学的情報や，その酵素を産生した起源生物についての情報も，直接的には得られない．これらについては，さまざまな手法の組合せによって状況証拠を積み重ねながら推測するアプローチがとられる．たとえば，いくつかの孔径のフィルターで試水をあらかじめ濾過してから，濾液に含まれる酵素活性を測定することで，溶存態・粒子態（サイズ別）といった存在形態ごとに分けて酵素活性を見積もることができる．細菌細胞サイズの粒子態画分の酵素は，前述の"はさみ"と考えることができる．一方，溶存態画分の酵素には，従属栄養性細菌の"手裏剣"が含まれる．しかし，環境水中で生物体から離れてしまった溶存態酵素の起源生物を実際に特定するのは難しい．細菌の"手裏剣"が溶存態酵素の一部であることは間違いないが，原生生物など，細菌以外の微生物も水中の溶存態酵素の起源として寄与している可能性も考えられる．また，"手裏剣"としての放出以外に，ウイルス感染などによる細胞破壊によっても環境水中に酵素が放出される．ただ，起源生物や放出プロセスがなんであるにしろ，溶存態酵素は基質となる有機物の分解に寄与し，その産物は従属栄養性細菌の"餌"となる．

酵素の実態や関連するプロセスについては未解明な点も多いが，水中の有機物分解酵素の機能が水圏微生物生態系に大きく貢献していることは間違いない．　　　　　〔大林由美子〕

63

海洋の炭素循環と微生物

一次生産，有機物，分解

　海洋の有光層（50〜200 m 程度までの光の届く層）に浮遊して生活する光独立栄養性の微生物群集，すなわち微細藻類（真核微生物）とシアノバクテリアは，光合成によって二酸化炭素を有機物に変換（固定）する．この炭素固定反応は以下の式で表される．

$$CO_2 + H_2O \rightarrow CH_2O + O_2 \quad (1)$$

　光合成による有機物の生産は，海洋生態系における炭素循環や食物連鎖の基盤となる重要なプロセスであるため，一次生産（あるいは基礎生産）と呼ばれる．また，式(1)からわかるように，一次生産は酸素を生成するプロセスでもある．

　地球規模で計算すると，光独立栄養微生物群集のバイオマスは炭素換算で30億t程度であり，陸上植物（6,100億t）に比べるとはるかに小さい．しかし，その一次生産量は炭素換算で年間約500億tと見積もられており，この値は，陸上植物の一次生産に匹敵するほど大きい．海洋の一次生産者は，後述する生物ポンプの駆動を通して，海洋の中・深層での溶存態無機炭素の貯留に深く関与している．

　一次生産によって生成された有機物の運命と，それが海洋の炭素循環や生態系において果たす役割は以下のようにまとめられる（図1）.

①食物連鎖：有機物の一部は，捕食性の真核微生物である原生生物や，動物プランクトンによって捕食される．原生生物や動物プランクトンは，魚類などの大型生物の餌となり，海の食物連鎖を支える働きをする．

②溶存態有機物への変換と微生物ループの駆動：光独立栄養微生物によって生産された有機物の一部は，溶存態有機物として水中に放出される．溶存態有機物の生成メカニズムには，光独立栄養微生物による生理的な分泌，捕食者の捕食・排出過程に伴う排出，ウイルス感染やオートリシスに伴う排出などがある．さまざまなプロセスを介して生成された溶存態有機物は，主に従属栄養性細菌群集によって利用される．海洋の有光層では，一次生産の平均50％に相当する溶存態有機炭素が，従属栄養性細菌によって消費される．その一部は異化的代謝（呼吸）により二酸化炭素に変換され，残りは同化的代謝によって菌体の生産に用いられる．全有機物消費に対する菌体生産の割合のことを増殖効率（または増殖収量）と呼び，海洋では，この値は一般に10〜20％程度である．生産された菌体の

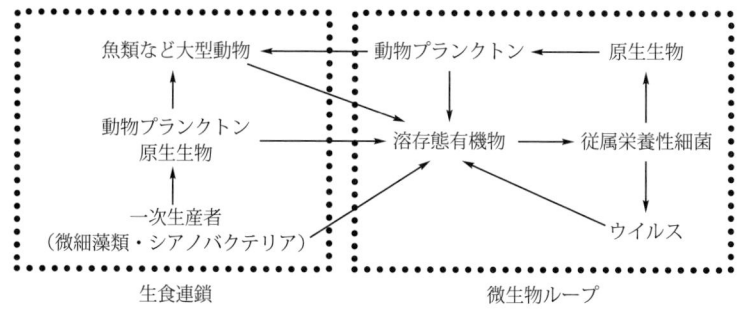

図1　海洋生態系の炭素循環を駆動する主食連鎖と微生物ループの概念図．粒子態有機物と微生物群集の相互作用系も炭素循環の駆動において重要な役割を果たすが，この図では省略されている．

一部は原生生物に捕食されて生食連鎖に合流する．溶存態有機物を基盤として，従属栄養性細菌，さらには原生生物へとつながる食物連鎖のことを微生物ループ［→ 54 微生物ループ］と呼ぶ．微生物ループは海洋炭素循環の重要な制御メカニズムの一つである．

従属栄養性細菌の生産の一部はウイルス感染に伴う細胞破壊を受けて，溶存態有機物に変換される．この溶存態有機物は再び従属栄養細菌によって利用される．ウイルスが駆動するこのような円環的な炭素循環経路のことをウイルス分流と呼び，生態系全体としての異化的代謝の促進メカニズムとして重要な役割を果たしている．

溶存態有機物の一部は，従属栄養性細菌による取込みや代謝を受けにくく，そのため，海水中に蓄積する傾向を示す．このような成分を難分解性溶存態有機物と呼ぶ．地球規模で推定すると，海水中に存在する溶存態有機物の総量は 6,600 億 t（炭素換算）と莫大であるが，その大部分は難分解性溶存態有機物である．したがって，海洋炭素循環を考えるうえで，難分解性溶存態有機物の挙動は無視できない．海洋における難分解性溶存態有機物の起源として，細菌の菌体成分（細胞壁や膜タンパク質）が重要であるという説があるが，生成プロセスや抗分解メカニズムについては未解明の点が多く残されている．

③生物ポンプ：一次生産で生成された有機物の一部（おおむね 10～20％）は，凝集物（可視的なサイズのものはマリンスノーと呼ばれる）や糞粒の形で沈降し，海洋の中・深層（無光層）へと移行する．これらの有機物は，沈降しながら微生物群集による分解を受ける．その反応は，式(1)の逆反応であり，以下のように表される．

$$CH_2O + O_2 \rightarrow CO_2 + H_2O \quad (2)$$

式(2)から明らかなように，有機物の分解が進むと，水中の酸素が消費されるとともに，二酸化炭素が排出される．太平洋の平均的な深さ（約 4,000～5,000 m）の水柱中では，沈降によって無光層へと移行した有機炭素の 98％が水中で分解され，残りのわずか 2％が海底に到達し埋没する．

有光層における一次生産（式(1)），凝集物や糞粒の沈降，さらに，海洋の中・深層における分解（式(2)）の一連の過程により，大気中の二酸化炭素は，海洋の中・深層へと移行し，そこで溶存態無機炭素の形で貯留される．この炭素の鉛直輸送・貯留メカニズムのことを生物ポンプと呼ぶ．生物ポンプは，地球システムにおける炭素の分配や炭素循環の時間スケールを支配するメカニズムの一つとしてきわめて重要である．単純化していえば，生物ポンプが活発に働けばより多くの炭素が海洋の中・深層に貯留され，大気中の二酸化炭素濃度は減少する．逆に，生物ポンプの働きが弱まれば，大気中の二酸化炭素濃度は増加する．炭素の鉛直輸送を担う凝集物や糞粒は，微生物群集の生息場所としても重要である．凝集物の内部や表面の微環境には，水中とは異なる微生物群集が発達し，凝集物の物理的構造や化学組成を改変する．このことは，海洋炭素循環の制御に大きく関わっている．

海洋の中・深層における有機物の分解の主役は従属栄養性細菌であると考えられてきたが，近年，これらの層において，細菌と同程度の密度でアーキアが生息しており，従属栄養活性と化学無機栄養活性を示すことが報告されている．アーキアが海洋炭素循環において果たす役割についてはまだ未解明の点が多い．

〔永田　俊〕

参考文献

1) T. Nagata. 2000. *Microbial Ecology of the Oceans* (D. L. Kirchman ed.), pp.121-152. Wiley-Liss.
2) T. Nagata. 2008. *Microbial Ecology of the Oceans. 2nd edition* (D. L. Kirchman ed.), pp.207-241. Wiley-Liss.

64

海の窒素固定

シアノバクテリア，窒素循環

　生物の必須元素の一つである窒素は，海洋では主に陸水，窒素固定によって窒素循環へ導入される．そのため，陸水の流入がほとんどない外洋域，とくに太平洋や大西洋の熱帯・亜熱帯の有光層では窒素ガス（N_2）をアンモニアに還元する窒素固定が重要となっている．窒素固定生物の多くは，細胞の必要とする窒素量以上の窒素を固定し，余剰分をアンモニアやアミノ酸の形で細胞外へ排出する．この排出された窒素源が熱帯・亜熱帯の外洋域の一次生産を支えていると考えられている．

　窒素固定酵素ニトロゲナーゼは nifH にコードされる Fe タンパク質と nifDK にコードされる MoFe タンパク質の複合体である．両タンパク質は酸素に晒すと1分以内に失活するという非常に高い酸素感受性がある．窒素固定生物が出現した25億年前は地球大気の酸素濃度は低く，ニトロゲナーゼに適した環境であった．その後の酸素濃度の増加に伴い，窒素固定生物はニトロゲナーゼを酸素から守る機構を発達させてきた．一方，ニトロゲナーゼそのものは大きな構造変化はなく，現在まで高い保存性を維持してきた．nifH 遺伝子の系統樹は 16S リボソーム RNA 遺伝子の系統樹と類似していることから，窒素固定は共通の祖先からの垂直伝播を主軸に，数回の水平伝播によって拡大したと考えられている．

　海洋の窒素固定生物の研究は，保存性が高い nifH 遺伝子を指標遺伝子とした分子生物学的手法の導入により1990年代後半以降飛躍的に進んだ．海洋ではアーキアやシアノバクテリア，プロテオバクテリアなど，多種多様な窒素固定生物の nifH 遺伝子が検出された．現在では1万以上の配列がデータベースに登録されている．また，窒素固定生物が存在する地域は，熱帯・亜熱帯だけでなく，バルト海や高緯度地域，さらに深海や極域など，世界各地にわたる．なかでも熱帯・亜熱帯の貧栄養域では，多くのシアノバクテリアの nifH 遺伝子が見つかり，重要な窒素固定生物として着目されてきた．

　シアノバクテリアは，光合成により酸素を発生する．窒素固定は酸素感受性が高いため，窒素固定シアノバクテリアは光合成と窒素固定という相反する過程を両立させなければならなかった．さまざまな形態，生活様式をもつシアノバクテリアでは，それぞれが多様な光合成と窒素固定を両立させるメカニズムを発達させてきた．

　海洋の窒素固定シアノバクテリアで最も有名な糸状体性のシアノバクテリア *Trichodesmium* は，熱帯・亜熱帯の貧栄養域に広く分布する．糸状体は図1Aのように，肉眼で見える塊となることから，ダーウィンの航海記にも"1832年に南大西洋で多数の

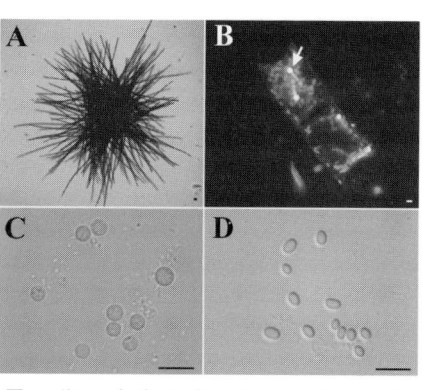

図1　海の窒素固定シアノバクテリア *Trichodesmium*（A）コロニーの実体顕微鏡写真（福井県立大・大城　香教授提供）と珪藻 *Hemiaulus* に共生する *Richelia* の蛍光顕微鏡写真（B，矢印：*Richelia* のヘテロシスト）．*Crocosphaera watsonii* WH8501（C）と *Cyanothece* sp. TW3（D）の光学顕微鏡写真．バーは10μm．（口絵13参照）

Trichodesmiumのコロニーを観察した"と記録が残されている．その後，Trichodesmiumは，光合成による酸素発生がある昼間に窒素固定を行うことが海洋サンプルで発見された．しかし，生理的な解析が進んだのは，培養が成功した1986年以降であった．現在では，Trichodesmiumでは窒素固定と光合成を分単位で交互に行っている可能性や，窒素固定を行っている間は酸素を発生しない光合成系でエネルギー生産を行っている可能性が示唆されている．

Trichodesmiumと同様に熱帯・亜熱帯の外洋域に分布する糸状体性の窒素固定シアノバクテリアRicheliaは，通常は珪藻を宿主として共生生活を営んでいる．Richeliaは数個～10個の細胞が連なり，片方の末端に一回り大きなヘテロシストと呼ばれる窒素固定専用の細胞を分化する（図1B）．ヘテロシストは厚い細胞壁で酸素の浸透を抑えているほか，酸素を発生する光化学系IIを欠いているため，細胞内の酸素分圧が低く保たれ，窒素固定を可能にしている．ヘテロシストで固定された窒素は近隣細胞へ輸送され，逆に光合成産物がヘテロシストへ輸送される．この空間的分離に加え，宿主による酸素消費も窒素固定に適した環境を構築している．一方宿主は窒素固定産物を窒素源として利用することで共生関係が成立している．

TrichodesmiumやRicheliaのような糸状体性の窒素固定シアノバクテリアは，前述したように19世紀から知られていた．一方海洋の単細胞性の窒素固定シアノバクテリアは，20世紀末に分子生物学的手法により発見された．現在海の単細胞窒素固定シアノバクテリアはnifH遺伝子の系統解析に基づきA，B，Cの三つのグループに分けられている．グループAは，1μmほどでいまだ分離が成功していない．海水サンプルでは，グループAのnifH遺伝子の発現が昼間に高くなることから，光合成を昼間に行う唯一の単細胞シアノバクテリアとして注目された．しかし，全ゲノム配列の解読により，光化学系II，カルビン-ベンソン回路，TCA回路，複数のアミノ酸合成経路など，多くの代謝系を欠くことが明らかになり，自足生活は不可能でほかの生物に共生している可能性が示唆されている．

グループBは，1988年に大西洋で分離された3～6μmの球形のシアノバクテリアCrocosphaera spp.（図1C）に代表される．Crocosphaeraは，窒素固定を夜間に行うことから，昼間に行う光合成と時間的に分離することによって，酸素の影響を回避していると考えられている．グループCには，Cyanothece（図1D）と淡水産珪藻Rhopalodiaに共生するシアノバクテリアと近縁な未分離のグループが含まれる．Cyanotheceは窒素固定を夜間に行う．一方未分離のグループは，同じグループのRhopalodiaに共生するシアノバクテリアでは宿主による酸素消費が昼間の窒素固定を可能にしていると考えられていることから，同様に宿主との共生により窒素固定を行っていると考えられる．

近年の分子生物学的手法の発達により，新規窒素固定生物の発見や，窒素固定生物の世界的な分布が明らかになった．しかし，分離株が少ないため，これらの窒素固定生物の生理特性情報は限られている．今後，海洋の窒素固定生物の生理生態や，窒素循環における窒素固定生物の役割を明らかにするためには，分離株を増やし，生理特性情報を蓄積することが重要となる． 〔谷内由貴子〕

参考文献
1) 藤田善彦，大城 香．1991．ラン藻という生きもの．東京大学出版会．
2) L. Riemann, H. Farnelid and G. F. Steward. 2010. *Aquat. Microb. Ecol.* **61**: 235-247.
3) J. P. Zehr. 2011. *Trends. Microbiol.* **19**: 162-173.

65

海洋の窒素循環と微生物

窒素固定，窒素同化，窒素再生，硝化，脱窒

窒素は生物の主要な構成成分であり，海洋微生物の乾重量の約10％を占めている．窒素は生物を構成する炭素やリン，そのほか微量元素と連動して海洋で循環している．とくに窒素に着目して海洋物質循環をみることの重要性を示す事実として，ほとんどの海域における基礎生産が窒素によって制限を受けているということがある．基礎生産は生物を介した物質循環のすべての始まりである．そのため窒素の動態に着目して生物生産をみることで海洋表層の物質の流れ，動き（フロー）を俯瞰することが可能になる．

窒素は海洋中でさまざまな形態で存在しており，ほとんどの形態は生物利用可能（以下，固定窒素（fixed nitrogen）と総称する）であるが，窒素ガスだけは窒素固定生物しか利用することができない．窒素固定（nitrogen fixation）は水中に存在する窒素ガスを還元してアンモニアを合成する生化学過程であり，窒素固定を行えるのは窒素ガス還元酵素（ニトロゲナーゼ）をもつ一部の原核生物に限られる．窒素固定により固定された窒素は窒素固定生物およびそのほかの植物プランクトンによってただちに有機物に変換され，その後表層および下層への沈降過程で動物プランクトンや細菌などにより消費，分解される．ここで生じたアンモニアは硝化生物によって硝酸塩にまで酸化される．そして硝酸塩が脱窒（denitrification）によって最終的に窒素ガスに変換されることで，固定窒素が循環から抜ける．これは窒素固定から脱窒までの主な直線的な窒素循環経路であるが，窒素はここで挙げた以外にも窒素固定から脱窒までの間でさまざまに形態を変え海洋内を循環しており，平均滞留時間は約3,000年とされている[1]．ここでは生物を介した主な窒素変換過程について紹介する．

■ 窒素固定

窒素固定生物はほかの基礎生産者が利用可能な窒素源の乏しい貧栄養海域の表層で生態学的に有利となる．海洋性窒素固定生物として古くからよく知られているのは *Trichodesmium* 属のシアノバクテリアである．*Trichodesmium* 属は熱帯亜熱帯貧栄養海域に広く分布しており，しばしばブルームを形成する．また *Trichodesmium* 属より生物量は少ないが同じ熱帯亜熱帯貧栄養海域において，珪藻類に共生する *Richelia intracelluaris* も窒素固定を行う．さらに近年，単細胞性の窒素固定生物の存在が明らかになり，それらが熱帯亜熱帯貧栄養海域の大部分において主要な窒素固定者となることが示されている．窒素固定活性は鉄やリンの濃度，水温によって支配されることが知られており，種ごとに水温依存性や鉄，リンの利用能が異なることが明らかになっている．そのため水温分布や鉄，リンの供給量の差によってそれぞれの窒素固定生物の分布域を決めている可能性が示されている．

■ 窒素同化（nitrogen assimilation）と窒素再生（nitrogen regeneration）

ほぼすべての植物プランクトンは硝酸塩や亜硝酸塩，アンモニアなどの無機態窒素以外にも尿素やアミノ酸といったような溶存有機

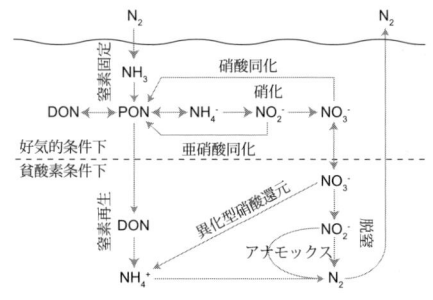

図1 海洋の窒素循環（文献3）を一部改訂）．PONは粒状有機態窒素

態窒素（dissolved organic nitrogen, DON）も利用することができる．植物プランクトンによる窒素同化は，その利用する窒素の供給源の違いで分けて考えることで，海洋表層の物質循環を把握することにつながる．基礎生産において生態系の外から供給される窒素（窒素固定，有光層以深からの硝酸塩など）による生産は新生産（new production）と呼ばれ，アンモニアや溶存有機態窒素のような生態系内で再生された窒素による生産は再生生産（regenerated production）と呼ばれる．新生産は生産された有機物の沈降量とバランスするものであり，海洋の正味の二酸化炭素吸収量と同義であると考えられている．窒素再生は植物プランクトンや窒素固定生物，細菌などから直接的な放出，動物プランクトンなど大型の捕食者による排出や捕食過程，ウイルス感染に伴う細胞溶解などのさまざまな過程により起こる．

■ 硝化（nitrification）

アンモニアから硝酸へと微生物を介して酸化される過程は硝化と呼ばれ，アンモニアから亜硝酸，亜硝酸から硝酸への二過程からなり，それぞれ反応に寄与する生物が異なる．硝化は光および基質濃度によって制限を受けることが知られており，そのため一般に有光層以深で行われていると考えられている．そしてそのなかでも分解によるアンモニアの再生が活発に起こっている有光層直下や堆積物表層で硝化活性がピークをもつことが示されている．硝化に寄与する生物は近年までProteobacteria 門および Nitrospira 門に属する細菌によってのみ行われていると考えられていた．ところが近年，アーキアがアンモニア酸化能をもつことが示された．このアンモニア酸化アーキアの現存量はアンモニア酸化菌に比べてほとんどの海域で高いことから，現在，アンモニア酸化アーキアは海洋における主要なアンモニア酸化生物と考えられている．

■ 脱窒

固定窒素を最終的に窒素ガスに変換する過程は脱窒と呼ばれる．脱窒過程において必要条件となるのは低酸素濃度と窒素酸化物である．そのため酸素極小層において反応のピークがみられ，とくに東部北太平洋熱帯域と東部南太平洋熱帯域，アラビア海の酸素極小層は脱窒が活発な海域として知られている．また一般的に堆積物中は貧酸素状態になりやすく，とくに陸棚域の堆積物中では脱窒が活発に行われている．従来，脱窒は従属栄養過程であると考えられてきた．これは嫌気条件下で窒素酸化物を最終電子受容体として有機炭素を代謝する系である．これらの脱窒を担う生物は細菌やアーキアだけではなく，真菌類に属する種も含まれる．一方，近年発見されたアナモックス反応は独立栄養過程であり，嫌気条件下で亜硝酸塩を電子受容体，アンモニアを電子供与体として二酸化炭素を固定する．アナモックス反応では窒素ガスが最終産物として生じるため，脱窒に含まれる．アナモックスを担う生物として現在知られているのは Planctomycetales 目に属する細菌である．近年の見積もりによると全海洋の脱窒の30～50％はアナモックスによって担われているとされている[2]．　　〔塩崎拓平〕

参考文献

1) N. Gruber. 2008. *Nitrogen in the Marine Environment* (Second Edition) (D. G.Capone et al. eds.), pp.1-50. Academic Press.
2) M. Kuypers, G. Lavik and B. Thamdrup. 2006. *Past and Present Water Column Anoxia* (L. N. Leretin ed.), pp.311-335. Springer.
3) K. R. Arrigo. 2005. *Nature.* **437**: 349-355.

66

磯の香りと微生物

ジメチルサルファイド，ガス代謝，気候変動

　海岸や磯に出たときに感じる特有の匂い「磯の香り」は，海藻類に含まれる成分の分解によって生じる揮発性物質に由来する．この物質は，硫化ジメチル（DMS）という有機硫黄化合物の一種である．海水中で生成されたDMSは，大気中に放出され，光による化学的な酸化反応によって，二酸化硫黄，メタンスルホン酸あるいは硫酸に変化し，さらに硫酸塩エアロゾルとなる．硫酸塩エアロゾルは，太陽放射を散乱・吸収するとともに，高い吸湿性によって雲の凝結核を形成するため，DMSの生成は太陽光の反射と雲粒数の増加につながり，地球の気候変動に寄与することになる（図1）．

　海洋におけるDMS生成の主たる起源は，光合成生産者である植物プランクトン（微細藻類）であり，珪藻あるいは渦鞭毛藻やハプト藻などの単細胞の微細藻類がDMSを生産することが報告されている．たとえば，南極海においては，衛星観測によって海洋表面のクロロフィル（藻類の光合成色素）量と雲の発生量に相関があることが報告されている．これらの植物プランクトンは，DMSの前駆物質となるジメチルスルホニオプロピオネイト（DMSP）を合成する．DMSPは，海水中の硫酸イオンが還元されて生成する化合物で，浸透圧の調整，分解物のアクリル酸による細菌や動物プランクトンからの防御，生体反応におけるメチル基の供与に利用されていると考えられている．また，極域に生息する植物プランクトンの場合は，細胞内に大量のDMSPを蓄積することにより，凝固点降下による凍結防止物質として機能しているとされている．DMSPは，DMSPリアーゼという酵素の働きによって，DMSとアクリル酸に分解される．DMSPリアーゼは，DMSPを生産する植物プランクトン自身に含まれるほか，海水中の細菌もこの酵素をもつことが知られている．また，生成したDMSも細菌によって変換分解されることが報告されている．

　生物起源の気体状硫黄化合物の大気への放出量は98 TgS/yearであり，化石燃料など人為起源の放出量とほぼ等しいと見積もられている．このうち，海洋で生成するDMSの放出量は40 TgS/yearとされている．つまり，海洋起源のDMSは，生物起源全体でみても40％の放出量割合を占めており，地球規模の硫黄循環において主要な流れを形成している化合物であるといえる．一方，海洋から大気に放出されるDMS量は海水中で生成される全量の10％未満とされている．これには，海水中での細菌によるDMS消費が大きく寄与しており，細菌活動の時空間的な変動がDMSの生成と大気への放出に影響を与えて

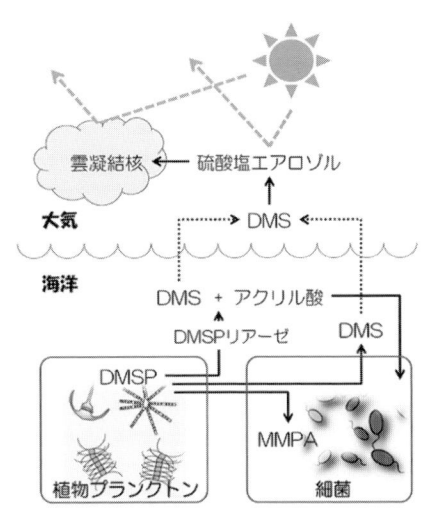

図1 海洋でのDMS生成と気候への影響．植物プランクトン由来のDMSPは，微生物の代謝活動によってDMSに変換後，揮発性ガスとして大気中に放出される．その後，エアロゾルや雲の凝結核となり日射量を変化させる．

いることが指摘されている．植物プランクトンや細菌といった海洋の微生物活動が，地球規模での雲の生成と日射に大きな影響を与えており，地球規模での気候変動を考えるうえでその動態が注目されている．

DMS生成は植物プランクトン量と活性に依存するため，光合成生産力が高ければDMS生成量も多いが，DMS濃度と植物プランクトン量の指標であるクロロフィル量との間には明確な相関がない場合も多い．その理由は，植物プランクトン種の違いによって細胞内に含まれるDMSP量が異なるうえに，細菌によるDMSP分解は必ずしもDMS生成を伴わないことや生成したDMSも細菌による分解や変換を受けるからである．海洋におけるDMSPからDMSへの生成速度や，生成過程，DMSから雲の発生に至る時間スケールを明らかにするためには，植物プランクトンによる前駆物質（DMSP）の生産と同時に，こうした細菌による分解や変換過程を明らかにする必要がある．

現在，細菌によるDMSP分解経路，DMSの変換や分解経路としてそれぞれ三つの経路が知られている（図2）．DMSP分解経路としては，加水分解酵素DMSPリアーゼの働きでアクリル酸とDMSに分解される経路，DMSPにアシルコエンザイム（Acyl-CoA）が結合する過程を経てDMSへ開裂する経路，DMSPが脱メチル化され3-メルカプトプロピオン酸メチル（MMPA）に変換される経路が明らかにされている．また，DMSの変換と分解経路としては，好気的にメタンチオールとホルムアルデヒドとなる経路，好気的酸化によってジメチルスルホキシドに変換される経路，嫌気的に電子供与体として利用する経路が報告されている[1]．〔濱﨑恒二〕

参考文献
1) C. R. Reisch, M. A. Moran and W. B. Whitman. 2011. *Front. Microbio.* **2**: 172.

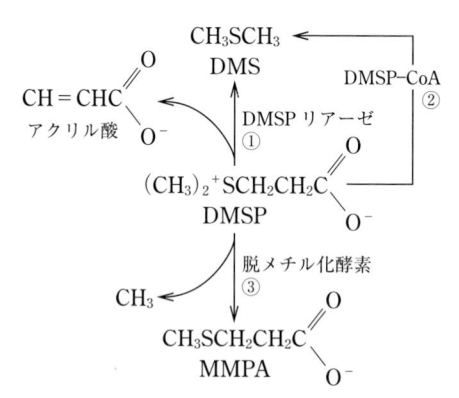

図2 細菌によるDMSPの代謝．植物プランクトン由来のDMSPは，主に三つの経路（①〜③）で代謝され，そのうち①と②の経路はDMSを生成し，③は生成しない．

67

海洋の硫黄循環と微生物

硫酸還元菌,硫黄細菌,硫黄化合物,酸化還元

硫黄は6個の荷電子をもち,S^{2-}（硫化物）の$-II$からSO_4^{2-}（硫酸）の$+VI$までの酸化数をとるため,非常に多様な硫黄化合物が存在する.海洋には,その大部分は最も酸化されたSO_4^{2-}として多量に存在している.

海洋に存在する多様な硫黄化合物は,生物による酸化や還元などの生物学的な反応と,生物を介さない無機化学的な反応によって相互に変換される.好気的な環境では,SO_4^{2-}は従属栄養微生物や藻類により同化的に還元され,2価の有機硫黄に転換され含硫アミノ酸を経てタンパク質に合成される.SO_4^{2-}は硫酸アデニルトランスフェラーゼによってATPと反応してアデニル硫酸（adenosine 5′-phosphosulfate, APS）となり,さらにAPSキナーゼの作用によりATPと反応して3-ホスホアデニル硫酸（3-phosphoadenosine 5′-phosphosulfate, PAPS）になる.その後,PAPS還元酵素によりSO_3^{2-}に還元され,さらに亜硫酸還元酵素によってS^{2-}となり,システインやメチオニンなどの含硫アミノ酸のメルカプト（-SH）へと取り込まれる.この含硫アミノ酸を含むタンパク質は,分解過程でさまざまな微生物群によって代謝され,H_2Sとして放出される.また,一部の微細藻類や多細胞の藻類から硫化ジメチル（DMS）が,シアノバクテリアからメルカプタン類が有機態硫黄として放出され,海洋から大気への硫黄循環の大勢を占めている.

一方,嫌気的な環境ではSO_4^{2-}は硫酸還元菌によって異化的にS^{2-}に還元される.硫酸還元菌には*Archaeoglobus*属などのアーキア,*Desulfotomaculum*属などのグラム陽性細菌,*Desulfobacter*属や*Desulfovibrio*属などのグラム陰性のプロテオバクテリアといった多様な種類が含まれ,異化的にSO_4^{2-}を還元する細菌の一群である.有機酸などを電子供与体として利用するため,嫌気的な環境における有機物分解過程の最終段階を担っている.

SO_4^{2-}の異化的還元反応はAPSの生成までは同化的還元反応と同じであるが,PAPSを経ることなくAPSレダクターゼによってSO_3^{2-}に還元され,最終的に亜硫酸還元酵素により6個の電子を受け取りS^{2-}へと還元される.デスルホビリジンやデスルホルビジンなどの硫酸還元菌の分類の指標として用いられるタンパク質は亜硫酸還元酵素である.この酵素は異化的にSO_4^{2-}を還元する細菌（アーキアを含む）に共通に存在し,その塩基配列の相同性が高く,硫酸還元菌を検出するためのマーカーとして用いられている.

硫酸還元菌によって生成されたS^{2-}は,鉄などと反応しFeSとして沈殿し,有機汚濁の進行した海域の底泥が黒くなっている原因となる.このFeSはさらに還元されるとパイライト（pyrite, FeS_2）として海底泥に蓄積する.

一方,このS^{2-}は無機化学的な反応や種々の微生物の代謝による酸化をうけS^0,SO_3^{2-},$S_2O_3^{2-}$などが生成される.これらの還元型硫黄化合物を酸化して増殖する細菌群を硫黄細菌と称する.この硫黄細菌は系統学的に多岐にわたる種類の細菌を含み,生理・生態も多様であるが,大きく以下の二つのグループに分けられる.一つは,還元型の無機硫黄化合物の酸化によってエネルギーを獲得する化学合成細菌の無色硫黄細菌であり,もう一つは,電子供与体として還元型硫黄化合物を利用して酸素非発生型の光合成を行う光合成硫黄細菌である.無色硫黄細菌である*Thiobacillus*や*Beggiatoa*などの多くは生育のために分子状酸素を必要とし,好気的な環境で還元型硫黄化合物を酸化する.酸素非発生型の光合成硫黄細菌である紅色硫黄細菌や緑色硫黄細菌などは嫌気的な環境で還元型硫

黄化合物を酸化し，最終的にはSO_4^{2-}にまで酸化する．

有機物濃度が高く泥の還元層が表層から発達しているような水域や，水深が30 m程度までの浅く，水の鉛直混合が起こらないような湖沼などでは，深層が嫌気的になっており，水中にもS^{2-}が存在する場合がある．このような水域では図1に示したような硫黄の循環を形成している．すなわち，嫌気的な底泥中や深層水中では有機物の嫌気的分解や硫酸還元菌によってH_2Sが生成される．生成されたH_2Sは水中を拡散し，酸化還元境界層に達すると，酸素非発生型の光合成硫黄細菌によってSO_4^{2-}にまで酸化される．これらの酸素非発生型の光合成細菌は光の存在下でCO_2を固定する嫌気性細菌であるため，嫌気的環境下で光が届き，還元型硫黄化合物が存在するという限られた条件でのみ，これらの光合成細菌は生存できる．そのため，光合成硫黄細菌の分布は浅海域の海底表層や成層の発達した水域の酸化還元境界層などに限られる．このような水域の酸化還元境界層付近の水を採取すると，赤く着色しているのを肉眼ではっきりと確認できる場合がある．これは緑色硫黄細菌や紅色硫黄細菌が高密度に存在するためである．硫黄細菌によって生成されたSO_4^{2-}は嫌気的な条件下で再び硫酸還元菌の電子受容体として働くこととなり，H_2Sへと還元される．一方，境界層以浅へと拡散したH_2Sは化学的な酸化を受けるか，*Thiobacillus*や*Thiomicrospira*, *Beggiatoa*などの無色硫黄細菌によってS^0, $S_2O_3^{2-}$, SO_4^{2-}などに酸化される．

生成されたS^{2-}は，硫黄細菌や化学的な酸化によって最終的にSO_4^{2-}にまで酸化されるが，S^0や$S_2O_3^{2-}$が中間産物として生成される．硫酸還元菌の一部（*Desulfovibrio sulfodismutans*や*Desulfocapsa sulfoexigens*など）は，S^0や$S_2O_3^{2-}$を同時にS^{2-}とSO_4^{2-}に変換することができる．S^0の酸化数は0，$S_2O_3^{2-}$の二つある硫黄元素の酸化数はそれぞれ$-I$と$+V$であるので，硫黄元素の酸化と還元が同時に起こる，いわゆる不均化（disproportionation）という反応を行っている．SO_4^{2-}やS^{2-}の濃度に比べてこれらの硫黄化合物の濃度は非常に希薄であるが，S^{2-}の酸化によって生成される主要な中間産物であることを考えれば，硫黄の循環過程のなかでこの不均化に関与する細菌の役割も生態学的に重要であると考えられる．　〔近藤竜二〕

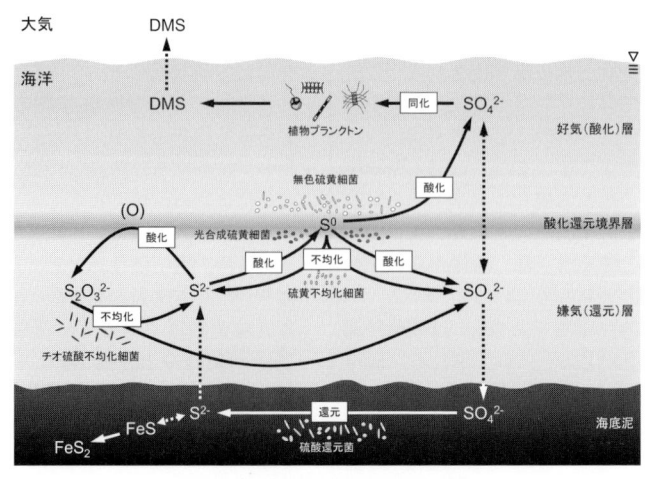

図1 海洋の硫黄循環と微生物過程

68 海洋のリン循環と微生物

細胞のサイズ，細胞のリン含量，収量

　リンは生物の必須元素の一つである．細胞の遺伝情報として重要な DNA や RNA，生体エネルギー代謝に必要な ATP，細胞膜の主要な構成要素であるリン脂質など，重要な働きを担う化合物の中に存在する．海洋のリン循環を考えるとき，リンは無機リン，溶存態有機リン，粒状態有機リンの三つに大別される．無機リンは水溶性で，藻類や細菌など浸透によって物質を細胞内に取り込む生物にとって最も利用しやすく，海水中では通常 $H_2PO_4^-$，HPO_4^{2-}，PO_4^{3-} の状態で存在する．溶存態有機リンはリン元素を含むさまざまな形態の溶存態有機物の総称である．粒状態有機リンは，生物の細胞を構成するリンおよび非生物粒子に含まれるリンの総称である．

　海洋生態系では，陸上生態系と同じように，植物の光合成生産（一次生産あるいは基礎生産）による有機物が，生態系を支える主要なエネルギー源である．陸上生態系と違う点は，肉眼では直接見ることのできない単細胞の藻類，すなわち植物プランクトンが，海洋生態系の光合成生産の大半を担っていることである．表層では，植物プランクトンの有機物生産に伴って栄養塩（無機窒素・リンなど）が消費される．一方で，表層から光の届かない中深層のいたるところで，細菌や動物プランクトンが有機物を分解代謝することによって栄養塩は再生される．その結果，一般に栄養塩濃度は表層で低く，中深層で高い．

　生物の生長速度はさまざまな環境要因（温度，光，pH，栄養塩，餌など）によって決定される．複数の環境要因のうち，ある特定の要因が好適条件を満たさないために生物の生長が制限される場合，これを制限要因と呼ぶ．生物が生長に必要とする物質の化学量組成は一定の範囲にある．たとえば，ある栄養塩が十分に供給されない場合，いくらほかの栄養塩が十分に供給されても，その生物の生長速度は前者の栄養塩の供給速度に制限されることになる．利用可能な有機物の元素組成比によって，細菌は生態系内の有機物を分解して栄養塩を再生するだけでなく，栄養塩を消費することもある．つまり海洋表層では，低濃度で存在する無機リンをめぐって植物プランクトンと細菌が競合関係となることがある．この限られた資源をめぐる競争に生き残るための微生物の特徴についていくつか説明する．

■ 細胞あたりの無機リン取込み収量の増加

　海洋生態系では，物質循環の出発点となる基礎生産者のサイズがいわゆる微生物サイズであることが大きな特色である．海水中の無機リンの濃度が十分に低い場合，遊泳能力をもたない微生物が無機リンの分子と遭遇する上で拡散輸送が重要な役割を果たす．細胞サイズが小さいと，単位体積あたりの表面積（比表面積）が大きくなる．細胞あたりのリン含量が細胞体積に比例する場合，細胞サイズが小さいほど細胞あたりのリン要求量は小さくなる．つまり小さい細胞ほど，無機リン分子を取り込んだ場合の細胞あたりの収量が大きくなる（図 1a）．

　比表面積が同じ細胞であれば，単位体積あたりのリン要求量の小さい細胞の方が，同じ量のリンを細胞内に取り込んだ場合の細胞あたりの収量が大きくなる（図 1b）．貧栄養海域で卓越するシアノバクテリア Prochlorococcus, Synechococcus（細胞サイズ約 1 μm 以下）のリン含量は，光量が少ないが無機リン濃度が比較的高い有光層下部に分布する細胞に比べると，光量が多いが無機リン濃度が非常に低い海表面付近の細胞のほうが小さい．さらに，これらのシアノバクテリアは，リン制限状態になると，細胞膜に占めるリン脂質の割合が減少し，スルホ脂質（リンを含まない）の割合が増加する．つまり細胞サイ

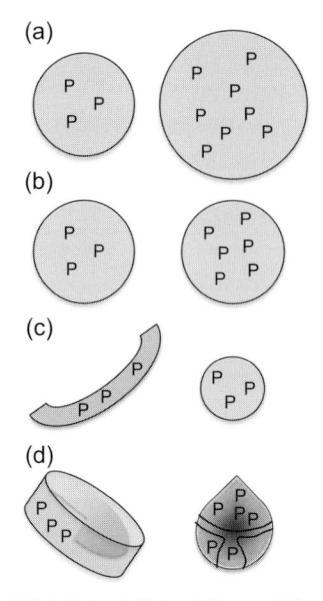

図1 細胞あたりの無機リン取込みの収量を大きくする仕組み．(a) 細胞を小さく保つ．(b) 単位体積あたりのリン含量を小さくする．(c) 一部の細菌は，有機炭素（細胞骨格）の量を増やして細胞サイズを大きくすることで，単位体積あたりのリン含量を小さくし，表面積を増加．(d) 珪藻（左）はリンを含まない液胞が細胞質の大半を占めることで，単位体積あたりのリン含量を小さくし，表面積を増加．

ズはそのままで，細胞あたりのリン含量を小さくする機能がある．

細胞サイズの大きい微生物は，リンに対して炭素や窒素などの非制限物質をより多く含むことで細胞あたりのリン取込み収量を大きくしている．つまり単位体積あたりのリン要求量を小さくすると同時に，細胞サイズを大きくして表面積を増大させることで無機リン分子との遭遇確率が高くなる．細菌のなかには，リン制限状態下で細胞の炭素含量が大きく増加し，細胞の形態を球状からフィラメント状へと変化して細胞サイズが大きくなるグループがいる（図1c）．珪藻は，細胞が珪酸質の殻で覆われ，細胞質のかなりの部分を液胞が占めている（図1d）．リン制限状態では液胞内にリンはほとんど存在しない．

■ 溶存態有機リンの利用

リン制限状態では，海水中の無機リン濃度が 10^{-6} mol あるいはそれ以下になる．このような状態でも，溶存態有機リンは通常無機リンの10倍かそれ以上の濃度で存在する．一定の分子量以上の分子化合物は，そのまま細胞膜を通過することができないが，リン制限状態になると植物プランクトンや細菌は，有機物からリン分子を切り離すための酵素を生産する．現在の分析技術を駆使しても，海水中の溶存態有機リンのごく一部の分子組成しか明らかにできないが，高分子画分（1〜100 nm）ではモノホスフェートエステル（C-O-P結合）とホスホネート（C-P結合）を含む有機物の占める割合が大きいことがわかっている．たとえば，C-O-P結合は，多くの微生物が生産するアルカリホスファターゼによって加水分解される．これに対してC-P結合は化学的に安定しているので，生物にとって難分解性と考えられていた．しかし，貧栄養海域の表層に分布する窒素固定シアノバクテリア *Trichodesmium* が，C-P結合を加水分解する酵素を生産することが近年明らかにされた．

■ リンをめぐるウイルスと宿主の関係

無機リン分子と結合して細胞内へ輸送する複数のタンパク質が存在する．貧栄養海域の微生物群集の遺伝子解析から，無機リンと高い親和性をもつ結合タンパクPstSの遺伝子が多く発見された．これまでに海洋シアノバクテリアの主要なグループがPstSの遺伝子をもつことが明らかにされている．さらに，*Prochlorococcus* に感染する二つのシアノファージもPstS遺伝子をもっていることが近年明らかにされた．これらのシアノファージがリン制限状態の宿主に感染してPstSの発現を増加させることによって，宿主の無機リン取込みに貢献している可能性が考えられる．

〔田中恒夫〕

69

海底の微生物

海底面, 酸化還元境界, 沈降粒子

　海底は文字通り海の底を示す．正確には，海洋地殻や堆積物も含む海の底から下を指すが，海底下と区別するためにも，ここでは海底面付近を指すことにする．海底面は液体（海水）からなる海洋と，固体（堆積物や玄武岩）からなる海底面下の境界領域であり，海底下10 cm～1 mから海底面上の数mとするのが一般的である．境界領域の上下では，物理的，化学的な環境が劇的に変化するので，生物にとって化学エネルギーを得やすい貴重かつ重要な場といえる．海底面を境界にした物質の動きには2通りある．一つは海洋から海底へ，もう一つはその逆で，海底下から海洋への物質の動きである．

■ 海洋から海底への物質の動き

　海洋で光合成などにより作られた植物プランクトンの遺骸やそれを食べる動物プランクトンの糞などの有機物は沈降粒子（マリンスノーは沈降粒子の一種）として海洋水柱を沈み，生物による分解を受けながら，その一部は海底に到達する．東京湾や駿河湾など内湾域のヘドロは沈降粒子由来の有機物が溜まったものであるし，北東太平洋や駿河湾初島沖など，海底ケーブルを利用した定点観測カメラによる観察から，冬には存在しないヘドロが，毎年夏に海底面に溜まる事例も報告されている．もちろん，表層の生物生産量がきわめて低い外洋域（たとえば南太平洋など）では，海底面の有機物量も，それを利用すると考えられる海底面～海底下の微生物量もきわめて少ない．しかし，海洋表層からの有機物フラックスの多い海域の海底面では，有機物の量だけが微生物の種類や増殖の主要な制限要因になるのではなく，有機物を燃焼させる酸素に代表される酸化物質の化学種が微生物生態系に大きな影響を及ぼす．

　海底面から下の堆積物や玄武岩は固体であるため，間隙水が混ざりにくく，海底下の水の移流（地下水の流れ）を除いては，堆積物中の物質の移動は，埋没と拡散に依存する．光合成生物以外の生命は，エネルギー源として，還元型物質と酸化型物質の反応から得られる化学エネルギーを利用する．われわれ人間が生存する環境は，酸素が豊富な酸化的環境であるため，エネルギー源の制限要因は還元型物質になるが，酸素のない環境では，エネルギー源の制限要因は酸化型物質となる．酸化型物質には，酸素，硝酸，硫酸，3価の鉄などが知られている．これらの酸化型物質は，光合成由来の酸素もしくは酸化力からできるため，そのほとんどは光の影響のある地球表層に存在する．海底面で消費される酸素などの酸化型物質は海水から供給され，海洋表層の有機物とあわせ，海底下に存在するメタン，硫化水素，水素，酢酸などの還元物質の酸化に用いられる．微生物は，還元物質を燃やす力（酸化力）の強い順番に酸化物質を利用するので，このような堆積物や海水中では，酸化型物質の濃度勾配に伴い，上部から，酸素利用微生物，発酵微生物，硝酸還元微生物，亜硝酸還元微生物，鉄還元微生物，硫酸還元微生物，メタン生成アーキアの層状構造が成り立っている（図1）．このほかにも，生産と消費が速いなどの理由で化学分析では捉えることが難しい，微量の有機酸や水素を微生物によって利用したり，電気を通すことで微生物を酸化物質の代わりにするなどの利用にも注目が集まっている．ほかの環境と同様に，堆積物中からも機能未知の細菌やアーキアの系統遺伝子配列が多数見出されており，周辺の化学的環境との比較や種々の遺伝子解析を通じて現在これらの微生物の機能解明が進みつつある．今後のさらなる研究が期待される分野である．

■ 海底から海洋への物質の動き

　海底下には石油や天然ガスを含む光合成由

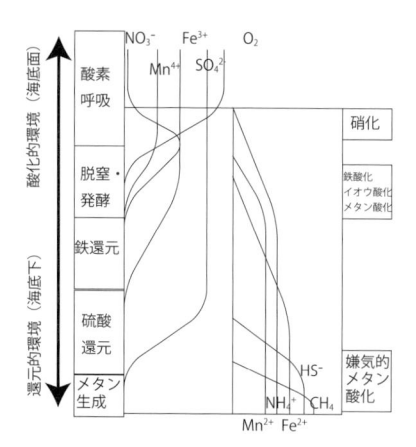

図1 酸化還元環境の鉛直分布と化学物質存在量・エネルギー獲得の形態

来の有機物をはじめ，微生物が作るメタン，アンモニア，硫化水素，2価鉄，酢酸などの低級脂肪酸，火山活動に由来するメタン，硫化水素，水素，還元型金属などの還元型化学成分が存在する．海底下に含まれるこれらの還元型物質は拡散や比重の違いにより海底下から海底面に上昇する．これらの還元型物質は酸化的な環境（＝海洋）に近づくにつれ，前節で述べた有機物と競合しながら微生物により消費される．特に有機物負荷量の比較的少ない海域では，海底からの還元型物質供給に伴う特徴的な微生物生態系が発達しやすく，そのような環境の代表的な例に，海底のメタン湧水や海底熱水が挙げられる．メタンの場合は海底下から上昇する過程で，硫酸を用いて嫌気的メタン酸化アーキア－硫酸還元菌の共生体により大部分が酸化される．酸化を免れたメタンは堆積物表層や海洋中に到達し，酸素を用いるメタン酸化菌により酸化される．より細かく群集組成を調べると，嫌気的メタン酸化アーキアやメタン酸化菌のグループ内での多様性は，メタン濃度や酸素や硫酸の濃度に対応して変化しており，化学成分のわずかな違いに対応して，環境に適応した種が増殖していると予想される．メタン湧水域では，嫌気的メタン酸化により硫酸を還元して生じる硫化水素が酸化的環境で硫黄酸化微生物によって利用される．硫化水素などの還元型硫黄成分は，生物遺骸の嫌気分解など，硫酸還元菌由来のほかに，熱水活動からも供給される．この還元型硫黄成分は酸化的環境に生息する無機化学合成微生物生態系にとってメタンや水素とならび最も重要な還元型成分のエネルギー源である．堆積物表層では50 µm以上の長さをもつ巨大細胞を主体とするベジアトアバクテリアマットの形成や，シロウリガイやシンカイヒバリガイなどの貝類，チューブワームなどの化学合成生態系の構成員である動物のエラに共生しエネルギーを供給する微生物群に利用される．また，富栄養化した内湾域や大陸西側の海洋中（太平洋，大西洋，インド洋すべてでみられる）に広く分布する無酸素水塊，熱水プルーム中では，シンカイヒバリガイなどに共生する硫黄酸化微生物の近縁種である，*Thioglobus*属の微生物が利用している．

■ **玄武岩を食べる微生物**

海底地殻の表面は玄武岩という岩石からできている．玄武岩は還元的な地球内部から噴出した溶岩が冷え固まってできたものであるため，2価の鉄や鉄と硫黄の化合物である黄鉄鉱などの還元的な成分に富む．海底面に露出している玄武岩には，高密度かつきわめて多様な微生物群集の存在が知られており，岩石を食べて生育していると考えられている．このなかでも *Mariprofundus ferrooxidans* という海に特異的な鉄酸化微生物は，ハワイやマリアナ背弧海盆などの還元鉄を多く含む新鮮な玄武岩が露出する火山地帯の深海で発見されており，岩石の風化過程との関連性が注目されている． 〔砂村倫成〕

70 青潮

硫酸還元菌,貧酸素,富栄養化,
離岸流,湧昇,金属イオン

　生活排水や工場廃水,農畜産廃水が水域に多量に流れ込むと,水環境が悪化する.この水環境の悪化が原因となって引き起こされる現象はさまざまであるが,われわれの目に見える現象として,赤潮やアオコがある.これらは水域に窒素やリンなどの栄養塩が多量に流入し,その水域が富栄養化することによって植物プランクトンが異常増殖し,海面や湖面が着色する現象である.一方,富栄養化した海域の海面が乳青色に着色する青潮と呼ばれる現象がある.青潮も微生物の働きがなければ起こらない現象である.しかし,赤潮やアオコは植物プランクトンやシアノバクテリアが大増殖することによって,直接われわれの目に見える形として現れるものであるが,青潮は大量の微生物細胞が集合したものではない.

　この青潮と呼ばれる現象は,1955年以降に東京湾の奥部で観察されはじめた.それ以前の1940年代初頭にも観察されていたという記述もみられる[1].東京湾以外でも三河湾で,この青潮現象が同時期にしばしば観察されていたようである.これらのいずれの湾も富栄養化の進行した閉鎖的な海域で,夏季に底層水が貧(無)酸素状態になるという特徴をもつ.大阪湾や大船渡湾,大村湾なども東京湾などと同様に,夏季に底層水が無酸素状態になるが,1950年代にはまだ青潮の発生は認められなかった.

　青潮発生の過程には,微生物過程だけではなく,風,水流などの物理過程,海水の化学的な性質などの諸条件が整ったときに発生するため,富栄養海域で必ず発生するわけではない.青潮の発生は以下の過程で起こると考えられている.

■ 貧酸素水塊の生成 (図1)

　水の循環が悪い閉鎖的な内湾に多量の栄養塩類が流入して富栄養化が進行すると,植物プランクトンが大量に増殖し,ときには赤潮が発生する.表層で増殖した植物プランクトンは,やがて死滅して細菌などの微生物による分解を受けながら沈降し,海底に堆積する.この植物プランクトンが増殖する時期は,水温成層する時期と重なる.水温成層による水の鉛直的な混合がないために,底層では溶存酸素の供給よりも,この植物プランクトン(有機物)の分解に伴う溶存酸素の消費が上回り,底層水は貧酸素状態になる.このような海域の底泥は無酸素状態で,偏性嫌気性の硫酸還元菌が海水中に含まれる硫酸塩を異化的に還元して硫化水素を生成する.この硫化水素が底泥中に多量に蓄積すると,泥中で保持できなくなった硫化水素は水中へと溶出する.この硫化水素は底層水中の溶存酸素によって酸化され,水中の溶存酸素がさらに消費されて無酸素状態となり,硫化水素が溶存した水塊が形成される.

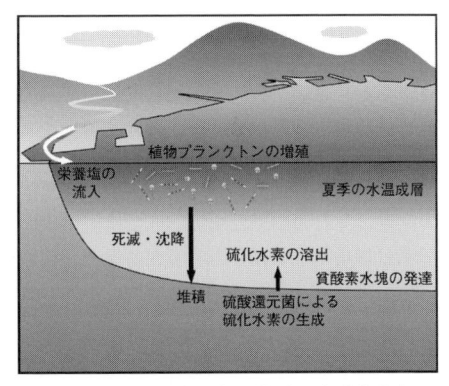

図1　青潮の発生過程—海域の富栄養化と貧酸素水塊の生成

■ 離岸風と離岸流 (図2)

　東京湾奥部で青潮が発生する場合の特徴として,青潮発生の数日前まで沖合に向かう離岸(北~北東)風が吹く.しかし,離岸風が

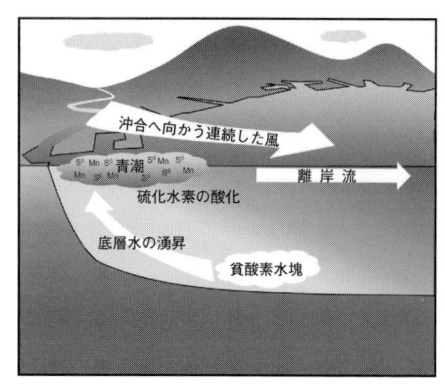

図2 青潮の発生過程—離岸流の発生，底層水の湧昇と硫化水素の酸化

吹くと必ず青潮が発生するわけではない．この離岸風が吹きはじめてから青潮が発生するまでの時間は，小規模の青潮の場合は24時間以内，中規模以上の青潮の場合は，48〜72時間以上を要する[2]．この離岸風によって表層では沖合へ向かう離岸流が発生する．この流出した表層水を補うように，底層では岸に向かう流れが卓越する．底層水には多量の硫化水素が含まれており，底層水が沿岸部に達して湧昇することによって，硫化水素が硫黄に酸化されて青潮が発生すると考えられている．なお，東京湾の沿岸部には航路や堆積した底泥を浚渫した後の凹地があり，この凹地部分の硫化水素に富んだ水塊の湧昇が青潮発生の原因となっている．しかし，大規模青潮の発生は，この小さな水塊だけでは説明がつかず，さらに沖合に存在する大きな無酸素水塊が，沿岸部にまで運ばれることが原因のようである[2]．

■ **硫化水素の酸化**（図2）
　湧昇によって表層に運ばれた底層水が青潮の原因となっているが，この青潮水中の細菌数や植物プランクトン密度，クロロフィル濃度は，周辺の海域の水中と同程度か低い値であるので，青潮独特の色や濁りは生物に起因するものではない．青潮水中には多くの懸濁粒子が存在し，海面からは，これによる散乱光に起因する強い上向きの放射が，波長550 nm（緑色）を中心に認められ，これが青潮の色となって現れている．懸濁水あるいは青潮水には，元素状硫黄コロイド粒子とマンガン酸化物粒子または鉄が多く含まれており，これらが青潮独特の色と濁りになっていると考えられている．硫黄のコロイド粒子は，底層水に含まれる硫化水素が表層の酸化的な環境に運ばれることによって酸化されて生成される．この酸化過程にはFe^{2+}，Fe^{3+}，Ni^{2+}などの金属イオンが硫化水素の酸化とそれに伴う硫黄の白濁形成を促進することが，実験的に明らかにされている[3]．

　以上のように，青潮は，植物プランクトンの増殖や硫酸還元菌による硫化水素の生成など微生物過程が必須ではあるが，風や水流などの物理過程，硫化水素の酸化の化学過程が複雑に絡み合って起きる現象である．

〔近藤竜二〕

参考文献
1) S. Takeda, Y. Nimura and R. Hirano. 1991. *J. Oceanograph. Soc. Jpn.* **47**: 126-137.
2) 柿野 純, 村松皐月, 佐藤善徳ほか. 1987. 日本水産学会誌. **53**: 1475-1481.
3) K. Nanba, T. Matsuo and Y. Nimura. 2001. *Fish. Sci.* **67**: 14-20.

71

養殖場と微生物

自家汚染,有機汚濁,貧酸素化,堆積物

日本の漁業・養殖業生産量は1984年の1,282万tをピークに減少し,最近では570万t前後を推移している(海面が98％を占め,内水面は2％程度).減少傾向にある漁業に対して養殖は少しずつではあるが増加しており(年間120万t程度)その相対的重要性は増加している.

養殖にはワカメやノリ養殖のような無給餌型養殖と魚類養殖のような給餌型養殖がある.海洋環境への負荷は,給餌型養殖(以下,単に養殖)が圧倒的に高い.この養殖に起因する環境問題が,自家汚染である.自家汚染とは,養殖による海域の有機汚濁とそれに伴う養殖場の悪化(老化),海域の生産性の低下といった現象を指す.

養殖場で発生する有機汚濁の最大の特徴は,"易分解性"有機物が多いという点である.通常,養殖魚に投与した餌の約20％が残餌となり,環境に直接負荷される.残りの80％を魚が食べる.しかし,この80％のな
かで魚体の増加分になるのは20％であり,残りの60％は糞尿として環境に放出される.つまり,投餌量の約80％が何らかの形で環境に負荷されるのである.

残餌や排泄物が水中に放出されると,周囲に存在する従属栄養性の海洋細菌が付着し,分解・無機化を行う.この海洋細菌による分解・無機化の過程で無機栄養塩(NH_4^+,NO_3^-,PO_4^{3-}など)が生成され,当該海域の富栄養化が進む.海底に到達するまでに完全に分解・無機化される有機物もあるが,海底に堆積してしまう有機懸濁物も多い.これは多くの養殖用網イケスが,風波の影響の少ない内湾・浅海域に設置されるためである.養殖に由来する粒子態有機物が水中に滞留する時間は短いのである.水中で分解を受けながら,養殖場の海底に到達し,堆積する.堆積した有機物は引き続き底泥の細菌群を中心とした微生物群により分解・無機化される.この過程で微生物群は好気呼吸を行う.細菌群が順調に分解・無機化を推進するためには,底層の溶存酸素量が重要になる.無機態窒素の硝化菌による変換に注目してみても,$NH_4^+ \rightarrow NO_2^- \rightarrow NO_3^-$と変化する硝化作用の進行には酸素が必須である.

養殖場の底層への酸素の供給は,季節によ

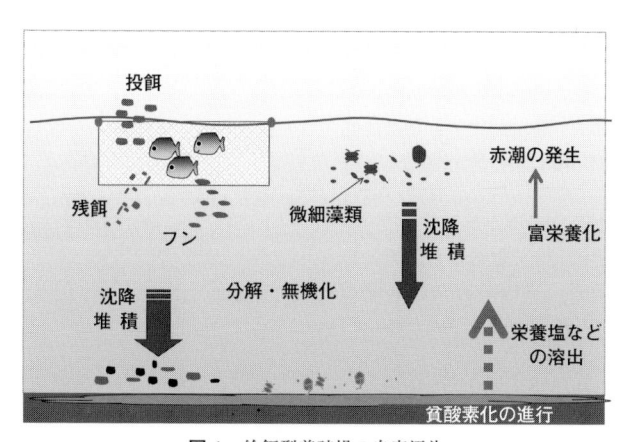

図1 給餌型養殖場の自家汚染

り変化する．冬季は海水の鉛直混合が起こり，養殖場の底層へも十分に溶存酸素が供給されており，好気的環境が維持されやすい．一方，夏季，養殖場海域が成層すると表層から底層への溶存酸素の供給が滞りがちになる．底層での溶存酸素濃度が低下してくると，通性嫌気性の海洋細菌は好気呼吸から発酵的代謝に切り替える．発酵の結果，底泥表層には乳酸などの有機酸が蓄積される．乳酸が蓄積され，貧酸素環境が形成されると登場するのが硫酸塩還元菌である．偏性嫌気性従属栄養性の硫酸塩還元菌は，乳酸などを水素（電子）供与体とし，硫酸塩（SO_4^{2-}）を最終水素（電子）受容体として利用し，硫化水素H_2Sを発生させる．貧酸素化した海底泥は黒色をしているが，これはH_2Sが底泥中の鉄イオンなどと反応して黒色の硫化鉄FeSを生成するためである．また，底泥から溶出したH_2Sは，直上の海水中の溶存酸素と速やかに反応して酸素をさらに化学的に消費する（$H_2S + 1/2O_2 \rightarrow S^{2-} + H_2O$）．硫酸塩還元菌が増殖すると底層の貧酸素化は加速度的に進行する．

底層が貧酸素化し嫌気的になると海底泥の酸化還元電位が低下し，海底泥からアンモニア態窒素，リン酸態リン，金属イオンなどが溶出しやすくなる．逆に好気的（酸化的）な環境では，海底泥からのアンモニア態窒素や金属イオンの溶出は抑制される．海底の貧酸素化に伴う金属イオンや無機栄養塩類の直上の海水中への溶出は，富栄養化をさらに促進し，海域での赤潮の発生を助長する．

養殖場で発生した赤潮は新たな有機汚濁の原因となる．発生した赤潮が終息するとき，大量の微細藻類の遺骸は，懸濁態有機物として養殖場に負荷され，沈降し海底に堆積する．和歌山県白浜町地先の養殖場のマダイのイケスにセディメントトラップ（水中沈降粒子捕集装置）を設置し，年間を通して沈降粒子の解析を行ったところ，大半の時期はイケス養殖由来の有機物であったが，赤潮の発生していた6月は養殖場に負荷される懸濁態有機物の60％以上が，微細藻類由来であった．養殖場の海底泥を分析すると植物色素が思いのほか多く，養殖が遠因となった赤潮による有機汚濁も無視できないことがわかる．

1999年に持続的養殖生産確保法という法律が制定された．これは自家汚染を軽減し，持続性の高い養殖場の利用を図るための法律である．水質項目として溶存酸素量，底質項目として硫化物量や多毛類の生息状況など，飼育生物については条件性病原体（連鎖球菌および白点病）による死亡率の変化などの指標や基準を設定している．養殖場環境のあり方を本格的に規定した画期的な法律であり，施行から十数年経過し，養殖業者の自然環境に対する意識も着実に変化してきている．法的な規制に加えて，養殖場に存在する細菌などの微生物群が果たす浄化能力を積極的に利用する環境の整備も今後ますます重要になるであろう． 〔江口 充〕

参考文献

1) 清水 誠編．1994．水産と環境（水産学シリーズ）．恒星社厚生閣．
2) T. Yoshikawa, O. Murata, K. Furuya *et al.* 2007. *Estuarine, Coastal and Shelf Science.* **74**: 515-527.
3) T. Yoshikawa, K. Kanemata, G. Nakase *et al.* 2011. *Aquaculture Research.* doi:10.1111/j.1365-2109.2011.02978x
4) T. Yoshikawa and M. Eguchi. 2013. *Aquaculture Environments Interactions.* **4**: 239-250. doi:10.3354/aei00085

72

種苗生産と微生物

微細藻類，プロバイオティクス，善玉菌

　魚類養殖は，親魚（成魚）→採卵→受精→仔魚・稚魚の飼育→沖だし→イケス養殖→成魚→出荷，といったプロセスを経る．成魚から再び親魚に戻すサイクルが人為的に管理されて繰り返すことが可能なものを完全養殖という．天然の稚魚・若魚を採捕し，網イケスで飼育して成魚に育てるものを蓄養と呼び，完全養殖とは区別する．完全養殖では，稚魚が一定サイズに成長すると自然海面に設置された網イケスに移す．これを沖だしという．受精卵から沖だしまでの飼育は，通常，屋内の大型水槽を用いて行われる．この屋内水槽での飼育過程を種苗生産と呼ぶ．完全養殖では，とくに種苗生産において餌や飼育水を通して微生物とのさまざまな関わりが生じる．

　仔稚魚は，口の大きさに応じてプランクトンを摂餌する．摂餌行動では餌生物を一口で口腔へ入れて飲み込む．一般に仔魚が摂餌行動を始めると，動物プランクトンのワムシ類（輪形動物門の水生動物の総称，サイズは1 mm以下）が最初に与えられる．ワムシ類のなかでも汽水域に生息するシオミズツボワムシ *Brachinus plicatilis* sp. complex（100～350 μm）は，海産仔魚の初期餌料として最もよく用いられる．ワムシのほかに小型甲殻類のアルテミア（400～600 μm）も使う．たとえば，マダイなどの海産魚の場合，成長に応じてシオミズツボワムシ→アルテミア→サイズの異なる配合飼料と餌を順次変えてゆく（ワムシと配合飼料のみの場合もある）．天然魚の摂餌生態を考えると餌生物としてはカイアシ類のコペポーダが適しているが，人工培養の簡便さなどから養殖ではワムシとアルテミアの利用が普及している．

　ワムシやアルテミアの培養には，餌として微細藻類が用いられる．微細藻類は，飼育水の水質環境を整える役割も担う．ワムシの培養によく用いられるのが，クロレラ（緑藻類）やナンノクロロプシス（真正眼点藻類，*Nannochloropsis oculata*，以下ナンノ）である．ナンノは海産魚類が必要とするn-3高度不飽和脂肪酸のうち，エイコサペンタエン酸を多量に含む．ナンノをシオミズツボワムシに与えることは，シオミズツボワムシの栄養強化につながる．ナンノ以上に日本の海産種苗生産施設でワムシ培養に広く使われているのが，淡水産クロレラである．ワムシの増殖を促進するビタミンB_{12}やn-3高度不飽和脂肪酸を強化した淡水クロレラも市販されており，全国に普及している．また，安価で大量入手が可能なパン酵母が，微細藻類と併用しながらワムシの大量培養に使われる場合もある．

　プロバイオティクスも積極的に種苗生産に利用されはじめている．そのもともとの定義は「餌に含まれる生きた微生物あるいは微生物の代謝産物で，宿主腸内の微生物バランスを改善するもの」である．ただ，飼育水が媒体となる養殖の場合，宿主体内へ直接投与しなくても，周囲の水環境に投入することで感染症の発症を防除したり，水質環境を整える効果を示す微生物も含めてプロバイオティクスとして扱うことが多い．

　その代表的なものは乳酸菌である．乳酸菌のプロバイオティクス効果については，人間や家畜などで実証されているが，魚類についても同様のことがいえる．その効果のメカニズムについては，バクテリオシンなどの抗菌性ペプチドの作用のほか，乳酸菌の発酵により生じた乳酸や酢酸がビブリオ病細菌などグラム陰性細菌の細胞内に入り，内部を酸性化することで細胞膜内外のpHポテンシャルのバランスを崩す作用が報告されている．いずれにしても，魚類においても乳酸菌は有用な善玉菌といえる．*Bacillus*属や*Roseobacter*系統群の細菌などもプロバイオティクス効果

をもつ.

プロバイオティクス効果をもつ真核性微生物としては,酵母や微細藻類がある.酵母のSaccharomyces cerevisiae や Phaffia rhodozyma は稚魚のビブリオ病発症を予防する効果をもつとされる.また,魚類の消化管内に入った酵母が,稚魚のアミラーゼの分泌活性を向上させるといった報告もある.微細藻類でも抗菌活性をもつ代謝産物を産生する場合がある.

微生物は餌のみならず飼育水環境の改善にも働いている.海産魚の種苗生産では,受精卵を収容してから数日間は,止水状態で飼育し,仔魚の成長に伴い徐々に天然海水の交換率を上げていくことが多い.この飼育方法をかけ流し式というが,飼育開始から1〜2週間(止水状態から少しだけ海水が交換されるような状況)では,飼育水中にナンノなどの微細藻類を導入する.微細藻類の増殖により飼育水が緑色になるため,海外ではこれを"green water"と呼んでいる.

この"green water"が仔稚魚の飼育に効果的に働く.その効能は,①微細藻類自体がワムシなど動物プランクトンの餌となる,②魚種によっては直接魚の餌になる,③光合成により溶存酸素を増やす,④飼育水に入る光を減らして魚を落ち着かせる,⑤NH_4^+などの無機栄養塩を取り込んで水質を安定化する,⑥飼育水中の細菌群集のバランスをよくする,といったことがいわれている.この⑥について,微細藻類によっては魚病細菌の増殖を直接抑制する場合があるが,微細藻類と細菌との協働効果もある."green water"としてナンノを用いた場合,その増殖に合わせてナンノと相性のよい自然海水中のRoseobacter 系統群の細菌が飼育水中で優占する.この Roseobacter 系統群の細菌は,魚病細菌 Vibrio anguillarum の増殖を抑制する効果をもつ.さらに,この Roseobacter 系統群の細菌は,ナンノの光合成代謝産物が共存すると V. anguillarum に対する殺滅効果を飛躍的に向上させる.

魚類の種苗生産は,微生物抜きでは成立しないのである. 〔江口 充〕

参考文献
1) Y.-B. Wang, J.-R. Li and J. Lin. 2008. *Aquaculture*. **281**: 1-4.
2) E. N. Sharifar and M. Eguchi. 2011. *PLoS ONE*. **6**: e26756.

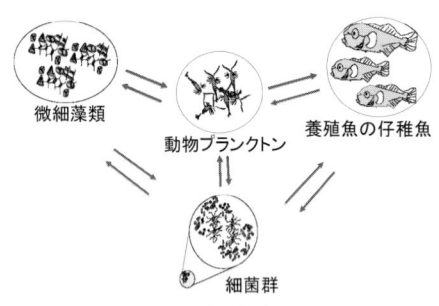

図1 種苗生産用の飼育水槽内に登場する生物群

73 干潟の微生物

硝化, 脱窒, アナモックス

　潮の満ち引きとともに干出を繰り返す干潟は, 波当たりの弱い閉鎖的な湾奥や河口の感潮域に発達する. 河川や沿岸流によって輸送される土砂のうち, 比較的細かい粒子 (泥) を多く含む"泥干潟"から砂を主成分とする"砂干潟"まで干潟を構成する鉱物粒子はさまざまだが, その粒子に付着する微生物こそが, 生きた干潟を形作っている. また干潟には二枚貝類, 腹足類, 甲殻類や多毛類, そしてハゼ類などの多様な生き物が豊富に存在しており, これらを餌とする大型の魚類や鳥類の個体数も多い. 日本の干潟面積の4割を占める有明海の代表魚種, ムツゴロウは$1m^2$の泥干潟表面で生産される底生珪藻のみを餌としているという試算があるほど, 干潟の生産性は高い. この高い生産性は河川などから流入する栄養物質が支えているのだが, 同時に干潟は, 陸域からの過剰な栄養塩負荷の緩衝地帯であり, 浄化の場でもある.

　巷間にいわれる干潟の浄化機能とは, 干潟の独特な食物網を通じた系外への移出と旺盛な生物活性による無機化の2過程から説明できる. 微生物はいずれの過程でも重要な役割を果たしている.

　干潟の主たる一次生産者は, 植物プランクトンと底性微細藻 (珪藻や緑藻) である. 干潟, とくに泥干潟では, 満潮時に干潟を覆う海水には懸濁物 (濁り) が多いために光が遮られ, 光合成が阻害される. そのため底性珪藻は潮が引くとともに干潟表面に移動して盛んに光合成を行う. 先述したようにムツゴロウをはじめとする多くの干潟動物は潮の引いた干潟を徘徊し, 採餌する. 一方, 二枚貝などはむしろ潮が満ち海水に覆われた干潟で水管を出し, 運ばれてきた植物プランクトンを含む懸濁物を濾しとって採餌する. なかにはゴカイのように泥中に潜行して干潟の泥に含まれる有機物を採餌する生き物もいる. このように干潟にみられる多様な生き物はその餌や採餌の様式も多様であり, 干潟のユニークな食物網を形作っている. このとき干潟の細菌も泥や懸濁物を摂食する干潟の生物達にとっては重要な餌になっていると考えられている. つまり, 陸域に由来するさまざまな物質は細菌や微細藻などの微生物に利用され, 干潟の生物の食物連鎖を通じて最終的には回遊してくる大型の魚や鳥, そして人間に採取されて系外に移出されることになる.

　干潟の生物過程において有機物中の炭素の一部は呼吸により無機化され, 大気に放出される. 一般に有機物の豊富な干潟の堆積物は嫌気環境ではあるが, 潮汐エネルギーにより十分に攪拌されている場合は意外に酸素が不足していない. 干出時の底性微細藻による光合成も重要な酸素の供給源となっている. なかでも干潟の生物の巣穴や行動による堆積物の攪乱 (bioturbation) は, 堆積物深層へも酸素を供給することになり, 干潟の微生物による有機物の好気分解を促進する点で無視できない. ところが近年, 有明海では潮汐流の減少が観測されているほか, 底性生物が激減しており, 干潟堆積物への酸素の供給が減少していると思われる. 結果的に干潟の有機物の好気分解が滞り, ヘドロ化した干潟がさらに生物環境を悪化させるという悪循環が続いて, 本来の干潟の環境浄化機能が十分に働かなくなっている.

　有機物中の窒素も干潟の生物によってアンモニア化され, 再び, 干潟の生物生産に利用されている. 干潟堆積物には多量のアンモニウムが存在するが, 一部は硝化菌によって亜硝酸・硝酸へと変換される. 干潟堆積物からは主に *Nitrosomonas* などのアンモニア酸化菌の遺伝子が検出されており, アンモニア酸化アーキア (AOA) の寄与は少ない. 上述のように健全な干潟であれば, アンモニア酸化

に必要な酸素は比較的供給されていると考えられるが，実際に干潟の硝化過程がどのような場所で行われているかはまだ十分にわかっていない．また，有明海では河川から流入する硝酸塩がノリの生産に大きく影響しているようであり，干潟自体のもつ硝化過程が生態系に及ぼす影響を評価するには今後の研究が不可欠である．

嫌気環境下で硝酸を窒素に還元する脱窒菌にとって，有機物が豊富に存在し，また水中に高濃度の硝酸塩を含む干潟は好適な生息場である．健全な干潟であれば，脱窒に阻害的に作用する硫化水素の蓄積も少ない．とりわけ河川から流入する硝酸塩のうち余剰分は，汽水域に発達する干潟の脱窒菌によって窒素ガス化され，大気へと放出されて，結果的に海域の富栄養化を抑制していると考えられる．近年，汽水域の主たる植生であるヨシ帯の微生物群落に，脱窒菌が集積していることもわかってきた．いずれにせよ河川感潮域の干潟やヨシ帯を保全することは，陸域からの過度な窒素の負荷から沿岸環境を守り，健全な沿岸生態系を構築するうえで重要であると思われる．

嫌気環境下でアンモニウムを電子供与体とし，亜硝酸を電子受容体としてエネルギーを獲得するアナモックス（anammox）反応は1990年代に発見された比較的新しい微生物過程であり，その反応式は単純な次の式で表される．

$$NH_4^+ + NO_2^- \rightarrow N_2 + H_2O$$

結果として窒素ガスを生産することから，一種の脱窒現象と見なすことができ，Planctomycetes門に属する特殊な細菌群（Brocadiales綱）がこの代謝を行っている．嫌気的で，アンモニウムと亜硝酸（硝酸）が豊富な干潟はこの細菌群にとって好適な環境となりうる．実際，淀川や英国テームズ川の河口域の干潟から，このアナモックス細菌が検出されている．淀川の場合，全脱窒量に対するアナモックスの寄与度はせいぜい数％にすぎないものの，遺伝子解析の結果，干潟環境に固有のハビタットを形成している可能性が示唆されている．とはいえ，河口域に広がる干潟につねにアナモックス細菌が存在しているわけではなく，有明海ではこれまでのところ検出されていない．一方，熱帯（亜熱帯）域の干潟にみられるマングローブ林の堆積物からもアナモックス細菌が検出されている．アナモックスによる窒素除去効率は高く，アナモックス細菌の遺伝学的・生理生化学的特性もきわめてユニークであり，干潟の微生物による窒素代謝を論じるうえでもさらなる調査・研究を期待したい．

干潟は潮汐や河川水の影響をつねに受ける動的な環境である．個々の干潟はそれぞれ異なる特徴をもっているうえ，同じ干潟のなかでも場所によって微生物の種類もその代謝も大きく異なる．干潟堆積物もときに水中に巻き上がって懸濁粒子（濁り）となり，再び堆積するなど，微生物にとって一様な環境ではない．しかし，そのような動的な微生物環境がさまざまな微生物過程を促進し，結果的に環境浄化装置としての干潟の役割を支えているのである．

〔吉永郁生〕

74
湿地の微生物

湿原, 泥炭地, 鉄細菌

■「湿地」とは

「湿地 (wetland)」とは湿った土地という意味であるが、それを具体的に定義しようとすると難しい。国によって地方によって、また、同じ国でも人によって、思い浮かべるものは異なる。また、学術的にも分野によってその定義は一定でない[1]。たとえば、『特に水鳥の生息地として国際的に重要な湿地に関する条約(ラムサール条約)』では湿地として「天然のものであるか人工のものであるか、永続的なものであるか一時的なものであるかを問わず、更には水が滞っているか流れているか、淡水であるか汽水であるか鹹水であるかを問わず、沼沢地、湿原、泥炭地又は水域をいい、低潮時における水深が6メートルを超えない海域を含む」と定義されている。しかし、これらを一つのものとして扱うことは生態学的に無理があり、また、これら「湿地」のタイプのうちのいくつかについては本事典の別項目でもとりあげられている。そこで本項では、水位が地表面に近いかそれ以上の高さにあるか、または土壌が水で飽和されている泥炭地 (peatland) および沼沢地 (marsh)[1,2] の微生物の特徴と機能について述べる。

■ 湿原環境の特徴

周期的にあるいは継続的に水没する土地では土壌は貧酸素の状況になりやすく、微生物による生物遺体の分解活動は好気的な条件に比較して遅い。その結果、その土地の一次生産量よりも分解量が少ない場合には有機物が蓄積して泥炭が形成される。このように水面よりも低い位置で生物遺体が蓄積し、泥炭が形成された土地を低位泥炭地という。一方、高緯度地域や標高の高い冷涼地では降水量(降雪量)に比較して蒸発量が少ないため過湿な条件になりやすく、加えて低温で微生物による分解活動も抑えられるため、地下水位よりも高い場所でも泥炭の形成が進む場合があり、このような土地を高位泥炭地という。

これらの湿原はいずれも、河川などからの表面流入水、湧出する地下水あるいは降雨によって涵養されている。地形的要因も含めたこれら水理環境と栄養塩環境および植生に基づいて湿原は分類されることが多く、また、これら三つの因子の間には互いに関連がある。表面流水は無機質の土砂を湿原内に持ち込み、また、地下水は種々のミネラルを溶存しているが、降雨中にはこれらの溶存物質はわずかである。したがって、湿地は水分がどのように供給されているかによって、その栄養条件は大きく異なる。河川などを通じてミネラルの供給の多い沼沢地ではpHが比較的に高いのに対し、もっぱら降雨によって水分が供給されている高層湿原ではpHは低く貧栄養な環境となる。

■ 湿原の微生物

植物体を構成するセルロース、ヘミセルロース、リグニンなどの高分子化合物は微生物的に加水分解されて水溶性の低分子化合物となり、さらに、それらを基質とするほかの微生物によっても代謝されて、最終的に好気的な条件では二酸化炭素、嫌気的な条件では主にメタンなどに分解される。この一連の分解過程のうち、初期の高分子化合物の加水分解には菌類の寄与が大きいと考えられている。

ミズゴケがマットを形成して盛り上がっている高層湿原では高さ数十cmの起伏がみられる場合が多いが、地表面のセルロース分解微生物を平板法で計数すると、盛り上がっている地点では地下水位が相対的に低く酸素の供給も多いため糸状菌類が優占しているのに対し、凹部の水がたまっている部分ではセルロース分解糸状菌は少なく、細菌類が優占している。また、セルロース分解微生物の土層内の垂直分布を調べると、ミズゴケマットの

表面付近では糸状菌類が優占しているが，次層では糸状菌は減少し，細菌類が優占している．このように，湿原の過湿な環境ではセルロース分解能の高い糸状菌の活動は比較的好気的な環境にある表層で主にみられる．また，泥炭土壌にセルロース分解酵素を添加すると一連の分解過程の最終的な分解産物の一つである亜酸化窒素の発生が増加することが報告されている．貧酸素による，植物遺体の分解の初期過程の遅れが以後の分解過程全体を律速していると思われる．

湿原ではその水理環境によって栄養条件も大きく変わってくる．高位泥炭地では貧栄養で酸性条件である場合が多いのに対し，沼沢地では流入河川により無機塩類が供給されるため，pHは中性に近くなり，多様な微生物の活動が可能になる．そのため，沼沢地や湿原林では高位泥炭地に比較して分解速度が速い．

湿原の中で地下水が湧出する地点では，地下水に多く含まれる還元性の物質を代謝する微生物がみられる．湿原のとくに周縁部では水面が光って見える場所がある（図1）．これは一見，油が浮いて光っているようにも見えるが，水面を白い紙などですくい取ってみると赤茶色の膜状の物質が水面に浮いていることがわかる．これは鉄細菌（*Gallionella*, *Leptothrix*, *Siderocapsa* など）とそれによって形成された酸化鉄の膜である．地下の嫌気的環境では鉄，マンガンは還元されてそれぞれ，$Fe(II)$，$Mn(II)$として地下水に溶け込んでおり，地下水が地表に湧き出す地点では，これらの還元性物質を酸化することでエネルギーを獲得している微生物が活動している．このような場所で水質を調べてみると，鉄，マンガンの濃度が高く，周辺には鉄酸化物の赤褐色の沈殿がみられることが多い．

〔広木幹也〕

参考文献
1) D. Charman. 2002. *Peatlands and Environmental Change*, pp. 3-23. John Wiley & Sons.
2) W. J. Mitsch and J. G. Gosselink. 2007. *Wetlands. fourth edition*, pp. 25-41. John Wiley & Sons.

図1　地下水が浸出している所でみられる鉄細菌の被膜（水面が白く光っている）と酸化鉄の沈殿．（北海道釧路湿原）（口絵14参照）

75

湖の微生物

生物多様性，食物連鎖

　湖沼にも，肉眼では確認できない微小な生物が多く生息している．湖沼には，沿岸帯，沖帯，底泥といった物理構造が存在し，それぞれ異なる生物が生息している．本項では，湖沼の沖帯に生息するプランクトン（水中に浮遊して生活している生物の総称）のうち，大きさが1mm以下のものを微生物として紹介する．

　通常の光学顕微鏡（倍率が100～400倍）で観察できる湖沼の微生物は，ワムシ，植物プランクトン，原生生物（古くは，原生動物と呼んでいた）である．また，大きさが1mmに満たないミジンコやケンミジンコの幼生も観察できる．これらの生物のうち，最も多くみられるのは，植物プランクトンであろう．植物プランクトンは，名前の通り植物であり，光と水中の二酸化炭素（多くの場合，湖沼水中の二酸化炭素は，重炭酸イオンの状態で存在する）を利用して光合成を行う．このように，無機化合物から有機物を生産する生物は独立栄養生物と呼ばれ，湖沼ではさまざまな種類の植物プランクトンが生息している．湖沼で優占する（多くみられる）植物プランクトンの種類は，湖沼の栄養条件（貧栄養，富栄養など）や物理条件（水がよく混ざっているか，停滞しているか）などによってさまざまである．一般的に，貧栄養湖沼（透明度の高い，きれいな湖水）では微細なシアノバクテリアであるピコ植物プランクトンが優占し，富栄養湖沼（透明度の低い，緑色や茶色に濁った水）ではアオコ［➡76 アオコ］（シアノバクテリアが大増殖したもの）や大型の緑藻類（クンショウモなど），大型の珪藻類［➡53 海洋の珪藻］（*Cyclotella* 属，*Aulacoseira* 属など）が優占する．独立栄養を行う植物プランクトンの大きさは，小さいものでは1～2μm程度であり，大きいものは1mmを超える．

　独立栄養に対し，ほかの生物が生産した有機物を利用して生存している生物は従属栄養生物と呼ばれる．植物プランクトンのなかには，独立栄養と従属栄養の両方を行うものもあり，このような生物は混合栄養と呼ばれている．湖沼では，混合栄養を行う植物プランクトンを頻繁に観察することができる．温帯湖沼では，*Cryptomonas* 属や *Ochromonas* 属，*Poterioochromonas* 属が，混合栄養を行う植物プランクトンとして代表的であり，これらの植物プランクトンは鞭毛を使って水中を遊泳し，細菌やシアノバクテリア，小型の植物プランクトンなどを食べる（以下の鞭毛虫の記述も参考）．混合栄養を行う植物プランクトンの大きさは，通常，数十μmである．

　植物プランクトンの次に通常の光学顕微鏡でよく観察できる微生物は，ワムシや原生生物などの運動性のあるものであろう．ワムシは，海洋にも一部が生息しているが，多くの種は湖沼などの淡水に生息している．ワムシにも多くの種類があり，大きさは数十～500μmである．ワムシの名前の由来は，頭の部分に繊毛が生えた車輪状の輪盤をもつことであるが，ワムシは輪盤を回転させて運動したり餌を取ったりする．湖沼でよく観察されるワムシは，*Brachionus* 属，*Keratella* 属，*Trichocerca* 属，*Polyarthra* 属，*Synchaeta* 属などである．ワムシは，細菌，原生生物，植物プランクトン，デトリタス（非生物粒子の総称）と，さまざまな有機物を餌とする．

　古くは，原生生物（protists）から非運動性の多核生物，群体形成生物および独立栄養光合生物を除いたものが原生動物（protozoa）とされていた．しかし，植物プランクトンや原生動物のなかには混合栄養を行うものが多く存在することが明らかとなり，動物や植物といった区切りが明確でないことから，現在

では原生生物の呼び名を用いるのが一般的である．本項では，原生生物のなかでも比較的現存量が高い鞭毛虫と繊毛虫について説明する．

鞭毛虫は，原生生物では最も小型（数 μm～数十 μm）で，かつ活発に遊泳することから，顕微鏡で詳細な細胞形態の観察を行うのは難しい．鞭毛虫は，1～8本の鞭毛をもち，浮遊または基質に付着する．湖沼では，2～4本の鞭毛をもつものが多くみられる．細菌，有機デトリタス，微細藻類などを摂食するが，混合栄養を行うものもある（先述の混合栄養を行う植物プランクトンを参照）．よく観察されるのは，襟鞭毛虫類，*Bodo* 属，*Paraphysomonas* 属，*Monosiga* 属などである．多くの水域では，鞭毛虫は 10^2～10^6 cells ml^{-1} の細胞密度で生息している．プランクトン食物網において，鞭毛虫は細菌の摂食者として最も重要であると考えられている．

繊毛虫は，大きさ 10 μm（*Cyclidium* 属など）から 1 mm（*Bursaria* 属など）で，原生生物のなかでは比較的大型である．細胞表面に数多く存在する運動性の繊維状小器官（繊毛）を用いて，虫体運動と栄養摂取を行う．浮遊生活をするもの，棘毛（毛状突起ともいう．繊毛が束状に配列したもの）をもち匍匐・走行運動を行うものや，柄を形成して基質に付着する種類もある．また，共生生物をもつ種類もある．湖沼では，水温や酸素条件（好気・嫌気）を問わず出現するが，一般に酸素濃度が低下すると大型の繊毛虫が優占する．繊毛虫の細胞密度は鞭毛虫ほど高くはなく，一般的に 10^0～10^2 cells ml^{-1} のオーダーであるが，富栄養湖沼において細胞密度が 10^3 cells ml^{-1} を超えることもある．繊毛虫には，有機デトリタス，細菌，微細藻類，原生生物，ワムシなどを捕食したり，弱った・傷付いた甲殻類や魚類などに取り付いて栄養摂取するものもある．共生生物を有する繊毛虫は，その共生生物からもなんらかの栄養物質を得る．捕食性の繊毛虫では，繊毛により水流を起こして餌粒子を集めたり，毒胞のように餌生物に毒胞の管を突き刺して餌生物を麻痺あるいは死亡させるといった高度な狩猟を行うものもある．

湖沼のプランクトンで，最も多くの数で存在しているのは，細菌である．細菌のサイズは，0.5～1 μm と微小であるため，通常の光学顕微鏡では観察できず，細菌の観察には，DAPI などの核酸染色剤で細菌の DNA を染色した後，水銀ランプなどの蛍光励起光を用いる特殊な顕微鏡を用いる．これまでの報告では，湖沼の細菌は 10^5～10^9 cells ml^{-1} の細胞密度で生息しており，*Polynucleobacter* 系統群，および *Actinobacteria* 系統群に属する細菌が優占的である．

細菌は，鞭毛虫などの原生生物の餌資源として重要である．細菌と原生生物の食物連鎖は，微生物ループ［⇒59 微生物ループ］あるいは微生物食物網と呼ばれ，湖沼における有機物の無機化および動物プランクトンなどのより高次栄養段階生物への有機物伝達系として多くの研究がなされている． 〔中野伸一〕

76 アオコ

藍藻，シアノバクテリア，富栄養

■ アオコとは

夏季を中心に，世界各地の富栄養化の進行した湖沼では，シアノバクテリア（藍藻とも呼ばれる）の大量発生が頻発している．大量発生するシアノバクテリアの種類は数多く（図1），これらのシアノバクテリアが水面に集積することで，水が濃い緑，ときにはシアノバクテリア特有の色素タンパク質であるフィコシアニンに由来する濃青色を呈し，青い粉をまいた様子となることから青粉と呼ばれる．一般的にはカタカナでアオコと表記されることが多い．植物プランクトンが大量発生して水を着色する「水の華」現象の一種であるが，緑藻などの真核生物によるものとは区別され，主にシアノバクテリアによる大量発生を指す．

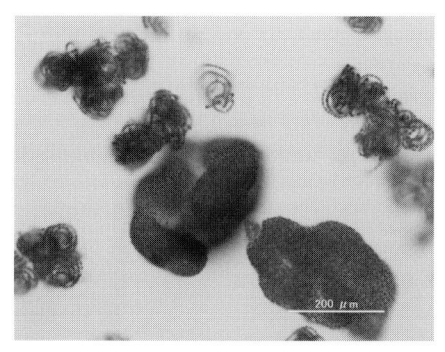

図1 アオコが発生した水の顕微鏡による観察．球形の細胞が集まり袋状寒天質に覆われた *Microcystis* 属（中央と右下）と糸状の群体が絡まったようにみえる *Anabaena* 属が発生している．（口絵15参照）

■ アオコを構成するシアノバクテリア

シアノバクテリアは古くは藍色植物とも呼ばれ，伝統的に植物分類体系のもと形態学的特徴によって分類されてきた[1]．細胞の形状，細胞が一列に並んだ糸状の連鎖群体であるトリコーム形成の有無ならびにトリコームの分岐の有無，窒素固定の場である異質細胞と貯蔵物質を蓄積した肥大細胞であるアキネートの有無といった形状に基づき，アオコを構成するシアノバクテリアは大きく四の分類群からなる[1]．①クロオコックス目（Chroococcales）は，栄養細胞のみで構成される単細胞性シアノバクテリアである．分泌される多糖類によって多数の細胞が，規則的または不規則的に集まって群体を形成する．*Microcystis* 属や *Woronichinia* 属が含まれる．②ユレモ目（Oscillatoriales）は，栄養細胞のみで構成される未分岐のトリコームを形成する．このなかには，*Arthrospira* 属（スピルリナとして知られる），*Planktothrix* 属，*Planktothricoides* 属，*Pseudoanabaena* 属などが含まれる．また，アオコの原因藻ではないが，外洋域における重要な窒素の供給者と考えられている *Tricodesmium* 属もこの仲間である［→64 海の窒素固定］．③ネンジュモ目（Nostocales）は，栄養細胞，異質細胞，アキネートで構成される未分岐のトリコームを形成する．*Anabaena* 属，*Aphanizomenon* 属，*Cylindrospermopsis* 属やバルト海沿岸などで大量発生する *Nodularia* 属が含まれる．④スチゴネマ目（Stigonematales）は，栄養細胞，異質細胞，アキネートで構成されるトリコームを形成し，トリコームはときに枝分かれする．アオコ原因シアノバクテリアとしては *Umezakia* 属のみが記載されている．

このようにアオコ原因種を含むシアノバクテリアは形態学的特徴から分類がなされてきたが，これらの分類体系は分子系統を反映しない[2]．リボソームRNA遺伝子に基づく分子系統樹では，ネンジュモ目とスチゴネマ目は一つのクラスターにまとまり，またクロオコックス目とユレモ目は，それらとは別に小さなクラスターに散在して存在する．また，同一属内における分類においても形態と系統

の不一致が認められる[2]. たとえばMicrocystis属には，群体形状や細胞のサイズなどが互いに異なるいくつかの種が記載されているが，リボソームRNA遺伝子の塩基配列は互いに97%以上の相同性を示し，ゲノムDNA相同性からも細菌の分類基準ではそれらを同種としても矛盾がない. したがって，Microcystis属においては形態学的な差異は一つの種のなかのバリエーションとして扱うといったように，シアノバクテリアの分類には形態と分子データのつき合わせが必要であるが，まだ完全に統一的な方向性は定まっていない．

■ アオコ原因シアノバクテリアが作る毒素

アオコ原因シアノバクテリアが作る毒素にはさまざまな種類があるが，最も頻繁に報告がなされるものがミクロシスチンである．ミクロシスチンは七つのアミノ酸からなる環状ペプチドで，急性毒性として肝臓毒性を示す[3]. 本毒素は，Microcystis属からよく検出されるが，Planktothrix属やAnabaena属にも本毒素を生産する種が知られている．Nodularia属が作るノジュラリンもよく似たペプチド性肝臓毒である．シリンドロスパーモプシンは，Cylindrospermopsis属から最初に単離された肝臓毒性を示すアルカロイドである[3]. その後，Aphanizomenon属やUmezakia属からも検出されている．サキシトキシンは，日本では渦鞭毛藻が作る麻痺性貝毒原因毒素として知られるアルカロイドである[3]. フグ毒と同等の強い作用を有する神経毒素で，シアノバクテリアではAnabaena属，Aphanizomenon属およびCylindrospermopsis属から検出されている．アナトキシンaはAnabaena属から発見されたアルカロイドの神経毒で筋肉麻痺などを引き起こす．Aphanizomenon属やCylindrospermopsis属などからも見出される[4].

■ アオコの発生要因

日本ではアオコは主に夏季に顕在化することから，高い水温がアオコの発生の大きな要因と考えられている[4]. また，高い増殖を維持するため，アオコが発生する湖沼は富栄養化し，窒素やリンといった栄養塩濃度が高い. リンに対する窒素の比（N/P比といわれる）も重要とされ，たとえばMicrocystis属ではN/Pが低い環境で多く発生する傾向にあるとされる．これはMicrocystis属のリンの吸収速度が高く，ポリリン酸として細胞内に蓄積する能力があるからと考えられている．また，アオコは水深が10m以下の浅い湖沼で発生する傾向がある[5]. これは夏季に水温躍層が形成されず，風や夜間の表面水温の低下により栄養塩を多く含んだ底層水が表層に供給されるためである．〔吉田天士〕

参考文献

1) 渡邊眞之. 1994. アオコ―その出現と毒素―（渡辺真利代，原田健一，藤木博太編），pp.26-54. 東京大学出版会.
2) 大塚重人. 2005. 月刊海洋. **37**: 375-385.
3) 佐野友ършим. 2005. 月刊海洋. **37**: 344-350.
4) 沖野外輝夫. 1998. 海洋と生物. **115**: 94-99.

77

川の微生物

微生物膜，生物多様性，食物連鎖

河川の流水と河床との間では，河川の流速は河床に近付くにつれて低くなり，河床の石の表面付近では流れが層流となり（粘性底層），さらに石表面では流速がゼロとなる．水生昆虫など，河川の強い流れに抵抗しながら生息している生物は，粘性底層より下の流速がほとんどない環境を有効に利用している．このことは微生物でも同様であり，河川の石表面の流速がほとんどない環境を利用して最初に付着するのは細菌であり，細菌による薄い膜が形成された後に真菌類や付着珪藻などの生物が細菌の膜を利用して，より厚い膜を形成する．これらの微生物により形成された膜はマトリックス（あるいは，EPSマトリックス）と呼ばれ，マトリックスはさらにより大型の珪藻，シアノバクテリア，緑藻などの付着・増殖により，より厚い微生物膜として発達する．

以上のように，微生物膜はその表面から内部まで，流速は緩慢であり，付着性だけでなく，匍匐（ほふく）性や遊泳性の微生物も生息できる環境である．河床の石表面の微生物膜がどのような構造であるかについては，いまだ明らかではないが，おおよそ図1に示したような構造であろうと考えられる．

河床の石表面の微生物膜を顕微鏡で観察すると，多くの微生物を見ることができる．通常の光学顕微鏡で観察する場合，微生物として観察できるのは，ワムシ，付着藻類，原生生物である（1 mm以下の大きさの生物を，微生物とした）．ワムシは，［63 湖の微生物］で述べた種類ではなく，なんらかの固体表面に付着することのできる趾（あしゆび）をもつヒルガタワムシ（bdelloid rotifer）の仲間が観察できる．

付着藻類は，多様な種類が存在する．日本の河川では，珪藻類は最も頻繁に優占する付着藻類かもしれない．微生物膜中でよく観察される珪藻類は，*Cocconeis*属，*Achnanthes*属，*Navicula*属，*Cymbella*属，*Gomphonema*属，*Fragilaria*属，*Synedra*属である．通常，*Cocconeis*属が微生物膜の最も下層付近に付着し，その上にそのほかの藻類が付着していく．*Cymbella*属や緑藻の枝状に長く伸びた群体のまわりにびっしりと*Cocconeis*属が付着しているのも，よくみられる．

シアノバクテリアが優占的な微生物膜もあり，*Oscillatoria*属や*Lyngbya*属などが観察される．

通常の光学顕微鏡では，このほかにも原生生物が観察できる．先述の通り，河川微生物

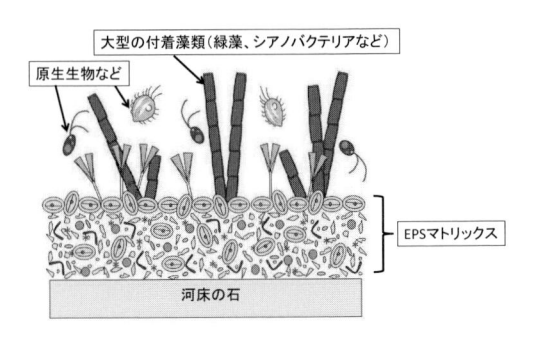

図1 河川微生物膜の推定図

膜には付着性だけでなく，匍匐性や遊泳性の微生物も生息できるので，多様な原生生物が生息している．原生生物でも比較的大型の繊毛虫は，通常の光学顕微鏡で比較的容易に観察・同定できる．遊泳も匍匐も行う *Glaucoma* 属，*Trochilia* 属，*Cyclidium* 属の繊毛虫は，河川が人為影響を強く受けているかどうかにかかわらず，広く分布している．河川が人為影響を受けて有機汚濁が進むと，遊泳も匍匐も行う *Actinobolina* 属や *Aspidisca* 属，および付着性の *Epistylis* 属や *Vorticella* 属が優占する．さらに人為影響が強くなり，有機汚濁が進んだ河川の微生物膜では，遊泳もするが匍匐性の強い *Spirostomum* 属，*Stylonychia* 属，*Euplotes* 属，および遊泳性の *Strombilidium* 属とほかの原生生物を襲う捕食者の *Monodinium* 属および *Litonotus* 属が生息する．繊毛虫は，河川微生物膜中に，1 cm^2 あたり数細胞から数千細胞が生息している．

河川微生物膜中では，鞭毛虫も観察できる．しかし，鞭毛虫は繊毛虫に比べて小型であることと，細胞の形態に同定の鍵となる特徴に乏しいことから，鞭毛虫の組成についての知見は限られている．これまでに報告されている鞭毛虫は，*Neobodo* 属，*Ancyromonas* 属，*Rhynchomonas* 属，*Cercomonas* 属，*Spumella* 属，*Goniomonas* 属，*Petalomonas* 属であるが，鞭毛虫の組成と水質や環境要因との関係についてはまだ十分な情報がない．これらの鞭毛虫は，遊泳，匍匐のいずれかあるいは両方を行うが，stalk と呼ばれる茎のような器官を伸ばして固体に付着するものもいる．鞭毛虫は，河川微生物膜中に，1 cm^2 あたり数千細胞から数十万細胞が生息している．

河川の有機物分解においては，通常の顕微鏡では観察が困難な微生物，すなわち細菌類，真菌類，放線菌類が重要である．これらの微生物は，これまで紹介した微生物に比べてはるかに小さく，また糸状の構造をとってかつ分枝するなど形態的特徴が把握しづらいこともあり，いまだに十分な研究がなされていない．細菌については，河川微生物膜中に 1 cm^2 あたり 10^6～10^8 cells かそれ以上にも及ぶ細胞密度で生息していることがわかっている．しかし，真菌類，放線菌類については，現存量がどれくらいなのか，いまだ不明である．また，これらの微生物の組成についても，いまだ十分な研究がなされていない．これら微生物は，河川の自浄作用の大部分を担っていると考えられていることから，その生態学的役割についての今後の研究が待たれる．

細菌は，細菌が増殖するために必要な有機物を，微生物膜内のみならず河川水中からも得ている．つまり，河川微生物膜の細菌の生産には，河川の内因性有機物（河川内部で生産された有機物）だけでなく外因性有機物（陸上起源の有機物など）も重要である．細菌はこのようにさまざまな起源の有機物を利用して活発に増殖しているため，鞭毛虫や繊毛虫による細菌の摂食も活発であり，河川微生物膜中においても微生物ループが機能していると考えられている．河川微生物膜中の微生物ループは，形成された膜が水中昆虫などの高次栄養段階生物によって直接利用できるという点で，湖沼の微生物ループとは異なる．一般に，河川では水量が増加する際に微生物膜が剥離し，剥離した微生物膜は水生昆虫などに利用される．つまり，河川微生物膜の微生物バイオマスは，湖沼よりも高い効率で，水生昆虫などの高次栄養段階生物に有機物が供給されているのかもしれない．

〔中野伸一〕

78

海洋細菌の光利用

プロテオロドプシン，新しい光エネルギー利用機構

■ プロテオロドプシンの発見

　私たちの食卓に並ぶ"海の幸"．これらは食物連鎖をたどれば，最終的にはすべて，きわめて小さな生き物である植物プランクトンや海洋細菌に行きつく．そして，これらのプランクトンや細菌の活動に必要なエネルギーは，そのほとんどが海洋表層での光合成を通じて得られる光エネルギーに由来すると考えられてきた．ところが 2000 年にプロテオロドプシンという新たな光受容タンパク質が海洋細菌の間に広く分布していることが見つかり[1]，さらに，その遺伝子を大腸菌に組み込むと光エネルギーによって ATP（生物共通のエネルギー物質）が合成されることが確認された．これは光エネルギーを使って炭酸ガスを固定するクロロフィル型の光合成とはまったく異なる光エネルギー利用のしくみであり，これまで太陽光をエネルギーとして利用できないと考えられてきた膨大な数の従属栄養菌が光を用いている可能性が示された．

■ ロドプシンとは？

　ロドプシンとはオプシンというタンパク質とレチナールという発色団からなる光受容体タンパク質で，一般にはわれわれの目の網膜の中にある視紅物質として知られている．これはいわゆる光センサーの機能を果たしているが，一方，微生物にもロドプシンがあり，その多くは光が当たるとイオンの輸送を行う．たとえば，バクテリオロドプシンは光が当たると水素イオンを汲み出し，ハロロドプシンは塩化物イオンを取り込む（図 1）．またこれらのロドプシンは利用する光の波長が異なり，プロテオロドプシンでは約 490 nm の光を利用するものと，約 525 nm の光を利用するものが知られている．

　これらのロドプシンは高度好塩アーキアをはじめとして，非常に限られた環境に生息する微生物のみがもっているタンパク質だと考えられてきたが，プロテオロドプシンが海洋細菌から発見されたことで，海洋という広大な領域にもロドプシンをもつ細菌が存在することが示され，世界的に注目を集めるようになった．

■ プロテオロドプシンの多様性

　プロテオロドプシンは，Gammaproteobacteria 綱の SAR86 グループのゲノム断片から見つかった光受容タンパク質であるた

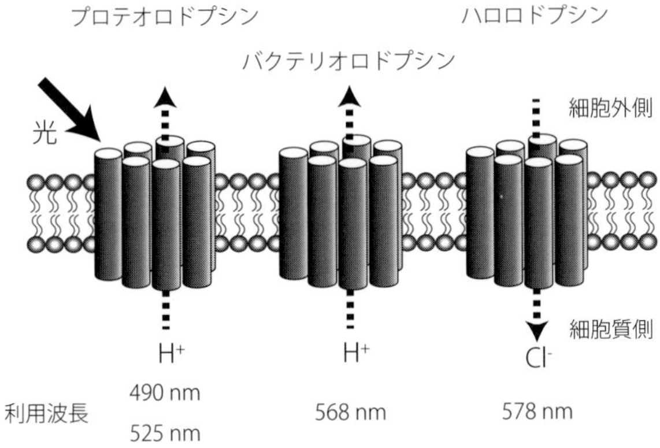

	プロテオロドプシン	バクテリオロドプシン	ハロロドプシン
	光 →		細胞外側
	H⁺	H⁺	Cl⁻ 細胞質側
利用波長	490 nm / 525 nm	568 nm	578 nm

図 1　各ロドプシンの比較

め、プロテオ-ロドプシンと命名された。しかしながら、その後の研究からほかのグループのバクテリアにもプロテオロドプシンをもつものが見つかり、現在ではAlphaproteobacteria綱、バクテロイデデス門、ユリアーキオータ門（アーキア）に属する株からプロテオロドプシン遺伝子が見つかっている[2,3]。クロロフィル型の光合成機構が細菌ドメインのみに存在するのに対して、プロテオロドプシン遺伝子はアーキア、細菌ドメインに幅広く存在していることがわかってきたが、その多様化メカニズムはほとんどわかっていない。

■ 海洋表層におけるプロテオロドプシン保持細菌の存在量

海洋表層にはおおむね 10^6 cells ml^{-1}の原核生物が存在することが知られている。ではそのなかにプロテオロドプシンをもつ原核生物はどの程度存在するのだろうか？ これまでにメタゲノムや定量PCRを用いた解析からプロテオロドプシンをもつ原核生物数が推定されている。その値は、海域により大きく変動するものの（数％～80％程度）[2]、現在では外洋表層域の半数以上の原核生物がプロテオロドプシンをもつと考えられている。

■ プロテオロドプシンが受け取る太陽光エネルギー量

クロロフィルをもつ生物が1年間に受け取る太陽光エネルギーの総量は約 10^{18} kJと推定されているが、プロテオロドプシンがどの程度のエネルギーを太陽光から受け取っているかは、今のところまったくわかっていない。その理由は大きく二つある。一つ目は、プロテオロドプシンをもつ細菌分離株がきわめて少なく、培養株を用いた生理生化学的解析例が乏しいこと。二つ目は、機能解析が組換え大腸菌でしか行えなかったことである。近年、分離培養株を用いた解析からプロテオロドプシンのプロトン排出速度が報告されたが、わずか1株のみであり[4]、今後さまざまな分類群の培養株を用いた解析から、プロテオロドプシンが受け取る太陽光エネルギー量の推定が期待できる。　　　　〔吉澤　晋〕

参考文献

1) O. Beja *et al.* 2000. *Science.* **289**(5486): 1902-1906.
2) J. A. Fuhrman, M. S. Schwalbach and U. Stingl. 2008. *Nature Reviews Microbiology.* **6**(6): 488-494.
3) V. Iverson *et al.* 2012. *Science.* **335**(6068): 587-590.
4) S. Yoshizawa *et al.* 2012. *Environmental Microbiology.* **14**(5): 1240-1248.

79 ストロマトライト

シアノバクテリア, ハメリンプール,
ピルバラクラトン

■ ストロマトライトの定義

粒子と細かく波打ったマット状の細粒物質が交互互層した形状をもつ岩石で、多くの場合炭酸塩を主成分とするが、あくまでも形状に対する名称であり、炭酸塩を含まない珪質の場合もある。1mm以下の薄いマット状組織と間に挟まる粒子による薄い層を繰り返すが、通常の堆積物のように平坦な面で繰り返すのではなく、波打った不規則な面により層が作られる。この波打った面は現世のシアノバクテリア・緑色藻類などが重なってできたバイオハームやバイオマットに類似しているため、生物化石であると考えられている。キャベツやマッシュルームのような丸い外形をもつものが一般的に知られているが、実際はマット状の地層が多い。

■ ストロマトライトの形成過程

ストロマトライトはシアノバクテリアの化石であるといわれているが、近年、シアノバクテリアからどのように炭酸塩物質が形成されていくかが明らかになっている。重要点は重炭酸塩の形成である。シアノバクテリアは光合成により二酸化炭素 (CO_2) を体に取り込んで、そこで重炭酸が供給され HCO_3^- が生成される。体のまわり（鞘の部分）では、吸収される CO_2 の減少に伴い、OH^- 濃度が上昇するため pH が大きくなり、アルカリ性になる。この重炭酸が細胞内を動き、CH_2O を作るとともに、いらなくなった酸素を放出し、老廃物である炭酸カルシウム $CaCO_3$ を体の外に付着する。この付着物がストロマトライトを構成する主要成分となる。

このようにできる生物起源のカルサイト付着物、細粒の化学的に沈殿するカルサイト（カルサイトに飽和している海底では沈殿し

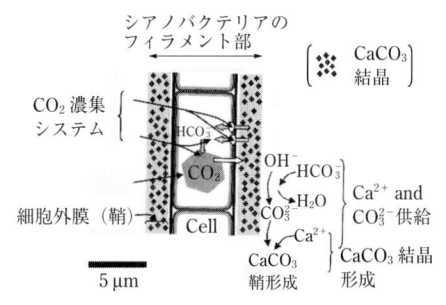

図1 シアノバクテリアが炭酸カルシウムを身につけるシステム[1]。鞘のpHが上がると CO_2 が下がる。反対に OH^- が増加するため、周辺部がアルカリ性になり鞘部では炭酸塩の結晶化が進む。

やすい）、砂などの粒子（波や風などで運ばれる）が重なり合うことで縞模様をつくる。この縞模様は、①昼間・太陽光のエネルギーによりシアノバクテリアが活動し、カルサイト層を形成し、②夜・バクテリアの活動が弱いときに砂などが層を作ることにより形成される。西オーストラリア・ハメリンプールでの研究では、50cmくらいの大きさで1,400年くらいかかっている。

■ 現在のストロマトライト

地球大紀行 (NHK) で世界的に有名になったのが、ハメリンプールの現存するストロマトライトである。パースの約700km北にあり世界遺産に登録されており、保護のためストロマトライトを上から見られる海上遊歩道ができている。ハメリンプールはシャークベイの最も奥まった部分にあたり、1日1回の潮の干満しかない。塩分濃度が通常の海水の3倍くらいといわれ、風が強いときには海岸線に潮の泡が大量にできる。海岸はシェルビーチといって5mmほどの貝殻からなり、泥や砂の流入がほとんどないために、海水も非常に透明度が高い。ストロマトライトの表面はマット状でぬるぬるとして弾力性がある。満潮時は海水に没しているが、干潮時には全体が顔をだすものもある。干潮時に水深約1～2mくらいの海底までは丸い形態が残

図2 ハメリンプールカーブラポイント（西オーストラリア）に残されるストロマトライト。表面は藻のようにぬるぬるとしており、陸からの砂を挟んでいる。潮の流れに沿ってキャベツ状や細長い枕の形状になる。（口絵16参照）

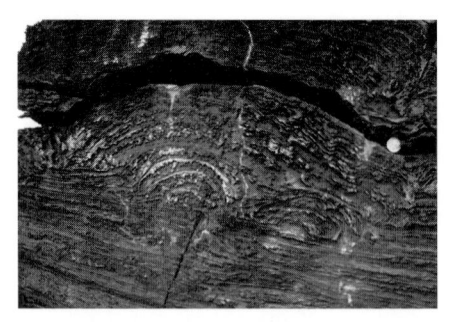

図3 27億年前のタンビアナ層中のキャベツ状ストロマトライト。まわりは波の影響を残す地層やバイオマット組織をもつ地層が広く分布する。（口絵17参照）

るが、それよりも沖には見られない。丸いキャベツ状の形態が印象的だが、潮の流れに沿って枕形やマット状の部分もある。太陽光が強いときは、表面に酸素放出の証拠である気泡がつく。酸素排出量は透明の半球カバーをかぶせて測定でき、大晦日1日の放出量（約50 ccほど）として紅白歌合戦で放送されたこともある。

ストロマトライトはほかにも塩分濃度の高い海岸沿いの入り江や蒸発量が大きい場所に存在する。フロリダ沖のバハマバンクなどでは6 mにも達するものがある。

■ **過去のストロマトライト**

ハメリンプールからさらに700 kmほど北上し、南回帰線を越えると太古代という25億年前以前の時代にできたピルバラクラトンにたどり着く。ここは南アフリカのバーバートンとともに地球初期の表層環境が岩石のなかに変成や変形を受けずに残っている数少ない場所である。ストロマトライトはこの地質帯の中に広く残っている。地球の歴史上多細胞生物が発達したカンブリア紀以前を先カンブリア時代と呼び、そのなかでも25〜5.4億年前を原生代、40〜25億年前を太古代、それ以前の地質記録がない時代を冥王代とい

う。ストロマトライトは原生代の浅い海で広域に繁茂し、空気中の二酸化炭素を海底に固定していたと考えられる。

太古代はこれらの生物が生まれはじめる時代であり、現在でも最古の化石の発見を巡って論争が続いている。ストロマトライトの発見も同様で、ピルバラクラトン中央部のノースポールという場所で約34.5億年前のバイマット的なストロマトライトが発見された。しかし、1994年に発見者の一人DR. Lowe博士はそれらは地層のずれなどの物理現象でできるとしたため再び研究が進み、現在ピルバラクラトンでは34.5億年前のステアリープールなど数か所で、タピー（三角テント）状のものが報告・保存されている。また、27億年前のフォーテスキュー層群中のタンビアナ層は浅い海の痕跡が広く残り、100 km以上に渡ってストロマトライトの地層を追跡できる。すでにこの頃には二酸化炭素を固定して酸素を供給するシステムが広く行われていたと考えられる。

〔清川昌一〕

参考文献

1) Konhauser and Riging. 2012. *Fundamentals of Geobiology, First Edition*（A. H. Knoll, D. E. Canfield and K. O. Konhauser eds.）. Blackwell Publishing Ltd.

80 環境と微生物の数理モデル

個体群，進化，生物群集，生態系

■ 数理モデル

数学を使った模型のことを数理モデル (mathematical model) と呼ぶ．環境科学における数理モデルは，時空間的に変化するなんらかの量（=「変量」）（例：湖水中の細菌個体数）の変化の様子や複数の変量間の関係を微分方程式やコンピュータプログラムによって記述したものである．また，ある特定の変量に注目してその変化のさまを記述する作業・研究過程を数理モデル化 (mathematical modeling) と呼ぶ．

数理モデルの主要な記述方法の一つである微分方程式は，17世紀に微積分法とともに発明された（運動方程式は微分方程式の一例）．微分方程式を用いた研究により数々の物理法則が発見・体系化され，機械論的・力学的世界観が築き上げられた．この世界観が19世紀に生物学の世界にも導入されて以来，生物学は生命圏で生じる現象の因果関係の解明を目指してきた．とくに20世紀には数理モデルを用いた研究が生物学の発展に貢献した．

最近では微分方程式では記述しにくい複雑な生命現象を扱うことも多く，注目する変量が変わっていく過程を一つ一つの手続きとして整理してコンピュータプログラムとして記述した数理モデルも発展している．

■ 環境科学における数理モデルの枠組み

生命現象を数理モデル化する際には，生物集団の階層性の原理に従う必要がある．単一種から数種までを対象にする場合は個体群動態モデルを用いる．さらに多くの種が複雑に関わり合う現象に対しては，個体群動態を単位として種間の相互作用の詳細を記述した群集・食物網動態モデルを使う．生物が環境に働きかける過程を対象にする場合には，生物と物理的・化学的環境の相互作用を明示的に記述する生態系動態モデルを作る．ただしそれぞれのスケールでの現象やその理解の方法は互いに独立ではない．群集・食物網の動態の理解は，構成する各種の個体群動態を積み上げたものとして理解するのが一般的である．群集・食物網内で生じる種間相互作用は物質の生産・消費・分解などの生態系過程の駆動力である．同時に，生態系過程は生物に必要な資源や物理的環境の状態を決めることにより多種共存などの群集レベルの現象に影響を及ぼすため，群集と生態系の間にはフィードバックが働く．今後はスケール横断的なモデルが必要である．

■ 個体群動態モデル

時刻 t における個体群密度を $N(t)$ とするとき，その時間的変化を外的環境要因 $E(t)$ (たとえば温度) と個体群密度に依存する形で定式化する．1個体あたりの個体群成長率（以下の方程式の左辺）は，外的環境要因 E と個体群密度 N で決まる出生率 b と死亡率 m で決まる．

$$\frac{1}{N(t)}\frac{dN(t)}{dt} = b(E(t), N(t)) - m(E(t), N(t))$$

注目する現象に応じて出生と死亡の項をそれぞれ変えることによってさまざまな数理モデルを作ることができる．たとえば，b も m もつねに一定の値の場合は，指数増殖モデルと呼ばれる．別の古典的な例としては $b-m$ が個体群密度 N に比例して減少する形をもつロジスティック増殖モデルが詳細まで解析されている．また外部環境要因 E は温度のような非生物要因の場合に加えて，競争種・資源種・天敵種などの生物要因の場合も考えなくてはならない．その場合，それらの種の個体群動態も同様に微分方程式で記述することにより種間相互作用が個体群動態に与える影響を調べることができる．またこの枠組みでは，単一種の細菌集団の中の複数のサブグループ（例：ウイルス感染耐性のある遺伝子型

と感染感受性の遺伝子型）を区別し，その相対的頻度の変化（＝進化動態）を扱うことも多い．さらに水平伝播性の遺伝子の動態も個体群動態の枠組みで扱うことができる．環境微生物を対象にした場合，この枠組みは各々の種を変量の単位とした場合以外にも使われる．たとえば，土壌中の全細菌，全真菌をそれぞれ一つの変量とするような定式化もよく行われ，この場合はブラックボックスモデルとも呼ばれる．

■ 群集・食物網動態モデル

注目する群集・食物網を構成する種それぞれについての個体群動態モデルを組み合わせて作る．環境微生物を対象にした場合，細菌やウイルス，原生動物をブラックボックスとするのではなく，それぞれの種を複数種ずつ明示的に考慮する．この枠組みでは，微生物多様性の維持機構や微生物多様性と生態系過程の関係を扱うことができる．また，群集・食物網内の各種の個体群動態について，種間相互作用や出生・死亡過程だけではなく，生物個体の移入・移出という空間的な過程も明示的に記述したメタ群集モデルが最近発展している．

■ 生態系動態モデル

各種の微生物・大型生物に加えて，有機物量，無機態窒素・リン量などを変量として，生物の個体群動態と一次生産・有機物分解・細菌生産・栄養塩回帰などの生態系過程をカップリングさせて作る．このとき質量保存の法則（mass balance）に従う定式化が必須である．生態系動態モデル内での微生物食物網の記述の仕方としては，細菌・真菌などの機能群それぞれを一つの変量とするようなブラックボックスモデルを用いる場合と機能群内の多様性をも考慮した場合がある．後者の場合にのみ多様性と生態系過程の関係を扱うことができる．最近非常に重視されているのは，微生物個体内での炭素・窒素・リンなどの複数元素の含有量比の動的変化を記述する生態化学量論（ecological stoichiometry）を取り入れたモデルである．ただし，地球スケールの陸域・海洋モデルでは，微生物食物網の詳細を考慮したモデルは依然として少数派である．

■ 数理モデルの意義

数理モデルを用いた研究の目的は，①一見異なる様子をみせる複数の現象を統一的に説明できる数理モデルを開発し，生命圏における法則の発見・体系化を進めることと，②個別の現象に対して数理モデルを開発しそのモデルの振る舞いを調べることにより，現象の理解を進めその理解をもとに予測を目指すこと，の二つに分けることができる．たとえば，微生物個体群の時間変動を左右する主要な機構を明らかにするための数理モデルは①のように一般化を目指すものである．一方，ある特定の湖でのアオコの発生要因の解明と発生予測を目指した数理モデルは②に該当する．

■ 数理モデル≠現実のコピー

注目する現象について既知の情報をできるだけ多く取り入れることが数理モデル化の目標ではない．複雑な現実世界を人間の限られた能力で理解するために数理モデルは存在するのであって，研究の目的がなんであれ，本質的には「単純化」（すなわち既知の情報の取捨選択）が数理モデル化において最も重要なことである． 〔三木 健〕

81 海洋酸性化と微生物

気候変動，二酸化炭素，生物影響

■ 海洋酸性化とは

海洋酸性化とは，海洋のpHが長期間にわたって低下する現象であり，産業革命以降，大気中に排出される二酸化炭素が増加したことが大きな原因と考えられる．大気中の二酸化炭素は，海洋に吸収される（海水に溶ける）と，以下のように化学形を変化させ，平衡状態を保っている．

$$CO_2 + H_2O \rightleftarrows H_2CO_3$$
$$H_2CO_3 \rightleftarrows H^+ + HCO_3^-$$
$$HCO_3^- \rightleftarrows H^+ + CO_3^{2-}$$

この化学変化によって発生する水素イオンが，海水のpHを低下させるため，過剰の二酸化炭素が海洋に溶けると海洋は酸性化することになる．海洋は，人間活動によって大気に排出される二酸化炭素の約1/3を吸収しており，一般的な表層海水中には，二酸化炭素（CO_2），重炭酸イオン（HCO_3^-），炭酸イオン（CO_3^{2-}）が，それぞれ約0.5%，89%，10.5%の割合で含まれている．産業革命から1990年代までの平均的な表層海水のpHは，約8.1～8.2であったが，2100年には7.8にまで低下すると見積もられており，海洋生物や生態系への影響が懸念されている．

■ 海洋酸性化と微生物

海洋が吸収する二酸化炭素が増加して海水が酸性化すると，どのような影響があるだろうか．海洋にはさまざまな生物が生息しているが，数でみるとそのほとんどが微生物に属する．海洋における食物連鎖の起点は，植物プランクトンである．植物プランクトンがエネルギーを得るために行う光合成には二酸化炭素が利用されるため，二酸化炭素の増加は，光合成を活発にさせる可能性がある．また，海洋酸性化によるpHの変化は，さまざまな生物のイオン輸送，酵素活性，タンパク質機能などの調節に関与してくるだろう．植物プランクトンの生物量や生理活性に変化があれば，これを利用する動物プランクトンなどの高次栄養段階の生物にも影響があろう．また，海洋には，生物遺骸や排泄物など非生物体有機物の利用を介した微生物ループ［➡59 微生物ループ］も存在し，食物連鎖の変化は細菌やウイルスの活動にも影響してくる可能性がある．さらに，植物プランクトンの円石藻，動物プランクトンの翼足類や浮遊性有孔虫は，炭酸カルシウムでできた外殻をもっており，酸性化した海水によって殻が溶ける可能性がある．海洋表層で生産される生物遺骸や排泄物中の有機炭素や無機炭素に変化があれば，生物ポンプ［➡61 微生物炭素ポンプ］の強さも変わってくるだろう．このように，微生物は，海洋全体の物質循環過程に深く関わっており，微生物への影響を調べることは，酸性化が海洋全体の物質循環機構へ与える影響を予測するうえで非常に役立つと考えられる．

海洋酸性化が微生物に与える影響は，室内～中規模の模擬実験により調べられている．二酸化炭素濃度には，産業革命以前（過去），現在，未来の三つを設定し，結果を比較しているものが多い．

二酸化炭素濃度の増加が植物プランクトンに与える影響として，光合成による有機物生産（一次生産）の増加が予想される．この予想は，一部の植物プランクトンの単離株と天然群集を用いた実験で実証されている．一方，細胞分裂率への影響は種によって異なることが報告されており，円石藻に関してみると，ほとんど変化がないか減少する傾向が観察されている．このように，海洋酸性化は，植物プランクトンの群集構造や遷移に影響を与える可能性が示唆されている．また，窒素固定を行うシアノバクテリアについては，二酸化炭素の増加に伴い，炭素固定と窒素固定の両方が高まることが報告されている．

海洋に溶け込む二酸化炭素が増加すると,海水中の炭酸物質の存在状態に影響を与えるため,海洋酸性化が炭酸カルシウム骨格をもつプランクトンの石灰化に与える影響を調べる研究が,最も盛んに行われている.報告されている結果の多くは,海洋酸性化が炭酸カルシウムの生成を阻害する傾向を示している.しかし,阻害が起こらないケースもあり,種ごとに石灰化のメカニズムが異なることや実験方法の差異の問題などが原因と考えられている.

ここまで,植物プランクトンと炭酸カルシウム骨格をもつ微生物への影響について記述した.そのほかの微生物に関する研究報告は,今のところ少ない.海洋酸性化に注目が集まり,生物影響に関する研究が急激に増えはじめたのは,2000年代後半であり,まだ歴史が浅いのもその一因である.

動物プランクトン(炭酸カルシウムの殻をもたないもの)の影響評価としては,カイアシ類について比較的多く調べられている.これらの多くは,海洋酸性化の影響予測研究というよりも,「二酸化炭素の海洋隔離技術」の実施を想定した影響評価研究のなかで蓄積されてきたものが多い.二酸化炭素の海洋隔離技術とは,海洋が多量の二酸化炭素を吸収する能力を利用するジオエンジニアリングの一つである.この技術は,生物の多い海洋表層を避け,水深1,000～3,000 m程度の中深層に液体二酸化炭素を移動船から出したパイプラインから希釈しつつ注入するか,水深3,000 m以深の海底の窪地に二酸化炭素ハイドレートとして貯留することにより,大気から長期間二酸化炭素を海洋に隔離しようとする技術である.これらの技術に対して,中深層以深に生息するカイアシ類などを対象に,幅広い二酸化炭素濃度に対する生残率を調べ,実施許容濃度の推定が行われている.近年,自然の海洋酸性化に対する動物プランクトンの食餌率や成長速度などの変化に着目した研究が始まりつつあるところであり,今後の報告が待たれる.

細菌への海洋酸性化の影響についての報告はさらに少ないが,いくつかの研究で,数,細菌生産速度[➡9 細菌生産],群集構造,細胞外酵素活性[➡62 菌体外酵素]に対する影響などが調べられている.結果としては,数には影響がみられず,細菌生産速度は増加するか変化がなかったと報告されている.一方で,群集構造には変化が起こるとの報告がある.細胞外酵素活性に関しては,一部の酵素で影響が観察されている.細菌が利用する非生物体有機物についても,いくつかの研究で調べられている.サイズの小さな溶存有機物については影響はみられないが,微生物が細胞外に放出する粘性物質からなる粒子状有機物の生産が増加するとの報告があり,海洋酸性化が生物ポンプを活性化させる可能性が示されている.

ウイルスについては,数や群集構造への影響が調べられており,数には影響がみられないが,群集構造に変化がみられるという細菌と類似した結果が報告されている.

このように,海洋酸性化に対して模擬実験から海洋生物や生態系におけるいくつかの潜在的な影響が見出されており,今後より包括的な環境予測研究が期待される.

〔山田奈海葉〕

参考文献
1) J.-P. Gattuso and L. Hansson. 2011. *Ocean Acidification*. Oxford University Press.

第 4 章
土壌圏環境の微生物

82

微生物の住処としての土壌

団粒構造, 有機無機複合体, 微生物の普遍性

土壌にはきわめて多くの微生物が存在する. 細菌の密度は土壌1gあたり10億～100億にもなる. 多くの微生物が土壌を住処としている. 具体的に土壌のどこにいるのだろうか.

■土壌中の占有率

まず, 土壌全体のどれだけの容積を微生物が占有するのか計算してみる. 土壌1g中に生息する細菌数を20億, 細菌の平均体積を$0.16\,\mu m^3$と仮定すると, 土壌の容積の0.032％を細菌が占めることになる. 細菌と同等あるいはそれ以上にカビのバイオマスがあるといわれ, さらに土壌中には原生動物や線虫なども生育しているので, 生物により占有される土壌空間はこの0.032％よりも多い. 一方で, 土壌には99％以上の生物が存在しない空間があることがわかる. ちなみに小学校の教室は平均$64\,m^2$というから, 高さ2.5mとすると$160\,m^3$となる. ここに体積$50\,l$の人が1人いるとすると, 人の占有率は0.03％となる. 土壌中の細菌細胞一つの密度は教室に1人の密度と同じといえる.

■土壌粒子

カビは水のない空間にも菌糸を伸ばせるが, 細菌は水のない空間で生育することはできない(糸状性のものは除く). そのため, 水中に浮遊するか, なんらかの界面に吸着して生育するしかなく, ほとんどの細菌はどこかに吸着して存在する. 土壌鉱物粒子はサイズにより分けられ, $2\,\mu m$以下の粒子を粘土, $2～20\,\mu m$の粒子をシルト, $20\,\mu m～2\,mm$以上の粒子を砂と呼ぶ. 重量が同じとすると小さな粒子ほど単位重量あたりの表面積が大きくなるので, 微生物は粘土やシルトに吸着している割合が高いことになる. 粘土と粘土あるいはシルト粒子同士がくっついてできる空間(孔隙)には毛細管現象で水が保持されやすいため, 孔隙も微生物の住処である. 粘土, とくに粒径の小さい粘土は, 有機・無機複合体と呼ばれる腐植物質との複合体を形成していることがあり, これらも重要な微生物の住処となる.

■団粒構造

土壌粒子は接着剤となる物質を介して結合して団塊を作る. これは団粒構造と呼ばれ, $250\,\mu m$よりも大きな団塊はマクロ団粒, それよりも小さな団塊はミクロ団粒と呼ばれる. 団粒構造が発達した土壌ほどよい土壌と見なされ, 微生物の数も多くなる. というのも, 接着剤の働きをするのは, カビなどの菌糸や細菌などが細胞外に分泌する多糖であったりするからである.

団粒構造は微生物に対して多様な住処を与える. 大小さまざまな孔隙を提供し, 細菌やカビ, 原生動物, 線虫に住処を与える(図1). サイズの大きい生物は小さなミクロ団粒内に入ることはできないが, 細菌などは団粒の内でも外でも生育できる. ただし, ミクロ団粒の外に出てきた細菌やカビは線虫や原生動物に食べられるリスクが高まることになる.

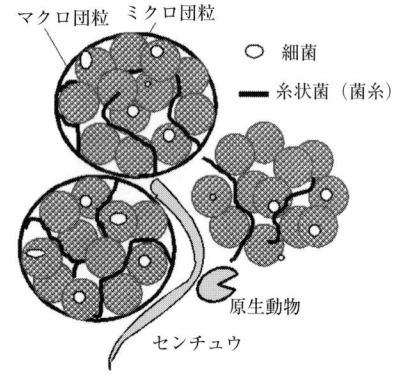

図1 団粒構造と微生物の住処との関係に関する模式図

ある生物が土壌中のどこで生育しているのかを推定する方法に燻蒸剤を用いた部分殺菌法がある．土壌を異なる時間燻蒸し，生き残った数を数える．大きな孔隙にいる生物は短時間の燻蒸で死滅するのに対し，小さな孔隙を主な住処とする生物は生き残りやすい．線虫やカビは燻蒸により速やかに死滅するのに対し，細菌は生き残りやすい．また，細菌の種類によっても生き残りやすさが異なる．土壌中の具体的にどこを住処としているかは，生物種によってさまざまである．

■ 土壌中の嫌気部位

畑土壌は，地表面を介した空気の出入りがあり酸素が供給されるため，好気条件にあると考えられる．酸素は土壌中を拡散するが，大きな孔隙ほど素早く拡散し，次いで小さな孔隙へと拡散していく．一方で，有機物分解に伴い酸素は消費され二酸化炭素が生成される．団粒の外部から内部へと酸素が拡散していく過程で団粒内の有機物分解に伴い酸素が消費されるため，団粒内部には酸素が存在しない嫌気的部位が生み出される（図2）．これが好気的な畑土壌にも嫌気性菌が生育する理由となる．

■ ホットスポット

土壌中には微生物が高密度で存在する"ホットスポット"と呼ばれる部位がある．微生物の多くは従属栄養生物のため，栄養源となる有機物が豊富に供給される部位である．水田や畑では1年に2回（収穫時の刈株，残根と春耕に伴う雑草の鋤込み），植物遺体が土壌に多量に供給される．こうした有機物残渣は微生物の格好の住処となる．水田土壌の例[1]では，1gあたりの細菌数はシルト（10^7のオーダー）に比べ粘土で多く（10^8〜10^9），また植物遺体はシルトより多く10^7〜10^9で，粒径が大きいほど多く，2mm以上の粗大植物遺体は粘土よりも高い密度を示した．

根のまわりの根圏（rhizosphere），ミミズなどの大型土壌動物の体表面や巣道（drilosphere）などもホットスポットに挙げられる．一部の微生物にとっては，カビの菌糸や胞子の周辺（sporosphere），線虫の体なども住処となる．根圏を例に，どれくらいの密度なのかを考える．植物は光合成産物の1%弱程度を根から水溶性および不溶性（ムシゲル）有機物として分泌し[2]，これが根圏微生物を支える栄養源となる．根の微生物数を測定するとき，次亜塩素酸などで根の表面を殺菌すると，検出される微生物数が1/10〜1/100程度に減少する．そのため，根に定着する微生物は主に根の表面に生育すると考えられる．微生物が生息する根表面の厚さを10μmと仮定し，根面上の細菌の占有率を求めると数%程度にもなる．これは，土壌に比べて2桁程度高い微生物密度である．先の小学校の教室で占有率1%を超えるには，50 lの人が16人必要で，かなりの高密度といえる．

〔豊田剛己〕

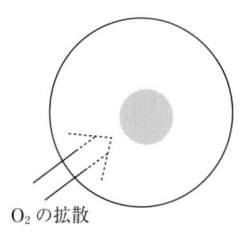

図2 団粒内部への酸素拡散の模式図
（グレー部分：嫌気的部位）

参考文献

1) 金澤晋二郎, 高井康雄. 1980. 日本土壌肥料学雑誌 **51**: 461-467.
2) N. C. Uren. 2001. *The rhizosphere* (R. Pinton, Z. Varanini and P. Nannipieri eds.), pp.19-40. Marcel Dekker.

83

陸上の炭素循環と微生物

土壌有機炭素，微生物バイオマス，ターンオーバー，フロー，分解者，地球環境問題

一般に単細胞の原生動物や藻類も微生物として扱われているが，本項ではバイオマスも多く炭素循環に果たしている役割も圧倒的に大きい細菌と菌類（fungus，真菌類とも呼ばれ，通常菌糸体（mycelium）として存在する）を中心に論を進める．

細菌と菌類は大きさと菌糸（hypha）の太さが1～数μmのオーダーであり，単位容積あたりの表面積が広いので環境と接触する面積も広く養分などを効率的に取り込むことができ，その結果代謝活性も高い．

陸上生態系には，世界各地で得られたデータを平均すると1 haの表層土壌中に乾燥重量でおおよそ耕地で1.8（0.3～4.9）t，森林で2.1（1.3～5.5）t，草地で2.7（0.7～5.6）tの細菌と菌類をあわせた微生物バイオマスが存在する[1]．気候，植生，土壌の理化学性によっても異なるが，細菌と菌類のバイオマス比は一般に1：2～1：3で菌類の方が多い．

これらの微生物バイオマスは絶えず新しく生産され，それに見合う量の古いバイオマスが死滅しているので見かけ上一定値を維持しているが中身は入れ替わって（ターンオーバーして）いる．たとえば，ある試算[1]によると熱帯林の土壌微生物バイオマスは年間7.1回，温帯林は1.7回，北方林は3.6回，および温帯草地は1.6回ターンオーバーしているという．森林と草地の現存バイオマスをそれぞれ2.1 t，2.7 tとして温帯林と温帯草地のバイオマスの年間ターンオーバー数を利用すると，森林では年間3.6 t，草地では4.3 tの微生物バイオマスが生産されていることになる．微生物バイオマスが生産される際の炭素源の増殖収率を考慮に入れると年間生産量の2倍以上の有機炭素源が微生物バイオマスに

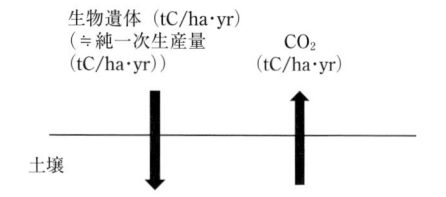

図1 土壌微生物バイオマスを経由する炭素フロー

微生物バイオマス
（経由有機物量（tC/ha・yr）＝
バイオマス（tC/ha）×ターンオーバータイム（yr）$^{-1}$×増殖収率$^{-1}$）

摂取され，最終的には好気的呼吸によってCO_2にまで無機化されている（図1）．微生物バイオマスによる摂取量は，それぞれの生態系の年間の純一次生産量（光合成による総生産量から生産者の呼吸によって消費された量を差し引いた量のこと）に匹敵する．

細菌と菌類は代謝活性も高く，多量に存在するがゆえに陸上生態系の純一次生産量のおよそ90％を好気的呼吸によりCO_2にまで無機化し，さらには木材腐朽菌類のあるものはほかの生物が分解できないリグニンやセルロースなども分解できるがゆえに陸上生態系の分解者といわれているのである．

2007年に公表されたIPCC（気候変動に関する政府間パネル）の第四次評価報告書[2]によると，2000～2005年の化石燃料起源のCO_2年間排出量は炭素換算で72億tであり，そのうち正味9億tが陸上生態系の植物により吸収されているという．生態学的には，陸上生態系における生産者による光合成生産と分解者による有機物の無機化は平衡状態にあると考えられているので，陸上生態系で吸収があるということは不思議な現象のように思える．この事実は撹乱などにより破壊されて再生の途上にある植生が多く存在し，やがて極相に達し生産と分解が平衡に達すればCO_2の吸収源ではなくなるということを意味しているのであろう．

もっとも地殻中に埋蔵されている厖大な量の化石燃料の存在は，地球史を通じて光合成生産系が卓越していた，あるいは微生物分解系が未発達であり光合成生産と微生物分解のバランスが生産に大きく傾いていた時期が長期間存在したことを物語っているのである．

次に微生物による炭素循環と地球環境問題に関連した二つのことがらについて述べる．

第一は熱帯域における砂漠化の問題である．熱帯雨林に分け入ると光合成生産量の大きさに比較して林床の有機物（A_0）層が貧弱であることに驚く．しかし，熱帯林の土壌表層の腐植などの有機炭素量は炭素に換算して1 ha あたり123 t と温帯の96 t よりは多い[3]．上述したように熱帯林の土壌微生物バイオマスは年間7.1回もターンオーバーしており代謝活性が非常に高い．そのために植生が皆伐され地上からの有機炭素の流入がストップすると，土壌中の有機炭素は短時間で分解・無機化され，生じた栄養塩なども集中的な降雨により溶脱され，あとには砂漠が残ることになる．一方，わが国の暖温帯・温帯域の森林では植生を皆伐しても相当長期間土壌有機炭素が残留し，自然な植生の回復がみられる．

第二は寒帯域における温暖化下での炭素循環の問題である．北半球高緯度地方の北方林は陸地面積の9.1％を占めるにすぎないが，光合成生産量が小さいにもかかわらず低温で分解活性が低いために，土壌中には全陸上生態系に貯留されている量の23.4％に達する有機炭素が存在している[3]．将来温暖化した場合に北半球高緯度地方の陸上生態系は全球平均よりかなり高温になることが予測されている．加えて，これらの地方では微生物の分解活性のQ_{10}値が大きく，1℃の温度上昇でも20〜30％分解促進されるという[4]．このような場合，温度上昇→土壌中の有機炭素の分解促進→CO_2放出→さらなる温度上昇，という正のフィードバック効果による悪循環が懸念されるのである．

以上好気的環境における炭素循環について述べてきたが，最後に湖沼底泥，湛水下水田，湿地などの嫌気的環境におけるメタン生成細菌と栄養共生細菌の共同作業によるメタンの生成について触れる．メタン生成による有機物の年間分解量は好気的分解量のおよそ1/400であり[5]，生成したメタンもその多くがメタン酸化菌によりCO_2に酸化されるが，メタンは1分子あたりCO_2の21倍の温暖化効果があり，温暖化への寄与率も14％で地球環境問題の立場からは無視できない．

〔堀越孝雄〕

参考文献

1) J. L. Smith and E. A. Paul. 1990. *Soil biochemistry Vol. 6*（J. M. Bollag and G. Stotzky eds.），pp.357-396. Marcel Dekker.
2) IPCC 編，文部科学省・経済産業省・気象庁・環境省訳．2009．IPCC 地球温暖化第四次レポート―気候変動2007―．中央法規．
3) 藤森隆郎．2001．森林科学．**33**: 2-9．
4) 堀越孝雄．2003．土壌微生物生態学（堀越孝雄，二井一禎編著），pp.1-8．朝倉書店．
5) 和田英太郎．2002．環境学入門3 地球生態学．岩波書店．

84

陸上の窒素循環と微生物

窒素固定，硝化，脱窒，有機化，無機化

窒素はタンパク質や核酸などの主要な生体成分の構成元素である．土壌に含まれる全窒素のうちアンモニア態窒素や硝酸態窒素といった無機態窒素はわずか1％以下であり，それ以外は生物がすぐに利用できないアミノ糖態窒素などの有機態窒素である．これらの土壌中の窒素は微生物による酸化や還元などの化学反応で形態を変え，陸上の生命活動を支えている．

窒素循環は複数の微生物プロセスに分けられる（図1）．大気中に78％含まれる窒素ガスを生物が利用可能な形態に変換する窒素固定（nitrogen fixation）能力をもつのは微生物だけである．窒素固定菌はその機能する場で区別される．土壌中で単生し窒素固定を行う微生物には *Azotobacter* 属や *Klebsiella* 属，*Clostridium* 属など多数の細菌がある．水田のシアノバクテリアは1年間に10 kgNもの窒素を固定することから，作物への重要な窒素の供給源となっている．また *Azospillium* 属を代表とする一部の細菌は特定の植物の根圏に生息し，年間36 kgNの窒素を固定するとの報告もある．高等生物に共生して窒素固定を行う微生物には根粒菌やある種の放線菌などが含まれる．これらの細菌は特定の植物体の細胞内部あるいは細胞間隙に生息したり（エンドファイト），根粒や茎粒などの共生器官を形成して生息する．共生タイプの窒素固定菌は，植物から光合成産物の供給を受けて，それをエネルギー源として窒素を固定し宿主植物に供給する．一般に植物との関わりが強いとされる窒素固定菌だが，シロアリ腸内にもその存在が見出された．陸上生態系のさまざまな場所で窒素固定菌が機能し窒素が供給されているといえる．

高等植物や微生物に取り込まれた窒素は，アミノ酸やヌクレオチドなどの生体成分へと変換されたり，土壌有機物の構成成分となって環境中に保持される．この反応を有機化（immobilization）という．一方，有機態窒素が微生物により分解されアンモニアや硝酸など無機態窒素として土壌中に放出される過程を無機化（mineralization）と呼び，とくにアンモニアとして放出される過程をアンモニア化成（ammonification）という．これらの有機化や無機化の過程には，細菌，アーキア，糸状菌など不特定多数の微生物群が関与している．生体成分となった有機態窒素は，やがて生物の死とともに土壌で分解・放出される．このため土壌で微生物菌体として存在する微生物バイオマス窒素は植物生育の窒素源としても有用である．また土壌有機物に取り込まれた場合は，その分解の難易によって土壌で有機物としてとどまる時間は異なる．無機化速度には有機物のC/N比や土壌の水分・温度などが影響し，場合によっては数百年以上もの時間をかけてゆっくりと分解される．

アンモニアとして放出された窒素は，亜硝酸を経て硝酸に酸化される．この好気的な酸化過程を硝化（nitrification）という．陸上生

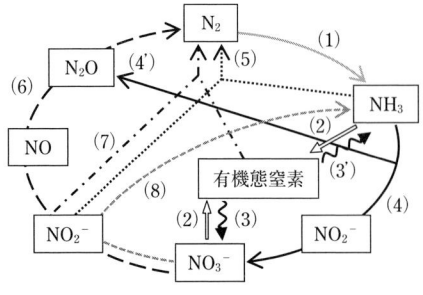

図1 窒素循環図．(1) 窒素固定 (2) 有機化 (3) 無機化 (3′) 無機化（アンモニア化成）(4) 硝化 (4′) 硝化による一酸化二窒素生成 (5) アナモックス (6) 脱窒 (7) 共脱窒 (8) 異化的硝酸還元（dissimilatory nitrate reduction to ammonium）

170　4章　土壌圏環境の微生物

態系ではアンモニアから亜硝酸への好気的酸化に関与するのは化学合成独立栄養細菌 *Nitrosospira* 属と *Nitrosomonas* 属で，とくに *Nitrosospira* 属は主要なアンモニア酸化菌である．またアーキアの一部もアンモニア酸化を行い，土壌環境によっては主要な役割を果たしている場合がある．亜硝酸の好気的酸化も化学合成独立栄養細菌により行われている．亜硝酸酸化菌は *Nitrobacter* 属，*Nitrospina* 属，*Nitrococcus* 属，*Nitrospira* 属が挙げられる．このほかに，従属栄養型の細菌や糸状菌にもアンモニアを亜硝酸や硝酸に酸化するものが見出され，酸性環境では重要な役割を果たしているとの報告もある．これらの微生物反応を従属栄養硝化（heterotrophic nitrification）という．また近年，アンモニアと亜硝酸から窒素ガスを生成する嫌気的アンモニア酸化反応（anammox，アナモックス）を担う微生物が発見された．アナモックスは一部の水田で起こっていることが証明されているが，その陸上の窒素動態における寄与については不明な点が多い．

硝酸や亜硝酸は一部の細菌で酸素の代わりに呼吸の電子受容体として還元され，一酸化窒素を経て一酸化二窒素（N_2O）や窒素ガスといった気体状窒素となって大気中に放出される．この反応を脱窒（denitrification）という．脱窒活性は酸素分圧の影響を受け，嫌気的な環境で活発になる．たとえば湛水した水田の下層部分では活性が高い．また硝酸や亜硝酸の濃度，土壌有機物（電子供与体）の種類や量あるいは pH などにも左右される．脱窒能を有する微生物は糸状菌とアーキアにも見つかっており，それぞれ特徴がある．一般に細菌では一酸化二窒素を窒素へ還元する酵素の酸素感受性が高く低酸素分圧で失活するため微好気環境で一酸化二窒素の生成量が増える．一方糸状菌は酸素分圧の影響を受けにくい．細菌とアーキアの脱窒系路は類似しているが脱窒酵素遺伝子の構造は異なる．糸状菌には，亜硝酸と有機物から窒素ガスあるいは一酸化二窒素を生成する（共脱窒：co-denitrification）ものもいる．また脱窒能を有する硝化菌や好気環境で脱窒を行う細菌もいることから，陸上生態系における脱窒と微生物の脱窒代謝系の関係は複雑である．

窒素は陸上生物にとって最も欠乏しやすい必須元素の一つであり，そのため作物生産にも多量の窒素肥料が要求される．ハーバー－ボッシュ法の開発に始まる工業的窒素固定技術の発展により大量の窒素肥料を農耕地に投入できるようになり，今やその投入量は自然窒素固定に匹敵するほどとなった．しかしその結果，上述した多様な微生物の窒素代謝活性が影響を受けて窒素収支がバランスを崩し，温室効果ガスの一つでオゾン層破壊の主要因である一酸化二窒素の発生量の増加や水系の硝酸性窒素汚染，あるいは森林における窒素飽和を引き起こしている．このように窒素循環とそれに関わる微生物は地球環境の保全上も注目されている． 〔多胡香奈子〕

参考文献
1) 横山 正．2003．土壌微生物生態学（堀越孝雄，二井一禎編著），pp.61-79．朝倉書店．
2) M. Hayatsu, K. Tago and M. Saito. 2008. *Soil Sci. Plant Nutr.* **54**: 33-45.

85

陸上のリン循環と微生物

リン酸イオン, 無機態リン, 有機態リン, バイオマスリン, 可給態リン酸, リン酸溶解菌, アーバスキュラー菌根菌

　リン（P）は，すべての生物にとって必須な元素である．土壌中の全リン濃度は 500～800 mgP kg^{-1} であるが，植物が利用できる可給態リン酸濃度は 2～44 mgP kg^{-1} と少なく，さらに植物が直接吸収できる形態であるリン酸イオンはきわめて微量である．植物は土壌鉱物の風化やリン酸肥料由来のリン酸イオンを吸収する．吸収されなかったリン酸イオンは土壌中の金属元素などと難溶性無機態リンを形成し土壌に蓄積する．また植物に吸収されたリンも植物遺体を経て有機態リンとして土壌に蓄積する．リンは気体として大気へ放出されることはほとんどなく，また土壌腐植になる割合も少ない．

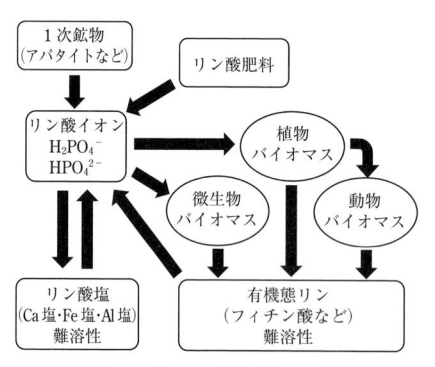

図1　土壌中のリン循環

■ 土壌中の無機態リン

　土壌中のアパタイト（リン灰石）などの1次鉱物にリンが含まれており，風化を受けてリン酸イオンを生じる．一般的な土壌 pH（4～8）におけるリン酸イオンの形態はリン酸二水素イオン（$H_2PO_4^-$）とリン酸水素イオン（HPO_4^{2-}）である．リン酸イオンはさまざまな金属元素と難溶性のリン酸塩を容易に形成する．アルカリ性土壌ではカルシウムとの結合によるリン酸カルシウムが，酸性土壌では鉄やアルミニウムとの結合によるリン酸鉄やリン酸アルミニウムが生じる．可給態リン酸はこれらリン酸塩の一部であり，とくに Ca 塩の割合が高い．このような難溶性無機態リンが生じるため，作物によるリン酸肥料のリン利用率は 20% 以下と低い．

　植物が土壌中のリン酸を利用するためには難溶性無機態リンが溶解される必要がある．土壌中にはリン酸塩を可溶化するリン酸溶解菌が生息しており，有機酸生成菌，無機酸生成菌，硫酸還元菌の3タイプが知られている．有機酸生成菌はキレート作用をもつ有機酸を生成してリン酸塩を溶解する．有機酸としては，クエン酸，シュウ酸，乳酸，コハク酸，フマル酸などが知られている．有機酸生成菌は土壌中に広く分布し，細菌の *Bacillus* 属，*Pseudomonas* 属，*Streptomyces* 属，糸状菌（カビ）の *Aspergillus* 属や *Penicillium* 属などが知られている．植物根もクエン酸などを分泌し，根の周囲のリン酸塩を溶解している．無機酸生成菌としては硫黄酸化菌と硝化菌が知られている．また還元状態が発達しやすい水田土壌などでは硫酸還元菌が生成する硫化水素によってリン酸塩の溶解が起こる．

■ リン酸の吸収とバイオマスリン

　土壌中のリン酸イオンは植物や微生物によって吸収される．植物根は細胞膜にあるリン酸トランスポーターを介してリン酸を吸収する．リン欠乏土壌に適応した植物としてシロバナルーピンのようなクラスター根をもつ種類が知られている．クラスター根は試験管ブラシ状の根で，根の表面積が広いばかりでなく，クエン酸や酸性フォスファターゼの分泌能力がきわめて高く，土壌中の無機態・有機態リンの溶解・分解に優れている．また植物根に共生しているアーバスキュラー菌根菌（AM 菌）が植物のリン酸吸収に果たす役割は大きい．AM 菌は植物根が到達できない部位まで菌糸を伸長し，土壌中のリン酸イオン

を吸収する．吸収されたリン酸はポリリン酸に重合され植物根内の樹枝状体まで運搬される．ここでポリリン酸は再びリン酸に分解され，植物へ供給される．生体内でリン酸は有機化合物とエステル結合した形態に同化され，バイオマスリンとしてさまざまな生理機能を果たしている．リン酸は核酸やリン脂質などの生体構成成分として重要であり，糖リン酸，ATPなどの高エネルギーリン酸化合物，またタンパク質のリン酸化などを行ううえでも重要である．植物の種子中ではフィチン酸として蓄積される割合が高い．

■ 土壌中の有機態リン

さまざまな生物のバイオマスリンは，生物の死滅によって生物遺体となり，その後分解を受けて有機態リンとして土壌中に蓄積する．有機態リンは無機態リンと同様に金属元素などと結合し難溶性の状態で存在し，その20～50％がフィチン酸である．有機態リンは，分解に先立ち無機態リンと同様にリン酸溶解菌などが分泌する有機酸によって可溶化される必要がある．可溶化された有機態リンはさらにさまざまな微生物が分泌するフォスファターゼによって分解され，リン酸イオンを生じる．土壌中の微生物は細菌，糸状菌を問わず多くの種類がフォスファターゼ活性をもっている．細菌では*Bacillus*属，*Serratia*属，*Arthrobacter*属，*Streptomyces*属，糸状菌では*Aspergillus*属，*Penicillium*属，*Rhizopus*属などが知られている．植物根もフォスファターゼを分泌し，根の周囲の有機態リンを分解している．

■ リンの環境・資源問題と土壌

現在リン鉱石の70～80％は肥料の原料として使用されており，リン酸肥料の使用によってリン資源の消費は約3倍になったといわれている．先に述べたように作物のリン利用率は非常に低いため，農耕地，とくに園芸ハウスや果樹園では土壌リンの蓄積が進んでいる．また農耕地からの溶脱や土壌浸食によってリン酸が湖沼や海洋へ流出し，水域の富栄養化の原因になっている．富栄養化はシアノバクテリアや藻類の大量増殖を招き水の華や赤潮を発生させる．またこれらの腐敗によって水域が酸欠状態となり，水産資源が損なわれる事態が生じている．

世界のリン鉱石の採掘量は1900年以降の100年間で約50倍増加した．この間リン鉱石の価格は8倍以上に上昇しており，2008年には世界のリン鉱石の市場価格が高騰し注目を集めた．今後世界のリン需要は2050年までに50～100％増加する一方で，リン鉱石の採掘量は2040年頃をピークにその後減少に転ずると予測されている．世界のリン鉱石の耐用年数（埋蔵量／採掘量）も約50～100年といわれており，品質のよいリン鉱石はすでに地球的規模で枯渇を始めている．わが国はリン資源のすべてを輸入に頼っており，リン鉱石の枯渇と産出国の輸出制限によって，リン資源の確保は年々難しくなってきている．このような現状から，①土壌診断を実施して適切なリン酸肥料の使用に努める，②植物のリン利用率を高める，③家畜ふん尿，下水汚泥，製鋼スラグなどの未利用リン資源を活用する，などの取組みが必要であると指摘されている． 〔坂本一憲〕

86

陸上の硫黄循環と微生物

硫黄酸化，硫酸還元，好気・嫌気界面

硫黄は重要な生体元素であり，システインやメチオニンなどの含硫アミノ酸や補酵素A（CoA）などに含まれる．これらの有機硫黄化合物以外に，環境中には，酸化数＋6の硫酸イオン（SO_4^{2-}）から酸化数−2の硫化物イオン（S^{2-}）までいろいろな酸化数の無機硫黄化合物が存在する．無機硫黄化合物から有機硫黄化合物への変換は，SO_4^{2-}を介して起こる．植物と微生物はSO_4^{2-}をS^{2-}に還元して（同化的硫酸還元），システインを合成し，さらにメチオニンを合成する．システインやメチオニンなどの含硫アミノ酸は全生物界の有機硫黄源であり，動物は植物が合成した有機硫黄化合物を利用する．有機硫黄化合物から無機硫黄化合物への変換（分解反応）では，硫化物イオンが反応産物となる．たとえば，システインの場合，システインデスルフヒドラーゼが以下の反応を触媒してH_2Sを生じる：

L-システイン + H_2O
→ ピルビン酸 + NH_3 + H_2S

こうして，植物，動物，微生物が共通して営む硫黄代謝は，SO_4^{2-}→有機硫黄化合物→S^{2-}という一方向の経路である．

■ 微生物による硫黄化合物の酸化と還元

微生物は，無機硫黄化合物を相互変換させて硫黄循環を成立させている（図1参照）．この硫黄循環には，好気環境と嫌気環境の両方が必要である．好気環境では，硫黄酸化菌がH_2SやS^0を酸化する．*Beggiatoa, Thiovulum, Thiothrix*などの硫黄細菌の反応は次式となる：

$2H_2S + O_2 → 2S^0 + 2H_2O$

反応産物であるS^0は細胞内に硫黄顆粒として観察される．この硫黄酸化反応から生じる

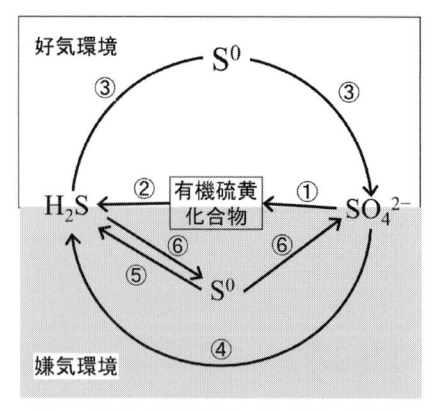

図1 ①同化的硫酸還元；②無機化；③硫黄酸化；④異化的硫酸還元（硫酸呼吸）；⑤硫黄呼吸；⑥光合成での硫黄酸化．①と②は好気・嫌気の両環境下で起こる．③は好気環境下で，④〜⑥は嫌気環境下で起こる．

エネルギーが細菌の増殖に使われる．このエネルギー獲得の様式を化学合成無機栄養性という．硫黄酸化に関わるもう一つのグループは*Thiobacillus*である．この細菌はH_2Sに加えてS^0を酸化して硫酸を生成する：

$2S^0 + 3O_2 + 2H_2O → 2H_2SO_4$

この反応は*Thiobacillus*の主要なエネルギー生成系であり，細菌はpH 2〜3の酸性環境で増殖する．好酸性，好酸性で好熱性のアーキアである*Sulfolobus*もH_2SやS^0を酸化するが，アミノ酸や糖類も利用する通性の化学合成無機栄養性菌である．

嫌気環境では，微生物の嫌気呼吸代謝によってSO_4^{2-}が還元される（異化的硫酸還元）．この反応は硫酸呼吸とも呼ばれ，有機物（CH_2O）の酸化とSO_4^{2-}の還元が共役する：

$2CH_2O + SO_4^{2-} → 2HCO_3^- + H_2S$

*Desulfovibrio*や*Desulfotomaculum*が代表的な硫酸還元菌（硫酸呼吸菌）である．硫酸還元菌の多くはヒドロゲナーゼをもっており，分子状水素でSO_4^{2-}を還元することができる：

$4H_2 + SO_4^{2-} → H_2S + 2H_2O + 2OH^-$

嫌気環境ではSO_4^{2-}だけでなくS^0を最終電子受容体にしてH_2Sを生成する細菌（たとえば，*Desulfuromonas*）も存在する．この代謝は硫黄呼吸と呼ばれる．

嫌気条件下，酸素に依存しないH_2Sの酸化が光合成細菌によって起こる：

$$CO_2 + 2H_2S \rightarrow CH_2O + 2S + H_2O$$

これは光合成でのCO_2の還元がH_2Sの酸化と共役したもので，酸素を発生しない光合成反応である．このような光合成を行う細菌*Chromatium*は細胞内に硫黄顆粒を貯め，別グループの*Chlorobium*では細胞外に硫黄粒を生じる．さらに，S^0をSO_4^{2-}に酸化する活性もある．

■ 地球上の硫黄の動態と微生物

地球上の硫黄の分布を大気圏，岩石圏，水圏，土壌圏に分けてみると，岩石圏に大部分が分布する（24.3×10^{18} kg S）[1]．次いで，水圏（1.3×10^{18} kg S），土壌圏（2.7×10^{14} kg S），大気圏（4.8×10^9 kg S）の順である．水圏での硫黄のほとんどは海洋に存在する．海洋への硫黄の流入経路は，陸地の黄鉄鉱（FeS_2）やセッコウ（$CaSO_4$）などの鉱物が風化作用を受けてSO_4^{2-}になり河川水に入り海洋に運ばれる経路である．河川水のSO_4^{2-}濃度（全球平均で0.09 mmol l^{-1}）と河川水の年間流入量（3.6×10^{16} l）から計算すると，河川から海洋に流入するSO_4^{2-}量は年間3.2×10^{12} molになる．海洋での硫黄の除去経路は，一つは蒸発残留鉱物（セッコウ）の形成であり年間1.2×10^{12} molくらいが除かれ，もう一つは同量程度のSO_4^{2-}が硫酸還元菌の活動によって最終的にFeS_2となって海水から除かれる[2]．残りは海底熱水活動によって海洋地殻に固定される．こうして海洋地殻・堆積物などに固定された硫黄は，プレートの動きとともに再び陸地に戻される．これは地質学的時間スケールの大きな硫黄循環である．

人間活動がない場合，河川水から海洋に運ばれる硫黄の量は，年間104×10^9 kg Sと推定されている[3]．その内訳は，風化作用が69％，大気から陸地に降下して河川水に入る分が31％である．人間活動がある場合（1980年代中期）も含めた計算では，河川から海洋へ運ばれる量は，年間213×10^9 kg Sに増加する．化石燃料の燃焼や金属の精錬などの産業活動から大気に出るSO_2が，陸地に降下する硫黄量を2.6倍に増やす．また産業排水によって年間29×10^9 kg Sが，そして農業の施肥によって年間28×10^9 kg Sが新たに河川に負荷される．鉱山活動の廃鉱石に含まれるFeS_2は水や空気にさらされると，土壌中の鉄酸化菌や硫黄酸化菌の増殖を促し，代謝産物として硫酸が生成する：

$$2FeS_2 + 2H_2O + 7O_2 \rightarrow 2FeSO_4 + 2H_2SO_4$$

この硫酸が鉱山廃水を強酸性にして，水界に住む生物に有害な作用を及ぼす．このように，人間活動が地球上での硫黄循環に与える影響は大きく，そこには微生物が介在している．

〔太田寛行〕

参考文献

1) F. J. Stevenson and M. A. Cole. 1986. *Cycles of Soil: Carbon, Nitrogen, Phosphorus, Sulfur, Micronutrients*. John Wiley & Sons.
2) K. B. Berner and R. A. Berner. 1987. *The Global Water Cycle*. Prentice Hall.
3) J. Andrews, P. Brimblecombe, T. Jickells *et al*. 2003. *An Introduction to Environmental Chemistry*, 2nd edition. Blackwell Publishing.

87

物質循環を司る土壌酵素

細胞外酵素, 有機物分解, 存在状態

■ 土壌酵素とは

 大部分の動物は食物を消化する際に，外界とつながった消化管，つまり細胞外で，分泌した消化酵素により低分子化合物へ分解してから吸収する．微生物の場合も同様に，約500 Da 以上の高分子化合物は細胞内へ直接取り込めないため，分泌した酵素により細胞外で分解し低分子化した後に取り込んでいる．
 細胞外へ分泌された酵素のうち土壌溶液中に存在する遊離態はごく一部であり，過半は速やかに分解され，残りは土壌粒子に吸着される．この生細胞外に存在する酵素を細胞外酵素，あるいは Skujinš による造語である abiontic enzymes（非生物酵素）と呼ぶ．なおここでは，細胞表面やペリプラズム空間に位置する酵素，エクトエンザイムは，細胞内酵素として扱う．細胞外酵素には，微生物や植物が分泌した酵素以外に，死細胞中に存在したり死細胞から放出されたものも含まれる．土壌粒子に吸着した酵素は分解・変性しにくく長期間残存するため，細胞外酵素の大部分は土壌粒子に吸着した状態で存在している．とくに腐植物質に吸着した酵素の方が，粘土鉱物に吸着した場合よりも安定に存在することが知られている．このため，酵素を生産した細胞が死滅した後も，酵素のみ土壌中で存在する場合もある．土壌粒子に吸着した酵素は，その構造変化から至適 pH が変化したり活性が低下する場合が多い．とくに高分子化合物を対象基質とする酵素の場合，吸着した酵素に基質が接近しにくいため，低い活性を示す．しかし後述するように，細胞外酵素は土壌中で重要な役割を担っている．
 「土壌酵素」は狭義にはこのような土壌中の細胞外酵素のみ表し，広義には細胞外酵素と生細胞内に含まれる酵素の両方を含める．土壌中の細胞外と細胞内酵素の両者を厳密に区別して測定する方法は存在しないため，実際には両者をあわせて測定し，土壌酵素活性として扱っている．土壌酵素活性の測定には，土壌懸濁液を用いるのが一般的である．至適 pH・温度での測定と，実際の土壌環境に近似させた条件での測定に大別され，研究目的に応じて選択されている．土壌中において土壌酵素は，微生物の基質となる植物遺体と粒径の小さい粘土画分で活性が最も高い．
 土壌酵素は多様であり，理論的には土壌に生息する生物がもつ酵素のすべてを含む．少なくとも 500 種の酵素が土壌中の物質循環に重要な役割を果たしているとされるが，分析法が確立され，実際に土壌で測定されている酵素は 100 余種にとどまる．これらは，加水分解酵素，酸化酵素，転移酵素，リアーゼのグループに属するが，大半は加水分解酵素である．なお土壌酵素の大部分は微生物起源である．

■ 土壌酵素の働き

 土壌酵素の肝要な役割として，土壌有機物（植物リターと腐植）の分解と，それに密接に関わる炭素，窒素，リン，硫黄などの多様な元素の循環への寄与が挙げられる．土壌酵素の働きなしには，微生物や植物は高分子化合物から栄養素を得ることができず，また多様な元素の循環は停止してしまう．植物リターや微生物遺体の分解には 50 種以上の細胞外酵素が関与している．単純な構造の β 型グルコース重合体であるセルロースの場合でさえ，三つの酵素が協同して分解している．まずエンドセルラーゼがセルロースをランダムな位置で切断し，次いでエキソセルラーゼがセルロース鎖からセロビオースを切り出し，最後に β-グルコシダーゼがセロビオースを分解してグルコースを生成する．これら三つの酵素はいずれも，特異な結合のみを速い反応で切断する加水分解酵素に属している．リ

グニンや腐植物質は，化学的に安定で複雑な種々の結合様式を含みランダムな構造をしているため，これらを分解する特異な酵素は進化してこなかった．リグニンの場合は，ラッカーゼやリグニンペルオキシダーゼといったさまざまな酸化酵素により分解される．この分解は，フリーラジカルによる非特異的な切断によるもので反応は遅い．なおこれらは酸化酵素であり反応に酸素を必要とするため，酸素がないと分解は抑制される．

■ 細胞外酵素の生産コスト

細胞外酵素は，細菌が侵入できる孔隙よりも約100倍小さい孔隙中の基質にまで拡散・到達できるという利点がある反面，その生産・分泌にはデメリットも大きい．微生物が細胞外へ分泌した酵素のうち，分解や吸着されずに存在する遊離態のものはごく一部である．この遊離態酵素はサイズが小さく拡散速度が速いため，微生物自身から離れた基質にまで到着・分解できるが，その反応生成物のうち，酵素を分泌した微生物が利用できるのは拡散により自身に到達したものだけである．微生物にとって細胞外酵素の生産・分泌は必須なものではあるが，そのコストには，細胞外酵素自体に含まれる窒素などの栄養素だけでなく，その生産や分泌に使われる代謝エネルギーも含まれる．細菌では，細胞外酵素生産に，取り込んだ炭素・窒素の1～5％を消費しているという見積もりもある．このように細胞外酵素の生産・分泌には多大な資源投資が必要なため，微生物は酵素生産を環境に応じて調節している．たとえばリンが不足しているときはホスファターゼを生産・分泌し，それによってリンが十分に獲得できるとホスファターゼ生産を低下させる．また微生物は周辺環境中で利用できる基質の存在を感知するため，基質がないときでも少量の細胞外酵素をつねに分泌している．そして細胞近傍に基質があり反応生成物が感知できた場合にのみ，酵素を大量に生産・分泌する．土壌粒子に吸着することで長期間残存し活性を保持している細胞外酵素は，基質の流入があった場合に微生物に基質の存在を感知させることで迅速な基質利用を可能にし，また基質を感知するためにつねに生産・分泌する必要のある酵素生産の低減化にも役立つ．ただしこの利益を享受するのは，この細胞外酵素を生産した微生物自身とは限らない．細胞外酵素生産・分泌の多大なコストを削減するため，自身は細胞外へ酵素を分泌せず，ほかの微生物が分泌した酵素による反応生成物を利用する cheater（利己的な「裏切り者」）も存在する．利用可能な基質が少ないなどの理由により細胞外酵素生産・分泌のコストが高い場合には裏切り者が競合に有利になり，細胞外酵素の拡散性が低く生産した微生物の近くに留まる場合には，細胞外酵素を生産・分泌する微生物の方が有利になる．

土壌酵素活性は土壌の品質，肥沃度，微生物量，生物地球化学的循環能，化学物質による汚染の影響，生物浄化能の潜在性などの指標として利用されている．とくに土壌管理に対して，有機物量よりも迅速に応答することが知られている．また近年では地球温暖化という新しい観点からも研究が進展し，難分解性の土壌有機物ほど，その分解に関わる酵素の温度感応性が高いため，温暖化の影響を受けやすいといった成果も得られている．

〔國頭　恭〕

88 森林の微生物

木材腐朽菌,葉面微生物,
窒素関連微生物,内生菌,菌根共生

　森林は陸上最大のバイオマスを誇る生態系で,その主役は何といってもこの生態系にエネルギーをもたらす生産者の樹木と,この系を裏から支える分解者達,微生物である.森林では樹木の地上部を摂食する消費者の役割はきわめて小さく,樹木が生産した有機物は大部分(90％以上)が直接に分解者に回る.

■ バイオマス

　森林のバイオマス(現存量)は主としてその森の樹木の葉や枝,幹,根の重量によって決まる.もちろんその値は構成する樹木の種類や林齢により異なるが,一つの例を表1に示す.

　このように,森林には豊かなバイオマスが存在し,そのバイオマスのうちのある部分が脱落・枯死してリターとして毎年土壌に追加され,分解微生物の分解作用に供される.そのうち,落葉量は,わが国の森林の場合,構成樹種に関わりなく,1年あたり,haあたり,おおよそ3tほどと考えられる[2].さらに樹木の地下部,とくに細根の枯死によるリター(根リター)も有機物として土壌に加わる.

表1　カラマツ,アカマツ,コナラ林の器官別
　　　バイオマス(現存量)

樹種 (林齢[年])	幹	枝	葉	根	地上部と地 下部の合計
カラマツ	99.2*	18.0	5.3	28.8	151.3
(19)	(65.6)	(11.9)	(3.5)	(19.0)	
アカマツ	202.6	19.5	6.0	53.5	281.6
(66)	(71.9)	(6.9)	(2.1)	(19.0)	
コナラ	90.0	24.2	5.2	24.1	143.5
(16)	(62.7)	(16.9)	(3.6)	(16.8)	

*t ha^{-1},( )内の値は地上部と地下部合計に対する割合(％)
文献1)を改変

　その量については,まだ研究者間で意見の分かれるところであるが,落葉量に匹敵するか,それ以上という報告もある.このように,大量の樹木由来の有機物が毎年森林の土壌に加えられるが,それらは土壌中の中型土壌動物と微生物により効率よく分解される.葉リターは落葉直後には生細胞由来のアミノ酸や糖類,無機塩類など易分解性の養分を含み,健全葉に常在する葉面微生物や内生菌などが,落葉の分解初期にはこれらを競って利用する.なお,内生菌とは植物の組織内に無病徴のまま内生する菌類のことである.

■ 木材腐朽菌

　一方,樹木の材を構成する有機物の大部分の成分は,セルロース,ヘミセルロース,リグニンという三つの難分解性の高分子からできているが,これらを分解するスペシャリストが存在する.木材腐朽菌と呼ばれる一群の菌類で,リグニンを分解する能力のあるものは白色腐朽菌と呼ばれる.褐色のリグニンを分解した後に残るセルロース,ヘミセルロースの色が白色であるところからこう呼ばれるが,この仲間は担子菌類でシイタケ,エノキタケ,ヒラタケなど多くの食用キノコを含む.一方,セルロースとヘミセルロースを同程度に分解できるが,リグニンの分解能力の低い腐朽菌が存在する.この仲間の菌が分解した木材は分解されずに残ったリグニンの色により褐色になるため,褐色腐朽菌と呼ばれる担子菌類で,マツオウジ,サルノコシカケなどを含む.このほか,子嚢菌や不完全菌のなかにもトリコデルマ(*Trichoderma* spp.)や,ケトミウム(*Chaetomium* spp.)のように高含水率の木材を腐朽するものがあり,軟腐朽菌と呼ばれる.ところで,これらの菌類が栄養分としている三つの木材高分子はいずれも炭素(C),水素(H),酸素(O)だけからできており,窒素を含まない.それでは,これらの木材腐朽菌は彼らの生命活動を支えるタンパク質の構成元素,窒素をどこから得ているのだろうか.実は,木材腐朽菌のいく

つかの種は腐朽材内に細菌などを求めて侵入してくる線虫類を捕捉して、これを餌にして窒素を得ている。身近な食用菌のヒラタケもその一つである。

■ 窒素関連微生物

森林生態系への窒素の流入量（inflow）は特定の細菌による窒素固定量と、生物の遺体（死体、落葉・落枝など）や、動物の排泄物などの量により決まる。窒素固定能力をもつ生物は細菌だけである。樹木と関連する窒素固定菌としては、マメ科植物と特異的な共生関係を結び、Alphaproteobacteria 綱に属する Rhizobium 目細菌*（根粒細菌）がよく知られているが、このほかに、Actinomyces 門の細菌、Frankia spp. も窒素固定能力があり、ハンノキ、ヤマモモ、グミなど広範な分類群の植物の根に共生し、特徴的な根粒を形成しその内部で窒素を固定する。また、Cyanobacteria（シアノバクテリア）門の細菌のいくつかの種は菌類と共生することにより地衣を形成し、地衣体の内部で窒素固定と光合成を行う。たとえば、北米太平洋岸のダグラスファーの林においては、樹冠上に繁茂する地衣、Lobaria oregana が年間、ha あたり 1.5〜16.5 kg の窒素を固定し、その森林への最大の窒素供給量を担っているという。

一方、動物の排泄物や生物遺体からはタンパク質、アミノ酸、尿酸、尿素などの有機態の窒素化合物が供給されるが、それらは土壌中の細菌によりアンモニアに分解される（無機化）。生成されたアンモニアは Nitrosomonas のようなアンモニア酸化菌により亜硝酸に酸化され、さらに、Nitrobacter のような亜硝酸酸化菌により硝酸に酸化される。これらの過程を合わせて硝化作用という。また、このような有機態窒素の分解過程で生成するアンモニアを利用するイバリスイライカビ、イバリシメジ、ザラミノヒトヨタケ、アカヒダワカフサタケなどの一連の菌類があり、アンモニア菌類と呼ばれている。このような過程で無機化された窒素は再度植物により吸収・利用される。

■ リンをめぐる共生微生物

森林土壌のなかで、樹木にとって欠乏しがちな養分はリンである。リンは樹木に限らず、広く生物の代謝を担う DNA や ATP の構成成分であるから、生物には不可欠の元素であるが、樹木はこのように重要なリンをリン酸という形で根から吸収する。リン酸は土壌中では水に溶けにくいリン酸塩の形になり、土壌に吸着されやすいので、樹木が必要とする可給態のリン酸の量はつねに枯渇しがちになる。このようなリン欠乏から樹木を救っているのが、菌根共生である。菌根共生とは、植物の根が菌類と共生体、菌根を形成し、この部分で植物側からは光合成産物の一部をパートナーの菌類に与え、逆に菌は土壌中に広く張り巡らせた菌糸を用いて無機養分を吸収して植物側に供給する相利的な関係である。リン酸塩として土壌に吸着されているため、樹木が利用しにくいリン酸については、とくに菌根菌の土壌に張り巡らされた菌糸のネットワークと、それら菌糸から分泌される酵素のはたらきにより可給態リン酸に変え、樹木に必要なリンを供給している。

〔二井一禎〕

参考文献

1) 片倉正行, 山内仁人, 小山泰弘. 2007. 長野県林業総合センター研究報告 **22**: 33-55.
2) 只木良也. 1976. 日本林学会誌 **58**: 416-423.
3) 二井一禎, 肘井直樹編著. 2000. 森林微生物生態学, 朝倉書店.

89 草地の微生物

不耕起，ルートマット，微生物バイオマス

■ 草地土壌の特性

永年性の樹木がなく草本植物に覆われている植生を草地と呼び，大きく自然草地と人工草地とに分けられる．年間降水量の多いわが国では自然の状態で放置されると植生は最終的には森林へと遷移するが，適度な人為的介入（放牧，刈取り，火入れなど）によってこの遷移を中断させることで草地が維持される．このような半自然草地が古くから家畜生産に利用されていた．一方，明治期以降に欧米から導入した牧草を栽培するために造成された草地を人工草地と呼び，牛などの家畜を放牧する放牧地と定期的に地上部を飼料として刈り取り持ち出す採草地とに分けられる．

畑地と草地の根本的な違いは耕起の頻度である．畑地では定期的な耕起によって土壌は頻繁に裸地に戻され，その後に目的とする作物が栽培される．一方，草地では耕起がほとんど行われない．人工草地の場合，定期的な耕起と牧草の再播種（草地の更新）が行われるが，そのサイクルは数年から十数年である．経年利用された草地では長年にわたる表面施肥により，表層土壌の酸性化やリン酸・カリをはじめとする養分の表層蓄積が生じる．また刈取りや施肥の際の大型機械の走行や放牧の際の家畜の踏圧（家畜による踏み固め）によって土壌が緻密化され，気相率が低下する傾向にある．

栽植密度の高い永年性の牧草の根の大部分は表面から数cmの範囲にマット状に密生してルートマットと呼ばれる層を形成する．ここでは刈取り残渣などの茎葉や脱落した植物根，あるいは生きた植物根からの分泌物など有機物の供給が豊富である．土壌微生物がこれらを分解する過程で大量の酸素が消費される．また植物根自体の呼吸でも酸素が消費されることから，ルートマットより下層の土壌では酸素の供給が不足する．前記した土壌の緻密化による気相率の低下も相まって嫌気的な条件となり，有機物の分解速度は遅い．

■ 草地土壌の微生物

こうした草地土壌の特性が土壌微生物やその活性の分布に大きく影響している（図1）．すなわちごく薄い表層部では好気条件下で大量の有機物の供給があるために多くの土壌動物・土壌微生物が存在し活動している．有機物含量の高さを反映して表層付近における土壌微生物バイオマスは一般に畑地より高く，また好気的な環境を反映して畑の作土層同様に細菌よりも糸状菌が優先している．一方，その数cm下の土壌では嫌気的で微生物の活性が著しく抑制されるために有機物が蓄積し，また糸状菌よりも細菌が優先している．草地土壌における微生物バイオマスの垂直分布を調査した例では表層2.5 cmまでのルートマット層に，30 cmの深さまでの全微生物の約1/3が集中していた．別の調査例ではグラム陰性細菌数や糸状菌数，呼吸活性のどの値も，表層2 cmでは草地土壌の値が畑地土

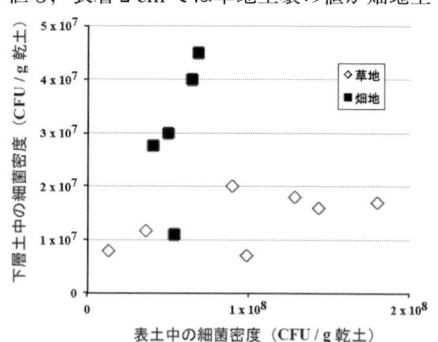

図1 福島県，長野県，栃木県，宮城県[1] および北海道[2] の草地および畑地土壌中の細菌密度測定例について，文献値に基づき作図した．表層土は北海道では0〜2 cm，それ以外では0〜5 cmである．また下層土は北海道では5〜15 cm，それ以外では5〜10 cmである．北海道の草地は30地点の，畑地は7地点の平均値．

壌を上回っていたのに対し，5〜15 cm深の草地土壌ではいずれも同じ深さの畑地土壌と同程度か著しく小さかった．ただし例外的に硝化活性はどの土壌深度においても畑地土壌では草地土壌の5倍程度の値を示した．これは草地土壌には硝化菌の基質となるアンモニア態窒素がほとんど存在しないためであると考えられる．

ルートマットより下層の草地土壌を採取した後に攪拌してから酸化的条件下で静置すると，培養初期に著しい微生物数の増加が認められるが，このような微生物数の増加は畑土壌では観察されない．これは嫌気的条件下で生育が抑制されていた土壌細菌が酸素に触れることで，蓄積した有機物を基質として増殖するためである．年数を経過して生産力の低下した草地を更新せずに部分的に耕起することで一時的に活性化するのは，牧草根の下層への伸長を促すだけでなく，蓄積した有機物中の窒素が下層への通気によって無機化され，植物に供給されることを利用している．

畑地と草地のもう一つの違いは栽植密度と植生の多様性である．通常の畑地では主作物が一定の間隔をおいて栽培され，その間に生育するほかの植物は除去されるため，植生はきわめて単純である．一方，草地では牧草が密に栽植され，また更新当初は比較的単一性の高い草地であっても徐々にほかの草種が侵入することで植生が多様化する．

草地における密で多様な植生は土壌微生物バイオマスやその多様性に影響を及ぼしている．草地から畑地への転換が，土壌微生物バイオマス，土壌動物の個体数およびその食性や生活特性に基づいて分類した機能群の多様性を減少させる一方，畑地から草地に転換することで全体の生物量が増加する．また，草地であっても多様性の高い半自然草地とよく管理された採草地とでは後者の方が微生物バイオマス量が少なかった．石灰の施用や施肥，放牧圧の増加や再播種といった管理作業はとくに糸状菌への影響が大きく，管理された採草地での糸状菌バイオマスは半自然草地の約半分であった．刈取りと放牧による微生物相の違いを調査した例では放牧区で放線菌や好気性・嫌気性の細菌群が増加するのに対し，刈取り区では糸状菌が増加する．これは放牧条件下における有機物還元の増加によるものと考えられる．

■ 物質循環への寄与

前記したように，一般に草地では土壌中の無機窒素含量がきわめて低い．これは表層部では有機態から無機化・放出される窒素は連続的に有機物分解に消費されるか速やかに牧草に吸収されるためである．同様に可溶性のリン酸も少なく，リンの多くは難溶性のリン酸もしくは有機態（バイオマス中のリンを含む）として存在している．

このような低い無機養分濃度と高い微生物バイオマス量，豊富な有機物還元を考慮すると，草地土壌中の微生物バイオマスは植物の生育を支える養分プールとして重要な意味をもっている．窒素については草地土壌の微生物バイオマスに含まれる窒素量が牧草地上部に含まれる窒素の現存量に匹敵するとの試算がある．また重窒素標識によりルートマット層の窒素循環を調査した例では，年間20 kg/ha以上の窒素が数cmのルートマット層から無機化されていた．放牧草地でリンの循環を定量的に評価した例では施肥量と同程度のリンが植物遺体や家畜ふんとして土壌に還元され，それらの約7割（施肥量の約1.4倍）が牧草に吸収されていた．このことから土壌に還元されたリンのかなりの部分が微生物バイオマス中にプールされ，その後徐々に易溶性の画分に放出されていると考えられる．

〔大友　量〕

参考文献

1) 沢田・新田．1975．草地試験場研究報告 (6), 32-39.
2) 東田．1993．北海道立農業試験場報告 (80), 20-66.

90

畑の微生物

畑作に有用な微生物, 農作業と微生物の関係

畑は頻繁に耕起されるとともに水田のように湛水による酸素流入の制限がないために, 他の農林地に比べ好気的状態にある. そのために畑では好気性微生物が優占している. また, 畑では比較的短期間に植物の生育, 収穫が行われているために, 自然に成立する植物－土壌微生物－土壌動物の密接な関係が攪乱され, 不安定な状態が生じている. その特徴としては, ①森林や草地に比べ, 糸状菌の比重が下がり, 細菌の比重が高まっている. ②糸状菌のなかでは sugar fungi と呼ばれる腐生菌や植物寄生性の *Rhizoctonia* や *Fusarium* などが増加し, 植物病害を発生させる. ③細菌では放線菌, 硝化菌および脱窒菌などの数が増加する. また, 火山灰土では, 非火山灰土に比べて細菌に占める放線菌や嫌気性菌の割合が高い傾向にあるなどである.

土壌中の微生物の数や活性は土壌中の有機物含量に非常に強く制限されている. とくに土壌微生物の量や活動は可給態有機炭素の量によって最も強く規制されており, 畑土壌に堆肥などの有機物を施用すると, その量に比例して微生物量が増加する.

一般的に, 畑には 10 a あたり生体重で約 700 kg の土壌生物が生息している. そのうち平均で 20〜25％が細菌, 70〜75％が菌類（主として糸状菌類）および 5％以下が土壌動物である. 糸状菌/細菌バイオマス比は約 3 となっている. 土壌生物の生体構成成分としては炭素が 70 kg, 窒素が 8 kg およびリン酸が 8 kg となっている. 土壌微生物は分解者としての役割があり, 土壌中の有機物分解を担っている. この過程で環境中の炭素および窒素などの循環機能を担っている. この

ように土壌微生物は大気, 水圏および土壌圏の物質循環を担っている.

畑では微生物による分解により土壌有機物のレベルが低下していく傾向にある. そのために, 堆肥などの有機物を施用し, 土壌生産力の長期的な持続を図る必要がある.

堆肥などの有機物を畑に施用することで微生物数の増加が認められる. その増加割合は堆肥の施用量に依存する傾向が認められているが, 通常の堆肥施用量の範囲では, 微生物の増加倍率は 3 倍程度以下である. 堆肥施用により, どのような微生物が増加するかは土着菌の影響と堆肥の種類, 質および施用量の影響を受けることが認められている.

緑肥などの新鮮有機物は堆肥に比べて糖類などの可給態有機物を多く含むため, 施用により活発な土壌微生物の増殖が生じる. それに伴い, 土壌によっては窒素飢餓（C/N 比が 20 以上の有機物), 微生物による植物に対する有害物質の生成および *Mucor*, *Chaetomium*, *Pythium*, *Aspergillus* 属菌などの糖類糸状菌の爆発的な増殖が生じる. そのために播種は新鮮有機物施用の 1 か月以上後に行うことがのぞましいといわれている.

有機炭素を含まない化学肥料を基質として土壌微生物が増殖することはないが, 生育した作物根などの残渣が土壌に還元されるために化学肥料だけの施用によっても土壌微生物の数は安定し, 堆肥を施用した土壌よりも少ないが, 無肥料土壌よりは増加する.

土壌微生物のなかには根粒菌, アーバスキュラー菌根菌など, 植物と共生し生産向上に寄与する微生物が存在する.

根粒菌やアーバスキュラー菌根菌はそれぞれ窒素およびリンの植物体による吸収を助けることが知られており, 多くの研究が行われている. 根粒菌のなかでもマメ科植物と根粒菌との共生についての研究が多い. 根粒菌以外にもイネ, コムギおよびトウモロコシなどの根圏にも窒素固定菌が生息し, 窒素を植物に供給している. この共生関係は協調的窒素

固定と呼ばれる．また，植物体内に生息し窒素固定を行っている細菌が存在する．これはエンドファイト窒素固定菌と呼ばれる．

アーバスキュラー菌根（AM）は陸生の80％以上の植物種に普遍的に共生関係を築いている．AM菌根菌は土壌中に普遍的に存在し，植物が根を伸ばすとすぐに菌が侵入定着する．それにより植物体は菌糸ネットワークに組み込まれ，土壌中から効率的にリンを吸収することができるようになる．

根粒菌やアーバスキュラー菌根菌は農業現場においてすでに有効利用されている．とくに，アーバスキュラー菌根菌は土壌のリン酸供給能力を高める効果が認められ，地力増進法で指定された12品目の土壌改良資材のひとつとして指定されている．

有用微生物のなかにはPGPRと呼ばれる菌群も存在する．植物生育促進根圏細菌plant growth promoting rhizobacteriaの略であり，植物の根圏から分離される細菌で，植物の生育によい影響を及ぼす根圏細菌のことをいう．PGPRとしてこれまで，*Arthrobacter*，*Bacillus*，*Pseudomonas*，*Rhizobium*，*Serratia*属など多数の細菌が関与していることが明らかとなっている．そのなかの代表的な菌種である蛍光性シュードモナスについて多くの研究が行われ，土壌病原菌に対する拮抗作用のメカニズムとして，生息場所や養分の奪い合いによる競合，鉄に対するキレート物質であるシデロフォアを産生することによる鉄の競合，抗菌物質さらには抗菌性二次代謝産物であるphenazine-1-carboxylic acid (PCA)，pirrolnitrin，シアン化物HCNなどを産生し直接的に病原菌の生育を抑制する抗生などが明らかにされている．また，病原菌に対する植物の全身抵抗性誘導（induced systemic resistance, ISR）の付与などが明らかにされている．植物生育促進のメカニズムとしては，植物ホルモンを産生することによ

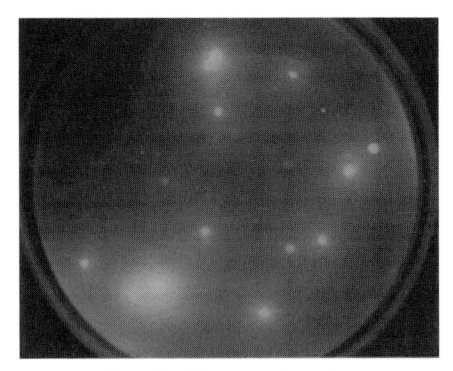

図1 蛍光性シュードモナス
（近中四農研 堀氏提供）
（口絵18参照）

り植物生育を促進することが明らかになっている．同様の働きをする糸状菌はPGPF (plant growth promoting fungi, 植物生育促進菌類）と呼ばれ，*Trichoderma*属が代表的である．

土壌中には有用な微生物ばかりではなく害を及ぼす菌種も存在する．細菌，糸状菌およびウイルスなどによって引き起こされる病害は農業生産に大きな被害をもたらす．病原菌は風や水または昆虫を媒介して空気中を伝搬し植物体の地上部に感染するものと土壌中の病原菌が植物根などに感染し病気を引き起こす場合がある．後者を土壌伝染性病害という．土壌病害の病原菌は宿主がいない条件下でも腐生的な生活もしくは耐久体を作り長期間生存している．それらは植物の根から分泌される糖やアミノ酸などの栄養物に刺激され賦活化し活動開始する．感染が起きるのは病原菌が土壌中に存在することが前提であり，病原菌が長い距離を移動して大発生することはないが，一度発生すると病原菌が土壌に存在するために防除は困難になる．

〔浦嶋泰文〕

91
水田の微生物

田面水，作土層，下層土，メタゲノム

　水田は世界の主要穀物の一つである米が生産される場であり，世界の農耕地の1割弱，日本の農耕地の約半分を占めている．湛水され，水稲が栽培されている，地下水位の低い水田を図1に模式的に示した．水田は田面水，作土層，下層土，ならびに水稲から構成されている．作土層は耕耘される層で，厚さ10～20 cm程度である．湛水期には作土層の大部分が還元状態となる（還元層）が，田面水から酸素を供給されている上部数mm～2 cm程度は酸化状態を維持している（酸化層）．田面水，酸化層，還元層，下層土においては，それぞれ微生物活動に由来する特徴的な物質動態がみられる．
　田面水は太陽の光を受け，緑藻，シアノバクテリアなどの光合成反応を行う生物が活動できる場である．シアノバクテリアの一部は太陽エネルギーを利用して窒素固定を行い，水田の生産性に貢献している．
　酸化層は酸化鉄の色である黄褐色を呈する．ここでは施肥窒素や土壌有機物に由来するアンモニア態窒素がアンモニア酸化菌によって亜硝酸に酸化され，さらに亜硝酸酸化菌によって硝酸に酸化される．近年，アンモニアの亜硝酸への酸化にはアーキアも寄与している可能性が示されている．また，還元層において生成したメタンの一部がメタン酸化菌によって二酸化炭素へと酸化される．
　還元層は酸化鉄が還元されて生成した二価鉄により青灰色を呈する．ここでは嫌気性微生物の活動により逐次還元過程が進行し，土壌中に存在する種々の物質が還元されて形態が変化する．これについては[92 逐次還元過程と微生物]を参照されたい．還元層では土壌中の有機態窒素の分解（無機化）によりアンモニア態窒素が生成する．これはイネが

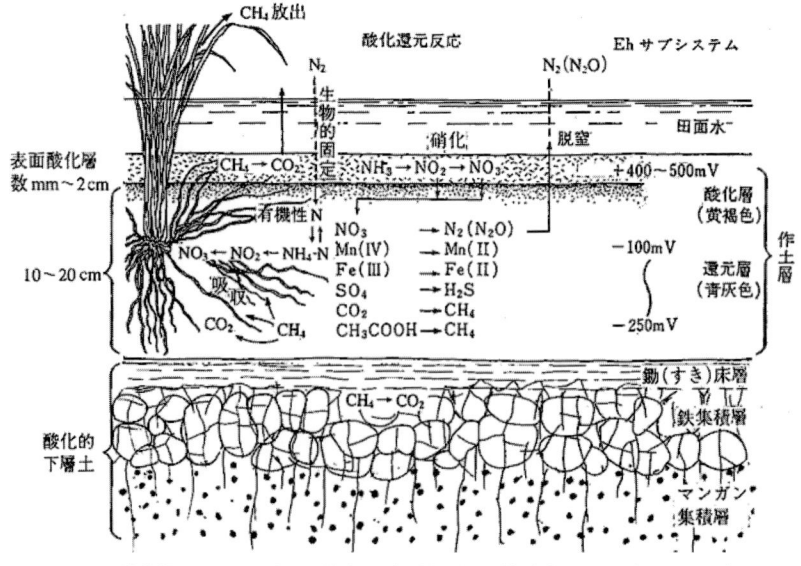

図1　湛水期間における水田の模式図（最新土壌学（朝倉書店，1997）より引用）

吸収する窒素の半分程度を占めており，地力窒素と呼ばれる．無機化に関わる重要な微生物としてプロテアーゼ生産性の *Bacillus* 属細菌が知られている[2]．

作土層に存在する微生物群集構造の網羅的な解析が，次世代シーケンサーを用いたメタゲノム解析［→25 メタゲノム］によって行われた[3]．データベースにヒットした配列のうち 97.7％は細菌に近縁な配列であり，アーキア，真核生物に近縁な配列は各々 1.9％，0.4％程度であった．細菌群集の約半分は Proteobacteria 門細菌が占め，そのなかでは Deltaproteobacteria 綱細菌が比較的優占していた（図2）．Deltaproteobacteria 綱細菌は鉄還元菌，硫酸還元菌，またメタン生成菌の共生菌として知られる水素生成菌が含まれるグループである．細菌群集の属レベルでの構成をみると，最も多く存在しているグループは *Geobacter* 属であり，*Anaeromyxobacter* 属，*Candidatus Solibacter* 属，*Burkholderia* 属，*Candidatus Koribacter* 属細菌が続いた．

Geobacter 属や *Anaeromyxobacter* 属細菌は鉄還元菌であることが知られている．一方，アーキアの群集構造を属レベルでみると，*Methanosarcina* 属を筆頭としてメタン生成菌が頻繁に見出された．

下層土は有機物に乏しく，作土層に比べて微生物活動は不活発である．しかし下層土には還元層で生成したメタンの一部が浸透水とともに移行し，微生物により酸化分解される場となっている．ここでのメタン酸化は硫黄化合物と共役した嫌気的メタン酸化であることが示されている[4]．　　　　　　　〔妹尾啓史〕

参考文献
1) 和田秀徳．1996．新・土の微生物（1）．59-110．
2) K. Watanabe and K. Hayano. 1995. *Soil Biol. Biochem.* **27**: 197-203.
3) 伊藤英臣，石井　聡，妹尾啓史．2010．メタゲノム解析技術の最前線（服部正平監修），pp.215-221．シーエムシー出版．
4) J. Murase and M. Kimura. 1994. *Soil Sci. Plant Nutr.* **40**: 647-654.

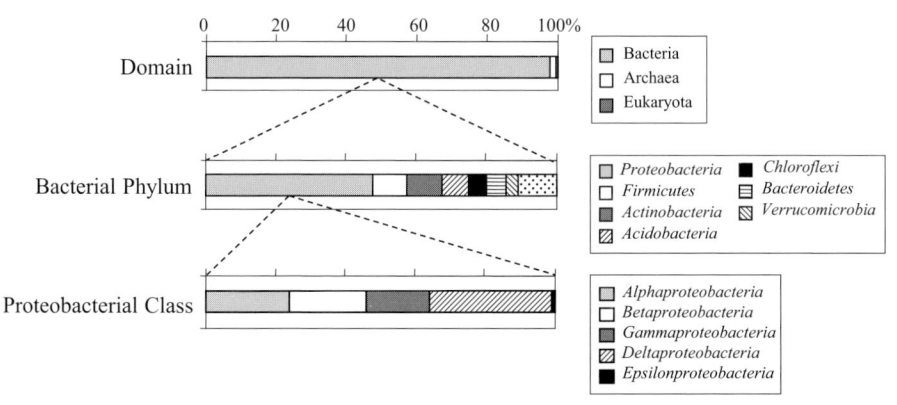

図2　メタゲノム解析による水田土壌微生物群集の系統組成（伊藤英臣による）

92

逐次還元過程と微生物
— 水が張られた水田の土の中で起きる微生物が主役のドラマ —

酸化還元，好気呼吸，嫌気呼吸

土壌の表面に水が張られること（湛水）が畑などほかの農耕地とは異なる水田の大きな特徴である．湛水により表面に浅い水層（田面水）が生じるだけでなく，その下の土壌と微生物の活動は大きな影響を受ける．そこでは，微生物が主役のドラマが繰り広げられ，土壌の状態は大きく変化するのである．

通常，水田はトラクターにより耕された後，水を入れ代掻き（土壌の粒子を細かく砕き，地面を平らにならす作業）が行われる．酸素などのガスの水中での拡散速度は大気中と比べ著しく小さいため，土壌の表面が田面水に覆われると，大気から土壌中への酸素の供給が大きく減少する．湛水し代掻きを行った直後には酸素は土壌の孔隙などにわずかに残っているが，好気性微生物がそれらの酸素を利用して生育することにより消費される．田面水には藻類や水生植物などの光合成生物が生息し酸素を生成するとともに，大気からの拡散により酸素が供給されるが，その下の湛水された土壌では酸素の消費が供給を上回り，表面のごく薄い層を除けば，作土（耕される部分の土壌）は次第に無酸素状態となる．

酸素が消失した作土では，微生物の生育様式は発酵や，酸素の代わりに硝酸塩，二酸化マンガン，酸化鉄，硫酸イオン，二酸化炭素を電子受容体として用いる嫌気呼吸へ順次変化する．これらの反応は，エネルギー的に有利な反応（強い酸化物質による有機物［還元的な物質］の酸化）から，エネルギー的に不利な反応（弱い酸化物質による有機物の酸化）へ，逐次的に進行する（表1）．それに伴って土壌の還元が進行し，酸化還元電位が低下していく．この過程は水田土壌の逐次還元過程と呼ばれている[1]．

このような土壌の還元化に伴い，土壌中に存在する種々の物質が還元され，その形態に変化が生じる．硝酸イオンは主に分子状窒素（N_2 ガス），マンガンや鉄の酸化物は Mn^{2+} や Fe^{2+}，硫酸イオンは硫化物イオンや硫化水素，二酸化炭素はメタンへと還元される．それぞれの還元を行うのは，硝酸イオンは硝酸還元菌や脱窒菌，マンガンや鉄の酸化物はマンガン還元菌および鉄還元菌，硫酸イオンは硫酸塩還元菌，二酸化炭素はメタン生成アーキアといった嫌気性微生物である．水田の土壌断面が灰色～青灰色をしているのは，このような反応により生じた Fe^{2+} に由来する（図1）．なお，マンガンや鉄については，微生物による直接還元以外にも，微生物の代謝産物による間接的な還元および化学的還元も起きる．

以上は，有機物を酸化する物質（電子受容

表1 湛水土壌の逐次還元過程と微生物[1]

湛水後の経過日数	初期					後期
物質変化	分子状酸素の消失	硝酸の消失	Mn(II)の生成	Fe(II)の生成	S(II)の生成	CH_4 の生成
反応の起こる土壌の酸化還元電位 (V)	+0.6〜+0.3	+0.4〜+0.1	+0.4〜−0.1	+0.2〜−0.2	0〜−0.2	−0.2〜−0.3
CO_2 生成	活発に進行する				緩慢に進行するか，停滞ないし減少する	
微生物の代謝形式	酸素呼吸	硝酸還元脱窒	Mn(IV, III)の還元	Fe(III)の還元	硫酸還元	メタン生成
有機物の分解形式	好気的・半嫌気的分解過程（第1段階）				嫌気的分解過程（第2段階）	

図1 岡山県児島湾干拓地水田（グライ土）の土壌断面（写真提供，渡邉健史博士）．還元されたFe^{2+}に由来する灰色を示す．黄褐色の鉄酸化物の斑紋が認められる．（口絵19参照）

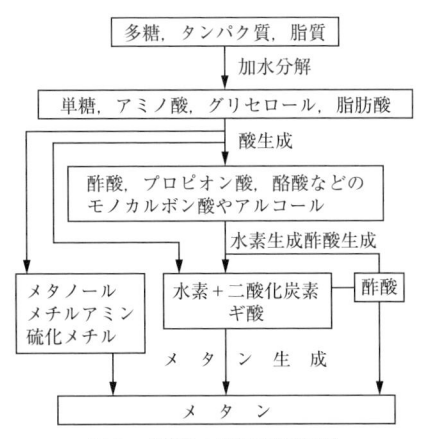

図2 有機物の嫌気分解過程[2]

体）の形態変化であるが，酸化される側の有機物（炭素化合物）については嫌気的分解過程を辿る（図2）．多糖，タンパク質，脂質などの高分子化合物は加水分解され，単糖，アミノ酸，グリセロール，脂肪酸などの単量体となり，酸生成作用によりモノカルボン酸（有機酸）やアルコールへと分解される．さらに，水素生成酢酸生成反応により水素，二酸化炭素，酢酸などが生じ，最終的にメタンへ変換される．これらの過程には発酵性微生物など多種多様な嫌気性微生物が関わっており，一部では栄養共生関係のもとで代謝が進行し，メタン生成アーキアの作用によりメタンが生じる．なお，図2が示す分解過程は還元が最も進んだ場合であり，硝酸塩やマンガン・鉄の酸化物などのより酸化的な電子受容体が土壌中に存在する場合には，それらを用いた嫌気呼吸により有機物は酸化され，二酸化炭素へと変換される．

なお，水田が湛水されるのは，イネが栽培される約3か月間である．秋の収穫時の落水後から翌年春の代掻きまでは，排水性が悪い水田（湿田）以外では，非湛水（落水）状態にあり，土壌は畑と同様に酸化的条件におかれることになる．すなわち，水田土壌は還元的状態と酸化的状態が1年のなかで繰り返されている．そのため，上記の湛水に伴い微生物によって繰り広げられるドラマは1年のうちの約1/3の期間に限られ，そのほかの期間は，好気性微生物が主役となり，好気呼吸と酸素による酸化反応という筋書きの異なるドラマが展開される．〔浅川 晋〕

参考文献
1) 高井康雄．1980．肥料科学．**3**: 17-55.
2) 浅川 晋．1997．土の環境圏（岩田進午・喜田大三監修），pp.300-307．フジ・テクノシステム．

93

放線菌

土壌微生物，形態的多様性，有機物残渣の分解

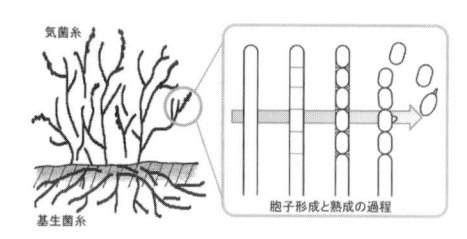

図1 *Streptomyces* 属の生活環

放線菌は代表的な土壌細菌である．誰もが経験したことのある雨上がりの土臭さは，放線菌の臭い（ゲオスミン）によるものとされている．肥沃な土壌1gには100万細胞あるいはそれ以上という膨大な数の放線菌が生息し，自然界の物質循環と環境浄化の面で重要な役割を果たしている．通常，放線菌は胞子の状態で休眠しており，共生あるいは競合する微生物とのバランスや栄養源，温度，湿度などの条件が揃ったときに旺盛な生育を行うものと考えられている．また森林，田畑，草原と土壌性質が異なる場所，広い範囲では寒冷，ステップ，温帯，熱帯地域と気候が異なると放線菌の生息種類が異なる例も報告[1,2]されている．一般的に放線菌は好気性で従属栄養性であり，高GC含量（55～75％）のグラム陽性細菌群である．系統的には *Actinobacteria* 門のなかの *Actinomycetales* 目に位置しており[3]，現在42科約200属が知られている．これほどまで系統的に多様化した目は細菌全体を見渡しても非常に珍しい．とくに *Streptomyces* 属は土壌中の生息密度が飛び抜けて高いことが知られている．

放線菌がほかの細菌と区別された微生物群として取り扱われてきた所以は，その形態的多様性[4,5]と生産物の有用性という大きな特徴に由来している．一般細菌に比べ，放線菌の形態は色，形が多岐にわたり美しい．*Streptomyces* 属の生活環（図1）をみると，胞子が発芽し，親水性の基生菌糸が伸長して分岐を繰り返す．この基生菌糸を基軸として疎水性の気菌糸が空中に向かって伸長し，やがて菌糸の隔壁形成と胞子の熟成へと形態分化が進む．菌糸と胞子の形態は分類群によって多様であり（図2），胞子嚢を形成する放線菌や運動性胞子を形成する放線菌も存在する．細菌でありながら放線菌はこのような複雑な生活環を示すため，放線菌の同定では従来形態観察が重要視されてきた．しかし16SリボソームRNA遺伝子の塩基配列に基づく現在の分類体系では，桿菌や球菌である *Corynebacterium* 属や *Micrococcus* 属なども放線菌に含めるようになっている．

一方，放線菌の二次代謝産物の構造と活性もきわめて多様であり，これまでに発見された生理活性物質を含む抗生物質のうち約2/3は放線菌の生産物だとされている．これらの

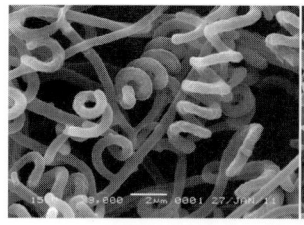

図2 多様な形態をもつ放線菌の走査型電子顕微鏡像．左から *Streptomyces* 属（NBRC 13472），*Microbispora* 属（V09-A1026），*Streptosporangium* 属（V10-A0064）．

なかには医薬だけでなく農薬や動物薬として実用化されたものも少なくない[6]．典型的な放線菌のゲノムサイズは6～9 Mbpで，大腸菌，枯草菌などの約2倍のサイズであることがわかってきている．この膨大な遺伝情報は，形態的多様性および生産物の多様性を裏付ける証拠であるといえよう．

このような特徴をもつ放線菌は，自然界とどのように関わっているのだろうか．放線菌は有機物の種類や分解の程度，気候や水分，pH，塩濃度などの環境要因に適応し，共存する微生物と役割分担しながらともに進化し多様化してきたと考えられる．たとえば物質循環を考えてみると，土壌有機物の分解に至るまでの生態系は，菌類などの微生物群やミミズなどの土壌動物群がそれぞれの役目を担いながら遷移する．その過程で有機物残渣の割合が高くなると，特定の放線菌が出現し，一般細菌や糸状菌では分解できない有機物残渣の分解を行い増殖を始める．胞子が出芽して有機物残渣に侵入し，菌糸が伸長し分岐を繰り返して生活領域を飛躍的に拡大する．やがて役目が終わると，耐久性胞子を形成し，厳しい暑さや乾燥に耐え，次のシーズンまで数か月でも数年でも休眠する．次に植物との関わりでは，*Frankia*属という窒素固定菌が放線菌に存在する．この属は非マメ科植物，ハンノキ，ヤマモモなどに共生し根粒を作る．この共生によって，窒素不足の土壌においても植物体に窒素を供給し生育を促すことが知られている．また植物に内生する放線菌を利用して，植物の生育促進または病害抑制の研究も行われている．さらに環境に適合し，油脂やポリ塩化ビニル，ダイオキシンなどを分解する放線菌*Gordonia*属，*Nocardia*属，*Mycobacterium*属，*Rhodococcus*属が研究され，土壌環境浄化（bioremediation）への利用が期待されている．このような放線菌の生活機能（メカニズム）はきわめて合理的であるといえよう．

自然界における微生物叢の変化のなかで，放線菌は周囲の微生物と多様な形で助け合いながら，あるいは生存競争しながらバランスのとれたコミュニティを形成すると考えられる．抗生物質生産の意義も，感受性と耐性を巧みに活用して共生仲間にはシグナル伝達し，逆に競合相手には毒性を示すことで生態系を有利に保っているのではないだろうか．放線菌が獲得してきたこのような形態的，系統的多様性は，生産物の多様性も含めて，物質循環という彼らの任務を遂行するうえでの有利さと関わっているに違いない．

〔﨑山弥生・宮道慎二〕

参考文献

1) H. Muramatsu, N. Shahab, Y. Tsurumi *et al*. 2003. *Actinomycetol*. **17**: 33-43.
2) V. H. Doung, Y. Sakiyama, B. C. Thi *et al*. 2011. *J. Antibiot*. **64**: 599-606.
3) 日本放線菌学会編．2006．放線菌の分類と同定．毎日学術フォーラム．
4) 日本放線菌学会編．1997．放線菌図鑑．朝倉書店．
5) Digital Atlas of Actinomycetes （http://www0.nih.go.jp/saj/DigitalAtlas/）
6) NHK教育テレビ，10 min ボックス （http://www.nhk.or.jp/rika/10min2/index_2012_020.html）

94
カビ

物質循環，脱窒，生物防除

カビは糸状菌とも呼ばれ，真菌門のうち，菌糸からなる体をもつ菌類のことをいう．培養すると綿毛状の菌糸からなる円形のコロニーを形成する．酵母のなかには，菌糸体を生じないものもいるためそれらは真菌ではあるがカビではない．カビとキノコという言い回しがあるように，カビとキノコは分けられるが，子実体を作らず菌糸状を示す場合には，キノコもカビである．微生物学辞典によれば，衣食住関係において経済的に損害を与えるもの，保健衛生上有害なもの，美観を損なうものなど汚染菌類という意味でカビを使うことが多いとされるが，土壌に生育する真菌類のこともカビと呼ばれる．

■ 土壌中での存在量

カビは菌糸と胞子の形態をもつため，菌数を数えることに馴染まない．希釈平板法を用いてカビが計数されるが，これは土壌中で胞子状態にあるカビだけを主に計数していると考えられる．カビの量を評価する際には，総菌糸長を用いる．土壌1gあたり0.14〜2.0 kmで平均0.88 kmとされる[1]．量的にいうと，カビと細菌をあわせた微生物バイオマスは土壌の全炭素含量の1〜5％を占め，1 haあたりでは300〜2,200 kg（乾燥重）にもなる．このうち，耕地と森林土壌の例では，カビが約3/4細菌が1/4と，一般的に土壌中ではカビの方が優占とされる．例外は水田土壌で，8割以上が細菌という報告例がある．一方，耕地，草地，森林土壌において，カビの18SリボソームRNA遺伝子と細菌の16SリボソームRNAのコピー数を比較した例では，カビは細菌の3〜8％となり，バイオマス比と比べてかなり低いとの報告がある[2]．

■ 分　類

カビはその形態的特徴に基づき，鞭毛菌，接合菌，子嚢菌，担子菌，不完全菌（有性世代の確認されていないカビ）に分けられる．近年はITSもしくは28SリボソームRNA領域の前半部分の塩基配列によって同定される（図1）．その結果，鞭毛菌のうち，ツボカビ綱と卵菌綱が互いに離れており，卵菌綱は真菌より藻類に近縁であることがわかってきた．同一種の菌株間では，ITS領域の塩基配列の相同性が99％以上であることが示されており，この数値が同定の目安とされる[3]．カビの多くは胞子を作る．一方，Sterile fungiと呼ばれるカビは胞子を作らないため，形態では分類できないが，分子系統解析を用いれば可能となる．かつては不完全菌に分類された重要な植物病原菌である *Fusarium*, *Verticillium*, *Gaeumannomyces*, あるいは，産業上重要で土壌からも豊富に分離される *Penicillium*, *Aspergillus* などは子嚢菌に分類される．

■ 細胞壁成分

カビの細胞壁成分は種類により異なるが，窒素を含有するキチンを主成分にもつカビが多い．細菌のC/N比（4〜13）に比べ，カビのC/N比は一般に高いと考えられるが，10〜15とする報告もあれば8とする報告もあ

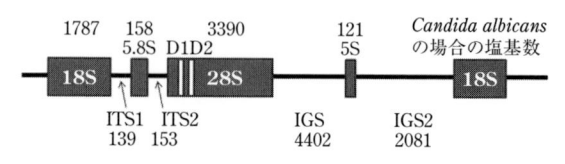

図1　カビの系統分類に用いられる領域

表1 カビの細胞壁繊維状成分の主要な多糖

亜門（綱）	成分
鞭毛菌亜門	
卵菌綱*	セルロース，β-グルカン
ツボカビ綱	キチン，グルカン
接合菌亜門	キチン，キトサン
子嚢菌/不完全菌亜門	キチン，β-グルカン
担子菌亜門	キチン，β-グルカン

*現在はカビではなく原生生物に分類
文献4）より

り，どういったカビが土壌に優占しているかにより異なってくると考えられる．カビは土壌中で死滅し無機化されることで，植物に対して窒素をはじめとするさまざまな養分を供給する．

■ 機　能

土壌中でのカビの機能は，なんといっても物質循環である．さまざまな有機物がカビによって分解される．植物残渣に含まれる単糖などの易分解性有機物を分解する菌群はsugar fungiと呼ばれ，接合菌や鞭毛菌が該当する．sugar fungiが分解できる基質の範囲は狭いが，その分，生育速度が速いのが特徴である．単糖のみでなく高分子のセルロースまで分解する能力をもつカビは，子嚢菌，担子菌，不完全菌である．リグニンは植物体のなかで最も分解しづらい成分であるが，担子菌のなかにはリグニン分解能を有するカビがいる．生育速度はかなり遅いが，リグニンを分解できる微生物の種類は限られるため，競合が少なく着実に植物残渣中のリグニンが分解される．

■ 呼吸様式

カビは生育に酸素を要求する好気性菌と考えられてきた．現在もその事実に変わりはないが，一部のカビは酸素がなくても生育できることがわかってきた．脱窒するカビの存在である．真菌（カビ）脱窒と呼ばれる．細菌の脱窒系と同様嫌気呼吸時の電子受容体に硝酸あるいは亜硝酸イオンを用いることで，酸素不在下でもエネルギーを獲得できる．不完全菌 *Fusarium oxysporum* を中心に研究が進められたが，子嚢菌や接合菌など幅広いカビが脱窒能を有する．森林土壌や草地土壌では，細菌よりカビの方が脱窒における寄与が高いとされる．カビ脱窒の最大の特徴は亜酸化窒素還元酵素をもたないことで，そのため脱窒の最終産物が温室効果ガスである亜酸化窒素になる．地球温暖化との関連で注目されている．

■ 有用な土壌のカビ

有用機能を有するさまざまな種類のカビが土壌に生育している．生物防除の関係では，*Fusarium* や *Rhizoctonia* は植物病原糸状菌であるが，同属内に非病原性の株が存在し，それらのなかに病害抑制能を有するものがいくつも見つかっている．*Trichoderma* や *Talaromyces* も拮抗糸状菌として有名である．*Metarhizium* は昆虫寄生性糸状菌，*Arthrobotrys*, *Dactylella* は線虫捕捉菌，*Paecilomyces* は線虫寄生菌として生物農薬登録がある．また，難分解性有機化合物に対しては，*Stropharia* は多環芳香族炭化水素，*Cladophialophora* はベンゼン・トルエン，*Phanerochaete* はいずれも登録失効となった農薬ペンタクロロフェノール，DDT，リンデン，クロルデンなどを分解する．

〔豊田剛己〕

参考文献

1) P. Lavelle and A. V. Spain. 2001. *Soil Ecology*. pp.654, Kluwer Academic Press.
2) C. L. Lauber, M. S. Strickland, M. A. Bradford *et al.* 2008. *Soil Biol. Biochem.* **40**: 2407-2415.
3) S. W. Peterson and C. P. Kurtzman. 1991. *System. Appl. Microbiol.* **14**: 124-129.
4) J. W. Deacon. 1997. *Modern Mycology*. 3rd ed. Blackwell Science.

95 キノコ

子実体，腐生，共生，菌根，大気汚染，分解者

キノコは正式には子実体（fruit-body）といい，一部は子嚢菌類（ascomycetes），その他の多くは担子菌類（basidiomycetes）の胞子形成・散布器官であり，直径数〜10 μmの菌糸が束になったり複雑に絡み合ったりしてできている．子実体の子嚢（ascus）や担子器（basidium）では半数性の核の融合に引き続く減数分裂を経て半数性の有性胞子が形成され，キノコの種によって異なるが多いもので1個の子実体あたり数兆個もの胞子を環境中に放出する．

ふつうは目には見えないが，キノコの柄の石突きを中心にして土壌や材の中に放射状に子実体を構成する菌糸に連続して，栄養器官の菌糸体が広がっている．キノコのつぼみ（原基）ができるときには菌糸体にはキノコを作るために十分な細胞物質がすでに蓄積されており，原基が吸引中心になり細胞物質が急速に輸送され比較的短時間で成熟した子実体に成長する．すなわち表面に現れない菌糸体に比較して，われわれが目にすることのできるキノコは氷山の一角ということになる．英国のフランクランド（J. C. Frankland）博士[1]はクヌギタケ属の*Mycena galopus*を滅菌した落葉で培養し，子実体と落葉中の菌糸体の生産量を求め，その比がおよそ1：10であると述べている．もちろんこの値は菌類種や環境条件によって異なるであろう．

われわれは1個の子実体を1個体としてとらえがちだが，上述したように複数個の子実体が基盤中の1個の菌糸体から発生していれば，それらの子実体は1個の菌糸体の一部分ということになる．スミス（M. L. Smith）博士ら[2]は，米国のモンタナ州の針葉樹林で15 haにわたって樹木にダメージを与えて広がるナラタケ属の*Armillaria*（現在は*Armillariella*）*bulbosa*の子実体の遺伝子と生理的和合性を調べ，これらが1個体であることを明らかにした．1個体であるとすると重量は10 t，年齢は1,500歳になるという．

キノコをつくる菌類にはシイタケ（*Lentinus edodes*）やサルノコシカケ類のように腐生性のもの，マツタケ（*Tricholoma matsutake*）やホンシメジ（*Lyophyllum shimeji*）のように共生性のものがある．近年は天然のサルノコシカケ類の子実体が薬理作用の面などから注目されているが，これらの菌類は陸上生態系においてほかの生物が分解できないセルロースやリグニンの分解を一手に引き受ける分解者としてきわめて重要な役割を果たしている．

森林，草地，都市公園などさまざまの生態系において子実体を指標にして菌類の分布や住み分けが調べられている．子実体の分布は地下の菌糸体コロニーの平面的・垂直的な分布の一端を示すにすぎず，必ずしも地下の状況を正確に反映していない可能性はあるが，地下の多様性の一端をわれわれに示してくれる．最近こうした地下の菌類，とくに共生性の菌類の多様性が地上の植生の多様性・生産性などに大きく関わっていることが明らかになりつつある．また，植生遷移に伴う子実体を指標にした菌類相の変遷に関する研究結果が数多く報告されている．

オランダで1900年代の前半と後半で行われたキノコの採集会の結果が詳細に分析され，キシメジ属（*Tricholoma*），フウセンタケ属（*Cortinarius*），イグチ科（Boletaceae），ベニタケ科（Russulaceae）などの菌根性のキノコの発生が有意に減少し，一方クヌギタケ属（*Mycena*），モリノカレバタケ属（*Collybia*），ヒダナシタケ目（Aphyllophorales）などの腐生キノコが増加したことが報告されている[3]．これらの原因として，大気汚染，とくに可給態窒素の増加

と土壌の酸性化が一番大きな原因であると考えられている．また，オランダのマツ属の Pinus sylvestris 林では菌根性のキノコの発生数や種類数と大気中の SO_2, O_3, NH_3 濃度との間に負の相関のあることも報告されている[3]．このように，キノコは森林衰退の原因あるいは結果に関連している可能性がある．

菌類は C/N（炭素/窒素）比の高い植物質有機物を食資源として利用し，炭素は CO_2 として放出するが窒素は保持することにより C/N 比の小さな，換言すると高タンパク質のキノコあるいは菌糸塊を生産している（図1）．植物質有機物を培養資材として積極的に菌類を栽培し，タンパク質源の安定的な確保を図るアンブロシアキクイムシ（ambrosia beetle）やキノコシロアリなどの例はよく知られている．キノコをすみかあるいは食資源とする動物には，ナメクジ，ダニ類，トビムシ・スズメバチ・ショウジョウバエなどの昆虫類，カケスなどの鳥類，サル・リス・ネズミ・ウサギなどの哺乳類がある[4]．科・属・種の名称にキノコが付してある昆虫類も多く存在する．対象となる菌類種は動物種によっても異なるが，キクラゲ，ヒダナシタケ目，ハラタケ目（Agaricales），地下生菌類など広範囲に及ぶ．食資源としてのキノコは発生が時間的・空間的に断続的であったり不安定であることが欠点である．キノコにとって食べられることのメリットは胞子が分散される，あるいは腸管を通過することにより発芽が促進される場合もあることなどであろうか．

〔堀越孝雄〕

参考文献

1) J. C. Frankland. 1982. *Decomposer basidiomycetes, Br. Mycol. Soc. Symp. 4* (J. C. Frankland, J. N. Hedger and M. J. Swift eds.), pp.241-261. Cambridge Univ. Press.
2) M. L. Smith, J. N. Bruhn and J. B. Anderson. 1992. *Nature.* **356**: 428-431.
3) 堀越孝雄．2000．新・土の微生物 (6)（日本土壌微生物学会編），pp.155-176．博友社．
4) 相良直彦．1989．きのこの生物学シリーズ 8 きのこと動物．築地書館．

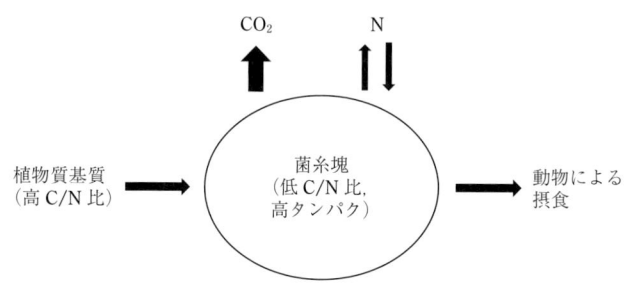

図1 動物による高タンパク菌糸塊の栽培

96
粘菌類

変形菌類，タマホコリカビ類，プロトステリウム類

粘菌類（動菌類；Mycetozoa, Myxomycota, slime molds）は，変形菌類（真正粘菌類；Myxogastria, Myxomycetes, true slime molds），タマホコリカビ類（細胞性粘菌類；Dictyostelia, Dictyosteliomycetes, cellular slime molds），プロトステリウム類（原生粘菌類；Protostelia, Protosteliomycetes）の3分類群からなる．その生活史には，子実体を形成して胞子となる時期と自由生活をするアメーバ状の栄養体となる時期が含まれる．かつては菌類の1群として扱われたこともあったが，現在ではアメーボゾア（Amoebozoa）に位置づけられる．近年の分子系統学的研究により，従来の分類体系が再検討されはじめ，粘菌類の単系統性は疑問視されつつある．

粘菌類の生息場所は多岐にわたっている．変形菌類では，落葉，枯草，腐木などの植物遺体，土壌，生木樹皮，動物の糞などが挙げられる．タマホコリカビ類の多くは土壌に生息することが知られているが，動物の糞などからも分離される．プロトステリウム類は，草本の枯死部から主に分離されるが，生木樹皮や土壌などでの生息も知られている．これらの生息場所のうち土壌では，粘菌類が多く生息することを示す研究報告が散見される．しかし，土壌圏の粘菌類の種類や分布に関する知見は限られており，より詳細な生態学的側面からの研究は少ない[1]．ここでは，粘菌類のうち最も大きな分類群である変形菌類について概説する．

変形菌類は特異な生活史をもち（図1），その栄養期には二つの段階がある．一つは，単細胞単核性の粘菌アメーバ（myxamoeba）または鞭毛細胞で，胞子が発芽すると生じ

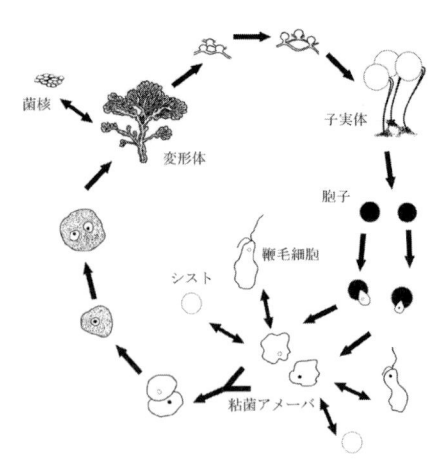

図1 変形菌類の典型的な生活環

る．粘菌アメーバは，水分の多い条件では2本の鞭毛を生じて鞭毛細胞へと変わるが，環境変化に応じて粘菌アメーバへと戻ることができる．これらは，細菌などを摂食し，分裂して増殖する．環境が悪化するとシストとなり一時的に休眠する．もう一つは，アメーバ状の単細胞多核体である変形体（plasmodium）である．変形体は，交配型が適合する粘菌アメーバや鞭毛細胞が接合して形成される接合子が，細胞分裂することなく核分裂を繰り返すことで生じる．変形体は，細菌や真菌などを摂食して成長し，肉眼で確認できる大きさになることもある．また，菌核（sclerotium）となり一時的に休眠することもできる．成熟した変形体は，適した環境条件になると子実体の形成を開始する．子実体は多数の胞子を内包し，一般的に胞子は直径5〜15 μmの球形である．子実体には，胞子の風散布に適すると考えられる構造がみられ，主にこの散布様式により比較的長距離の輸送が可能であることが知られている．

多くの変形菌類において子実体は肉眼で確認できる大きさである．植物遺体などの基質上に形成された子実体を，基質とともに乾燥標本として保管することができる．加えて，

変形菌類では主に，子実体の形態形質に基づき分類，同定が行われている．これらの点から，子実体収集に基づく変形菌類相の調査が進んでおり，現在までに約900種が知られている．一方で，環境中における変形菌類の栄養期の生態については，ほとんど解明されていない．その理由は主に次の二つに集約される．一つは，変形菌類は子実体の構造をとっていないと，形態に基づく検出や識別が難しい場合が多く，種同定は行えないことである．もう一つは，汎用性の高い培養法が確立されていないことである．

土壌圏の変形菌類に関する研究報告は少ない[2]．土壌を生息場所とする変形菌類の存在は古くから知られている．1980年代には，培養法を用いた土壌中の変形菌類の定量的研究が行われはじめた[1]．これらの研究では多くの場合，MPN法による計数を行い，希釈した土壌試料懸濁液の定条件培養で形成される変形体を指標として変形菌類を捉えている．この手法では，用いた条件で培養できる変形菌類は限られることや，変形体の形成には交配型が適合する二つの細胞が必要となる場合があることなどから，過小評価を導く可能性が指摘されている．加えて，培養により子実体形成が導かれた場合にのみ，その形態から種同定が行われている．こうした問題点はあるものの，さまざまな土壌試料の解析に適用され，土壌圏の変形菌類の量的な分布を明らかとし，さらにその機能と関連付けた解釈なども試みられた．たとえば，地理的位置や植生の異なる森林土壌，草地土壌，畑土壌などの多様な土壌において変形菌類の存在が認められ，その量は時として多いことがわかっている．砂漠土壌からも検出されている一方で，森林土壌によっては検出限界以下の量を示す場合もあることが報告されている．変形菌類は森林土壌よりも草地土壌や畑土壌に多く生息することが示唆されている．また，とくに温帯において，土壌における存在が確認された変形菌類のほとんどはカタホコリ属（*Didymium*）に属する種であった．近年，環境中の核酸を直接扱う分子生物学的手法の導入により，培養に依存しない変形菌類の検出，識別，同定が生活史を通して可能となり，変形菌類の生態研究は転換期を迎えている．土壌圏の変形菌類の群集構造に関する研究としては，現時点では数報にとどまるが，これまで明らかにされてこなかった多様な変形菌類の生息が示されている．今後，こうした方向での研究が，土壌圏に限らず環境中における変形菌類の生態解明に大きく貢献するものと期待される． 〔加茂野晃子〕

参考文献

1) A. Feest. 1987. *Prog. Protistol.* **2**: 331-361.
2) S. L. Stephenson, A. M. Fiore-Donno and M. Schnittler. 2011. *Soil Biol. Biochem.* **43**: 2237-2242.

97
土壌の被食-捕食関係

捕食活動，団粒構造，物質循環

■ 微生物の捕食活動は土壌中の物質循環に影響する

　林の落ち葉などをミミズや小動物が破砕し，微生物が分解（代謝）した産物を養分として植物が吸収する物質循環はよく知られている．本項では微生物の捕食活動と土の構造の観点から，畑土壌の微生物食物連鎖を介した物質循環を紹介する．

　捕食者原生動物が増えるために餌として食べる細菌数は，1回の細胞分裂あたり原生動物の仲間の一つである鞭毛虫の場合300〜400，別な仲間のアメーバの場合2,000〜4,000と推定される．一般に，捕食者は餌の微生物から吸収した養分の約40％を細胞の再生産に利用し，約30％を呼吸により排出するとともに，約30％を無機成分として体外に排出する．この体外に放出される無機成分が物質循環のなかで一定の役割を担っている．

　重窒素（^{15}N）を吸収した細菌と捕食者を殺菌土壌に混合しコムギを栽培すると，細菌だけを混合した場合に比べて，細菌由来重窒素のコムギによる取込み量が64％増加する事例がある．

　捕食者は植物根のまわりで次のように無機態窒素を供給する．すなわち，土壌細菌は炭素源が限られているために増殖しない．そこへ植物根が伸長し，根近傍に多糖類など易分解性炭素源を供給する．細菌は土壌中の有機態窒素を無機化し菌体窒素として吸収する．増殖した細菌が原生動物を誘引する．原生動物の捕食活動により餌の細菌に由来する無機態窒素が根近傍に供給される結果，コムギによる無機態窒素の取込み量が増加する．このように，微生物の補食活動は土壌中の物質循環に影響する．

■ 土壌の特性や水分条件は捕食活動に影響する

　畑土壌の物理的特性，団粒構造は，細菌が捕食者から逃れる場所（生息場所）として重要な意義をもつ［→ 82 微生物の住処としての土壌］．土壌に接種された細菌数は，砂質土壌よりも粘土質土壌で減少しにくい傾向がある．さらに，砂質土壌に粘土（ベントナイトあるいはカオリナイトなど）を混和すると接種細菌数の減少程度が緩和される．これは，微細な粘土粒子が細菌などの生息場所となる安定性（耐水性）の高い団粒構造の発達に寄与するからである．

　殺菌土壌に接種した細菌数は比較的長い時間安定して生残するのに対し，原生動物など捕食者を共接種すると被食細菌数は速やかに減少する．しかし，捕食者と共接種する場合でも低い細菌数を維持する場合が多い．また風乾土に細菌を接種する場合と湿潤土に接種する場合を比べると，前者の細菌数が減少しにくい傾向がある．

　以上の結果は，土壌団粒の中の微生物が入り込む隙間（孔隙，こうげき）を詳しくみると説明できる．土壌団粒は比較的大きい孔隙（小さな団粒同士の隙間）と相対的に小さい孔隙（小さな団粒の中の隙間）が混在した場である．すなわち，微生物の目線にたてば，さまざまな大きさの住み場所が用意されていることとなる．原生動物が小さい孔隙に入り込めない程度の大きさだと仮定すると，細菌は大きい孔隙に存在すれば捕食されやすく，小さい孔隙に存在すれば保護される可能性が高い．

　比較的大きい孔隙と相対的に小さい孔隙の微生物を分画する洗浄音波法を利用して，土壌中の微生物群の動態を解析した．比較的大きい孔隙中には大型の捕食者や糸状菌，細菌など多様な微生物が生息し，相対的に小さい孔隙中にはサイズの小さい微生物が生息した．比較的大きい孔隙中の細菌数は土壌水分

条件などにより大きく変動し，一方相対的に小さい孔隙中の細菌数の変動は小さかった．

土壌中の微生物は土壌水中を遊泳，あるいは水に覆われた粒子表面を移動する．このため，土性（粘土含量）ばかりでなく，土壌水分条件も捕食活動に影響する．捕食者（原生動物）と被食者（細菌）を共接種したとき，比較的土壌が乾いている場合，大きい孔隙にいる原生動物は近傍の細菌しか捕食できないために，原生動物の増加が抑制され，被食細菌の菌密度が高く維持される．一方，土壌中の比較的大きい孔隙まで水分が満たされていると原生動物が自由に移動できるため，原生動物が増加し，大きい孔隙中の細菌が減少すると考えられる（図1）．このように，土壌団粒構造と水分条件は捕食活動に影響する．

微生物はそのサイズにより土壌中の異なる部位に住み分けており，また土壌の特性や水分条件は捕食活動に影響する．本項では微生物の補食活動による物質循環を紹介したが，作物生産につながる畑土壌の微生物食物連鎖の研究はこれからの課題である．

〔橋本知義〕

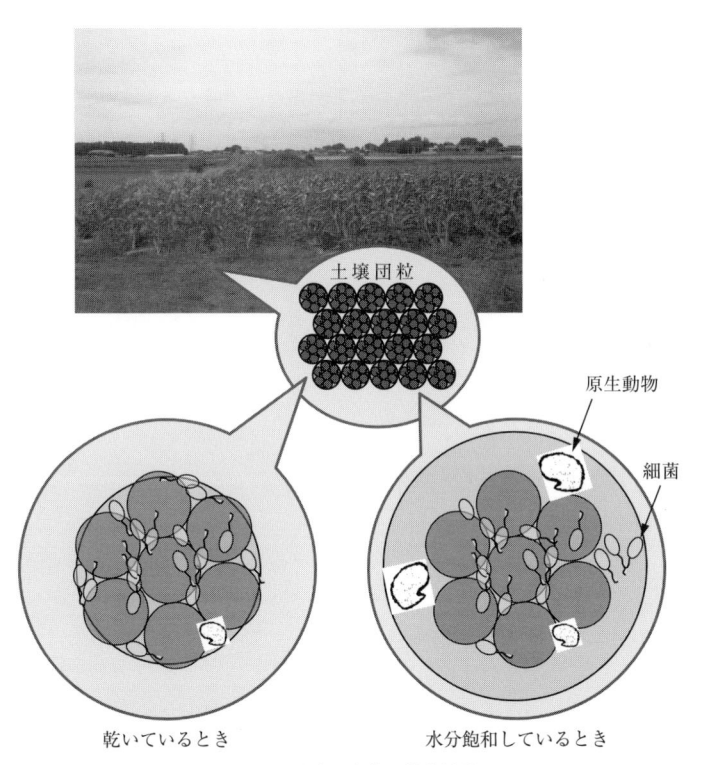

図1 土壌水分条件と捕食活動

98
シロアリと微生物

共生, セルロース分解, 窒素固定

　シロアリは，枯死植物を分解して利用するという特異な能力をもっていて木材家屋に被害をもたらす害虫として悪名高いが，陸上の物質循環に大変重要な役割を果たしている昆虫である．そのシロアリの能力は，腸内に共生する多様な微生物の働きによるものである．

■ 陸上の物質循環における役割

　シロアリは温帯から熱帯にかけて分布し，熱帯の陸上生態系において最も生物量の多い動物群の一つである．熱帯林では大量の枯死植物・植物の遺体が生じるが，枯死植物は主に植物の細胞壁成分であるセルロースやリグニンなどからなり，ほとんどの動物が利用することができない．シロアリは，共生微生物の働きにより枯死植物のみを食べて旺盛に増殖することができる．その能力は，森林ではシロアリ以外の動物全体に，サバンナでは草食哺乳動物全体に匹敵するほどとされている．枯死植物の分解で生成するシロアリ由来の二酸化炭素とメタンは，陸上総排出量のそれぞれ数％にもなると推定されている．畜産を含めた人間の社会活動を除けば，地球の炭素循環においてこれほどの寄与をしている動物群はほかにはない．

　炭素循環のみならず陸上生態系の窒素循環にもシロアリは重要な役割を果たしている．枯死植物は窒素含有量がきわめて低く，偏った栄養にしかならない．シロアリ腸内には窒素固定をする細菌が共生しており，典型的な熱帯林では枯死植物の分解過程での全生物窒素固定量の 7〜22％がシロアリの共生窒素固定によると見積もられている．また，シロアリは窒素老廃物である尿酸を腸内の共生微生物の働きにより再利用して窒素源を捨てないようにしている．多くの動物や昆虫はシロアリを食べて貴重なタンパク質源としている．

■ 腸内の共生微生物の働き

　シロアリの腸内（後腸）には，数種から十数種のセルロース分解性の原生生物が高密度に生息しており，安定して原生生物を観察することができる．シロアリにとって腸内の原生生物は必須で，原生生物がいなくなるとセルロースを食べて生きていけなくなる．一方で，シロアリ自身も唾液腺からセルロース分解酵素（セルラーゼ）を分泌させていて，シロアリが食べたセルロースを部分的に分解した後，腸内の原生生物が細胞内に取り込んで完全に分解すると考えられている．このような二重の分解機構をもつことで，シロアリは食べたセルロースのほとんどすべてを消化している．リグニンは腸内で完全分解されるわけではなく，セルロースを完全に利用するにあたってどのようにリグニンが処理されているのかなど不明な点も多く残されている．

　地球温暖化やエネルギー問題の解決のために食糧と拮抗しない植物由来のセルロース資源の利用が重要だが，このようなシロアリと

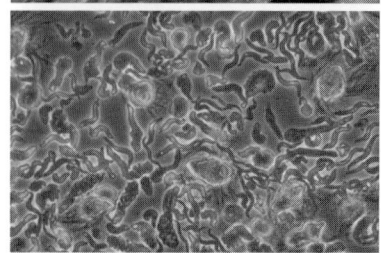

図1　日本産のヤマトシロアリ（上）とその腸内の原生生物（下）（口絵21参照）

共生微生物の高い分解能力を応用することが期待されている．

原生生物のセルロース分解の最終産物は酢酸である．生じた酢酸は宿主のシロアリが吸収して炭素源・エネルギー源として利用している．分解の副産物として水素と二酸化炭素が生じるが，シロアリは著量の水素を放出する珍しい動物でもある．生じた水素と二酸化炭素を使ってメタンを生成するアーキア，および，水素と二酸化炭素から酢酸を生成する細菌も腸内に生息している．とくに後者の活性は多くのシロアリで高く，酢酸がシロアリに利用されるので，分解の副産物も利用する大変効率的な代謝である．

■ **複雑な腸内の微生物群集構造**

シロアリ腸内には原生生物のほかにも数百種もの細菌とアーキアが共生している．驚くべきことにこれら腸内細菌のほとんどは既知の種やほかの環境から検出される種とは異なっている．そして，決して一様に腸内に分布しているわけではない．原生生物の細胞内や表層は，原生生物の種によって特異的な細菌種が生息する場となっている．原生生物の大型のものは優に $100\,\mu m$ を超えるものもあり，その細胞内共生細菌は原生生物1細胞あたり数万細胞になるものもあって，腸内全体でも優占する細菌種となっている．これらの細胞内共生細菌については，最近ゲノムが解読されて働きがわかってきている．原生生物がセルロースを分解して生じた糖をエネルギー源として，原生生物やシロアリに必須のアミノ酸やビタミンなどの窒素化合物を生合成する能力をもっている．なかには窒素固定をするものも知られている．

腸内の微生物はほとんどが難培養で，この微生物群集中の微生物種の働きはよくわかっていない．上述のように，ひとつひとつの微生物種についてゲノムを解読することで，それぞれの働きを解明し，それらの微生物種が相互作用しあって効率的にセルロース資源を利用する共生機構を解明することが重要である．

シロアリは，世代を越えて共同生活をする昆虫であり，肛門からの排泄物を介して個体間で安定に腸内の共生微生物群を受け渡す機構を発達させている．共生微生物はシロアリの祖先から受け継がれ，シロアリとともに共進化してきたものという証拠が出はじめている．

長い進化過程で同じパートナーと安定に共存することで，互いに密接に共生しあう関係をつくりあげることができたと考えられる．

■ **さまざまな共生のタイプ**

腸内にセルロース分解性の原生生物をもたないシロアリも知られており，食性がより多様となっている．セルロース分解には，シロアリ自身の分解酵素と腸内の細菌の作り出す酵素が働くと考えられるが，原生生物をもつシロアリほど分解は効率的ではないかもしれない．巣の中に持ち込んだ枯死植物の上にキノコを栽培するシロアリも知られている．キノコを食べると同時に，キノコによってリグニンが除かれて消化しやすくなったセルロースを食べている．もっぱら土壌の有機物を食べているシロアリもいるが，腸に極度にアルカリ性の領域があって，土壌有機物を溶かして消化しやすくしているのかもしれない．

〔大熊盛也〕

参考文献

1) D. E. Bignell, Y. Roisin and N. Lo (eds.). 2011. *Biology of Termites: A Modern Synthesis*. Springer.
2) M. Ohkuma. 2008. *Trends Microbiol.* **16**: 345-352.

99

人に役立つ土壌微生物

抗生物質生産微生物，
遺伝子資源としての土壌微生物

■ 微生物に支えられる人のくらし

人は，さまざまな環境から微生物を分離してその機能を研究し，人のくらしへ役立てている．アルコール類，発酵性食品，アミノ酸，核酸関連物質，有機酸，酵素，糖質および生理活性物質などが微生物を利用して工業的に生産され，食品，医薬品や一般工業原料などとして幅広く利用されている．ほかにも，下水処理や環境汚染物質の分解による環境衛生や環境浄化，廃木材などの未利用バイオマスからのエタノール，メタンや水素のバイオエネルギー生産にも微生物が利用されている．

■ 人に役立つ土壌由来の微生物

土壌は微生物の分離源の一つである．ここでは，医療，農業や土木分野で人に役立つ土壌由来の微生物を紹介する．

微生物が生産する二次代謝産物の活用

微生物は，生育に直接関与しない二次代謝産物を生産する場合がある．二次代謝産物のなかで人のくらしに大きな影響を与えているものが抗生物質である．

最初に報告された抗生物質は，1929年にFlemingが糸状菌 *Penicillium notatum* から発見した抗細菌性抗生物質ペニシリンである．ペニシリンの工業生産は糸状菌 *Penicillium chrysogenum* を使用して1940年にFloreyらによって達成された．1944年にWaksmanが放線菌 *Streptomyces griseus* から感染症の結核に対する抗生物質ストレプトマイシンを発見して以降，抗生物質生産微生物の探索が活発となった．薬として実用化された抗生物質を生産する微生物には放線菌 *Streptomyces* 属に所属するものが多い．抗細菌または抗真菌作用を示す代表的な抗生物質

表1 代表的な抗生物質と生産微生物

抗細菌性
ペニシリン（*Penicillium chrysogenum*）
セファロスポリンC（*Acremonium chrysogenum*）
ストレプトマイシン（*Streptomyces griseus*）
クロラムフェニコール（*Streptomyces venezuelae*）
カナマイシン（*Streptomyces kanamyceticus*）
テトラサイクリン（*Streptomyces aureofaciens*）
タブトマイシン（*Streptomyces roseosporus*）
エリスロマイシン（*Saccharopolyspora erythraea*）
バンコマイシン（*Nocardia orientalis*）

抗真菌性
アンフォテリシンB（*Streptomyces nodosus*）
ナイスタチン（*Streptomyces noursei*）

とその生産微生物を表1に示す．

これまでに発見された，微生物が生産する抗生物質として作用する二次代謝産物は9,000種類を超える．このなかの10%未満の抗生物質が有効性や安全性などの複数の試験・検査段階をパスして実用化されている．抗生物質を使用した化学療法は感染症による人の死亡率を劇的に低下させた．

抗生物質は感染症以外の医療分野でも使用されている．DNAやRNA合成阻害作用で微生物の増殖を抑制する抗生物質はがん治療への応用が研究され，*Streptomyces* 属の微生物が生産する抗生物質（アクチノマイシンD，ダウノルビシン，マイトマイシンCやブレオマイシンなど）が抗がん剤として実用化されている．また，抗生物質として発見されたものの免疫抑制作用が再評価された，*Streptomyces hygroscopicus* が生産するラパマイシンや糸状菌 *Tolypocladium inflatum* が生産するシクロスポリンがある．ほかにも，*Streptomyces tsukubaensis* が生産するタクロリムスが免疫抑制作用を示す．これらの物質は免疫抑制剤として臓器移植医療に貢献している．

微生物が生産する二次代謝産物のなかには農業・畜産分野で活用される抗細菌・抗真菌，殺虫，または除草作用を示すものがあ

り，病害虫や雑草から作物の防除，家畜の疾病治療や寄生虫駆除によって農畜産物の安定生産・安定供給に貢献している．Streptomyces 属の微生物が生産する，カスガマイシンがイネいもち病の防除剤として，アベルメクチンやミルベマイシンが家畜の寄生虫駆除のための飼料添加物として使用されている．一方，殺虫作用を示す物質を生産する微生物を利用した作物病害虫の防除も行われている．コナガやモンシロチョウやハエなどに対して殺虫作用を示す毒性タンパク質を生産する Bacillus thuringensis を含む微生物殺虫剤（BT 剤）がいろいろな農薬会社から販売されている．農薬として使用される微生物自体または微生物生産物を含む薬剤は微生物農薬と呼ばれている．微生物農薬も「農薬取締法」，「微生物農薬の安全性評価に関する基準」と「微生物農薬の登録申請に関わる試験成績の取扱について」に従って化学合成農薬と同様に農薬登録されている．微生物農薬は，化学合成農薬よりも人，家畜や環境に害が少ない農薬として使用されている．

微生物を利用した地盤改良 尿素から NH_3 と CO_2 を生成する Sporosarcina pasteurii を利用した地盤改良工法が提案されている．地盤中の Ca^{2+} と S. pasteurii が生成した CO_2 が反応して $CaCO_3$ の沈殿物が生じる．この $CaCO_3$ が地盤の隙間を埋めることにより地盤強度が高まるとされている．この地盤改良技術はまだ実用化されていないが，宅地造成や地震防災に役立つことが期待されている．

■ **微生物は誰のもの？**

微生物は人にとって有用な遺伝子を有する貴重な遺伝子資源である．人が利用している微生物は地球上の全微生物の1％未満といわれており，微生物は人に役立つ遺伝子資源として可能性が最も高い生物の一つである．現在，土壌を含めたさまざまな自然環境から人に役立つ微生物の探索が積極的に行われている．また，環境中の微生物の遺伝子情報を調べる方法（メタゲノム解析）で，微生物がもつ有用物質を生産する酵素をコードする遺伝子の探索も行われている．

一方で，有用物質を生産するような微生物を含めた生物から得られる利益配分をめぐり生物資源の供給国と需要国との間で問題が起きている．1993年に発効された生物の多様性に関する条約（Convention on Biological Diersity）により，「生物多様性の保全」，「生物多様性の構成要素の持続的利用」，および「遺伝資源の利用から生ずる利益の公正かつ衡平な配分」が定められた．このため，生物資源へのアクセスに関する国家間の連携が活発になっている．　　　　〔鈴木大典・片山新太〕

参考文献

1) 荒井基夫．2010．IFO 微生物学概論（財団法人発酵研究所監修），pp.481-519．培風館．
2) 佐藤 威．2002．人に役立つ微生物のはなし（日本農芸化学会編），pp.155-173．学会出版センター．
3) V. S. Whiffin, L. A. van Paassen and M. P. Harkes. 2007. Geomicrobiol. J. **24**: 417-423.

第 5 章
極限環境の微生物

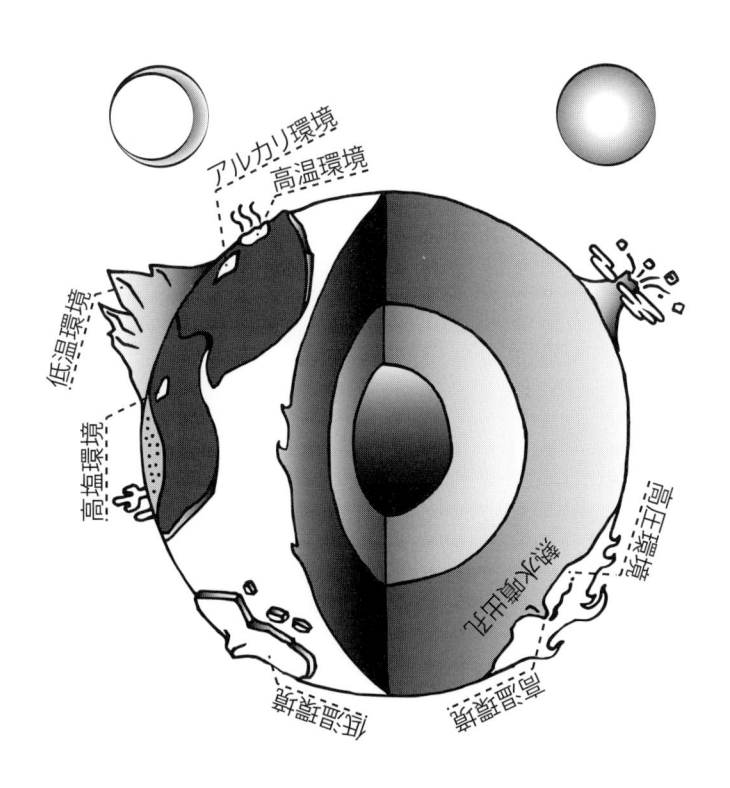

100

無重力空間における微生物

進化, 生理, 生態

　地球の重力は，生物システムにとっては絶大な影響をもっている．最も顕著な特徴は「生体に重さがある」ということである．生体は，この地球の一定の1Gの重力によって進化し適応してきたため，地上でほかの重力環境に適応する能力を進化させることはありえない．したがって，無重力の宇宙環境は，生体系の適応過程や成長の限界を知るための手段ともなり，未知の原理が見出されるかもしれない．国際宇宙ステーション（ISS）は，機器が動くことによるネグリジブルな極微小振動 10^{-6} Gがあり，微小重力（μG：microgravity）と呼ばれることもある．1Gに適応した宇宙飛行士が長期に宇宙滞在すると，身体が応答してさまざまな生理的リスクが生じる．体液シフト，骨密度減少，筋萎縮がその最たる例である．当然のことながら，宇宙環境は微生物にも重大な影響を与えるであろう．この宇宙における微生物の変化の解明は，地上の病原微生物の制圧方策に新たな展開をもたらす可能性もある．以下に宇宙環境における細菌の応答について紹介する．

■ **宇宙における発生・進化**

　宇宙空間は，無重力に加えて宇宙放射線（cosmic radiation）が生命体に顕著な影響を与える．放射線は直接 DNA を変異させる変異原である．ISS 内では，人体および器材表面に付着して地上から持ち込む以外の新規の微生物は見出されていない．微生物の生態に関する宇宙環境の影響による変化は認められているものの，そのメカニズムはよく知られていない[1]．また，宇宙に新たな生命体がいるのか，宇宙に持ち込まれた生命体に進化があるのかという，ライフサイエンスにおける二つの命題は，依然推測の域を出ない．

　地上で強力な放射線に曝露したもののなかから 5,000 Gy 以上の放射線下でも増殖し，きわめて迅速かつ強力な DNA 修復機構をもっていると考えられる微生物が見出されていること，また，カリフォルニア州のアルカリ塩湖（モノ湖）の石灰華からも生存する微生物が分離されたことから，宇宙でも宇宙放射線により進化した微生物がいても不思議はない．今アメリカ航空宇宙局（NASA），ロシア連邦宇宙局（RFSA），欧州宇宙機関（ESA）などで，多世代の微生物叢（microbiota）における微生物ゲノムの生態変化を調べる計画を進めている（図2）．

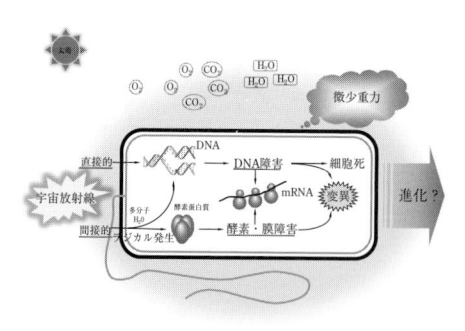

図1　宇宙環境における微生物の細胞リスクダイアグラム

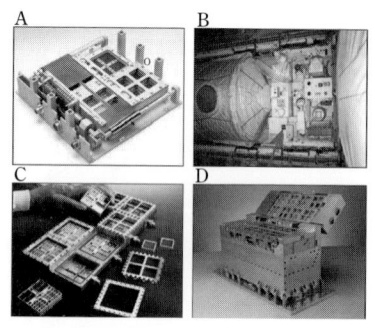

図2　ISS 内の微生物計測装置（NASA/ESA 提供）NASA（A）と ESA（C）の微生物計測装置，およびそれぞれを組み立てたところ（B, D）．

■ **生理的変化**

環境応答の変化　無重力環境下では，細菌の細胞機能である浸透圧，酸，アルカリ，栄養，薬剤など膜を介したストレス圧に対する応答が鈍くなっている[2]．模擬宇宙環境（クリノスタット，clinostat）を用いた in vitro 実験によると，そのメカニズムは，これらを制御している最初の調節因子である RpoS の発現が翻訳レベルで下がっていることや膜の流動性が上がっていることの関与が示唆されている．また，細菌の動きはなくなり，地上より停滞期が短くなるが，増殖による細胞の数はむしろ増加する（図1）．

病原性の変化　宇宙環境下の細菌の病原性（pathogenecity）の動態は，毒性（virulence），薬剤耐性（drug resistance），バイオフィルム（biofilm）形成能が増強することが知られる[1]．

サルモネラ菌（*Salmonella enterica* Typhymirium）は，宇宙環境下で167個の遺伝子の転写，73個のタンパク質発現が変化し，そのなかにグローバル環境応答の調節因子として RNA 結合タンパク質 Hfq が見出されている．宇宙実験からその病原性は変化してより増強する[3]．また，各種抗生物質に対する耐性能も増強しており，膜の流動性の変化などで薬剤の細胞内への取り込み効率が減少していることが示されている[2]．

緑膿菌（*Pseudomonas aeruginosa*），大腸菌（*Escherichia coli*），口腔細菌であるレンサ球菌（*Streptococcus*）では，バイオフィルム形成能が増強する[4]．このことは，宇宙ではバイオフィルムが地上にいるとき以上に問題になることを示唆する．バイオフィルム形成能にはクオラムセンシング（quorum sensing）機構が関与することが知られているが，宇宙ではこの機構がどのように機能するかは不明である．

■ **重力感知システム**

細菌が直接重力を感知するかどうかは不明であるものの，宇宙細菌に生理的変化がみられることから，それらが機械的シグナルを検出していることは否定できない．現時点では次の二つの説がある．

一つは，そのような力を検出するにはどんな生物もメカノ感知チャンネルによるというものである．細菌は少なくとも2種類のチャンネルファミリー，MscL と MscS を有している[5]．これらチャンネルの機能は，外的な浸透圧が急激に増えたときに生存するために働く生体の"緊急放出バルブ"のようなものであることが支持されている．

もう一つは，細胞骨格（cytoskeleton）の変形それ自身がメカノセンサー（mechano sensor）または重力センサーとして働いているという説である．動物細胞では，機械的な力の変化を伝える細胞内分子応答に細胞骨格構造を用いていることが示唆されており，植物では，アクチン細胞骨格は，重力を感知するのにむしろ阻害的役割を果たしているようにみえる．細菌も細胞骨格のアクチンやチュブリンのホモログを保有しているが，このメカニズムが細菌でも用いられているかどうかは今のところ不明である．細菌のメカノセンサーとしてどれが無重力を感知する役割を担うのか決めるには，さらなる研究が必要である．

〔太田敏子〕

参考文献

1) G. Horneck, R. Mancinelli and D. Klaus. 2010. *Microbiology and Molecular Biology Reviews*. **74** (1): 121-156.
2) N. Leys, L. Hendrickx, P. De Bover et al. 2004. *J. Regul. Homeost. Agents*. **18**: 193-199.
3) J. W. Wilson, C. A. Nickerson et al. 2007. *Proc. Natl. Acad. Sci. U. S. A*. **104**(41): 16299-16304.
4) R. J. McLean, J. M. Cassanto, M. B. Barnes et al. 2001. *FEMS Microbiology Letters*. **195**: 115-119.
5) C. D. Pivetti et al. 2003. *Microbiology and Molecular Biology Reviews*. **67**(1): 66-85.

101

成層圏の微生物

紫外線耐性，放射線耐性，乾燥耐性

　大気中には微生物が微粒子として漂っている．空気中を通じて感染する病気も知られているが，空気中を漂う微生物の大部分は人間にも動植物にも無害な微生物である．

　地表から大気圏上空 10〜12 km まで（高さは緯度によって異なる），大気圏の最下層は大気の対流による循環でつねに攪拌されている．この領域は対流圏と呼ばれている．対流圏では上昇気流によって微生物は上空まで到達する．対流圏の上，高度約 50 km までの領域は成層圏と呼ばれる．

　対流圏では高度が高くなるにつれて温度が低下する．対流圏と成層圏の境では温度はマイナス 60℃ にも低下する．成層圏では温度の変化が逆転して，高度が高くなるにつれ温度は上昇する．

　成層圏に雲は存在せず，対流圏よりもはるかに紫外線強度が高い．気圧は高度により異なるが，成層圏下部で約 1/10 気圧，成層圏上部で約 1/1,000 気圧である．大気組成は対流圏と変わらないものの，きわめて乾燥している．

　大気圏上空で微生物を採集するためには採集装置を上空まで運搬する必要がある．採集装置の運搬手段としては，航空機，大気球，ロケットが用いられる．微生物の採集装置は，ポンプやファンで大気を吸引してフィルターで濾過する方法と，粘着性の物質を塗布したインパクターと呼ばれる板を高速で移動する航空機やロケットの進行方向に曝露して，微粒子を吸着して捕捉する方法がとられる．

　これまで行われた採集実験のなかで，最も高い高度で微生物採集に成功した実験はロケットを用いた実験で，48〜78 km で微生物が採集された．この高度の範囲で微生物が採集されたが，そのなかのどの高さであるのかははっきりしていない．

　多くの種類の微生物が採集されているが，採集された微生物の多くは，カビや枯草菌の仲間など，胞子（あるいは内生胞子）を形成する微生物である．こうした微生物の胞子は乾燥や紫外線に対する強い耐性をもっている．また，色素によって紫外線に対する耐性を獲得しているのではないかと思われる種類も多く採集されている．

　胞子を形成しない微生物として，*Deinococcus* 属の細菌が大気圏上空で採集されている．放射線滅菌した缶詰から採集された *Deinococcus radiodurans* は放射線，紫外線，乾燥に対する強い耐性をもつことで有名な菌である．成層圏下部から採集された *Deinococcus artherius* は *D. radiodurans* よりさらに強い紫外線および放射線耐性をもつことが明らかとなった．

　異なった地域（日本，インド，米国）の成層圏で採集された微生物のなかには，異なった地域で採集されたにもかかわらず非常に近縁な種類があることがわかった．これらの微生物種が成層圏を地球規模で循環している可能性がある．

　微生物が上空まで運ばれる機構は明らかではないが，台風や竜巻，火山爆発や隕石衝突，雷雲などの静電作用，飛行機などの人工物による運搬が考えられている．〔山岸明彦〕

参考文献
1) Y. Yang *et al.* 2009. *Biol. Sci. Space.* **23**: 151-163.

102 放射線と微生物

電離放射線，放射線耐性機構，*Deinococcus*

電離放射線（以下，放射線と記載）の生物影響には，水の放射線分解によって生じる種々のラジカルおよび活性酸素の生体分子への攻撃が大きく関与している．したがって，生体内の水含量が少ない胞子形成状態の微生物は放射線に対して耐性を示すようになる．しかし，ある種の細菌およびアーキアは胞子を形成しないにもかかわらず，胞子形成状態の微生物をも凌ぐ放射線耐性を示す．以下にこれまで報告されてきたこれら放射線耐性細菌および放射線耐性アーキアの主な放射線耐性機構の概略について述べる．

■ DNA 修復機構

まず注目されるのは卓越した DNA 修復活性である．この領域の研究はこれまで主に，代表的な放射線耐性細菌である *Deinococcus radiodurans* という γ 線に対する D_{37}（その生物の生存率を 37%に減少させるために必要な線量）が 7 kGy というきわめて高い放射線耐性を示す細菌を対象に進展してきた（ヒトおよび大腸菌の D_{37} はそれぞれ約 4 Gy および約 40 Gy）．細胞致死の主要因となる DNA 二重鎖切断損傷に着目すると *D. radiodurans* においては，ほとんど致死効果をもたらさない 5 kGy の γ 線照射によってゲノムあたり約 200 の損傷が生じる．つまりこれだけ多量の致死要因となる DNA 損傷を *D. radiodurans* はほぼ完全に修復していることになる．大腸菌へ D_{37} に相当する線量の γ 線を照射した場合のゲノムあたりの DNA 二重鎖切断数が 8～9 であることを考えると，放射線耐性細菌がきわめて高い DNA 修復活性を有していることがわかる．このような高い DNA 修復活性は放射線耐性アーキアにおいても報告されている．これら放射線耐性微生物の DNA 修復の分子機構には，多くの生物に共通した DNA 修復機構の活性化と，それら微生物独自の機構が関与している．

■ 核様体の構造

多くの放射線耐性細菌の核様体（ゲノム DNA の集積構造体）は高度に凝集していることが報告されている．凝集した核様体は放射線照射によって生じた切断 DNA 鎖の拡散を抑制し，切断 DNA 部位と DNA 修復に必要な相同 DNA 鎖との物理的近接に寄与している可能性がある．

■ ラジカル除去，抗酸化機構

一般に放射線耐性細菌およびアーキアは高いラジカル除去活性，活性酸素消去活性を有するカロテノイドを含有している．これらカロテノイドは放射線照射によって生成するラジカルおよび活性酸素を除去，消去することにより，これら微生物の放射線耐性機構の一翼を担っている．また，スーパーオキシドジスムターゼやカタラーゼなどの抗酸化タンパク質の高い生体内活性がその放射線耐性機構に寄与している．さらに，Mn/Fe 比を高くするなどの細胞中の無機イオン状態の調整により生体内の酸化状態を調節し，その放射線耐性能を向上させている．

放射線耐性細菌およびアーキアの放射線耐性機構には多くの生体防御機構が関与しており，その分子機構は系統的に離れた種間でかなりの差異があると思われる．このような生体防御機構の解明は微生物の環境適応機構およびその多様性と進化を考察する上で有益な情報を提供すると考えられ，今後の研究のさらなる進展が期待される． 〔齊藤　剛〕

参考文献

1) F. Confalonieri and S. Sommer. 2011. *J. Phys.: Conf. Ser.* **261**: 1-15.
2) 齊藤　剛．2007．*Viva origino.* **35**: 85-92.

103 高山の微生物

地衣類，貧栄養高山湖沼，腐食物質

高山生態系は，低温，乾燥，強風，強紫外線など過酷な環境下で成立しており，自然および人工的撹乱に対して脆弱であることが知られている．高木が生育できなくなる限界高度（森林限界：日本アルプスでは約2,500 m，ヨーロッパアルプスでは約1,800 m）よりも高所においては，微生物の多様性は低い．

森林限界を超えた岩場には，灰色，黄緑色，橙色などに呈した地衣類が固着していることが観察される（数 mm から数十 cm，また，数 m に広がっている場合もある）（図1）．地衣類は，単独の微生物ではなく，菌類と藻類の共生体である[1]（図2）．菌類は主に子嚢菌類であり，藻類は緑藻あるいはシアノバクテリアである．菌糸で形成された構造体内部に藻類が共生しており，菌類が藻類に住み場所を提供し，藻類が光合成産物を菌類に供給している．極域において太陽光が十分に当たらず低温（氷点下）の季節でも，地衣類は生活することができる．これは，地衣類が乾燥や低温に対して耐性を有し，さらに，過酷な条件下において呼吸量を抑えることによ

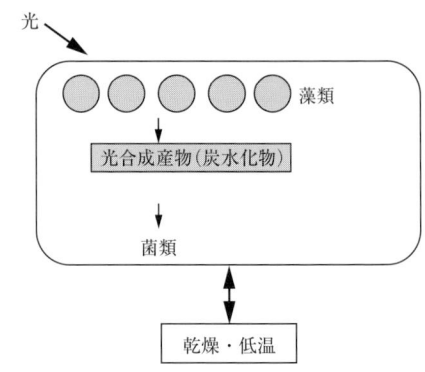

図2 共生体としての地衣類の模式図

図1 森林限界を超えた高山帯岩上に発達する地衣類．スイスアルプス・ローヌ氷河東側クラインフルカホルンの花崗岩肌に張り付く様子（標高2,340 m）．（口絵22参照）

りエネルギー消費を抑えて何年間も生残できるものと考えられている．一方で，地衣類は大気汚染物質，たとえば，亜硫酸ガスや酸性雨に対して敏感であることが知られている．

高山には小規模の湖沼が点在することがある（図3）．こうした湖沼の多くは貧栄養であり，高度が高くなるに従い湖水に含まれる窒素やリンなどの栄養塩濃度，クロロフィル a 濃度，水温が低くなる傾向がある．周辺の植生などの影響を受けやすく，その影響は小規模の湖沼ほど大きい．東日本の高山および亜高山帯に点在する44湖沼（面積0.00004～13.5 km^2，標高419～2,700 m）においてバクテリオプランクトンの群集組成を調べたところ，綱レベルでは Betaproteobacteria が大半を示し，そのなかでも *Polynucleobacter* 属が高頻度に出現する傾向が認められている[2]．*Polynucleobacter* 属は淡水環境で広く分布する好気従属栄養菌であるが，腐植湖でも検出されている．高山湖沼では，内部生産の有機物よりも外来の難分解性腐植物質の割合が高いため，腐植物質の光分解産物を特異的に利用可能な *Polynucleobacter* 属[3]が貧栄養高山湖沼バクテリオプランクトンの群集のなかでも生存戦略上有利であると考えられる．このように貧栄養湖沼微生物も環境変動を受けやすいため，地衣類同様に鋭敏な指標センサーともいえる． 〔福井　学〕

参考文献

1) 柏谷博之．2009．地衣類のふしぎ．ソフトバンククリエイティブ．
2) M. Fujii, H. Kojima, T. Iwata *et al.* 2012. *Microb. Ecol.* **63**: 496-508.
3) K. Watanabe, N. Komatsu, N. Ishii *et al.* 2009. *FEMS. Miocrbiol. Ecol.* **57**: 67-79.

図3　高山・亜高山帯の湖沼の例．標高1,600 mを超える東北地方八幡平に点在する湖沼は，周囲をトドマツやブナの原生林に囲まれ，夏期でも残雪があるため水温が低く保たれている（2005年7月23日撮影）．湖水は，溶存腐食物質のため茶褐色を呈することもある．

104 雪の微生物

アカシボ，鉄，メタン

　雪は天から送られた手紙である．これは，世界ではじめて人工雪の作成に成功した物理学者・中谷宇吉郎の言葉である．その意とするところは，大気中に存在する氷核を中心に雪の結晶は形成されるのであるが，その場の温度や水蒸気量などの物理量のみならず化学的性質までも含めた大気環境情報を記録して，地上に降りてくる．微生物は，氷核になりうる．したがって，液体の水を含まない積雪中には，種々の微生物が検出されるが，その大半は活動していない．

　一方，微生物の増殖などにより，積雪が特徴的な色を呈する現象（彩雪現象）は世界各地で観察されている．積雪の着色は太陽光の反射率を減少させ，熱吸収を高めることにより融雪を加速させる効果がある．

　多雪地帯で知られている尾瀬地方では例年，融雪時に積雪が赤褐色化する現象が見られ，アカシボと呼ばれている（図1）．20 μmの赤褐色の粒子が観察されることが特徴である．アカシボの赤褐色は積雪中に集積された酸化鉄の色に由来しており，この特徴はほかの彩雪現象とは大きく異なるものである．赤褐色を呈した積雪からは，好気性メタン酸化菌 Methylobacter と嫌気性鉄還元菌 Geobacter が検出されている[1]．これらの微生物の分布は，それぞれが消費・生成する物質の分布と対応している．好気性および嫌気性の微生物が同所的に存在することから，両者の微視的な棲み分けが示唆されている．積雪中の鉄は，積雪下の湿原内で生成された2価鉄が融雪水とともに供給される．アカシボ現象の発生には，メタンと鉄に関連する微生物が関与しており，低温環境下（0°C付近）においてメタンの酸化と還元および鉄の酸化と還元が複雑に絡み合った特異的な生態系である．このように微生物の活動が積雪の性質を変化させ，融雪を加速させることで周辺環境に影響を及ぼす例として非常に興味深い．また，メタンは二酸化炭素に比べて1分子あたりの温室効果が数十倍高いガスである．融雪時，多雪地帯の湿地生態系において，湿地から発生するメタンが積雪内で微生物により消費され，大気中へのフラックスを減少させている．この現象は寒冷圏における炭素の生物地球化学的過程を解明するうえで鍵となるプロセスであると考えられる．

　アカシボ現象のほかにも，積雪表面において雪氷藻類による窒素化合物の消失現象や融雪期において土壌から短期集中的な亜酸化窒素（温室効果ガスの一つ）の放出[2]も知られており，雪と微生物をめぐる現象は今後の研究の進展が期待されている[3]．〔福井　学〕

図1 湿原の積雪に発達したアカシボ現象（群馬県尾瀬ヶ原）およびアカシボ粒子（スケールバー，20 μm）（口絵23参照）

参考文献
1) H. Kojima, H. Fukuhara and M. Fukui. 2009. *Syst. Appl. Microbiol.* **32**: 429–437.
2) 柳井洋介，根本　学，岩田幸良ほか．2012．低温科学．**70**: 145–151.
3) H. G. Jones, J. W. Pomeroy, D. A. Walker *et al.* 2001. *Snow Ecology.* Cambridge University Press.

105

氷河の微生物

雪氷藻類,クリオコナイト,氷河融解

　陸地面積の約11%を覆う氷河は,スイス,ヒマラヤ,アラスカ,パタゴニアなどの山岳地帯や南極やグリーンランドの大陸に分布し,近年の地球温暖化の影響で縮小が懸念されている.生物にとっての氷河の環境は,低温かつ貧栄養であり,さらに強紫外線の曝露を受けやすく,過酷な極限環境である.こうした氷河においても,特異的な微生物生態系が発達する.

　夏期の雪氷が融解する時期,太陽光が十分に当たる氷河表面において,緑色ないし赤色に呈する彩雪現象が知られている.これは,緑藻類やシアノバクテリアの増殖(ブルーム)によるもので,総称して雪氷藻類と呼ばれている.

　南極の沿岸地域でも彩雪現象は広く分布しており,とくに,赤雪にはクラミドモナス (*Chlamydomonas*) などの雪氷緑藻類が優占する.緑藻細胞内には,高濃度に赤色色素アスタキサンチンが含まれ,過剰な紫外線に対して細胞内DNA損傷などを防御するシールドの役割を果たしていると考えられている.こうした雪氷藻類のブルーム時には,高い二酸化炭素取り込み速度が観察されている.これらのことは,南極沿岸地域の陸上生態系において,雪氷藻類は一次生産者として重要な位置を示している.しかし,一般的に雪氷中に含まれる栄養塩類は藻類の増殖を支えるには低濃度である場合が多い.ブルームを支える栄養塩の供給源として,ユキドリなどの海鳥の排泄物由来であることが窒素の安定同位体比の解析から明らかとなっている[1].海鳥は,沿岸海洋生態系に生息するオキアミなどを餌にしている.このことから,南極の雪氷藻類は,沿岸海洋生態系の一次生産および食物網に依存しているといえる.さらに,雪氷藻類の細胞周辺には,好気的従属栄養性で,かつ,強紫外線耐性を有する *Hymenobacter* 属の細菌が検出されており,特異的な雪氷微生物生態系が形成されている.

図1 暗色化したグリーンランドの末端氷河(植竹　淳提供).
氷河表面にクリオコナイトが広く分布している.

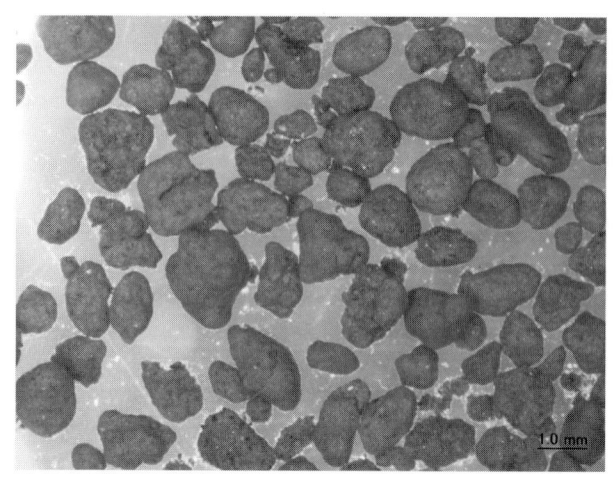

図2 グリーンランド氷河のクリオコナイト粒（植竹　淳提供）

　彩雪現象のほかにも，クリオコナイトと呼ばれる暗色物質も知られており（図1，2），主に大気由来の鉱物粒子，雪氷上で増殖する微生物，そのほかの有機物で構成されている[2]．オシラトリア（*Oscillatoria*）に代表される糸状性シアノバクテリアが絡み合って形成されるクリオコナイト粒は，特異的な微生物群集で構成されており，生息する氷河環境によって構成種が異なる．また，雪氷藻類を餌とする昆虫類，甲殻類，ミミズも発見されており，単純な食物連鎖が成立している．

　こうした微生物の増殖を伴う氷河の暗色化は，氷河表面での太陽光の吸収を増大させて氷河融解促進の効果があり，とくに，グリーンランドの氷床後退が懸念されている[3]．

〔福井　学〕

参考文献
1) M. Fujii, Y. Takano, H. Kojima *et al*. 2011. *Microb. Ecol.* **59**: 466-475.
2) 竹内　望．2012．低温科学．**70**: 165-172.
3) ML. Yallop *et al*. 2012. *ISME J.* **6**: 2302-2313.

106

火山噴火堆積物と微生物

無機栄養性菌，炭素固定，窒素固定

　火山活動により新しく堆積した溶岩や火山灰，スコリアなどの火山噴出物は無機成分で構成され，生物が必要とする炭素や窒素，リンなどを欠いている．これらの元素は大気由来のガスや塵が，雨や霧などの水を介した湿性降下や，塵の自然落下のような水を介さない乾性降下により，長い年月をかけて蓄積する．一方，微生物には二酸化炭素や窒素ガスを固定できるグループがあり，これらの働きは火山噴火堆積物上での植物の侵入・定着や生態系の発達において重要な鍵となると考えられている．

　ここでは，ハワイ島キラウエア火山溶岩堆積物（キラウエア調査地）[1] と三宅島 2000 年噴火火山灰堆積物（三宅島調査地）[2] での微生物生態系の研究を紹介する．どちらの調査地も，噴火堆積後数年から十数年程度の火山噴火堆積物を対象としている．このような火山環境に住みつくパイオニア微生物の特徴は，化学合成無機独立栄養性である．無機栄養性とは，一酸化炭素（CO），分子状水素（H_2），二価鉄（Fe^{2+}），硫化水素（H_2S），元素状硫黄（S^0）などを酸化してエネルギーを生成する性質であり，独立栄養性とは二酸化炭素（CO_2）を固定して菌体成分を合成する性質である．

　キラウエア調査地では，火山噴火堆積物が有する CO と H_2 の酸化活性を測定して，無機栄養性細菌の存在を分析した．10 分子の CO 酸化で 1 分子の CO_2 が固定され，6 分子の H_2 酸化で 1 分子の CO_2 が固定されると仮定すると，キラウエア調査地での CO 酸化による微生物の年間炭素固定量は湿性降下（雨）に由来する量の 1/2〜1/5 となる．また，微生物の H_2 酸化による炭素固定量は湿性降下の場合の約 10 倍になる．一方，三宅島調査地の試料では CO と H_2 の酸化活性はほとんど検出されなかったが，CO_2 吸収活性が確認された．この活性は火山灰堆積物に多く住む鉄酸化菌（菌数は 1 g 乾土あたり 10^6）の活性に由来する（後述）．分子生物学的手法で火山灰堆積物の細菌群集構造を解析した結果では，鉄酸化菌は *Acidithiobacillus ferrooxidans* と *Leptospirillum ferrooxidans* が主要なグループであった．

　生物による CO_2 固定反応経路の一つにカルビン–ベンソン回路（CBB 回路）がある．CBB 回路で CO_2 固定の鍵酵素となるのは，リブロース 1,5-ビスリン酸カルボキシラーゼ/オキシゲナーゼ（RubisCO）である．火山噴火堆積物に存在する微生物の DNA に含まれる特定の遺伝子を解析する方法（分子生物学的手法）によって，CO_2 固定微生物の種類を知ることができる．RubisCO タンパク質は構造の違いで I，II，III および IV 型の四つの型に分類されている．なお，IV 型は RubisCO 様タンパク質といわれ，CO_2 固定活性は確認されていない．RubisCO I 型（*rbcL*）はさらに IA，IB，IC，ID 型に細分される．IA 型を保有する細菌の多くは CO_2 のみを炭素源とする偏性独立栄養細菌であり，IC 型を保有する細菌の多くは有機物も炭素源として利用する通性独立栄養細菌である．キラウエア調査地の試料で *rbcL* 遺伝子を保有する細菌群を分析したところ，IC 型を保有する細菌が多く検出され，それらは H_2 酸化や CO 酸化の活性を有する通性無機栄養細菌であった．一方，三宅島調査地では IA 型の RubisCO を保有する鉄酸化菌である *A. ferrooxidans* が多く検出された．King は，火山環境で，還元型無機物が多い環境と少ない環境との比較では，前者で RubisCO IA 型をもつ細菌が多く，後者で RubisCO IC 型をもつ細菌が多く存在することを指摘した[1]．三宅島調査地とキラウエア調査地は両者を示す代表的な例といえる．

火山噴火堆積物での植生の出現と生態系の発達には，窒素成分の供給が重要である．窒素の供給源としてはまず大気が考えられ，窒素固定微生物の役割が大きい．三宅島調査地で噴火堆積後3.5年の試料について，分子生物学的手法で窒素固定酵素であるニトロゲナーゼ複合体を構成する遺伝子の一つ（$nifH$）を解析した結果，A. ferrooxidans や L. ferrooxidans が保有する遺伝子と類似するものが多く検出された．この結果は鉄酸化菌が三宅島調査地の火山噴火堆積物において，窒素固定に関わる有力な微生物であることを示唆する．三宅島調査地では植生がまだ出現していない状態であったが，セントヘレンズ火山噴火堆積物では，噴火後数年でルピナス（マメ科植物）が出現した[3]．また，ハワイ島マウナロア溶岩堆積物では地衣類（糸状菌と光合成細菌の共生体）が検出された[4]．マメ科植物は窒素固定菌と共生しており，また光合成細菌では窒素固定活性が知られている．このような植生や地衣類の出現は，共生型の窒素固定生物が働いて窒素供給に寄与していると推察される．

噴火堆積後，時間経過とともに微生物群集はどのように変化するのであろうか？　三宅島調査地で，噴火堆積後6.6年経過した試料で $nifH$ 遺伝子を解析すると，主要な窒素固定細菌のメンバーは鉄酸化菌から従属栄養性細菌に変化していた．噴火後10年間の調査で，調査地に植生の出現はみられなかったが，堆積物中では，化学合成無機独立栄養細菌から従属栄養性細菌への遷移が徐々に進んでいたことになる．

火山噴火堆積物の微生物はどこから来るのだろうか？　考えられる起源の一つは，大気中の塵やエアロゾルである．塵には1gあたり 10^6 の細菌が存在することが知られており，塵は風や対流により地球規模で移動する．その移動量は発生源から2,700 km離れた地点においても，大気 $1 m^3$ あたり数百〜数千個にも及ぶ塵の密度になると報告されている．火山噴火堆積物の微生物の起源を探る研究はまだ始まっていない．地球を回る微生物の研究という新分野への展開が期待される課題である．　　　　〔藤村玲子・太田寛行〕

参考文献

1) G. M. King. 2007. *Microbes Environ*. **22**: 309-319.
2) 藤村玲子，佐藤嘉則，難波謙二ほか．2011. 日本生態学雑誌．**61**: 211-218.
3) J. J. Halvorson, E. H. Franz, J. L. Smith *et al*. 1992. *Ecology*. **73**: 87-98.
4) T. E. Crews, L. M. Kurina and P. M. Vitousek. 2001. *Biogeochemistry*. **52**: 259-279.

107
陸上温泉の微生物

好熱菌，光合成，化学独立栄養

　地下から湧き上っている温泉水には，地下水と同じく鉄などの多様な無機イオンや有機物，それに，水素，硫黄，硫化水素，二酸化炭素，メタンなどが含まれており，その組成は温泉地によって異なる．酸性泉からアルカリ泉まであるようにpHもさまざまで，沸点に近い温度のお湯が噴き出している温泉もある（図1）．海岸付近の温泉には海水成分も混じる．

　温泉に生息する生物は古くから注目されており，日本でも明治期からその調査記録がある[1]．温泉水中の有機物濃度は一般的に低いが，太陽光をエネルギーとする光合成生物のほかに，水素や硫化水素などを利用して生育する化学独立栄養生物が一次生産を支えている．さらに，これら一次生産者に従属栄養生物が集まり，しばしば温泉水中で微生物が集塊を形成し，厚い微生物被膜（微生物マット*）に発達している．米国やニュージーランドなどの温泉では，温泉水が数百mにわたって流れ広がり，広い範囲に色とりどりの温泉微生物が繁茂している場所もある．

　環境省の定める温泉法[2]による温泉の定義では，地上で採取したときの温度が25℃以上と定められているが，本項では，温泉環境に特徴的に観察される好熱性の微生物について，pH・温度ごとに紹介する．なお，微生物以外の生物については成書を参照されたい[3]．

　90℃以上で噴出している温泉からも細菌やアーキアが検出されるが，その数は非常に少なく，主に地下圏生態系の微生物が検出される［→ 110 地下水の微生物，111 陸上地下の微生物］．

　温度が70〜80℃になる中性から弱アルカリ性の温泉では，硫黄が付着して白色から灰色をした微生物集塊がしばしば観察される．この微生物集塊は温泉流水中で芝草のように見えることから硫黄芝と呼ばれる．この塊には温泉水中に含まれる水素や硫化水素をエネルギー源とし，炭酸固定する独立栄養細菌（水素酸化菌，硫黄酸化菌など）を中心として，嫌気性および好気性の従属栄養細菌が見出される．ここには光合成生物や真核生物は存在しない．

　70℃を下回ってくると光合成する細菌が

図1　宮城県鬼首温泉郷の噴出する源泉．陸上温泉は地球の息吹を感じられる場所であり，温泉水を流れる場所には色とりどりの微生物マットが観察される．

みられるようになり，微生物マットには緑やオレンジ，ピンクなどの特徴的な色が観察される．進化的に古い起源をもつと考えられているクロロフレキシ門の *Chloroflexus* 属細菌やクロロビ門の *Chlorobium* 属細菌などの光合成細菌が広くみられる．これらは硫化水素などを利用し，酸素を発生しない光合成をする．

さらに温度が低くなると，酸素発生型の光合成をする細菌であるシアノバクテリアも観察される．55℃から60℃でよく生育するものが温泉に特徴的なシアノバクテリアとして報告されており，単細胞性のものから，細胞が鎖状に連なった糸状性のものまで形態的にも多様な種が見つかっている．また，光合成生物以外にも，好気性従属栄養細菌，発酵菌，絶対嫌気性のメタン生成アーキアや硫酸還元菌も微生物マットの構成種として知られ，それらの種数は温度の低下に伴って増加する傾向にある．

pHが9を超える強アルカリ性の温泉からは，主にファーミキューテス門の *Bacillus* 属およびその近縁の細菌が報告されている．

酸性温泉の60～80℃になる環境からは，特徴的な好熱好酸性微生物が見つかっており，好気従属栄養的に生育する *Thermoplasma* 属アーキアや硫黄酸化能をもち独立栄養的に生育できる *Sulfolobus* 属アーキア，*Hydrogenobacter* 属細菌などが知られる．

酸性温泉で50℃を下回ってくると，真核生物の微細藻類が繁茂している様子が観察される．草津温泉の湯畑にみられる青緑色の微生物マットの主要微生物は，紅藻 *Cyanidium caldarium*（和名イデユコゴメ（出湯小米））である．また，イタリアの酸性温泉から発見された紅藻 *Cyanidioschyzon merolae*（通称シゾン）は，一つの細胞に葉緑体とミトコンドリアを一つずつしかもたないという珍しい特徴を有しており，真核生物の進化や細胞小器官の性質を探るうえで非常に興味深い生物である．

温泉微生物の研究は，身近な極限環境として，新規微生物や産業利用を目指した有用微生物の探索だけでなく，高温であった古い地球の生物や生態系を探る手掛かりとして，また，地下環境を知るきっかけとして，精力的に進められている．温泉微生物には，上述の出湯小米に代表されるように和名をもつものも多数あり，日本人に古くから親しみをもたれてきた．また，温泉地名にちなんで名づけられた種も多く，箱根温泉由来の *Sulfolobus hakonensis*，米国イエローストーン国立公園由来の *Thermodesulfovibrio yellowstonii* などが知られる．

温泉の泉質や温度が類似していれば観察される微生物にも類似性がみられる．その一方で，温泉地は多くが地理的に隔離されていることもあり，地域によって少しずつ異なった系統の微生物も検出される．このように温泉地には，その地域に固有の微生物が生き続けているものもあり，生物多様性の保全の観点からも，温泉は大切に後世に残したい特殊な微生物生態系の一つである． 〔春田 伸〕

*微生物マット　微生物の細胞が集合してできた被膜には，バイオフィルムが知られる．微生物マットとバイオフィルムの違いに明確な定義はないが，厚さがおよそ1 mmを超え，人が目で見て認識できる状態の微生物被膜をとくに微生物マットとして，バイオフィルムと区別される．

参考文献

1) 江本義数．1969．温泉科学．**20**: 126-134.
2) 環境省ウェブページ http://www.env.go.jp/nature/onsen/
3) K. B. Sheehan, D. J. Patterson, B. Leigh Dicks *et al.* 2005. *Seen and Unseen: Discovering the Microbes of Yellowstone*. The Global Pequot Press.

108
地熱発電所と微生物

地熱熱水，高度好熱性細菌，
超好熱アーキア，無機塩沈殿

　地熱発電所では3,000 m程度の深度にある熱水貯留層に集積した地熱流体（230～250℃）を生産井（せいさんせい）からポンプで汲み上げ，気水分離器で分離した蒸気，またはフラッシャーで蒸発させた蒸気を用いてタービンを駆動させて電力を生産するフラッシュ発電が行われる（図1）．使用した熱水は滞留槽で70～80℃まで冷却されるか，または，熱交換器によって低沸点溶媒に熱を伝えてタービンを駆動するバイナリー発電に使われる．冷却された地熱熱水は還元井を通じて地下へ戻され，地下のマグマ溜まりにて加熱されて再利用される．そのため，地熱発電は再生可能でかつクリーンなエネルギーと考えられている．このような地熱発電所では，熱水は地下深くに埋設された管内から発電所施設内，そして滞留槽まではほぼ閉鎖系を移動するが，地熱流体および還元熱水の温度は非常に高く，生産井内の圧力は1 MPaと高圧であるため，生物の生存は困難と考えられてきた．

　ところが，生物の生存にとって過酷な環境である地熱発電所でもいくつかの微生物の存在が報告されている．たとえば，大分県八丁原発電所の地熱熱水から超好熱アーキアの一種である*Pyrobaculum*属由来と推定される環境DNAが同定され[1]，また，超好熱嫌気性アーキア*Pyrobaculum islandicum*はアイ

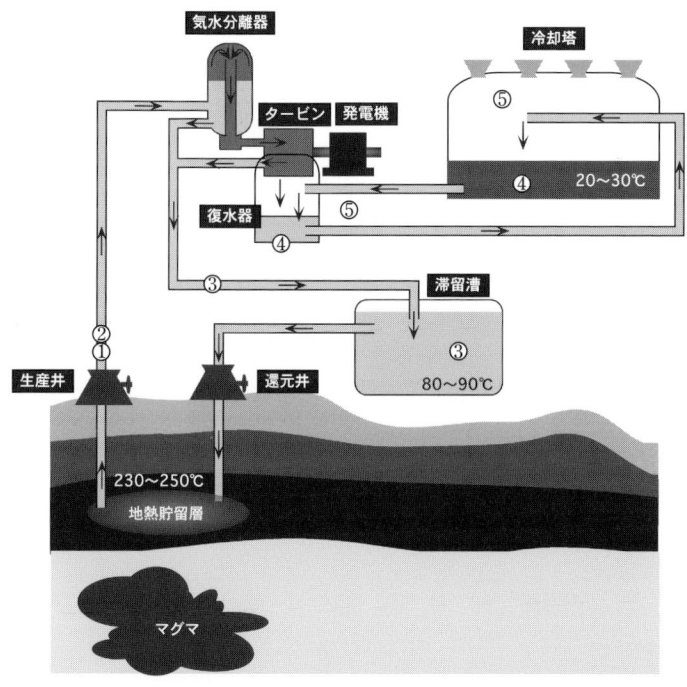

図1 地熱発電所の模式図．矢印は熱水の流路を，丸数字は分離される微生物を示す．①超好熱アーキア，②芽胞形成細菌，③高度好熱細菌，④硫黄還元菌，⑤硫黄酸化菌．

図2 シリカスケール中のシリカの沈殿と好熱性細菌の走査型電子顕微鏡写真. バーは 1 μm を示す.

スランドの Krafla 地熱発電所で分離された[2]. 近年, 筆者らは鹿児島県山川発電所の生産井より汲み上げた地熱熱水中から *Geobacillus kaustophilus* に近縁な細菌を分離した. *P. islandicum* は鉄, チオ硫酸塩, 元素硫黄などを嫌気呼吸に用いることができるので, 地熱熱水中に多く含有されるこれらの元素を用いて生存していることが予想できる. また, マリアナ海溝の深部の泥から単離された *G. kaustophilus* は耐熱・耐圧性に優れた芽胞を形成することが知られており, 生産井の過酷な環境中でも同様の機構で生存できると考えられる.

他方, 地熱発電所の地上施設では, 地熱発電所の操業トラブルの一因となるシリカスケール (silica scale:輸水管や発電施設に形成され, 管閉塞をもたらすケイ酸塩沈殿物) から高度好熱菌である *Thermus* 属を主菌相とする多数の好熱菌 DNA が分離された[3]. このシリカスケールを電子顕微鏡で観察すると, 球状のシリカとともに多数の微生物に似た構造物が観察でき (図2), これらが *T. thermophilus* であることがわかった. 本菌は自然の地熱環境中で形成されるケイ酸塩沈殿物であるシンター (sinter) 中にも存在することが知られており, 地層形成の一翼を担っていると考えられる. ケイ素は菌にとっての栄養素とはなりえない無機元素であるが, *Thermus* 属菌では, 環境中のシリカによって特異的に誘導される接着性タンパク質 (silica induced protein, Sip) を利用して, 至適温度域での自身の生育の足場 (シリカスケールまたはシンター) を確保して生存を図っているように思える[4,5].

さらに, 冷却塔, 復水器などの冷却施設では冷却に用いられる河川水由来の硫黄酸化菌による硫黄スケール (sulfur scale) が形成され, 冷却塔の底部や復水器内部の嫌気的環境下では硫酸還元菌が生息していることが知られている. 硫黄酸化菌は, 酸性の硫化水素を生成し, 復水器などの微生物腐食の原因となるため, その制御が重要視されている.

〔大島敏久・土居克実〕

参考文献

1) K. Takai and K. Horikoshi. 1999. *Appl. Environ. Microbiol.* **65**: 5586-5589.
2) R. Huber, J. K. Kristjansson and K. O. Stetter. 1987. *Arch. Microbiol.* **149**: 95-101.
3) F. Inagaki, S. Hayashi, K. Doi *et al.* 1997. *FEMS Microbiol. Ecol.* **24**: 41-48.
4) K. Doi, Y. Fujino, F. Inagaki *et al.* 2009. *Appl. Environ. Microbiol.* **75**. 2406-2413.
5) 藤野泰寛, 横山拓史, 土居克実. 2012. 化学と生物. **50**: 175-181.

109
洞窟の微生物

硫黄，独立栄養，抗生物質

　洞窟内の環境（光・温度・湿度など）は，変動が大きい地表の環境とは異なり，ほとんど変動がなく一定である．さらに，洞窟の形成過程を考慮すると，洞窟内部に生息する大部分の微生物は非常に長い期間（数千～数万年オーダー）外界と隔絶された状態であるといえる．また，入口やベント付近以外は光が届かないため，緑色植物が存在せず有機物が非常に少ない．外界からの有機物の供給は，不定期に発生する大雨や洪水による植物の枝葉などの流入，コウモリやムカデなどに代表される洞穴生物の糞や死骸などである．とくにコウモリの糞（バットグアノ）は，有機物のほかに窒素・リン・カリウムが含まれており，洞窟内の生態系で重要な役割を占めている（図1）．表成の洞窟は表層水や地下水の流れや滴下以外にも嵐，洪水，外界の排水などの影響を受けやすいのに対し，深成の洞窟は深在性地熱水の上昇により形成されるため比較的外界の影響を受けにくい．

　また，微生物は洞窟内の多くの地球化学的プロセスに影響を与えていると考えられている．微生物を伴う反応には大きく分けて以下のような特徴がある．

濃縮：不溶性鉱物を蓄積させる（炭酸カルシウム，硫化鉄など）．

分散：不溶性鉱物を可溶化して系内に分散させる（酸化鉄（III）の還元など）．

分画：鉱石などの混合物から特定の成分を選択的・優先的に利用する．

変換：ある物質からほかの新たな化合物へ変換する（呼吸による炭酸生成，分子状硫黄の酸化による硫酸生成，硫酸塩の還元による硫化水素生成など）．

　さらに分子生物学的手法の発展に伴い，原核生物（細菌［bacteria］およびアーキア）の16SリボソームRNA遺伝子，真核生物の18SリボソームRNA遺伝子配列による微生物叢解析が盛んに行われるようになった．洞窟の微生物に関しても，1990年代後半から硝石（硝酸カリウム），ムーンミルク（炭酸カルシウム），鉄鉱床，マンガン鉱床など洞窟堆積物の表面の微生物マット内の微生物叢について解析が行われてきた．これらの環境では，アンモニア生成，硝化，脱窒，硫酸還元，硫化物酸化，金属酸化，金属還元などさまざまな生物化学反応が起こっており，それぞれ多種多様な微生物による生化学反応である．16SリボソームRNA遺伝子解析により，表成の洞窟ではDeltaproteobacteria, Acidobacteria, Nitrospiraなどの綱が，深成の洞窟では微生物マット中にEpsilonproteobacteria, Gammaproteobacteria, Betaproteobacteriaなどの綱が優占化していることが明らかとなっている．

　とくに，高濃度の硫化水素が存在する硫化雰囲気の深成洞窟に関して，硫黄の循環という観点から，多くの研究者によって微生物叢解析が進められている．たとえば，ヴィラ・ルース洞窟（メキシコ）には高濃度の硫化水素が存在しており，洞窟内部の微生物マット中には硫化水素を酸化して硫酸を生産する硫黄酸化菌が多く生息していることが明らかと

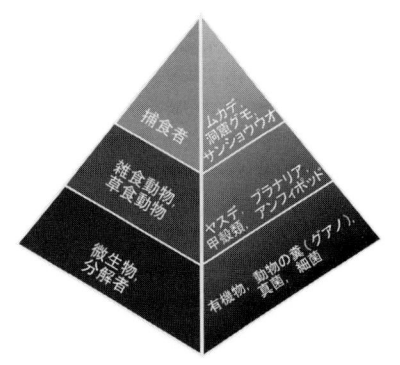

図1 洞窟における生態系

なっている．これらの細菌は糸状性の形態をしたものが多く，有機物なしに生育可能な独立栄養細菌であり，硫化水素や単体の硫黄を，硫酸イオンにまで酸化することによってエネルギーを得ている．その際，生成した硫酸が石灰岩中の炭酸カルシウムを溶解し，さらにカルシウムイオンと硫酸イオンが結合することで，石膏（二水硫酸カルシウム）が生成する．

$$H_2S + 2O_2 \rightarrow SO_4^{2-} + 2H^+$$
$$CaCO_3 + 2H^+ \rightarrow Ca^{2+} + H_2O + CO_2$$
$$Ca^{2+} + SO_4^{2-} + 2H_2O \rightarrow CaSO_4 \cdot 2H_2O$$

硫酸の生成により，硫化雰囲気の洞窟内にある温泉のpHは非常に低い（2以下）であることも報告されている．また，硫黄酸化菌のほかにも，2価の鉄あるいはマンガンを電子供与体（エネルギー源）として酸化する鉄酸化菌，マンガン酸化菌などの存在が知られている．金属イオンが酸性域で安定に存在するため，これらの独立栄養細菌もpH2程度の酸性条件下でも生育することが可能な好酸性細菌であることが多い．

また，新石器時代の壁画が描かれていることで知られているセルヴィ洞窟（イタリア）では，新規な抗生物質であるセルヴィマイシンが放線菌より発見された．この抗生物質は，これまで最強の抗生物質といわれてきたバンコマイシンの耐性菌に対しても効果があると期待されている．この洞窟は近代に至るまで数千年もの間，外界と隔絶されていたため，きわめて特徴的な生態系が構成されていると考えられる．そのため，洞窟内には，外界には存在しない（もしくは存在することが難しい）種類の微生物が，まだ発見されていない新規な化合物を生産している可能性もある．

さらに，近年ではレチュギア洞窟（アメリカ）において，現在使用されている複数種類の抗生物質に耐性をもつ細菌が発見されている．これらは，最近まで人間をはじめとする動物や現在用いられている抗生物質と接することなく存在したと考えられる．そのため，本来は抗生物質に対して作用するものではなかった遺伝子が，なんらかの形で細菌の抗生物質耐性の獲得機構に関与するようになった可能性がある．このように，洞窟の微生物はその特徴的な生態系のなかで，
①新規な抗生物質を産生
②さまざまな種類の抗生物質に対して耐性を獲得
などの生存戦略をとっていると考えられる．

また，洞窟の微生物として，原核生物のほかにウイルスの存在も報告されている．メキシコ北部ナイカ鉱山にある"結晶の洞窟（クエバ・デ・ロス・クリスタレス）"は，洞内は透明石膏の巨大結晶の柱で埋め尽くされており，鉱物を豊富に含んだ熱水は，つねに水温58℃前後で保たれている環境である．2009年にブリティッシュコロンビア大学の研究チームがその洞窟内の水を電子顕微鏡で観察したところ，水1滴におよそ2×10^8個のウイルスが含まれていた．ほかにも，まだ詳細は明らかではないものの，アフリカの洞窟を訪れた人間が，マールブルグウイルスに感染した例もある．

長い間外界と遮断されながら脈々と生態系を維持・進化させてきた洞窟内の微生物生態系は，極限環境微生物，鉱物の生物学的酸化還元反応，物質循環，新規の抗生物質あるいは抗生物質耐性菌など，さらなる発見や応用の可能性を秘めている．

〔宮永一彦・N. M. Lee〕

参考文献

1) K. Bhullar *et al.* 2012. *PLoS ONE.* **7**: e34953.
2) A. S. Engel. 2010. *Geomicrobiology: Molecular and Environmental Perspective*（L. L. Barton, M. Mandl and A. Loy eds.), pp. 219-238. Springer.
3) N. M. Lee *et al.* 2012. *Life at extremes*（M. E. Bell ed.), pp. 320-344. CAB International.

110
地下水の微生物

近年の異常気候により地球規模での水不足が懸念される昨今，水資源としての地下水に注目が集まっている．また，地下水の汚染や水質管理の観点から地下水に含まれる微生物を対象とした研究も数多く行われてきている．そこで，さまざまな地層に由来する地下水とそこに含まれる微生物の特徴を述べる．

■ 地下水とは

地下の間隙が水で満たされた状態にある地層の上面を地下水面（water table）と呼び，地下水面より深部の間隙が水で飽和している地層を帯水層という．明確な地下水の定義はないが，一般的に地層の間隙が水で飽和している帯水層の水を地下水と呼んでいる．また，地下水面より上部の間隙が水で満たされていない不飽和状態の地層の水も地下水と呼ぶことがある．間隙が水で満たされずに不飽和状態にある土壌中の水は，とくに，土壌水と呼ばれる．

■ 湧水に含まれる微生物

湧水は，山間部に降った雨や雪どけ水が地下に浸透し，山滝部または扇状地などで湧き出した地下水のことである．地下水の被圧が十分に高く，かつ，地下水が地表に湧出する地質条件が満たされている地域において，地下水が地表に湧き出る．日本では，富士山山麓の柿田川湧水群や忍野八海，黒部川扇状地湧水群などが有名である．

とくに，柿田川湧水群は，富士山周辺に降った雨や雪どけ水が地下に浸透し，水を通しやすい地層（三島溶岩流）と水を通しにくい地層（古富士泥流）の間を流れ，やがて三島溶岩流の南端にて地上に湧き出してできたものである．このような湧水の溶存酸素濃度は非常に高い．一方，溶存態有機物の濃度は低く，地下水に含まれる微生物細胞数は非常に少ない．また，微生物活性も低いことが報告されている．

■ 花崗岩に由来する地下水の微生物

花崗岩とは地下深部で形成された深成岩の一種であり，一般的に花崗岩に由来する地下水は有機物をほとんど含んでいない．よって，地下水に含まれる微生物の現存量は低く，また，微生物活性も比較的低いといえる．これまでの研究においては，花崗岩に由来する地下水から 0.2 μm 以下の細胞サイズの非常に小さい細菌も検出されている[1]．これらの細菌は，16S リボソーム RNA 遺伝子の解析により OD1 および OP11 の系統に含まれることが明らかにされているが，単離培養には至っていない．

■ 堆積層に由来する地下水の微生物

日本には堆積層からなる地域が多く存在し，その堆積層のでき方はさまざまである．堆積層に由来する地下水は有機物を多く含む傾向があり，微生物の現存量も比較的高い．日本では，秋田県，山形県，新潟県などの日本海沿岸や埼玉県南東部および東京都東部から千葉県九十九里にかけての沖積層の深部地下水とそこに含まれる微生物の研究が行われてきた．これらの沖積層の深部地下水は化石海水と呼ばれ，一般海水と同程度の塩分を含む．また，高濃度の溶存態有機物を含み，深部地下からは嫌気性の地下水が揚水される．さらに，これらの地下水には高濃度のメタンが溶存しており，好熱性のメタン生成アーキアが検出されている[2,3]．よって，これらの地下水のメタンは微生物起源と考えられている．また，これらの沖積層の地下圏に貯留された化石海水には高濃度のヨウ素が含まれている．よって，地下水中のメタン生成アーキアなどの微生物群集の活性に影響を与えている可能性がある．

一方，東海，中部，近畿，四国，九州，そして沖縄までの太平洋側の地域も厚い堆積層からなる．これらの堆積層は，プレートテク

トニクスによって太平洋の海洋プレートが大陸プレートの下に沈み込む際に，海洋プレート上の海底堆積物がはぎ取られ大陸プレート側に付加し，その後，隆起してできた地形である（付加体という）．付加体は，白亜紀（1億4000万〜6500万年前）から第三紀（6500万〜250万年前）の太古の海底堆積物に由来する堆積層であり，そこの深部地下水にも大量のメタンが溶存している．地下水は，低塩分，かつ，嫌気性という特徴を有する．さらに，これらの深部地下水からは，有機物を分解して水素ガスと二酸化炭素を生成する水素発生型発酵菌や水素ガスと二酸化炭素からメタンを生成する水素資化性メタン生成アーキアが多数検出されており，これらの微生物分類群からなる共生システムによって，地層中の有機物が分解されメタンが生成されている[4]．

〔木村浩之〕

参考文献

1) T. Miyoshi, T. Iwatsuki and T. Naganuma. 2005. *Applied Environmental Microbiology*. **71**: 1084-1088.
2) H. Mochimaru, H. Uchiyama, H. Yoshioka, *et al*. 2007. *Geomicrobiology Journal*. **24**: 93-100.
3) H. Mochimaru, H. Yoshioka, H. Tamaki *et al*. 2007. *Extremophiles*. **11**: 453-461.
4) H. Kimura, H. Nashimoto, M. Shimizu *et al*. 2010. *The ISME Journal*. **4**: 531-541.

Column ❖ 湖沼や海洋は DNA のスープ

遺伝子解析手法が広まる前の 1960, 70 年代，湖水や海水中には多量の核酸（DNA や RNA）が存在するという結果が示された．その当時，その多くは浮遊する微生物や微細藻類などに由来する核酸と考えられたが，濾過滅菌時に使われる孔径 0.2 μm のフィルター（化学分析の際は 0.45 μm が一般的）を通り抜けてしまう溶存態画分（完全に溶解しているかどうかを問わない操作上の名称）にも，微生物などを含む懸濁態画分に迫る量の核酸が検出されたことから，分析法上のミスとか，生産と分解の狭間にある核酸量が予想以上に多いとかの推測がなされた．

その後，この溶存態画分中の微粒子を超遠心分離器や限外濾過膜などを用いて濃縮し，高倍率の電子顕微鏡下で直接解析することが 1980, 90 年代になって試みられ，湖水や海水試料から全微生物数を 1 桁上回る数のウイルス様粒子（virus-like particle，VLP）が検出された．溶存態画分中の DNA 研究も活発化し，その大部分は DNA 分解酵素（nuclease）の影響を受けにくい状態の DNA（coated DNA）と考えられるようになった．VLP 形態のほか，捕食を受けた際の細胞膜断片が DNA を包埋している状態なども想定されうる．一方で，VLP の由来や役割の研究も進み，その多くは細菌などを宿主とするウイルス，すなわちファージ（phage）様粒子と考えられるようになった．

2000 年代以降メタゲノム解析手法などが取り入れられると，さらに興味深い世界が明らかになってきた．海洋でもヒトの腸内でも，VLP はその環境中の優占微生物種を駆逐する役割（Kill-the-Winner）を担っていると考えられ，その DNA 情報には新たな遺伝子資源としての期待も高まっている．ミクロな世界の些細なことと思われがちだが，病気の発症などで生態系全体に多大な影響を及ぼすことから，その役割には熱い視線が向けられている．

〔丸山明彦〕

111
陸上地下の微生物

近年の微生物研究によって，地下生物圏の存在が明らかになった．とくに，国際陸上科学掘削計画 International Continental Scientific Drilling Program（ICDP）や国際深海掘削計画 Ocean Drilling Program（ODP），統合国際深海掘削計画 Integrated Ocean Drilling Program（IODP）といった国際科学掘削計画によって，地下生物圏の存在や現存量，代謝特性などが明らかにされてきた．

陸上地下の微生物（原核生物）のバイオマスは非常に大きく，海洋や湖沼に生息する水圏微生物のバイオマスの10～100倍と見積もられている[1]．地下圏に生息する微生物の活性や増殖は，温度，圧力，酸化還元電位，pH，空隙率，透水性，水分活性，有機物および無機物のエネルギー源，炭素・窒素・リンなどの生体構成元素の量などによって決まる．一般的な陸上地下の温度勾配は約 20℃ km^{-1} といわれている．地表の平均気温は15℃，既知の微生物の生育上限温度は122℃という報告がある[2]．とくに，温度によって地下圏微生物の生息域が制限されると仮定すると，一般的な陸域の少なくとも地下5～6 km まで微生物が生息可能であるといえる．

地下圏は，無光層・無酸素層という環境であるがゆえに，そこに生息する微生物は必然的に分子状酸素（O_2）を利用しない代謝系を身につけている．そして，有機物や水素，炭素，窒素，硫黄，鉄，マンガン，6価ウランなどの無機物を鉱物および地下水から取り込むことによってエネルギー生成を行っている．具体的な反応として，脱窒，硝酸還元，鉄酸化，鉄還元，硫酸還元，メタン生成，発酵などが地下圏において重要なエネルギー代謝系であると考えられる．

堆積層・堆積岩の微生物としては，世界各地の油田やガス田から好熱性硫酸還元菌やメタン生成アーキアが報告されている．また，南西日本の太平洋側に広く分布する付加体と呼ばれる厚い堆積層の地下からは，太古の海底堆積物に由来する有機物を分解して水素ガスと二酸化炭素を生成する水素発生型発酵菌と水素ガスと二酸化炭素からメタンを生成する水素資化性メタン生成アーキアが検出されている．さらに，これらの微生物分類群が共生システムを形成して種間水素伝達を行うことによって，有機物からメタンを生成していることが報告されている[3]．

一方，火成岩からなる地層中にも微生物が存在し，さまざまな微生物代謝が地球化学反応に影響を与えていることが明らかになってきた．アメリカ合衆国西部のコロンビア川流域の玄武岩からなる地層においては，地下1,000 m 以深で水素ガスを起点とした微生物生態系が存在することが示唆され，SLiME（subsurface lithotrophic microbial ecosystem）という呼称が提案された．また，アイダホ州の火成岩からなる地層の地下200 mから水素資化性メタン生成アーキアが発見され，水素ガスをエネルギー源としたメタン生成も報告されている[4]． 〔木村浩之〕

参考文献
1) W. B. Whitman, D. C. Coleman and W. J. Wiebe. 1998. *Proc. Natl. Acad. Sci. USA*. **95**: 6578-6583.
2) K. Takai, K. Nakamura, T. Toki *et al.* 2008. *Proc. Natl. Acad. Sci. USA*. **105**: 10949-10954.
3) H. Kimura, H. Nashimoto, M. Shimizu *et al.* 2010. *The ISME Journal*. **4**: 531-541.
4) P. S. Amy and D. L. Haldeman (eds.) 1997. *The Microbiology of Terrestrial Deep Subsurface*. CRC Press.

112

深海の微生物

低温, 高圧

　世界の海洋の平均水深は3,700 mを超える．すなわち，大陸縁辺を除き，ほぼすべての海の下には深海環境が広がっている．海洋表層・中深層において，温度・塩分濃度，酸素，硝酸などの栄養塩濃度に，垂直方向の大きな変化が観察されるが，深海でのそれら物理化学的因子の変化は海洋表層・中深層に比べ著しく小さい．その一方，深海でも海水は決して滞留しているわけではない．局所的な潮流のほか，極域の冷たく重い海水の沈み込みを始点とし，全海洋の熱，物質循環に大きく影響する地球規模の深層流が存在する．そして，深海水塊の下には，堆積物・岩石からなる海底が広がるのである．

■ 深海微生物の代謝

　地球内部からのエネルギーに依存する深海底熱水活動域，冷湧水帯などの特別な深海生態系を除き，深海環境に生きる微生物は，海洋表層での一次生産すなわち光合成に由来する沈降物質に直接的に依存すると考えられてきた．もっとも，海洋表層で生産された有機物も，沈降中に微生物に消費され，深海にまで達するものは海洋表層の10％以下にすぎず，深海水塊中の微生物量は10^4細胞 ml^{-1}程度にまで減少する．それでも，沈降有機物が海底に堆積して濃集すると，それに支えられる微生物量も著しく増加し，海底表層においては$10^6 \sim 10^{10}$細胞 ml^{-1}を超える密度の微生物が分布する．その一方，近年，深海に生息する微生物が沈降有機物に直接的に依存するのではなく，その分解過程で生じた無機物質を利用するアンモニア酸化アーキアや硫黄酸化菌による炭素固定が深海生態系に重要な役割を果たすことが明らかにされた[1, 2]．

■ 深海環境への適応

　10,000 mを超える海溝環境では水圧は1,000気圧にも達する．多細胞生物における圧力の影響は，まず，組織間あるいは細胞間の結合に現れる．微生物における圧力の影響は，一般的に多細胞生物より小さいが，それでも，生体構成分子および，その相互作用に，圧力は影響する．したがって，高水圧はタンパク質構造などに対する制限要因となる．タンパク質以外の生体高分子では，高圧下で増殖する微生物の膜を構成するリン脂質において，飽和型が卓越する傾向などが知られる[3]．そのほか，溶存ガスの溶解度が高圧下では上昇することから，溶存ガスに直接作用する酵素の基質親和性にも高水圧は影響を及ぼすと考えられる．

　その一方，微生物の多様性・分布に対する圧力の影響は確認されていない．確かに，高圧環境を好む微生物は単離されている．しかし，それらの微生物は深海に特異的に検出される系統群ではなく，海洋環境に普遍的に分布する系統群に属す．また，微生物多様性解析からも，深海環境に特異的な系統群はこれまで見出されていない．すなわち，高圧環境を好む深海特異な微生物系統は存在せず，高圧環境に適応した微生物とは，せいぜい種分化が生じる程度の比較的短い期間において，高水圧環境に適応するすべを身につけ，あるいは低水圧環境に適した仕組みを失った結果生じたことが示唆されているのである．

〔布浦拓郎〕

参考文献
1) M. B. Karner *et al.* 2001. *Nature.* **409**: 507-510.
2) B. K. Swan *et al.* 2011. *Science.* **333**: 1296-1230.
3) F. M. Lauro and D. H. Bartlett. 2008. *Extremophiles.* **12**: 15-25.

113 深海底熱水活動域の微生物

熱水噴出, 化学合成

深海底熱水活動域, そこでは地殻内部から還元的な物質 (水素, メタン, 硫化水素, 金属など) を含む熱水 (しばしば300°Cを超える) が, 低温 (5°C以下) で酸化的な海水中に噴出し, 硫化物などからなるチムニーが形成される. そのチムニー表面には急激な温度勾配・化学勾配が形成され, 個々の微環境に適合した超好熱性から好冷性の多様な微生物が密集して棲息する. そして, そのチムニー周辺には化学合成独立栄養微生物を共生させる化学合成生物を中心とする大型動物群集が分布するのである. 熱水生態系は, ほかの海洋生態系が光合成に由来する有機物に直接・間接的に依存しているのに対し, 熱水中の還元物質をエネルギー源とする化学合成独立栄養生物による一次生産に依存する, すなわち地球のエネルギーに支えられている点で大きく異なる[1].

■ 熱水生態系の構成種

80°Cを超える超高温では, アーキアが生態系の主役である[1]. 理論上の生命の限界温度150°Cを超える熱水が噴出する熱水生態系であるが, 実験的に検証された微生物増殖の最高温度は, メタン生成アーキアでの122°Cであり, また, 100°C以上で増殖する細菌は発見されていない[2]. 一方, 温度が低下するに伴って細菌の割合は高まり, 低温環境では細菌が優占する (低温域を好むアーキアも存在する). 超高温環境, とくに還元的な環境における一次生産者は, 水素をエネルギー源 (電子供与体) とするメタン生成アーキア, 硫黄・鉄還元アーキアであり, 主要な従属栄養微生物は発酵性あるいは異化的硫黄・硫酸還元を行うアーキアである. 一方, 高温でかつ比較的酸化的な環境では, 細菌で最も始原的な系統の一つとされる水素・硫黄酸化菌 (Aquificae門) が一次生産を担う. 比較的低温の還元的環境では水素を電子供与体とする硫黄・硫酸・鉄還元菌が一次生産を行う. また, 低温の酸化的な環境では, 熱水成分の濃度 (化学勾配) に従って, 主要な電子供与体が, 水素, 硫黄 (硫化水素), メタン, 鉄と変化する傾向が観察される. その一方, 複数の電子供与体および電子受容体の利用が可能なエネルギー代謝能を有し, 多様な化学環境への柔軟な適応が可能なEpsilonproteobacteria綱などの系統群も存在する. なお, 硫黄酸化菌, メタン酸化菌は, 化学合成生物の細胞内共生菌としてもよく知られている.

■ 熱水生態系の多様性

熱水の起源は, 海底下に浸透した海水とマグマ成分・岩石との高温環境における反応にある. すなわち, 熱水の化学組成は, 起源となる岩石やマグマ活動の地球科学的背景に左右される. さらに, 熱水は, 海底に噴出するまでの間にもさまざまな物理的・化学的過程を経る. したがって, 熱水活動域間はもちろん, 同一熱水活動域内でも噴出孔ごとに熱水の多様性が存在する[2]. もちろん, この熱水の多様性は, 微生物生態系にも影響し, とくに, 水素濃度はメタン生成アーキアなどの水素をエネルギー源とする微生物の分布に非常に大きな影響を与えることが明らかにされている[2].

〔布浦拓郎〕

参考文献

1) K. Takai et al. 2006. Back-arc Spreading Systems: Geological, Biological, Chemical and Physical Interactions (D. M. Christie et al. eds.), pp. 185-213. American Geophysical Union.
2) K. Takai and K. Nakamura. 2011. Curr. Opin. Microbiol. **14**: 282-291.

114 海洋底下の微生物

海底下生命圏

　地球表面積の7割を占める海洋，その下にある海底のほとんどは太陽の光が届かない暗黒の世界である．さらにその下，人間が入り込むことができない海底地層の下には膨大な数の微生物が存在していることが明らかになってきた．

　海洋底下（以下海底下）には陸から運ばれてきた固形物やプランクトンの死骸が降り積もった堆積物（sediment）からなる地層が形成されている．海底での堆積物層形成においては，陸上地下のような風雨による攪乱や地下水面の変動などの外的要因が少なく，地層の構造がよく保存されていることが多い．この堆積物中にはたくさんの微生物が見つかっており，現在までのところ海底面から1.6 kmあまりの地層中までで1 cm^{3}あたり数千～100億細胞程度の微生物の存在が確認されている．地球表面の約7割を占める海洋の広がりを考慮した計算によれば，海底下には地球全体に存在する微生物のおよそ2/3が存在するという推算結果も出ている[1]．

　海底から試料を得るには海上に出る研究船だけでなく，海底の地層試料を攪乱なく取得する特殊な器具が必要である．海底下表層の堆積物であれば金属製のパイプ状採泥装置（コアラー）を船から落下させたり，遠隔無人探査機（ROV）のアームによってプラスチック製のコアラーを海底下に突き刺したりして採取する（図1）．より海底下深くの試料を採取する場合には海底下掘削船による作業が必要となる．掘削船は日本が地球深部掘削船「ちきゅう」（図2），アメリカが「ジョイデスレゾリューション」，ヨーロッパが特定任務掘削船（mission specific platform）を運用し，2012年現在，統合国際掘削計画（IODP）の下で海底下掘削計画を推進しており，世界中の海洋底から試料を採取して研究に役立てられている．

図1 ROVによる海底表層試料採取の様子

図2 地球深部掘削船「ちきゅう」

　上記のようにして得られた海底下試料の中を分析してみると，大陸沿岸堆積物の場合，海底下数cmから数mの部分で酸素や硫酸，硝酸などの濃度が減少し，検出されなくなる．このような場所には1 cm^{3}あたり1億～100億細胞の微生物がみられ（図3），海水に比べて1万～10万倍もの有機物を含んでいる堆積物中で活発な代謝活動を行っている．その結果，易分解性の有機物や呼吸基質である酸素，硫酸，硝酸などが消費されることとなる．これより下の層では酢酸や水素と二酸化炭素を使ったメタン生成なども起こり，海底下に500 Gtから2,500 Gtが埋蔵されると推測されているメタンハイドレート形成の一部を担っていると考えられている．また，海底下には硫酸を消費してメタンを酸化する嫌

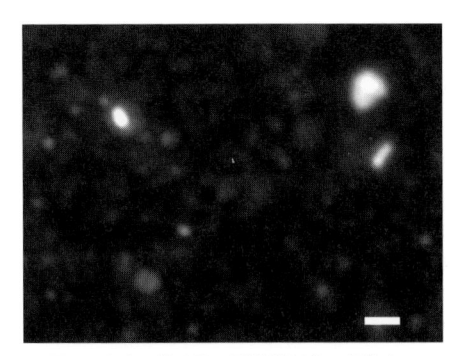

図3 海底下微生物の顕微鏡写真．細胞内のDNAを染色して観察（カラー写真は口絵25を参照）白棒は2 μm．

気的メタン酸化群集が存在し，メタン生成層と表層との中間層に硫酸−メタン境界と呼ばれる嫌気的メタン酸化が起こる層を形成している．

さらに深部海底下では，海洋から降り積もってきた有機物や呼吸基質はすでに消費され，難分解性の有機物が残存するものの，微生物にとって厳しい生存環境が広がる．このような環境にさらされている微生物は，海底下の深度が深くなるにしたがってその数が減少していくが，それらの活性についてはいまだ不明な点が多い．最近の実験により，海底下200 m程度の深部海底下から得られた試料の中に多くの微生物が生きた状態で存在していることが，安定同位体で標識した基質の取り込みを細胞レベルで確認する実験により確認された[2]．海底下現場環境での活性については，海洋からの栄養源供給速度などからの推算が行われており，海底下微生物は数年〜千年に一度の分裂という，きわめてゆっくりとした生命活動を行っていると考えられている．

また，海底下に存在する岩石層の微生物についても近年研究が進展している．岩石層は堆積物層とは異なり，岩石の割れ目を通じて水の流れが起こることが知られている．岩石試料中で微生物を見つけるのは容易ではないが，海底下掘削によって作られた掘削孔へ特殊な培養器具を数年から十年間程度の長期間設置し，現場の微生物を回収しようという試みが行われている．

海底下環境を生物の生存空間という観点でみてみると，泥や岩など，無機物のなかに小さな空間が存在する，スペースに大きな制限のある生存環境ということができる．したがって，多細胞生物はほとんどおらず，真核生物はカビなどの真菌類が見つかっているが，優占しているのは細菌やアーキア，すなわち原核生物である．得られた試料からDNAを抽出し，16SリボソームRNA遺伝子の塩基配列を解析してみると，陸上などのほかの微生物生態系とは異なる微生物群が多く存在していることがわかる．また，地層ごとに異なった微生物群集構造を示すことが多く，堆積物形成時の環境，もしくはその後の地層中環境を反映していることが示唆されている．一方，細胞膜を構成する脂質の分析も行われており，アーキアが海底下に多く存在するという実験結果も出ている．

近年では地球環境問題を背景に，有用資源に関わる分野でも海底下生命圏は注目を集めている．いまだ不明な部分の多い生態系の理解へ向けた研究の進展が期待される．

〔諸野祐樹〕

参考文献
1) W. B. Whitman, D. C. Coleman and W. J. Wiebe. 1998. *PNAS*. **95**: 6578-6583.
2) Y. Morono *et al*. 2011. *PNAS*. **108**: 18295-18300.

115 塩湖の微生物

好塩性微生物，Halobacteriaceae 科アーキア，適合溶質

塩湖とは，一般に通常の淡水湖よりも塩類やミネラルの濃度が高い（およそ1 l あたり3 g以上）内陸湖を指すが，本項ではそのなかでも海水以上に塩濃度が高い塩湖について考えよう．地球上にはこうした高塩濃度の塩湖が数多く存在している．塩湖ができるのは海抜が低い乾燥した地域に多く，そこでは塩分やミネラルを含んだ河川水は流入するが，流出口がない状態で蒸発していき，次第に塩濃度の濃い塩湖が形成される．また太古の海水が地殻変動などによって閉じこめられて造成した岩塩鉱床が，再び水に溶け出して塩湖となっている例もある．世界的に代表的な塩湖としてヨルダン・イスラエル国境にある死海，アメリカ・ユタ州のグレートソルト湖，ケニアのマガディ湖などが挙げられよう．こうした塩湖は地質・気候によって塩濃度や化学組成が異なり，たとえば上述の死海は主要な陽イオンとして Mg^{2+}，Na^+，Ca^{2+} をそれぞれ42，40，17 g l^{-1}，陰イオンとして Cl^- を219 g l^{-1} 含んでおり，湖水のpHは約6である．グレートソルト湖は Na^+，Mg^{2+}，Cl^-，SO_4^{2-} をそれぞれ105，11，181，27 g l^{-1} 含み，pHは7.7～7.8である．またマガディ湖は強アルカリ性のソーダー塩湖（pH 11）となっており，主成分は Na^+，Cl^-，CO_3^{2-}/HCO_3^-，SO_4^{2-}（それぞれ161，112，23，17 g l^{-1}）で，Ca^{2+}，Mg^{2+} はほとんど含まれていない．一方，天然の塩湖とは異なるが，製塩のために海水を濃縮した人工的な天日塩田なども南北アメリカ，オーストラリア，東南アジア，ヨーロッパなどの沿岸に幅広く分布している．こうした異なる塩湖・塩田にはそれぞれ独特な好塩性微生物（halophilic microorganisms）の菌叢が形成されている．

微生物は生育に最適な塩濃度によって便宜的に次のようなグループに分けられている．非好塩菌（至適塩濃度0.2 M以下），低度好塩菌（同0.2～0.5 M），中度好塩菌（同0.5～2.5 M），高度好塩菌（同2.5～5.2 M），耐塩性菌（至適塩濃度は0.2 M以下であるが0.2 M以上でも増殖する）．なお，最近では至適塩濃度と生育が限界となる最低塩濃度を組み合わせて好塩菌を分別することも試みられている．

塩湖・塩田には系統学的にも幅広い好塩性微生物が生息している．真核微生物では好塩性を示すものは少ないが，そのなかで最も好塩性として知られているのは緑藻の一種ドナリエラ（*Dunaliella*）であろう．とくに *Dunaliella salina* は飽和塩濃度に近い塩湖でも生息していることが知られている．本種は細胞内にクロロフィル *a*，*b* を有し，また多量の β-カロテンを生産するため緑色というよりはオレンジやピンク色を呈している．

アーキアのなかでは Halobacteriaceae 科のアーキアはそのほとんどが塩湖・塩田から分離されている高度好塩性菌である．これらは好気性（一部は通性嫌気性）・従属栄養性で，一部の例外を除き少なくとも1.5 M以上のNaClが生育に必要で，飽和に近い塩濃度でも良好に生育することができる．多くはバクテリオルベリンなどのカルチノイド色素を有しており（図1），塩湖・塩田で大量発生したときにはその表面を赤橙色に染めることになる．中性の塩湖・塩田からは中性性の，またソーダー塩湖からは好アルカリ性のHalobacteriaceae 科アーキアが見出されている．本科に属する *Halobacterium salinarum* の一部の株は低酸素中，光照射下で培養するとバクテリオロドプシンを含んだ紫膜を形成することが知られている．バクテリオロドプシンはプロトンポンプとして膜の内外にプロトン勾配を形成させATP合成の駆動力となっている．一方，メタン生成アーキアにも塩

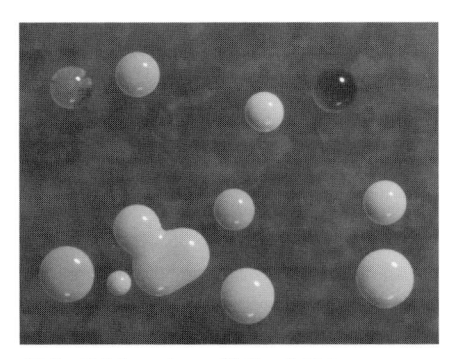

図1 Halobacteriaceae科アーキアのコロニー．Halobacteriaceae科アーキアのほとんどはオレンジ，ピンク，赤色のコロニーを形成する．写真中の *Halobacterium salinarum* JCM 9120では大部分はピンク色・不透明なコロニーを形成するが，赤色半透明のコロニーも高頻度で出現する（右上のコロニー，左上コロニーも部分的に半透明になっている）．前者では細胞内にガス胞が存在しているが，後者では変異によりガス胞を欠損しているものと考えられている．（口絵27参照）

湖から分離されたものが数種あり，いずれも中度または高度好塩性を示す．これらのメタン生成アーキアではメタン生成の基質としてメチルアミン類を用いており，一般的な基質である水素/二酸化炭素は利用していない．

細菌においても数多くの好塩性細菌が塩湖・塩田から分離されているが，真に高度好塩性を示すものはそれほど多くない．代表的な好塩性細菌として塩湖・塩田において微生物マットを形成しているシアノバクテリアや *Ectothiorhodospira* のような光合成細菌（Gammaproteobacteria），*Halomonas*，*Halovibrio* に代表される好気性または通性嫌気性・従属栄養性のHalomonadaceae科細菌（Gammaproteobacteria），発酵性を示すHalanaerobiales目細菌（ファーミキューテス）がある．また *Halobacillus*，*Virgibacillus* などBacillaceae科（ファーミキューテス）にも塩湖・塩田から分離されている好塩性細菌が多い．こうした好塩性細菌は味噌，醬油などの含塩発酵食品からも数多く分離されている．

好塩性微生物が塩濃度環境に適応するためには細胞内に適合溶質（compatible solute）を合成・蓄積して浸透圧調節を行う必要があるが，これには大きく二つの方法が知られている．一つは細胞内に高濃度のKClを蓄積させる方法である．この方法はもっぱらHalobacteriaceae科アーキアや一部の細菌（Halanaerobiales目や *Salinibacter ruber*）で認められている．これら好塩性菌の多くの細胞内酵素はNaClおよびKClの両者，あるいはKClに依存して安定化・活性化が図られている．さらに細胞内タンパク質は酸性アミノ酸含有量が多く陰性に荷電しており，高濃度の塩はそれを中和し，またタンパク質の疎水構造を安定化するのに必要であるとされている．一方，もう一つの浸透圧調整機構は有機物性の適合物質を利用する方法である．この方法では細胞内の無機塩濃度は低く抑えられているが，非荷電性の有機溶質を合成・蓄積して細胞容積を保っている．たとえば緑藻であるドナリエラは高塩濃度環境ではグリセリンを，また好塩性細菌・メタン生成アーキアではグリシンベタインやエクトイン，トレハロース，グルタミン酸などを適合溶質として用いている．こうした適合物質は細胞内の生化学的・酵素学的反応への影響が少ないため調節がしやすく，より幅広い塩濃度変化に適応することが可能である．　〔伊藤　隆〕

116

乾燥に耐える微生物

極限環境，適合溶質，活性酸素

生命活動を営む上で必要不可欠な水．この水が生物の生息域で欠乏する現象は，砂漠などの乾燥地域に限らず日常生活の身近な場所で容易に観察される．生物は乾燥ストレスに遭遇した際に，どのようにして細胞を保護し，かつ再び訪れるであろう水の供給を待ちわびるのであろうか．本項では乾燥に耐える生物の生理・生態を中心に，その適応戦略を解説する．

■ 生物と水

原核微生物から高等生物まですべての生物は，細胞の約80%を占める水溶液中で酵素反応を行うことで生命活動を営んでいる．DNAの複製，RNAの転写，タンパク質の翻訳などはすべて細胞内の水相（aqueous phase）で行われる．では生育環境から水分が失われると生命活動はどうなるのであろうか．

■ 乾燥からの保護に必要な能力

生育環境から水分が失われると，細胞内水分含量の減少に伴いタンパク質の立体構造が変化し，多くの酵素は不可逆的に活性を損失（失活）する．また酸素（O_2）や活性酸素から身を守るための酵素の失活に伴い，細胞内に豊富に存在する金属が媒介するフェントン反応が引き起こされ，活性酸素の中でも特に毒性の高いヒドロキシルラジカルが発生し，結果としてDNAや細胞膜が損傷し，細胞死に至る．すなわち乾燥から身を守るためには，タンパク質の構造変化を緩和する能力，生体成分の酸化を軽減する能力，かつDNA損傷を予防する能力の存在が重要になる．また太陽光（紫外線や可視光）は生体内のさまざまな色素化合物やO_2をはじめとする分子を励起し，結果として生体成分の連鎖的な化学反応を誘発する．そのため，光が存在する環境で乾燥に耐える生物は，上記の能力に加えて光毒性を緩和する能力を兼ね備える必要がある．

■ 乾燥に耐える生物

地球上には極度の乾燥環境下でも長期間生存可能な生物が数多く存在する．これら生物の多くは乾燥の進行に伴い代謝停止状態（cryptobiosis）に移行し，水の供給により蘇生（anabiosis）する．生物が高等に進化すればするほど，細胞の蘇生能力は著しく低減する．乾燥耐性能力に優れる多細胞生物としては，高等植物の種，乾燥地域に生息する復活草（resurrection plant）[1]，砂漠で生きるエビの仲間のアルテミア（brine-shrimp），緩歩動物のクマムシ（water bears），昆虫のネムリユスリカ（sleeping chironomid）などが古くから研究されている．

一方，単細胞で生きる多くの微生物は優れた乾燥耐性能力を有している．パン製造に使用される酵母（*Saccharomyces cerevisiae*，通称パン酵母）はドライイーストとして使用されており，またカビや細菌の多くは同様の乾燥耐性能力を有している．胞子形成能力を有する微生物（納豆菌などが属するバチルス属細菌，クロストリジウム属細菌，カビなど）は胞子になることで，さらに高度な乾燥，温度，pHなどの環境ストレスに対して耐性を示す．庭に干からびたワカメのような生物が身近に観察されるが，これは*Nostoc*という原核微生物のシアノバクテリアの集合体であり，別名イシクラゲとも呼ばれ，吸水後にブヨブヨに復活することから，その優れた乾燥耐性と蘇生能力は数百年前から注目され研究されている．乾燥したコンクリート壁などには原核のみならず真核の単細胞藻類が生息している．これらは気生藻と呼ばれ，強光が照射される乾燥環境でも長期間の生存が可能である．

■ 細胞保護に関与する生体成分

スクロースやトレハロース，グリセロール

に代表される糖，プロリンに代表されるアミノ酸，ベタイン類は乾燥時の細胞保護成分として有用である．これらは適合溶質 (compatible solute) と呼ばれ，通常時は低濃度であるが，乾燥ストレス初期に一連の合成遺伝子が活発化し，細胞内に高濃度に蓄積される．適合溶質は，①他成分との反応性が低い（酵素反応などに影響が低い），②水への溶解性に優れ，生体分子を水和する，③細胞内浸透圧を高くし脱水を防ぐ，など単独の化合物でありながら多機能性を有する特徴がある[2]．Nostocや酵母などの微生物，またネムリユスリカの幼虫などは，乾燥耐性時にトレハロースを高濃度に蓄積することが知られている．

脂質は細胞膜の構成成分であり，乾燥時に細胞を保護するための最外層として機能する．光は脂質との反応性に富む1重項酸素（$^1O_2$）の発生を誘発することから[3]，太陽光下で乾燥に耐える必要がある生物は，$^1O_2$消去能に優れるカロテノイドを蓄積し赤茶色に染まる．カロテノイドは油であり細胞膜やチラコイド膜に包埋されるもの，また油滴として細胞質に浮遊するものが知られている．

高度の乾燥に耐える生物は，熱や乾燥下でも失活しない活性酸素消去酵素を耐性期間中に保持することが知られている[4]．これは蘇生までの期間に細胞内成分を保護するために重要と考えられている．　　　〔川﨑信治〕

参考文献

1) T. S. Gechev, C. Dinakar, M. Benina *et al*. 2012. *Cell. Mol. Life Sci*. **69**: 3175-3186.
2) S. Klähn and M. Hagemann. 2011. *Environ. Microbiol*. **13**: 551-562.
3) A. Telfer, A. Pascal and A. Gall. 2008. *Carotenonids* (G. Britton, S. Liaaen-Jensen, H. Pfander eds.), pp.265-308. Birkhauser Verlag.
4) B. Shirkey, D. P. Kovarcik, D. J. Wright *et al*. 2000. *J. Bacteriol*. **182**: 189-197.

117

酸性好きの微生物

好酸性

　最適な増殖 pH を 3 以下にもつ微生物を好酸性微生物（acidophile）と呼び，アーキア，細菌，カビ，藻類や原生動物を含む多様な微生物が含まれている．これらの微生物は，温泉，間欠泉，海底の熱水噴出孔などの地熱活動と関連した環境，石炭や金属鉱石を採掘している鉱山と関連した環境などに生息している．これらの環境では，存在する硫黄成分が化学的あるいは生物学的に酸化された結果，硫酸酸性となっている．

　代表的な好酸性の細菌として，鉄を酸化する Leptospirillum 属細菌や硫黄を酸化できる Acidithiobacillus 属の独立栄養細菌を挙げることができる．後者の細菌は，硫黄を硫酸に酸化できるため，pH 1～3 の酸性鉱山廃水の生成に関与している．酸性鉱山廃水には，従属栄養性の好酸性細菌も存在する．酸性環境の多くは貧栄養であるため，酸性環境下の従属栄養細菌は，独立栄養細菌が合成した有機物をエネルギー源として利用していると考えられている．

　高度な好酸性を示す微生物の多くはアーキアに属している．Thermoplasma, Picrophilus, Ferroplasma は，細胞壁をもたない不定形のアーキアである．なかでも Picrophilus は，現在知られている最も好酸性の微生物で，最適増殖 pH は 0.7，pH 0 でも生育できる．好酸性のアーキアのなかにも，鉄や硫黄の酸化によってエネルギーを獲得し，独立栄養に生息するものがある．これらの独立栄養性のアーキアも，酸性の鉱山廃水の生成に関与している．

　好酸性の細菌やアーキアの細胞内の DNA やタンパク質は，酸性条件下では不安定であるため，ほとんどの好酸性微生物は，細胞内の pH を中性付近に保つ機構（水素イオンを細胞内から排出し，細胞外から取り込みにくくする機構）を発達させている．その機構として，①特殊な細胞膜構造をもつとともに，カリウムイオンの取り込みによって細胞内の陽イオン濃度を上昇させて，水素イオンを取り込みにくくしていること，②アンチポーターやシンポーターと呼ばれるイオンなどを輸送するタンパク質が，水素イオンを排出する方向に働いていること，などが挙げられている．

　一方，酸性環境にさらされているペリプラズムや外膜には，耐酸性のタンパク質が存在し，その多くは，等電点をアルカリ側にもっている．好酸性の Acidithiobacillus 属の細菌は，硫黄酸化関連酵素の多くをペリプラズムに保持しており，それらの酵素活性の最適反応 pH は 2～4 である．

　鉄を酸化して生育する微生物は，多くが好酸性である．2 価鉄（Fe^{2+}）は，pH 5 以上では化学的に 3 価鉄（Fe^{3+}）に酸化されてしまい，エネルギー源として利用できなくなるため，鉄酸化菌は，鉄を利用するために適応的に好酸性に進化したのかもしれない．また，鉄を酸化するアーキアである Ferroplasma acidiphilum では，細胞内の多くのタンパク質に鉄が含まれている．このアーキアは，鉄をタンパク質の安定化に利用し，生化学的に独自の系統として進化したものと考えられている．

〔上村一雄〕

参考文献

1) 上村一雄．2008．微生物増殖学の現在・未来（福井作蔵，秦野琢之編），pp.427-444．地人書館．
2) C. Baker-Austin and M. Dopson. 2007. *Trends Microbiol*. **15**: 165-171.
3) V. J. Denef, R. S. Mueller and J. F. Banfield. 2010. *The ISME J*. **4**: 599-610.

118

好アルカリ性微生物

Bacillus, アルカリ環境適応機構, 産業用酵素

　好アルカリ性菌は、pH 9.5〜11以上のアルカリ性環境でよく生育する微生物の総称である。最もよく知られた好アルカリ性微生物は、*Firmicutes*門に属する納豆菌と同属の*Bacillus*属細菌で、それ以外には*Actinobacteria*門に属する*Micrococcus*属、*Corynebacterium*属、*Streptomyces*属や*Proteobacteria*門に属する*Pseudomonas*属細菌などが知られている。発酵に用いられる酵母は、一般に微酸性から中性で用いられることが多い。しかし、好アルカリ性は示さないものの、耐アルカリ性を示す酵母は、担子菌や子嚢菌、系統に依存せず27属に及ぶことが知られている。好アルカリ性微生物は、とくにアルカリ性環境下からより頻繁に分離されるというわけではなく、広く海洋や土壌中などから分離される。好アルカリ性細菌の細胞内pHは細胞外よりも低く保たれており、pH 8.5で培養された好アルカリ性菌をpH 10の緩衝液に移しても細胞内pHは8程度であることが確認されている。*Bacillus halodurans*をはじめとする4種類の好アルカリ性細菌の全ゲノム配列が決定されたことから、アルカリ環境適応機構に関する研究にも進展がみられ、これまでの研究から以下のように説明されている。

　一般に好アルカリ性菌の細胞壁に存在する酸性高分子に、アルカリ性pH溶液に存在する多量のNa^+イオンが引き寄せられると、細胞壁近傍のイオン密度が上昇するため、水溶液中のイオンが細胞壁を通り抜けて細胞内に流入しにくくなる。また、酸性高分子層とそれを取り囲む大量の水溶液相との間の電解質にはドナン平衡という理論が成り立ち、これに基づくと細胞壁内外のpHには1〜1.5単位の差が生じる。実際、この酸性高分子を欠損した変異体のアルカリ性適応能が低下するので、細胞壁の酸性高分子は細胞内アルカリ化の防御に寄与している。一方、好アルカリ性菌は一部の例外を除き、アルカリ性環境下でもNa^+イオンを含まない培地では生育できずNa^+イオン依存性を示すが、細菌には動物細胞と違ってNa^+, K^+-ATPaseやナトリウムポンプがほとんど見つかっていないため、輸送の直接的エネルギー源となるナトリウム駆動力がどのように作られているかについては不明な点が多い。一方、大腸菌も有するNa^+/H^+アンチポーターは、細胞内のpHが高くなると細胞外にNa^+イオンを排出し、H^+を流入することで細胞内のアルカリ化を防ぐことが知られている。好アルカリ性菌のアンチポーターはpH 8以下では働かず、アルカリ性pHでは膜電位に依存して駆動し、pH調節のために機能する。また、ゲノム解析によってその存在が判明したナトリウムチャンネルを欠損した変異体のアルカリ環境適応能が低下するので、これも重要な機能の一つであることがわかっている。

　一方、好アルカリ性細菌は、1970年代から有用酵素の生産菌として幅広く研究が進められている。これまで、アルカリプロテアーゼやアルカリセルラーゼが洗剤用酵素として、アルカリキシラナーゼが製紙産業の漂白用酵素として、好アルカリ性*Bacillus*属細菌由来のサイクロデキストリングルカノトランスフェラーゼがサイクロデキストリン製造用酵素として、実際に工業化されている。

〔髙見英人〕

119

有機溶媒に耐える微生物

石油成分，疎水性物質

溶媒とは固体もしくは気体を溶かす液体を指す．身近にある溶媒としては水がある．それに対して有機物の溶媒を有機溶媒と呼ぶ．自然界に存在する有機溶媒の代表例は脂質と石油である．双方とも多くの生物にとって栄養源となる．非常に水に溶けにくい（疎水度が高い）脂質は生物毒性が低い．しかし，低分子量で比較的水に溶ける（疎水度の低い）アルカンや芳香族炭化水素などの石油成分もしくは石油関連物質は非常に強い生物毒性を示す．

生体膜は脂質を主成分とする．生体膜は物質透過のバリア，特定化合物の取り込み，環境シグナルの伝達，エネルギー変換など生命の維持に必須な機能を有している．有機溶媒はその疎水性の性質ゆえに生体膜に蓄積し，生体膜のこれら重要機能に障害を及ぼすことで毒性効果を発揮する．

物質の疎水度を表す指標の一つに log P_{ow} がある．この値は，ある物質を1-オクタノール：水＝1：1の混合物に溶かしたときの [1-オクタノール中の濃度]/[水中の濃度] の比の対数で，その値が高いほど疎水度が高いといえる．この log P_{ow} の値がおおむね 1.5〜4 の有機溶媒（疎水度が低い有機溶媒）はとくに毒性が強い．ベンゼン，トルエン，キシレン，クレゾールなどの芳香族炭化水素，ヘキサンなどのアルカン，ブタノールなどがそれに含まれる．こうした毒性は強いけれども栄養分にもなる化合物が高濃度に存在する領域に生息できる有機溶媒耐性生物は，ほかの生物よりも有利に生息できることが考えられよう．

しかし，トルエンにしてもクレゾールにしても殺菌剤として使用されるぐらい毒性が強い．そのため，いくら栄養分となるとはいえ，このような毒性化合物が高濃度に存在する環境で生育しうる生物など存在しないに違いないと考えられてきた．1989年にその「常識」が打ち破られた．トルエンを重層した条件，すなわちトルエンが高濃度存在する条件でも生育できる細菌，*Pseudomonas putida* IH2000株の存在を掘越弘毅のグループが報告したのである．IH2000株はトルエンだけでなく，トルエンよりも疎水度が高い有機溶媒に対して耐性を示した．*P. putida* IH2000が報告されて以降，世界各地で有機溶媒耐性細菌が分離されるようになった．それらは，*Acinetobacter, Pseudomonas, Flavobacterium, Bacillus, Rhodococcus* に属する細菌である．

有機溶媒耐性細菌の有機溶媒耐性機構を図1に示す．

A：生体膜を堅固にする．生体膜の主成分である長鎖脂肪酸には，炭素-炭素二重結合（不飽和結合）を有するものが含まれる．この不飽和結合での立体配置は通常 *cis* 型で脂

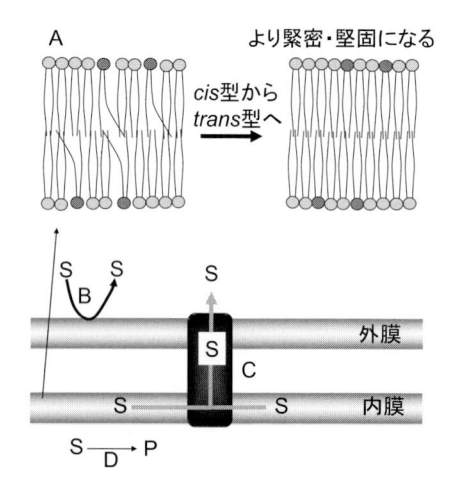

図1 有機溶媒耐性細菌の有機溶媒耐性機構．A：細胞質膜の立体構造の変化，B：細胞表層の親水性化，C：ポンプによる排出，D：代謝変換による無害化，S：有機溶媒．

肪酸は二重結合の箇所で折れ曲がった構造をとる．そのような脂肪酸鎖があると図1Aの左側の絵のように，生体膜は密度的にルーズな構造をとる．有機溶媒耐性細菌は有機溶媒に接すると，酵素の働きで cis 型の不飽和脂肪酸を trans 型に変換する．trans 型の不飽和脂肪酸は立体的にコンパクトになり，その結果図1Aの右の絵のように生体膜はより緊密で堅固な構造となる（すなわち，有機溶媒に対する抵抗性が増す）．

B：有機溶媒が侵入しないようにする．有機溶媒耐性細菌は有機溶媒に曝されると，その外膜の成分は親水性がより高いものに変化する．水が油をはじくことを見てわかるように，親水性の高い外膜は有機溶媒をはじき，有機溶媒の細胞への侵入を阻害することになる．

C：生体膜に蓄積する有機溶媒を排出する．微生物はさまざまな生体膜にさまざまな排出ポンプとして機能するタンパク質を有する．その排出ポンプのある種のものは，多種類の抗生物質を排出して当該微生物に強い抗生物質耐性を与え（多剤耐性微生物），感染症治療の分野で深刻な問題を引き起こしている．また，排出ポンプのあるものは生体膜に蓄積する有機溶媒を細胞外に排出する機能をもち，その排出ポンプが有機溶媒耐性に寄与している．P. putida や大腸菌を用いた実験から，有機溶媒の排出ポンプが有機溶媒耐性で主要な役割を果たしていることがわかっている．また，有機溶媒耐性ではない大腸菌において排出ポンプの発現を強化すると，有機溶媒耐性が向上することが実験的に示されている．

D：有機溶媒の解毒．有機溶媒耐性細菌の多くは，有機溶媒を代謝して栄養分として資化することができる．これは有機溶媒の解毒機構と捉えることもできよう．

水に有機溶媒を重層した二相系での挙動は有機溶媒耐性細菌の種類によって異なる．P. putida は親水性の細胞表層を有しており，二相系では主に水相に分布する．それに対し Rhodococcus 属の有機溶媒耐性細菌の細胞表層は非常に疎水度が高く，二相系においては水相と有機溶媒相の界面や有機溶媒相に分布する．Rhodococcus 属有機溶媒耐性細菌の一種 Rhodococcus opacus は二相系に加えると有機溶媒相に移行する．有機溶媒相ではごく微小の水滴を形成して存在する．R. opacus はこの状態で少なくとも5日間は生存可能である．そのうえ，有機溶媒相に存在していても代謝活性を保持していることが実験的に示されている．自然環境においてこのような状況があるのか不明ではあるが，驚異的な能力である．

微生物を利用する有用物質生産は，アミノ酸，有機酸，アルコールの生産で大成功を収めてきた．これらはいずれも水に溶けやすい親水性の製品である．その一方，疎水性の有用物質生産は，疎水性の原料や生産物の生物毒性が強いため，その技術開発はなかなか進んでいない．有機溶媒耐性細菌は疎水性物質に対して耐性をもつため，疎水性の有用物質を生産するための宿主として注目を集めている．そのため，有機溶媒耐性細菌の研究はもっぱら応用微生物学の分野で進んでいる．それに対し，自然環境で有機溶媒耐性細菌がどのように生息しているかに関する微生物生態学的な研究はほとんど行われておらず，今後の課題である．〔加藤純一〕

120

重金属の毒性に耐える微生物

重金属耐性，重金属耐性遺伝子，重金属還元酵素，重金属排出タンパク質

重金属原子とその化合物の多くは，国内で発生した「水俣病」や「イタイイタイ病」などの人間の健康障害と生態系破壊の原因となる毒性物質である．一般に，重金属は低濃度でも生物に対する強い毒性作用を示す．一方，比較的高い濃度の重金属が存在しても，それらの毒性を回避して生育できる特殊な耐性能力を備えた微生物が存在しており，それらを一般に重金属耐性微生物と呼んでいる．

上記の重金属耐性微生物のなかには，毒性の強い重金属に対する耐性を得るための特別な遺伝因子をもち，通常の生物では生育が不可能な濃度の5倍から100倍程度の濃度の重金属が存在する環境においても生育できるものがいる．これまで，Ag^+，Cd^{2+}，Co^{2+}，CrO_4^{2-}，Cu^{2+}，Hg^{2+}，Ni^{2+}，Pb^{2+}，Sb^{3+}，Tl^+，Zn^{2+}，有機水銀化合物，有機スズ化合物，有機鉛化合物などに対する耐性を付与する多くの遺伝子が発見されている．また，金属化合物ではないが，AsO_3^-，AsO_4^{3-}，TeO_3^{2-}などの半金属オキソアニオンについても耐性を付与する遺伝子が知られている．

以下に代表的な三つのタイプの重金属耐性細菌の耐性遺伝子群を紹介し，微生物による重金属耐性能力の発現の概略を説明する．

水銀耐性遺伝子 水銀は，1956年に国内において公式に確認された「水俣病」の原因重金属であり，きわめて有害な環境汚染物質として知られている．このような水銀に対しても，直接的にまたは間接的な化学的変換によって毒性を低下させるか，または細胞から排除して耐性を獲得している細菌などの微生物が存在する．

水銀耐性細菌は細胞内で水銀化合物を最終的に金属水銀に変換して細胞から除去して，その毒性を回避している．それらの細菌は，その機能の基となる水銀（Hg）耐性オペロンと呼ばれる一連の遺伝子クラスターをもっている．このHg耐性オペロンの構成は細菌の属や種によってやや異なる．これまで知られている水銀耐性微生物のHg耐性オペロンの代表的な例を図1に示す．

遺伝子群としてのHg耐性オペロンに共通する特徴は，まずこのオペロンの転写を調節している merR と呼ばれる遺伝子が存在することである．また，水銀を積極的に細胞内に取り込むための膜輸送系遺伝子群を備えていることが多い．細胞内に入ってきた水銀イオン（通常はHg^{2+}）を還元して金属水銀（Hg^0）に変換するための merA と呼ばれる水

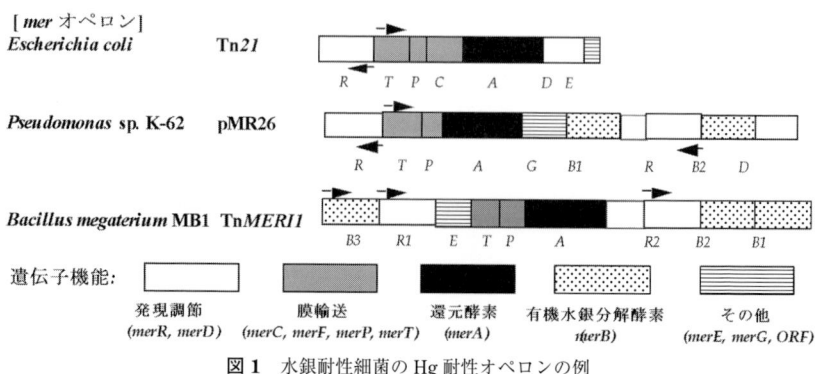

図1 水銀耐性細菌のHg耐性オペロンの例

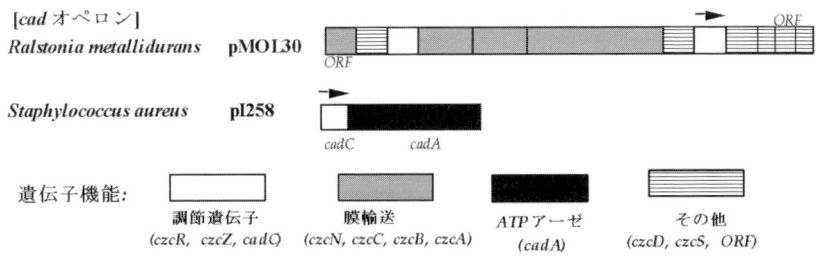

```
[cad オペロン]
Ralstonia metallidurans    pMOL30                                    ORF
                                    ORF
Staphylococcus aureus      pI258
                                    cadC    cadA

遺伝子機能:    調節遺伝子           膜輸送              ATPアーゼ           その他
             (czcR, czcZ, cadC)  (czcN, czcC, czcB, czcA)  (cadA)   (czcD, czcS, ORF)
```

図2　カドミウム耐性細菌の Cd 耐性オペロンの例

銀還元酵素遺伝子を必ずもっており,この遺伝子が水銀耐性を獲得するための鍵となる.

また,有機水銀を分解するために merB という有機水銀分解遺伝子をこの遺伝子クラスター中にコードしている場合がある.この遺伝子は,これを保有している微生物に対して,生態系食物連鎖における水銀の生物濃縮によって水俣病の原因物質となったメチル水銀化合物などの有機水銀化合物を Hg^{2+} に変換する能力を付与する.

カドミウム耐性遺伝子　カドミウムは,「イタイイタイ病」で代表される環境汚染問題を引き起こしてきた重金属で,とくにわが国においては水銀に次いで重要視されている毒性重金属である.現在でも,農業土壌が広くカドミウムによって汚染されたことに基因して,主要穀物中のカドミウム濃度が環境基準値を超える事例が発生している.

水銀と同様に,カドミウムに対しても,特定の遺伝子によって耐性を獲得している細菌が存在し,そのような遺伝子をカドミウム(Cd)耐性オペロンと呼んでいる.図2に,これまで明らかにされたカドミウム耐性微生物の Cd 耐性オペロンの構成を示した.知られている Cd 耐性オペロンには二つの型があり,ATPase の機能をもつ細胞膜タンパク質であるカドミウム排出イオンポンプ遺伝子(cadA など)を構造遺伝子とするものと,化学浸透圧トランスポーターとして機能する遺伝子(czcA など)を構造遺伝子にするものとに分けられる.これらオペロンの発現を調節する遺伝子(cadC, czcR など)が存在する点は,水銀耐性オペロンと同じである.

クロム耐性遺伝子　クロム酸や二クロム酸などのクロム化合物は,工業薬品に広く利用されており,工場廃液として水質汚染を引き起こすことが多い.クロム耐性細菌として知られる細菌は,毒性の高いクロム(6価)を毒性の低い3価のクロムに還元する.

現在までに知られているクロム耐性を付与するクロム(Cr)耐性オペロンとして,クロム耐性細菌から発見された chr オペロンがある.このオペロンではクロム(6価)を特異的にクロム(3価)に還元する酵素をコードする遺伝子は発見されていないが,スーパーオキシドディスムターゼ活性を有するタンパク質をコードする chrC 遺伝子をもつものがある.おそらく,これらのまたは別の還元酵素によってクロム(6価)化合物はクロム(3価)化合物に還元されると考えられる.一方,chr オペロンに必須の遺伝子は,chrA と chrB である.chrB は chr オペロンの転写調節遺伝子であり,chrA はクロム(3価)オキソアニオンを細胞から排出するイオンポンプの機能をもつタンパク質をコードしている遺伝子である.　　　　　　　　　〔遠藤銀朗〕

参考文献
1) 植田充美, 池 道彦監修. 2009. メタルバイオテクノロジーによる環境保全と資源回収. シーエムシー出版.

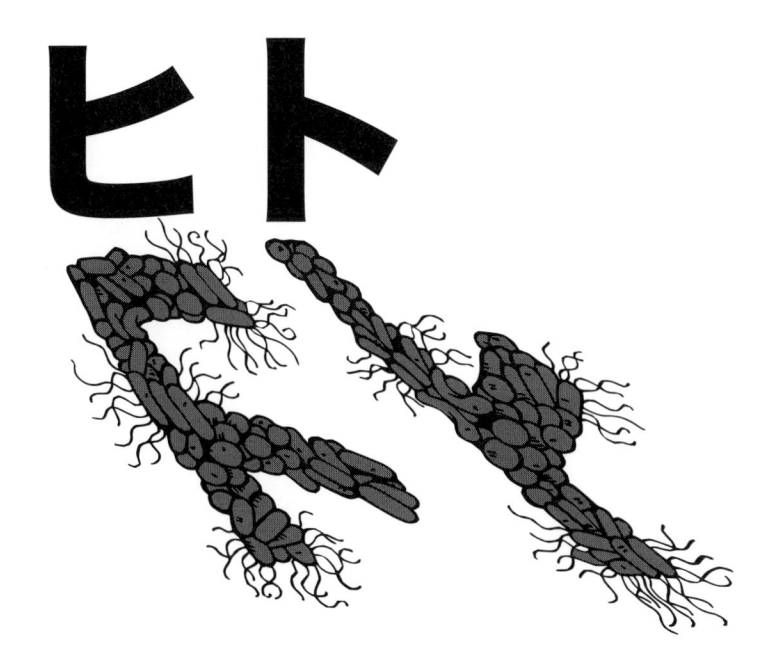

第 6 章
ヒトと微生物

121 食中毒

夏の食中毒，冬の食中毒

食中毒とは飲食物を摂取することで起こる急性胃腸炎および神経障害などの中毒症状を指す行政用語である．通常，数人以上の集団発生がある場合と定義されており，家庭などの散発例は含まれない．原因物質として，細菌・ウイルス・原虫などの微生物，キノコ・フグなどの自然毒や化学物質がある．ノロウイルスが集計対象となった1998年以降の食中毒統計（図1）によると70.2％が細菌性である．微生物が原因物質の場合，微生物固有の生息環境を知ることで汚染食材や感染経路を推測することができる．

■ 細菌性食中毒の特徴

細菌性食中毒は病原細菌が食品中で増殖することによって起こる．毒素型および感染型食中毒に大別され，毒素型は食品中で増殖した細菌が産生した毒素による中毒症状である．黄色ブドウ球菌が産生する腸管毒素（staphylococcal enterotoxin, SE）は嘔吐型毒素で，喫食後2〜4時間で発症するのが特徴である．SEは耐熱性のため加熱で菌を死滅させても食中毒を防止することはできない．ボツリヌス毒素は麻痺性の神経毒素で重症例では弛緩性の呼吸麻痺を起こし死に至る．また，しばしば溶血性尿毒症症候群や脳症を起こす腸管出血性大腸菌は，志賀毒素（Shiga toxin, Stx）を産生する大腸菌である．血清型O157がよく知られているが，2011年わが国では大腸菌O111，欧州ではO104の集団感染による死亡事故が発生している．

■ ウイルス性食中毒の特徴

ウイルスは偏性細胞内寄生性（生きた細胞の中でのみ増殖できる）であることから食品や環境中で増殖することはない．ウイルス性食中毒はヒトや動物の排泄物中のウイルスが環境を汚染し，そこに生息する動植物や水を摂取することで発生する．ノロウイルス，サポウイルス，A型肝炎ウイルスなどが知られている．

■ 食中毒発生動向

食中毒発生件数は減少傾向にあり，2011年の届出件数は1,062件で1998年（3,010件）の1/3になっている．とくに腸炎ビブリオとサルモネラ食中毒の減少が著しく，その要因として食中毒発生原因の科学的調査，食品の加工・流通・販売における衛生管理指導，冷蔵・冷凍技術の進歩，消費期限の明示など食品衛生法の改訂が寄与している[1]．一

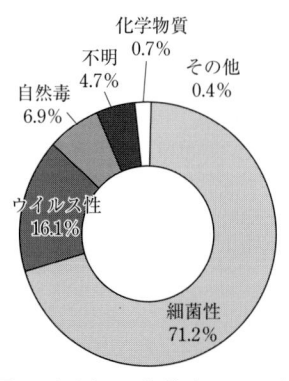

図1　食中毒原因物質（1998-2011）

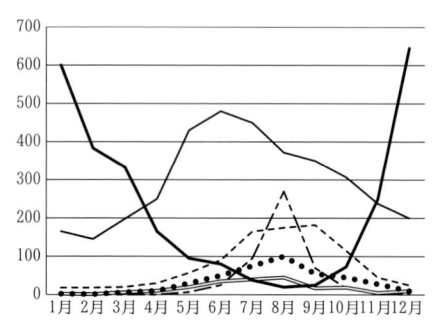

化学物質 0.7%
その他 0.4%
不明 4.7%
自然毒 6.9%
ウイルス性 16.1%
細菌性 71.2%

図2　月別食中毒事件数

カンピロバクター　ブドウ球菌
サルモネラ属菌　腸管出血性大腸菌
腸炎ビブリオ　ノロウイルス

方，カンピロバクターとノロウイルス食中毒は増加傾向にあり，本項では届出件数の多いノロウイルス，カンピロバクター，サルモネラ属菌，腸炎ビブリオの4種類についてとりあげる．

■ 夏の食中毒

細菌は菌固有の発育条件が整えば食品中で容易に増殖する．細菌の至適発育温度は35℃前後で，気温が上昇する夏期は細菌性食中毒の発生しやすい自然環境となる．

カンピロバクター 家畜・家禽類の腸管内に生息．とくにニワトリの保菌率が高く，市販鶏肉の60%は本菌に汚染されているとの報告がある[2]．本菌は微好気性（O_2 5%, CO_2 10%, N_2 85%の環境を好む）ため食品中で増殖することはないが，胃酸に強く少量で発症する．サルモネラ属菌や腸炎ビブリオと異なり5〜6月にピークを迎え7月以降は減少傾向を示す．2011年の届出件数は198件で細菌性食中毒の第1位である．

サルモネラ属菌 家畜や家禽，野生動物，河川・土壌など自然環境に広く分布．サルモネラ症は腸チフス菌・パラチフス菌による全身性感染症と下痢を主徴とする腸管感染症に大別される．サルモネラ属菌は2,000種以上の血清型が知られており，エンテリティディス菌，ネズミチフス菌は最も重要なサルモネラ食中毒の原因菌である．感染経路は汚染された飲食物による経口感染のほか，保菌者による二次感染，ペットからの接触感染など多彩である．感染源として重視されている食材は鶏肉と鶏卵で，ブロイラーのサルモネラ保菌率は10〜35%との報告がある[3]．2011年の届出件数は67件で1998年（757件）の1/10以下になっている．

腸炎ビブリオ 発育に1〜8%の食塩を必要とする海洋性細菌．海水温が15℃を超える夏期に急増し，汽水域に生息する魚介類を汚染する．本菌は海産魚介類の生食が原因となる典型的な感染型食中毒菌で，10℃以下では発育できず真水に弱いという特性をもつ．予防には温度管理と早めの喫食が大切である．2011年の届出件数は9件と1998年（839件）の1/100である．

■ 冬の食中毒

ノロウイルス（NV） 小型球形ウイルス（small round structured virus, SRSV）およびノーウォーク様ウイルスと呼ばれていたRNAウイルス．ヒトの小腸でのみ増殖し，排泄されたノロウイルスは河川を経由して沿岸海域に生息するカキなど二枚貝を汚染する．ノロウイルス食中毒の感染経路は汚染された生カキなどの経口感染であるが，ノロウイルス感染症の多くは保菌者からの二次感染や糞便・吐物による接触および飛沫感染で，その感染様式は二面性をもつ．60℃30分の加熱では病原性を失わず，不活化するには70℃5分，85℃1分以上の加熱を必要とする．各種消毒薬にも抵抗性で塩素系消毒薬は200 ppm以上，消毒用アルコールは5分以上作用させないと完全に不活化されない．流行のピークは圧倒的に冬期（12〜1月）であるが，病院や老人施設などでしばしば大規模な集団感染を起こすことから手洗いなど日常の衛生管理が重要である．2011年の届出件数は296件で全食中毒の28%を占めている．

〔東出正人〕

参考文献

1) 中村明子．2007．化学療法の領域 23 S-1．
2) 中西寿男，丸山 務監修．2009．食品由来感染症と食品微生物．pp.354-356．中央法規出版．
3) 中西寿男，丸山 務監修．2009．食品由来感染症と食品微生物．pp.166-168．中央法規出版．

122

病原性大腸菌

下痢原性大腸菌，尿路病原性大腸菌

大腸菌（*Escherichia coli*）はヒトや動物の腸管内常在菌の一つであり，ヒトの消化吸収，ビタミン合成，異物代謝に重要な役割を果たしている．また，大腸菌は自然界ではヒトや動物の腸管内でしか増殖しないため，水質検査における糞便汚染の指標として用いられている．ほとんどの大腸菌は病気の原因となることはなく，むしろヒトに有益な微生物として働いている．しかしながら，非常に割合は低いが，ヒトの病気の原因となる大腸菌が存在し，それを病原性大腸菌と呼ぶ．

病原性大腸菌には腸管感染症の原因となる下痢原性大腸菌（diarrheagenic *E. coli*）と尿路感染症の原因となる尿路病原性大腸菌（uropathogenic *E. coli*, UPEC）が存在する（表1）．下痢原性大腸菌は臨床症状や病原因子の種類によって五つのグループに分けられる（表1，図1）．これらの五つのグループは特定のO血清型と強い相関がある．以下，各々の下痢原性大腸菌について説明する．

表1 病原性大腸菌の種類

病原性大腸菌
　下痢原性大腸菌
　　diarrheagenic *E. coli*
　　腸管病原性大腸菌（EPEC）
　　　enteropathogenic *E. coli*
　　腸管毒素原性大腸菌（ETEC）
　　　enterotoxigenic *E. coli*
　　腸管組織侵入性大腸菌（EIEC）
　　　enteroinvasive *E. coli*
　　腸管出血性大腸菌（EHEC）
　　　enterohemorrhagic *E. coli*
　　腸管凝集付着性大腸菌（EAggEC）
　　　enteroaggregative *E. coli*
　尿路病原性大腸菌（UPEC）
　　uropathogenic *E. coli*

■ **腸管病原性大腸菌**（enteropathogenic *E. coli*, EPEC）

腸管病原性大腸菌は腸管上皮細胞との接着過程（attaching and effacing lesion, A/E病変）に特徴がある．束形成線毛（bundle-forming pili, BFP）によってゆるく腸管上皮細胞に接着した後，菌体が上皮細胞に固定化されるように菌体表面に存在するインチミン（intimin）と，タイプⅢ分泌系によって腸管上皮細胞に送り込まれ上皮細胞表面上に移行

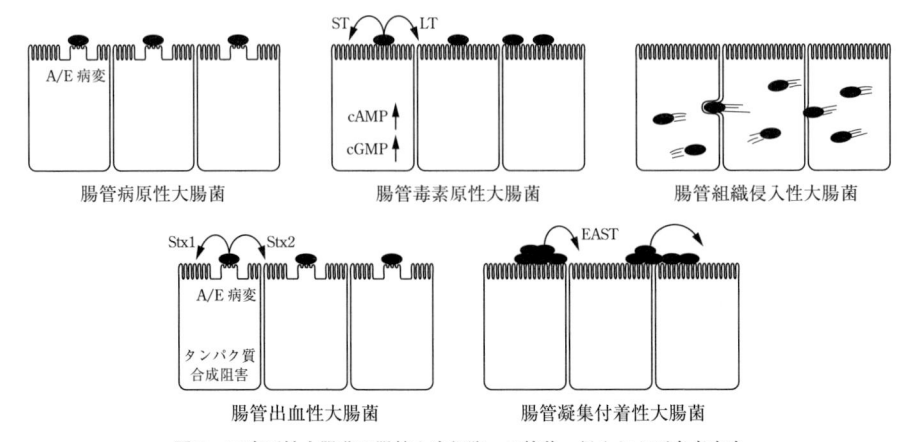

図1 下痢原性大腸菌の腸管上皮細胞への接着，侵入および毒素産生

したTirタンパク質が強く結合する．また，同時にタイプIII分泌系によって種々のエフェクター分子を上皮細胞内に送り込み，それによって腸管上皮細胞にA/E病変を引き起こす．この強い接着とA/E病変の形成によって上皮細胞が傷害され，下痢が生じる．

■ **腸管毒素原性大腸菌**（enterotoxigenic *E. coli*, ETEC）

腸管毒素原性大腸菌はコレラ菌の産生するコレラ毒素とよく似た易熱性エンテロトキシン（heat-labile enterotoxin, LT）と，それとは構造が異なる耐熱性エンテロトキシン（heat-stable enterotoxin, ST）を産生する．LTは腸管上皮細胞のアデニル酸シクラーゼを活性化し，細胞内のcAMP濃度を上昇させる．一方，STは腸管上皮細胞膜上のグアニル酸シクラーゼを活性化させ，細胞内のcGMP濃度を上昇させる．ともにセカンドメッセンジャーであるcAMP，cGMPの細胞内濃度が上昇することによって腸管上皮細胞の機能が攪乱され，水様性の下痢が生じる．

■ **腸管組織侵入性大腸菌**（enteroinvasive *E. coli*, EIEC）

腸管組織侵入性大腸菌は腸管上皮細胞に侵入し，その中で増殖する．さらに，アクチンの重合を引き起こして腸管上皮細胞内を移動し，隣接する上皮細胞に拡散する．その結果，腸管上皮細胞を死滅させ，出血性の下痢を生じさせる．赤痢菌（*Shigella*）と同様の病原性プラスミドを保有しており，本菌による臨床症状は赤痢の症状と区別がつかない．

■ **腸管出血性大腸菌**（enterohemorrhagic *E. coli*, EHEC）

腸管出血性大腸菌は病原因子として志賀赤痢菌（*Shigella dysenteriae* type I）が産生する志賀毒素と同一の志賀毒素1（Stx1）とそれらと50％程度の相同性がある志賀毒素2（Stx2）を産生する．

*stx1*遺伝子と*stx2*遺伝子はともにEHECに溶原化している志賀毒素転換ファージのゲノム上に存在しているが，各々の遺伝子発現には違いがある．とくに，Stx2は自発的なStx2転換ファージのファージ誘導によって産生され，このファージの溶菌過程に伴って菌体外に放出される．これら志賀毒素転換ファージがほかの大腸菌に感染するとその大腸菌は志賀毒素遺伝子を受け取り，志賀毒素産生性大腸菌になる．これを遺伝子の水平伝達という．一方，Stx1は菌体内に留まる．また，Stx2の産生は抗生物質によっても増強される．産生された志賀毒素は腸管上皮細胞のタンパク合成を阻害することによって，上皮細胞を死滅させ，出血性大腸炎を引き起こす．またEHECはEPECの定着時に形成されるのと似たA/E病変を引き起こす．

EHECは牛の腸管内から高頻度で検出されるため，牛の糞便で汚染された食品が腸管出血性大腸菌感染症の原因食材となる．典型的な臨床症状として，比較的長い潜伏期間後（3～10日），腹痛，水様性の下痢の症状を呈し，後に血便となる．また，溶血性尿毒症症候群（hemolytic uremic syndrome, HUS）や急性脳症を併発することもある．

■ **腸管凝集付着性大腸菌**（enteroaggregative *E. coli*, EAggEC）

腸管凝集付着性大腸菌は凝集塊となって腸管上皮細胞に付着することが特徴であり，自発凝集しやすい特殊な線毛をもつ．また，ETECのSTとは異なる耐熱性腸管毒素（EAST）を産生し，下痢を生じさせる．

2011年，ドイツを中心としたヨーロッパ各国での新芽野菜による集団食中毒の原因菌は志賀毒素産生性大腸菌O104であった．しかし，この病原細菌の保有している病原因子は志賀毒素2以外はEAggECのものであった．したがって，このO104にはEHEC由来のバクテリオファージ上に存在する志賀毒素2遺伝子がEAggECに水平伝達したものと考えられ，新規の志賀毒素産生性腸管凝集付着性大腸菌O104（Shiga toxin-producing enteroaggregative *E. coli*）であることが明らかになった． 〔清水 健〕

123 冬のインフルエンザ

インフルエンザ，パンデミック

インフルエンザは，インフルエンザウイルスの感染によって引き起こされる38℃以上の発熱，頭痛，全身の倦怠感，筋肉痛，関節痛，咳などを特徴とする呼吸器感染症である．インフルエンザウイルスは，A，B，C型の3種類に分類され，季節性インフルエンザとして毎年流行をくり返し，強い病原性をもつのはA型とB型である．B型とC型は主にヒトでのみ流行するのに対し，A型は，ヒト，鳥，ブタなど幅広い宿主に感染し，多くの亜型をもつ．また，2009年のブタ由来インフルエンザの世界的大流行（パンデミック）でも話題になったが，パンデミックを起こす可能性があるのはA型である．本項では，終生免疫が成立することなく毎冬に流行する理由，および新型インフルエンザウイルスの出現機構について，A型インフルエンザウイルスの変異機構や自然界での伝播機構を中心に概説する．

■ インフルエンザウイルスの形状

インフルエンザウイルスの粒子は，主に80〜120 nmの球状であり，細胞膜由来の脂質二重膜で包まれている．ウイルス粒子の表面には，ウイルス由来のタンパク質であるヘマグルチニン（HA）とノイラミニダーゼ（NA）がスパイク状に突出しており，HAとNAは主要なウイルス抗原として免疫機構の標的となる．抗原性の違いにより，HAは16種類，NAは9種類に分類され，H5N1亜型鳥インフルエンザウイルスのH5N1とは，HAが5型，NAが1型であることを示す．

■ 季節性インフルエンザ

インフルエンザウイルスの流行は，日本を含む，温暖な地域では10月頃に始まり，1，2月にピークを迎える．毎冬に流行するインフルエンザウイルスは季節性インフルエンザと呼ばれ，ヒトの間で主に循環している．季節性インフルエンザが流行する要因として，冬季の乾燥した気候では，大気中のインフルエンザウイルスの生存率が上がり，伝播しやすいことが挙げられる．また，乾燥によって呼吸器粘膜が傷つきやすいことや，粘膜免疫が働きにくいことなども一因であり，健康状態にも強く依存していると推測される．熱帯・亜熱帯地域では，1年を通じてインフルエンザウイルスは流行しており，明確な季節性はあまりみられない．よって，湿度や気温などの気候と健康状態の複合的な要因が流行を決定すると考えられる．

通常，ウイルスに感染すると，体内で産生された抗体によってウイルスは排除され，次に同じウイルスに感染した場合は，記憶されていた抗体が働き，発症を防ぐことができる．よって，麻疹や風疹などは一度感染すると次は発症しない．しかし，インフルエンザウイルスは，感染歴の有無にかかわらず，毎冬，10人に1人は感染する．これは，インフルエンザウイルスゲノムの複製機構に起因する．インフルエンザウイルスのゲノムは一本鎖RNAであり，ウイルス由来のRNA依存性RNAポリメラーゼによって複製される．この複製酵素は，間違った塩基を取り込みやすく，さらにそれを修正する能力ももたないため，哺乳動物の複製酵素と比較して，1〜10万倍も変異を導入しやすい．よって，前シーズンに流行したウイルスと少しだけ異なるウイルスが出現し，われわれの免疫機構をすり抜けて小流行をくり返す．

■ 新型インフルエンザ

インフルエンザウイルスのゲノムは8本に分節化され，各分節に一つもしくは二つの遺伝子がコードされている．そのため，異なる複数のウイルスが同時に一つの細胞に感染すると，それぞれのウイルスゲノムが交雑し，HAとNAの抗原性が大きく変化した新型ウイルスが出現することがある．季節性イ

ンフルエンザの場合，弱いといえど少々の免疫をもっているため，ウイルスに感染しても比較的軽い症状で済む場合が多い．しかし，新型インフルエンザの場合，現行のワクチンや前シーズンに獲得した免疫はまったく機能しないため，パンデミックが引き起こされる．

季節性インフルエンザはヒトの間で維持されている．それでは，新型インフルエンザはどこからくるのか？ インフルエンザウイルスの自然宿主はカモなどの野生水鳥であり，カモからはすべてのHAとNAの亜型のウイルスが分離される．鳥由来のインフルエンザウイルス（鳥インフルエンザウイルス）が種を越えて，ヒトに直接感染することはまれである．一方，ブタは，鳥とヒト由来のウイルスに感受性をもち，両ウイルスがブタに同時感染するとウイルスゲノムの交雑が起き，ヒトに伝播能をもつ新型インフルエンザが出現すると考えられている．20世紀だけをみても，1918年のスペイン風邪（H1N1），1957年のアジア風邪（H2N2），1968年の香港風邪（H3N2）がパンデミックを引き起こした．スペイン風邪は，もともと水禽類で流行していた低病原性鳥インフルエンザウイルスを起源とし，アジア風邪はスペイン風邪とH2N2亜型鳥インフルエンザウイルス，香港風邪はアジア風邪とH3亜型鳥インフルエンザウイルスが交雑して生まれたものである．また，2009年のブタ由来インフルエンザは，鳥，ブタ，ヒト由来の3種類のウイルスが交雑したものである．全世界で，スペイン風邪では約2,000～4,000万人，アジア風邪では約200万人，香港風邪では約100万人が死亡したとされている．

■ **鳥インフルエンザ**

鳥インフルエンザウイルスはカモの腸管内で増殖し，糞便とともに排泄され，水を介してほかの水鳥に感染をくり返すことで，維持されている．越冬のため，カモはシベリアやアラスカの北極圏に近い湖沼から中国南部や東南アジアに渡る．渡りの途上の各地の湖沼でウイルスは排泄され，ほかの水生家禽や陸生家禽へと伝播し，鳥インフルエンザは流行する．渡り鳥は，サハリン島や朝鮮半島を経由して日本に飛来すると考えられ，渡り鳥の飛来数（つまりは鳥インフルエンザの流行）は各地域の寒波の影響にも依存すると推測されている．流行するウイルスが高病原性であった場合，ウイルスは腸管だけでなく，脳を含む全身の臓器で増殖し，感染した鳥のほとんどが斃死する．ヒトに伝播することはまれではあるが，高病原性鳥インフルエンザウイルスがヒトに感染した場合，その死亡率は60％を超える．

〔川口敦史〕

参考文献

1) P. F. Wright and R. G. Webster. 2001. *Fields Virology* (D. M. Knipe and P. M. Howley eds.), pp.1533-1579. Lippincott Williams & Wilkins.
2) 堀本泰介, 河岡義裕. 2009. 医科ウイルス学（高田賢蔵編), pp.333-342. 南江堂.

124

病気を起こすカビ

白癬菌, カンジダ,
アスペルギルス, クリプトコックス

真菌は，細菌（原核細胞）と異なり真核細胞で構成され，形態学的に単細胞の酵母，多細胞の糸状菌およびキノコの三つに大別される．俗称「カビ」は，一般的に糸状菌を指す．発育環境により有性および無性生殖のいずれもとりうるが，ヒトからの検出菌はほとんどが無性世代である．真菌によるヒトの病気には，①感染症，②アレルギー（過敏性肺臓炎など）および③食中毒（毒キノコやマイコトキシンの摂取など）があり，感染症が最も多い．ここでは真菌感染症（以下，真菌症）について記述する．

真菌症は，粘膜，表皮，爪，毛髪など体表部に限局して感染をみる表在性真菌症および血液中や臓器に感染をみる深在性真菌症に大別される．前者の最多病型は白癬，次いでカンジダ症やマラセチア症（癜風），外耳道アスペルギルス症などで，これらは健常者にも（感染）→（発症）をみる．後者は内臓のカンジダ症あるいはアスペルギルス症が多く，次いでクリプトコックス症で，そのほかに接合菌症，わが国に存在せず特定の国や地域に限定して存在するヒストプラズマ属菌などによる輸入真菌症，さらに皮膚の真皮以下に病巣を形成するスポロトリックス症などの深部皮膚真菌症などがある．輸入真菌症および深部皮膚真菌症を除く深在性真菌症は，白血病，癌，糖尿病などを有する患者がその疾患や治療によって易感染性状態となり発症する，いわゆる日和見感染症がほとんどを占める．バイオセーフティレベル（BSL）は，輸入真菌症の起因菌種はすべてBSL3，そのほかはBSL2である．以下，高頻度の5疾患とその起因真菌について概説する．

白癬は人口の10%以上が罹患しているとされ，Trichophyton属菌（白癬菌），Microsporum属菌および Epidermophyton属菌（3菌属を皮膚糸状菌と総称）のなかの数菌種が起因菌となる（T. rubrum 70%程度，T. mentagrophytes 25%程度）．俗称「みずむし」は手・足に局在する白癬である．皮膚糸状菌は，ヒト好性菌，動物好性菌および土壌好性菌に分類され，それぞれヒト，ペットや家畜，および土壌に好んで生息しており，これらとの接触により感染する．硬いタンパクのケラチンを栄養源としうるので，菌体はケラチンの多い表皮の角質層などに認められる．

表在性カンジダ症には，口腔，腟および皮膚カンジダ症などがある．カンジダ属菌は，「The Yeast, A Taxonomic Study」第5版（2011）に314種が記載される酵母の最大菌属で，そのうちヒトに親和性の高い数菌種は口腔，咽頭，腸管や腟などの粘膜および皮膚に少数ながら常在し，宿主の免疫能が低下したときに内因性感染を引き起こす．健常者は軽症で済むが，易感染性患者（AIDSなど）では，病状が遷延する．起因菌種は Candida albicans が最も多く，そのほか数菌種が起因菌となる．

深在性カンジダ症は，腸管常在性のカンジダ菌種が血行性に播種して起こることが多いとされ，カンジダ血症，消化器や腎などの臓器カンジダ症などがある．また，カテーテル挿入時に皮膚常在性カンジダ菌種が血液に混入し，血流感染を起こすこともある．さらに細菌感染症に対する抗菌薬治療後の菌交代症としての発症もある．起因菌種は C. albicans が半数以上，そのほか4～5菌種である．

アスペルギルス症はほとんどが呼吸器感染症で，近年増加傾向にある．アスペルギルス属菌は土壌など自然界に広く分布し，ヒトは空中に浮遊する菌体を吸引して感染する．本菌属は184菌種が知られており，国内で検出される主な起因菌種は Aspergillus fumigatus（7～8割程度）を筆頭に，A. niger, A. flavus, A. terreus などで，起因菌種は多様化の傾向

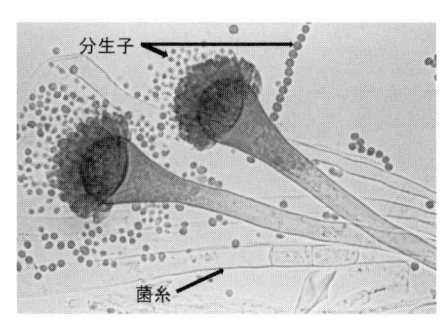

図1 培養後の *Aspergillus fumigatus* の光学顕微鏡像．（×400）（口絵28参照）
（分生子／菌糸）

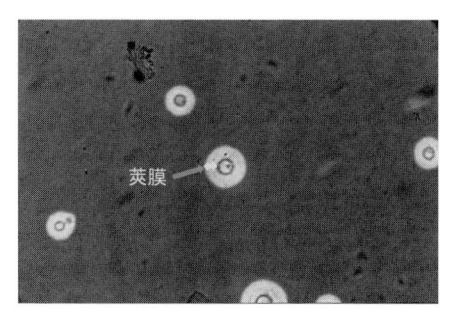

図2 髄液中の *Cryptococcus neoformans* の光学顕微鏡像．〔墨汁標本〕（×400）（口絵29参照）
（莢膜）

にある．

　クリプトコックス症は，呼吸器感染症および髄膜炎が多い．クリプトコックス属菌は菌体周囲に多糖体の莢膜を有する酵母で，莢膜はマクロファージによる貪食に抵抗性を示す．国内で起因菌として検出されるのは，ほとんどが *Cryptococcus neoformans*（有性世代名：*Filobasidiella neoformans*）で，ごく最近 *C. gattii*（有性世代名：*F. bacillispora*）による感染例が散見される．*C. neoformans* は鳥類（とくにハトおよびニワトリ）の糞中に存在するとされ，ヒトは空中に浮遊した菌体を吸引して感染する．通常はマクロファージによって処理され発症は少ないが，ときに健常者の肺にも限局性病巣を形成する．易感染性患者では，肺に感染後，血行性に播種し，本菌の神経親和性が高いことから髄膜炎を続発，肺炎より髄膜炎として認知されることがしばしばある．AIDS患者に発症した感染症のうち，真菌症の起因菌としては，*Pneumocystis jirovecii*（36%），カンジダ属菌（19%）に次いで3番め（3%）に多いが，死亡率はほか2者の3〜5倍と最も高く[1]，病原性はカンジダ属菌より強い．〔阿部美知子〕

参考文献
1) 安岡　彰．2006. *Jpn. J. Med. Mycol.* **47**: 161-166.

125 口腔内細菌叢

う蝕（虫歯）を起こす菌，アーキア

口腔内は部位によって表面の性状や得られる栄養などの条件が異なるため，単一の種にとって有利な環境ということはなく，多様な微生物種が共存している．数百種にのぼるといわれる口腔内細菌も一様に分布しているのではなく，口腔内の各部位に特徴的な細菌叢を形成している．また，歯表面に形成されるバイオフィルムである歯垢（プラーク，dental plaque）内には温度・pH・酸化還元電位などの勾配が存在するため，生育条件や増殖速度が異なる多様な微生物種が生息できる．口腔内に存在する細菌のうち実験室で培養できるものは一部にすぎないが，純粋培養できない菌でもプラーク中ではほかの細菌の代謝産物を利用して生育している場合がある．

■ 口腔の各部位における細菌叢

粘膜面・歯表面・歯肉溝・舌表面などのさまざまな口腔内の部位における細菌叢にはどのような特徴があるのだろうか？

粘膜表面は細胞の剥離が起こるため歯面などと比べると細菌数は少なく，粘膜細胞表面に存在するシアル酸などの受容体に結合することができる菌だけが定着する．口蓋粘膜には Streptococcus 属や Actinomyces 属が多く，ほかに Veillonella 属や Haemophilus 属やグラム陰性嫌気性菌も分離される．頬粘膜では Streptococcus 属のミティス菌群が優勢であり，偏性嫌気性菌の比率は低い．

歯は堅くて表面の剥離が起こらない特徴がある．歯の萌出後や歯表面の清掃後，歯表面には唾液中の糖タンパク質が吸着し獲得被膜（acquired pellicle）が形成される．獲得被膜に結合できる Streptococcus 属ミティス菌群の細菌が定着し，続いて Actinomyces 属が増加してくる．これらの先行定着細菌は，ほかの細菌が結合できる受容体を発現したり，ほかの細菌が利用できる物質を産生したりすることでほかの細菌の歯表面への定着を助ける．歯面に付着する細菌の中には菌体外に多糖などからなる粘性物質を分泌することで，自身およびほかの細菌の定着を助けるものがある．このようにして形成されるプラークには多様な細菌が含まれ，とくに唾液の流れの小さい箇所には口腔内で最も多様な細菌叢が形成される．プラーク中には Actinomyces 属や Streptococcus 属のミティスおよびアンギノーサス菌群が多く検出される．

歯と歯肉の間の隙間である歯肉溝（gingival crevice）は嫌気度が高く，血漿成分に似た組成で栄養に富む歯肉溝滲出液（gingival crevicular fluid, GCF）がつねに分泌されている．歯肉溝には，上記の歯面に生息する菌に加えて嫌気性を好む菌も検出される．

舌表面には乳頭状の突起が存在するため表面積が大きく，偏性嫌気性菌を含む複雑な細菌コミュニティが形成される．Streptococcus 属のミティスおよびサリバリウス菌群，Rothia 属，Veillonella 属，Actinomyces 属，Haemophilus 属，Prevotella 属などが検出される．舌表面の細菌叢は口臭にも関与しており，口臭の強い患者の舌表面にはグラム陰性嫌気性菌（Porphyromonas 属，Prevotella 属，Fusobacterium 属を含む）の増加がみられることがある．口臭の原因は完全には解明されていないが，舌に存在する細菌が産生する揮発性の硫化物が原因の一つであると考えられている．

唾液 1 ml 中には多くて 10^8 ほどの細菌が存在するが，唾液固有の細菌叢が存在するのではなく，口腔内各部位（とくに舌表面）から排出された細菌からなる．唾液は中性であり緩衝作用を有し，微生物の生育に必要な栄養を運搬する役割を担う．

■ 口腔内細菌叢の乱れと疾患

歯表面には多くの微生物とそれらが分泌する菌体外物質が蓄積し，プラークを形成する．プラークは外来微生物の侵入を防ぐ機能を果たしているが，過剰に蓄積したり健康時と比べて細菌叢が変化したりすると，口腔二大疾患と呼ばれるう蝕（虫歯，dental caries）や歯周病（periodontal disease）の原因となる．これらの疾患は，プラーク中の微量な常在細菌がなんらかのきっかけで優勢になることによって起こる内因感染である．

う蝕は，歯面に定着したプラーク中の細菌が食物中の炭水化物を代謝することによって産生された酸が，歯のエナメル質や象牙質を溶かすことによって起こる．*Streptococcus*属ミュータンス菌群のうち，*S. mutans*や*S. sobrinus*が代表的なう蝕原因菌である．ミュータンス菌群の細菌は歯表面に付着するとスクロースを原料として粘着性の多糖体を菌体外に産生し，ほかの細菌の定着を容易にする．ミュータンス菌群の細菌は糖を分解して乳酸を産生することで周囲のpHを低下させてエナメル質の脱灰を起こすとともに，自身は耐酸性であるため，低下したpH中でも生育と乳酸の産生を継続することができるので，う蝕が進行する．

歯周病は，細菌感染により歯周組織が炎症を起こしている状態である．炎症のひろがりの程度により歯肉炎（gingivitis）と歯周炎（periodontitis）に分類される．健康な歯肉溝では*Streptococcus*属や*Actinomyces*属が主体の通性嫌気性菌が最優勢グループであるが，プラークが蓄積すると炎症反応が起こり歯肉炎を起こす．さらに歯周炎が進行すると歯周ポケットが形成され，通常の歯肉溝細菌叢とはかなり異なりグラム陰性偏性嫌気性菌の割合が上昇する．いずれにしてもこれらの口腔疾患は，一つの細菌種が原因なのではなく，複数種の作用で起こると考えられるようになってきている．

■ アーキアと歯周病

アーキア（古細菌）は，極限環境に生息するだけでなく，人体内にも存在する．たとえば，ヒトの腸管にはメタン生成アーキア（メタン菌）*Methanobrivibacter smithii*が存在することが知られている．また，口腔内では歯周病巣に高頻度で*Methanobrevibacter oralis*が検出される．メタン菌とヒトの疾患の因果関係はいまだ不明だが，微生物間の水素受け渡しに寄与することで病原細菌の増殖を間接的に補助するという説や，重金属をより毒性の高い揮発性のメチル化誘導体に変換することで直接的な病原性を発揮するという説などが提唱されている．メタゲノム解析によりメタン菌以外のアーキアが人体に存在することも示唆されているが，これらのアーキアがどのような役割を果たしているのか，今後の研究が期待される．

〔円山由郷〕

参考文献

1) 吉田眞一，柳 雄介．2013．戸田新細菌学．南山堂．
2) P. Marsh and M. Martin, 2009. *Oral Microbiolgy. 5th ed.* Elsevier.
3) H. P. Horz and G. Conrads. 2010. *Archaea.* **2010**: 967271.

126 バイオフィルムと感染症

人工物,留置カテーテル

　バイオフィルムは,物質や生体組織の表面に形成される微生物および菌体外物質からなる塊であり,微生物がストレスから身を守るための生活様式として自然界に古くから存在する.バイオフィルムは当初単に微生物が凝集したものと考えられていたが,共焦点レーザー顕微鏡などの技術によりその内部構造が調べられると,水路のような空洞をもつなど複雑な三次元構造をもっていることが明らかとなった.また,バイオフィルムに特徴的な菌体外物質の分泌やストレス下での細菌の遊離などの現象がクオラムセンシングなどの細胞間コミュニケーションによって能動的に制御されていることが明らかになってきた.バイオフィルム中の細菌は浮遊状態と比べて抗菌薬に対する抵抗性が高まることや,宿主免疫系の攻撃を回避する能力を有することがある.難治性の慢性感染症の原因となることがあるため,バイオフィルムを理解し制御することは医学的に重要である.

■ 体内の人工物にできるバイオフィルム

　人体内でバイオフィルムが形成されうることが知られるようになったのは1980年代初頭のことである.心臓ペースメーカーを装着した患者の血中から,抗菌薬治療にもかかわらず繰り返し細菌が検出されたことから,細菌による装置の汚染が疑われた.ペースメーカーのリード(導線)を取り出し電子顕微鏡で観察すると,装置表面に細菌バイオフィルムが形成されていることが見つかった.このバイオフィルム中の細菌が抗菌薬や宿主免疫に抵抗性をもっていたため,通常の治療では除去できなかったと考えられる.その後,静脈内カテーテルなど,ほかの人工物にも細菌バイオフィルムが形成されることが示された.体内の人工装置にバイオフィルムを形成する菌として多いのは,*Staphylococcus*属(とくに *S. epidermidis* と *S. aureus*),次いで緑膿菌 *Pseudomonas aeruginosa* やほかの環境中細菌である.これらの細菌によるバイオフィルム感染症は,侵襲的治療や化学療法,ほかの疾患などの影響で免疫力が低下した宿主にとくに起こりやすい.

■ バイオフィルム細菌の抵抗性

　バイオフィルムを形成した細菌が,抗菌薬や宿主免疫に抵抗性をもつ理由はいくつか考えられる.

　EPSによる防御　バイオフィルム中の微生物は菌体外に粘性物質を分泌している.これらは菌体外重合体物質(extracellular polymeric substance, EPS)と総称され,菌体外多糖(extracellular polysaccharide)を主としてタンパク質やDNAなどが含まれる.EPSは,重金属イオンなどの電荷をもつ有害物質を吸着したり,免疫グロブリンのような大きな分子の侵入を防いだりすることでバイオフィルム内部の細菌を守る働きがある.

　休眠状態の細胞の存在　バイオフィルム内の細菌はさまざまな状態で存在しており,とくに栄養の乏しい中心部に存在する休眠状態の集団が抗菌薬への抵抗性に寄与していると考えられる.抗菌薬は通常,水路を通ってバイオフィルム内部に浸透できるが,休眠状態の菌は代謝活性が低いため抗菌薬が効かずに生き残ることができる.抗菌薬が作用するためには細菌の生命活動が必要だからである.

　表現型の異なる細菌の出現　バイオフィルムが成熟すると,内部にほかの細菌とは異なる表現型をもった persister と呼ばれる集団が出現する.実際に,*P. aeruginosa* のバイオフィルム細菌を分離して培養すると,表現型の異なるコロニーが形成される.このような集団は遺伝子型の変化を伴うことがあり,外部からのストレスに抵抗性をもつことで生

き残ると考えられる．

■ **バイオフィルム感染症の診断と治療**

バイオフィルムに特異的なマーカーが存在しないことや，病巣から採取した細菌を培養してもバイオフィルム表現型がただちに失われてしまうことなどから，ある感染症の原因がバイオフィルムであると断定することは容易ではない．Parsek らはバイオフィルム感染症を判定するための四つの基準を提唱している．①病原細菌が何らかの表面に付着している②感染した組織の顕微鏡観察によって細菌が菌体外物質に囲まれて塊を形成していることが確認できる③感染が局所的である④通常量の抗菌薬を投与しても根治できない．

■ **バイオフィルム感染症の例**

代表的なバイオフィルム感染症に嚢胞性線維症（cystic fibrosis, CF）における気道感染がある．CF は常染色体劣性遺伝を示す遺伝病で，塩素イオンチャンネル（CFTR）の遺伝子異常により水分の流れに異常をきたす．呼吸器では粘液の粘性が高まることで，粘膜線毛による除去機構が低下する．幼児期には *S. aureus* や *Haemophilus influenzae* が肺に定着するが，思春期以降に *P. aeruginosa* が優勢となり，バイオフィルムを形成して定着する．バイオフィルム感染症である根拠は，肺組織標本から *P. aeruginosa* のバイオフィルム形成に関わるクオラムセンシングのシグナル物質 homoserine lactone が検出されることや，CF 患者の肺から分離される菌が，ムコイド型と呼ばれる，バイオフィルム形成の特徴である菌体外多糖を産生する表現型を示すことなどである．症状を示さないまま数十年間も感染が持続することがあるが，次第に慢性的な炎症によって肺機能が低下し，呼吸不全におちいる．ほかのバイオフィルム感染症の例としては感染性心内膜炎，慢性尿路感染症，再発性扁桃炎，慢性中耳炎，慢性創傷感染，う蝕や歯周炎といった口腔疾患などが挙げられる．

バイオフィルム感染症に対する治療法はまだ確立されていないが，CF に対しては高濃度の抗菌薬の投与が試みられている．また，バイオフィルム形成に関わるクオラムセンシング機構を標的とした薬剤の研究も進められている．　　　　　　　　　　〔円山由郷〕

参考文献

1) T. J. Marrie, J. Nelligan and J. W. Costerton. 1982. *Circulation*. **66**(6): 1339-1341.
2) M. R. Parsek and P. K. Singh. 2003. *Annu. Rev. Microbiol*. **57**: 677-701.
3) L. Hall-Stoodley, J. W. Costerton and P. Stoodley. 2004. *Nat. Rev. Microbiol*. **2**(2): 95-108.
4) P. S. Stewart M. J. Franklin. 2008. *Nat. Rev. Microbiol*. **6**(3): 199-210.

127

表層常在細菌叢と病原菌

ブドウ球菌，アクネ菌，
コリネバクテリウム，表皮環境

ヒトの体表面には，多種類・多数の細菌が常在し，表層常在細菌叢を形成している．この細菌叢と表皮が形成する宿主環境は，病原体から宿主を保護するのに重要な働きをもつとされる．

■ 表層常在細菌叢

体表面のなかでも，鼠径部（股・陰部），腋窩（脇下），趾間（足の指の間），鼻，鼻腔，にはとくに菌数が多く，頭部，顔面，胸，と続く．そのほかの部分にも存在するが，手掌（手の平）や足底には少数である．

各部位の菌構成は個人や部位によって異なり，年齢，環境，健康状態などによって変化する．健常者の表皮では，ブドウ球菌属（*Staphylococcus*），プロピオニバクテリウム属（*Propionibacterium*），コリネバクテリウム属（*Corynebacterium*）が多数を占める．ほかにはミクロコッカス属（*Micrococcus*），連鎖球菌属（*Streptococcus*），シュードモナス属（*Pseudomonas*）がみられる．近年のメタゲノム解析では，300種以上に及ぶ多種多様な菌が，数週間といった比較的短い期間で変化することがわかってきた[1]．このように，体表部の細菌群は，腸管はもちろんのこと，口腔・気道といった比較的外環境に接しやすい環境の構成菌と大きく異なる［➡ 125 口腔内細菌叢，128 腸内細菌叢］．

■ 表 皮 環 境

表皮は常在細菌に生育の場を提供するとともに，物理的・化学的・生物学的に外来の病原体および常在細菌から宿主を守る場である．体表面の大きな特徴は角層の存在である．角層は表皮の最外部に位置し，その表層は脂や汗などとともに常在細菌の生活の場となる．健常人では体表面のpHは弱酸性に保

たれている．また，毛包（体毛の生えている部分）や汗腺の存在が，体表から深く離れた嫌気性環境を提供している．ブドウ球菌属，プロピオニバクテリウム属，コリネバクテリウム属には比較的乾燥（高塩）に強く，弱酸性に適応できるものが多種存在し，結果的に表層を形成する主要菌となっていると考えられる．

表皮は主にケラチノサイト（角化細胞）から構成され，ターンオーバーによりつねに表層に向かって更新されている．角層下のケラチノサイト（とくに有刺層や基底層）は，病原体の侵入に対して多種類の炎症性サイトカインを産出して病原体の侵入を妨げる．健常者では，多少の傷では表層常在菌による日和見感染が引き起こされるリスクは低い．なんらかの疾患で皮膚の抵抗力が落ちたときに感染のリスクが増大する．たとえば，アトピー性皮膚炎では，黄色ブドウ球菌が患部から検出される例が多くみられる．

■ 表層常在細菌叢の構成菌

細菌叢を構成する菌は，体内に侵入して敗血症や化膿症などを引き起こす感染体の側面とともに，ほかの病原体から体表を守るバリアーの側面をもつとされる．近年の知見も交えて，代表的な菌の特徴を紹介する．

ブドウ球菌属　表皮ブドウ球菌（*S. epidermidis*），黄色ブドウ球菌（*S. aureus*），そのほか CNS（Coagulase-negative Staphyloccoci）

表皮ブドウ球菌：通性嫌気性グラム陽性球菌であり，体表の大部分に生息する．通常は非病原性であり，Espプロテアーゼを産出する株は，ほかの病原体から表皮を守るバリアーとして働いている可能性が高いことが報告されている[2]．カテーテルや心臓弁などに付着して，体内で化膿症や敗血症を引き起こす起因菌ともなる．

黄色ブドウ球菌：主に鼻腔に生息する．健常人の2割にはつねに，6割には一過的に存在するが，残りの2割には存在しない．この

原因は不明な点が多い．溶血毒素，表皮剥離毒素などさまざまな毒素をもつ．さまざまな多剤耐性菌の出現が問題となっており，病原体としての側面が医学的に重要である．

プロピオニバクテリウム属　アクネ菌，*P. hareii* など

アクネ菌（*Propionibacterium acnes*）：偏性嫌気性グラム陽性の桿状細菌であり，体表面の大部分から検出される．主に毛包に生息する．プロピオン酸などの有機酸を産生することで，表皮の弱酸性化に関与すると考えられている．ニキビの起因菌として知られる．菌体自身や放出されるプロテアーゼやリパーゼが炎症を惹起したり毛包細胞を破壊する原因ではないかとされるが詳しい分子機構は不明である．すべてのアクネ菌株がニキビを引き起こすのではなく，特定の株が関わるのではないかとの疫学的な研究成果が報告されている[3]．近年では，菌体を用いた皮膚がん治療の可能性など，アクネ菌利用の新たな可能性が開かれてきた[4]．

コリネバクテリウム属　*C. pseudodiphthericum*, *C. accolens*, *C. diphtheriae*, *C. jeikeium* など

好気性グラム陽性の桿状細菌である．同一人物でも，鼻腔では *C. pseudodiphtheriticum* と *C. accolens*，鼠径部では *C. tuberculostearicum*，腋窩では *C. mucifaciens* が主要な種であるなど，体表面の各部位に生息する菌種が大きく異なる[1]．*Corynebacterium* sp. の塗布によって，鼻腔から黄色ブドウ球菌を排除できるなど，病原体の排除特性が報告されている[5]が，その詳しいメカニズムは不明である．病原因子としては，*C. diphtheriae* の放出するジフテリア毒素が医学的に重要であり，三種混合ワクチンにはトキソイドとして含まれている．　　　　　　　〔大庭良介〕

参考文献
1) D. N. Frank *et al.* 2010. *PLoS ONE*. **5**: e10598.
2) T. Iwase *et al.* 2010. *Nature*. **465**: 346-349.
3) H. B. Lomholt and M. Kilian. 2010. *PLoS ONE*. **5**: e12277.
4) K. Tsuda *et al.* 2011. *PLoS ONE*. **6**: e29020.
5) Y. Uehara *et al.* 2000. *J. Hos. Infect*. **44**: 127-133.

128

腸内細菌叢

腸内細菌科，菌交代症，プロバイオティクス

■ 常在細菌叢

動物は出生前，胎内に存在するときは無菌の環境下にいる．しかし，外界に生み出されるとともに，ただちに多くの微生物にさらされ，外界と接する部分，つまり皮膚や結膜の表面，口腔，鼻腔，咽頭，腸管，尿路や生殖系に至るあらゆる開口部には一定の微生物が定着することになる．これらの微生物群は一括して常在微生物叢（indigenous microbial flora，あるいは microbiota）と呼ばれる．とくに，細菌だけを取り上げる場合には常在細菌叢あるいは正常細菌叢（normal bacterial-flora）ともいわれる．このような微生物の多くは宿主動物と共生状態にあり，さまざまな影響を宿主動物に与えているが，通常は宿主動物に対して害を及ぼすことなく，ほかの病原菌の侵入を防ぐなど相利共生の状態にある．しかし，一方で宿主の抵抗力が落ちたときには内因性感染の原因になるなど不利益をもたらすこともある．

■ 腸内細菌叢と腸内細菌科

ヒトの消化管，なかでも下部消化管は暖かく，湿気のある環境であり，十分な栄養が提供される細菌の生息に最も適した環境といえる．胃では，強酸である胃酸の影響でほとんどの微生物は生存できない．小腸上部も胆汁や膵液により微生物の定着数は少ない．しかし下部にいくに従い定着する菌種や菌数は増加し，大腸に至ると多種多数の菌が存在するようになる．大腸における細菌叢は，成人の場合，400〜500 菌種存在し，菌数では 10^{14}（100 兆）個に及ぶ菌が生息し腸内細菌叢を構成している（表1）．成人の体は約 10^{13}（10 兆）個の細胞で構成されるがそのおよそ 10 倍の数にあたり，腸内細菌叢はヒトにおける

表1 ヒトの主要な腸内細菌叢

グラム陽性菌	グラム陰性菌
Staphylococcus epidermidis	Escherichia coli [§]
Staphylococcus aureus	Enterobacter species [§]
Streptococcus mitis	Klebsiella species [§]
Enterococcus species	Proteus species [§]
Lactobacillus species	Pseudomonas aeruginosa
Clostridium species*	Bacteroides species*
Eubacterium limosum*	Fusobacterium species*
Bifidobacterium bifidum*	Treponema denticola
Actinomyces bifidus	
Peptostreptococcus species*	

*偏性嫌気性菌，[§]腸内細菌科

最大の正常細菌叢を形成し，糞便の重量の約 1/3 は細菌で占められている．しかし，70〜80% の菌は培養困難な菌でありその全容は必ずしも明らかではない．主なものは，偏性嫌気性菌であり，Bacteroides 属が最も多く，Bifidobacterium 属，Eubacterium 属，Peptostreptococcus 属などが続く．大腸菌（Escherichia coli）を含む腸内細菌科の菌は，糞便 1g あたり 10^8 個以下と全体の 1% にも満たない．腸内細菌科とは，①通性嫌気性の桿菌で，②芽胞非形成，③呼吸あるいは発酵による代謝を行い，④普通寒天培地によく発育し，⑤オキシダーゼ試験陰性，⑥ブドウ糖を嫌気的に分解し酸を産生するなどの一連の性質を有する数十種類の属に分類される菌であり，その多くは腸管内に生息するが，腸管内に生息するすべての菌が腸内細菌科ではない．

■ 腸内細菌叢の役割と菌交代症

腸内細菌叢のあるものはその代謝の結果ビオチン，リボフラビン，ニコチン酸，パントテン酸，ピリドキシンなどを産生しており，その一部は宿主動物によりビタミンとして利用されている．腸内細菌叢は栄養素の消化吸収だけではなく，宿主の生体防御においても重要な役割を果たしている．多数の腸内常在菌が定着部位や栄養素を外来細菌と競合する

ことによりその定着を阻害したり，バクテリオシンなどの抗微生物因子を産生しほかの菌種の増殖を抑制するものもある．また，腸粘膜 IgA の産生や抗菌性ペプチドの産生を促し，病原細菌の腸管粘膜への定着を阻止している．腸内細菌叢の構成には個人差はあるものの通常安定で菌叢を構成する菌種や菌数が大きく変動することはなく，宿主防御系とも均衡が保たれている．しかし，抗生物質の大量投与などによりその平衡状態が崩れると菌交代症として知られているディフィシル菌（*Clostridium difficile*）による偽膜性大腸炎などが引き起こされる．

■ プロバイオティクスとプレバイオティクス

腸内細菌叢のバランスを整え，腸内の異常状態を改善する，つまり腸内細菌叢の宿主によい影響を与える有用微生物の作用や増殖を促進する食品を摂取することは，有害菌の定着や増殖を防ぎ，免疫系を活性化し，アトピー性皮膚炎や花粉症などアレルギー症状の軽減，さらには，がんや生活習慣病の予防などに効果が期待されている（表2）．とくにラクトバチルス（*Lactobacillus*）やビフィドバクテリウム（*Bifidobacterium*）などは，宿主に対する有益な作用が広く知られており，このような特定の菌を含んだ発酵食品はプロバイオティクスとして健康維持，感染防御のために利用されている．プロバイオティクスは，1989年 Fuller により「腸内細菌叢のバランスの改善により，宿主に有益な作用をもたらす生きた微生物」として定義され，その

表2 プロバイオティクスの効果

・便秘の改善
・下痢の防止
・ロタウイルス下痢症の改善
・抗菌薬関連下痢症の改善
・栄養分の消化吸収促進
・乳糖不耐症状の改善
・免疫能調整作用
・アレルギー低減作用
・血圧降下作用
・胃内ピロリ菌抑制作用
・コレステロール低減
・過敏性大腸炎，Crohn 病および潰瘍性大腸炎の軽減作用
・ディフィシル下痢症の低減
・がん予防

後 Salmines らにより，「宿主に有益な作用をもたらす生きた微生物を含む食品」と再定義された．また，プロバイオティクスの効果を有する有用細菌の増殖を促すフルクトオリゴ糖やイヌリンなどの多糖類，食物繊維，ラクトフェリンなどはプレバイオティクスと呼ばれている．さらにプロバイオティクスとプレバイオティクスを組み合わせた食品や製剤をシンバイオティクスという．プロバイオティクスの機能研究はヒト臨床試験に基づいて，大腸がん，炎症性腸疾患やアレルギーなどさまざまな疾患に対する有効性の評価が行われており，医学的，栄養学的意義が明らかにされることが期待されている． 〔斎藤慎二〕

129

細胞性免疫 vs 微生物

マクロファージ，エフェクター T 細胞，
細胞内寄生性細菌

■ 食細胞による殺菌機構

　白血球の中で細菌など粒子状の異物を認識し貪食して細胞内に取り込み，さらに細胞内で殺菌処理できる細胞を食細胞（phagocyte）と総称し，好中球（neutrophil），単球（monocyte）・マクロファージ（macrophage）などが含まれる．末梢白血球中では好中球がその半数を占め微生物の貪食殺菌に中心的な役割を担う．マクロファージは血流中では単球として存在し，肝臓や脾臓，肺胞など全身に組織固有の定着性マクロファージとして分布している．これら食細胞は炎症局所で産生される走化性因子（細菌由来因子，補体成分，ケモカインなど）に誘引され血管外へ出て炎症局所へと浸潤し，微生物に接着し貪食により細胞内に取り込む．また，食細胞の表面には補体や IgG の Fc 部に特異的な受容体が存在し，補体や抗体でオプソニン化（抗体や補体が結合した細菌は受容体を介し食細胞に認識・捕捉されやすくなる）された微生物を効率よく貪食できる．食細胞が異物を認識結合すると，食細胞の細胞膜が偽足状突起として連続的に接着面を拡大し異物を覆い尽くし，やがて細胞膜内に閉じ込められる形で細胞内に取り込む．このステップが貪食で細胞質内に取り込まれた異物は inside-out となった細胞膜に囲まれた食胞（phagosome）の中に格納される．これにより，細菌など異物の毒性は食胞内に隔離され，さらに，引き続き発動する殺菌機構を自己の細胞質には傷害を及ぼさず標的に集中させて発揮させることができる．食細胞の殺菌機構には，貪食直後から食胞内で働く活性酸素群による殺菌，微生物を取り込んだ食胞にリソソームが融合し（P-L fusion），リソソーム内の

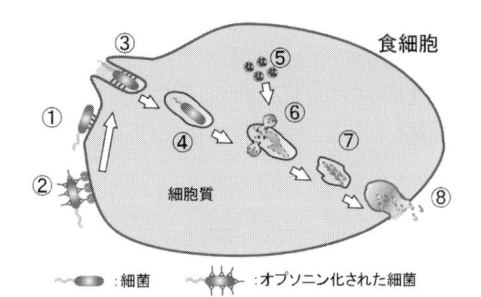

図 1 食細胞による細菌の貪食過程①細菌の接着と捕捉，②オプソニン化された細菌の接着と捕捉，③偽足形成と細菌の取り込み，④食胞（ファゴソーム）形成，⑤リソソーム，⑥ファゴリソソーム形成 (P-L fusion) による殺菌・消化，⑦〜⑧未消化物・残存体は細胞外に放出される．

さまざまな抗菌因子，酵素類を食胞内に放出し殺菌消化する強力な殺菌機構がある（図1）．食細胞は宿主感染防御において最も重要なエフェクターであり，われわれの恒常性維持に不可欠な防御因子である．食細胞系の機能破綻はすなわち宿主を易感染性にし，弱毒菌による日和見感染を招く．

■ 細胞性免疫

　主要なエフェクターが抗体と補体である体液性免疫（humoral immunity）に対してT細胞に依存した細胞成分が中心となる免疫応答を細胞性免疫（cell-mediated immunity）と称する．細胞性免疫には，T細胞のほか，マクロファージ，樹状細胞，ナチュラルキラー（NK）細胞，NKT細胞などの細胞群が関与し，サイトカインと総称されるさまざまなタンパク質性の細胞間伝達因子を介したネットワークにより制御されている．細胞性免疫は，ウイルスや原虫，細胞内寄生性細菌などの抗体や食細胞のみでは排除困難な微生物への感染防御に大きな役割を果たしている．リンパ球のうち，B細胞とNK細胞は骨髄内で成熟するのに対し，T細胞は未熟な段階から骨髄から胸腺へと成熟の場を移し成熟T細胞へと分化する．抗原による刺激を受けてい

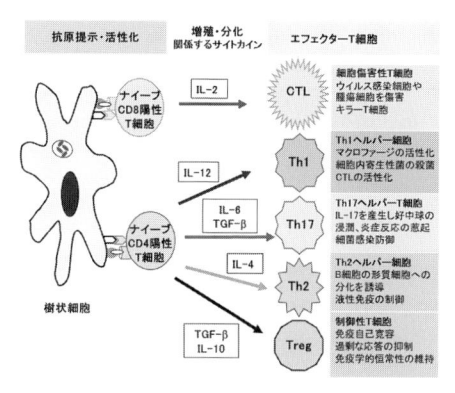

図2 感染防御におけるエフェクターT細胞

ない成熟T細胞は大きくナイーブCD8陽性T細胞とナイーブCD4陽性T細胞に分けられ，樹状細胞より抗原提示を受け，活性化，増殖し，それぞれエフェクター細胞へと分化する（図2）．ナイーブCD8陽性T細胞は別名キラーT細胞とも呼ばれる細胞傷害性T細胞（cytotoxic T cell, CTL）へと分化する．細胞傷害性T細胞はウイルス感染細胞や腫瘍細胞などを標的細胞として攻撃・傷害しアポトーシス（計画的な細胞死の機構）を誘導する．一方，ナイーブCD4陽性T細胞は一般にヘルパーT細胞と総称されるエフェクター細胞群へと分化していく．その方向性は，抗原提示により活性化，分化する過程で受けるサイトカインの種類や共刺激シグナルの強さなどによって決定される．①Th1細胞はインターフェロン-γなどのサイトカインを産生しマクロファージを活性化する．活性化されたマクロファージは貪食殺菌能やサイトカイン産生能が向上し結核菌やサルモネラ菌などの細胞内寄生性菌の殺菌やウイルスの不活化なども可能となる．また，細胞傷害性T細胞の活性化にも関与する．②Th17細胞はインターロイキン（IL）-17を産生するヘルパーT細胞で好中球の浸潤を誘導し炎症応答の惹起や細菌に対する防御に重要な役割を担っている．③Th2細胞は抗体産生の促進やアレルギー応答の成立に中心的な細胞で体液性免疫を制御しており，細胞性免疫への関与は低い．④制御性T（Treg）細胞は免疫応答を抑制するための負の制御を担っている．自己応答の抑制（自己寛容）や過剰な応答のブレーキ，免疫の恒常性維持で重要な役割を果たしている．

■ 細胞内寄生性細菌

マクロファージや好中球など貪食能，殺菌能の高い食細胞内に侵入後，細胞の殺菌作用を回避し，さらに細胞内で増殖できる細菌（結核菌やサルモネラ菌，リステリア菌，レジオネラ菌など）を細胞内寄生性細菌という．食胞細胞の食胞内ではさまざまな殺菌機構が働いているが細胞内寄生性細菌はそれら殺菌機構を阻害したりエスケープする機序を身につけ，さらに細胞内環境で増殖するための栄養を獲得する能力をもっている．食胞内は液胞型プロトンポンプにより酸性化され多くの細菌の増殖は抑制される．しかし，レジオネラ菌は食胞内の酸性化を抑制することにより食胞内での生存を可能にしている．また細胞内寄生性細菌の多くは活性酸素種の無毒化に働く酵素を保有し，食胞内での活性酸素による攻撃を回避している．リステリア菌は食胞の膜に孔を形成するタンパク質毒素を産生し，食胞から細胞質内にエスケープし食胞内殺菌を免れ，さらに栄養豊富な細胞質内で増殖し感染拡大の基盤を作っている．さらに，結核菌やサルモネラ菌，レジオネラ菌は食細胞の強力な殺菌機構であるP-L fusionを阻害することにより殺菌を免れる．これらの細胞内寄生性細菌の排除にはTh1細胞を介したマクロファージの活性化が重要な役割を果たしている．

〔斎藤慎二〕

130

液性免疫 vs 微生物

抗体，B細胞，補体

■ 自然免疫と適応免疫

病原微生物の定着，侵入，病原性の発現に対して，生体はさまざまな戦略によって防御機構を発動する．生体表面では皮膚や粘膜といった物理的バリアーや胃酸などの化学バリアー，常在細菌叢などの生物バリアーが機能している．バリアーを越えた微生物に対しては食細胞や免疫系などの生体防御因子が発動される．免疫系には，外来微生物など自己とは異なる異物を抗原（antigen），異物，非自己と認識し排除するシステムがある．この現象は適応免疫（adaptive immunity）あるいは獲得免疫（acquired immunity）と呼ばれ，抗原特異的免疫応答であり，記憶される．適応免疫の発動には，微生物抗原の処理，T細胞への抗原提示，T細胞の活性化，B細胞の増殖と形質細胞への分化，形質細胞からの抗体産生など複雑なプロセスが必要で成立までにはある一定の時間を要する．効果的な防御が得られる反面，はじめて侵入した病原体に対し即応することはできない．一方，細菌の組織侵入に対しては炎症が惹起されるが，炎症初期にみられる細胞浸潤は細菌の種類や抗原性の違いは関係なく非特異的な応答として発動される．この現象は自然免疫（innate immunity）に含まれ，微生物由来の分子を抗原としてではなくパターンとして認識し，体液中の補体や食細胞が中心となり異物排除に働く即応性のある応答を示す免疫機構である．自然免疫は即応力には優れているが，その防御効果には限界があり，侵襲を続ける病原体や再侵襲に対しては適応免疫が有効に働いている．しかし，自然免疫と適応免疫はまったく別なシステムではなく，自然免疫の活性化により適応免疫が誘導され，適応免疫により自然免疫は再活性化されるなど両者の連携によってより有効な生体防御が構築されている．

■ 抗体・免疫グロブリン・液性免疫

黄色ブドウ球菌や緑膿菌などの化膿菌は，好中球やマクロファージなどの食細胞により貪食・殺菌されるため，組織間隙などの細胞外での増殖が主体となる．これら細胞外増殖菌に対しては，自然免疫系の体液性の因子による殺菌機構とともに，適応免疫での抗体（antibody）の重要性も知られている．抗体は特定の抗原決定基に特異的に結合する活性をもつタンパク分子群であり，免疫グロブリン（immunoglobulin, Ig）とも呼ばれる．抗原刺激によりその抗原に特異的なB細胞クローンが増殖し，形質細胞に分化し抗体を産生する（図1）．免疫グロブリンはその構造や抗原性によって，IgG，IgM，IgA，IgD，IgEの五つのクラスに分けられる．細菌の侵入門戸となる粘膜面では分泌型IgAが細菌の付着を阻害する．また，血清中にはIgGが

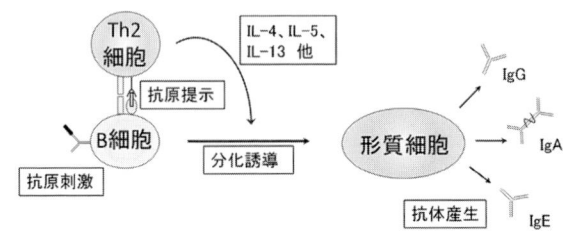

図1　B細胞分化と抗体産生

主要な抗体成分として存在する．感染防御における IgG 抗体の重要な役割は，抗体が細菌に特異的に結合しオプソニンとして働き，免疫グロブリン分子に対する受容体をもつ好中球やマクロファージに効率よく貪食させることである．さらに免疫複合体（抗原抗体複合体）の形成により補体古典経路の活性化を誘導し細菌の溶菌に至る機構はグラム陰性菌の排除に重要である．破傷風やジフテリアなど細菌により産生されるタンパク質性毒素が臨床症状を引き起こす場合，これらの防御には毒素分子の受容体結合部位に結合し毒素と標的細胞の結合を阻害する抗体（中和抗体）が重要である．同様にウイルスと受容体の結合を阻害する中和抗体はウイルス感染防御に働く．抗体を中心に展開される免疫システムを液性免疫（humoral immunity）と呼ぶ．

■ 補　体

補体（complement）は血清中に存在する自然免疫における最も重要な液性因子であり，およそ 20 種類のタンパク質群によって構成されるその総称である．通常は不活性な状態にあるが細菌感染刺激などにより補体成分が連続的に活性化されさまざまな生物作用を示す．活性化には三つの経路があり，自然免疫では，別経路（alternative pathway）およびレクチン経路（lectin pathway）が，適応免疫には古典経路（classical pathway）が存在する．いずれも C3 を活性化し，生じた C3b から C9 まで連鎖的に反応し C5b-C9 複合体を形成し，これが細菌細胞膜に膜侵襲性複合体を形成し細菌を溶菌させる．ほかにも C3a，C4a，C5a は走化性因子として食細胞を感染局所に集積させる．また，食細胞表面には C3b に対する受容体が存在し，C3b が結合した細菌細胞は貪食されやすくなる（オプソニン化）（図2）．

■ そのほかの体液性因子による防御

血液，粘液，涙液，唾液など体液中には生体表面のバリアーを突破して侵入してきた微

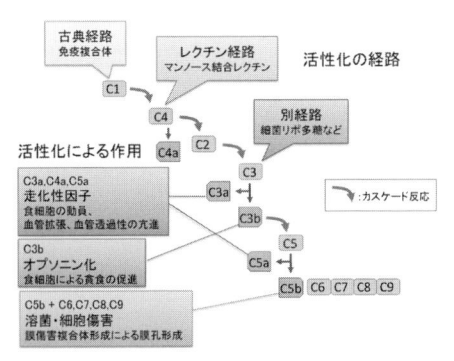

図 2　補体の活性化

生物に対して働く種々のタンパク質因子が含まれている．涙液に含まれるリゾチームは細菌細胞壁を分解する酵素であり，グラム陰性菌の殺菌に有効である．血中のトランスフェリンや乳汁に含まれるラクトフェリンは直接の殺菌作用は示さないが鉄イオンのキレート作用により細菌の遊離鉄イオンの獲得を阻害する．また，ディフェンシンなどの抗菌ペプチドは細菌の細胞膜に孔形成を行い殺菌する．

■ 血清耐性

細菌が血管内に侵入すると補体の活性化が起こり，病原菌の排除機構が発動される．これに対して細菌は補体の活性化を阻害したり，補体成分の活性を妨害して補体に抵抗する．大腸菌や連鎖球菌の莢膜成分のあるものは補体の古典経路や別経路の活性化を阻害し，A 群連鎖球菌の M タンパクや，黄色ブドウ球菌のプロテイン A は古典経路の活性化を阻害する．また，グラム陰性菌の外膜タンパク質にはオプソニン作用や溶菌作用を阻害するものもある．さらには，淋菌のように IgA プロテアーゼを産生し粘膜での排除機構を免れ感染を確立する病原体も存在する．このように細菌側にもさまざまなエスケープ，耐性機構が存在し宿主の生体防御に抵抗している．

〔斎藤慎二〕

131
酸化ストレス耐性

カタラーゼ, SOD, フェリチン,
Dps, GSH, Trx, Ahp, 核様体

■ 酸化ストレスを無害化する分子群

呼吸や貪食細胞などによって発生する酸化ストレス因子は、最終的にヒドロキシラジカル（OH^*）やスーパーオキシドアニオン（O_2^{*-}）などのフリーラジカルとして生体物質を酸化し、細胞を傷つける。これに対し、細菌は酸化ストレスを無害化するさまざまなタンパク質を産生する。これらは、①直接活性酸素種を分解するもの（カタラーゼやスーパーオキシドディスムターゼ）、②フリーラジカルの発生を抑止するもの（フェリチンやDps）、③チオール基（-SH）の還元力を用いて直接的または間接的に活性酸素の酸化力を無害化するもの（グルタチオンやチオレドキシン）、と大きく3通りに分類できる。偏性嫌気性細菌では、これらの一部またはすべてを失ってしまっている種が多くみられる。

活性酸素種を分解するもの　カタラーゼは過酸化水素（H_2O_2）を水と酸素に分解する（$2H_2O_2 \rightarrow H_2O + O_2$）。スーパーオキシドディスムターゼ（SOD）は$O_2^{*-}$を$H_2O_2$に変換する。これらの酵素は細菌からヒトまで保存されている。

フリーラジカルの発生を抑止するもの　生体内で発生する過酸化水素はフェントン反応（$H_2O_2 + Fe^{2+} \rightarrow 2HO^* + Fe^{3+}$）を介してヒドロキシラジカルを発生する。フェリチンやDps（MrgAとも呼ばれる）は、Fe^{2+}を取り込んでFe^{3+}へと還元し、フェントン反応の進行を抑制する。DpsはゲノムDNAに結合して核様体を凝集させる機能をもつことがわかっており、ゲノムDNAの保護に関わるとされる。フェリチンはヒトまで保存されているが、Dpsは細菌に特異的なタンパク質である。

チオール基の還元力を用いるもの　グルタチオン（GSH）はシステインを含むトリペプチドでありグルタチオン合成酵素によって産生される。多くのGSHは細胞内で-SH基を維持した還元型で存在する。活性酸素種や生体分子を還元する際に、分子間でS-S結合を形成して2量体（GSSG）の酸化型となる。チオレドキシン（Trx）やアルキルヒドロペルオキシドリダクターゼ（Ahp）は分子内に-Cys-x-x-Cys-モチーフ（xは任意のアミノ酸）をもつタンパク質であり、システイン（Cys）間のS-S結合形成を介して活性酸素種や生体分子を還元する。酸化されたGSH（GSSG）、Trx、Ahpは、GSH（GSSG）還元酵素、Trx還元酵素、Ahp還元酵素が、NADPHやNADHに由来する還元力を用いて還元型に戻す。これら合成酵素や還元酵素は真核生物まで保存されている。

そのほかの抗酸化ストレス分子　以上のような、活性酸素種に働きかける分子に加え、傷ついた生体物質を修復・除去するタンパク質（DNA修復酵素、シャペロン・シャペロニン、プロテアーゼなど）など、細菌は酸化ストレスに対抗するためにさまざまな分子を発達させている。　〔大庭良介〕

132

抗菌ペプチドと耐性

自然免疫, 抗菌剤, ディフェンシン, ナイシン

■ 抗菌ペプチドは微生物に選択的な毒

抗菌ペプチドは, 微生物にのみ選択的に毒性を示すペプチドである. これまでに1,000以上もの抗菌ペプチドが, さまざまな生物から分離されている. これらは, 構造の特徴からおおまかに, 直鎖状αヘリックス型, 分子内ジスルフィド結合含有型, など数種のグループに整理される. 進化的に離れた生物種から同じグループに属する類似した抗菌ペプチドが見つかることも多く, その起源の古さがわかる. たとえば, 線虫が産生するASABFと呼ばれる抗菌ペプチドと類似したものは, より下等なカイメン動物からも, より高等な軟体動物や節足動物からも見出される. 生物進化の初期から原始的な自然免疫を構成する一員だったのだろう.

多くの抗菌ペプチドは, マイクロモル以下の濃度で, 微生物の細胞膜を破壊して, 菌を殺す (図1A, 樽型モデル；B, ドーナツ型モデル；C, じゅうたん型モデル). また, 膜を透過して, 細胞内部の標的を攻撃するものもある (図1D).

ペプチドの種類によって殺菌できる微生物種は異なるが, グラム陽性・陰性細菌から真菌に至るまで効果が認められている. 一部にはウイルスを不活性化する効果も見出されている. さらに腫瘍を選択的に殺す作用を示すものもあり, 近年注目されている.

これら抗菌ペプチドは, 新しい抗菌剤として, いかにも有望であり, 実用化のための研究も多い. 現在, 最も普及している例は, 乳酸菌が産生するナイシンである. 古くから食品や飲料に乳酸菌が用いられている安心感もあり, チーズや缶詰の食品保存料として日本や欧米を含む50か国以上で認可されている. また, ペプチドであることを利用して, 遺伝子組換え技術により作物や果樹に発現させ, 耐病性を高める技術も開発されている. 臨床医療に用いる抗菌剤への開発研究も数多いが, 抗原性・安定性や生産費用の問題から難航している. 一般の低分子抗菌剤とは異なる, その特徴に適した用途に応用することが重要なのだろう.

■ ヒトも抗菌ペプチドで身を守る

ほとんどすべての動物や植物が, 多様な抗菌ペプチドを産生して, 病原微生物から身を守っている. 微生物さえ, ほかの微生物との生存競争を優位に戦うため, 抗菌ペプチドを分泌するものもある.

ヒトもまた多くの種類の抗菌ペプチド (ディフェンシン, キャセリシジンなど) を, 皮膚, 消化管, 血球などの多くの組織で作り, 微生物に対抗する武器として用いている. 面白いことに, ヒトなどでは, 抗菌ペプチドは直接に微生物を攻撃するだけでなく, より効果的に病原菌を撃退するために, 免疫反応を調節する働きまで兼ね備えている.

その働きは重要であり, クローン病, 乾癬, アトピー性皮膚炎などは, 抗菌ペプチドによる防御の機能異常が原因の一部とされている.

■ 微生物も抗菌ペプチドに対抗する

ヒトの医療にペニシリンなどの抗菌剤が用いられはじめて1世紀にも満たないが, すでに多くの耐性菌が生じ, 長く用いられた薬剤では治療できない感染症が増えた. 「抗菌ペ

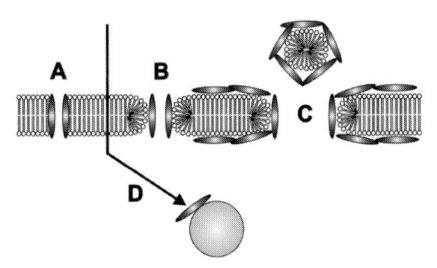

図1 抗菌ペプチドの作用機序

プチドに耐性の菌は現れないのか？」という疑問は当然である．

一般に，抗菌ペプチドには耐性菌は生じにくい．少なくとも医療に用いられた抗生物質に対する耐性のような著しい耐性は，抗菌ペプチドでは見つかっていない．しかし，いくつかの原因で抗菌ペプチドが効きにくくなることはある．

最も単純な耐性は，微生物がペプチドの分解酵素（図2A）や結合タンパク質（図2B）を分泌して，抗菌ペプチドを無力にすることである．

多くの抗菌ペプチドは正に荷電しており，負に荷電した微生物の細胞膜を攻撃する．耐性の微生物には，細胞外に負に荷電したマトリックスを作り，抗菌ペプチドが細胞膜に達する前に捕らえてしまうものもある．逆に細胞壁や細胞膜の負電荷を減らすように変異して，抗菌ペプチドが吸着するのを防ぐことによって，耐性化するものもある（図2C）．

また，標的となる細胞膜の硬さが極端に高くなったり低くなったりすると抵抗性になることも知られている（図2D）．

さらに，膜を傷つけ内部に侵入した抗菌ペプチドを細胞外に排出するポンプがあり，その機能が亢進すると耐性になる（図2E）．

人畜の病原菌である黄色ブドウ球菌では，シグマ因子Bというストレスに対する抵抗性を制御する因子の働きが亢進すると，抗菌ペプチドへの抵抗性が増す．

驚いたことに，微生物は抗菌ペプチドの存在を探知し，耐性に関わる遺伝子の発現を誘導すらしている．

■ 抗菌ペプチドと微生物の進化競争

抗菌ペプチドは微生物を殺そうとする．微

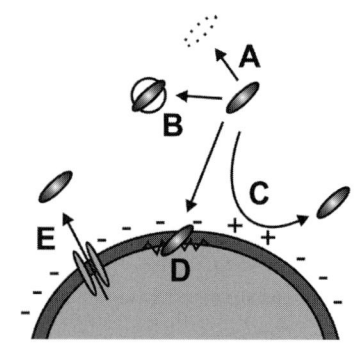

図2 抗菌ペプチドに対する耐性の機構

生物は抗菌ペプチドが無効になるよう変化しようとする．そのような菌を殺す抗菌ペプチドがまた進化する…．このような進化の競争は，今も繰り広げられている．

微生物は，わずか半世紀あまりの間に，すでに何種類もの抗生物質に耐性を得てしまった．それを目撃した私達には，一見，抗菌ペプチドの勝利はありえないようにみえる．しかし，動植物は，一個体が多様な抗菌ペプチドを作る．また，多くの抗菌ペプチド遺伝子は多重化し，速い進化を可能にしている．実際に，系統進化の研究から，抗菌ペプチドの異常な進化速度が証明されている．

一部の抗菌ペプチドは，生物進化のカンブリア爆発以前から存在していると推測される．抗菌ペプチドと微生物の戦いは，5億年以上の均衡を保っているのだろう．今後も，生物の進化とともに，抗菌ペプチドは誕生・消滅や変化を繰り返しながら，終わりない病原体との攻防を続けてゆくに違いない．

〔加藤祐輔〕

133

抗生物質と耐性菌

感染症,治療薬,薬剤耐性

■ 感染症の歴史

人類は,その歴史のなかで長い間,細菌やウイルスなどによる感染症(以前は伝染病と呼ばれた)に苦しめられてきた.人類に感染症を引き起こす細菌(病原菌)としては結核菌,赤痢菌,コレラ菌や肺炎球菌などがあり,多くの命を奪ってきた.たとえば第二次世界大戦前のわが国における死因の上位は結核や肺炎などの細菌感染症で占められていた.後述するように,抗生物質の発見によって多くの細菌感染症が治療可能となり,第二次世界大戦後には細菌感染症による死者は激減した.しかし近年,わが国では肺炎による死者が増え続け,2011年には死因の第3位に上昇した(厚生労働省・平成23年人口動態統計).死者の大部分は65歳以上の高齢者であり,肺炎による死者の増加は,わが国が高齢化社会であることと密接な関係がある.このように細菌感染症は,決して過去の病気ではない.

■ 抗生物質の歴史

1928年,イギリスの細菌学者,アレクサンダー・フレミングは,「寒天培地に生えたアオカビの周囲には細菌が生えない」という現象を偶然に発見した.フレミングは,アオカビが生産する「抗菌作用を有する物質」をアオカビの学名にちなんで,「ペニシリン」と命名した.1940年代になってペニシリンの抗菌作用が再認識され,医療への応用も始まった.これをきっかけに,さまざまな微生物を培養して,その培養液から抗菌物質を探索する試みが行われた.その結果,1943年にはアメリカの微生物学者,セルマン・ワクスマンが,放線菌が生産する抗菌物質を発見した.ワクスマンは,この物質を,その生産菌の学名にちなんで「ストレプトマイシン」と命名した.ワクスマンはまた,「微生物によって生産され,微生物の発育を阻止する物質」をantibiotics(抗生物質)と命名した.その後もテトラサイクリン,クロラムフェニコール,エリスロマイシンなど多くの抗生物質が発見された.

■ 抗生物質の作用メカニズム

ほかの薬と同様,抗生物質にも,それが作用する標的分子(多くの場合はタンパク質)が存在する.たとえばペニシリンと構造が類似する一群の抗生物質(βラクタム系抗生物質と総称する)は「ペニシリン結合タンパク」と呼ばれるタンパク質と結合することにより,このタンパク質が有するトランスペプチダーゼ活性を阻害する.トランスペプチダーゼは細菌の細胞壁の合成に必須な酵素である.すなわちβラクタム系抗生物質の作用メカニズムは,トランスペプチダーゼ活性の阻害に基づく細胞壁の合成阻害である.ただしクラミジアやマイコプラズマにはほかの細菌のような細胞壁がないので,βラクタム系抗生物質は,これらの細菌には抗菌作用を示さない.またヒトの細胞にも細胞壁がないので,βラクタム系抗生物質はヒトには重篤な副作用を示さない.

同様に,ほかの抗生物質についても,それぞれが特異的に作用する標的分子がある.

■ 抗生物質に対する耐性

医療分野では,複数の抗生物質が効かない多剤耐性菌が蔓延しており,細菌感染症を治療する上で大きな問題となっている.もともと抗生物質は,どのような細菌にも同じように効くわけではなく,たとえば薬剤排出ポンプを持つ細菌(緑膿菌など)は抗生物質を積極的に菌体外に排出してしまうために,一般的には抗生物質が効きにくい.しかし,最初は抗生物質が効いていた(薬剤感受性)細菌が,その抗生物質に長期間曝されると,感受性を失って耐性になることがある.もともと薬剤感受性だった細菌が薬剤耐性になるのは

何故だろうか？

薬剤耐性能の水平伝播　細菌が薬剤耐性能を獲得するメカニズムの一つは酵素による抗生物質の分解である．たとえばβラクタム系抗生物質はβラクタマーゼ（Bla）という酵素で分解されると抗菌作用を失う．したがってβラクタム系抗生物質はBlaをもつ細菌の増殖を抑制できない．Blaをコードする遺伝子は，薬剤耐性因子（プラスミドと呼ばれる環状DNA）などのなかに存在しており，このような因子が細菌から細菌へと受け渡されることによって，βラクタム系抗生物質に耐性になった細菌が増えていく．このようにして薬剤耐性能が広まることを，「水平伝播」と呼ぶ．たとえば2009年以降，欧米からインドやパキスタン方面へ渡航した旅行者が，ほぼすべてのβラクタム系抗生物質に耐性になった大腸菌に感染し，帰国後に，この耐性菌が国内で拡散するという事態が発生して大きな社会問題となった．これらの耐性菌はニューデリー・メタロ-β-ラクタマーゼ1（NDM-1）という新種のBlaを産生していたが，NDM-1をコードする遺伝子は水平伝播で拡散したと考えられている．

また，分解酵素以外の水平伝播によって薬剤耐性能が拡散する例もある．たとえば，βラクタム系抗生物質の一種であるメチシリンに耐性になった黄色ブドウ球菌（MRSA）はPBP2'というタンパク質を作っている．これはメチシリンの標的分子である「ペニシリン結合タンパク」のアミノ酸配列の一部が変異したものである．このアミノ酸変異のために，メチシリンはPBP2'のトランスペプチダーゼ活性を阻害できず，そのためにPBP2'を生産する黄色ブドウ球菌がメチシリン耐性になるのである．PBP2'は*mecA*遺伝子がコードしており，この遺伝子が水平伝播することによってメチシリン耐性能が拡散すると考えられている．

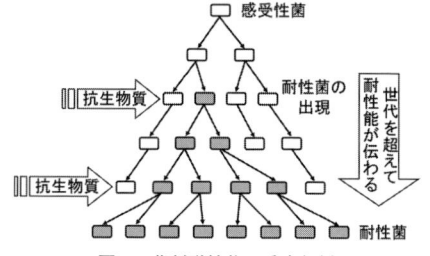

図1　薬剤耐性能の垂直伝播

薬剤耐性能の垂直伝播　もう一つのメカニズムは，親細胞から娘細胞への薬剤耐性能の継承である．たとえばキノロン系抗生物質の標的分子の一つはDNAジャイレースというDNA複製に必須な酵素であるが，この酵素の遺伝子に突然変異が起きて一部のアミノ酸配列が変異すると，キノロン系抗生物質が作用できなくなってしまうことがある．このような変異型DNAジャイレースを生産する細菌は，キノロン系抗生物質に耐性になる．このような薬剤耐性能は，細菌の染色体DNAの突然変異に由来するものであるから，細菌の細胞分裂に伴って親細胞から娘細胞へと受け継がれていく．このような薬剤耐性能の伝達様式を，「垂直伝播」と呼ぶ（図1）．

■ **薬剤耐性菌の蔓延を防ぐ方法**

水平伝播にせよ垂直伝播にせよ，薬剤耐性能を獲得した細菌は，細菌集団のなかでつねに，ある頻度で存在していると考えられる．しかし抗生物質の存在下では薬剤耐性菌だけが生き残ることができる．そして抗生物質が恒常的に存在する環境下では，かなりの割合の細菌が薬剤耐性を示すようになる．したがって，医療上の問題となる薬剤耐性菌の蔓延を防ぐためには，抗生物質を濫用せず，適正に使用することが重要である．わが国では抗生物質の適正使用に関するガイドラインが設けられており，薬剤耐性菌の蔓延を防ぐ努力がなされている．　　　　　〔吉本　真〕

134
病原性・耐性の獲得と進化

遺伝子水平伝達，コンピテンス能，ファージ

細菌の病原性の進化や薬剤耐性の獲得には，突然変異の蓄積に加えて遺伝子水平伝達が重要な役割を果たす．細菌が遺伝子を受け渡す能力についてみてみよう．

■自然形質転換

細菌のなかには，環境中のDNAを直接取り込む能力をもつものがあり，この能力をコンピテンス能という．取り込んだDNAは栄養源として利用されるほか，遺伝子修復のための鋳型として使われる．また，取り込んだDNAがゲノム中に挿入されたり，染色体外DNAとして安定に保持されたりして新たな遺伝子の獲得に至る．肺炎球菌 (*Streptococcus pneumoniae*) の形質転換能はアベリーとグリフィスの実験でDNAが遺伝物質であることを証明するために用いられたことで有名である．

DNAを取り込むための装置をコンピテンス装置といい，枯草菌 (*Bacillus subtilis*) や肺炎球菌のコンピテンス装置の仕組みがよく研究されている．複数のタンパク質サブユニットからなる複合体で，細胞膜に存在する．細胞外のDNA結合部分でDNAを捕らえ，その後片側の鎖は分解されて一本鎖DNAとして細胞内に取り込まれる．

コンピテンス能をもつ細菌でも，すべての細胞がつねにDNAを取り込むことができるわけではなく，たとえば肺炎球菌では増殖相のごく限られた時期にコンピテンス能をもち，また，枯草菌では一部の細胞だけがコンピテンス装置を発現するような制御が行われている．

特殊な環境でのみコンピテンス能を示す細菌もいる．たとえばコレラ菌 (*Vibrio cholerae*) は蟹の甲羅の上などキチンの存在下でコンピテンス能を示す．また，これまでコンピテンス能がないと考えられてきた*Listeria*属，*Lactococcus*属などのゲノムにもDNA取り込み装置の遺伝子が発見され，これらの細菌がわれわれのまだ知らない環境でコンピテンス能を発揮している可能性がある．ウェルシュ菌 (*Clostridium perfringens*) などコンピテンス装置（遺伝子）をもたない，あるいは失ってしまった細菌も多い．

■形質導入

細菌に感染するウイルス（バクテリオファージ）が遺伝子を運ぶ．その様式によって，特殊形質導入と普遍形質導入の二つに区別さ

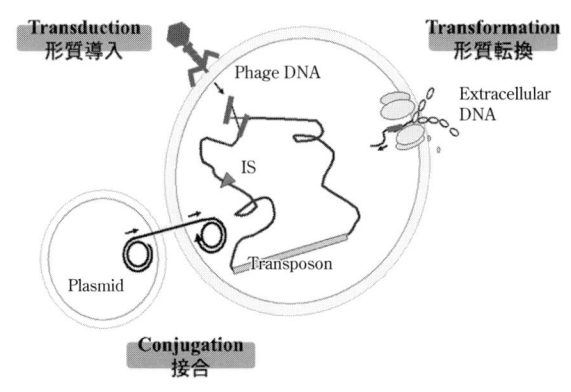

図1 主な水平伝達の様式

れる．特殊形質導入は宿主ゲノムに挿入されていたファージゲノム（プロファージ）の切り出しの際に，誤って周りの宿主DNAを含んだ形で切り出され，ファージ粒子となり，これが感染することで，宿主DNAを受け渡す．ファージゲノムが宿主ゲノムの決まった領域に入りやすい場合には，特殊形質導入によって伝達される宿主DNA領域も限定的となる．一方，普遍形質導入では，分解された宿主DNA断片がファージ粒子に取り込まれ，伝達される．受け渡される宿主DNA領域はランダムで，どの領域でも伝達しうる．バクテリオファージが関与した病原性獲得の進化としては，病原性大腸菌O157の毒素獲得が有名である［→120 病原性大腸菌］．

■ 接　　合

供与菌が接合繊毛（性繊毛，F繊毛）を作り出し，これを介して受容菌にDNAを受け渡す．接合繊毛を形成するために必要な遺伝子をもつ菌だけが供与菌となることができる．DNAは一本鎖の形で接合繊毛を通り受け渡される．受容菌・供与菌それぞれが受け渡されたDNAを鋳型として二本鎖DNAを合成する．

同一患者の体においてバンコマイシン耐性腸球菌（VRE）のバンコマイシン耐性遺伝子がメチシリン耐性黄色ブドウ球菌（MRSA）におそらく接合により伝達した事例が報告されている．さまざまな薬剤が効かないバンコマイシン耐性黄色ブドウ球菌（VRSA）の出現は驚異であるが，すでに複数の報告が挙がっている．

■ そのほかの伝達様式

形質転換，形質導入，接合は古くから研究されてきた水平伝達様式であるが，これ以外にも遺伝子が水平伝達される例が知られている．たとえば，グラム陰性菌では　DNAを含んだ膜小胞が観察されており，このような膜小胞を介した伝達機構があるらしい．また，黄色ブドウ球菌のISはファージに似た粒子に格納されて高効率に伝達される．最近，細菌同士が細いチューブ（ナノチューブ）で連結され，そのチューブを通してタンパク質や遺伝子が輸送される現象が観察された[1]．ただし，ナノチューブ説の真偽・詳細については議論が始まったばかりである．

■ プラスミドと動く遺伝子

水平伝達された遺伝子は，プラスミドとして染色体外の遺伝因子として維持される場合と，ゲノムに組み込まれる場合がある．

プラスミドは環状二本鎖DNAで生存に必須な遺伝子は含まない．たとえば複数の薬剤耐性遺伝子が含まれたプラスミド（Rプラスミドという）が伝達すると，一度にそれらの薬剤耐性を獲得できる．接合繊毛の遺伝子を含み，それ自体が接合で伝達されるプラスミドを接合プラスミド（Fプラスミド）という．

ゲノムに組み込まれる場合としては，相同組み換え以外にも，特別な組み換え酵素を用いたシステムが知られている．トランスポゾン，挿入配列（insertion sequence: IS），ブドウ球菌カセット染色体（staphylococcal cassette chromosome: SCC）などがあり，これらは動く遺伝因子と総称される．とくにメチシリン耐性遺伝子を含むものはSCCmecと呼ばれ，MRSAの出現・蔓延に重要な役割を果たした遺伝因子として知られる．

〔森川一也〕

参考文献

1) G. P. Dubey and S. Ben-Yehuda. 2011. *Cell.* **144**: 590-600.

135

人体環境での鉄の獲得

ヘム，シデロホア，ヘム輸送機構

鉄は，ヘムや鉄−硫黄クラスターの構成要素であり，また，呼吸やDNA合成をはじめとしたさまざまな生命現象に関与するタンパク質にも必要な重要な元素である．このため，鉄はほぼすべての生物にとって必須であり，ヒトやヒトに感染する微生物もその例外ではない．微生物の感染という観点からみた場合，ヒトは細胞外に不要な鉄を放出しないことが微生物の感染を抑制するために重要で，一方，微生物は鉄の量の限られた環境下でいかにして鉄を獲得するかが生存に関わる重要な問題となる．ヒトと微生物の間では，鉄を巡る攻防が繰り広げられているのである．

■ ヒトの体内での鉄の制御

ヒトの体内には3～5gの鉄が存在する．その60～70％（2,500 mg）はヘム鉄としてヘモグロビン中に存在し，30％前後（1,000 mg）はフェリチンにより貯蔵鉄として蓄えられている．ヘモグロビンは主に赤血球中に存在するが，赤血球の寿命は120日前後である．老化した赤血球中のヘモグロビンの鉄は捨てられるわけではなく，新たな赤血球を作るために再利用される．また，食物からの鉄の吸収は主に十二指腸で行われ，1日あたり約1 mg程度の鉄が吸収される．このように，ヒトの体内での鉄の移動はかなり活発であるが，細胞外の鉄の量はトランスフェリンやラクトフェリン（鉄イオンと結合するタンパク質），ヘモペクシン（ヘムと結合するタンパク質），ハプトグロビン（赤血球から放出されたヘモグロビンと結合するタンパク質）ヘプシジン（十二指腸での鉄吸収を制御するタンパク質）などのタンパク質により厳密に制御されている．

■ 微生物の鉄獲得機構

上記のように厳密に鉄濃度が制御された環境で，微生物は効率よく鉄を獲得する機構を発達させてきた．主要な機構として，ヘモグロビンからヘム鉄を獲得する系とシデロホアを用いて鉄イオンを獲得する系が知られている．

■ ヘモグロビンからの鉄の獲得

ヒト体内では，大部分の鉄がヘム鉄として赤血球のヘモグロビン中に存在する．したがって，ヘモグロビンから鉄を奪うのが最も効率がよい．病原性微生物の多くは溶血毒素を産生し，赤血球を破壊する．これにより，赤

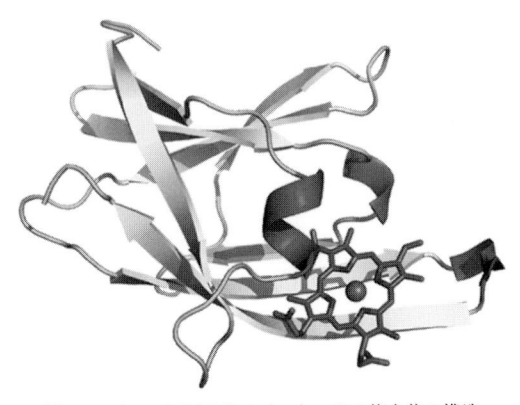

図1 IsdHのNEATドメインとヘムの複合体の構造

血球からヘモグロビンが漏出する．漏出したヘモグロビンはハプトグロビンにより保護されるが，病原性微生物は，ヘモグロビンおよびヘモグロビン-ハプトグロビン複合体からヘムを奪い取り，ヘムごと体内に取り込む．各々の微生物は，独自のヘム輸送系をもつが，ここでは，とくに研究が進んでいる黄色ブドウ球菌のヘム輸送系を例示する．

黄色ブドウ球菌は，Isd（iron-regulated surface determinant）システムというヘム輸送系をもつ．IsdシステムはIsdAからHまでの九つのタンパク質から構成されるシステムである．IsdA, B, C, Hは細胞壁に存在するが，NEATドメインと呼ばれる免疫グロブリンに似た構造のドメインを，一つもしくは複数個もつという共通点がある．IsdBとIsdHのN末端側のNEATドメインは，ヘモグロビンやヘモグロビン-ハプトグロビン複合体と結合し，ヘモグロビン中のヘムを遊離させる．遊離したヘムは，IsdB, IsdHのC末端側のNEATドメインに捕捉される．その後，ヘムは，IsdA, IsdCのNEATドメインへと順に伝達され，最終的に，細胞膜に存在するIsdDEF複合体に伝達される．IsdDEF複合体はヘムを細胞内へと輸送するトランスポーターである．IsdDEFにより細胞内に取り込まれたヘムは，IsdGもしくはそのパラログタンパク質であるIsdIにより分解され，鉄イオンが利用される．ほかの微生物も，これと類似したシステムを使って，ヘモグロビンから鉄を獲得している．NEATドメインは，さまざまな微生物のヘム取り込み機構において共通に用いられている．いずれのNEATドメインも配列相同性があり，また類似した構造をもつにもかかわらず，上記のように異なる機能をもつことは興味深い．また，黄色ブドウ球菌のNEATドメインは，ワクチンとして利用できるという報告があり，今後の展開が期待される．

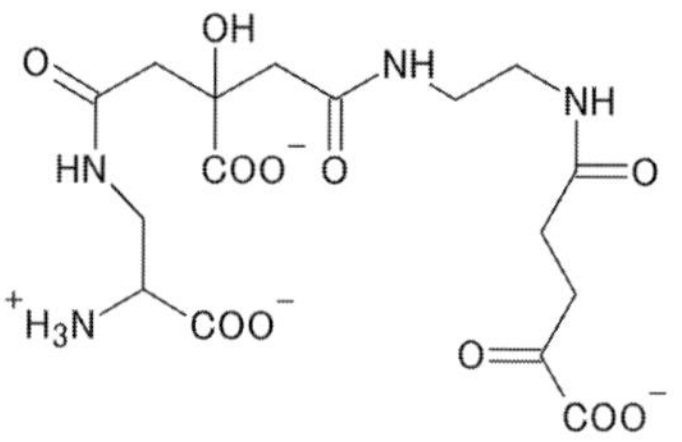

図2 黄色ブドウ球菌のシデロホア（スタフィロフェリンB）の構造

■ シデロホアを用いた鉄の獲得

シデロホアは鉄イオンと強く結合する低分子化合物である．微生物はシデロホアを分泌し，鉄イオンと結合したシデロホアを体内に取り込むことで鉄を獲得する．微生物から分泌されたシデロホアは，その高い鉄結合活性を使い，ヒトのトランスフェリン，ラクトフェリンから鉄イオンを奪い，鉄イオン-シデロホア複合体を形成する．鉄イオン-シデロホア複合体は，微生物の細胞膜に存在するABCトランスポーターによって細胞内に取り込まれる．

一方，シデロホアを用いた微生物の鉄獲得に対抗する機構がヒトには存在する．ヒトの好中球，マクロファージが産生するリポカリン-2は，鉄イオン-シデロホア複合体と結合することにより，微生物の増殖を抑制する．また，ヒトもシデロホアを産生する．ヒトのシデロホアも鉄イオンと結合するとリポカリン-2と結合し，ヒトの細胞内に取り込まれる．　　　　　　　　　　〔田中良和〕

参考文献

1) M. Nairz, A. Schroll, T. Sonnweber et al. 2010. *Cellular Microbiol.* **12**: 1691.
2) K. P. Haley and E. P. Skaar. 2012. *Microbes Infect.* **14**: 217.
3) 中野　稔，戸恒博子，手老省三ほか．2011. 元素からみた生化学．金芳堂．

136

細胞集団の多様性

phase variation, 相変異, SSM

　クローナルな微生物細胞を培養したにもかかわらず，形質的に明らかに異なる細胞，たとえば，コロニーの形状や色，病原性菌においてはその毒性などが変化している細胞が含まれていることが昔からよく知られている．このような形質の異なる細胞を分離培養した場合，その形質が維持され次の世代に受け継がれることは普通であるが，その一方で，その培養液の中に再びもとの性質に戻っている細胞も含まれてくる．もともとクローナルな細胞集団であっても，このように多様性を有している．このような現象は"phase variation（相変異）"などと呼ばれている．20年以上前に*Candida albicans*で"phenotypic switching"として報告された現象であるが，その後いくつかのカビや，最近では，大腸菌，ブドウ球菌，サルモネラ，緑膿菌などさまざまな細菌でも報告されている（表1）．この現象が単なる自然変異と区別されているのは，一般的に次の世代にその形質が伝えられるにもかかわらず，集団中のある一定数が，変化以前の形質に戻ること，さらには，その形質の変化の頻度が自然変異の効率よりも明らかに高いことによる．phase variationは，形質による分類，あるいはその現象を指す言葉であるため，遺伝子の変化

表1　代表的な phase variation

菌　種	変化する形質	制御される遺伝子	分子機構
Bordetella pertussis	線毛	*fim3*	SSM
	さまざまな毒性	*bvgS*	SSM
Borrelia burgdorferi	リポプロテイン	*vlsE*	相同組換え
Campylobacter coli	鞭毛	*flhA*	SSM
Escherichia coli	線毛	*fim, fot* operons	逆位
	線毛	*pap*	メチル化
Haemophilus influenzae	リポ多糖	*lic1〜3A, lgtC*	SSM
	DNA修飾	*mod*	SSM
Helicobacter pylori	制限修飾系	*mod*	SSM
	リポ多糖	*futA, B, C*	SSM
	鞭毛	*filP*	SSM
Moraxella cartarrhalis	付着	*uspA1*	SSM
Neisseria sp.	Type IV pilin	*pgtA, pilE, S, pilC*	SSM, 相同組換え
	外膜タンパク質	*porA, opc*	SSM
	ヘモグロブリン受容体	*hpuAB, hmbR*	SSM
	莢膜	*siaA, siaD*	相同組換え，SSM
	リポ多糖	*lgtA, C, D*	SSM
Proteus mirabilis	線毛	*mrp* operon	逆位
Salmonella enterica	線毛	*pef* operon	メチル化
	鞭毛	*fljBA, fliC*	逆位
Staphylococcus sp.	付着	*ica*	転座
	莢膜	*cap3A*	相同組換え
	表層タンパク質	*selB*	SSM

van der Woude らの総説を参照，改変

(inversion や deletion, insertion など）として解析が進められている場合とそうでない場合が含まれる．後者がなぜ起きるのか，その説明としては，化学反応の偶発性とかタンパク質合成と分解頻度のランダム性，または"ノイズ"として説明されている．細菌におけるエピジェネティック機構が関与しているかもしれない．もちろんこのような細胞集団の多様性は，種の保存として非常に有効であり，一過的な急激な環境変化にも種として対応可能である．現に生態学分野での"insurance hypothesis"に合致する報告も出されている．

phase variation は，細菌の莢膜（capsule），鞭毛，線毛，さらにはバイオフィルムといった細胞表層の構造の多様性としてよく観察されており，その分子機構のいくつかがいくつもの細菌で調べられている．たとえば，淋菌では，多様な抗原性の異なる線毛が発現したり，線毛そのものが作られたり，作られなかったりということなどが知られている．この線毛の多様性は，相同組換えにより行われており，一つのプロモーターを有する線毛の構成成分をコードする遺伝子が，ゲノム中の9箇所に散在するプロモーターをもたない類似の構成成分遺伝子と部分的に組み換わる結果として，10^6 以上の異なる抗原性の多様性を生じさせることで達成される．また，サルモネラにおける二つの鞭毛抗原（H1, H2）のスイッチは，特異的な繰り返し配列を介したプロモーターの逆位により行われており，そこには上記の例同様に相同組換えが関与している．また，淋菌では宿主細胞への付着と侵入に関わる細胞表面のタンパク質をコードする遺伝子内に，CTCTT の5塩基からなる繰り返し配列が存在し，この繰り返し配列の数の増減が起こり，フレームシフトの結果として，またしても抗原性に変化を与えている．後者のこのような短い繰り返し配列の欠失や挿入による多様性の変化は phase variation で最も多く認められる機構であり，"slipped strand mispairing（SSM）"と呼ばれている．そして，DNA の合成や修復と連鎖して起きると考えられている．Haemophilus influenzae における DNA メチラーゼをコードする mod 遺伝子の on/off が，AGTC の4塩基の繰り返しを利用した SSM が関与しているなど，多くの報告がなされている．これ以外の分子メカニズムでは，例こそ少ないが，DNA のメチル化による多様性なども知られている．腎炎に関わる大腸菌の pap pilin の発現は，その構造遺伝子のプロモーター上流に存在する GATC 領域の Dam メチラーゼによるメチル化によりコントロールされている．このメチル化による遺伝子の制御は，次の世代にもしっかりと受け継がれ，pilin の発現をコントロールしている．

以上述べてきたように，一見クローナルな集団であってもそのなかにはリバーシブルな多様性が存在している．この多様性がとくに細胞表層の変化として起きること，そして，その結果として多くの場合，virulence に変化を生じることは，この機構が生物の種の保護のためにあらかじめ備わった機構であろうことをほのめかしているのではないだろうか．phase variation に関して，多くの総説が報告されているのでそれらを是非見ていただきたい[1,2]．　　　　　　　　〔間世田英明〕

参考文献
1) M. W. van der Woude and A. J. Baumler. 2004. *Clin. Microbiol. Rev.* **17**: 581-611.
2) W. K. Smits, O. P. Kuipers and J.-W. Veening. 2006. *Nature Rev. Microbiology.* **4**: 259-271.

137 環境と新興・再興感染症

ウイルス性出血熱，SARS，多剤耐性結核

天然痘の根絶が1980年に世界保健機関（WHO）により宣言されたことから，感染症は近い将来克服されると考えられた時期があった．しかし，その後多くの新たな感染症の発生が相次いだ．これまで知られていなかった未知の感染症を「新興感染症」と呼ぶ．また，もはや公衆衛生上問題がなくほぼ克服できたと考えられていた感染症が再び問題となってきた場合，再興感染症と呼ぶ．両者をあわせて新興・再興感染症と呼ぶ．新興感染症の多くは人獣共通感染症である．

これらの多くが人獣共通感染症であるが，近年は，公衆衛生上重要な新興・再興ウイルス感染症が大きな問題となっている．1960年代から70年代にかけて新興したエボラ出血熱，マールブルグ病，ラッサ熱などのウイルス性出血熱はアフリカで発生した．1981年に米国で確認された後天性免疫不全症候群（AIDS）もその起源はアフリカのチンパンジーと考えられている．しかし，最近では米国でのハンタウイルス肺症候群，オーストラリアでのヘンドラウイルス感染症，マレーシアでのニパウイルス感染症，中国でのSARS，香港での高病原性鳥インフルエンザ，中国での重症熱性血小板減少症候群など，世界中，とくにアジアでの新興ウイルス感染症の発生が頻発している．また，アフリカでのエボラ出血熱，マールブルグ病の流行の頻発，リフトバレー熱の大規模な流行の頻発，米国での西ナイル熱やサル痘ウイルス感染症の流行，クリミア・コンゴ出血熱のトルコでの大規模な患者発生など，再興ウイルス感染症も大きな問題となっている．また，細菌感染症でもレジオネラ症，病原性大腸菌O157：H7などによる腸管出血性大腸菌感染症，ビブリオコレラ菌O139による新型コレラ，ビブリオ・バルニフィカス感染症などの新興感染症が知られている．牛海綿状脳症（BSE）による変異型クロイツフェルト・ヤコブ病（vCJD）は感染性の異常プリオンタンパクによる新興感染症である．

これら重篤な新興・再興ウイルス感染症の多くは野生動物が病原体の自然宿主であり，蚊やダニなどによって媒介される病原体もある．エボラウイルス，マールブルグウイルス，ヘンドラ，ニパウイルスなどはオオコウモリを自然宿主とする．SARSコロナウイルスの自然宿主もコウモリであると考えられている．ラッサウイルス，ハンタウイルスは野生ネズミを宿主とする．一方，クリミア・コンゴ出血熱ウイルスはダニと野生動物や家畜，リフトバレー熱ウイルスとウエストナイルウイルスは，蚊と野生動物や家畜をサイクルとする感染環により維持され，ダニや蚊によって媒介される．

これらの新興・再興感染症が近年とくに多発している原因としては，①気候などの環境変化による宿主動物の増加（ハンタウイルス肺症候群など），あるいは媒介節足動物の増加（ダム建設，洪水などによる蚊の大発生によるリフトバレー熱の大流行；ダニおよび宿主野生動物の増加によるトルコでのクリミア・コンゴ出血熱の大規模な流行など），②熱帯雨林などの開発（オオコウモリ生息地を開発して養豚場を建設した結果，コウモリから豚にニパウイルスが感染し，さらに人へ感染し流行したなど），③家畜の移動（リフトバレー熱，クリミア・コンゴ出血熱の羊などの移動による中東への侵入），④野生動物の輸入（アフリカからドイツなどに輸入されたサルを介したマールブルグ病の発生，アフリカから米国への野生齧歯類の輸入によるサル痘の発生など），⑤ブッシュミート（SARSはハクビシンから人への感染により発生したと考えられている．近年のエボラ出血熱の流行では，最初の患者は発症したチンパンジーや

ゴリラから感染したと考えられている)，⑥野生動物から家畜への感染(高病原性鳥インフルエンザなど)，⑦航空輸送による人の移動(香港を経由して世界各国に広がったSARS，しばしば輸入症例が発生するラッサ熱など)，⑧通常の食物連鎖からの逸脱(vCJDがイギリスで新興したのは，牛の飼料として与えた汚染肉骨粉を感染源としてBSEが牛に大流行し，それを食料として人へ感染したなど)，⑨薬剤耐性ウイルスや細菌の発生(ウイルスでは，AIDSの原因ウイルスであるHIVの多剤耐性，C型肝炎のインターフェロン耐性，インフルエンザのタミフルなどへの耐性など．薬剤耐性菌感染症としては，多剤耐性結核菌，多剤耐性アシネトバクター，多剤耐性緑膿菌(MDRP)，バンコマイシン耐性黄色ブドウ球菌(VRSA)，バンコマイシン耐性腸球菌(VRE)，ペニシリン耐性肺炎球菌(PRSP)，メチシリン耐性黄色ブドウ球菌(MRSA)，NDM-1 多剤耐性菌などによる感染症の出現がある)．

これらの新興・再興感染症のうち，野生動物由来感染症については，病原体保有動物種の輸入規制がとられることがある．感染症法第54条の規定に基づき輸入禁止措置がとられている動物は，イタチアナグマ，タヌキ，ハクビシン(SARS)，コウモリ(狂犬病，ニパウイルス感染症，リッサウイルス感染症)，サル(エボラ出血熱，マールブルグ病)，プレーリードッグ(ペスト)，ヤワゲネズミ(ラッサ熱)がある．また，新興・再興感染症が発生すると瞬く間に世界中に広がることがある．そのため，その対策は発生国における個別の問題としてではなく，国際的な連携により対応を進めることが重要である．このため，WHOでは，地球規模アウトブレイク警戒および対策チーム(Global Outbreak Alert and Response Team)が世界中の感染症流行情報を取得し，その対応の中枢機能を果たしている．2000年にはGOARN(Global Outbreak Alert and Response Network)が発足し，感染症の流行に関する情報収集，技術・物資・人的援助を行なっている．SARS発生時にはこれらが機能し，さらに国際研究ネットワークが早期の病原体同定と検査診断法の開発に寄与した．

新興・再興感染症は，その発生原因からも今後も未知の病原体による新たな感染症の発生は避けられないと考えられる．

〔森川　茂〕

138
人獣共通感染症

昆虫やダニ（ペスト，日本脳炎など），
ペット・動物（狂犬病，ラッサ熱など）

「人獣共通感染症」とは動物からヒトに感染する感染症の総称である．動物由来感染症，ズーノーシス（zoonosis）ともいう．2007年時点でヒトの感染症の病原体は1,407種あり，そのうち816種が人獣共通感染症病原体に分類される[1]．また，新興感染症177疾患のうち130が人獣共通感染症である．現在，人獣共通感染症には分類されない麻疹，AIDSなどのヒトの感染症の多くも，かつては人獣共通感染症であったと考えられている．近年問題となっている新興・再興感染症の多くは人獣共通感染症である．なお，人獣共通感染症は，ヒトでのみ発症する感染症とヒトと動物ともに発症する感染症とがある．

■ 人獣共通感染症の分類

人獣共通感染症はその病原体の維持と伝播様式から，①単純型：狂犬病やブルセラ症などのように1種類の脊椎動物で維持・伝播されるもの，②循環型：エキノコックス症などのように複数の脊椎動物で循環するもの，③異型型：デング熱，黄熱，バベシア症などのように脊椎動物と無脊椎動物で循環するもの，④腐正型：エルシニア症やボツリヌス症などのように土壌などの無生物と脊椎動物で循環するものに大別される．また，人への感染には，直接伝播と間接伝播がある．直接伝播では，咬傷（狂犬病など），ひっかかれる（ネコひっかき病など），なめられる（パスツレラ症など），排泄物との接触（エキノコックス症，寄生虫，ラッサ熱など）がある．間接伝播では，昆虫やダニなどによるベクター媒介性（ダニにより媒介される感染症としてはダニ媒介性脳炎など，蚊により媒介される感染症としては日本脳炎，ウエストナイル熱など，ノミにより媒介される感染症としてはペストなど），環境媒介性（水系汚染による感染症にはレプトスピラ症，クロストスポリジウム症など，土壌汚染による感染症としては炭疽など），食品媒介性（肉を介した感染では病原性大腸菌O157：H7などによる腸管出血性大腸菌感染症，E型肝炎など，鶏卵を介した感染ではサルモネラ症など，魚類を介した感染ではアニサキス症など）がある．また，輸血や臓器移植などによる感染も起きている．とくにドナーが感染していた病原体に臓器移植で感染した場合，レシピエントは免疫抑制状態にあるため通常では致死的ではないリンパ球性脈絡髄膜炎などでもほぼ100％の致死率となる．また，ペットラットや餌用ラットなどを感染源として牛痘感染症がドイツ，フランスで発生している．

これらの多くは新興・再興感染症でもあり，その発生要因は134［環境と新興・再興感染症］を参照されたい．

■ 日本における人獣共通感染症

日本では人獣共通感染症の発生が諸外国と比較して少ないといわれる．その原因は，①地理的要因：熱帯や亜熱帯地域に多い人獣共通感染症がほとんどなく，隣国と接しない島国であることから病原体保有動物が侵入しにくいこと，とくに重篤な人獣共通感染症に関しては媒介する可能性のある動物の輸入禁止などの水際対策が徹底して行われている，②家畜などの衛生対策：飼育犬の狂犬病ワクチン接種と放浪犬対策，家畜のブルセラ症対策などによる国内からの病原体の根絶や排除，③公衆衛生対策：ドブネズミ対策や下水道整備や汚水処理などが考えられる．

狂犬病は，狂犬病予防法の制定後7年の1957年に国内から根絶されているが，ほとんどの国や地域ではいまだに重要な人獣共通感染症で年間5万人以上が死亡している．厚生労働大臣が狂犬病清浄地域と指定しているのは英国，アイルランド，アイスランド，ノルウェー，スウェーデン，ハワイ，グアム，フィジー諸島，オーストラリア，ニュージー

ランドと少ない．台湾では1961年以降根絶されていると考えられていたが，2013年に野生動物のイタチアナグマで狂犬病の流行が維持されていることがわかった（http://www.mhlw.go.jp/bunya/kenkou/kekkaku-kansenshou10/）．狂犬病は発症したイヌなどの動物に咬まれて感染するが，発症までの潜伏期間が長いため曝露後ワクチンが有効である．フィリピンで犬に咬まれて曝露後ワクチンを受けなかった日本人が2006年に2名帰国後に死亡している．曝露後ワクチンを受けなかったのは，日本では狂犬病が存在しないため，狂犬病に関する知識や危機意識が低かったためと考えられる．

日本では，ペットから感染する人獣共通感染症としてはオウム病（鳥），Q熱，パスツレラ症，ネコひっかき病，カプノサイトファーガ感染症（イヌやネコ），サルモネラ症（カメなどの爬虫類）などが知られている．野生動物に由来する人獣共通感染症としては，E型肝炎（イノシシ，シカ），エキノコックス症（キタキツネ），腸管出血性大腸菌症（ウシ），日本紅斑熱（シカなどからダニ媒介），レプトスピラ症（ネズミ），野兎病（ウサギなど），などが国内で発生している．

人獣共通感染症に感染する機会を減じるために日常生活で行うべき注意事項としては，イヌの狂犬病ワクチンの接種，動物との接触後の手洗い，ペットとの過剰な接触を避ける，野生動物との接触を避けるなどが挙げられる．

代表的な人獣共通感染症に関しては，厚生労働省の「動物由来感染症」のホームページに，結核感染症課が作成した「動物由来感染症ハンドブック」が公開されていて，適時更新されているので参照されたい．
（http://www.mhlw.go.jp/bunya/kenkou/kekkaku-kansenshou18/）　〔森川　茂〕

参考文献
1) M. Greger. 2007. *Critical Reviews in microbiology.* **33**: 243-299.

Column ❖ タンカー事故海域で働く微生物

中東などの油田地帯から日本へは，毎日大量の石油がタンカーで輸送され，発電所や車の燃料として，さまざまなプラスチック製品の原料として日々利用されている．この輸送中にしばしば悪天候などでタンカー事故が発生し大量の石油が海に流れ出し，人々の生活や生態系に多大なダメージを与えている．最近では，日本海や東京湾，知床沿岸，茨城県沿岸，また米国のアラスカ沿岸やカリブ海での事故が記憶に新しい．これらの事故処理には莫大な費用や手間がかかるため，大きな問題となっている．

これらの流出油の大半は，自然のままでも微生物の働きで分解されるが，一般の海域では条件が悪いため，完全分解までには相当に長い時間が必要となる．最近の遺伝子レベルでの群集解析手法は，こういった事故時に活躍する微生物を浮き彫りにしはじめている．その代表が，*Cyclobacter*属と*Alcanivorax*属の細菌である．前者は石油中の芳香族炭化水素成分（不飽和二重結合をもつ6個の炭素からなるリング状化合物の一群）を，後者は脂肪族炭化水素成分（上述した不飽和二重結合をもつリング状化合物をもたない化合物の一群）を好んで食べ，汚染海域に広く優占する傾向にある．いずれも分離・培養が難しく，最近になって認知されたGammaproteobacteriaの微生物である．

石油は炭素に富む化合物の集まりだが，これだけでは微生物分解はうまく進まない．そのため，多くの海域で不足している窒素やリンなどを加え，その分解効率を上げる方法（バイオレメディエーション法の中のバイオスティミュレーション法）が試行されている．また，通常はごくわずかしかいない石油分解菌を，汚染時に人為的に散布し分解のスピードアップを図る方法（バイオオーグメンテーション法）も研究されている．コストや手間など課題もあるが，被害や損害を短時間で最小限に止めるメリットは大きい．さらなる進展が期待されている．

〔丸山明彦〕

139 マラリア

原虫，寄生虫，感染症

■マラリアの症状／生活環／対策

マラリアは，世界で年間約65万人の死亡者が報告されている感染症の一つである．3.3億人がマラリアのリスクのある地域に住んでいる．一方で，死亡者の約90％がアフリカ大陸に偏り，また85％以上が5歳以下の乳幼児である[1]．感染蚊に刺されることでヒトはマラリアに罹患し，高熱・貧血の症状，さらには昏睡状態となり死に至ることがある．抗マラリア薬としては，クロロキン・メフロキン・アルテミシンなどが開発されており，適切に使用されれば治癒可能である．しかしながら，貧困率の高い地域では医療設備が整わないこと，薬剤耐性マラリア原虫が出現していることが大きな問題となっている．予防ワクチンはいまだ開発されていない．

■マラリアの原因病原体

人類とマラリアとの戦いの歴史は長く，約3,300年前のエジプトの王であったツタンカーメンが，熱帯熱マラリアに罹患しており，死亡の一因だったと報告されている[2]．日本でも，古くは瘧（おこり）と呼ばれた土着マラリアが存在し，平清盛の死因は瘧によるとの記録もある．長きにわたり人類を苦しめているマラリアだが，その原因となる病原体（原虫）は，1880年にラヴランによって赤血球内にはじめて見出された単細胞の小さな（1 μm〜10 μm）真核細胞である．ヒトに感染するマラリア原虫は，熱帯熱マラリア原虫（*Plasmodium falciparum*），三日熱マラリア原虫（*P. vivax*），四日熱マラリア原虫（*P. malariae*），卵型マラリア原虫（*P. ovale*）の4種類である．さらに，サル・齧歯類・トリなど，種特異的に寄生するマラリア原虫種が存在する．2002年に熱帯熱マラリア原虫のゲノム配列が解読され，14の染色体中に，約5,000の遺伝子を有することが明らかにされた．

診断法としては，抹消血液の塗抹標本をギムザ染色液により染色し，検鏡するのが一般的で，原虫種や感染率を安価で迅速に同定できる．上述のツタンカーメンの鑑定の際には，熱帯熱マラリア原虫の遺伝子をPCRを用いて増幅するという，遺伝子診断法が用いられた[2]．

■マラリア原虫の生活環

マラリア原虫は，媒介蚊の体内では有性生殖を行い，脊椎動物内では無性的に増殖するという非常に複雑な生活環を有する．接合直後を除き，一倍体で存在する．ヒトマラリア原虫の生活環を簡単に説明する（図1）．蚊の吸血に伴い三日月型の原虫（スポロゾイト）が，ヒトの皮内に打ち込まれ，自律的に運動し血管に侵入する．スポロゾイトは肝細胞に侵入し，約6日かけて数千倍に増殖し，赤血球感染型原虫（メロゾイト）へと分化する．これが血中へと放出され，赤血球に侵入する．三日熱マラリア原虫は，赤血球内で48時間かけて8〜16倍に増殖し，一斉に赤血球から放出されるために周期的な発熱がみられる．すなわち，最初の発熱から三日目に再び高熱がみられ，この症状が名前の由来と

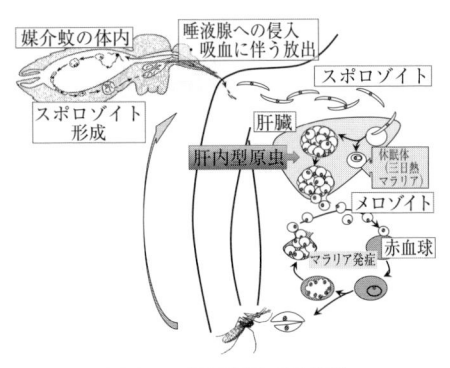

図1　マラリア原虫の生活環

なっている．一方で，赤内型の一部の原虫が，生殖母体（雄，雌）に分化し，吸血の際に一緒に蚊の消化管へと取り込まれる．pH，温度変化が契機となり，生殖体へと発育し受精を行う．接合体が消化管上皮細胞層を通過し，基底膜上にオーシストを形成し，この中で多数のスポロゾイトへと分化する．このスポロゾイトが，唾液腺に侵入し，次の吸血の機会に新しい宿主へと打ち込まれ，新たなヒトへの感染が引き起こされる．

■マラリア撲滅に向けての対策

前述のように，薬剤耐性マラリア原虫の出現により，予防ワクチンの開発が喫緊の課題となっている．一方で，媒介蚊をコントロールすることでマラリアの流行の対策を行う試みも古くから行われてきた．現在では，長期的に効果が持続する薬剤をしみこませた蚊帳の配布に力が注がれている．さらに，蚊のステージでの原虫の発育を抑制する伝搬阻止ワクチンの開発に期待が集まっている．すなわち，生物体が接合体表面のタンパク質を抗原とし，流行地の人々に免疫することで，原虫とともに阻害抗体を蚊に取り込ませ，原虫の生活環を断つことを目的とする．すでに2種類の候補抗原が見出されている[3]．

■感染機構の分子基盤の解明にむけて

マラリア原虫は複雑な生活環を有し，巧妙なシステムで効率よく宿主に感染する．さらに宿主の免疫システムから逃れる仕組みをもっている．その分子基盤を明らかにし，論理的な対策法を構築しようとする試みが近年盛んに行われている．マラリア原虫は，相同組換えによりゲノムに外来遺伝子を挿入することが可能であり，遺伝子改変原虫作出による標的タンパク質の機能解析が比較的容易である．とくに蚊の体内での感染機構，および肝臓への感染機構について，ネズミマラリア原虫をモデルとして，さまざまな知見が重ねられてきた．一例として，スポロゾイトの分泌タンパク質が，運動能（TRAP[4]）や，肝細胞

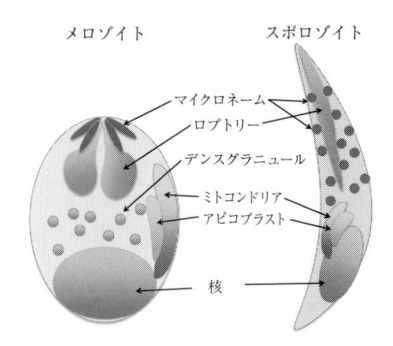

図2　マラリア原虫侵入型の模式図

に到達するために障害となる細胞を通り抜ける機能を担う（SPECTs, CelTOS etc.[5]）ことが明らかにされてきた．マラリア原虫は，図2に示すような構造を有しており，先端部に分泌タンパク質を貯蔵する特徴的なオルガネラをもつ．上記の肝臓感染に関与するタンパク質はすべて，マイクロネームに貯蔵されている．最近になって，ロプトリータンパク質は，細胞侵入に関わる可能性が示唆されており，今後の解析が期待される．ところで，マラリア原虫にはアピコプラストと呼ばれる退化した葉緑体が存在する．四重膜構造をとることから，藻類の二次共生により獲得されたと考えられている．現在では，脂肪酸合成に関わることが知られているが，進化的成り立ちや，このオルガネラを標的とした治療薬の開発などに注目が集まっている．

〔石野智子〕

参考文献

1) World Health Organization: World Malaria Report. WHO Press 2011.
2) Z. Hawass *et al.* 2010. *JAMA.* **303**: 638-647.
3) T. Tsuboi *et al.* 1997. *Infect. Immun.* **65**: 2260-2264.
4) A. Sultan *et al.* 1997. *Cell.* **90**: 511-522.
5) M. Yuda and T. Ishino. 2004. *Cell Microbiol.* **6**: 1119-1125.

140

生活環境と病原微生物

災害，気候変動，感染症

　古代ギリシャの医聖ヒポクラテスは「医者たるもの見知らぬ都市にはじめて来たときは，気候風土などその地の状況を観察して思慮しなければ，病気流行の本質を知りえない」と述べている（「空気，水，場所について」での記述）．

　生活環境と病原微生物の関係は，紀元前のエジプト時代から記録に残されている．都市ができ人口密度が高くなると不特定多数の人との接触が増加し，水源の共有，排泄物とゴミの堆積，齧歯類や昆虫の増加という衛生上の問題が発生し，感染のリスクが高くなる．急激な人口増加や洪水などで管理ができなくなると，感染者や感染動物が侵入した途端に都市には病原微生物が広がる．古代ローマ時代の記録では，衛生上の問題と感染症の流行により，都市生活者の平均寿命は地方生活者よりも短いことが記されている．

　中世において世界を恐怖により混乱させたペストは，自然界の齧歯類に流行する感染症である．病原体は細菌（*Yersinia pestis*）である．齧歯類からの媒介者はケオプスネズミノミ（*Xenopsylla cheopis*）である．最初は腺ペストという発熱症状だが，やがて肺ペストの症状になり咳により人から人へと感染を広げる．微生物の知識も治療法もない1300年代のヨーロッパでは，肺ペストにより2,000万〜3,000万人が死亡し，多大な影響を受けたことが小説をはじめとする多くの記録に残されている．中世のペスト大流行は，都市への人口集中，ユーラシア大陸との活発な東西交易に原因がある．交易により人や動物などが頻繁に行き来し，地域的な風土病の媒介動物と病原体が都市へと移動したのである．

　環境変動の顕著な例は，難民など大規模な人の移動，生活基盤を破壊する自然災害や戦争などである．第二次世界大戦より以前の戦争では，過密な宿舎，劣悪な衛生状態に医療設備の欠如した戦場にて感染症が大流行し，入院あるいは死亡する兵士が増加，実質的に戦争の継続が難しくなり終戦を迎えている．別名「戦争熱」とも呼ばれた発疹チフスはこの例にあてはまる．発疹チフスはリケッチア（*Rickettsia prowazekii*）を病原体とし，コロモジラミ（*Pediculus humanus corporis*）により媒介される．流行の歴史から，戦争や貧困により蔓延する疾患として知られていた．日本での患者発生数は，太平洋戦争が始まると毎年1,000人以上になり，戦後の貧困と飢餓の時代には3万人にまで増加した．発疹チフスの予防には，殺虫剤よりも衣類を洗濯して清潔に保つことが効果的であるとされ，日本でも衛生状態が改善されると患者数は激減し，1957年に最後の症例が報告されて以降の発生例はない．発疹チフスは人とシラミだけに感染するため，患者を治療し，衛生状態の良い生活を継続できれば病原体は消失する．

　21世紀を迎えてもなお世界で流行している感染症は，コレラ，結核，マラリア，デング熱などである．コレラの病原体（*Vibrio cholerae*）は海水や汽水の動物プランクトンに生息する細菌で，人には水と食物から感染する．ベンガル地方の風土病として知られていたが，1800年代にアジアから世界へ流行を広げた．水様性下痢症を起こすコレラは，ロンドンに上陸すると人口増加と劣悪な上下水道の管理という衛生状態のもと，二度にわたり大流行を起こした．医師ジョン・スノーは長期にわたる疫学調査から，流行地区の井戸が感染源であることを科学的に示し，井戸の使用を禁止して患者発生を激減させた．コレラは1993年までに7回の大流行を繰り返し，現在も終息していないが，上下水道の衛生管理が強化された国々での流行は抑えられている．しかし，海域に定着した原因

菌は消失していない．温暖化により平均水温が上昇すれば，熱帯育ちの V. cholerae の生息分布は北上すると考えられている．

デング熱は激しい関節痛を伴うことから「破骨病」と呼ばれる．病原体のウイルスはネッタイシマカ (Aedes aegypti) により媒介され，アフリカ大陸での風土病として知られていた．1780年に北アメリカに上陸してフィラデルフィアで流行した．これが都市型デング熱である．第二次世界大戦では，戦場のアジア各国にデング熱は進出した．1980年代に輸入資材とともにヒトスジシマカ (A. albopictus) が北アメリカ大陸に上陸すると，新しい媒介昆虫の助けにより流行を広げた．

1998年のエルニーニョ現象により，媒介動物（蚊，ダニ，齧歯類など）と水系汚染による感染症が増加した．IPCCレポートの温暖化シナリオでは，海水面の上昇や降雨量の増加は感染症流行のリスクにつながるとしている．温暖化は，環境に生息する病原微生物の生息範囲を変えるだけではない．媒介動物の生息域が北上し，都市部での越冬個体が増加するなどの現象が発生している．媒介動物の個体数が増加すれば，国内に患者が流入したとき，蚊が感染する確率が高くなり，マラリアやデング熱が再び流行する可能性が出てくる．

先進諸国の都市における住環境には，快適な生活ができる設備がある．この快適さの追求により流行した感染症がレジオネラ症である．1976年7月にフィラデルフィア市のホテルで開催された米国在郷軍人会において原因不明の集団肺炎が発生し，2週間のうち221名の発症があり，そのうち29名が死亡した．CDC (Center for Disease Control and Prevention) は総力をあげて原因を究明し，1年後に病原体 (Legionella pneumophila) を分離同定し，感染源が空調設備の冷却水であることを突き止めた．この病原体は土壌や淡水に生息するアメーバに感染して増殖する細菌で，まれに人に感染して原因不明の発熱や呼吸疾患を起こしてきた．この大発生以降，空調の冷却水，屋内の修景噴水，そして循環式浴槽（ジャグジー，24時間風呂，温泉など）を感染源とする症例が国内外で報告されている．この細菌は，人工環境で生息数を増大するが，自然環境での生息数は非常に少ない．

病原微生物の流行の本質を知るには，現場環境の調査と積み上げられた知識体系を活用することが必要である． 〔山本啓之〕

参考文献
1) L. Garrett. 1995. *The Coming Plague: Newly Emerging Diseases in a World Out of Balance.* Penguin Books.
2) J. M. Diamond. 1997. *Guns, Germs, and Steel: the Fates of Human Societies.* W W Norton & Co Inc. (倉骨　彰訳．2000．銃，病原菌，鉄．草思社)

141

宇宙居住環境中の微生物

衛生，常在微生物，細菌叢

　われわれは微生物に囲まれて生活している．無意識に吸っている空気をはじめ，日々口にする飲食物の中，携帯電話やドアノブなどの手で触れる物品の表面には，さまざまな種類の微生物が存在している．ただし，これらの微生物のほとんどは病原性が低いため，通常の生活においては問題にはならない．また微生物は，われわれの体表面や鼻腔・口腔内，消化管内に常在微生物として生息している．たとえば，皮膚では 1 cm^2 あたり 1,000～10 万個の細菌が，唾液 1 ml 中には 1 億個以上の細菌が存在する．これらの常在微生物は，われわれの健康に大きく影響している．すなわち，外来の微生物が皮膚や粘膜，消化管の表面に定着するのを防ぎ，また消化管においては消化やビタミン産生，あるいは腸管免疫系の刺激による免疫能の維持に役立っている．しかしながら，われわれの免疫能が低下した場合は，通常は無害な環境中の微生物や常在微生物が感染源となり，感染症が発生することがある（これを日和見（ひよりみ）感染という）．

　国際宇宙ステーションの完成に伴い，ヒトの宇宙滞在は現実のものとなり，われわれの活動範囲は宇宙空間にまで広がりつつある．この宇宙居住環境においても，ヒトは微生物に囲まれて生活している．そこで，宇宙ステーションや宇宙船内で，微生物調査が行われている．これまでに宇宙ステーション内の空気や機器表面に存在する微生物を培養法で調査した結果，乾燥や紫外線などの環境ストレスに高い耐性をもつ Bacillus 属の細菌のほか，Acinetobacter や Pseudomonas などの自然環境中に生息する細菌，また大腸菌やブドウ球菌などのヒトの常在細菌が見つかっている[1]．ただし，その量は地上の生活環境と比べても多くはなく，病原性の高い微生物も検出されていない．これは，宇宙居住環境中で検出される微生物の多くが，宇宙飛行士とともに宇宙居住空間内に運ばれたものであるからである．

　しかしながら，これまでの宇宙実験により，一部の細菌は，宇宙居住空間で病原性が高まることが報告されている[2]．また，宇宙居住においては，閉鎖空間での生活に伴うストレスなどにより，宇宙飛行士の免疫能が低下することが懸念されている．このように，宇宙居住環境においてはヒトと微生物の関係が変化することから，地上以上に日和見感染症に注意する必要があると考えられている．また，宇宙技術の発展に伴い，宇宙居住が長期化してきている．国際宇宙ステーションにおいては，2000 年 11 月から宇宙飛行士 3 人による長期滞在が開始され，2009 年 5 月からは 6 人体制へと増員されている．さらに，現在計画が進められている有人火星探査においては，火星への到達に 200 日以上を要する．したがって，今後，宇宙居住をより長期間行う宇宙飛行士の健康の確保のため，宇宙居住環境における微生物の制御が，これまで以上に重要となっており[3]，そのためのさまざまな研究が NASA（アメリカ航空宇宙局）や ESA（欧州宇宙機関），JAXA（宇宙航空研究開発機構）などの各国宇宙機関で進められている．

　宇宙居住環境における微生物モニタリング（定期的な微生物調査）においても，地上同様にサンプリングが重要となる．機器表面の微生物サンプリングにあたり，NASA はスワブ（綿棒）を用いた拭き取りを行っている．しかしながら，スワブ法は操作の過程が多く，結果に個人差が出やすい点が課題である．そこで，より簡便な方法として粘着シートを用いたサンプリング法が開発され，現在，国際宇宙ステーション日本実験棟「きぼう」における微生物モニタリングに利用され

図1 地上400 kmの国際宇宙ステーションからNASA・ケネディ宇宙センターに帰還したスペースシャトル・ディスカバリー号．スペースシャトル内の飲用水や機器表面からも，さまざまな微生物が検出されている．（撮影：山口進康）

ている[4,5]．また，その解析には環境微生物学分野において発展してきた蛍光染色法や定量的PCR法が利用されている．今後，このようなモニタリングが進むにつれて，宇宙居住環境における微生物の生態が明らかになり，超長期宇宙居住における衛生微生物学的な安全の確保が可能になるものと考えられる．

また現在，国際宇宙ステーションの微生物モニタリングにおいては，宇宙飛行士が採取した試料を地上に持ち帰り，研究機関で解析している．しかしながら，月面基地や有人火星探査においては，このような試料の運搬は時間がかかるために不可能であり，基地内や宇宙船内で微生物量の測定やその種類の同定を行う必要がある．そこで，微生物モニタリングをその場（on-site）でリアルタイムに行うための検討も始まっている[6,7]．

一方，長期宇宙居住においては，微生物の制御のみではなく，微生物を利用することも宇宙飛行士の健康の増進のために重要である．そこで，プロバイオティクスが期待されている．プロバイオティクスとは「消化管内の細菌叢を改善することにより，下痢・便秘の抑制や免疫力の維持など，ヒトに有益な作用をもたらしうる微生物」のことであり，ヨーグルトなどに含まれる乳酸菌やビフィズス菌の利用が考えられている． 〔山口進康〕

参考文献

1) N. Novikova, P. De Boever, S. Poddubko *et al.* 2006. *Res. Microbiol.* **157**: 5-12.
2) J. W. Wilson, C. M. Ott, K. Honor zu Bentrup *et al.* 2007. *PNAS.* **104**: 16299-16304.
3) JAXA. 2020年までの生命科学分野のISS/きぼう利用シナリオ. http://iss.jaxa.jp/kiboexp/plan/scenario/pdf/lifescience_scenario_v2.pdf
4) JAXA. MICROBE - Microbiology in Space. http://iss.jaxa.jp/kiboexp/theme/second/microbe/
5) T. Ichijo, H. Hieda, R. Ishihara *et al.* 2013. *Microbes Environ.* **28**: 264-268.
6) NASA. Surface, Water and Air Biocharacterization - A Comprehensive Characterization of Microorganisms and Allergens in Spacecraft Environment (SWAB). http://www.nasa.gov/mission_pages/station/research/experiments/1033.html
7) N. Yamaguchi, M. Torii, Y. Uebayashi *et al.* 2011. *Appl. Environ. Microbiol.* **77**: 1536-1539.

142

飲用水中の微生物

消毒，健康関連微生物，微生物再増殖

感染症の低減を目的として近代上水道が芽生えた歴史[1]に象徴される通り，衛生的な飲用水の確保は人の健康に直結するきわめて根源的な課題である．また，飲用水中の微生物を制御する必要性は，過去にわが国で発生した飲み水を原因とする健康被害のほとんどが病原微生物を原因とすること[2]からも明らかである．

水環境を介して伝播する病原微生物は多岐にわたり，ウイルス（ノロウイルス，アデノウイルス，エンテロウイルス，A 型肝炎ウイルスなど），細菌（病原性大腸菌，カンピロバクター，赤痢菌，サルモネラ菌，レジオネラ菌など），原虫（クリプトスポリジウム，ジアルジアなど）が知られている．飲み水の微生物学的な安全性を担保するには，水中の微生物数を適切に制御・管理する必要がある．そのための戦略として，物理的に微生物を除去する方法と，生化学的に微生物に働きかける方法，すなわち消毒（disinfection）がある．消毒とは，微生物を死滅させることに加え，微生物の自己増殖能力や感染力などの活性を奪う不活化も含む概念である．

健康関連微生物（health-related microorganism）とは，人や動物に病気を引き起こす病原微生物（pathogenic microorganism）と，それ自身に病原性はないが水環境中や水処理工程において病原微生物と類似の挙動を示すために管理指標として有用な指標微生物（indicator microorganism）をあわせた分類である．健康関連微生物は，人や動物から排泄され，直接水環境に放流されたり，あるいは下水処理場での処理を経て水環境に放流され，その一部は浄水場で取水されるなど複数のルートを経て，再び人や動物と接触する機会をもつ．すなわち，微生物は人間社会と関わりながら水環境を循環しており，その循環を人為的に制御するポイントとして，浄水場と下水処理場における消毒が重要な役割を担っている．

水の主な消毒方法とその特徴を表1に示す．塩素消毒（chlorination）は，古くから世界中で広く用いられてきた消毒方法であり，塩素の強い酸化力が微生物に酸化的損傷を与えることで消毒効果を発揮すると考えられている．一定濃度以上の残留塩素が存在すれば消毒効果が持続するため，給配水管内での微生物による再汚染や再増殖（regrowth）を予防する観点から，浄水処理に塩素消毒を採用する国が多い．日本では，水道法施行規則に

表1 水の主な消毒方法とその特徴

	利 点	欠 点
塩 素	長い歴史と膨大なノウハウの蓄積あり 比較的安価 残留効果あり	耐性微生物あり 異臭味あり 有害な消毒副生成物あり
オゾン	耐性微生物なし 脱臭脱色に有効	エネルギー消費大 有害な消毒副生成物あり 生物資化性炭素増
紫外線	異臭味なし 有害な消毒副生成物なし 塩素耐性病原原虫に効果大 既存施設への追加設置が容易	原水濁度や色度による阻害あり 残留効果なし 不活化した微生物が回復するリスクあり

より，水道給水末端（蛇口）での遊離残留塩素濃度 0.1 mg l^{-1} 以上（結合塩素の場合は 0.4 mg l^{-1} 以上）を維持するよう規定されている．また，塩素は比較的安価で取り扱いが容易であることから，水道システムのない途上国において家庭ごとに塩素剤を添加し水を消毒する household water treatment としても利用されることがある．一方，塩素消毒の欠点として，クリプトスポリジウムなど塩素耐性がきわめて高い病原原虫の存在が知られている．また，塩素添加に伴い非意図的に生成するトリハロメタンなどの消毒副生成物による健康影響や，塩素剤に由来する塩素酸・臭素酸の問題が懸念されている．

オゾン処理（ozonation）は，オゾンの強力な酸化力で微生物を死滅させる方法である．耐性微生物が存在せずあらゆる微生物に効果的であるが，ほかの消毒方法に比べて施設が大規模でエネルギー消費量が大きいこと，消毒副生成物として有害な臭素酸を生じうること，水中の溶存有機物が低分子化されて生物資化性が高まり微生物再増殖のリスクが高まることなどの課題がある．よって，水の消毒を第一義の目的としてオゾン処理を導入することはまれであり，色度成分など難分解性物質の酸化分解目的で用いられるオゾンが副次的に消毒効果を発揮するという位置づけが主である．

紫外線消毒（UV disinfection）は，紫外光を照射して微生物の遺伝子に損傷を与え，自己増殖能力を奪うことで不活化する方法である．味や臭いに影響しない，有害な消毒副生成物をほとんど生成しないといったメリットに加え，近年，ランプなどの技術革新によりコスト低下と高出力化が可能となった．さらに，高塩素耐性の病原原虫クリプトスポリジウムに対して紫外線消毒がきわめて有効と判明[3]して以来，浄水処理への紫外線消毒の導入事例は世界的に増加傾向にある．日本では，「水道におけるクリプトスポリジウム暫定対策指針」の一部改定（平成 19 年 4 月 1 日施行）により，原水が地表水以外で一定の条件を満たす場合，紫外線消毒を適用することが認められた．ただし，水道水の残留塩素濃度が規定されている日本では，紫外線消毒を施しても塩素添加が必須である．これは，残留効果のない紫外線の欠点を塩素で補完するという考えに基づく．また，いったん不活化された微生物が再活性化する光回復，暗回復などの回復現象も懸念される．

上述の通り，日本の浄水処理では，残留塩素によって配水池から給水栓までの微生物再増殖の制御を目指している．しかし，塩素添加量が不十分な場合，浄水中に塩素消費物質が多い場合，配水管網が長大な場合，水利用量の時間変動が大きく管網内の滞留時間が極端に長くなるケースがある場合などに，残留塩素が消費され，微生物が再増殖する事態が懸念される．近年，"おいしい水"に対する社会的欲求の高まりから浄水中の残留塩素をできるだけ低濃度で維持しようとする動きがあり，微生物再増殖の抑制という本来の目的との兼ね合いが重要となっている．一案として，浄水場出口での残留塩素濃度を低く設定する代わりに配水管網の途中で塩素消毒剤が追加注入されることがある．

浄水中の微生物再増殖をいかに抑制するかは，万国共通の課題である．塩素消毒を必須とする国，紫外線消毒を主とする国，浄水中の溶存有機物をごく低濃度に制御して増殖基質から微生物を制御する国など，戦略はさまざまであるが，衛生的で安全な飲み水の重要性は世界中で広く認識されている．

〔小熊久美子〕

参考文献

1) 金子光美．1996．水質衛生学，pp.27-29．技報堂出版．
2) 水の日本地図．2012．朝日新聞出版．
3) J. L. Clancy, T. M. Hargy, M. M. Marshall *et al*. 1998. *J. Am. Water Works Assoc*. **90**: 92-102.

143
水系感染症

感染経路, 途上国における衛生

■ 水系感染症とは

感染症とは, 病原体と呼ばれる微生物により引き起こされる病気を意味する. 感染症は, ある病原体に感染したヒトや動物 (宿主) から排出された病原体が, なんらかの方法で次の宿主に移動し, そこで増殖 (感染) することで拡大する. 病原体の立場で考えると, ある宿主体内で増殖した仲間とともに宿主体外に飛び出し, さまざまな障害をかいくぐって新しい生息場所に到達し, そこで再び増殖することで種の保全を行っていることになる. 植物の種子の拡散を想像すると理解しやすいのではなかろうか. 本項でとりあげる水系感染症は, このような宿主から宿主への移動に水を利用することができる病原体による感染症を指す. また水系感染症を議論する際はヒトに対する病原体について考えることが多いので, 本項でもそれに従う. 水系感染症の原因となる病原体の種類は非常に多く, 病原体が感染できる動物種, 感染する部位, 発生する症状もまた多種多様である.

■ 感染経路

一口に水といっても病原体の移動との関わりはさまざまであるが, ここでは下水および環境水 (河川水, 海水など) を介した経路について説明する.

動物の消化器官 (胃や腸など) に感染する病原体は, 症状として下痢を引き起こすことが多い. そのような病原体は, 消化器官で増殖したのち便とともに宿主体外に出るが, このときの病原体濃度は多いもので糞便1gあたり100億個を超えることがある. トイレの水洗化が進んでいる現在, 糞便中の病原体はすぐに下水に放出され, 宿主体内とは異なる環境にさらされる. 下水道が整備された地域では, 病原体は下水とともに下水処理場に集められる. 下水処理場では生物処理により有機物や栄養塩などが分解・除去されるが, 病原体はそれとともに除去されたり不活化 (感染できない状態になること) されたりする. 病原体の種類により異なるが, 現在先進国で行われている一般的な下水処理 (活性汚泥法など) により病原体は99％以上が除去あるいは不活化されるといわれている. 下水処理場で除去・不活化しきれなかった病原体は, 下水処理水の放流先である河川や海域に放流される. ここでも病原体は宿主体内とは異なる温度や塩分, 太陽光などの影響を受け, 一部は不活化するが, 生き残った病原体は新たな宿主を探す機会を得る. たとえば病原体により汚染された河川や海域で遊泳するときに河川水や海水を飲んでしまったり, 適切に管理されていない水域で生産された水産食品 (とくに二枚貝) を十分に加熱せずに食べたりすることで, 病原体は新たな宿主に到達することができる.

ほかにも, 感染者がプールや温泉, スパ, 循環風呂など不特定多数の人間が利用する施設を利用することにより, 宿主から放出された病原体が次の宿主に到達する経路などがある.

■ 水系感染症は「水系」感染症か？

これまで述べたように, 水系感染症は水を介して感染が拡大する病気のことである. しかし, これらの感染症の拡大には必ずしも水を介する必要がない場合が多い.

環境水のもつ環境要因 (水温, 塩分, 栄養塩濃度, 太陽光など) は, ごく一部を除き病原体の活性に対し悪い影響を与える. また水中に放出された病原体は水とともに拡散する. したがって, 水を介した感染経路において宿主体外で病原体の濃度および活性が高いのは, 感染者から排出された直後であり, 移動や拡散にともない低下する.

ここで, 宿主から排出された病原体が水を経ることなく次の宿主に到達できる経路が存

在する場合，そちらの方が重要な感染経路となる場合が多い．たとえば感染者の糞便に直接接触したり（例：小児から親への感染拡大），他人が食べる食品に感染者が接触したり（例：レストランの調理者から利用者への感染拡大），大人数が限られた空間で活動している状況で感染者が存在したり（例：学校，保育園，介護施設，クルーズ船など）する場合は，水を介しない経路で感染が拡大する可能性が高くなる．

このように，必ずしも水を介して拡大しなくてもよい感染症を水系感染症として扱うのは，水利用を適切に管理することにより感染拡大を抑制できると考えられてきたからである．たとえば，浄水場では凝集沈殿や濾過により病原体を物理的に除去したり，塩素や紫外線，オゾンなどにより不活化したりしている．下水処理場でも，上でも述べたように生物処理や塩素処理により病原体の除去・不活化を行っている．またプールや温泉などの浴用水も感染拡大を抑制するために水質基準が設けられており，基準に沿って適切に管理された施設では感染症が発生する可能性は低いといえる．現在も病原体に限らず微生物を除去あるいは不活化するためのさまざまな技術開発が行われており，それに伴い水系感染症を引き起こす病原体であっても，水を介した経路で感染が拡大する割合は次第に低くなっていると考えられている．

■ 途上国における衛生

先進国と比較して途上国は上下水道などの衛生的な社会基盤の整備が遅れている地域が多い．とくに都市化が進んでいる地域では，急激な人口増加にインフラ整備が追い付いておらず，100万人以上の人口をもつ大都市ですら下水道普及率が10％に満たないことがある．世界保健機構（WHO）によると，世界で年間190万人もの人が下痢症により命を落としており，その88％が不衛生な水利用に起因すると報告されている[1]．また死亡，疾病を含めた全健康被害の8.4％が不衛生な水利用により発生しているとも報告している[1]．このように，水系感染症の問題は途上国でより深刻である．国連は1990年に発表したミレニアム開発目標（MDGs）の一つとして「2015年までに安全な飲料水と衛生施設を継続的に利用できない人々の割合を半減させる（ターゲット7-C）」という目標を掲げている．2013年に発表された報告[2]によると，安全な飲料水の利用については，1990年から2010年までの21年間で21億人が新たに安全な飲用水を利用できるようになり，人口増を加味しても期限まで5年を残して目標を達成したと報告されている．一方後者については，同じく21年間で19億人が新たに安全な衛生施設を利用できるようになったものの，目標達成にはさらに10億人程度増やす必要があるため，さらなる努力が必要である．特にトイレを利用できない人が2011年時点でも15％（1990年には24％）おり，普及に向けた活動が求められている．

水系感染症を抑制するには，排出された病原体を速やかに隔離して処理することが極めて重要である．先進国である日本は今後この分野でのさらなる貢献が求められている．

〔真砂佳史〕

参考文献

1) A. Prüss-Üstün, R. Bos, F. Gore et al. 2008. *Safer water, better health: Costs, benefits and sustainability of interventions to protect and promote health*. World Health Organization.
2) Anonymous. 2013. *The millennium development goals report 2013*. United Nations.

144

衛生指標微生物

大腸菌，ソーストラッキング

水道水質基準法や食品衛生法では，衛生指標微生物として長らく大腸菌群が用いられてきたが[1]，より糞便指標性の高い微生物として糞便性大腸菌群および大腸菌などが採用されてきている．以下によく用いられる衛生指標微生物と，糞便の汚染源を特定すること（ソーストラッキング）を目的とした新たな衛生指標を紹介する．

■ **大腸菌群**（total coliforms）

乳糖発酵性を示すグラム陰性細菌の総称で，*Escherichia* 属，*Klebsiella* 属，*Enterobacter* 属および *Citrobacter* 属などを含む，いわゆる腸内細菌の一群である．代表的な衛生指標微生物として国内外で大きな役割を果たしてきたが，環境中で増殖するほか，土壌などに由来する株が存在するなど糞便汚染指標としての弱点が指摘されており，現在各方面で見直しが進んでいる．

■ **糞便性大腸菌群**（fecal coliforms）

44～45℃付近の温度で増殖可能な大腸菌群であり，優占属である *Escherichia* 属のほか，一部の *Klebsiella* 属，*Enterobacter* 属および *Citrobacter* 属などが含まれる．本邦では水浴場の水質判定基準として用いられている．WHO は，この細菌群が必ずしも糞便起源ではないことから，耐熱性大腸菌群の名称を用いている[2]．

■ **大腸菌**（*Escherichia coli*）

温血動物の腸管内に常在する通性嫌気性細菌であり，β-グルクロニダーゼ活性を有する大腸菌群としてほかと区別される．2004年4月の水道水質基準改定の際，大腸菌群に変わって大腸菌が基準項目に入った．WHOは，飲料水質の監視プログラムにおいて，大腸菌がまず第一に選ばれるべき生物であるとしている[3]．

■ **腸球菌**（*Enterococcus* spp.）

グラム陽性・通性嫌気性連鎖球菌であり，ヒトを含む哺乳類の腸管内に存在する．外界でほとんど増殖せず，環境水や土壌には哺乳類の糞便汚染がない限りほとんど存在しない．大腸菌よりも加熱などに対する耐性が高いため，食品衛生法の清涼飲料水基準などで汚染指標として用いられている．

■ **ウェルシュ菌**（*Clostridium perfringens*）

グラム陽性・偏性嫌気性桿菌であり，その芽胞は水環境中で大腸菌よりも長期間生残するほか，塩素消毒に対する耐性も大きい．このため，過去の糞便汚染の評価あるいはウイルスや原虫類のシストなどの生存あるいは不活化の指標などに用いられる[2]．

■ **ビフィドバクテリウム属細菌**（*Bifidobacterium* spp.）

グラム陽性・偏性嫌気性桿菌で，芽胞を形成せず，ヒトの腸内に存在する．ヒトの糞便中に存在するが，動物の糞便からほとんど検出されない．ソルビトール分解ビフィドバクテリウムを培養可能な培地（HBSA 培地）を使用し，ヒト由来糞便汚染源の特定を行う．

■ **宿主特異的遺伝子マーカー**（host-specific genetic marker）

宿主特異的遺伝子マーカーは，糞便中に見出される遺伝物質（腸内細菌，腸管系ウイルスおよびミトコンドリアなどに由来するもの）のうち，宿主ごとに特異的に見出される遺伝物質を定量することで糞便汚染源の特定を行う．宿主特異的な遺伝物質としては，*Bacteroides-Prevotella* 属，*Bifidobacterium* 属および *Enterococcus* 属細菌の16S リボソーム RNA 遺伝子や，真核生物由来のミトコンドリア DNA などが用いられる．

■ **大腸菌ファージ**（coliphages）

大腸菌ファージは大腸菌とその近縁種に感染するウイルスである．衛生指標として用いられる大腸菌ファージは体表面吸着大腸菌ファージと F 特異的（fertility-specific）RNA 大

腸菌ファージの二つに大別されるが，とくにF特異的RNA大腸菌ファージの感染特異性が高く，ソーストラッキングに用いられている[3]．

■ **バクテロイデス・フラジリスファージ**
（*Bacteroides fragilis* phage）

バクテロイデスファージは，ヒトや動物の腸内で優占している *Bacteroides* 属細菌に感染するウイルスである．環境水中の存在濃度はcoliphageより低く，まったく存在しない地域もあるとされている．

■ **動物ウイルス**（animal virus）

ヒトに由来するアデノウイルス，エンテロウイルス，ヒトポリオーマウイルスおよびアイチウイルスなどが汚染指標として提案されている．宿主特異性が高く，有望なソーストラッキング用マーカーとして期待されている．

■ **化学マーカー**（chemical marker）

衛生指標"微生物"ではないが，ソーストラッキングに用いられる指標として化学マーカーが存在する．代表的な化学マーカーとしてコプロスタノールとカフェインが知られている．コプロスタノールは糞便中に含まれるステロールであり，ほかにもコレステロール，エピコプロスタノールおよびコレスタノールなどが存在し，それらの構成比などから汚染源の特定を行う．カフェインはコーヒーなどの飲料水や医薬品などに含まれるため，環境中に存在するカフェインはヒト糞便汚染を示唆すると考えられる．

■ **分析手法**

糞便汚染指標もしくはソーストラッキング指標として適した微生物を選定するだけでなく，さまざまな種類の分析手法が開発されている．分析手法は，培養を必要とするか否か，および参照データを必要とするか否かで大きく四つに分類される．

culture- and library-dependent 法は，培養を必要とし，かつ汚染源の特定に参照データを必要とするものであり，抗生物質耐性分析，リボタイピングおよびパルスフィールドゲル電気泳動法などが含まれる．

culture-dependent and library-independent 法は，培養を必要とするが参照データは必要としない手法であり，*Enterocuccus* 属の *esp* 遺伝子検出，腸管毒素原性大腸菌に由来する易熱性毒素および耐熱性毒素の検出などが含まれる．

culture-independent and library-dependent 法は，培養を必要としないが参照データを必要とする手法であり，代表的な手法は terminal restriction fragment length polymorphism（T-RFLP）である．

culture- and library-independent 法は培養も参照データも必要としない手法であり，遺伝子マーカー，ファージ遺伝子および動物ウイルス遺伝子などを標的とした定量PCRや，水中残留医薬品，免疫物質および化学マーカーなどの定量検出などが含まれる．

〔佐野大輔〕

参考文献

1) 金子光美．2006．モダンメディア．**52**: 76-83．
2) 金子光美編著．2005．水道の病原微生物対策．丸善．
3) 国包章一，遠藤卓郎，西村哲治監訳．2008．WHO飲料水水質ガイドライン（第3版）第1巻．日本水道協会．

145
病原体の分離同定

培地，選択培地，培養環境

臨床上問題となるすべての細菌は，有機物を分解することでエネルギー（ATP）を獲得する従属栄養菌である．栄養要求性の最も簡単なものは，ブドウ糖と一部のミネラル塩だけで発育するが，ある種のアミノ酸やヘミン，ビタミンなど特殊な物質を要求する菌群もある．細菌を人工的に発育・増殖させる（分離培養）ためには，栄養成分だけでなく，酸素濃度，pH，浸透圧，温度など，菌固有の物理的条件を満たさなければならない．

本項では，細菌の分離培養にあたり，栄養成分となる「培地」，物理的要因に該当する「培養環境」について概説する．なお，「同定」については，23［微生物の簡易同定］，成書[1,2]を参照されたい．

■ 培　　地[3〜5]

培地の基本成分は，ペプトン，肉水または肉エキス，ビタミンからなる．ペプトンは，獣肉，ミルクカゼイン，大豆などのタンパク質を消化酵素または酸で加水分解したもので，窒素源としてアミノ酸やポリペプチドが含まれる．材料によって特徴があり，たとえば，獣肉ペプトンは硫黄成分に富むことから，硫化水素産生能を確認するのに最適なペプトンである．また，大豆ペプトンはビタミンB_1が豊富で，栄養要求性の厳しい菌の発育促進効果や発育阻害物質の中和作用が知られている．肉水は肉の浸出液，それを濃縮したものが肉エキスで，ともに窒素成分（アミノ酸，ペプチドなど）や炭水化物（ブドウ糖，グリコーゲンなど），無機塩，ビタミンなど，必須栄養成分が豊富に含まれている．これらに1.5％濃度の寒天を加えて固形化したものを寒天培地，寒天を含まないものを液体培地またはブイヨンという．

細菌を分離同定するためには，単一菌の集落（純培養菌）を得る必要があり，通常，分離培養には寒天培地が用いられる．目的によりさまざまな添加物が加えられ，特定菌種以外は抑制するよう工夫されているものを選択培地という．そのほか，生化学的性状を調べる確認培地，菌を増殖させるための増菌培地，検査物や菌株を保存・輸送するための保存培地や輸送培地などがある．

■ 選択培地[3〜5]

選択物質として，胆汁酸塩，窒化ナトリウム，フェニルエチルアルコール（PEA），各種色素，抗菌薬などが用いられる．胆汁酸塩はグラム陽性菌の発育を阻害するが，ある濃度で大腸菌や赤痢菌，サルモネラなどグラム陰性菌の発育も抑制する．SS寒天培地は，$8.5\,g/l$の胆汁酸塩が添加された赤痢・サルモネラの選択培地である．これは，両者の胆汁酸抵抗性が大腸菌より強いことを利用したものであるが，しばしば発育が抑制される株が存在する．培地には乳糖と中性紅が添加されており，赤痢・サルモネラなどの乳糖非分解菌は透明集落を形成する．硫化水素産生性のサルモネラは，チオ硫酸ナトリウムから硫化鉄を形成し，透明集落の中心部を黒変する．乳糖分解菌は生じた酸が胆汁酸塩を析出

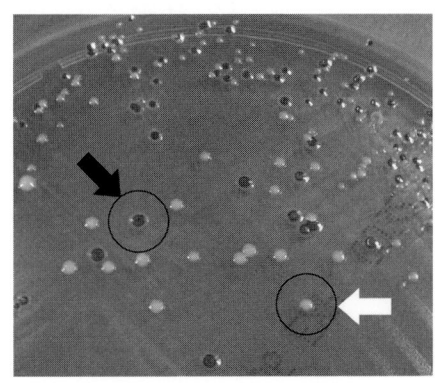

図1 硫化水素産生性のサルモネラの集落（黒矢印）と乳糖分解菌の集落（白矢印）

し，これに中性紅が沈着するため混濁した桃色集落を形成する．PEAはグラム陰性菌の発育抑制物質で，ブドウ球菌や連鎖球菌などグラム陽性菌の選択剤として使用される．

■ 培養環境[3〜5]

細菌は栄養成分だけでなく，菌固有の物理的条件を満たさなければ増殖することができない．われわれが生活している"大気"とは，遊離酸素濃度 O_2 が21%，炭酸ガス濃度 CO_2 が0.5%以下の環境である．この条件でのみ増殖可能な細菌を偏性好気性菌という．結核菌や緑膿菌などが該当し，O_2 によってエネルギーを獲得する菌群である．

一方，O_2 の存在が有害に作用する細菌を偏性嫌気性菌という．*Bacteroides* 属や *Clostridium* 属が含まれ，これらは「発酵」によってエネルギーを獲得する菌群である．偏性嫌気性菌に O_2 が有害に働くのは，O_2 が存在すると「発酵」によるエネルギー生成過程（嫌気的解糖経路）で形成される過酸化水素 H_2O_2 やスーパーオキサイドアニオン O_2^- が殺菌的に作用することによる．好気性菌群は，H_2O_2 や O_2^- を分解するカタラーゼ，スーパーオキサイドジムスターゼSODを保有するが，偏性嫌気性菌はこれらをもたないため発育が阻害される．また，偏性嫌気性菌の発育には低い酸化還元電位Ehが必要で，O_2 によってEhが高くなると発育に不利な環境となる．嫌気性菌の培地にチオグリコール酸やシステインなどの還元剤が添加されているのは，Ehを低くするためである．

大気中でも嫌気環境でも発育できず，酸素濃度3〜15%，炭酸ガス濃度10%で発育する細菌を微好気性菌という．*Helicobacter* 属や *Campylobacter* 属が含まれ，それぞれ胃粘膜，腸管内に生息する．酸素の有無にかかわらず発育可能な細菌を通性嫌気性菌という．ブドウ球菌や大腸菌など多くの病原細菌が含まれ，O_2 があれば「呼吸」，なければ「発酵」でエネルギーを獲得する．

通常，pHと浸透圧は培地によって調整される．多くの病原細菌の至適pHは弱アルカリ域pH 7.0〜7.5にあるが，乳酸菌や結核菌は酸性pH 6.0，好塩菌（コレラ菌，腸炎ビブリオなど）はアルカリ性pH 7.6〜8.2でよく発育する．浸透圧は細菌の生存に直接関与する重要な因子で，生育には生理食塩水と同程度0.85〜0.9%の塩化ナトリウム NaCl を必要とする．ほとんどの細菌は1.5%以上のNaClでは生存できないが，ブドウ球菌は0.5〜10%で発育可能なため，7.5% NaCl 加マンニット食塩培地がブドウ球菌の選択培地として使われている．細菌の発育可能温度は，高温菌40〜90℃，中温菌15〜45℃，低温菌0〜20℃に大別される．病原細菌の多くは中温菌であるが，リン菌の至適温度は35〜36℃で，38.5℃以上，30℃以下では生育しない．*Campylobacter jejuni* は至適温度が40〜42℃，25℃以下では発育できない微好気性の食中毒である．

細菌の分離同定には，適切な培地と培養環境を選択する必要がある．しかし，最も重要なのは，適切な検体の採取と適切な取り扱いである．　　　　　　　　　　〔東出正人〕

参考文献

1) J. Versalovic. 2011. *Manual of Clinical Microbiology, 10th Edition*. ASMpress.
2) 坂崎利一監訳．1999．医学細菌同定の手びき第3版．近代出版．
3) 坂崎利一ほか．1986．新細菌培地学講座．近代出版．
4) 林 英生ほか監訳．2007．ブラック微生物学第2版．丸善．
5) 岡田 淳ほか．2010．臨床検査学講座 微生物学/臨床微生物学第3版．医歯薬出版．

第 7 章
動植物と微生物

146

花の蜜を吸う微生物

花，植物，昆虫，乳酸菌，酵母

　花は微生物が餌として容易に利用可能な遊離糖（グルコース，フルクトース，スクロースなど）を高濃度に含有し，かつ適度な水分を保持している．ゆえに花は自然界の微生物にとって栄養源のオアシスであることが推定される．しかし花にどのような微生物が生息するのか，またその微生物にどのような役割があるのか，花にとって微生物は共生生物なのか寄生生物なのか，などさまざまな疑問に対する科学的な回答は十分に得られていない．本項では花に生息する微生物に関する研究の進展状況を解説する．

■ 花における微生物の役割

　植物は花を魅惑的な色に飾り，かつ外界から比較的容易に侵入可能な子房部分に花蜜を合成する．この蜜を求めて虫が侵入する際に，めしべとおしべが物理的に接触し，受粉が成功する．このことは花の形態進化と生理学的な進化には，虫の存在が密接に関係してきたことを示唆している．では微生物は花にとってどのような存在なのであろうか．

　微生物も昆虫と同様に外界から容易に花蜜の生産部位に侵入が可能である．花蜜の生産部位に微生物が感染すると，糖蜜を栄養源とする微生物の増殖に伴い代謝産物（CO_2，酢酸，乳酸，ギ酸など）が生産される．代謝の進行は発酵や腐敗の原因にもなりうるが，発酵産物のにおいで虫を引き寄せる誘因効果や，pHが低下することによる種子形成部への病原菌の侵入を防御する効果も考えられる．また虫の侵入に伴って感染した微生物によって発酵が進み，花のしおれ速度が促進され，結果的に未受精の新鮮な花へ虫を誘引しやすくなる，などの説も考えうる．いずれの学説も現段階では推定であるが，花の微生物叢を解明することで，その回答が見つかるかもしれない．

■ 花に生息する微生物の種類

　花に生息する微生物に関しては，古くから培養法により解析が行われてきた．培養法は研究者が目的とする微生物を得るには有効であるが，培地不適合の微生物を得ることは難しく，培地の種類や培養法（O_2の有無，糖組成，pH，温度など）に応じて検出される微生物種が異なる．

　花から単離された微生物種としては，主に酵母，酢酸菌，乳酸菌，などが挙げられる．なかでも酵母は多くの単離例が報告されており，環境耐性能力に優れることから花酵母として清酒醸造やパン製造への利用が注目されている[1,2]．酢酸菌は生育にO_2が必要な好気性菌であり，近年花から多くの新種が単離されている[3]．乳酸菌や腸内細菌に分類される細菌は1965年にMundtらにより，アメリカの国立公園に咲く花から数多く単離された報告がある[4]．近年，花から嫌気培養法によって新種の乳酸菌が2種類単離された[5]．これらの新種は動物界や他環境からの単離報告例がなく，花に特異的に生息するがゆえに今日まで発見されなかったことが推定される．DNAを検出することで微生物叢を網羅的に解析するメタゲノム解析の手法は花の微生物叢解明に有効であるが，いまだ報告例に乏しく研究の進展が待たれる．

■ 花と虫と微生物

　花の受粉には虫が不可欠であり，虫には微生物が数多く共生している．一方，花から単離された微生物が内因性なのか，虫由来なのか，もしくは環境由来なのか，という問いに対する十分な知見は得られていない．前述の嫌気性乳酸菌は花の蜜部分の菌数が10^8（1億）以上/1輪に達すること，また花以外の部位では検出されないことから，単に付着した程度ではなく，花の子房部分で増殖していることが強く推定される．近年，ミツバチの減少が社会問題となっているが，その解明を

目的としてミツバチの腸内細菌に関する研究が盛んに行われている[6]．研究の結果，ミツバチの菌叢がミツバチの血縁関係により伝播される可能性と，生息地域の自然環境に由来する可能性が推定されている．論文ではミツバチの健康にとっても花に生息する乳酸菌が善玉菌として有用な作用を及ぼす可能性が指摘されており，花やミツバチをターゲットとした微生物叢のさらなる解析が望まれる．

〔川﨑信治〕

参考文献

1) 木下（小室）友香理，門倉利守，数岡孝幸ほか． 2008．花から分離した酵母の性質と清酒醸造における特徴．東京農大農学集報 **53**(2)，100-106．
2) 岩本敏央．2003．桜花由来の有用パン酵母のスクリーニング．栃木農業高校所蔵研究論文．
3) T. Iino, R. Suzuki, Y. Kosako, M. Ohkuma, K. Komagata, T. Uchimura. 2012. *J. Gen. Appl. Microbiol.* **58**: 235-243.
4) J. O. Mundt. 1963. *Appl. Microbiol.* **11**: 141-144.
5) S. Kawasaki, K. Kurosawa, M. Miyazaki, M. Sakamoto, M. Ohkuma, Y. Niimura. 2011. *IJSEM* **61**: 2435-2438.
6) Q. S. McFrederick, W. T. Wcislo, D. R. Taylor, H. D. Ishak, S. E. Dowd, U. G. Mueller. 2012. *Mol. Ecol.* **21**: 1754-1768.

Column ❖ 「えっ！ チョコレートに乳酸菌？」

チーズやヨーグルトなどに乳酸菌が使われていることはよく知られているが，チョコレートやココアにも乳酸菌が関係しているのをご存じだろうか．実は，乳酸菌は原料となるカカオ豆の発酵に重要な役割を演じている．

カカオは中央アメリカ，南アメリカを原産とする常緑樹で，ポッドと呼ばれる果実の中には果肉に包まれた数十個のカカオ豆が入っている．西アフリカ，南アメリカおよび東南アジアなどの栽培国で収穫されたカカオ豆は，現地で発酵・乾燥などの処理を行ってから輸出され，チョコレートやココアなどに加工される．興味深いことに，未発酵のカカオ豆のみから作られたチョコレートは茶灰色で色調が悪いほか，苦味と収斂味が強く，チョコレートの風味もほとんどない．カカオ豆の発酵は，豆に付着した果肉の除去，保存性の向上に加え，チョコレート色の付与，風味の生成などに重要な工程であり，これに乳酸菌をはじめとする微生物が関与している．

通常，発酵に必要な微生物は人為的に接種されるのではなく，ポッドや発酵用の木箱などに付着している環境中の微生物が発酵を担う．一般的な発酵期間は 5 日前後で，その間に酵母，乳酸菌，酢酸菌などが主に増殖する．発酵の過程は，大きく 3 段階に大別できる．第 1 段階では，酵母により果肉の糖分がアルコールに変換される．第 2 段階では，乳酸菌が増殖し，発酵開始から 2，3 日で優勢菌となる．このとき，乳酸菌の菌数はヨーグルトや漬物と同程度にまで達し，大量の乳酸が作られる．第 3 段階では，酢酸菌によってアルコールが酢酸に変換される．微生物によって作られたさまざまな物質がカカオ豆に染み込み，風味を変えていく．このように発酵があってはじめて，チョコレート独特の風味が作られるのである．チョコレートはちょっと意外な発酵食品といえるかもしれない．

〔北條研一〕

147

昆虫に共生する原生生物

パラバサリア, シロアリ, 寄生

　単細胞性の真核微生物である原生生物は，土壌や水圏環境をはじめとする自然環境に広く生息しているが，自由生活性の種以外にも，動物や昆虫などの他生物と共生している種も多い．生物間の相互関係である共生では，共生者は宿主から栄養や生息場所などの利益を受けているが，共生者の存在が宿主に有利に働くか，不利になるかにより分類することができる．共生者が宿主に害を与える場合を寄生，有害でも有益でもない場合を片利共生，有益な場合を相利共生という．蚊によって媒介されるマラリア原虫や人間の性感染症であるトリコモナス症の病原原生生物トリコモナス (*Trichomonas vaginalis*) は，寄生性の種の代表である．

　マラリア以外にも昆虫によって媒介される病原性の原生生物は多い．昆虫は感染した動物などを吸血して感染し，原生生物をほかの動物や人に伝染させるので，人獣共通感染症を引き起こす場合もある．その代表的な原生生物にトリパノソーマ科が挙げられる．ツェツェバエやカメムシの仲間であるサシガメによって媒介されるトリパノソーマ (*Trypanosoma* 属) は，アフリカ睡眠病やシャーガス病といった重篤な疾患を引き起こす．これらはそれぞれサハラ砂漠以南の国々またはラテンアメリカ地域でみられる風土病であるが，現状では安全で有効な治療薬がないためにマラリアと並んで深刻な問題となっている．リーシュマニア (*Leishmania* 属) の場合には，サショウバエの吸血時に長い鞭毛をもつ形態 (プロマスチゴート) で体内に侵入し，ヒトや動物の免疫システムの一部を担うマクロファージという細胞内では鞭毛をもたない形態 (アマスチゴート) で寄生する．これをサショウバエが再吸血することで昆虫内でプロマスチゴートとなる生活環をもつ．

　微胞子虫 (Microsporidia) は胞子を形成し，多くの動物や昆虫の細胞内に寄生することが知られているが，宿主は短命化や繁殖能力の低下を示すことから，とくに産業利用されているカイコやミツバチなどへの感染が問題となる．微胞子虫の寄生により発症するノゼマ病は，近年世界中で問題となっているセイヨウミツバチの大量死の原因である可能性が指摘されている．生活環は栄養生殖期，胞子形成期，胞子期に分かれ，胞子が宿主間を伝播する．通常の真核生物の細胞にはエネルギー産生器官であるミトコンドリアが存在しており，これは真核生物の祖先に細胞内共生した原核生物から生じたと考えられている．ところが，微胞子虫やランブル鞭毛虫 (*Giardia*) などの原生生物のなかには，真核生物であるにもかかわらずミトコンドリアをもたないものが存在する．このことから一時期，微胞子虫やランブル鞭毛虫はともにミトコンドリアが生じる前の最も古い時期に派生した原始的な真核生物ではないかと注目された．しかし，1990年代後半になると，祖先型と思われた結果はロング・ブランチアトラクションという系統解析手法上の誤りであることがわかり，さらにミトコンドリアは寄生という特殊な環境で生存する間に二次的に喪失したのではないかという結果が得られた．現在では，微胞子虫はカビの仲間のごく初期に派生した生物群と考えられている．

　昆虫以外にも小型動物のダニは人獣共通感染症の原因となる原生生物を媒介する．ダニの唾液腺に生息するバベシア (*Babesia* 属) は，動物体内で赤血球に侵入して増殖し，感染した赤血球を破壊することで貧血を引き起こす．

　昆虫に相利共生する原生生物としては，シロアリの後腸に生息する原生生物が有名である．シロアリは木造家屋に被害を与える害虫としてのイメージが強いかもしれないが，熱

帯や亜熱帯の森林生態系では「キーストーン種」として物質循環に重要な役割を果たしている．生態系のなかで植物枯死体はゴミであり，速やかに処理されなくてはならない．しかし，セルロースを主成分とする枯死植物を効率的に分解できる生物は少なく，シロアリ自身も十分な消化能力はもたない．そこで微生物を腸内に共生させて，効率的な分解を行っているのである．下等シロアリと呼ばれる種類では，木材を食べて生きていくうえでセルロース分解性の原生生物との共生が必須となっている．

日本には約30種類のシロアリが生息しているが，最も一般的にみられるヤマトシロアリの場合，わずか数mmの腸内に1〜10万細胞の原生生物，100万細胞以上もの原核生物が共生している．シロアリの種類にもよるが，多い種では20種以上の原生生物が共生している場合もあり，それらはトリコモナスと同じパラバサリア門かプレアクソスティラ（Preaxostyla）門オキシモナス目の二つのグループに大別することができる．いずれもほとんどがシロアリかその近縁種であるキゴキブリの消化管のみからしか見つからない固有のものである．これらは非常に培養が難しく，あまり解析されていないが，近年の分子生物学的な手法の導入により少しずつ性質が明らかにされつつある．

パラバサリア門の種は，数個の基底小体と鞭毛の複合体からなる鞭毛装置をもち，ミトコンドリアを欠く代わりに嫌気的なエネルギー産生器官であるハイドロゲノソームをもつ．またゴルジ体の集合した副基体といわれる，この門に特徴的なオルガネラを保有する．パラバサリア門は，10μm程度の小型の種から300μm以上の大型の種まで細胞のサイズや，構造もさまざまである．顕微鏡で観察すると，とくに大型の細胞にはたくさんの

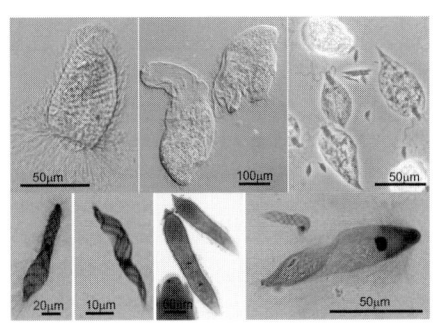

図1 シロアリの共生原生生物．下段はプロタルゴール染色観察像（標本は茨城大北出博士からお借りした）．（口絵31参照）

木材が取り込まれているのが観察できる（図1）．オキシモナス目の種は，ゴルジ体やハイドロゲノソームなどの膜系のオルガネラをもたず，パラバサリア門の種に比べて単純な構造をしている．一部の属では細胞表面に鞭毛が付着してらせん状に取り巻いていたり，腸壁に付着するための構造を作る種もみられる．また，細胞をつらぬく軸桿（axostyle）という微小管で構成される支持器官をもち，これを激しく動かすことで細胞を運動させる種類もいる．

社会性昆虫であるシロアリはコロニーと呼ばれる家族集団内の個体間で，肛門から口への消化管内容物の受け渡しによる栄養交換（肛門食）を行うことが知られている．卵から孵化した直後の幼虫や，脱皮したての個体では原生生物のほとんどは失われているが，この栄養交換によって共生原生生物が個体間で伝達される． 〔野田悟子〕

参考文献
1) 大熊盛也，本郷裕一，野田悟子．2008．蛋白質 核酸 酵素．**53**: 1841.
2) J. J. Lee, G. F. Leedale and P. Bradbury (eds.). 2000. *An Illustrated Guide to the Protozoa*. Allen Press.

148

昆虫と共生する真菌

mycangia，相利共生，菌園

昆虫に積極的に運搬される真菌が存在する．昆虫の特殊器官（mycangiaと呼ばれる）に胞子が貯蔵される場合もある．一方で，菌側は昆虫の直接的な栄養源となる，あるいは間接的に昆虫の繁殖を援助する．つまり，相利的な共生関係（mutualism）にある．とくに，昆虫による究極の栽培環境は，菌園（fungal garden）と形容される．

■ アンブロシア菌（ambrosia fungi）

樹木の材部に穿孔するキクイムシ（キクイムシ亜科およびナガキクイムシ亜科）の菌園で，幼虫が成育するために必須の餌となっている．Ambrosiella属やRaffaelea属の場合，それぞれ10種以上が記載されている．分生子形成様式が特徴的であり，系統的には，子嚢菌のOphiostomataceae科あるいはクワイカビ科に近い．R. quercivoraやR. lauricolaなどについては，樹木を枯死させる病原性が確認されている．

Saccharomycetales目に属する子嚢菌系の酵母類やFusarium属菌も，アンブロシア菌として報告されている．

mycangiaは，キクイムシの種によって，さまざまな部位にある．どのmycangiaも，新たに穿孔する頃には，胞子で充満している．

■ Entomocorticium属菌

樹木の内樹皮を摂食するキクイムシ（キクイムシ亜科）のmycangiaから分離される．担子菌の多孔菌目に属する．このグループのキクイムシに対しては，栄養補助の役割を果たしていると考えられている．

■ Leucocoprineae族菌

ハラタケ科の担子菌で，アリ（Attini族）に栽培される．女王が菌を口の中に入れて運び出し，新たな菌園を作る．一部のアリ（ハキリアリ）の菌園には，"培地"として，刈った葉が運び込まれる．アリの食物となるのは，蕪状菌糸と呼ばれる，膨張した菌糸の先端である．なお，野生（自由生活）の状態，あるいはアリの活動性が低下した菌園で，子実体が形成されるので，胞子分散という菌側の利益は大きくないとの見解もある．

■ Termitomyces属菌

菌栽培シロアリ（キノコシロアリ亜科）と必須共生している担子菌で，キシメジ科に属する．40種以上存在すると考えられている．菌園から子実体が生じる．胞子の獲得は，最初のワーカーによって，周辺環境から行われる．菌園にシロアリの排泄物が塗布され，菌糸が旺盛に生長する．

■ そ の 他

Amylostereum属菌はキバチ亜科，Cerrena属菌はヒラアシキバチ亜科，Daldinia属およびEntonaema属菌はクビナガキバチ科のmycangiaから，卵とともに材内に注入される．一部の菌種では，木材消化酵素を幼虫に供給しているものと推察されている．

Botryosphaeria dothideaは，さまざまなタマバエ（Cecidomyiidae科）のmycangiaから分離される．すなわち，極端な1対多の関係にある．産卵時に葉などに接種され，こぶ状などに変形した植物内で繁殖する．また，オトシブミ（Euops属）のmycangiaには，Penicillium属菌が貯蔵されている．産卵して葉を巻く際に，胞子が接種される．これらの菌類の生態的機能については，まだ不明な点が多い．

さまざまなクワガタムシでも，mycangiaが発見されている．Pichia属の酵母が見出され，キシロース発酵性が示唆されている．さらに，Wickerhamomyces属の酵母が，コメツキモドキ亜科の一種によって栽培されている．この酵母は幼虫の発育に必須であり，産卵時にmycangiaから竹の空洞内に注入されている．

〔梶村　恒〕

149

昆虫に共生する多様な細菌

必須共生，任意共生，生殖操作

昆虫（Arthropoda: Insecta）は100万種以上が知られる陸上最大の動物グループであり，その約半数が体内に共生細菌をもつといわれている．多くの昆虫は共生細菌を保持するための特殊な器官を備えており，昆虫体内で共生細菌は高度な局在性を示す[1]．たとえば，アブラムシは細菌細胞と呼ばれる特殊化した巨大細胞を発達させ，その細胞質中に共生細菌を局在させている（図1）．カメムシは消化管に多数の袋状器官（盲嚢）を発達させ，その内腔中に共生細菌を保持している．

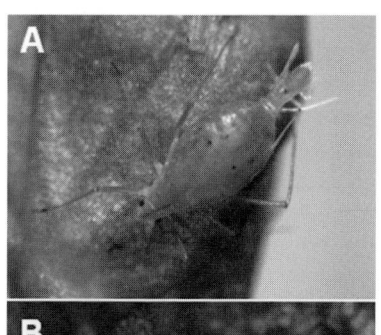

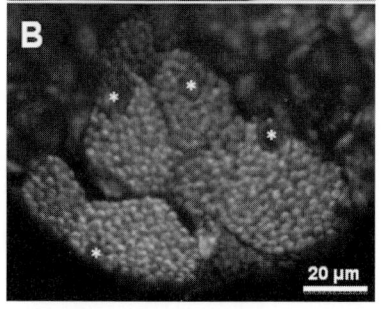

図1 アブラムシの細胞内共生細菌．(A) エンドウヒゲナガアブラムシ．(B) エンドウヒゲナガアブラムシ体内に発達する細菌細胞（宿主昆虫の核を＊で示す．その周辺の小型の顆粒はすべて共生細菌ブフネラ(*Buchnera*))．（口絵32参照）

昆虫の共生細菌の多くはGammaproteobacteria綱の腸内細菌科に属するが，カメムシの一部ではBetaproteobacteria綱の細菌が，またヨコバイやセミなどではフラボバクテリア綱（Flavobacteria）の細菌が共生細菌として報告されている[2]．

■ 共生細菌の役割

昆虫にはさまざまな餌に特殊化した種類が知られているが，なかには栄養生理学的にみて明らかに生育に適さない餌を専食するものも知られている．そのような昆虫の多くは体内に共生細菌を保持しており，それら共生細菌が餌に不足する栄養素を宿主に補償している．たとえば，アブラムシなどの吸汁性昆虫は必須アミノ酸がほとんど含まれていない植物師管液を専食するが，共生細菌が餌に不足する必須アミノ酸を供給している．また，シラミやツェツェバエなどはビタミンB類をほとんど含まない脊椎動物の血液を餌とするが，やはり共生細菌がそれら栄養素を合成して補償していることが知られている．これら栄養代謝に関わる共生細菌の多くは宿主にとって必須であり，抗生物質などで共生細菌を除去してしまうと，宿主昆虫の生存率や産卵数が大幅に低下する．

このように栄養代謝において重要な働きをする共生細菌以外にも，抗菌物質を分泌して宿主昆虫を病原菌から守る共生細菌や，宿主昆虫が獲物を捕食する際に用いる毒物質を生産する共生細菌なども知られており，その役割はきわめて多様である．これら共生細菌は宿主の栄養代謝に直接は影響しないものの，その生活史において必須ともいえる重要な役割を果たしている．

■ 共生細菌の伝播

昆虫はその生存・繁殖に必須である共生細菌を確実に次世代に伝えるために，共生細菌の母子間伝播機構を発達させている．アブラムシのように細胞内に共生細菌をもつような昆虫では，共生細菌が母体内で直接卵に感染する「卵内感染」が一般的である．一方，カ

メムシのように消化管内に共生細菌をもつ昆虫では，母虫が卵表面に共生細菌を塗り付け，孵化した幼虫が卵殻を舐めるか食べることによって共生細菌を獲得する「卵表面塗布」が知られている．同様に消化管内に共生細菌をもつシロアリでは，孵化した幼虫が親個体や兄弟の糞を食べることで共生細菌を獲得する「糞食」が知られている（シロアリは共生細菌の他に共生原生生物を消化管内に保持する）．

■ 任意共生細菌

宿主の栄養代謝において必須の役割を担う共生細菌のほかにも，昆虫体内にはさまざまな細菌が生息している．それらは宿主の生存に必須ではなく，総称して「任意共生細菌」と呼ばれている（必須共生細菌を一次共生菌，任意共生細菌を二次共生細菌と呼ぶこともある）．任意共生細菌のほとんどはGammaproteobacteria綱またはAlphaproteobacteria綱に属する細菌であり，宿主野外集団において一部の個体にしか感染しておらず，また明確な体内局在を示さない場合が多い．基本的には卵内感染によって次世代へと伝播する．

任意共生細菌は宿主の生存に必須ではないことから，長らく寄生的な細菌であると見なされてきた．しかし，最近の研究によってこの見方は覆され，多くの任意共生細菌が宿主昆虫の環境適応に大きく貢献していることが徐々に明らかになってきた[3]．たとえば，アブラムシの任意共生細菌である*Regiella*は宿主の植物適応に大きく寄与しており，*Regiella*に感染しているアブラムシはシロツメクサを食べて増殖できるが，感染していないアブラムシはシロツメクサ上での増殖が大幅に低下してしまう．また，アブラムシに関する研究を中心として，任意共生細菌の感染によって昆虫が高温耐性になる例や，寄生バチや病原菌に対して抵抗性になる例など，現在までにさまざまな事例が報告されている．

■ 生殖操作

任意共生細菌のなかには，昆虫の生殖を操作するものも知られている．最も代表的な細菌はAlphaproteobacteria綱のボルバキア（*Wolbachia*）であり，この細菌に感染するとその子供達の性比は大きくメスに偏る[4]．たとえばボルバキアの感染によって，オス卵のみが発生の途中で死亡してしまう「オス殺し」や，遺伝的にオスである卵がメスとして発生し成長する「メス化誘導」，オスとの交配なしに子孫（すべてメス）を残せるようになる「雌性産生単為生殖」などが引き起こされる．またメスバイアスとは異なるが，ボルバキア感染オスが非感染メスと交配した場合に孵化率が大幅に低下する「細胞質不和合」などの現象も報告されている．このような生殖操作をする細菌としては，他にもAlphaproteobacteria綱のリケッチア（*Rickettsia*），モリキューテス綱（Mollicutes）のスピロプラズマ（*Spiroplasma*），バクテロイデス綱（Bacteroidetes）のカーディニウム（*Cardinium*）などが知られている．生殖は生物にとって最も重要な要素であり，その生存戦略にも大きく関わる．上記*Regiella*のように相利的な共生者ともいえる任意共生細菌と比べボルバキアは寄生者ではあるが，必須共生細菌と同様，昆虫の進化に大きな影響を及ぼしていることは間違いないだろう．

〔菊池義智〕

参考文献

1) P. Buchner. 1965. *Endosymbiosys of Animals with Plant Microorganisms*. Interscience Publishers.
2) Y. Kikuchi. 2009. *Microbes Environ*. **24**: 195-204.
3) K. M. Oliver, P. H. Degnan, G. R. Burke *et al*. 2010. *Annu. Rev. Entomal*. **55**: 247-266.
4) J. H. Werren, L. Baldo and M. E. Clark. 2008. *Nat. Rev. Microbiol*. **6**: 741-751.

150 深海生物に共生する微生物

化学合成，エネルギー源，共生関係

光の届かない深海は微生物と動物の世界であり，海洋の95％を占める．多くの深海生物は浅海で生産された有機物の残渣であるマリンスノーによって支えられているが，微生物と共生関係を築くことで繁栄を遂げた深海動物も存在する．それらは深海の熱水噴出域や冷湧水域を生息場所とし，微生物との共生形態から内部と外部に分けられる．

■内部共生

宿主となる代表的な動物は多毛類のチューブワーム，二枚貝のシロウリガイやシンカイヒバリガイ，巻貝のアルビンガイやスケーリーフットである．内部共生細菌は宿主動物の特定器官の細胞内に共生する．チューブワームは体の大半を占めるトロフォソームと呼ばれる袋状の器官に，また貝類はエラに細菌を共生させている．巻貝のスケーリーフットは消化器官に細菌を共生させている．

宿主は内部共生細菌から栄養を摂取して生活している．これが共生細菌の生態学的な役割であり，使用されなくなったチューブワームやシロウリガイの消化管は退化している．一方で，内部共生細菌は栄養源として有機物を必要としない．共生細菌は化学合成独立栄養細菌なので，自身で無機物から有機物を合成して生育している．宿主動物の多様性の高さに比べて内部共生細菌の系統は限られており，ほとんどがGammaproteobacteriaに属する．例外としてインド洋に生息するアルビンガイは内部共生細菌としてEpsilonproteobacteriaを宿す．化学合成独立栄養細菌である内部共生細菌は無機化合物を酸化してエネルギーを得るが，エネルギー源として海床から供給される硫化水素かメタンを利用する．2011年には新たなエネルギー源として水素を利用するGammaproteobacteriaと共生するシンカイヒバリガイが見つかった[1]．

■外部共生

宿主となる代表的な動物は多毛類のポンペイワーム（*Alvinella pompejana*），甲殻類のゴエモンコシオリエビ（*Shinkaia crosnieri*）やリミカリス（*Rimicaris exoculata*）である．外部共生細菌は宿主動物の特定器官の表層に付着共生している．ポンペイワームは背中に生えた多数の突起物に，ゴエモンコシオリエビは腹側の柔毛に，リミカリスは鰓室に細菌を共生させている．

図1 沖縄の深海熱水域（1,000～1,500 m）で独自の進化を遂げたゴエモンコシオリエビはお腹の体毛に硫黄酸化細菌やメタン酸化細菌を飼っており，それらをエサにして生活する．（口絵33参照）

ポンペイワームはEpsilonproteobacteriaに属する細菌と共生するが，ゴエモンコシオリエビやリミカリスはEpsilonproteobacteriaとGammaproteobacteriaが優占する細菌相と共生する．外部共生細菌相には化学合成独立栄養細菌が含まれるが，宿主動物との共生関係における役割や菌相中の化学合成独立栄養細菌のエネルギー源は不明であった．しかし，2010年に外部共生菌の役割が宿主の栄養源であることやエネルギー源が硫化水素とメタンであることがゴエモンコシオリエビにおいて示された[2]．　〔和辻智郎〕

参考文献
1) J. M. Petersen *et al*. 2011. *Nature*. **476**: 176-180.
2) T. O. Watsuji *et al*. 2010. *Microb. Environ*. **25**: 288-294.

151 サンゴ礁生態系と微生物

褐虫藻，共生，白化，殺藻細菌

■ サンゴ礁は熱帯の"オアシス"

サンゴ礁（coral reef）海域は，貧栄養な熱帯・亜熱帯海域にあるにもかかわらず周辺海域と比較して生産性が高いことから，"砂漠の中のオアシス"にたとえられることがある．熱帯海域は，通常海水中に含まれる窒素やリンのような無機栄養塩の量が少なく，光合成による有機物の生産性が低い海域である．サンゴは刺胞動物だが，自ら動き回ることができないため，生産性が低い熱帯・亜熱帯海域では十分な餌を捕食することができない．

そこでサンゴは褐虫藻（zooxanthellae）という微細藻類を体内に共生させている．褐虫藻は，大きさが約 8～10 μm の渦鞭毛藻というグループに属する小さな藻類である．サンゴ礁海域が貧栄養な熱帯海域のなかで比較的高い生産性を保っているのは，後で述べるように，サンゴが褐虫藻と共生関係を保っていることが大きな理由となっている．

■ サンゴと褐虫藻の共生と白化

サンゴは餌を食べたあと，さまざまな代謝産物を放出する．そのなかには窒素やリンのような無機栄養塩も含まれる．褐虫藻は植物なので増殖に窒素やリンを必要とするが，サンゴ礁海域の海水中にはほとんど栄養塩がないため，そのままでは生存できない．そこで褐虫藻はサンゴの体内に住むことで，サンゴから直接栄養塩を得ることができる．一方サンゴも，乏しい餌環境の中で，体内の褐虫藻が光合成により生産した有機物を提供してもらい，生活している．一部の褐虫藻の細胞は，そのまま餌となることもある．このように，サンゴと褐虫藻は，それぞれ単独では生育することが困難な環境で，お互いの栄養を

図1 大規模に白化したサンゴ群集（口絵34参照）

提供し合いながら生活しており，これを栄養共生（syntrophism）と呼ぶ．

ところが近年，褐虫藻がなんらかの原因で，死滅あるいはサンゴの体内から離脱する現象が頻発するようになった．サンゴの体内から褐虫藻がいなくなると，サンゴの骨格の白い色だけが残り，サンゴが真っ白くなる．これがサンゴの白化である（図1参照）．サンゴから離脱した褐虫藻は，周囲の海水中では十分な栄養塩を得ることができなくなり，増殖することは困難である．一方サンゴも，褐虫藻からの有機物を得られなくなり，やがて餌不足で死んでしまう．サンゴの白化は，双方にとって死を意味する．

サンゴが白化する原因については，さまざまな説があるが，最も一般的に受け入れられているのは，地球温暖化などによる海水温の上昇である．水温が 30℃ 以上になると，褐虫藻が"苦し紛れに"サンゴ体外へ飛び出してしまうことが主な原因とされてきた．1998年の世界的なサンゴの白化現象はよく知られており，このとき海水温が例年と比較して非常に高かったことが報告されている．しかしながら最近では，海水温の上昇だけでなくさまざまな原因が指摘されるようになった．

■ 粘液を介したサンゴと細菌類の相互作用

サンゴは物理的な刺激，たとえば潮汐などの潮の流れを受けると多量の粘液（mucus）を体外に生産・分泌することが知られている．サンゴの粘液については，すでに多くの

研究があり，餌をとらえるための"道具"としての役割のほか，干潮時にサンゴの体を乾燥や温度・塩分変化から保護するなどの機能が指摘されている．また，サンゴの表面はきわめて"きれい"で，ほとんど細菌類などの微生物が付着していないことが観察されていることから，サンゴの粘液はサンゴ表面をクリーニングする機能もあると考えられている．しかしながら貧栄養なサンゴ礁海域でサンゴの分泌する多量の粘液が生態系の物質循環に対してどのような役割を果たしているのかについてはこれまであまり調べられてこなかった．

そこで筆者らは，現場のクシハダミドリイシ（*Acropora hyacinthus*）とショウガサンゴ（*Stylophora pistillata*）について観察を行った．その結果，サンゴの表面から5cmほど離れたごく近傍の海水中には1m離れた周辺海水中と比較して，溶存態有機窒素（DON）・同有機リン（DOP）濃度や細菌数が1年を通してつねに高いことが明らかとなった．また，海水にサンゴ粘液を添加して培養すると，細菌の顕著な増殖がみられた．このことから，サンゴの分泌する粘液は細菌類の増殖基質として重要であることがわかった．

ところが，サンゴ近傍と周辺の海水中の微生物群集組成を，DGGE法を用いて比較したところ，両者は明らかに異なっており，周辺海水中と比較して，サンゴ近傍海水中に多い細菌群と少ない細菌群の両方が存在することがわかった．そこで，濾過した周辺海水にサンゴ粘液を添加して48時間培養し，培養開始時の群集組成と比較したところ，培養開始時と比較して，増加したもの，減少したもの，ほとんど変わらないもの，の3群がみられた．

これらの結果は，サンゴの粘液は細菌類の重要な増殖基質となっている一方，ある種の細菌群に対しては抗菌性を示すことも示している．興味深いことに，サンゴの粘液添加によって減少したのは，サンゴの疾病原因菌の多くが属するAlphaproteobacteriaグループであることがわかった．つまり，サンゴは粘液を通して，サンゴ礁生態系に重要な有機物を提供する一方，細菌群集の量的・質的組成に大きな影響を及ぼしており，自身に悪影響を与えるような細菌群に対しては増殖阻害効果を示す可能性があることを示唆している．

■ 白化と細菌の関係

サンゴの体内に共生している褐虫藻をアッセイ藻に用いて筆者らが実験を行ったところ，褐虫藻を特異的に殺滅する細菌（殺藻細菌）がサンゴ群生海域から分離された[1]．この菌株を，水槽に入れ30°Cの高水温ストレスを与えたスギノキミドリイシ（*A. formosa*）およびストレスを与えないスギノキミドリイシにそれぞれ接種したところ，ストレスを受けたサンゴは細菌接種で顕著に白化したのに対し，ストレスのないサンゴは細菌接種でもほとんど白化しなかった．これらの結果から，サンゴの白化は，一次的には水温上昇などによるストレスを受け生理状態が悪化したサンゴが，二次的に褐虫藻殺滅細菌などの細菌が感染することにより促進されることが示唆された． 〔深見公雄〕

参考文献

1) S. Keshavmurthy, K. Fukami and E. Nakao. 2007. *Galaxea. JCRS.* **9**: 13-21.

152 魚の腸内細菌

常在細菌叢，ビタミンB_{12}，プロバイオティクス

　魚類の腸管には，水，底泥，餌などを通してつねに多数の細菌が侵入している．これらの細菌の大部分は，魚類の生体防御作用やほかの細菌との競合により，あるいは胃や腸の栄養条件や物理化学的条件が適当でないために腸管内に長くとどまることはできず，死滅するかまたは体外に排出される．しかし，比較的少数の細菌種はこれらの条件に耐え，長期間腸管に住み着き，固有の常在細菌叢（indigenous microflora）を形成する．魚類の腸管に生息する細菌の数は，通常，直接検鏡法で測定した全菌数で$10^9 \sim 10^{11}$ cells/gであるのに対し，培養法で測定した生菌数では$10^4 \sim 10^{11}$ CFU/gであることから，培養可能な細菌の割合は0.00003～81％と幅広いが，多くの個体では数％以下である．このように魚類腸内細菌の大部分が培養できない理由としては，培養条件が腸内細菌に適していないことのほかに，生きているが培養できないVBNC（viable but non-culturable）状態の細胞が多いことが考えられる．しかし，これまでの魚類の腸内細菌叢に関する研究の多くは培養法に基づくものであり，それらの成果では，総じて海水魚類では*Vibrio*属，淡水魚類では*Aeromonas*属を中心とする通性嫌気性細菌が優占するほか，ティラピア，アユ，コイ，キンギョなど一部の淡水魚類では偏性嫌気性細菌である*Cetobacterium somerae*も優占することが明らかになっている．また，魚類腸管に常在する*Vibrio*属や*Aeromonas*属などは，ストレス条件下で飼育した魚類にしばしば日和見感染症を発症させるため，水産養殖の立場からも重要である．

　しかし，これらの細菌叢はつねに一定であるとは限らず，宿主の種類や成長段階，抗生物質の投与，水温，塩分，個体差，時間，飼育水や飼餌料の細菌叢などによって変化する．たとえば，キンギョの腸管内では，孵化直後には水や底泥の細菌叢の影響を受けて*Aeromonas*属，腸内細菌科（Enterobacteriaceae），*Clostridium*属などの細菌が優占するが，孵化2か月後には*Aeromonas*属や*C. somerae*が優占してほぼ成魚の腸内細菌叢を形成する．このように孵化後2, 3か月で成魚の腸内細菌叢が定着する現象はサケ科魚類，ティラピア，ヒラメなどでも観察されている．また，高水温時には海水魚の腸管から高い頻度で検出される*Vibrio alginolytiocus*は，飼育水温が10℃にまで低下するとほとんど検出されることはない．このように種々の環境要因によって腸内細菌の種組成が変動することは十分に予測可能である．

　一方，クローンライブラリー法やFISH法など培養法によらない分子生態学的手法を用いた最近の研究では，魚類の腸内細菌叢がAlphaproteobacteria, Betaproteobacteria, Gammaproteobacteria, Actinobacteriaなど分類学的に多岐にわたる細菌種から構成されることが明らかになりつつある．たとえば，静岡県沿岸で採取した魚類6種の腸管内容物からは，9綱，18目，25科，46属，75種にわたる多様な細菌が検出されている．今後，このような手法を用いた研究を発展させることによって，簡便に腸内細菌叢を調べることができるようになれば，この分野の研究がさらに発展するものと思われる．

　これらの細菌の役割としては，生理活性物質や高分子化合物分解酵素の生産が知られている．淡水養殖魚類のビタミンB_{12}に対する要求性は腸内細菌と密接な関係にある．ビタミンB_{12}を含まない配合飼料をアメリカナマズやウナギに投与し続けると，食欲不振や成長不良などに陥るが，コイやティラピアでは顕著な症状が現れない．そこで，これらの魚種から分離した腸内細菌のB_{12}生産能を調べ

たところ，*C. somerae* のビタミン B_{12} 生産能が高いことが判明した．また，ビタミン B_{12} に対する要求性の低いコイやティラピアの腸管では *C. somerae* が優占するが，要求性の高いウナギやアメリカナマズの腸管では本菌が検出されないか，あるいは低密度であった．さらに，腸管内容物中のビタミン B_{12} 濃度と *C. somerae* の生菌数の間に高い相関関係がみられたことや，ティラピア腸管でのビタミン B_{12} 合成能がアメリカナマズより 8 倍も高いなどの事実から，ビタミン B_{12} の要求性が低いティラピアやコイでは，*C. somerae* が腸管内で活発にビタミン B_{12} を合成して宿主に供給しているのに対し，要求性の高いウナギやアメリカナマズでは本菌がほとんど存在しないためにビタミン B_{12} が十分量合成されないことが強く示唆された．淡水魚類ではビオチンの要求性にも腸内細菌が深く関わっていることが報告されている．

一方，エイコサペンタエン酸（EPA）は多くの海水魚類の必須脂肪酸であり，*Nannochloropsis oculata* などの海産微細藻類や糸状菌が生産することが知られているが，イワシ，サバ，トビウオなどの青魚の腸管内にも EPA を生産する細菌が 1～3% 程度存在することから，これらの細菌が腸管内で EPA を生産して宿主に供給していることが示唆されている．このほか，腸内細菌がアミラーゼ，プロテアーゼ，キチナーゼ，リパーゼなどの高分子化合物分解酵素を生産して宿主の消化を助けていると考えられている．

水圏でも微生物が種々の抗菌物質を生産することは周知の事実である．そこで沿岸魚類の腸内細菌の抗菌活性を調べたところ，1～数%の細菌が魚病細菌の増殖を阻止することが判明した．さらにヒラメ腸内細菌のうち，ブリ類結節症原因菌（*Photobacterium damselae* subsp. *piscicida*）の増殖を阻止する細菌の割合がヒラメの成長に伴って増大することが判明した．これらの結果は，腸内細菌が生産する抗菌物質が，病原細菌を含む外来細菌の腸管内での増殖や定着を阻止していることを強く示唆する．魚類腸内細菌の生産する抗菌物質としては，これまでにシデロフォア，リゾチーム，プロテアーゼ，バクテリオシン，有機酸，過酸化水素などが知られている．最近では，これら抗菌物質を生産する細菌を飼料とともに魚類に投与して，細菌感染症の発症を防除するプロバイオティクス（probiotics）に関する研究が活発に行われている．

〔杉田治男〕

153 水圏生物の病気と微生物

ウイルス，細菌，抗生物質

■ 魚類感染症

海洋生物もヒトと同じように病気に罹る．一口に病気といっても，ガンや栄養失調など他個体にはうつらない病気と，感染症と呼ばれる病原体が原因となって他個体にうつる病気がある．海洋には海産哺乳類・軟体動物・魚類など多種多様な生物が存在し，どれもすべて感染症に罹患するが，ここでは最も研究が進んでいる魚類の感染症を中心に話を進める．

魚類の感染症は哺乳類などと同様にウイルス・細菌・真菌（カビ）・寄生虫によって引き起こされる．これらの病原体は大型の寄生虫を除くとすべてが微生物である．一般的に魚類の感染症を目にするのは，愛玩動物として金魚や熱帯魚を飼育したときにみられる尾ぐされ病（細菌性疾病）や白点病（繊毛虫による寄生虫病）であろう．しかしながら，魚病学という学問のなかでは，魚類の感染症が注目を浴びるのはたいていの場合，養殖魚に大量斃死（へいし）が起きたときである．すなわち，魚類に感染する病原体の歴史は，養殖業の歴史とともにあるといっても過言ではない．

魚類感染症の研究は人間医学の分野と同様に，病原体の同定，病理組織学的観察，早期診断法の開発，ワクチンや抗生物質など予防・治療法の開発，疫学調査などが行われる．しかしながら，病原体の生息域が水域であることや宿主となる魚類が変温動物であるために，病原体の種類や特徴が哺乳類のものとは異なる．魚類病原体の各論は，専門書を参考にされたい．

微生物学がフランスのルイ・パストゥールやドイツのロベルト・コッホに先導されたのと同様に，魚類病原体の研究も欧米が先進してきた．欧米では，とくにサケ科魚類の養殖が盛んであるため，サケマス類の感染症の研究が盛んである．一方，日本をはじめとするアジア諸国は魚食文化の国が多いため，多種多様な魚介類を養殖しており，これが感染症の多様性を生み出している．

■ 海洋病原微生物の伝播

生息環境や宿主となる魚類が異なるため，すべての病原体が世界中のどこにでも生息できるわけではないが，少なくともいくつかの病原体は世界を股に掛けて感染症を引き起こす．その例として，（伝染性造血器壊死症の原因ウイルスとして）サケ科魚類で問題となる伝染性造血器壊死症ウイルスが挙げられる．本病は欧米や日韓で重要な感染症であり，わが国でみられる本ウイルスの遺伝子型はアメリカのものと酷似している[1]．これは，日本で最初に本病が発生した時期がアラスカからベニザケ卵を導入した時期と一致していることから，卵を介してウイルスが日本に持ち込まれたためであると考えられている．同様に，マダイイリドウイルス病の原因ウイルスで知られるmegalocytivirusは，東南アジアが起源で，養殖用の稚魚や観賞魚の輸出入によって，日本やオーストラリアに伝播したことが疑われている[2]．このように，人為的な活魚の輸送が病原体の伝播を促進している．

次に，もう少し狭い範囲での病原体の伝播について目を移してみる．毎年，冬季にインフルエンザウイルスが蔓延するように，養殖魚でも季節性の感染症が発生する．海洋に生息する病原体は発症時期以外はどこに潜んでいるのか，どのようにして生簀（いけす）内の魚類に伝播するのかを正確に教えてくれる教科書は存在しない．これらを明らかにすることで，感染症対策が可能になるが，海洋生物の種数の多さや病原体の検出感度の低さなどが研究の障害となっている．

■ **予防と治療**

　養殖魚にも感染症対策として人間と同様に駆虫剤や抗生物質が投与されるが、養殖魚は食料であるため、治療に用いる薬剤の有効性はもちろんのこと、ヒトに対する安全性が強く問われる。たとえば、寄生虫の駆除に常用されていたホルマリンは、魚体内に残留したホルマリンの発がん性リスクが懸念され使用が禁止された。細菌性疾病には抗生物質による治療が行われてきたが、使用頻度が高まるにつれて薬剤耐性菌が出現しやすくなることや、直接的な証明はないものの、これら耐性菌の耐性遺伝子がヒトへ伝播することが懸念されており、その使用が避けられつつある。ウイルス病に対する薬剤はリスク以前に、魚類用として商品化されているものが世界的に存在しない。抗ウイルス剤は宿主に対する毒性が強いことや薬剤そのものが高価で何万尾と養殖される魚類に用いることは経済的に不可能であることが原因である。これらの事情で、近年は薬剤を用いた治療からワクチンを用いた予防に目が向けられている。

　2012年現在、わが国では、魚類用ワクチンとして、細菌用製剤3種とウイルス用製剤1種がすでに市販されている。さらに、新たにウイルス性神経壊死症ワクチンの承認が得られるなど、動物用医薬品業界では盛んにワクチン開発が行われている。ワクチンを含む日本の水産用医薬品は、一つの薬剤をすべての魚類に用いることができるわけではなく、"目（もく）"レベルでしか適応できない。すなわち、マダイ（スズキ目）で開発された薬剤をヒラメ（カレイ目）には適応できないなど、多種多様な魚類を養殖する現場にとって、医薬品の適応範囲は大きな障害となっている。

■ **魚類病原体はヒトに感染するのか？**

　上記のように、魚類の病原体は人間の食料となる養殖魚類でその多くが発見されてきた。感染症による大規模な養殖魚の斃死が起こるとヒトに対する感染性について論ぜられることが多いが、魚類病原体を人間が摂取することで感染症が起こることはほとんどない。魚類ウイルスに関しては、人魚共通ウイルスは現在のところ知られていない。魚類の病原体から話がそれるが、冬季に流行するノロウイルスによる食中毒に関しては、カキなどの貝類から人間に感染することが知られているが、貝類のなかで複製しているわけではなく、貝類が濾過性摂食者であるために中腸腺に環境中のウイルスを濃縮し、それを人間が食べることで感染が起こると考えられている。すなわち、ノロウイルスがカキに感染症を引き起こすことはない。一方、人魚共通細菌については、腸炎ビブリオで知られる *Vibrio parahaemolyticus* のように、魚類とヒトの双方に病原性を発揮するものが存在する。しかしながら、その数は限られており、ヒトで問題になる細菌が魚類で問題になることはまれで、その逆もまた然りである。寄生虫についても同様で、ヒトと魚類の双方に被害をもたらす寄生虫は少ない。このように、人魚共通病原体がまったく存在しないわけではないが、魚病を引き起こす病原体のほとんどはヒトで病原性を示さない。これは、魚類と哺乳類で体温が大きく異なることや、魚類と哺乳類が系統的に大きく離れていることに起因していると考えられる。　〔北村真一〕

参考文献

1) T. Nishizawa, S. Kinoshita, W.-S. Kim *et al.* 2006. *Dis. Aquat. Org.* **71**: 267-272.
2) J. Go, M. Lancaster, K. Deece *et al.* 2006. *Mol. Cell. Probe.* **20**: 212-222.

154
藻類の生育を妨げる微生物

殺藻細菌，赤潮

　陸域の一次生産（光合成）が主に草本類（陸上緑色植物）によってなされているのとは異なり，湖沼や海洋などでは微細藻類（microalgae）が主たる一次生産者である．浮遊性の微細藻類（植物プランクトン）は，分類学上多岐に分かれるが，珪藻，渦鞭毛藻，ラフィド藻やシアノバクテリアなどが生態学的には重要である．なかでも比較的大型の珪藻は，カイアシ類などの動物プランクトンの餌となり，いわば「海の牧草」として水域の食物連鎖に寄与している．

　水域では通常，窒素やリンなどの栄養塩が微細藻の光合成を律速している．しかし，陸域などから過剰の栄養塩が供給されると，異常増殖（ブルーム）し，湖面や海面の着色現象，いわゆるアオコ（青粉）や赤潮を引き起こす．大量増殖した藻体の多くは，動物に捕食されることなく海底（湖底）へと沈降し，そこで微生物による分解を受けるが，その際に酸素を消費することで，海底の貧酸素化やヘドロ化につながる．また，ある種の微細藻はそれ自体，動物に対して毒性であり，しばしば魚介類の大量斃死や食中毒を引き起こす原因となっている．

　このような有害ブルームに対する防除技術として，殺藻細菌の研究が精力的に行われている．この場合の殺藻細菌とは，微細藻を殺滅（あるいは溶解）し，その細胞由来有機物を利用して増殖する一群の従属栄養細菌と定義されている[1]．したがって，窒素やリンなどの無機栄養塩を微細藻と競合し，結果的に微細藻の増殖を阻害する細菌は殺藻細菌ではない．この殺藻細菌研究では，まず，その対象となる微細藻の無菌培養を用意し，そこに海水などの試料を接種して培養し，微細藻が死滅するか否かを判定する必要がある．微細藻の培養には，無機培地を用いるため，接種された細菌の有機栄養源は微細藻細胞か微細藻由来の溶存有機物のみである．しかし，もともと有機物含量が多い環境試料を接種した場合，試料から持ち込まれた有機物を利用して従属栄養細菌が増殖し，培地中の無機栄養塩を枯渇させたがために微細藻の増殖が抑制される場合がある．これは先述の殺藻細菌の定義には反する．実際，室内実験において高い密度（10^9 cells ml^{-1} 以上）の従属栄養細菌が存在するとかなりの確率で微細藻の増殖は阻害される．しかし，自然環境，とりわけ赤潮が問題となるような水圏環境で従属栄養細菌がそのような高い密度になることは考えられず，生態系の低次生産構造の解析や開放系への殺藻細菌の応用（沿岸の赤潮防除など）を目的とする研究では，細菌密度と微細藻の挙動との関連に十分配慮すべきである．

　一部の珪藻やシアノバクテリアでは固相培養系が確立されている．この場合，ウイルス研究などで用いられる重層平板培地上で，殺藻細菌のコロニー周辺で阻止円が形成される．一方，多くの微細藻は液体培地でしか培養できないため，殺藻細菌の検出・計数には最確数法（MPN法）が用いられる．過去20年の間，国内外において，多くは液体培養を用いることで殺藻細菌の生態学的な研究がなされており，その結果，各種の微細藻ブルームの消長と殺藻細菌の消長が関連していることが明らかになっている[1]．

　これまでに千株を超える細菌が殺藻細菌として分離されており，そのうち約300株の16SリボソームRNA遺伝子情報がデータベースに登録されている．それによると，1株のアーキアを除きすべてが細菌であり，*Alphaproteobacteria*, *Betaproteobacteria*, *Gammaproteobacteria*, *Sphingobacteria*, *Flavobacteria*, *Bacteroidetes*, *Actinobacteria* そして *Bacilli* という系統学的に多様な分類群の細菌で，なんらかの微細藻に対する殺藻

活性が認められている．ただし，それぞれの殺藻細菌の培養，分離，そして殺藻活性の判定手法は統一されておらず，実際の環境中にこのような多様な殺藻細菌が存在し，機能しているかどうかは不明である．最近，日本沿岸海域の珪藻赤潮に際して，系統学的に多様な殺藻細菌が，単独の研究チーム（つまり単一の実験フォーマット）によって多数分離されており，このことから，実際の海洋環境で種の枠を越えた殺藻細菌が共存し，潜在的に微細藻の動態に関わっている可能性が強く示唆された．

これまでに分離された殺藻細菌の殺藻メカニズムに関してそれほど多くわかっているわけではない．顕微鏡観察により，殺藻細菌が微細藻の細胞に接触している様子がしばしば観察されるが，直接接触することが殺藻プロセスに必ずしも必要であるとは限らないようだ．微生物が行き来できないが，低分子は行き来できるような特殊な培養系（二槽培養系，あるいは半透培養系と呼ばれる）で殺藻過程を観察すると，殺藻細菌種によって，微細藻と接触しなければその微細藻を殺すことができないことがある．この型の殺藻細菌を「直接攻撃型」と呼び，他方，微生物同士が接触しないようにしても微細藻を殺滅する細菌を「殺藻物質産生型」と呼ぶことにすると，*Bacteroides* に属する殺藻細菌には前者が，*Gammaproteobacteria* に属する細菌には後者が多いことが報告されている．とはいえ，例外も多く，また，そのほかの系統群の殺藻細菌に関しては情報がほとんどない．殺藻細菌が産生する化学物質や溶藻酵素（特殊なプロテアーゼ）がごく少数，精製され報告されているが，実際の細菌の殺藻プロセスでどのように作用しているか明らかにすることは，今後の課題である．

さて，殺藻細菌のターゲットとなる微細藻については，有害微細藻種を中心に研究されてきた．その結果，珪藻よりは渦鞭毛藻やラフィド藻が，有殻渦鞭毛藻よりは無殻渦鞭毛藻が細菌による殺藻を受けやすい傾向がみられている．いくつかの殺藻細菌分離株では，複数の微細藻種に対する殺藻効果が詳細に調べられており，微細藻種によってその殺藻効果が異なる（殺藻特異性）ことが報告されている[1]．自然環境下で，栄養塩動態や動物プランクトンの捕食選択圧などとともに，殺藻細菌による種特異的な殺藻作用が，微細藻社会の種構成の変遷に影響を及ぼしている可能性が指摘されている．

沿岸漁業へ多大な被害をもたらす赤潮の防除策として，新たな環境汚染につながるとの指摘もある「粘土粒子の散布」などに代わって，現場にもともと生息する殺藻細菌を用いた防除策は多方面から期待されている．実際，環境中で自然に進行している微細藻種の変遷に，殺藻細菌群集が関わっているならば，さまざまな有害赤潮（ブルーム）を，自然に負荷を与えることなく防除できる技術となりうるかもしれない． 〔吉永郁生〕

参考文献
1) 今井一郎．2012．シャットネラ赤潮の生物学．生物研究社．

155

藻類の生育を助ける微生物

ビタミン，キレート物質，増殖制御物質

陸上に繁茂するさまざまな植物と同様に，水中に繁茂する植物（主に藻類の仲間）もたくさんの微生物たちに囲まれ，さまざまな相互作用を営みながら生きている．その証拠に，これらの微生物を除去し，かつ侵入を完全に防いだ無菌状態での純粋培養（sterile axenic culture）には多くの困難が伴い，すべての藻類でうまくいく状況にない．一方，藻類を培養する際には，多細胞（いわゆる海藻）か単細胞（微細藻類，植物プランクトンともいう）かに限らず，窒素（主に硝酸態窒素［NO_3-N］）やリン（主にオルソリン酸態リン［PO_4-P］）からなる栄養塩類とともに，極微量であっても重金属類の添加や土壌抽出物といった有機物の混合成分の添加をしないとうまくいかないことが広く知られている．海洋性の藻類の場合であれば，これらに加え，海水の主要塩類（ナトリウム，マグネシウム，カリウムなど）の添加が必要なことはいうまでもない．

こういった経験のなかから，藻類の生育には無機物のみでなく有機物も必要であること，その自然界における供給には周辺環境の微生物が深く関与しているものと考えられるようになった．その代表例はビタミン（vitamin）である．ビタミンとは，微量ながら生育に必須であり，自ら作り出すことができないため外から取り込む必要のある物質の総称である．その物性（水溶性か脂溶性か，など）により，A，B，C，D，Kなどと区分されている．人の場合，その不足によりさまざまな疾病が引き起こされるが（たとえばB_1欠乏による脚気，C欠乏による壊血病），そのなかには人の腸内細菌群によって生産され供給されているものもある．これら

さまざまなビタミン物質のなかで，藻類培養時に必須なものは，多くの場合，B_{12}，B_7（ビオチン：biotin），B_1（チアミン：thiamine）の3種類であることが知られている[1]．一方で，その藻類の周辺環境から分離・培養した細菌の多くが，これら3種のビタミン生産能を有することが明らかになっている．すなわち，自然界で生息する藻類は，その周辺の微生物によるビタミン生産に大きく依存しているものと考えられる．また，これらの微生物の多くは，藻類が光合成により生産し放出する低分子の有機物（グリコール酸などのC2，C3化合物）をエネルギー源として利用可能であることから，この藻類-微生物の間ではゆるい共生関係が成立しているものと見なされる．

また，動物細胞や植物細胞の培養時と同様に，細胞内で営まれるさまざまな酵素反応時に必須の各種金属イオンを，環境中から取り込む際に不可欠となるキレート物質（金属錯形成物質．人工物としてはEDTAが有名）が，藻類でも必須な場合が多い．これらは，一般に土壌や海底堆積物中に多く含まれており，その生成過程には微生物が深く関与しているものと考えられている．より具体的には，植物や藻類などに由来する有機物の微生物分解過程で，分解を免れた有機物が主となり集積，結合した複雑な構造をもつ有機物（腐植物質，フミン，フルボ酸などと呼ばれる）の一部が，この金属キレート能を有しているものと推測されている．

このほかにも，藻類の生育を助けていると思われる物質や微生物の報告が多数ある．これらの物質の多くは生理活性物質とか生長制御物質，増殖制御物質（growth regulator）などと呼ばれ，それらを生産する微生物の探索が一時期活発になされた．ただ，高等植物に比べ多様性の幅が大きい藻類の場合，各グループ（たとえば，緑藻，褐藻，紅藻，藍藻［シアノバクテリアとして細菌に分類されることもある］，など）のすべてで共通した作

用を見出すことが難しいこと，いつでもどこでも同じように作用するのではなく生活史も関係してその作用には強弱が予想されること，そもそもその作用を評価するために必須な無菌状態の藻類バイオアッセイ系の構築が大変であること，などに注意してその結果を見る必要がある．

植物の生長制御物質の代表は，その器官分化に劇的な影響をもつオーキシン（auxin）やサイトカイニン（cytokinin）といった植物ホルモン（plant hormone）である．これらの存在（あるいは添加）により，高等植物の多くで発芽や発根，開花などが制御されているが，藻類にあってはその役割自体がまだはっきりしていない．一方，これらの植物ホルモンの多くは，微生物によっても生産されることが知られている．その代表例は，これらの過剰生産能を獲得し，宿主植物にしばしば腫瘍を引き起こさせる植物病原菌の*Agrobacterium tumefaciens*である．海洋でもそういった植物ホルモン生産細菌の探索やその生理生態が調べられ，多くの海洋細菌がオーキシンやサイトカイニンの生産能を有すること，富栄養化した海底堆積物中には高い濃度のオーキシンが存在すること，それらが現場の微生物により生産され堆積物中に蓄積されること，などが証明されている[2]．

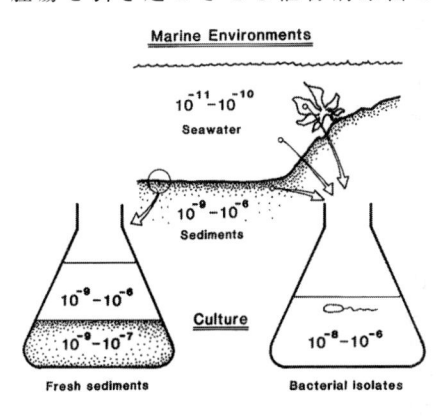

これらの物質は，動物ホルモンの場合とは異なり，広く微生物などの代謝産物と見なされるが（オーキシンの代表であるIAAはインドール化合物．サイトカイニンはアデニン誘導体），高等植物ではその進化の過程で，器官分化を左右する大変重要な役割を担う物質として重用されていったものと考えられる．藻類のなかにも，これらの物質を重用しているものがいる可能性が高い．近年のバイオエネルギー研究開発ブームのなかで，欧米ではこれらの植物ホルモンの役割が再度注目されはじめている．その一方で，下等な藻類の場合，これまでにあまり知られていなかった物質が重要な役割を果たしている可能性があり，実際に一部のものは特定化されている．藻類の生理学や利用法の拡大などにより，この藻類増殖制御物質の探索研究や藻類－微生物間の相互作用研究がさらに進展することを期待したい．　〔丸山明彦〕

図1　オーキシンIAA（インドール3酢酸）の海洋における濃度分布と微生物培養実験で得られた濃度範囲

参考文献
1) M. T. Croft *et al.* 2006. *Eukaryotic Cell.* **5**: 1175-1183.
2) 丸山明彦．1991．植物ホルモンの産生，pp.226-241．清水　潮編，海洋微生物とバイオテクノロジー．技報堂出版．

156
動物と微生物

食性, 消化, 健康, 生産, 温暖化ガス

　動物消化管に共生する微生物は宿主の栄養や健康維持に大きく貢献している．消化機能の一部を担い，発酵産物は吸収後エネルギー源に転換され，微生物体は腸管免疫亢進や宿主タンパク源供給に関わる．その一方で，発酵で生じるメタンガスは大気中に放出され，摂取エネルギーの損失や地球温暖化の一因となりうる．このように消化管微生物が動物本体やとりまく環境に及ぼす影響は多岐にわたる．

■ 食性と消化管構造

　微生物を消化管に定着させるには滞留部が必要である．消化管内での一定数の微生物維持には分裂増殖速度が通過速度が超えてはならない．とくに繊維質消化は時間がかかり，関わる微生物も増殖速度が遅いため，長時間の滞留形成が必要となる．表1は，全消化管容積に占める滞留部容積割合の動物種別ランキングである．上位はすべて草食動物が独占している．ブタなどの雑食動物がランキング中位にあり，イヌネコの肉食動物が下位にくる．雑食であるヒトが解剖学的にはイヌネコに近いことは興味深い．このように食性に応じ消化管構造や滞留時間が変われば，そこに形成される微生物相も異なって当然となる．

　もう一つ重要なのは，膨大滞留部（微生物生息部）の配置である．胃よりも前にもつか（前胃発酵動物），後ろにもつか（後腸発酵動物）が，微生物体をタンパク質源として有効利用できるかの鍵となる．後腸発酵者は増殖した微生物体を利用できず糞へ排泄してしまうが，前胃発酵者は微生物体をタンパク源として消化利用できる．タンパク質の消化の場である小腸よりも前方に発酵槽があるからこれが可能となる．同じ草食動物でも栄養生理的に優れた前胃動物が家畜として地球上に繁栄したのにはこういう理由がある．

■ 草食動物の消化管微生物

　草食動物のエネルギー源は繊維質の分解発酵産物である低級脂肪酸が多くを占める．反芻動物（ウシやヒツジ）においては，維持エネルギーの75％以上が，消化管微生物が生成する低級脂肪酸でまかなわれている．主食の繊維質はヘテロな構造体でセルロース束のまわりをヘミセルロースがからみつくとともに，フェノール系物質を介してリグニンと架橋形成している．そのため繊維質の分解には多数の異なる酵素を要する．動物は自身のゲノムにこれら酵素群をコードするよりも，自然界に存在する多様な細菌を消化管内に住まわせる戦略をとった．このほうが簡単であったと思われる．

　反芻動物の第一胃（ルーメン）には繊維質消化に特化した細菌 *Fibrobacter succinogenes* が繊維消化の中核となり，ほかの細菌と協調しながらコンソーシアムによる円滑な分解が進行する．コンソーシアムには，未培養菌も含まれるが，U2 と称される菌群は *F. succinogenes* と代謝補完関係にあり，動態もシンクロナイズすることなどが，近年分離に

表1 微生物発酵が起こる消化管の容積割合でみた動物ランキング

動物種	微生物が生息する消化管（％）			
	反芻胃	盲腸	結腸	合計
ヒツジ	71	8	4	83
カピバラ	—	71	9	80
ウシ	64	5	5-8	75
ウマ	—	15	54	69
モルモット	—	46	20	66
ラット	—	32	29	61
ウサギ	—	43	8	51
ブタ	—	15	33	48
ヒト	—	—	17	17
ネコ	—	—	16	16
イヌ	—	1	13	14

成功した菌株の特性から明確になってきた．ほかの繊維分解菌として *Ruminococcus* が2種存在するが，難分解性の茎部の分解能では *F. succinogenes* に劣る．

■ 非草食動物の消化管微生物

草食動物の消化管微生物への依存度に比べ非草食動物のそれは小さく，腸管内環境を適正に維持することで有害菌排除，ビタミン合成，腸管免疫亢進などを受けもつ．近年，腸管細菌叢と肥満との関連性も指摘され，プロバイオティクスやプレバイオティクスも組み合わせながら，予防医学の中心領域として研究が進展している．ルーメンと同様難培養細菌が多く，腸内菌叢の解析には培養を介さないメタゲノムなどの網羅的手法が用いられる．ただし大腸疾患などとの関連で実施した試験結果の解釈は難しく，菌叢変化は疾患の原因なのか結果なのかの判別になお検討を要するところでもある．高齢まで生きるペットはもちろんのこと，ニワトリ，ブタなど家畜においてもオリゴ糖や酵素添加による腸内菌叢制御を通した疾病予防・健康維持への取り組みが盛んである．

■ 地球環境と消化管微生物

地球上のメタンガスの20％が家畜由来であり，ほとんどが反芻動物のルーメンで生成されたものである．メタンはCO_2の25倍の温室効果を有し，CO_2換算すると地球上で発生する全温暖化ガスの約5％がルーメン由来となる．反芻家畜が多いニュージーランドでは国内総温暖化ガスの30％がルーメンメタンという統計値となっており，その低減が望まれている．しかし，メタンはルーメン内嫌気発酵の水素処理産物であり，メタンの低減は発酵の遅滞，すなわち飼料消化の低下を引き起こしかねない．

この問題を回避する戦略としては，ルーメン内での水素処理の代替系であるフマール酸還元（プロピオン酸生成）の活性化が最も有望である．この系の増強で消化を妨げないメタン低減が可能になり，発酵様式（ルーメン菌叢）の改変をもたらす飼料添加物の開発が現在世界各国で進んでいる．特定植物由来の希少フェノール成分が一部のメタン生成アーキアを抑制し，プロピオン酸生成にかかわる細菌群の占有率を高めることが明らかになった．これにより発生水素がフマール酸還元系で処理され，メタン産生は20％低減可能となった．増加したプロピオン酸は吸収後ブドウ糖に転換され，家畜のエネルギー源となるため，従来メタンとして失われていたエネルギーをプロピオン酸として捕捉できる一方，家畜体内でブドウ糖へ転換される一部のアミノ酸など（糖原生物質）を節約できることになる．

このように消化管微生物の生態や生理の理解向上を通して，より効率的で環境調和のはかれる動物生産の新しい時代が来ようとしている． 〔小林泰男〕

参考文献

1) Y. Kobayashi. 2006. *Animal Science Journal.* **77**: 375.
2) 小林泰男．2010．畜産と気象（気象ブックス）（柴田正貴・寺田文典編），第3章・第6章．成山堂．

157
植物の生育を妨げる微生物

土壌病原菌,植物病原菌,線虫

自然界には,植物の生育を妨げる微生物が多く知られる.植物の生育が妨げられることは病気と呼ばれ,病気を引き起こす病原体として,カビ,細菌,細胞壁をもたない特殊な細菌であるマイコプラズマ様微生物,ウイルスなどがいる.これらの生物によりもたらされる植物の病気は伝染するのが特徴で,冷害や湿害,肥料不足といった非生物的な要因で病気になる場合と異なる.

■ 植物の病気・病原体の種類

植物の病気は伝染方法に基づき,土壌伝染性病害(soil-borne disease),空気伝染性病害(air-borne disease),水媒病害(water-borne disease)に分けられる.土壌伝染性病害を引き起こす微生物は,土壌中に生息し,宿主となる植物が植えられ根が近づいてくると感染する.空気伝染性病害を引き起こす微生物は空気中を主に胞子の形態で浮遊し,宿主となる植物の葉などに付着し感染する.水媒病害は,養液栽培などの水が豊富にある栽培条件下で問題になるが,土壌でも雨の直後など水が豊富にある条件下では起こりうる.土壌に生息する微生物は,植物が植えられなくても長期間生き抜くための器官として厚膜胞子(chlamydospore)や菌核(sclerotium)といった耐久生存体をもつことが多い.空気中を浮遊する微生物は,紫外線による影響を回避するために,黒や赤といった色を呈する.水媒病害を引き起こす微生物は,水中を素早く泳ぐのに適した遊走子(zoospore,鞭毛を有する胞子)という器官をもつ.

■ センチュウ

線虫が微生物に分類されることはまれであるが,微小で肉眼では観察できないという点では,れっきとした微小な生物である.土壌中に生息する線虫のなかには,植物細胞に侵入するための特別な器官"口針"を有し,植物の生育を妨げるグループが存在する(図1).これらは植物寄生性線虫(plant parasitic nematode)と呼ばれ,ネグサレセンチュウ,ネコブセンチュウ,シストセンチュウがわが国の3大有害線虫である.

空気伝染性病害では地上部に症状が出るため早期発見がしやすく比較的農薬などによる防除がしやすい.水媒病害でも,養液栽培に用いる培養液を適宜殺菌あるいは交換することで防除できる.それに対して土壌伝染性病害は,病原菌が土壌に生息するため早期発見が難しく,また,土壌の隅々まで消毒することが困難なため,難防除病害と呼ばれる.

■ 病原菌の例

世界で最も有名な植物病原菌は,間違いなくジャガイモ疫病菌(*Phytophthora infestans*)である.アイルランドにおいて冷夏で多雨が続いた1845〜1948年にかけて大発生し,ジャガイモの収量を著しく低下させ,

表1 わが国の病害総数に占める割合[1]

病原体	割合
1. カビ	73%
2. 細菌	5.3%
3. マイコプラズマ様微生物	
4. ウイルス・ウイロイド	6.2%
5. 線虫	11%

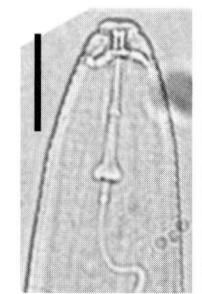

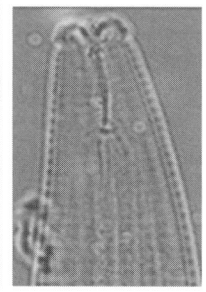

図1 口針を有する植物寄生性線虫(左)と細菌食性線虫(右)の頭部.バー = 10 μm

100万人もの餓死者を出した[2]．この菌は高温と乾燥には弱いが，遊走子を作り土の中を泳いで植物に感染するため雨が多いと感染しやすくなり，大被害をもたらした．アイルランド農業博物館では The Great Famine（大飢饉）という名称で当時の被害の様子や病原菌などが展示されている．

わが国でも，さまざまな植物の病気が問題となっている．土壌病害では，*Ralstonia*，*Fusarium* や *Verticillium* は植物の導管内で増殖し，植物根からの養分や水分の吸収を阻害し，萎れ症状をもたらし，やがては枯死させる．そうか病菌はジャガイモの表面にかさぶた様の症状をもたらし商品価値を下げる．*Plasmodiophora* はネコブ病菌と呼ばれ，かつては変形菌としてカビに分類されていたが，現在は原生生物であるアメーバ鞭毛虫に分類される．マツタケと同様絶対寄生菌であり，人工培地を用いた増殖に現在まで成功していない．

病原菌の場合，同一種のなかに病原性が異なる菌株群が存在することが多く，*F. oxysporum* では分化型（formae specialis, f. sp.），*Xanthomonas* では病原型（pathovar, pv.）と呼ばれる．ダイコンを冒す *F. oxysporum* は *raphani*，イチゴを冒す分化型は *fragariae*，トマトを冒す分化型は *lycopersici* である．*F. oxysporum* では100以上の分化型がこれまでに知られており，一つの分化型が1種の植物を宿主とすることが多い．たとえば，*F. oxysporum* f. sp. *raphani* はダイコンに対する病原菌であるが，そのほかの作物に対しては病原菌ではない．一方，同一種の病原菌が同じ宿主植物の品種によって発病をもたらす場合とそうでない場合があり，レースと呼ばれる．*F. oxysporum* や青枯病菌は生きた植物体での生活に特化した寄生性が強く，土壌中での腐生性に弱い根系生息菌と呼ばれるのに対し，多くの作物に苗立枯病（damping-off）を引き起こす *Rhizoctonia solani* や *Pythium* といったカビは腐生性が強く土壌生息菌と呼ばれる．

地上部病害では，病原体が絶対寄生菌で，植物表面上に白い粉状の症状をもたらすうどんこ病はイネ科や野菜，花卉類など多くの植物でみられる．イネ白葉枯病は，X. *campestris* pv. *oryzae* が葉の導管で増殖し，葉の黄化や萎ちょうなどをもたらす，世界的に重要なイネの細菌病である． 〔豊田剛己〕

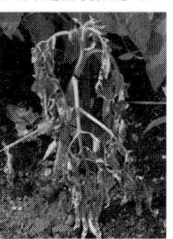

図2 空気伝染病（地上部病害：左）と土壌伝染病（土壌病害，地下部病害：右）の例（口絵35参照）

表2 発生面積の大きい土壌病害[3]

病害名	病原菌名
トマト青枯病	*Ralstonia solancearum*
リンゴ・ナシ白紋羽病	*Rosellinia necatrix*
ナス青枯病	*Ralstonia solancearum*
キャベツ根こぶ病	*Plasmodiophora brassicae*
ダイコン萎黄病	*Fusarium oxysporum* f. sp. *raphani*
ムギ類萎縮病	ウイルス
ジャガイモそうか病	*Streptomyces scabies*
イチゴ萎黄病	*Fusarium oxysporum* f. sp. *fragariae*
ハクサイ根こぶ病	*Plasmodiophora brassicae*
ナス半身萎ちょう病	*Verticillium dahliae*

参考文献
1) 都丸敬一．1995．植物病理学事典（日本植物病理学会編），pp.15-18．養賢堂．
2) 岸 國平．2002．植物のパラサイトたち―植物病理学の挑戦―，pp.27-33．八坂書房．
3) 土壌伝染病談話会．1992．土壌伝染病談話会レポート．北海道大学生活協同組合．

158
植物の生育を助ける微生物 1

根粒菌，マメ科植物，共生窒素固定

窒素は生体内でアミノ酸や核酸を構成する重要な元素であり，大気中には N_2 ガスの状態で大量に存在する．しかし，動物や植物は N_2 を直接利用することはできない．人類は高温高圧下で N_2 と H_2 を反応させてアンモニアを合成する工業的窒素固定法（ハーバー・ボッシュ法）を開発したが，多量の化石エネルギーを必要とする．一方，常温常圧で N_2 ガスをアンモニアに還元する生物的窒素固定能を有する原核生物がおり，窒素固定菌と呼ばれる．窒素固定菌は，単生窒素固定菌と共生窒素固定菌に分類され，酵素ニトロゲナーゼが以下のような反応を触媒している．

$$N_2 + 8H^+ + 8e^- + 16ATP \rightarrow 2NH_3 + H_2 + 16ADP + 16Pi$$

植物にとって窒素は，炭素，酸素，水素に次いで含有量の多い必須元素の一つである．しかし，窒素は自然環境中で制限因子となりやすく，植物は進化の過程で窒素獲得能力や窒素利用効率を高めてきた．マメ科植物は，窒素固定菌と共生することによって，間接的に大気窒素の利用能力を獲得し，窒素不足からほぼ解放されたといってもよい．

マメ科植物の共生窒素固定菌である根粒菌は，宿主植物の根に感染して根粒と呼ばれる瘤状の器官中で細胞内共生をし，窒素固定を行うグラム陰性の土壌細菌である．そのほか，細胞内共生として，放線菌（*Frankia*）と木本植物や，シアノバクテリア（*Nostoc*）と被子植物などの共生窒素固定や，細胞外共生として，シアノバクテリア（*Anabaena*）とシダ植物（アゾラ）などの共生窒素固定もある．

■ 共生窒素固定プロセス

根粒菌とマメ科植物の共生は，微生物と植物の相互作用モデルの一つとされている．根粒菌の感染過程は，根毛感染，根の傷や隙間からの感染に大別されるが，根毛感染がよく調べられている．その共生関係の成立過程の概要は以下のようである．宿主マメ科植物根から放出される物質にフラボノイド化合物があり，その化学構造の違いが，根粒菌の宿主認識に関与している．根粒菌は，根から放出されるフラボノイド化合物をレセプターで感知して，根粒形成遺伝子（*nod* genes）を発現させ，Nodファクターと呼ばれる N-アセチルグルコサミンのオリゴマーを合成する．このオリゴマーの修飾基によっても宿主特異性が決まる．Nodファクターが宿主根細胞のレセプターで感知されると，根毛の変形や皮層細胞の分裂が起こり，根粒菌の感染が開始される．根粒菌がカーリングした根毛から感染すると，宿主植物は感染糸と呼ばれる鞘状の通路を作って根粒菌を感染細胞まで導く．感染細胞内に放出された根粒菌はペリバクテロイド膜に包まれて保護され，細胞分裂能を停止させたバクテロイドになる．一般的に，植物細胞に微生物が感染した場合，異物と認識され，植物による防御反応を引き起こす．根粒菌の感染は一種のエンドサイトーシスであるが，あたかも膜に包まれた細胞内小器官として窒素固定を行う．これは太古の昔

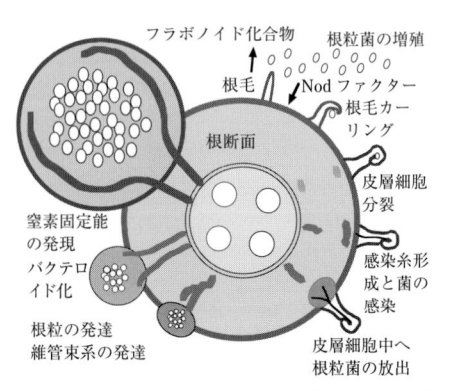

図1 根粒の発達過程．根粒形成が進む様子を時計回りに図示した．

にシアノバクテリアやグラム陰性細菌が真核生物に細胞内共生して，二重膜で隔離保護され，細胞内小器官である葉緑体やミトコンドリアとして現在に至った仕組みとよく似ている．このように根粒菌は，マメ科植物の根に感染し，根粒と呼ばれる瘤状の組織を根に発達させる．マメ科植物種によって根粒形態は異なり，頂端分裂の有無によって細長い根粒（無限型）と丸い根粒（有限型）に分類される．バクテロイドは，合成したニトロゲナーゼ酵素により，窒素分子をアンモニアに還元して宿主植物へ供給する．一方，宿主植物は窒素固定のエネルギーのために光合成産物をバクテロイドに供給している．根粒と根の中心柱との間には維管束系が発達しており，栄養共生として固定窒素と光合成産物の物々交換を行っている．宿主植物は根粒に供給する光合成産物が過多にならないようにオートレギュレーションと呼ばれる機構によって，着生根粒数を調節している．また，ニトロゲナーゼは酸素感受性のため，宿主植物はレグヘモグロビンと呼ばれるヘムタンパク質を作り，酸素と結合させることによって細胞内の酸素分圧を低下させ，ニトロゲナーゼの失活を防ぐとともにバクテロイドや植物細胞の呼吸に必要な酸素をバランスよく供給している．根粒の内部が赤いのはレグヘモグロビンのためである．固定窒素はアンモニアとして宿主細胞へ供給されるが，その転流形態はマメ科の種類によって異なり，アミド型であるエンドウ，アルファルファ，クローバー，レンゲ，ミヤコグサなどと，ウレイド型であるダイズやインゲンなどに分けられる．アミド型はグルタミンやアスパラギンが，ウレイド型はアラントインやアラントイン酸が転流物質であり，同化したアンモニアを地上部に送る．

■ 研究の動向

マメ科植物と根粒菌には，比較的厳密な特異性が存在し，マメ科植物の種によって感染する根粒菌は決まっている．ダイズは *Bradyrhizobium japonicum*, *B. elkanii*, *Ensifer* (*Sinorhizobium*) *fredii* が，アルファルファは *E. meliloti* が，ミヤコグサは *Mesorhizobium loti* が主たる共生細菌として知られており，これら共生生物の全ゲノム塩基配列が次々に決定されている．主なゲノム配列情報として，ミヤコグサ根粒菌（*M. loti* MAFF303099株）やダイズ根粒菌（*B. japonicum* USDA110株），アルファルファ根粒菌（*E. meliloti* 1021株）などの根粒菌や，ミヤコグサ（*Lotus japonicus* Miyakojima MG-20），ダイズ（*Glycine max* Williams 82），タルウマゴヤシ（*Medicago truncatula*）などのマメ科植物の全ゲノム塩基配列が公開されており，ゲノム構造の比較解析も行われている．ゲノム情報の蓄積に連動した宿主植物や根粒菌の遺伝・生理・生態学的な研究も盛んに行われており，根粒菌の生態や根粒形成のメカニズムが明らかにされつつある．

■ 展　　　望

春の田に咲き乱れるレンゲは，緑肥として土壌に鋤き込まれる．これは，根粒菌との共生窒素固定を農業に利用した例である．ダイズなどマメ科作物は，窒素固定能の高い有用根粒菌を接種し，根粒占有率を上げれば収量の増加が期待できる．しかし，土壌中で窒素固定能の低い根粒菌が優占化すると，有用根粒菌の接種効果が上がらない場合が多く，有用根粒菌を有効活用するための技術開発が望まれる．また，完全脱窒能をもつダイズ根粒菌株が存在し，温室効果ガスである N_2O のダイズ根圏からの発生を抑制することが確認されているため，圃場レベルの生物的な N_2O 発生低減技術としても期待される．

〔佐伯雄一・南澤　究〕

159
植物の生育を助ける微生物2

菌根菌，共生，菌類，無機栄養素

■ 植物の陸上進出を支えた微生物

　菌根（mycorrhiza）とは，ラテン語起源の菌類（myco-）と根（rhiza）との共生複合体を指す合成語である．植物が海から陸上に進出したおよそ4億年前，貧弱な根しかもっていなかった原始的な植物は，先に陸域に適応していた真菌の一群を「道具」として利用することにより，養水分を獲得し，乾燥した陸上に適応した[1]．それが陸上植物と微生物の間に成立した最初の共生関係であり，現在までほとんど変わらない形で続いているアーバスキュラー菌根と呼ばれる共生体である．この菌根を形成する菌側のパートナーであるアーバスキュラー菌根菌（arbuscular mycorrhizal fungi，以下AM菌と略す）は，Glomeromycota門に属する進化的にきわめて古い分類群である．この菌は，根の細胞内に樹枝状体（arbuscule）と呼ばれる特徴的な構造を作ることからこの名前が付けられた（図1）．AM菌が大部分の陸上植物との間で共生関係をもつことができるという事実は，この菌との共生により上陸に成功した原始植物が，現在，陸域で繁栄している植物の大元の祖先であることを強く示唆している[2]．

■ 相利共生メカニズム

　AM菌自身は生きた植物以外から炭素源を獲得することができない，いわゆる絶対活物栄養菌であるため，人工培地上で純粋培養することはできない．したがって，そのゲノムが解読された現在においても，AM共生のメカニズムには，いまだ不明な点が多く残されている[3]．

　AM菌の菌糸には細胞間を隔てる隔壁は存在せず，チューブ状の細胞壁に囲まれた細胞質に，核やミトコンドリアをはじめとする小器官が浮遊しているだけのきわめて原始的な構造をしている．しかし，その一方でこの菌の細胞は物質輸送の双方向性（宿主植物方向への無機栄養素の輸送と菌糸末端方向への炭素源の輸送）も備えている[4]．AM菌の菌糸は根と比べるときわめて細いため単位バイオマスあたりの表面積が広く，土壌中での拡散の遅い無機栄養素，とくにリン酸を吸収するうえで都合がよい．土壌中の菌糸の原形質膜上には，高親和型リン酸輸送体が存在し，リン酸の能動輸送を担う．この菌は自己が必要とする以上の過剰量のリン酸を液胞中に蓄積し，根内の樹枝状体まで輸送した後，植物細胞に向けて放出する．樹枝状体を取り囲む植物の原形質膜上には，AM共生に特化したリン酸輸送体が存在し，菌から放出されたリン酸の吸収を担う．リン酸輸送にかかる一連の過程には莫大なエネルギーコストが必要であ

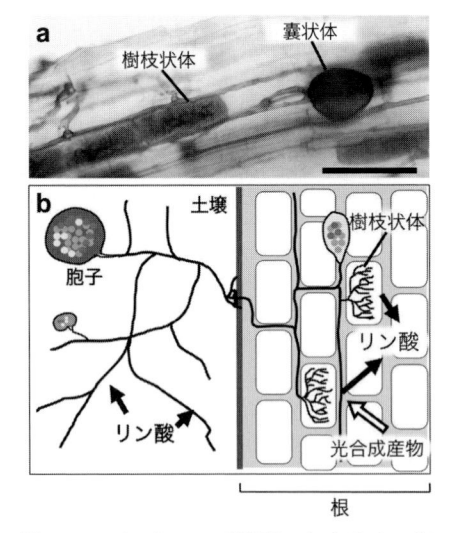

図1　アーバスキュラー菌根菌．a）トリパンブルーにより染色された菌根菌（ダイズ根）．樹枝状体からはリン酸が放出される．嚢状体にはエネルギー源であるリン脂質が貯蔵されている．スケールは200μm．b）宿主植物から光合成産物の供給を受ける代わりに，土壌からリン酸を吸収し，樹枝状体まで運んだ後，植物細胞に向けて放出する．

るものの，すべてを宿主植物が負担している事実は，リン酸が陸上植物にとっていかに獲得が困難で重要な元素であるかを物語っている．植物は受け取ったリン酸と引き換えに光合成産物であるブドウ糖を根の中の菌糸の周囲に放出する．AM 菌は，原形質膜上に存在する糖輸送体を介してこの糖を吸収すると，脂質やグリコーゲンなどに変換後，土壌中の菌糸先端方向に向けて輸送する．

■ 多様な菌根の進化

AM 共生の出現後，陸上植物の多様化に伴って，AM 菌とは系統的に異なる担子菌門や子嚢菌門のなかからも，菌根を形成する菌類が現れた．木本植物が形成する外生菌根やツツジ科植物のエリコイド菌根は形態的にはアーバスキュラー菌根と大きく異なるものの，共生菌側から無機栄養素が，宿主側からは炭素源が供給される点で，機能的には AM 共生と類似している[2]．一方，ラン科植物と菌根を形成する菌類は，宿主の種子発芽に必要な炭素源に加え，幼植物体までの生長に必要な炭素源までも供給する点で，ほかの菌根とは機能的に大きく異なる．これら進化の下流で現れた菌根では，植物と共生菌との間の特異性が高い―特定の相手を選んで共生する―場合が多く，共生菌の人工培養が可能なものも多い．

■ 菌根の生態的役割と応用展望

大部分の陸上植物がなんらかの菌根を形成し，これら菌根が無機栄養素吸収の重要な経路を担っている事実は，菌根が陸域生態系における植生の維持とそれに関わる元素循環，とくにリンや窒素の循環において大きな役割を果たしていることを意味する．また，菌根を形成する菌類は，土壌の主要なバイオマス成分であることから，土壌-大気間における炭素循環の緩衝作用（炭素プールとしての機能）も果たしていると推定される．リン資源の枯渇が懸念される現在，AM 共生を利用して作物に効率的にリン酸供給を行うことは，この分野の重要な研究課題の一つである．とくに肥料の過剰投入により土壌にリンが蓄積した農地では，AM 菌の感染自体が植物側の制御により抑制されてしまうため，AM 共生の機能が十分に発揮されず，施肥体系の見直しが必要である．ただ，AM 菌はほとんどの土壌に普遍的に存在しているため，肥料投入量の少ない農地においては，AM 共生はすでに農業生産に一定の役割を果たしていると推定される．一方，強酸性や有害物質汚染，自然災害などの要因で荒廃した土壌では，汚染物質の流出や浸食の防止のために早期の植生回復が求められるが，劣悪な土壌環境ゆえに根の生長が阻害され，植物は十分に養水分を吸収できない．このような荒廃地植生の定着に菌根が果たす役割は大きく，この分野への利用研究の進展が期待される．〔江沢辰広〕

参考文献

1) L. Simon, J. Bousquet, R. C. Levesque *et al.* 1993. *Nature.* **363**: 67-69.
2) S. E. Smith and D. J. Read. 2008. *Mycorrhizal symbiosis.* 3rd ed. Academic Press.
3) Tisserant *et al.* 2013. *Proceedings of the National Academy of Science.* DOI:10.1073/pnas.1313452110.
4) 江沢辰広，斎藤勝晴，青野俊裕．2004．土肥学雑．**75**：737-746．

160
植物の生育を助ける微生物 3

エンドファイト，PGPR

　植物の組織内外には種々の微生物が生息している．エンドファイト（endophyte）とは，主に植物組織内の細胞間隙に生息し，とくに病兆を示さない微生物（細菌と糸状菌）の総称である．「endo」は「内生」を，「phyte」は植物を意味する．歴史的には，イネ科牧草に内生している Neotyphodium 属の糸状菌により生産されるアルカロイドによる家畜被害から，その重要性が認識された．一方，葉や根の植物組織の表面に生息している微生物は，エピファイト（epiphyte）と呼ばれる．エンドファイトは当初，表面殺菌した植物組織から培養法で分離された微生物として実験的に定義されたが，植物組織の内外に同時に生息している微生物もあり，エンドファイトとエピファイトを厳密に分けることは難しい．

　作物生産の視点から窒素固定エンドファイトが長らく研究されてきた．長年無肥料で栽培されてきたブラジルのサトウキビがどのように窒素を獲得しているかという疑問に対して，1980 年代に糖が集積するサトウキビの茎に Acetobacter 属や Herbaspirillum 属の窒素固定菌が窒素固定により窒素を供給している可能性が報告されはじめた．接種実験により，その窒素固定がある程度寄与していることが証明されたが，安定同位体 ^{15}N による窒素固定推定値を大きく下回った．パキスタンのカヤ属植物 kallar grass から分離された Azoarucus 属細菌をイネ科植物に接種することにより根で窒素固定することが知られているが，培養が困難な状態（diazosome）に分化し窒素固定を行っている．イネから分離された Herbaspirillum 属細菌も，光や窒素などの外部環境に反応しながら植物体内で nif 遺伝子が誘導されるが，イネ吸収窒素に対してエンドファイトの窒素固定量はわずかであった．近年，培養に依存しない微生物群集構造解析が DNA，RNA レベルで始まり，Rhizobium 属や Bradyrhizobium 属の根粒菌に近縁な細菌による窒素固定の可能性が疑われている．

　エンドファイトは，植物細胞壁溶解酵素・多糖生成によるバイオフィルム形成・繊毛や鞭毛による運動性や走化性により，植物組織内に侵入して植物体内を移動すると考えられている．たとえば，細胞壁溶解酵素であるセルラーゼやペクチナーゼの変異体は，植物組織内への定着を抑制する．さらに，エチレン，インドール酢酸（IAA），サイトカイニン，ジベレリンなどの植物ホルモンバランスを攪乱することにより，植物の生育促進などを起こすことがしばしば観察されている．たとえば，AcdS（1-aminocyclopropane-1-carboxylate（ACC）deaminase）は大多数のエンドファイトに保有されている．AcdS が植物のエチレン生合成中間体の ACC を分解し，ストレス誘導型のエチレンの生成量を減らすことにより，植物の生育促進やストレス耐性などを上昇させる．IAA（インドール酢酸）は細胞伸長などを起こす植物ホルモンそのものであり，植物から前駆物質のトリプトファンの供給を受けていると考えられている．

　実験室におけるエンドファイトの植物接種効果は，再現性がとりにくい．その原因に，植物との未知の相互作用や常在微生物の影響が考えられる．エンドファイトは，植物病原菌によるサリチル酸系やジャスモン酸系の植物病原応答遺伝子の誘導をほとんど起こさない．しかし，エンドファイトはなんらかの機構により低いレベルの植物免疫系を誘導しながら，細胞間隙を移動する基質を利用している．実際，バランスが崩れると，あるときは接種エンドファイトが排除され，また逆に接種エンドファイトが異常増殖する場合がある．

エンドファイトは植物病原菌と一部共通の性質をもっている．たとえば，植物病原菌と似たタンパク質分泌装置（Type V, VI）をもっている場合が多い．また，細胞表面に存在しているリポポリサッカライド（LPS）は，植物に対してエンドトキシンとして病原性を誘導したり，逆に宿主植物の防御反応を抑える場合もある．宿主が生産する酸素ラジカルを除去する能力もある．

plant growth-promoting rhizobacteria（PGPR）は，文字通り植物の生育促進をする根圏定着細菌であるが［→161 植物と微生物1］，上記のエンドファイトに似た植物に対する直接的な作用と，植物病原菌の病害の抑制の間接的な作用が知られている．最も有名なPGPR菌は，*Pseudomonas fluorescens* であり，鉄欠乏条件下で植物の耐病性を上昇させる．

エンドファイトやPGPRが植物の生活に与える影響やそのメカニズムについては，上記の断片的な知見はあるものの，統一的・系統的な説明はまだされていない．その原因としては，未知の相互作用機構や培養困難な微生物の存在と微生物多様性が挙げられる．そこで，近年のシークエンス技術やデータベースの充実を生かして，ゲノム解析とその変異体に基づく相互作用因子の特定や，自然界におけるエンドファイトやPGPRを含めた微生物群集構造が解析されている．その結果，土壌や宿主植物の種類や外部環境によりエンドファイトやPGPRの群集構造や機能がダイナミックに変動することが明らかにされ，今後，新規機能をもった培養困難なエンドファイトの発見につながることが考えられる．実際，植物生育促進だけでなく，硝化・脱窒，C1代謝などの植物圏で起こる物質代謝にも関与している．

根粒菌は，マメ科植物根に感染し，根粒組織内で細胞内共生を起こす［→158 植物の生育を助ける微生物1］．とくに根粒菌は，フラボノイドとNodファクターのシグナル交換を経て根毛感染というエレガントな共生成立過程を経る．これらの共生システムの一部を壊すと，面白いことにエンドファイトのように細胞間隙共生することが観察されている．さらに，最近見つかったNodファクターに依存しないマメ科植物（クサネム）の根粒菌が，非マメ科植物にやはりエンドファイト的な挙動を示す．したがって，細胞内共生を起こす根粒菌とエンドファイトは進化的共通性があると考えられる．　　　　〔南澤　究〕

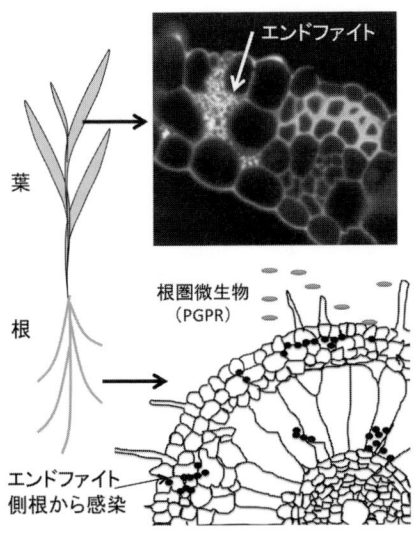

図1 エンドファイトとPGPRの生息場所．エンドファイトは植物組織内の細胞間隙に，PGPRは根圏に生息している．

161

植物と微生物 1

根圏微生物，根圏

　野外環境下の植物は微生物の生息環境として植物圏（phytosphere）を形成しており，ウイルス，アーキア，細菌，酵母，糸状菌，線虫，原生生物などの多様な微生物と共生状態にある．共生（symbiosis）は狭義には2種類の生物が密接な相互作用を通してお互いに利益を得る（mutualism，相利共生）ことを意味するが，広義には単に2種類の生物が物理的に共存する場合も含む．ここでは広義としての共生を含めて説明する．これらの共生微生物（symbiont）は概念的には植物組織表面に生息する表在性微生物（epiphyte）と内在性微生物（endophyte）に分けられる．系統的・機能的に多様な微生物群が植物と共生し，それらのなかには植物病原微生物［➡157 植物の生育を妨げる微生物］や，逆に植物の生育を促進する有用微生物［➡158～160 植物の生育を助ける微生物 1～3］が含まれる．多くの植物共生微生物は植物の多様な二次代謝産物を代謝する能力をもつことから，有用酵素の生産や環境汚染物質の分解などのような産業的に有用な植物共生微生物も多い．また，多くの日和見感染菌や人体病原菌も植物に共生すること，高等真核生物と相互作用をすることから医学的に重要な新規生理活性物質生産菌の探索源として植物共生微生物は注目されており，農産物を含めた植物共生系は医学的にも重要なニッチェである．

　病害防除や植物への養分吸収などの農業上の重要性から，作物の根圏微生物群については細菌類と真菌類（酵母・糸状菌）を中心にして比較的詳しく調べられている．根圏（rhizosphere）は概念的にはさらに，根圏土壌（rhizosphere soil），根面（rhizoplane），根組織内部（endorhizosphere），などに分けられる．根圏は根からの分泌物（root exudate）や根面から剥離した植物細胞由来の有機物が豊富にあることから非根圏土壌（bulk soil）よりも微生物の生息密度が高い．根圏細菌の密度は非根圏の10倍から100倍にも達する（～10^9 cells g^{-1} 根圏土壌）．

　根圏土壌には細菌，酵母，糸状菌，線虫，原生生物などの多様な微生物群が生息しているが，これらの微生物の多様性や存在量は，土壌環境，植物種，植物の生育段階の違い，栽培管理の違いなどによる影響を強く受ける．

　とくに，植物は根から各種の有機物（有機酸，糖，アミノ酸，二次代謝物質など）の分泌を通して根圏微生物の多様性と機能性に大きな影響を及ぼす．植物は根分泌物を通して根周辺のプロトンや各種イオン類の濃度を変えることにより根圏のpHや酸化還元電位などの環境因子に強い影響を及ぼし，根圏の物理化学的環境をある程度のレベルで制御しうる．このような根圏の機能は植物の環境への

表1　根共生細菌の系統分布

分類群（門・綱）（%）	イネ	テンサイ[1]
Proteobacteria	62.9	56.1
Alphaproteobacteria	25.9	15.0
Betaproteobacteria	5.7	15.0
Gammaproteobacteria	22.4	21.1
Deltaproteobacteria	3.4	3.9
Bacteroidetes	—	26.1
Actinobacteria	4.6	6.7
Firmicutes	6.9	0.6
Clostridia	3.4	0.6
Negativicutes	2.3	—
Bacilli	1.1	—
Planctomycetes	7.5	2.8
Verrucomicrobia	2.9	1.7
Acidobacteria	0.6	3.9
Chloroflexi	—	0.6
Deinococcus-Thermus	—	0.6
Unclassified bacteria	14.3	1.1

[1]側根．

適応進化の結果を反映していると考えられ，植物の生育環境や植物種の違いにより根圏微生物群集の多様性や機能性が大きく異なる原因となっている（表1）．

さらに，植物は根圏への多様な化合物の分泌により有用微生物の誘引・増殖や有害微生物の増殖の抑制などを通して，根圏微生物相の形成に積極的に関与していると考えられている．たとえば，植物は根からリンゴ酸やガラクトシド類を分泌し，Bacillus 属や Shinorhizobium 属などの有用細菌を根圏に誘引し能動的に共生を進める能力をもつ．またグラム陰性の病原細菌類はクオラムセンシングを通して根への定着のためのバイオフィルム形成や病原性遺伝子の発現を行うことが知られているが，植物がクオラムセンシングの信号分子であるホモセリンラクトン類を認識し，クオラムセンシング阻害物質を根圏に分泌する例も知られている．

一方，ほかの環境と同様に根圏微生物群の大部分も難培養性であるため，根圏微生物相の多様性や機能性，環境中での植物・微生物群の関係，多様な環境因子下での微生物群の動態など，環境微生物学研究を進めるうえでの基盤的情報が長く不明であった．根圏土壌DNAの分析などによる非培養法の開発により，根圏微生物相の系統的・機能的多様性や多様な環境下における微生物群集の動態などが徐々に明らかとなりつつある．

細菌類は根圏における主要な微生物群であり，系統的・機能的に最も多様であるが，多様な植物種についての非培養法による多様性解析の結果から，根圏細菌群に特徴的な群集構造や機能性が見出されている（表1）．根圏の主要な細菌群としては Proteobacteria（とくに Alphaproteobacteria，Betaproteobacteria，Gammaproteobacteria，Deltaproteobacteria），Actinobacteria，Firmicutes，Bacteroidetes などが多様な植物種において見出されている．また，上記の菌群と比べて存在比は小さいが，Acidobacteria，Planctomycetes，Verrucomicrobium なども根圏に普遍的に見出されている．培養法に基づいた研究では低次の分類群でのコスモポリタンとして Pseudomonas 属が報告されることが多かったが，非培養法では Rhizobium/Agrobacterium 属が比較的多様な植物種において優占種かつ普遍的な菌群として見出されている．また，根圏微生物群のメタゲノム解析・メタプロテオーム解析などにより，植物の病害防除や養分吸収，地球規模での炭素・窒素などの物質循環に関与する根圏細菌群の機能性解析などのように難培養微生物群も含めた根圏微生物群の機能解析も進められている．

真菌類（酵母・糸状菌）も根圏における主要な微生物群ではあるが，細菌群に比べて植物DNAの混入の影響を受けやすいなどの理由から非培養法の適用が技術的に困難であり，根圏の菌類の系統・機能についての研究は遅れている．そのなかで，菌根菌などの特定の菌群を除くと，Trichoderima 属，非病原性の Fusarium 属や Colletotrichum 属などは植物生育促進・病害防除能などの有用機能をもつ菌群（plant growth-promoting fungi，PGPF）として注目されており，比較的多様な植物種の根圏に分布している．

植物寄生性線虫［→157 植物の生育を妨げる微生物］を除いて，根圏の線虫（nematode）や原生生物（protist）の多様性や機能はブラックボックスの状態にある．しかしながら，これらの生物群は根圏における細菌類や真菌類の捕食を通して根圏微生物の群集構造全体に大きな影響を与えると考えられ，捕食活動による根圏における窒素の無機化促進や硝化促進，植物の生育促進などが報告されている．　　　　　　　　　　　　〔池田成志〕

162
植物と微生物2

葉圏微生物,葉圏

葉圏(phyllosphere)は概念的には葉面(phylloplane)と葉組織内部(endophyllosphere)に分けられる.また,広義には茎の表面と内部組織も「phyllosphere」に含まれるが,茎内部組織は「endosphere」として別に扱われる場合が多い.葉圏は低栄養,紫外線への被曝,水分や温度の劇的な変化など根圏と比べると微生物の生息環境としては厳しく,葉圏微生物群の多様性は根圏と比較して非常に低い.また,植物の地上部組織での微生物群の空間的な分布量は偏りが非常に大きい.たとえば,1枚の葉のなかでも葉の表面より裏面に多く,同じ面でも気孔や毛状突起などの周辺などの部位にパッチ状に分布し,若い葉よりも老化した葉に多く分布している($10^2 \sim 10^{12}$ cells/g 葉組織).根と同様に,葉圏の微生物相も植物由来の代謝物の影響を強く受け,植物種と環境の相互作用により植物種の違い,同じ植物種内でも組織の違いにより特徴的な葉圏微生物相が形成される.植物は二酸化炭素,アセトン,メタノール,アルデヒド類,アルコール類,多様な含窒素・含硫黄化合物などの多様な揮発性物質を葉組織から放出・分泌しており,これらの物質が特定の共生微生物の生育を促進あるいは抑制することにより微生物相全体に大きな影響を及ぼすと考えられる.

同時に,近年の研究から農業環境では化学肥料や農薬類が葉圏共生微生物群の多様性や機能性に強い影響を及ぼすことが明らかとなりつつある.

根圏[→161 植物と微生物1]と同様に,葉圏にはアーキア,細菌,酵母,糸状菌,原生生物などの多様な葉圏微生物が生息しているが,細菌類と真菌類(酵母,糸状菌)以外の微生物群の生態については不明な点が多い.これら葉圏微生物群のなかでは細菌類が最も優占している($\sim 10^8$ cells cm^{-2} 葉面積).植物の地上部組織の微生物バイオマスは非常に少ないことから,葉圏微生物の解析は主に培養法に依存しており,非培養法による葉圏微生物相の多様性や機能性の網羅的検討は少ないが,細菌類については非培養法による解析手法の改善などにより研究例が増えつつある(表1).非培養法による多様性解析から,葉圏ではProteobacteria,とくにAlphaproteobacteriaとGammaproteobacteriaが優占化していることが明らかにされている.加えて,Betaproteobacteria,Firmicutes,Actinobacteria,などが門レベルの主要な菌群として葉圏の微生物相を構成している.

低次の分類群での普遍的な菌群としては,主に培養法に基づいた多様性研究では*Methylobacterium*属,*Pseudomonas*属,*Pantoea*属,*Microbacterium*属などが,非培養法による多様性解析では*Methylobacterium*属や*Rhizobium/Agrobacterium*属が多様な植物種の葉圏に広く分布していることが示唆されている.

葉圏についても根圏と同様に,メタゲノム解析やメタプロテオーム解析から葉圏微生物群集に特徴的ないくつかの機能が示唆されている.とくに,葉圏微生物群集として最も特

表1 葉共生細菌の系統分布

分類群(門・綱)(%)	イネ	テンサイ
Proteobacteria	77.9	88.0
Alphaproteobacteria	26.8	29.1
Betaproteobacteria	3.4	2.9
Gammaproteobacteria	47.7	56.0
Actinobacteria	2.7	5.1
Firmicutes	15.4	6.9
Clostridia	0.7	—
Bacilli	14.8	6.9
Planctomycetes	2.7	—
Verrucomicrobia	0.7	—

徴的かつ普遍的な機能としてメタノール資化に関与するC1化合物代謝系があり，葉圏細菌群がペクチン生合成系の副産物として生成される主要な揮発性物質であるメタノールを活発に代謝していることが示唆されている．また，興味深い発見として，葉圏のメタゲノム解析や植物共生細菌群のゲノム解析において葉圏細菌群の特徴としてバクテリオロドプシンが存在することも明らかにされており，正確な機能は不明であるが植物の生育を阻害する緑色光を減らすことが推定されている．また，一般的に葉圏は好気的な環境と考えられているが，樹木の葉圏においては1haあたり年間60 kgの空中窒素の固定が起こること，多様なイネ科作物の葉圏において*Clostridium*属などの絶対嫌気性細菌が安定的に存在することなどが知られており，葉圏微生物群集の系統的・機能的多様性は従来の予想以上に複雑な可能性がある．

さらに，欧米を中心とした近年の研究から，大腸菌・サルモネラ菌などの食中毒を引き起こす病原細菌群が果物・野菜類などの農産物組織内部に共生するエンドファイトになりうることが明らかにされている．これら人体病原細菌の植物への感染レベルはほかの共生微生物群と競合関係にあることが示唆されていることから，食品微生物学的な観点からも植物共生微生物群集の動態に関する研究が注目されている．

葉圏細菌に関する興味深い知見として，*Methylobacterium*属細菌がイチゴの芳香成分の生合成系において中間代謝の一部に関与することが明らかにされている．多くの発酵製品やワインなどの芳香成分の生合成においても葉圏などに生息する植物共生微生物の関与が知られており，従来の農学研究において困難であった農産物・食品類の風味・食味などの「おいしさ」の科学的解明について植物共生微生物の研究を通した新展開も期待されている．

葉圏の真菌類については，普遍的な培養法がないこと，バイオマスは植物組織に比べてわずかであり（〜2.5％），植物DNAを含まない形で真菌類DNAを植物組織から分離調製できないことなどの理由から，葉圏の真菌類の多様性や機能性の網羅的解析は非常に遅れている．

非培養法による樹木の葉圏の共生糸状菌類の多様性解析によると，1種の樹木の葉圏だけで少なくとも約700種の糸状菌類と共生しうること，それら葉圏糸状菌類の約90％以上が子嚢菌類（Ascomycota）であることが明らかとなっている．培養法と非培養法の両方の研究から，葉圏の共生糸状菌の群集構造は共生細菌と同様に優占化した一部の菌群と多数の希少な菌群からなることが示唆されている．

主に培養法により多様な植物種の葉圏に優占している属レベルの菌群としては，*Sporobolomyces*属，*Rhodotorula*属，*Cryptococcus*属，*Aureobasidium*属，*Cladosporium*属，*Phoma*属，*Alternaria*属などが見出されている．加えて，*Penicillium*属，*Acremonium*属，*Mucor*属，*Aspergillus*属なども葉圏の真菌類として見出されている．非宿主上では植物生育促進などの有用機能を示す植物病原菌類も多く存在する．*Neotyphodium*属は多様なイネ科植物に共生するエンドファイトであるが，家畜中毒を引き起こす際にアルカロイドなどの生理活性物質を生産することからとくに詳しく研究されている[1]．

〔池田成志〕

参考文献
1) Schardl *et al.* 2004. *Annual Review of Plant Biology.* **55**: 315-340.

163
水生植物の微生物

根圏微生物, 未知微生物, 植生浄化

　湖沼，河川などの水圏環境には，ウキクサ，ヨシ，ホテイアオイ，ミソハギなどの多様な水生植物が生息しており，水環境の保全に多大なる役割を果たしていることが知られている．つい最近になって，その水生植物の根圏には，陸生の植物と同様に多様な微生物が生息しており，その多くが系統学的に未知な微生物であることが明らかとなってきた．とくに，周辺の環境水（湖や池の水）と水生植物根圏に生息する微生物群集は大きく異なり，水生植物の根圏微生物の多様性は非常に高いことが知られている[1]．たとえば，門という細菌の最高分類階級のレベルで比較しても，*Proteobacteria* 門，*Bacteroidetes* 門，*Actinobacteria* 門，*Fusobacteria* 門の4門のみが検出されるような環境水に生息するヨシやミソハギの場合，その根圏には*Proteobacteria* 門，*Bacteroidetes* 門，*Actinobacteria* 門に加えて，培養頻度が低く難培養性の細菌門として知られる *Verrucomicrobia* 門，*Acidobacteria* 門，*Planctomycetes* 門，*Nitrospirae* 門，*Spirochaetes* 門や，門レベルの未培養系統群である OP10 候補門（後述するように現在は *Armatimonadetes* 門として知られる），GN-1候補門など，少なくとも7～8門以上が存在していたとの報告がある．また，同一の環境に生息する場合でも，水生植物の種類ごとに，それぞれの根圏微生物群集が異なることも知られている．さらに，ウキクサや，ヨシ，ミソハギの根圏は，周辺の環境水に比べて，系統的に新規性の高い微生物を多く内包することも明らかになっている[1]．推測の域をでないが，このことは水生植物の根圏が流動的な環境水中の微生物群集のなかから新規な微生物を選択的に補集する傾向にあることを示唆している．

　さらに興味深いことは，水生植物の根圏に生息する微生物が，ほかの環境と比べると，非常に"易培養性"であるということである．実際に，ウキクサ，ヨシ，ミソハギの根圏環境からは次々と系統学的に新規性の高い微生物が分離されている．とくに，ヨシの根圏からは，門レベルの未培養細菌系統群である OP10 候補門に属する，というきわめて新規性の高い細菌（学名 *Armatimonas rosea*）が分離され，2011年に新門 *Armatimonadetes* 門が提案・認定されている[2]．これまで難培養性であると予想されてきた OP10 候補門細菌がなぜ水生植物の根圏から容易に分離されたのかは定かではないが，水生植物に限らず，根圏環境では，植物体から根を通じて供給される酸素，糖やアミノ酸などの増殖基質，さらにはビタミンなどの増殖因子など，さまざまな因子によって微生物が活性化されていることが知られており，*A. rosea* もまたヨシ根圏環境で活性化されていたために，その後の培養が容易だったのではないかと推測されている．またウキクサでの研究例であるが，根圏微生物の群集構造を非培養法（クローンライブラリー解析）と培養法で解析してみると，その結果が合致する割合が非常に高い（30％以上）ことが報告されている[3]．通常の環境試料の場合，その割合は1％程度であり，10％も一致すればきわめて高い値とされていることからも，水生植物の根圏環境に生息する微生物は比較的培養の容易な状態にあることが示唆される．実際に，培養頻度がきわめて低いことで知られる *Verrucomicrobia* 門の新規細菌がウキクサの根圏環境から高頻度に分離されている．

　水生植物の根圏環境からは，機能的にも興味深い微生物が分離培養されてきている．とくに，難分解性の環境汚染物質を分解することのできる多様な細菌が単離され，その性質が詳細に調べられている．これまでに，フェノール分解微生物（*Acinetobacter* sp.,

Rhodococcus sp. など), アルカンを分解する微生物 (*Amorphomonas* sp., *Asticcacaulis* sp., *Azospirillum* sp., *Pseudomonas* sp. など), ナフタレンやベンゾピレンなどの多環芳香族化合物を分解する微生物 (*Janthinobacterium* sp., *Pseudomonas* sp. など), ノニルフェノール, ビスフェノールA, 4-*t*-ブチルフェノールなどの内分泌攪乱作用をもつ化合物を分解する微生物 (*Novosphingomonas* sp., *Sphingobium* sp., *Stenotrophomonas* sp. など) がウキクサやヨシの根圏から分離されている[4,5]。

こうした根圏微生物のなかには水生植物と密接な相互作用をもつものが知られている。たとえば, *Sphingobium* 属根圏細菌によるフェノール性化合物の分解は, 単独培養時に比べ, ヨシやウキクサとの共存下においてより顕著に増強されることが明らかにされている[4]。また, フェノール分解能をもつ *Acinetobacter* 属根圏細菌は, ウキクサとの共存下でフェノールを持続的に分解するだけでなく, ウキクサの成長 (個体数の増加) を促進する効果をもつPGPR (plant growth promoting rhizobacteria) であることも明らかにされている[5]。

このような水生植物と根圏微生物の共生的な相互作用を積極的に活用した根圏浄化 (リゾレメディエーション) が, 次世代型水質浄化手法として注目されている。これは微生物による環境浄化 (バイオレメディエーション) と植物による環境浄化 (ファイトレメディエーション) の強みを相互補完的に活用しようとするものである。もともと, 水生植物を用いた植生浄化は, 太陽光エネルギーを動力源としており, エネルギー投入の少ない省エネルギーで経済的な環境適合性の高い技術である。元来, 水生植物が有する窒素, リン除去能と, その根圏に生息する多様な微生物の多彩な代謝機能 (環境汚染物質分解能など) を巧みに連動・協働させることができれば, 今後, 高機能な水質浄化システムの創製が可能になるものと期待されている。

〔玉木秀幸・田中靖浩〕

参考文献

1) Y. Tanaka, H. Tamaki, H. Matsuzawa *et al*. 2012. *Microbes. Environ.* **27**: 149.
2) H. Tamaki, Y. Tanaka, H. Matsuzawa *et al*. 2011. *Int. J. Syst. Evol. Microbiol.* **61**: 1442.
3) H. Matsuzawa, Y. Tanaka, H. Tamaki *et al*. 2010. *Microbes. Environ.* **25**: 302.
4) T. Toyama, M. Murashita, K. Kobayashi, S. Kikuchi, K. Sei, Y. Tanaka, M. Ike and K. Mori. 2011. *Environ. Sci. Technol.* **45**: 6524.
5) F. Yamaga, K. Washio and M. Morikawa. 2010. *Environ. Sci. Technol.* **44**: 6470.

第 8 章
環境保全と微生物

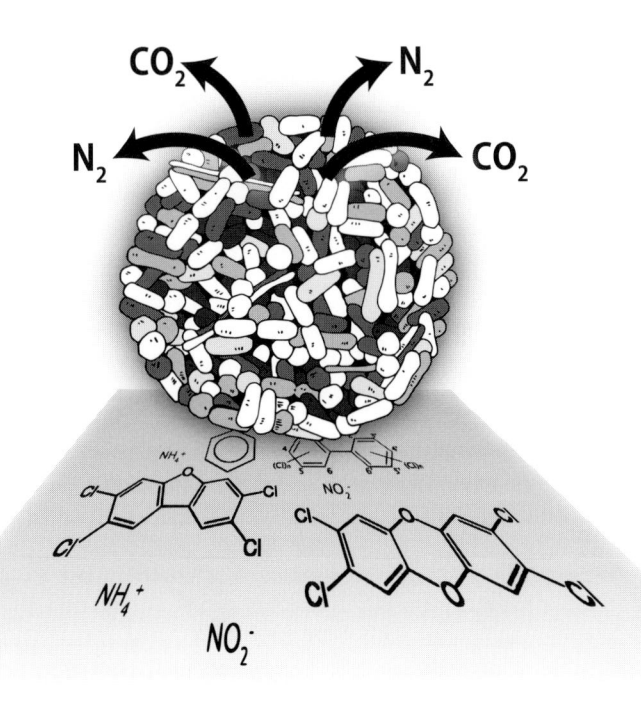

164
地球温暖化と微生物

メタン，N_2O，CO_2

　地球表面における全世界平均気温は1906～2005年の100年間で0.74℃（誤差は±0.18℃）上昇しており，長期的に上昇傾向にあることは「疑う余地がない」と評価されている．また，その原因として人為的な温室効果ガスが温暖化の原因である確率は9割を超えると評価されている．とくに最も温暖化への寄与率の高い二酸化炭素の増加は人類による化石燃料の大量消費と森林伐採が，また二酸化炭素に次いで寄与率の高いメタンは反芻動物・水田・湿地が，さらに次の一酸化二窒素（N_2O）は，農地や自然土壌・海洋が主要な発生源と推定されている（図1）．環境中の微生物にはこれらのガス生成や消費・分解に関与するものが少なくない．

　メタンは1分子あたりの温室効果が二酸化炭素の約20～30倍あり，嫌気的な環境（水田や湿地・底質や反芻動物のルーメン胃など）に生育するメタン生成アーキアによって有機物分解の最終産物として作り出される．メタン生成の主な基質は，酢酸などの有機酸または二酸化炭素＋水素の2通りで，水田土壌では酢酸の脱メチル反応が先行し，次いで二酸化炭素の水素による還元反応が重要となる．とくに稲ワラなど新鮮な有機物が多量に施用されると，メタン放出量が増大する．メタン生成は水田や底質では酸素や硝酸・硫酸・鉄・マンガンイオンの還元が終わった時期や部位で起こるため，硫酸イオンの多く含まれる海洋や汽水底質では硫酸還元菌の利用できないメチルアミン，硫化ジメチルなどがメタン生成に利用される［➡71 養殖場と微生物］．またメタン生成は硫酸還元と競合関係にあることが水田土壌で見出されている．一方，水素利用メタン生成アーキアは水素生成酢酸菌と協同体を形成し両者で水素を授受している［➡45 嫌気環境の微生物の共同作業］．またルーメン胃では酢酸やプロピレン酸は胃壁から吸収されるため，メタン生成には水素＋二酸化炭素やギ酸が利用される．

　水田土壌中では酸素に弱い絶対嫌気性のメタン生成アーキアである *Methanobacterium* spp. や *Methanosarcina* spp., *Methanosaeta* spp., *Methanoculleus* spp., *Methanogenium* spp., が分離あるいは検出されている．最近では，RICEクラスターといわれる難培養性の水田由来のメタン生成アーキアが多く検出されている．

　一方，環境中にはメタンを酸化する微生物もいて，大気中メタンや土壌・堆積物中で生

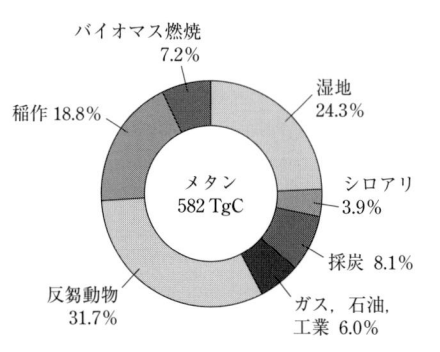

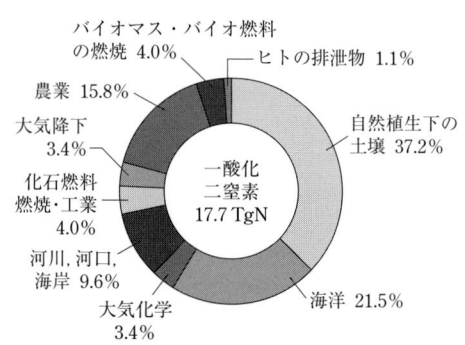

図1 メタンおよび一酸化二窒素（N_2O）の主な発生源と年間総放出量

メタン 582 TgC
- バイオマス燃焼 7.2%
- 湿地 24.3%
- 稲作 18.8%
- シロアリ 3.9%
- 採炭 8.1%
- ガス，石油，工業 6.0%
- 反芻動物 31.7%

一酸化二窒素 17.7 TgN
- バイオマス・バイオ燃料の燃焼 4.0%
- ヒトの排泄物 1.1%
- 農業 15.8%
- 自然植生下の土壌 37.2%
- 大気降下 3.4%
- 化石燃料燃焼・工業 4.0%
- 河川，河口，海岸 9.6%
- 大気化学 3.4%
- 海洋 21.5%

成されたメタンを吸収利用している．水田土壌中ではメタン生成アーキアによって生成されたメタンの1/3から9割以上がメタン酸化菌によって消費されている．生成されたメタンは水稲体を経由して大気へ放出されるが，残りは水稲の根圏や水稲体内でメタン酸化されている．また水田や湿地に生育する湿性植物でも同様な現象が起こっている．

　メタン酸化菌はメタンを唯一の炭素源およびエネルギー源とする好気的グラム陰性細菌群と，嫌気的なメタン酸化アーキアがいる．前者はさらにメタン親和性・代謝経路・膜構造などの違いでタイプⅠ, Ⅱ, Ⅹに区分される．タイプⅠは Gammaproteobacteria に分類され，*Methylomonas, Methylobacter, Methylococcus, Methylomicrobium* の4属に分けられ，大気中の低濃度メタンも利用でき，好気的な森林や畑土壌中で検出される．一方，タイプⅡは Alphaproteobacteria に分類され，*Methylosinus, Methylocystis* の2属に区分され，水田土壌などメタン濃度が高いが酸素濃度の低い環境で検出される．タイプⅩはタイプⅠに類似の高温菌 *Methylococcus capsulatus* が属する．なおタイプⅡやⅩには環境汚染で問題となっているトリクロロエチレンなどの塩素化合物を分解できる菌がいる．

　水田からのメタン放出を削減するためには，水田の表面水を一時的に排除（中干し）してメタン生成を抑制しメタン酸化を促進したり，新鮮な稲わらの代わりに堆肥を施用してメタン生成の基質を減少させたり，鉄資材を投入して土壌を強還元状態にしない，などの方策が提案され普及しつつある．

　一酸化二窒素は1分子あたりの温室効果が二酸化炭素の300倍以上と強力であるとともに，成層圏オゾン層の破壊にも関わるガスである．好気的な環境中ではアンモニア酸化反応の副産物として，また嫌気的な環境では脱窒菌により硝酸還元反応の中間産物とし

て作り出される．

　アンモニア酸化反応は肥料由来や有機態窒素の分解で生じたアンモニアからヒドロキシルアミン NH_2OH を経て亜硝酸を生成する反応で，亜硝酸から硝酸を生成する反応と合わせて硝酸生成（硝化）反応と呼ばれる．アンモニア酸化菌（*Nitrosomonas, Nitrosolobus, Nitrosospira, Nitrosococcus* など）は好気性独立栄養細菌で亜硝酸菌とも呼ばれる．近年，アンモニア酸化アーキア *Nitrosopumilus maritimus* も見出されたがその役割はまだ十分には解明されていない．

　一方，脱窒菌は，通性嫌気性（酸素が存在するとそれを利用する）細菌で従属栄養性の *Pseudomonas, Flavobacterium, Alcaligenes* などで，一部の糸状菌 *Fusarium* なども硝酸還元反応で一酸化二窒素を生成する．水田では表層の酸化層で好気的にアンモニアから酸化された硝酸が直下の還元層で脱窒されるが，一酸化二窒素はさらに窒素ガスにまで還元されるので大気への放出は微量である．これに対して畑土壌では一時的な水飽和状態で一酸化二窒素の放出がみられる．畑土壌からの一酸化二窒素の放出削減には，硝化抑制剤や肥効調節型肥料の活用が試みられている．

　二酸化炭素の環境への放出源は人為起源が圧倒的であり微生物の呼吸や有機物分解の寄与は小さいとされるが，土壌は有機態炭素の貯蔵庫として有機農業や不耕起栽培技術（土壌を耕起せず地表に有機物層ができる）の効果が期待されている．一方，とくに土壌炭素の蓄積量が大きい泥炭湿地の開発が二酸化炭素放出を増加させるのではと懸念されている．　　　　　　　　　　　　　〔犬伏和之〕

参考文献

1) IPCC, http://www.ipcc.ch/
2) R. S. Hanson and T. E. Hanson. 1996. *Microbiol. Review.* **60**. 439-471.
3) J. M. Tiedje. 1994. *Denitrification, in Methods of Soil Anal* (2), SSSA.

165
下水道システムと微生物

衛生工学，消毒，下水道の維持管理

■ 近代下水道の創成期と衛生工学

　近代下水道の始まりは19世紀のヨーロッパにある．18世紀，イギリスで始まった産業革命は急速な都市人口の増加を招き，都市に流入した住民は劣悪な環境で生活しなければならなかった．一方，産業革命は蒸気ポンプの発明という恩恵ももたらした．従来より多くの水を利用できるようになり，その一部は都市の清掃に用いられ，また，水洗便所も発明された．とはいえ19世紀初頭においては，どこの都市でも下水道への屎尿の投入は公式には禁止されていた．

　ちょうどその当時，致死性の高い伝染病として恐れられたコレラがインドからヨーロッパにもたらされた．19世紀～20世紀前半にかけて数次にわたりヨーロッパのみならず世界的に流行した．19世紀当時はいまだ微生物が病気を引き起こすということが十分に認知されていなかった．多くの人々がコレラの病因と考えていたのは，ミアズマ（瘴気，悪い空気）であり，それは，排泄物に汚染された土壌や地下水から発生すると考えられていた．ミアズマを都市から排除するために，19世紀中頃ロンドン市では屎尿を下水道を通じて排除することを義務づけた．人々の直近の生活環境は改善されたものの，しかし，テムズ川の水質が極端に悪化し，また，コレラの蔓延は抑制されるどころかむしろ助長されたという．

　コレラに対し有効な対策が立てられるようになるのは，19世紀後半に入ってからである．コッホは1876年に炭疽菌が炭疽症を引き起こすことを明らかにした．病原微生物の最初の発見である．追って1884年，コッホはコレラ菌も発見した．しかし，それでもコレラの病因について議論が決着するのは1892年のハンブルグ事件にまで下る．ハンブルグ事件ではエルベ川河畔の2都市（ハンブルグとアルトナ）で，水道水をしっかり濾過してから供給するかそうでないかの違いが，患者発生数の大きな違いとなって現れた．

　結局のところ，コレラを抑制するためには下水道は間接的な役割しか果たさず，水道水中にコレラ菌を混入させないことが肝要であるという結論である．しかし，一連の議論や対策から，雑廃水に加え屎尿も排除する近代型の下水道は，ロンドン，パリ，ベルリンなどヨーロッパ各都市に広まり，下水道に接続された快適で衛生的な暮らしもまた，人々に知られるようになった．上下水道を扱う衛生工学と呼ばれる学問分野は，そうした時代に端を発する．

■ 下水処理とその主要な目的

　先に述べたように19世紀半ば，ロンドンでは屎尿を下水で集めてテムズ川に放流しはじめた．その結果，テムズ川の水質汚濁が一気に進行し，発生する悪臭によって議会が閉鎖されることさえあったという．悪臭の原因は，硫酸還元菌により生成された硫化水素などだったと考えられる．ロンドン市では市域でのテムズ川への下水の流入を止めるために新たにテムズ川沿いに下水管を敷設し，30 kmほど下流まで導き，沈殿の後にテムズ川に放流した．それでも根本的な解決とはならず，やがて散水濾床法や活性汚泥法が導入された．

　汚水が浄化されないまま河川などに放流されると，放流先の酸素が消費され嫌気化し，水質の悪化を招く．そのようなことがないよう，放流する前に十分汚水に酸素を供給しておこうというのが，下水処理の基本的な考え方である．別の言い方をすると，汚水は酸素を要求する性質（酸素要求量）をもっており，その分の酸素を下水処理場で下水に供給すればよい．その考え方が，BOD（生物化学

的酸素要求量）やCOD（化学的酸素要求量）という指標につながっている．今日でも，BODやCODの除去は下水処理の最も重要な目的の一つである．

一方，生物処理では病原微生物もある程度除去される．原生動物や後生動物による捕食や活性汚泥フロックへの物理化学的な吸着が主たるメカニズムであると考えられる．しかし通常はそれだけでは十分ではなく，塩素による消毒が実施される．塩素はとくに細菌に対しては効果が高い．しかし，近年は，クリプトスポリジウム（原虫の一種）やウイルスなど塩素が効きにくい病原微生物が知られるようになってきている．また，塩素の欠点として，トリハロメタンなどの発がん性の消毒副生成物が生成することや，塩素処理に伴って生成するクロラミン類が藻類の増殖を阻害することも指摘されている．そうした理由から，オゾン処理や紫外線処理など，新しい消毒法が利用されるケースもある．

酸素要求量の除去や病原微生物の除去は初期からの課題であったが，今日では，放流先が富栄養化しやすい場合は，170［廃水からの窒素除去］，171［廃水からのリン除去］で触れた窒素やリンを除去しなければならないこともある．

なお，産業廃水が流入する場合は重金属類や有機溶剤なども処理の対象となりうるが，通常そうした廃水は有害成分を各事業場で除去したうえで下水道に受け入れている．また，近年では，医薬品や人体から排出されるホルモンなど，微量物質の影響の程度を懸念する声もあるが，今のところ主たる処理の対象とはなっていない．

■ 下水管の役割と管理

最後に，下水道システムの中でも最も目にすることの少ない下水管について触れておく．下水管の最大の役割はいうまでもなく下水を滞らせることなくその出口（通常は下水処理場）まで運ぶことである．とはいえ，下水管内でも生物反応は進行し，ときにはそれが下水の処理性能によい影響を与え，また，地上に混乱を引き起こす．

下水管内でも流速が遅く沈殿がたまりやすいところでは，固形物が堆積しやすい．堆積物は嫌気性微生物の働きで加水分解され，さらに低級脂肪酸となる．低級脂肪酸はポリリン酸蓄積細菌が好む物質であり，リン除去には好都合である．しかし，もっと嫌気性が強くなると，硫酸イオンが還元され，硫化水素が発生する．硫化水素は気化し，管壁（とくに管頂）に凝結する．そこに硫黄酸化菌が働くと硫酸が生じる．そして，硫酸はコンクリートを腐食させる．管壁の腐食が進むと下水管は土圧への耐力を失い，下水管そのものが地中の空洞のようになってしまう．下水管の上部に空洞ができるときもある．それが，ある日路面とともに落ち込み，地上の交通を麻痺させる．高度成長期に作られた下水管が耐用年数を迎えつつあり，その更新がこれからの下水道の大きな課題であるといわれているが，その原因は，微生物と関連している．

近代下水道の誕生当初から今日に至るまで，下水管は都市から汚水を遠ざけるための道具と見なされてきた．しかし，下水管内でも多少は生物反応が進行する．下水管の処理能力をもっと引き出すことも今後の可能性として残っている．

〔佐藤弘泰〕

166
生物学的廃水処理

複合微生物系，浮遊増殖型，付着増殖型

　廃水処理の方法は，家庭廃水や工場廃水，畜産廃水などといった廃水の種類により，また処理水として求められる水質による．凝集や沈殿，濾過などの物理化学的処理と，主に微生物の代謝を用いる生物学的処理のいずれか，またその組合せが，目的に応じ使い分けられている．一般に物理化学的処理は運転管理が容易であるという利点をもつ一方，生物学的処理はコストが安いうえ，全体としての環境負荷が抑えられるメリットをもつ．生物難分解性物質を含む廃水の処理など生物学的処理が困難な場合を除き，生物学的処理が選択されることが多い．とくに生活排水が主な汚濁源である下水の処理は，ほとんどの場合生物処理により行われる．

　生物学的廃水処理を微生物の側からみると，微生物に廃水という基質を与えて培養しているプロセスであると捉えることもできる．しかしながら生産を目的とした微生物プロセスとの大きな違いは，ほとんどの場合廃水にすでに微生物が含まれているため，また開放系で運転するため，特定の種類の微生物のみを保持し続けることができない点にある．よって，処理を担う微生物は多様な種からなる複合微生物系となる．多くの場合，運転管理方法を制御するのみで，特定の微生物種を投入したりすることは行わない．また処理対象の廃水も，さまざまな汚濁成分を含んでいるため，それぞれの成分の分解に適したさまざまな種の微生物の混合体で処理が行われる必要がある．これまで複合微生物系について適切な解析方法がなかったため，処理プロセスにおける微生物の働きについては概念的な理解にとどまってきており，多くの場合ブラックボックスとして扱われてきた．よう

やく近年になって，分子生物学的手法が開発されたことにより微生物学的な解析が行えるようになってきており，微生物の種類や機能により，処理プロセスを記述することが少しずつ可能になってきている．さらなる今後の研究が待たれるところである．

　生物学的廃水処理には，大きく分けて好気性処理と嫌気性処理，またそれぞれに浮遊増殖型と付着増殖型がある．広く用いられている廃水処理法を表1に示す．酸化池法は，部分的に嫌気条件と好気条件になることも多く，両方の方式にまたがる．

　処理速度を比較すると，好気処理のほうが処理速度が速く，したがって反応槽に保持する時間が短くて済むため，反応槽の大きさを小さくできる．有機物分解は好気的分解のほうが嫌気的分解よりも分解で得られるエネルギーが大きいため，より速く分解が進行するためである．浮遊増殖型と付着増殖型のプロ

表1　さまざまな廃水処理

種　類	名　称
好気性・浮遊増殖	活性汚泥法
	標準法
	ステップエアレーション法
	純酸素曝気法
	接触安定化法
	オキシデーションディッチ法
	深槽曝気法
	嫌気好気法
	循環式硝化脱窒法
	膜分離活性汚泥法
好気性・付着増殖	散水濾床法
	回転円盤法
	好気性濾床法
	生物濾過法
	生物活性炭法
嫌気性・浮遊増殖	嫌気性消化法
	上向流嫌気汚泥床法（upflow anaerobic sludge blanket, UASB法）
嫌気性・付着増殖	嫌気性濾床法
そのほか	酸化池法

セスを比較すると，浮遊増殖型の方が廃水と微生物の接触効率がよいため，処理速度に優れたものが多い．

また，好気的分解においては，低濃度の物質の分解においても増殖のためのエネルギーを得ることができるために，より低濃度まで有機物分解を行うことができ，したがってより低濃度の，すなわち綺麗な処理水質を得ることができる．通常，嫌気的処理のみでは環境中に放流できるレベルまで水質を向上させることは難しく，後段に好気処理を必要とすることが多い．

嫌気的処理の最大の利点は，省エネルギーであり，場合によっては創エネルギーでもある点である．嫌気的処理では，酸素供給の必要がないために，曝気に要するエネルギーが不要であり，処理に要するエネルギーが小さい．好気処理で曝気に要するエネルギー量はきわめて大きく，下水処理に必要な電力量の1/3〜半分を占める．下水処理にわが国全体の一次エネルギー総供給量のうち約0.3%を使用していることからも，この重要性は理解できよう．さらに，嫌気処理では有機物分解の最終産物としてメタンを主な成分とするバイオガスを回収することができ，エネルギー源として利用することもできる．なお，これは，好気においては有機物が完全に酸化分解されてしまうのに対し，嫌気ではまだエネルギー準位の高いメタンで分解が止まるためでもある．

また，高濃度の有機廃水の処理には，好気処理よりも嫌気処理が向いている．なぜな

ら，水中に溶存可能な酸素濃度は低く，供給速度にも限界があり，有機物濃度が高濃度になると，好気処理では曝気による酸素供給が有機物分解による酸素消費に追い付かなくなるためである．

廃水処理において廃水の成分の一部は微生物の同化に使われる．微生物の増殖分は汚泥の増加分であり，プロセスから引き抜く必要がある．一般に好気性処理よりも嫌気性処理，浮遊増殖型よりも付着増殖型の方が汚泥の発生量が少ない．

異化代謝についてみると，好気性処理では，有機物中の炭素は最終的には二酸化炭素となり，窒素についてはアンモニアとして放出されるか，硝化されて硝酸イオンとなる．リンはリン酸イオンとなる．嫌気性処理では炭素はメタンおよび二酸化炭素となり，窒素はアンモニアとなる．リンはリン酸イオンとなる．

廃水処理における物質代謝の大部分は，細菌およびアーキアにより行われている．そのほか，原生動物は廃水中の成分の分解自体よりも，細菌およびアーキアを捕食することにより，廃水処理に大きな影響を及ぼしている．バクテリオファージも，廃水処理プロセスに多く存在することが知られており，細菌およびアーキアを溶菌させることで大きく影響していると考えられるが，詳細については未知の部分が大きい．酵母・カビは難分解性有機物の分解能をもつものがいることから，染料廃水など特殊な廃水処理に一部用いられている．

〔栗栖　太〕

167
好気性廃水処理の微生物

活性汚泥法，生物膜法

　好気性の廃水処理法は，処理を担う微生物が浮遊して存在する浮遊法として代表的な活性汚泥法およびその変法と，担体に付着した微生物による処理を行う生物膜法に大別できる．ともに，さまざまな方法が開発されており，そのなかには廃水中の有機汚濁成分（炭素分）だけでなく，栄養塩である窒素やリンの除去も行える方法もある．これらについてはそれぞれ独立した項目で扱う．

　廃水中の有機物は好気性従属栄養微生物により酸素を用いて酸化分解されCO_2となる．下水などきわめて複雑な組成の有機性廃水においても，多種多様な微生物により酸化分解が行われる．排水中の窒素成分のうち有機性の窒素はアンモニアとなり，アンモニア酸化菌もしくはアーキア，および亜硝酸酸化菌により硝化され硝酸性窒素となる．このほか還元的な無機成分も独立栄養細菌により酸化される．

　活性汚泥の各構成種の群集における機能についてはきわめて限られた情報しか今のところ得られていない．ただ，下水処理を行う活性汚泥は，場所を問わずその門・綱レベルの群集構造が類似していることも知られている[1]，処理プロセスが与える生態系の選択圧との関係には興味がもたれる．

　好気性廃水処理ではこのような酸化反応と同時に菌体増殖も起こるため，増殖分を余剰汚泥として系外に排出することで，処理系をシステムとして定常に保つことができる．微生物を処理系内に滞留させる平均時間は固形物滞留時間（solid retention time, SRT）と呼ばれる．SRTが短いと増殖速度の小さい微生物は系内にとどめておくことができなくなる．

　20世紀初頭において，廃水に空気を送り込み，固形物と水を分離することで水質が向上することが見出されたことが，活性汚泥法の起源である．活性汚泥法の概念図を図1に示す．曝気槽と沈殿槽を設け，沈殿槽で沈殿した微生物（汚泥）を曝気槽に返送することにより，沈殿できる微生物，すなわち集合体（フロック（floc）と呼ぶ）を形成できる微生物が系内に集積される仕組みになっている．

　汚泥が沈殿池で沈まなくなると，処理水中に汚泥が流出し，清澄な処理水が得られないだけでなく，処理システムから汚泥が減少して処理自体の能力が低下してしまう．汚泥の沈降性が悪くなる原因には，フロック形成能が悪化しフロックサイズが小さくなる場合と，糸状性細菌の増殖による場合がある．主に後者がよく知られており，このような現象を汚泥の膨化（バルキング，bulking）と呼ぶ．糸状性細菌と呼ばれている細菌群は，系統学上多様である．とくに下水処理を行う活性汚泥では，Eikelboom Type 021Nや，*Candidatus* "Microthrix parvicella" などが頻出することが知られている[2]．しかし，このような細菌が活性汚泥プロセスで増殖するメカニズムについては，いまだに詳しくは解明されていない．

　活性汚泥法の変法にはさまざまなものがある．オキシデーションディッチ法（oxidation ditch）（図2）は，無終端水路で循環する形状の反応槽をもつ処理法である．エアレーション点から離れた場所では溶存酸素濃度を低く保つことができるため，脱窒反応を促進させて高い窒素除去率を得ることもできる．回分式活性汚泥法（sequencing batch reactor, SBR）は一槽で曝気，沈殿，上澄引抜，廃水投入を繰り返し行う処理法である（図3）．運転管理が容易となるため，小規模処理に向いている．曝気時間を制御することにより，栄養塩除去が行えるようにすることもできる．膜分離活性汚泥法（membrane bioreactor, MBR）は，沈殿池により汚泥を分離

図1 活性汚泥法

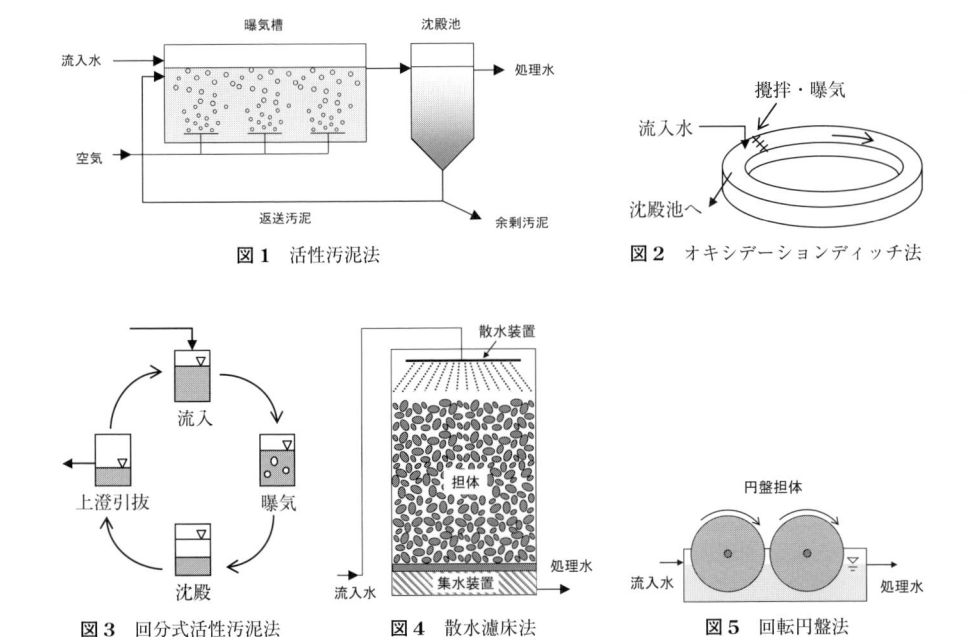

図2 オキシデーションディッチ法

図3 回分式活性汚泥法

図4 散水濾床法

図5 回転円盤法

する代わりに，膜濾過により処理水を得る方法である．バルキングによる汚泥の流出の心配がなく，安定した処理水質を得ることができる．また，余剰汚泥の引抜を極力抑え，汚泥の自己消化を促進することで発生汚泥量を小さく保つことができる．

生物膜（biofilm）法では，担体に生物を保持するため，汚泥（微生物）と処理水の分離が容易であることが最大のメリットである．また，微生物の滞留時間を長くとることができるため，硝化微生物など増殖速度の小さい微生物を保持する必要がある処理にもよく用いられる．

散水濾床法（図4）は，担体に付着する微生物を用い，担体間の通気を確保することにより好気的条件で処理する処理法である．運転操作は容易であり，曝気にエネルギーがかからないことが利点である．回転円盤法（図5）は，円盤担体の約半分を廃水中に浸漬させ，回転させることにより円盤上に生育する生物膜に酸素と廃水を接触させる方法である．

〔栗栖　太〕

参考文献
1) 秋山隆志ほか．2000．水環境学会誌．271．
2) R. Seviour and P. H. Nielsen. 2010. *Microbial Ecology of Activated Sludge*. IWA publishing.

168 嫌気性廃水処理の微生物

嫌気性消化, UASB 法

嫌気性廃水処理では，酸素のない環境で生きていくことのできる嫌気性微生物を用いて，廃水に含まれるさまざまな有機物を分解する．嫌気性処理は，好気性処理に比べ，①高濃度の有機物負荷を許容できる，②微生物の増殖量が少なく，廃水処理に伴う余剰汚泥の発生量が少ない，③酸素を処理プロセスに送り込むための曝気動力が不要である（省エネルギー），④副産物としてエネルギー（メタンや水素など）を回収できる（創エネルギー），などの利点があり，UASB (upflow anaerobic sludge blanket) 法に代表されるさまざまな嫌気性処理プロセスが，食品産業廃水処理など広く用いられている．また，活性汚泥法などの好気性処理により発生する余剰汚泥の減容化などにも嫌気性処理（嫌気性消化）が用いられている．

■ メタン生成を伴う嫌気的有機物分解

メタン生成を伴う嫌気環境下での有機物分解は，いくつかの代謝グループに類別される異なる微生物によって，メタンと二酸化炭素に転換される（図1）．まず多糖類やタンパク質，脂質といった高分子の有機化合物は，加水分解菌や細胞外加水分解酵素などによって単糖やアミノ酸，脂肪酸，グリセロールなどに低分子化される．そしてそれらはさらに酪酸やプロピオン酸，酢酸などの脂肪酸や，乳酸，コハク酸へと，多くは加水分解を行った微生物群によって転換される（これを酸生成という．図1-①）．その過程で発生する酢酸や水素，二酸化炭素，そのほかのC1化合物は，酢酸資化性，水素資化性，C1化合物資化性のメタン生成アーキアによってメタンと二酸化炭素に転換される（図1-④⑤）．一方，酸生成により生成された脂肪酸やアルコール，乳酸，コハク酸などは，酸生成菌やメタン生成アーキアとは異なる微生物によって酢酸や二酸化炭素，水素（およびギ酸）に分解されるが（図1-②），その反応は，その生成産物（とくに水素）を利用するメタン生成アーキアとの共生関係が成立することで，進行する．また，C1化合物と水素を酢酸に転換するホモ酢酸微生物による反応も知られている（図1-③）．

■ 嫌気性廃水処理に関わる微生物種の数

16S リボソーム RNA 遺伝子を標的としたクローン解析によれば，余剰汚泥を嫌気性消化しているバイオリアクターからは，16S リボソーム RNA 遺伝子の相同性が ≧97%の場合を同一種とした場合，バクテリアで250～500 ほどの，アーキアで8～25 ほどの種が検出され，統計解析から，700～3,000 種以上のバクテリア，10～70 種ほどのアーキアが存在していると推察されている．またさまざまな食品産業廃水を処理している UASB リアクターのグラニュール（顆粒状）汚泥からは，40～65 種ほどのバクテリアおよび 6～12 種ほどのアーキアが検出され，統計解析から 60～150 種程度のバクテリアおよび 6～30 種ほどのアーキアが存在していると推察され，さまざまな微生物が有機分解に関与していることがうかがえる．また嫌気性処理は，廃水の温度や特性により中温（30～40℃）ある

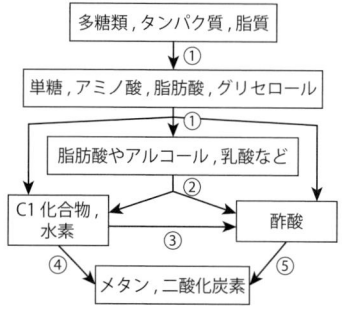

図1 メタン生成を伴う嫌気的有機物分解フロー

いは高温（55～60℃）で処理が行われるが，中温プロセスの方が高温プロセスに比べ多様性があるといわれている．

■ アーキア（古細菌）

メタン生成アーキアに代表されるアーキアの存在は，メタン生成を伴う嫌気環境下での有機物分解において不可欠である．知られているメタン生成アーキアは *Euryarchaeota* 門に属しており，それらの多くは水素資化性である．酢酸資化性は，知られている属は少ないものの廃水処理プロセスにおいてはきわめて重要な役割を果たしている．C1化合物やアルコールを資化できるメタン生成アーキアも知られているが，これらの多くは水素や酢酸に加えてC1化合物やアルコールを資化する能力を有しているものも多い．廃水処理プロセスにおいて高頻度にみられるアーキアは，*Methanosarcinales* 目や *Methanomicrobiales* 目，*Methanobacteriaceae* 科，ARC-I グループなどである．*Methanosarcinales* 目には，酢酸資化性のメタン生成アーキアとして知られている *Methanosaeta* 属と *Methanosarcina* 属がある．廃水処理プロセスにおけるそれらの棲み分けは，プロセス内の酢酸濃度や微量金属濃度などによって影響されるといわれている．*Methanosaeta* 属は酢酸濃度が比較的低い環境下で *Methanosarcina* 属よりも優占するといわれているが，たとえばそのほかに，微量金属が不足している環境下では，高濃度の酢酸環境下でも *Methanosaeta* 属が優占するといわれている．水素資化性のメタン生成アーキアは，グラニュール汚泥などでは，*Methanobacteriaceae* 科が優占している場合が多く報告されているが，嫌気性消化槽などでは，その廃水性状により *Methanomicrobiales* 目やARC-Iグループなどさまざまな微生物により微生物群集を構成すること

が報告されている．これらのメタン生成アーキアは，補酵素F420を有しており，蛍光顕微鏡でUVを照射し観察すると，美しい蛍光を見ることができる．

■ 細　　菌

余剰汚泥を処理する嫌気性消化汚泥の核となる微生物群の調査結果によれば，消化汚泥では *Chloroflexi* 門，*Betaproteobacteria* 綱，*Bacteroidetes* 門，*Firmicutes* 門に，グラニュール汚泥には *Deltaproteobacteria* 綱，*Bacteroidetes* 門，*Firmicutes* 門，*Spirochaetes* 門に属するものが主要な微生物群として挙げられている．これらのなかでも，上述したように，メタン生成アーキアとの共生関係により有機酸などを分解する共生細菌は，嫌気性廃水処理プロセスを理解するうえで重要な位置づけにある．たとえばプロピオン酸は，嫌気性廃水処理プロセスにおける主要な中間代謝物であり，その蓄積は，pH低下とともに処理プロセスを破綻させてしまう．中温のプロピオン酸酸化菌として *Syntrophobacter* 属や *Smithella* 属が，高温のプロピオン酸酸化菌として *Pelotomaculum* 属の微生物が知られているが，これらの微生物を効率よく反応槽内に維持することができるかが，嫌気性廃水処理プロセスを安定的に運転する鍵となる．たとえばUASBグラニュール汚泥では，プロピオン酸酸化菌が水素資化性のメタン生成アーキアと密接に存在していることが知られており，両者の距離がグラニュール汚泥内である程度固定化されることが，良好な共生関係を構築するうえで重要であると考えられる．このような微生物群を培養する際に，振とうにより共生パートナーとの距離が離れると培養系が不安定になることからも，この重要性を確認することができる．

〔久保田健吾〕

169 廃水からの窒素除去

硝化, 脱窒, ANAMMOX

廃水中に含まれる溶存性の窒素は，アンモニア（中性付近ではアンモニウムイオン）のかたちで存在していることが多い．発生源としては生活排水（タンパク質や尿尿中の尿素）のほかに各種工業廃水が考えられる．このアンモニアを除去する方法としてはアンモニアガスとして除去するアンモニアストリッピング法，アンモニウムイオンを選択的に吸着除去するイオン交換法，塩素と反応させて除去する不連続点塩素処理法などの物理化学的手法と微生物の働きによる生物学的窒素除去法がある．これらの方法のうち，濃厚なアンモニア廃水の場合にはアンモニアストリッピング法，低濃度のアンモニア廃水には不連続点塩素処理法が用いられることが多い．一般的には処理効率，経済性などの観点から，微生物にダメージを与えるような物質を含む特殊なケースを除けば，生物学的窒素除去法が広く利用されている．また，下水処理の場合には廃水中に含まれる有機物，窒素およびリンを同時に除去しうる高度処理システムを構築できることも生物学的窒素除去法の有用性の一つである．

生物学的窒素除去法は，化学合成独立栄養細菌である硝化菌による好気的な硝化反応と従属栄養細菌である脱窒菌による嫌気的な脱窒反応を組み合わせて行われるプロセスである．生息環境の異なる二つの微生物群を利用するためにこれらの微生物群が活動しやすい環境を作ることが最も重要である．

廃水中に有機物を含まない工業廃水の場合には，脱窒のための外部炭素源の添加が必要になるため，処理フローとしては図1のように前段に硝化槽，後段に脱窒槽の配置になる．前段の硝化槽ではアンモニア酸化菌と亜硝酸酸化菌の働きによって廃水中のアンモニウムイオンは亜硝酸イオン，硝酸イオンへと変換される．後段の脱窒槽では，脱窒菌の働きによって硝酸イオンが窒素ガスへ変換され，空気中に排出されることによって結果として廃水中から窒素が除去されることになる．脱窒の際に必要となる有機物としては，安価なメタノールや酢酸を添加する場合が多い．

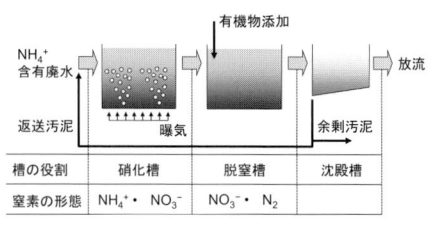

槽の役割	硝化槽	脱窒槽	沈殿槽
窒素の形態	$NH_4^+ \cdot NO_3^-$	$NO_3^- \cdot N_2$	

図1 順流式硝化・脱窒プロセス

廃水中に有機物を含む下水処理の場合には，その有機物が脱窒反応に利用できるように，図2のように前段に脱窒槽，後段に硝化槽というフロー（硝化液循環型窒素除去法）で設計されている．廃水中のアンモニウムイオンは前段の脱窒槽を素通りし，後段の硝化槽で硝酸イオンにまで酸化される．硝化された処理水の大部分は前段の脱窒槽に戻され，廃水中に含まれる有機物と硝化液中の硝酸イオンにより脱窒反応が行われる．このフローの場合，外部炭素源の添加は不要であるが，循環ポンプの運転コストが発生する．廃水中の有機物濃度が脱窒反応に対して十分にあれば，硝化液の循環流量と流入下水流量との比

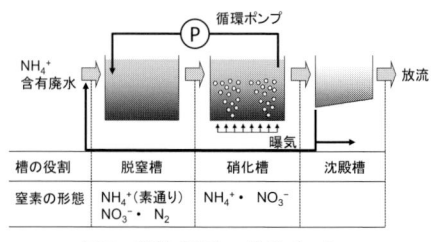

槽の役割	脱窒槽	硝化槽	沈殿槽
窒素の形態	NH_4^+（素通り）$NO_3^- \cdot N_2$	$NH_4^+ \cdot NO_3^-$	

図2 循環式硝化・脱窒プロセス

（循環比）によって窒素除去率が決まる．通常，この循環比は3：1程度で運転されている．これ以上循環比を増加させても脱窒槽で嫌気条件を維持するのが難しくなり，窒素除去率は向上しない場合が多く，ポンプの運転コストを考えると得策でない．

また，比較的廃水量が少ない場合は間欠的に曝気を行い，一槽で好気・嫌気条件を繰り返し，硝化・脱窒させる方法もある．

近年，ANAMMOX（アナモックス）という微生物反応を利用した新たな生物学的窒素除去プロセスが注目されている．このANAMMOX反応は硝化菌および脱窒菌とは系統学的にまったく異なった別種の細菌による反応であり，嫌気性条件下でアンモニウムイオンを電子供与体，亜硝酸イオンを電子受容体として窒素ガスへ変換する反応（$NH_4^+ + NO_2^- \rightarrow N_2\uparrow + 2H_2O$）であり，水中にアンモニウムイオンと亜硝酸イオンとが同程度存在することが重要となる．ANAMMOX反応を担う細菌は純粋培養株が得られていないために，正式には学術名が決定されていないが，高濃度に集積培養した系を用いて世界中で多くの研究がされている．これまでの報告から，ANAMMOX細菌は独立栄養細菌で比増殖速度がきわめて小さい（倍加時間が11日）ことが報告されており，実廃水処理へ適用する場合には，いかにしてリアクター内に高濃度にANAMMOX細菌を保持するかがポイントになっている．また，上述のように廃水中の窒素はアンモニウムイオンが主体であり，ANAMMOX細菌に必要な亜硝酸イオンが存在する廃水はほとんど存在しないために，ANAMMOXプロセスを実廃水に適用する場合にはアンモニウムイオンと亜硝酸イオンを同程度存在させるような別のプロセスが前段に必要となる．この方法としては硝化反応を亜硝酸イオンまでで止める部分硝化

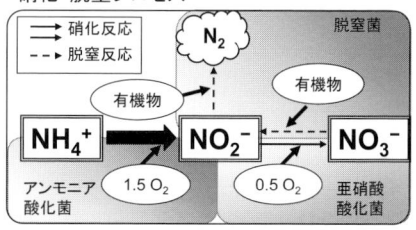

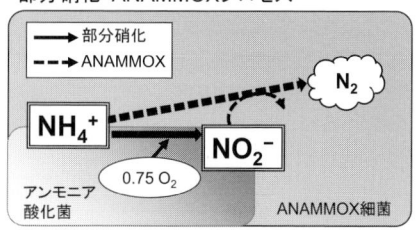

図3 硝化・脱窒プロセス（上）と部分硝化・ANAMMOXプロセス（下）の比較

（亜硝酸型硝化）が利用されている．実際には，実廃水中の窒素濃度や温度などの条件によって安定的な部分硝化反応の維持が困難となる場合があり，このこともANAMMOXプロセスの普及の妨げになっている．現在では，オランダのロッテルダムに世界初の実規模ANAMMOXリアクター（70 m³）がすでに稼働しており，日本でもいくつか実廃水への適用例が報告されている．

ANAMMOX反応を排水処理の分野へ適用した場合，従来の硝化・脱窒プロセスと比べて，アンモニウムイオンを硝化（酸化）する酸素量が約1/3程度になり，外部炭素源の添加は不要となる（図3）．このようにANAMMOX反応を利用した生物学的窒素除去法では省エネルギーかつ経済的なプロセスが達成できるものとして今後の普及が期待されている．　　　　　　　　　　〔金田一智規〕

170
廃水からのリン除去

ポリリン酸蓄積細菌，嫌気好気法，リン回収

■ 廃水からのリン除去法

廃水からリンを除去する方法は，化学的な方法と生物学的な方法に大別される．生物学的な除去法はさらに，リン脂質や核酸への同化による除去と，ポリリン酸の合成を利用した除去に大別される．

同化による除去についてであるが，細胞が生命を維持するうえで必須の分子のうち，細胞膜のリン脂質二重層膜やDNA，RNAなどはリンを含んでいる．そのため，リンはすべての生物にとって必須の元素である．平均的な微生物細胞の場合，リンが占める割合は細胞の水分を除いた質量の1～2%となる．都市下水を好気性処理する場合，この効果だけで下水中のリンの2/3程度を除去することができる．しかし，それでは下水処理水中には$1 mg l^{-1}$以上の濃度のリンが取り残されることとなってしまい，自然界の水に比べると相当高い濃度となる．

さて，「生物学的リン除去活性汚泥法」あるいは略して「生物学的リン除去法」と呼ばれる廃水処理プロセスがある．同法は，上記同化によるリンの除去に加えて，ポリリン酸の関与するリン除去を利用している．通常の同化のみによるリン除去は，生物学的リン除去法とは呼ばれないので注意されたい．また，生物学的リン除去法は生物脱リン法，嫌気好気法，EBPR（enhanced biological phosphorus removal）法，bio-P法などさまざまな名称で呼ばれてきた．以下，生物学的リン除去法についてさらに詳しく述べる．

■ 生物学的リン除去法

生物学的リン除去法のプロセス構成を図1に示す．下水と返送汚泥はまずは嫌気条件下で混合され，次いで好気条件にさらされる．そのプロセス構成が，生物学的リン除去法の別名の一つである「嫌気好気法」の由来である．169［廃水からの窒素除去］の循環式硝化脱窒法とよく似たプロセス構成であるが，循環式硝化脱窒法では好気槽から無酸素槽に硝酸を供給するための硝化液循環があるのに対して，生物学的リン除去法ではそれがない．生物学的リン除去法の嫌気槽は，酸素も硝酸・亜硝酸もなく，微生物にとっては非常に呼吸しにくい環境となっている．一方，硝化脱窒法の無酸素槽は酸素は存在しないが硝酸・亜硝酸は存在するため，硝酸呼吸・亜硝酸呼吸が可能である．

なお，図1について，時間的なスケールと微生物の暮らしぶりについてもう少し補足する．水理学的滞留時間は幅はあるものの嫌気槽は2時間前後，好気槽はその倍程度である．微生物は，平均的には嫌気槽・好気槽・沈殿池のサイクルを1日あたり3回程度回遊する．装置の構成からみて，嫌気槽はいわば食事処であり，好気槽は嫌気槽でお腹いっぱいにためた有機物を酸化分解する場であると捉えるとわかりやすい．微生物の増殖分

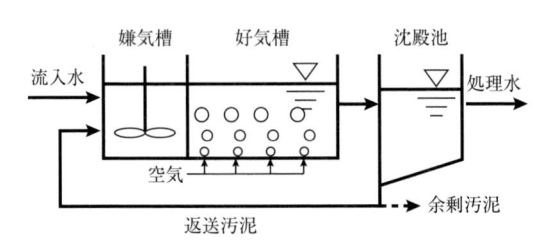

図1 生物学的リン除去活性汚泥プロセスの構成

は，余剰汚泥として系から引き抜かれるが，その量は，一日あたり系内の汚泥の量の1/5〜1/20程度，つまり，汚泥滞留時間は5日から20日程度である．おおまかには，微生物はプロセス内で生命を得てから，30回程度食事と消化のサイクルを経験し，余剰汚泥として引き抜かれ汚泥処理工程に送られる．その間に一度でも細胞分裂ができれば，子孫を残すことができる．

生物学的リン除去法・嫌気好気法において生存するためには，嫌気条件下で有機基質を摂取できた方が有利である．高速に有機基質を摂取するためには一般にはエネルギー（ATP）が必要であるが，しかし，嫌気条件下では呼吸による酸化的リン酸化ができないため，その調達が難しい．そうした困難を解決した微生物群が2種類知られている．ポリリン酸蓄積細菌（PAO）とグリコーゲン蓄積細菌（GAO）である．

PAOは，その名の通り，嫌気条件下でのエネルギー源として，ポリリン酸を利用する．つまり，好気条件ではポリリン酸を蓄積し，嫌気条件下ではポリリン酸を加水分解してATPを調達し，それによって基質摂取を行う．好気条件下でポリリン酸を合成する際，廃水中のリン酸を摂取するので，通常の汚泥よりもリン含有率が高い．PAOを多く含む汚泥を余剰汚泥として引き抜くことにより，通常の活性汚泥法よりも廃水からリンをより多く除去することができる．

このように廃水からのリン除去には，高濃度にリンを蓄積した汚泥の処理処分が必要となる．ただし，汚泥の処分はリン除去を行わない処理にも共通する問題であり，リン除去プロセスの汚泥はリンの含有量が高いので，資源としてリンを回収するには非常に有利である．

もう一方のGAOであるが，好気条件下でグリコーゲンを蓄積し，嫌気条件下ではグリコーゲンをポリヒドロキシアルカン酸（PHA），とくにポリヒドロキシ吉草酸に変換する発酵によりエネルギーを得ていると考えられる．同発酵は解糖，コハク酸・プロピオン酸発酵，およびPHA合成を組み合わせたものである．GAOはポリリン酸を蓄積しないので，リン除去には寄与しない．むしろ，嫌気条件下での有機物摂取を巡りPAOと対抗し，リン除去を悪化させかねない厄介者である．なお，PAOも好気条件下でグリコーゲンを蓄積し，嫌気条件下でそれを分解するが，PAOの場合はエネルギー源というよりも還元力の供給機構としての役割の方が強い．

リンを確実に除去するためにはPAOとGAOの競合機構について理解することが肝心であることは間違いないが，本質的な解明はいまだなされていない．また，PAOとGAOそれぞれの代表的な細菌は分子生物学的手法によって特定されているものの，いまだに分離培養されていない．代表的なものとしてPAOについては，Betaproteobacteria綱 Rhodocyclaceae科の *Candidatus* 'Accumulibacter phosphatis' が，また，GAOについてはGammaproteobacteria綱の *Candidatus* 'Competibacter phosphatis' や，Alphaproteobacteria綱 の *Defluviicoccus* 属近縁の細菌も報告されている[1]．〔佐藤弘泰〕

参考文献
1) A. Oehmen, P. C. Lemos, G. Carvalho *et al.* 2007. *Water Res.* **41**: 2271-2300.

171 生物学的廃水処理による微量汚染物質除去

環境ホルモン，医薬品類

生物を用いた廃水処理では，廃水中の物質は，生物による分解（生分解）と，成長した生物への取り込み（吸収）または生物表面への収着，その後の沈殿物（汚泥）の処理プロセスからの引き抜きによる除去が期待されている．また，曝気を要する好気的処理においては，廃水中の揮発性物質の揮散も副次的に起こるであろう．言い換えれば，生分解性が低く，水に溶けやすく，生物に吸着しにくく（親水性），揮発性が低い物質は，生物学的廃水処理が不得意とする物質群といえる．

このような物質群，とくに有機の微量汚染物質の存在が，1980年頃からの分析機器の進歩により明らかになってきた．下水道法における下水処理場で除去すべき物質として，これらの微量有機汚染物質は対象とされていないが，昨今の水生生物保護の観点から，廃水処理過程におけるこれらの除去についての研究が取り組まれている．

その契機となった物質群として，1990年代後半より注目されはじめた内分泌攪乱物質，いわゆる環境ホルモンが挙げられる．環境ホルモンとは，生物の体内に取り込まれた際，ホルモンのように働き，内分泌系へ影響を及ぼしうる化学物質である．これらの物質群は，新たに登場した化学物質ではなく，われわれの日常生活において広く使われている一部のプラスチック製品の原料や添加剤に含まれていたり，一部の洗剤の原料に含まれていたり，産業のみならずわれわれの日常生活からも排出されている．工業用洗剤として広く使われているアルキルフェノールエトキシレートは，生物学的廃水処理において，内分泌攪乱作用を有するアルキルフェノールを生成することが報告されている．イギリスの河川の下水処理水放流口付近で観察された雄魚の雌性化は，このアルキルフェノールが原因物質の一つとして報告された．さらに，人畜由来の雌性ホルモンも魚類の雌性化へ高い寄与を及ぼしているとの報告もなされ，下水道創設より受け入れていた人畜由来の化学物質の処理が，水生生物保護の観点からは不十分であることを提起しているとも考えられる．ここで，雌性ホルモンは，人畜から排出される際，大部分は抱合体化され，不活化かつ水溶性を増した形状で排出されている．そのため，生物学的廃水処理では処理しにくいが，廃水処理過程や水環境中で脱抱合化が起き，内分泌攪乱作用が高いもとの雌性ホルモンの生成が懸念されている．

魚類の雌性化の原因物質として，イギリスを含む一部の先進国では，経口避妊薬のピルの主成分も雌性化への高い寄与が報告されている．このような背景から，もともと水溶性が高く，低濃度で薬理作用を有するよう設計されている医薬品類についても注目され，廃水処理過程における挙動について研究が進められている．その結果，これまでに調査されている医薬品類の多くは，既存の生物学的廃水処理過程においては除去されにくく，水環境中へ排出されていることが明らかになりつつある．実際，河川，湖沼，地下水から医薬品類の存在が報告されている．

個々の医薬品類は，販売前に人への毒性については十分な試験がなされているが，水環境へ排出された場合を想定した水生生物への毒性は調べられていない．近年，いくつかの医薬品類の水生生物への毒性試験が行われているが，実際の水環境のように複数の医薬品類やほかの化学物質に同時に曝露される際の影響については未解明の点が多く，今後さらなる研究が求められている． 〔中田典秀〕

172

有害金属の処理と微生物

バクテリアリーチング，バイオソープション

汚泥や土壌などの固形物に含まれる不溶性の有害金属を処理する方法の一つとして，酸や酸化剤あるいは微生物などを用いて有害金属を溶出して固形物から除去する方法が挙げられる．微生物を用いる方法は，バクテリアリーチング（bacterial leaching）またはバイオリーチング（bioleaching）と呼ばれる．バクテリアリーチングの主役となる微生物は，硫黄酸化菌と鉄酸化菌であり，*Acidithiobacillus thiooxidans* と *Acidithiobacillus ferrooxidans* がそれぞれの代表種である．いずれも好気性の化学合成独立栄養細菌であり，下記の反応のように元素硫黄の酸化を触媒する酵素を有しており，各細菌の増殖可能な pH 範囲はそれぞれ 0.5〜5.5 と 1.3〜4.5 である．

$$2S + 3O_2 + 2H_2O \rightarrow 2H_2SO_4 \quad (1)$$

ここで生じる硫酸は，有害金属の溶出を促す．*A. ferrooxidans* は，黄鉄鉱（FeS_2）や銅藍（CuS）などの硫化鉱物も酸化する．

$$CuS + 2O_2 + 2H^+ \rightarrow Cu^{2+} + H_2SO_4 \quad (2)$$

このような細菌による反応は，直接機構と呼ばれる．処理対象となる有害金属が硫酸では溶出しにくい硫化物として存在する場合，鉄酸化菌を利用することで溶出を促進できる可能性がある．さらに，*A. ferrooxidans* は，硫酸鉄（II）の酸化を触媒する．

$$4FeSO_4 + 2H_2SO_4 + O_2$$
$$\rightarrow 2Fe_2(SO_4)_3 + 2H_2O \quad (3)$$

この反応は低 pH 条件において鉄酸化菌を介さない場合はきわめて遅い．鉄（II）イオンの酸化反応から生じる鉄（III）イオンは，低 pH 条件では酸化剤として働き，溶解度の低い金属硫化物（銅藍（CuS）など）の溶解を促進する．このような反応は直接機構に対して間接機構と呼ばれる．

$$CuS + 2Fe^{3+} \rightarrow Cu^{2+} + 2Fe^{2+} + S \quad (4)$$

国内での *A. ferrooxidans* を用いた廃水処理の例としては，岩手県旧松尾鉱山跡の新中和処理施設における強酸性坑廃水中の鉄（II）イオンの酸化が挙げられる．

一方，水に含まれる有害金属を処理する場合，その濃度や存在形態に応じて，沈殿や吸着，イオン交換などの方法が用いられる．細菌や藻類，カビ類，酵母などの微生物の生細胞あるいは死細胞を用いて有害金属イオンを吸着除去する方法は，バイオソープション（biosorption）と呼ばれる．微生物の細胞表層は，カルボキシル基（-COOH）や水酸基（-OH）などの陽イオン交換能を有する官能基を含んでおり，Cd^{2+} や Cu^{2+}，Pb^{2+}，Zn^{2+} などの金属陽イオンを吸着あるいは交換する能力がある．処理対象がヒ酸イオン（AsO_4^{3-}）やクロム酸イオン（CrO_4^{2-}）などのオキソアニオンの場合，通常，吸着は困難であり，細胞表層が正の電荷を帯びるように，pH を低下させたり，陽イオン性の薬剤をあらかじめ細胞表層に吸着させる必要がある．吸着した金属は，pH や塩濃度を調整することで脱着できる．

〔伊藤　歩〕

参考文献
1) 千田　佶編．1996．微生物資源工学，コロナ社．
2) 藤田正憲，池　道彦．2006．バイオ環境工学．シーエムシー出版．
3) 福井作蔵，秦野琢之編・監修．2008．微生物増殖学の現在・未来．地人書館．

173
生物学的廃水処理モデル

活性汚泥モデル, ASM

「生物学的廃水処理モデル」とは，生物学的廃水処理プロセス内で生じる現象（たとえば，微生物の増殖）を簡略化して数学的に記述したものである．

生物学的廃水処理のような複雑なシステムを計画・設計したり運用したりする際には，その挙動や特性をいかに正確に把握し予測できるか，という点が重要な課題となる．これに対する最も直接的なアプローチは，実規模の処理装置やその縮小模型（パイロットプラントなど）を使用して処理実験を行なうことであるが，流入水量・水質，水温などの処理条件がつねに変化し，それに応じてプロセス内の微生物構成が変化する生物学的廃水処理において，想定されるあらゆる条件を網羅的に検証することは，コストや時間的な制約から，現実的ではない．そこで，対象とするシステムの構造や機能を数学的に記述し，コンピュータを用いて予測・解析を行うコンピュータ・シミュレーションを援用することが有効である．このように現実の事象を数学的に記述したものを「モデル」，その過程を「モデリング/モデル化」などと呼び，生物学的廃水処理システムをモデル化したものが生物学的廃水処理モデルである．これを実装したコンピュータ・プログラムは「（廃水処理）シミュレータ」などと呼ばれ，国内外でアプリケーション・ソフトウェアが市販されている．平易にいうと，このようなツールを使うことで，コンピュータ上で生物学的廃水処理プロセスを，ある程度の精度で再現することが可能となる（図1）．

実際の廃水処理プロセスをモデリングする際には，①生物反応が生じる場（反応槽や沈殿池の構成・容量，生物膜法における生

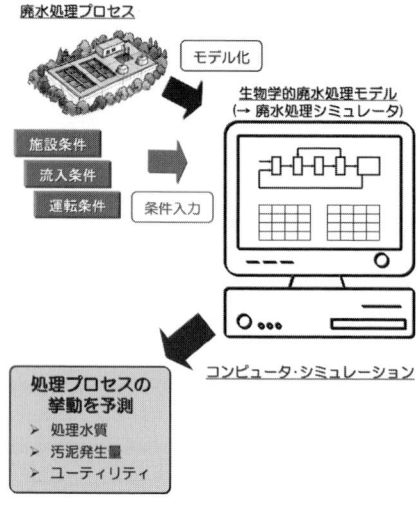

図1 生物学的廃水処理モデルを用いたコンピュータ・シミュレーションのイメージ

物膜，これらにおける水理学的特性や物質輸送など），②境界条件（廃水・処理水の流入出，内部循環・返送汚泥，余剰汚泥の引抜き，酸素の供給，など），③生物学的反応・物理化学的反応による物質変化といった，プロセスを構成する個々の要素・機能を数学的に記述する必要があり，これらを統合したものを「廃水処理プロセスモデル」などと呼ぶこともある．このなかで主体となるのは生物学的反応などによる物質変化であり，これをモデル化したものを「生物反応モデル」などと呼ぶ．また，廃水処理プロセスとして最も広く使用されている活性汚泥法を主対象とした生物反応モデルは，とくに「活性汚泥モデル」と呼ばれる．なかでも，国際水協会（IWA）が公表している一連の活性汚泥モデル Activated Sludge Model No.1, No.2, No.2d, No.3（ASM1, ASM2, ASM2d, ASM3）[1] が，広く知られている．

生物学的廃水処理プロセスの処理機能の本質は，細菌を主体とした微生物が，有機物・窒素・リンなどの汚濁物質を基質として摂取

し，増殖することにある．したがって，IWAのモデルを含めた生物反応モデルでは，増殖や自己分解といった微生物の消長を微分方程式の形で数学的に記述するのが一般的である．具体的には，個々の反応ごとに，①反応の進む速さ（反応速度論）および②反応の過程での各種成分の変化量（化学量論）を定義することで，微生物量や有機物・窒素・リンなどに関わる各種成分の変化速度を記述する微分方程式群を導出する．これが，生物反応モデルの実体である．ここで，反応速度論の記述において，水中の酸素や基質の濃度，水温などの影響度合いを反映する項を組み込むことで，さまざまな条件下での反応速度の違いを表現することが可能となる．ただし，雑多な物質を含む廃水を雑多な微生物により処理する生物学的廃水処理プロセスにおいて，個別の化合物・微生物種・反応を忠実に定義しモデル化することは現実的ではないため，大幅な簡略化が行われるのが普通である．たとえば，IWAの活性汚泥モデルASM2dでは，3種類の微生物（従属栄養生物，硝化菌，リン蓄積生物）と19種類の反応プロセスにより，活性汚泥法における有機物・窒素・リンの除去を記述している．生物学的廃水処理モデルを利用する際には，使用するモデルにおいて，どのような簡略化が行われ，それによりシミュレーション結果にどのような制約が生じうるのかを把握することが重要である．

生物学的廃水処理モデルを用いたシミュレーションの用途としては，以下の5点が代表的である．
①設計支援（例：処理プロセスの構成，設計諸元・施設容量などの最適化）
②運転管理支援（例：運転条件の最適化，トラブルシューティング）
③オンライン制御（例：制御システムや制御値の最適化，制御ロジックへの組込み）
④研究・開発（例：現象解析，実験の代替）
⑤教育・研修（例：処理プロセスの挙動の把握）

元来，生物学的廃水処理モデルは研究者コミュニティにおいて提案され発展してきたものであり，研究・開発の場での利用が先行してきた経緯がある．一方，近年では，廃水処理施設の設計・維持管理など実務用途を想定した利用プロトコル[2,3,4]が国内外で提案されるようになったこともあり，実務の場での活用事例が増加しつつある． 〔糸川浩紀〕

参考文献
1) 味埜 俊監訳．2005．活性汚泥モデルASM1, ASM2, ASM2d, ASM3．環境新聞社．
2) 日本下水道事業団技術開発部．2006．活性汚泥モデルの実務利用の技術評価に関する報告書．技術開発部技術資料05-004．日本下水道事業団．
3) J. Makinia. 2010. *Mathematical Modelling and Computer Simulation of Activated Sludge Systems*. IWA Publishing.
4) IWA Task Group on Good Modelling Practice. 2013. *Guidelines for Using Activated Sludge Models*. Scientific and Technical Report No.22, IWA Publishing.

174

浄水処理と微生物

緩速ろ過，生物活性炭

わが国では，凝集沈殿・急速ろ過による物理化学的な浄水処理が一般的であるが，微生物の浄化作用に基づいた生物学的な浄水処理も活用されている．多くの場合，担体に付着した好気性の微生物が処理に関与しており，担体の種類や接触方式などにより，緩速ろ過，生物活性炭，浸漬ろ床，回転円板，生物接触ろ過などに分類されている．本項では代表的な生物処理である緩速ろ過と生物活性炭を紹介する．

緩速ろ過はいわば自然の浄化作用を模擬した浄水処理であり，原水水質が比較的良好な場合に使用される．ろ過処理である点は急速ろ過と変わりはないが，急速ろ過のろ過速度が100～200 m/日であるのに対して緩速ろ過は4～5 m/日と遅い点が特徴的である．砂層表面に形成された生物膜により，アンモニアの生物学的酸化（硝化），かび臭物質や消毒副生成物前駆物質の生分解などが進行する．ろ過の継続により損失水頭が増大すると，表面の砂を掻き取る管理が行われている（図1）．急速ろ過に比べて広大な敷地面積を必要とすることから，都市部で緩速ろ過を採用する浄水場は少ない．

古典的な緩速ろ過に対し，高度浄水処理として活用されている処理に生物活性炭（biological activated carbon, BAC）がある．近年，安全でおいしい水道水に関する取組みが各地で進められており，高度浄水処理であるオゾン－生物活性炭の導入を主要な施策の一つとしている水道事業体もみられる．関西都市圏ではすでにオゾン－生物活性炭による全量高度処理が達成されている．また，東京都水道局も利根川系の河川を水源とするすべての浄水場にオゾン－生物活性炭を導入している．

処理工程としては，凝集沈殿と急速ろ過との間にオゾン－生物活性炭を導入する方式が一般的である．生物活性炭で使用されるのは，石炭やヤシ殻などを原材料とする直径1 mm程度の粒状活性炭（granular activated carbon, GAC）である（図2）．層厚2.0～2.5 m程度の粒状活性炭層に，オゾン処理水を下向流あるいは上向流で通水する．捕捉された濁質の排出を主な目的として数日に1回程度の頻度で逆流洗浄が行われる．活性炭には微細な細孔が多数あり，物理吸着によって溶存有機物が除去される．一方，数週間～数か月程度運用すると活性炭表面に好気性の微生物が付着し，生物学的浄化作用もあわせて発現する．このように，物理吸着に加えて生物学的浄化作用が認められる粒状活性炭を

図1　表面掻き取りのために水が抜かれた緩速ろ過池（口絵36参照）

図2　浄水処理で用いられている生物活性炭

「生物活性炭」と称している．粒状活性炭処理の前段に，塩素処理など生物活性を阻害する処理が行われ，生物学的浄化作用が顕著でない場合には，「生物活性炭」との対比から「粒状活性炭」とあえて区別する場合もある．

ほかの生物学的な浄水処理と同様，生物活性炭でも有機物の生分解と硝化が主要な浄化作用である．以降，生物活性炭におけるこれらの作用について紹介する．

■ 有機物の生分解作用

オゾン酸化は，本来，異臭味物質などの分解を目的とした処理である．しかし，オゾン酸化によって，原水中に含まれる有機物の低分子化，親水性化が進行し，低級カルボン酸（ギ酸，酢酸，シュウ酸など）やアルデヒド類など生分解性の高い有機物が副次的に生成することが知られている．このような生分解性有機物を評価する指標として，水道では同化性有機炭素（assimilable organic carbon, AOC）が利用されている．AOC の測定では，*Pseudomonas fluorescens* P17 株 と *Aquaspirillum* sp. NOX 株の 2 種類の純菌を試料に添加してそれらの増殖量から水中に含まれる生分解性有機物濃度を評価する．原水とオゾン処理水の AOC 濃度を比較すると，後者の方が値は高くなる．AOC を高濃度に含むオゾン処理水をそのまま配水すれば，残留塩素が消失した場合などに微生物が給配水中に再増殖するリスクが高まるが，オゾン処理の後段に設置された生物活性炭によって AOC 濃度は大きく低減する．親水性かつ低分子の AOC 成分は物理吸着では除去されにくいが，活性炭に付着した微生物が生物学的に AOC 成分を除去している．

また，十分に実態は明らかにはされていないものの，活性炭に吸着した有機物を微生物が利用することで，活性炭の吸着能が再生する「生物再生」という概念も提唱されている．

■ 硝化作用

水道原水中にアンモニアが存在する場合，塩素消費量が増えるだけでなく，条件によってはカルキ臭の原因物質の一つであるトリクロラミン（NCl_3）が生成する場合がある．このため，アンモニアを除去できる硝化は，生物活性炭の重要な機能の一つであり，生物学的浄化作用の目安とされることも多い．生物活性炭に限ったことではないが，硝化は水温の影響を受けやすく，冬季には硝化活性が著しく悪化するという課題がある．従来，アンモニアの酸化には，アンモニア酸化菌（ammonia-oxidizing bacteria, AOB）のみが関与していると考えられてきた．しかし，近年，アンモニア酸化アーキア（ammonia-oxidizing archaea, AOA）が発見され，硝化の理解が大きく変わりつつある．実際の浄水処理で利用されている生物活性炭のアンモニア酸化微生物を調査した結果，AOB ではなく AOA が優占し，硝化に貢献しているという報告がある[1,2]．　　　　　　〔春日郁朗〕

参考文献

1) I. Kasuga, H. Nakagaki, F. Kurisu and H. Furumai. 2010. *Water Research* **44**: 5039-5049.
2) J. Niu, I. Kasuga, F. Kurisu, H. Furumai and T. Shigeeda. 2013. *Water Research* **47**: 7053-7065.

175
水域の汚濁と微生物

栄養段階, 内部生産, BOD, Streeter-Phelps 式

湖沼や閉鎖性海域では, 光合成による植物プランクトンの増殖（内部生産）が有機物の主要な発生源の一つとなる. アオコや赤潮と称される植物プランクトンの異常発生は景観だけではなく, それ自体が有機汚濁として水質汚染（貧酸素水塊など）の要因となりうる. 植物プランクトンは食物連鎖のなかでは一次生産者と呼ばれ, 動物プランクトン（一次消費者）に捕食される. 動物プランクトンはさらに高次の動物（二次消費者）によって捕食されるという階層構造（栄養段階）から食物連鎖は構築される. 古典的な食物連鎖の体系のなかで, 微生物はデトリタスを分解・無機化する役割のみを担っていると考えられてきた. ところが, 1980 年代に植物プランクトンが体外に排出する溶存有機物などを細菌類が利用し, それらを従属栄養性微小鞭毛虫などの原生動物が捕食することで食物連鎖にリンクする「微生物ループ」(microbial loop) という概念が提唱された [➡ 59 微生物ループ]. 溶存有機物を起点とする微生物ループは, 水圏における炭素フローを理解するうえで重要である.

一方, 河川の場合, 有機汚濁物質が流入すると, 微生物がそれらを利用することで, 水中の溶存酸素 (dissolved oxygen, DO) が減少し, 汚濁がひどい場合には DO が局所的になくなり嫌気状態になってしまうことが懸念される. そのため, 河川の有機汚濁に関わる環境基準として, 生物化学的酸素要求量 (biochemical oxygen demand, BOD) と DO が定められている. このように相互に関係の深い BOD と DO が河川の流下方向にどのように変化するのかを記述するのが次の式(1), (2) からなる「Streeter-Phelps 式」である.

$$\frac{dL}{dt} = -k_1 L \quad (1)$$

$$\frac{dD}{dt} = k_1 L - k_2 D \quad (2)$$

ここで, L：BOD $(mg\ l^{-1})$, k_1：脱酸素速度定数 (day^{-1}), D：DO 不足量 $(mg\ l^{-1})$ (DO 飽和量と実際の DO との差分), k_2：再曝気定数 (day^{-1}) である.

式 (1) では, 河川に流入した BOD 成分が流下とともに微生物分解を受け, 一次反応的に減少していく様子を示している. 式 (2) では, DO の収支を微生物による BOD 消費に伴う減少と大気からの供給（再曝気）によって記述している. 一般に再曝気定数 k_2 は, 滝や瀬が多い河川では大きな値となる.

式 (1) と式 (2) を解くと, 以下の式 (3) が得られる.

$$D = \frac{k_1 L_0}{k_2 - k_1}(e^{-k_1 t} - e^{-k_2 t}) + D_0 e^{-k_2 t} \quad (3)$$

ここで, L_0：$t = 0$ での BOD $(mg\ l^{-1})$, D_0：$t = 0$ での DO 不足量 $(mg\ l^{-1})$ である.

式 (3) より DO の低下と回復を表す溶存酸素垂下曲線 (DO sag curve) が得られ, DO が最も低下する (D の最大値) 地点を推測することができる. 有機物の流入直後は微生物による酸素消費量が再曝気量を上回ることが多いため DO は低下するが, 有機物の分解がある程度進むと再曝気量が酸素消費量を上回り DO は飽和値に近付く. 〔春日郁朗〕

176

環境を測る微生物

バイオアッセイ，Ames試験，組換え酵母

環境の状態を知るためには，その場に存在する化学物質および生物の種類や量を測定することが一般的である．一方で，このようにして得られた存在量に関する情報を総合化して環境を評価することは困難であるため，環境が有するある種の機能を計測することも広く行われている．環境水の電気伝導度や透明度といった指標は，個別の物質の存在量ではなく，多種多様な物質群の総合的な影響のもとに成立するある種の機能の一例といえよう．

このように環境中の特定の化学物質の存在量や環境が有する機能を測る方法として，生物を用いる方法がある．バイオアッセイ（bioassay）とは生物および生物由来材料を用いた試験全般を指す用語であるが，とくに毒性試験を意味する場合が多い．試験生物は細菌から高等生物まで多岐にわたり，用いる材料も whole body（生体）から特定の臓器の培養細胞や遺伝子組換え体まで多様である．化学分析とは異なり，生物学的な作用を利用した検出原理に基づいているため，単なる物質の存在量ではなく，その環境が有する機能に関する情報を与える手法となる．一般に微生物を用いた手法は，スペースや時間，手間といった観点で優れているが，一方でヒト健康影響との関連性といった観点では哺乳類を用いた試験には劣ると考えられている．

本項では微生物（原核生物および藻類，酵母）を用いた試験法に限定して，その代表的なものをいくつかとりあげる．生物化学的酸素要求量（biochemical oxygen demand, BOD）は微生物を用いて測られる環境の機能の最も古典的なものといえるが，その詳細は別項に譲る [➡ 175 水域の汚濁と微生物]．

■ **Ames試験**

Ames（エイムズ）試験とは，カリフォルニア大学のAmesらによって開発された変異原性試験法である．試験には，ヒスチジン合成能を失ったネズミチフス菌（*Salmonella typhimurium*）の変異株を用いる．試験対象試料によりこの合成能が復帰するかどうかを，48時間後の寒天培地上のコロニー形成から判別することが試験の原理となっている．フレームシフト型の変異と塩基置換型の変異を区別して検出できるように，複数種の変異株を通常用いる．

■ **umu試験**

大阪府立公衆衛生研究所で開発されたumu試験もネズミチフス菌を用いた変異原性試験法の一つであるが，Ames試験が復帰突然変異を検出原理とするのに対し，umu試験は遺伝子損傷の修復を検出原理としている．遺伝子損傷が起きるとSOS反応が生じ各種の遺伝子が発現するが，umu遺伝子はその一つである．umu試験は，β-ガラクトシダーゼ発現遺伝子とumu遺伝子を融合し導入したネズミチフス菌を用い，遺伝子損傷によるSOS反応をβ-ガラクトシダーゼ活性として検出するものである．

■ **遺伝子組換え酵母を用いた検出手法**

酵母は遺伝子組換えが比較的容易に行えることから，さまざまな生体影響因子の検出のツールとして用いることが可能である．一例として，英国ブルネル大学のSumpterらによって開発されたYES（yeast estrogen screen）と呼ばれる遺伝子組換え酵母を用いたエストロゲン様物質の検出手法がある．これは，エストロゲン受容体を発現する遺伝子と，検出のためのレポーター（β-ガラクトシダーゼなどの酵素）を発現する遺伝子を導入した酵母 *Saccharomyces cerevisiae* を用いる手法である（図1）．対象試料中にエストロゲン様物質が存在すると，組換え酵母が産生するエストロゲン受容体と結合し，その結合体がレポーター遺伝子の上流の応答配列に結

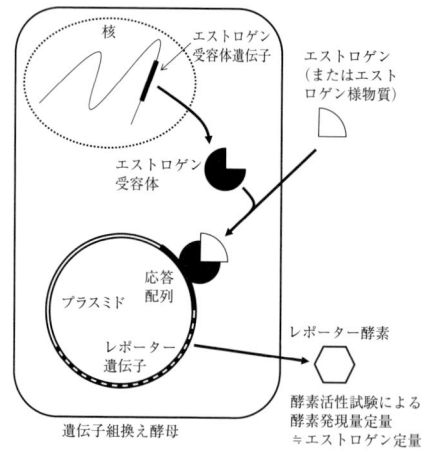

図1 遺伝子組換え酵母を用いたエストロゲン様物質の検出（YES法）の原理[1]

合することでレポーターの転写が増大し，発現したレポーター酵素の活性を測定することで元のエストロゲン様物質が定量できる．対象物質の受容体への結合とその応答配列の認識という同様な機構により，ダイオキシン類など他の生体影響因子を測定する遺伝子組換え酵母が用いられている．

■ 細菌を用いた毒性試験

上述の Ames 試験や umu 試験は変異原性という遺伝子への特定の毒性を評価するのに対し，細菌の生理活性や増殖の阻害という包括的な影響から試験対象試料の毒性を評価する手法も広く利用されている．

海洋性発光細菌 Vibrio fischeri を用いた毒性試験法（ISO 11348 など）では，発光バクテリアの発光強度の減衰を指標として，総合的に対象試料の毒性を評価する．曝露期間が5～30分ときわめて短時間で試験が完了するため，簡易試験法として優れている．

硝化細菌は有害物質への感受性が高いとされており，排水処理に用いられる活性汚泥の硝化機能の阻害という指標で毒性を評価する手法が ISO 9509 として標準化されている．この手法では，3～24時間の曝露による硝化活性の低下から試験対象試料の毒性が評価される．一方，OECD の Test Guideline 209 は活性汚泥の酸素利用速度の低下（曝露時間は3時間が標準）から毒性を評価する手法である．この手法では，硝化に加えて従属栄養微生物による呼吸が測定対象となるが，硝化阻害剤であるアリルチオ尿素の添加により二者を区別して評価することが可能である．

細菌の増殖能の低下という，より包括的な指標を用いた毒性試験法としては，ISO 10712 (Pseudomonas putida)，ISO 15522 (活性汚泥）などがある．

■ 微細藻類の増殖試験

微細藻類を用いた試験方法は，さまざまな国際機関で標準化され広く用いられている．OECD の Test Guideline 201 は試験水中での72時間の藻類増殖量からその毒性影響を総合的に評価する手法である．試験種として緑藻 Pseudokirchneriella subcapitata（旧名 Selenastrum capricornutum），Desmodesmus subspicatus（旧名 Scenedesmus subspicatus），珪藻 Navicula pelliculosa，シアノバクテリア Anabaena flos-aquae, Synechococcus leopoliensis の5種が挙げられている．

一方，毒性ではなく富栄養化に関する試験として AGP (algal growth potential) があるが，藻類の増殖から環境を評価するという点で共通している．ASTM の D3978 試験法では，緑藻 P. subcapitata を用い日増殖が5%以下になるまで（一般に7～14日）の増殖量で評価する．　　　　　　　　〔中島典之〕

参考文献
1) Routledge and Sumpter. 1996. *Environ. Toxicol. Chem.* **15**(3): 241-248.

177
バイオ燃料

藻類バイオマスエネルギー生産,
バイオエタノール

　バイオ燃料とは，生物自身により生産される脂質などの燃えやすい化合物，あるいは生物の体（バイオマス）を構成している，それ自体は燃えにくい成分を，燃えやすい化合物へと変換して得られる燃料のことである．メタン，エタノール，脂質など，炭素原子を含むもの（有機物）が主であるが，シアノバクテリアや，ある種の微細藻類が生成する水素ガスのように，炭素を含まないものも含まれる．

　そのままでは燃えにくいバイオマスを，燃えやすい化合物へと変換する方法には，熱化学的変換と生物化学的変換の二通りがある．熱化学的変換とは加熱や加圧処理をすることでバイオマスを燃えやすいガスやオイルへ変えることである．それに対し生物化学的変換とは，それ自体は燃えにくいバイオマスを，微生物の力により発酵させ，メタンやエタノールなどに変換することである．

■ 炭素系バイオ燃料

　炭素原子を含むバイオ燃料の代表的なものとして，メタン，エタノール，および脂質の三つが挙げられる．メタンとエタノールは上述の，微生物による生物化学的変換で生産されるが，それに対し脂質は微生物のみならず，大型の動植物も含めた生物自身の構成成分として生産・蓄積されたものが燃料として利用される．メタン，エタノール，脂質のいずれの場合も，構成している炭素原子は，もともとは光合成により固定された環境中の二酸化炭素に由来するため，燃やしても新たな二酸化炭素を放出しない（カーボンニュートラル），また，生物由来であることから，増殖・繁殖させることで再生産可能な点が化石燃料と比べて魅力的であると考えられている．

　メタン生産の原料に求められる必要条件は，炭素を含んでいる（＝有機物である）ことである．したがって植物由来バイオマスのほかにも，家畜の糞尿や食品工場からの廃液など，多彩なものを原料とした生産が可能である．まず，原料中の有機物を一般的な微生

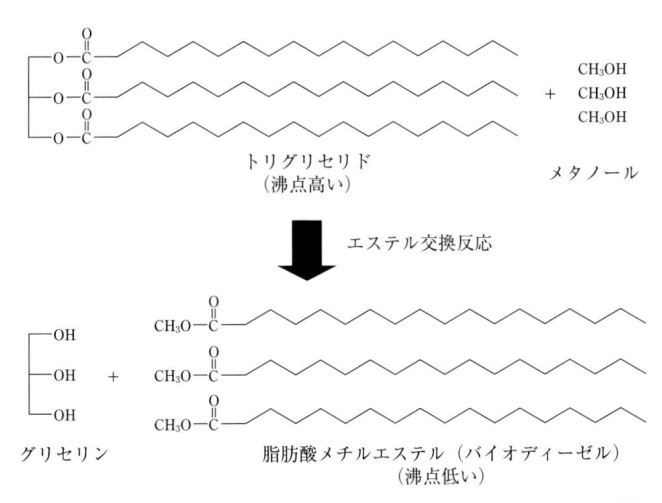

図1　エステル交換反応によるトリグリセリドのバイオディーゼルへの変換

物により有機酸（主として酢酸）や二酸化炭素，硫化水素，水，アンモニアなどの低分子化合物に変換する．次にこれらの低分子化合物を，メタン生成菌という特殊なグループの生物により発酵させることで，メタンが生成する［→ 179 バイオガス生産］．

エタノールはグルコースをはじめとする糖質を微生物により発酵させることで作られる．そのため，まずグルコースの供給源として優れているサトウキビや，トウモロコシ（第一世代バイオマス）を用いた燃料用エタノール生産が行われた．しかし食料生産との競合が問題となり，非食用植物や藁などのセルロース系原料（第二世代バイオマス）を効率よく単糖（グルコース）へ変換する，あるいはグルコース以外の糖をエタノールへと変換する技術の開発が行われている．

バイオ燃料としての脂質を生産させる植物としては，生産性の高さや農地に適さない土地でも生育できる点などから，パームヤシやジャトロファ（*Jatropha*，トウダイグサ科の植物）が注目されている．これら植物の脂質はトリグリセリドが主体である．トリグリセリドはグリセリン分子中の三つの水酸基に，それぞれ1分子の脂肪酸がエステル結合した構造をしており，そのままでは沸点が高く燃料としては使いにくい．そこで，エステル交換反応により沸点の低いメチルエステルなどに変換され，ディーゼル油として軽油の代替として用いられる（図1）．

上記の高等植物に対し，生育の場が水圏であるため農作物生産と競合しない藻類が，第三世代バイオマスとして注目されている．大型藻類は，脂質含量が概して低いことから，脂質源としてよりも，メタン発酵やエタノール発酵の原料としての利用が考えられている．生長の速い褐藻の一種（ジャイアントケルプ）や，わが国でもときとして大発生する緑藻アオサからのメタン生産の例が有名である．一方，微細藻類の多くは単細胞性であるため体の構造が単純で，一世代の時間が短

く，増殖も速いことなどから，太陽エネルギーを燃料として固定する効率が高いと考えられている．また，乾燥重量の数十％にも及ぶ大量の脂質を蓄積するものもある．珪藻や緑藻など，多くの微細藻類は窒素欠乏状態になると大量のトリグリセリドを蓄積する．またミドリムシ（*Euglena*）は貯蔵多糖を嫌気条件下で解糖する際，ワックス（脂肪酸と長鎖一級アルコールとのエステル）を大量に蓄積する．藻類由来のトリグリセリドやワックスは，陸上植物由来の脂質同様に，メチルエステル交換によりディーゼル油へと変換できる．一方，微細藻のなかには炭化水素を生産するものも知られている．炭化水素は単位重量当たりの発熱量が大きく，航空燃料に適していると考えられている．*Pseudochoricystis ellipsoidea* は軽油相当の，*Botryococcus braunii* は重油相当の炭化水素を生産する．*B. braunii* の炭化水素含量は，乾燥重量の数十％にも達する（図2）.

■ 水　素

水素は燃やしても二酸化炭素を放出しないクリーンな燃料である．シアノバクテリア（藍藻）および微細緑藻の一部は，水素ガスを生産することが知られている．シアノバクテリアは窒素欠乏状態になると，ニトロゲナーゼにより以下の反応により窒素固定を行う［→ 64 海の窒素固定］．

$$N_2 + 8e^- + 8H^+ + 16ATP$$
$$\rightarrow H_2 + 2NH_3 + 16(ADP + Pi)$$

1 mol の窒素が 2 mol のアンモニアへと固定される際に，1 mol の分子状水素が生成する．シアノバクテリアにはヒドロゲナーゼという，分子状水素の酸化還元反応を触媒する酵素も存在する．ヒドロゲナーゼには水素の生成および取り込みの双方向の反応を行うタイプと，水素を取り込む方向にのみ反応するタイプ（取り込み型）の二つがある．そのためシアノバクテリアによる水素ガス生産を行う際には，取り込み型ヒドロゲナーゼの機能が低下している株を用いる必要がある．一

群体から染み出る炭化水素

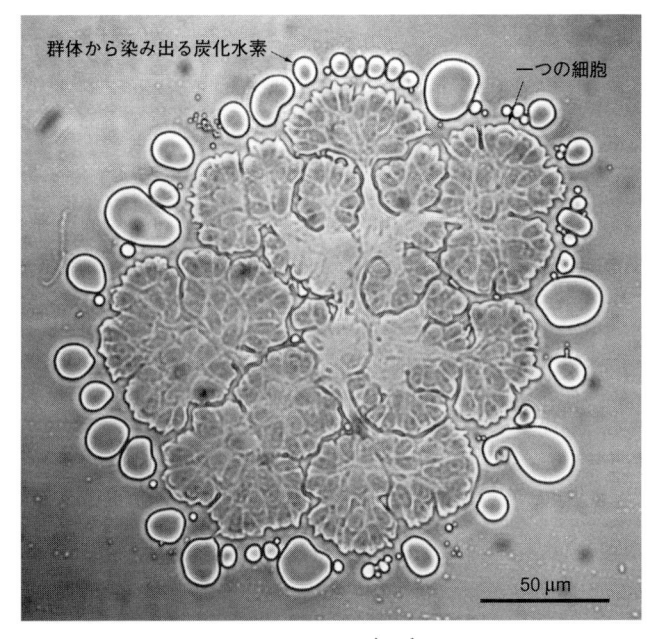

一つの細胞

50 μm

$n = 5 \sim 10$

図2 大量の炭化水素を蓄積する群体性微細藻 *Botryococcus braunii* および生産する炭化水素の構造

方，緑藻のなかにはヒドロゲナーゼにより水素を生産するものも知られている．

上述の各種バイオ燃料生産に共通して最も重要なことは，生産時に投入した量以上のエネルギーを，燃料として回収することができるかである．また，バイオ燃料生産が産業として成り立つためには，生産コストを下げるための技術開発も必要である．その点で，原料の大量調達法の確立をはじめとして，実用化に向けて解決すべき課題が山積している．

〔岡田　茂〕

178 微生物燃料電池

電気産生微生物, 発電, 細胞外電子伝達, 廃水処理

　微生物燃料電池（microbial fuel cells, MFC）は，微生物が触媒的に機能し有機物の有する化学的エネルギーを電気エネルギーへ直接的に変換するシステムである．MFCの原型はポッター（M. C. Potter）により約100年前に提示された．長い間きわめて小さな出力しか得られなかったが，後述の電気産生微生物の存在が見出されてから，最近の約10年強で最大電力密度は5～6桁も向上し，小さなラボスケール装置ではあるものの，数 $W m^{-2}$（面積基準）や $1 kW m^{-3}$（槽容積基準）も超えるようになった[1]．

　二槽式MFCを例に基本構成を図1に示す．MFCは，嫌気条件で有機物分解を担う微生物群の生物膜が電極に形成されたアノード槽と，酸素を電子受容体とした還元反応が生じるカソード槽，およびそれらを隔てるプロトン交換膜（PEM）で構成される．外部回路を閉じると電位の低いアノードからカソードへ電子が移動して電流が流れる．同時に液相では電気的中性が保たれるように水素イオンがPEMを介して移動する．たとえば，酢酸を基質とした場合，理想的には最大で約1.1 Vの電位差になる．この系が成立する鍵は，アノード生物膜の微生物による基質の代謝過程で生じる電子が外部にある不溶性の電子受容体（電極）へ伝達されることにある．このような細胞外電子伝達能を有する微生物が電気産生微生物であり，細胞外電子伝達は，生命活動の根幹であるエネルギー代謝に関わる生物学的にもたいへん興味深い事象である．

　細胞外電子伝達は，大きく二つの機構によると考えられている[2]．一つは，細菌と固体電子受容体が物理的に接触して起きる直接電子伝達である．たとえば，異化的金属還元菌として知られMFCのアノード生物膜中でもよく検出されるグラム陰性細菌の *Geobacter sulfurreducens* や *Shewanella oneidensis* MR-1 では，有機物酸化に伴って生じた電子が，呼吸鎖電子伝達系から細胞内膜，ペリプラズムおよび細胞外膜に配置された数種の異なるシトクロムCを経由して細胞外へ伝達されると推定されている．この一方でこれらの細菌は，ナノワイヤと呼ばれる直径約8 nm，長さ数十 µm 程度で導電性の線毛を細胞表面に有することが発見された[3, 4]．生物膜中でナノワイヤがネットワーク状に観察されることもあり，電極面から離れて存在する細菌がこれを媒体として直接電子伝達することを示唆するものとして強い関心がもたれている．二つ目の機構は，微生物と電極間を拡散や移流で移動し電子受容（還元）と供与（酸化）を繰り返す化学物質（電子メディエータ）による間接電子伝達である．微生物のなかには，電子メディエータを自己産生するものがいて，たとえば，*S. oneidensis* MR-1 は溶解性フラビンを産生する．また，*Pseudomonas* 属細菌が産生するピオシアニンは，別の微生物にも作用することが報告されている[5]．つまり，電子メディエータを産生しない微生物や非電気産生微生物から電極へ電子伝達が生じることを示唆して

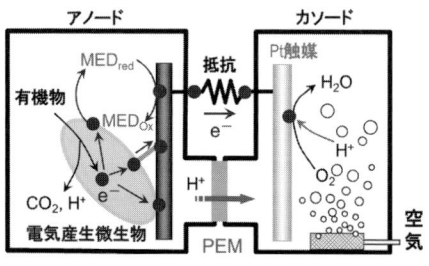

図1 MFCの概念図（二槽式の例）
細胞外への間接電子伝達：還元型（MEDred）と酸化型（MEDox）電子メディエータによる酸化還元系，細胞外への直接電子伝達：直接接触やナノワイヤ

おり，アノード生物膜では多少なりともこの効果が作用している可能性がある．また，土壌などの環境に存在するフミン酸やシステインなども電子メディエータとして機能することがわかっている．

電気産生微生物は土壌中などに広く生息し，異化的金属還元菌に限らず，Proteobacteria 門，Firmicutes 門，Acidobacteria 門など，系統学的にも多様に分布することがわかってきている．そのため，土壌，嫌気性消化汚泥および活性汚泥などを植種源にして自然発生的にアノード上へ電気産生微生物コンソーシアを比較的容易に形成させることができる．*Enterobacter cloacae* のように高分子のセルロースを直接分解して発電可能な細菌も見つかっているが，多くは酢酸をはじめ一部の揮発性有機酸や水素を利用する細菌である．そのため，糖やタンパク質が含有される廃水を供給した系では，発酵性細菌による加水分解と酸生成の生成物が電気産生微生物に利用される食物網が形成されていると推定される．メタン生成アーキアは，酢酸や水素の資化で電気産生微生物と競合し，MFC の電荷収率を低下させる原因のひとつであり，その活性や増殖の抑制が必要である．

MFC の発電性能は①アノードでの微生物反応，②微生物から電極への電子伝達，③プロトンのアノードからカソードへの輸送，④カソードへの電子受容体供給および⑤カソード反応で構成される過程の律速段階に依存する．冒頭に記したこれまでの MFC 性能の向上は，比表面積の増大に関わる電極や装置構造の工夫とエアカソードの適用によるところが大きい．代表的なエアカソードは，ガス拡散層，導電性基材，酸素還元触媒担持層の3層構造を有し，ガス拡散層が大気と接するように設置される．酸素はパッシブ方式で大気から液相に接する触媒担持層へ供給され，図1の二槽式に比べて④の過程が大幅に改善される．加えて，カソード槽が不要で一槽式になる．

MFC は，有機物分解に伴う直接的な発電という特徴だけでなく，電気産生微生物群のエネルギー獲得に関わる制約から増殖収率が小さいことや曝気が不要になることから，有機性廃水処理の主流である活性汚泥法に比べて，大幅な省エネルギー化と余剰汚泥発生量の低減が可能な革新的な処理技術への展開が期待されている．実用へ向けて代表的な酸素還元触媒である Pt のコストは大きな課題のひとつであり，非貴金属，窒素/炭素系材料およびナノ炭素材料などへの代替や微生物を用いたバイオカソードの適用も試みられ，高い性能の触媒も開発されつつある[6]．その一方で，底泥の浄化（sediment MFC），外部からの電圧の印加を併用した水素などの生産（Microbial electrolysis cells（MEC）），光合成生物の代謝と組み合わせた太陽光からの発電（Microbial solar cells（MSC））など，MFC の原理を活かした新たな応用も取り組まれている．　〔渡邉智秀〕

参考文献

1) B. E. Logan and J. M. Regan. 2006. *Trends Microbial.* **14**: 512-518.
2) O. Bretschger, Y. A. Gorby and K. H. Nealson. 2010. *Bioelectrochemical systems: From extracellular electron transfer to biotechnological application*（K. Rabaey, L. Angenent, U. Schroder *et al.* eds.）, pp.81-100. IWA publishing.
3) G. Reguera *et al.* 2005. *Nature* **435**(7045): 1098.
4) Y.A. Gorby *et al.* 2006. *Proc. Natl. Acad. Sci. U.S.A.* **103**: 11358-11363.
5) T. H. Pham *et al.* 2008. *Appl. Microbial. Biotechnol.* **77**: 1119-1129.
6) 宮原盛雄，神谷信行．2013．微生物による廃水処理システム最前線（渡邉一哉監修），pp.143-159. NTS.

179
バイオガス生産

エネルギー回収，メタン発酵

　バイオガスとは，有機物を含む廃水や廃棄物の嫌気性消化に伴って生成するガスの総称であり，メタン（約60％），炭酸ガス（約40％）を主成分とし，少量の水素，硫化水素，窒素などを含む．一般的にバイオガスの熱量は，1 m³あたり21～25 MJ（5,000～6,000 kcal，都市ガス5 A，6 Aと同等の熱量）であり，燃料資源としての十分な価値をもつ．バイオガスを得るための嫌気性消化は，数百年から数千年前に見出されていたと考えられている．

　嫌気性消化では，有機物が嫌気条件下で複数種の細菌群による連携反応により分解され，最終的にメタンと炭酸ガスに転換される．この反応はメタン発酵とも呼ばれる．メタン発酵では，システムの運転に必要なエネルギーが少なく，最終生成物としてバイオガス（メタン）の回収が可能であることから，省・創エネルギー型の有機性廃棄物・廃水処理技術としての実用化と展開が進行している．国内でも，屎尿や下水余剰汚泥処理，産業廃水処理において多数の稼動実績があり，食品リサイクル法，循環型社会形成推進基本法施行などの流れを受け，食品残渣への適用も具体化している．

　メタン発酵では，分解された有機物の80～90％程度がバイオガスに転換し，10～20％程度が菌体増殖に利用され，残りの数％は硫酸還元反応の電子供与体として利用される（処理対象物に硫酸塩が含まれる場合）．また，メタン発酵は有機物の分解に関わる嫌気性細菌群の至適温度域に応じて，中温メタン発酵（35～37℃），高温メタン発酵（55～60℃）に大別される．

　メタン発酵での有機物分解は，（I）高分子の有機物から低分子の単体有機物を生成する加水分解，（II）単体有機物から揮発性脂肪酸（ギ酸，酢酸，プロピオン酸，酪酸）や水素を生成する酸生成，（III）プロピオン酸や酪酸などの炭素数が三つ以上の揮発性脂肪酸から酢酸と水素を生成する水素生成酢酸化，（IV）酢酸や水素からメタンと二酸化炭素（バイオガス）を生成するメタン生成と呼ばれる四つの反応段階から構成される（図1）．廃水や廃棄物のメタン発酵処理では，（I）と（II）の反応を合わせて酸生成相，（III）と（IV）の反応を合わせてメタン生成相と呼ぶ．

　メタン発酵では，図1に示した有機物分解反応の各段階に異なる種類の嫌気性細菌群が関与しており，これらの細菌群の連携作用により，有機物の分解とメタン生成が進行する．一般的に，メタン発酵における有機物分解・メタン生成の大半（約70％程度）は，酢酸からのメタン生成反応を経由している．しかしながら，代表的な酢酸資化性メタン生成アーキアである*Methanosaeta*属アーキアは，至適温度条件下（37℃）における倍加時間が3～7日程度と長いため，酢酸からのメタン生成反応が有機物分解の律速となりやすい．つまり，安定したメタン発酵を行うため

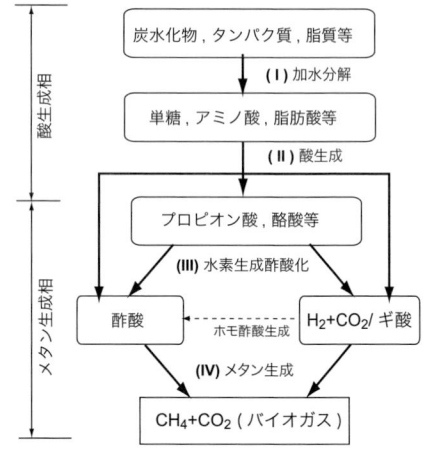

図1　メタン発酵における有機物分解反応

には，増殖の遅いメタン生成菌を長時間，発酵槽内（処理装置内）に保持することが重要である．また，有機物濃度の高い廃棄物（生ごみなど）のメタン発酵処理では，槽内の酢酸濃度が比較的高いことから，Methanosarcina 属のアーキアが主に酢酸からのメタン生成を担っている．一方，メタン発酵における水素（$H_2 + CO_2$）資化性のアーキアとしては，Methanobacterium 属アーキアがよく知られており，前述の Methanosarcina 属アーキアも水素資化に寄与している．高温条件下（55〜60℃）では，細菌群の増殖速度や有機物の資化・メタン化速度が中温条件（35〜37℃）に比べて数倍高く，高温メタン発酵では処理の高速化が期待できる．一方，中温条件に比べて生息可能な嫌気性細菌群の多様性（種類）が減少するため，メタン発酵が不安定化しやすいという欠点もある．

また，メタン発酵による有機物分解では，プロピオン酸などの中間代謝脂肪酸の分解律速が生じやすい．これは，プロピオン酸から酢酸と水素を生成する水素生成酢酸化反応の標準自由エネルギー変化がプラスであるため（非自発反応）である．水素生成酢酸化反応では，生成された水素が水素資化性微生物によりただちに除去されること（異種間水素伝達）で，自由エネルギー変化がマイナスとなり反応が進行する．水素生成酢酸化を担う細菌としては，Syntrophomonas 属細菌，Syntrophobacter 属細菌などが知られているが，多様性が低く，水素資化性微生物との連携が必要なため，不活性化が生じやすい．

メタン発酵による有機性廃棄物・廃水の処理は，処理対象に応じて装置の形状や運転条件が大きく異なる．たとえば，余剰汚泥や生ごみなどの有機性廃棄物の処理では，消化槽と呼ばれる完全混合槽（槽内を物理的に攪拌し，処理対象の有機物と嫌気性微生物が完全に混合している状態）が用いられている．余剰汚泥の処理では，固形有機物の可溶化が反応律速となりやすく，また増殖の遅いメタン

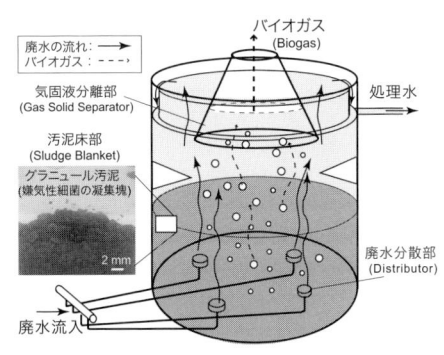

図2 UASB 法による有機性廃水処理

生成菌の流失防止のため，35℃条件下で30日以上の長い処理時間を要する．また，有機物や栄養塩（窒素，リン）を含む発酵残渣が発生するため，その再利用（農地還元）や処理が必要である．そのため，農地還元による発酵残渣の循環利用が進んでいる欧州に比べて，国内では有機性廃棄物処理へのメタン発酵技術の導入が遅れている．

一方，有機性廃水のメタン発酵処理では，多量に発生する廃水を短時間で処理する必要があるため，嫌気性細菌により構成される粒状の汚泥（グラニュール汚泥）を利用した上向流嫌気汚泥床法（upflow anaerobic sludge blanket, UASB 法）が食品系の産業廃水処理を中心に普及している（300基程度が稼働中）．UASB 法では，廃水を装置内に上向流で通水させ，有機物の嫌気分解の結果生成するバイオガスによる適度な攪拌条件の下，運転を行う．その結果，嫌気性微生物が付着増殖し，直径1〜2 mm 程度のグラニュール汚泥を形成する．グラニュール汚泥は沈降性に優れ，廃水との分離が容易であり，廃水と汚泥（菌体）の滞留時間を別々に制御できるため，わずか数時間で廃水の処理とメタン回収を行う事が可能である．現在，技術の適用可能な廃水の有機物濃度（$2〜10\ gCOD\ l^{-1}$ 程度）や温度（30〜37℃）は限定されており，適用範囲拡大のための技術開発が進行している．

〔珠坪一晃〕

180
埋立地の微生物

廃棄物の安定化，メタン，亜酸化窒素

一般家庭や仕事場から排出されるゴミはすべて適切に処理されなければならない．排出されたゴミは，リサイクルできるものについては再資源化されるが，それ以外は廃棄物として中間処理される．この中間処理過程で可燃性廃棄物の焼却と不燃性廃棄物の粉砕による減量化がなされ，最終的に焼却灰と粉砕不燃廃棄物は廃棄物最終処分場（埋立地）に投入されることになる．現在では海洋投棄が原則禁止とされているため，埋立による土壌還元が唯一の廃棄物の最終処分方法となっている．近年，日本において積極的なリサイクルの推進により廃棄物排出量の減量化が図られているものの，廃棄物はゼロになることは決してない．現代の社会活動において最終処分場は不可欠な施設であり，その用地確保や埋立跡地の利用は重要な課題の一つである．社会的に廃棄物処分場に要求されることは，二次的環境汚染を起こさず，廃棄物を長期にわたって分解・安定化し，早期に跡地の有効利用に供することである．この廃棄物の分解・安定化作用において，微生物の寄与がきわめて大きい．

最終処分場埋立層内では，中間処理を受けた廃棄物と覆土が投入される以外に降雨と大気が流入し，物理的反応，化学的反応および微生物反応が進行することにより廃棄物が分解・安定化していく（図1）．この安定化に伴って，微生物の作用により発生したメタンや二酸化炭素などのガスと廃棄物や覆土層から浸みだした浸出水が埋立層内から排出される．埋立地からのガスの生成量は安定化に伴って減衰していくが，通常10年程度はその生成が盛んであり，この間は微生物による残存有機物の分解が活発であることを示している．その後も，ゆるやかな微生物分解が長期的に続き，周辺環境に影響を及ぼさない程度まで安定化した後，埋立地は跡地利用される．

日本における廃棄物最終処分は準好気性埋立と呼ばれる方法が多い（図1）．これは，遮水工を施した器内に縦横にガスおよび排水を通す配管を設置して，廃棄物と覆土を投入していく方法である．配管の中に滲出した浸出水は排水として適切に処理されて自然界に還元される．また，微生物の有機物分解によって発生したガスは，ガス抜き用の配管を通って速やかに大気中に排出される（または，燃焼処理などされる）．ガスの排出による自然な流れにより大気が配管内に入り込むことで

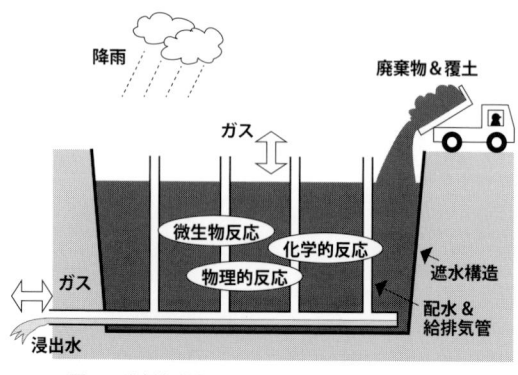

図1　準好気性埋立地と廃棄物安定化プロセス

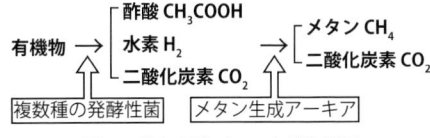

```
        ┌─ 酢酸 CH₃COOH          ┌─ メタン CH₄
有機物 → ├─ 水素 H₂          →   └─ 二酸化炭素 CO₂
        └─ 二酸化炭素 CO₂
    [複数種の発酵性菌]   [メタン生成アーキア]
```
図2　嫌気環境下での有機物分解

```
[硝化]                        N₂O
                               ↑
       NH₄⁺ → NH₂OH → [HNO] → NO₂⁻ → NO₃⁻
[脱窒]
       NO₃⁻ → NO₂⁻ → NO → N₂O → N₂
```
図3　亜酸化窒素の生成

酸素の供給が起こり，好気性微生物による有機分解は促進される．しかし実際には，流入した酸素が好気性微生物によって瞬く間に消費され，埋立層内の大半は嫌気的な環境となっている．好気性微生物による有機物分解反応は嫌気性微生物による有機物分解反応に比べて速いが大気が流入する配管付近のみの局所的なものなので，微生物による有機物分解の半分は嫌気性微生物の作用によって進行している．

好気的環境下においては，*Bacillus* 属や Proteobacteria 門に属する細菌をはじめ通常の自然環境にみられる微生物が増殖し，廃棄物中の有機物分解に貢献している．また，埋立層内から発生するメタンを酸化する *Methylobacter* 属や *Methylophaga* 属などのメタン酸化菌も検出される．一方，嫌気性微生物による物質分解において，廃棄物中に含まれる炭化水素やタンパク質，脂質などの高分子は数種類の発酵性細菌によって分解され，酢酸や水素，二酸化炭素が生成し，最終的にこれらはメタン生成アーキアによってメタンになる（図2）．

嫌気的環境下では，数種類の嫌気性微生物が関与する完全な分業制により有機物分解が行われ，最終的に無機化される．この嫌気的な有機物分解の最終段階を担うメタン生成アーキアは，埋立層内で全微生物あたり数％を占め，このうち酢酸を資化するタイプのメタン生成アーキアである *Methanosaeta* 属や *Methanosarcina* 属が優占しているという報告がある．また，この嫌気的な物質分解に伴う反応熱によって，埋立層内は 50～70℃ の高温環境になることもあり，高温性微生物群が優占することも珍しくない．埋立層内に硫酸塩が存在する場合は，メタン生成アーキアに代わって硫酸塩還元菌が嫌気的な有機物分解の最終段階を担っている場合もある．埋立される廃棄物の内容は地域性があると同時に，投入される廃棄物の内容は不均一であるため，それらに応じて優占する好気性および嫌気性微生物群の種類は異なっていることが予想される．また，埋立後の年数に応じても微生物相は変遷している．

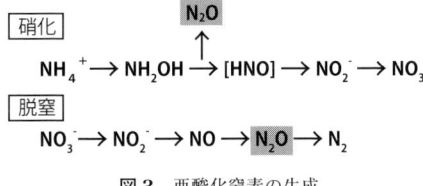

メタンや二酸化炭素の発生量に比べると少ないが，廃棄物埋立地は亜酸化窒素（N₂O）の発生源でもある．亜酸化窒素は二酸化炭素やメタン同様に温室効果ガスであるため，その発生量を削減することが望ましい．亜酸化窒素は，微生物の作用によって嫌気的には脱窒の中間産物として，好気的にはアンモニアが硝化される際の中間産物として発生する（図3）．

廃棄物埋立地からの亜酸化窒素はアンモニア酸化菌による硝化プロセスの寄与が大きいという報告があり，発生抑制にはより好気的な環境を維持する必要性があるのかもしれない．

廃棄物埋立地は社会活動において必須の施設であり，埋立終了後は早期に跡地利用されることが望ましい．このため，埋立終了後に層内の廃棄物がどの程度安定化したかを判断することが重要である．埋立地の安定化は，浸出水の水質，埋立層内の温度，ガス発生量および沈下量から総合的に評価される．これに加えて，微生物種のモニタリングも埋立層内の安定化への判断指標であると提案されている．

〔森　浩二〕

181 堆肥化と微生物

コンポスト，好気性微生物，高温，腐熟

堆肥化は，そのままの状態では腐敗しやすい有機性廃棄物を微生物の力で有用な有機肥料に変換する処理方法である．堆肥の原料は，家畜ふん，作物残渣などの農畜産廃棄物から，下水汚泥や生ゴミなどの都市廃棄物まで多岐に及ぶ．有機性廃棄物を堆積し，通気や堆肥の攪拌を繰り返すことで有機物分解が進行し，その過程で70℃を超える高温を生じる．堆肥化により植物に対する生育障害物質が大幅に低減されるとともに，肥効成分や土壌改良効果に富んだ肥料を生産できることから，古くから有機肥料の生産方法として用いられてきた．

堆肥化は主として好気性微生物の活性によって進行するため，適切な堆肥化を行うためには，これら微生物の活動に適した環境条件を整える必要がある．なかでも重要な環境条件の一つとして，堆肥原料の水分が挙げられる．水分が高い場合には，通気性が低下し，嫌気的になることで有機物分解が緩慢になり，温度上昇も阻害される．一方で水分が少ない場合には微生物の活性自体が低下し，ときには堆肥への加水が必要となる．二つめは，有機物分解の主役が好気性微生物であるため，堆積物中に空気の通り道である空隙が必要となる．水分調整材として堆肥原料に混合されるオガクズやイナワラ，樹皮（バーク）などは，堆肥の嵩（かさ）を増やして堆積物の空隙を確保することにも役立っている．三つめは堆肥原料に十分な微生物の基質が存在するかである．微生物が利用可能な炭素源や窒素源が不足する場合には，堆肥温度が上昇しない，または高温が持続しない恐れがある．

堆肥化過程は大きく分けて高温期と腐熟期の二つに分けられる．堆肥化開始直後は中温域にある堆肥温度も，高温期には活発な有機物分解を伴って70℃以上にも達する．この時期には *Bacillus* 属細菌に代表されるような，高温かつ好気条件で増殖し，さまざまな種類の有機化合物を利用可能な微生物群が優占する．またタンパク質や菌体などの有機窒素化合物の分解に伴い，アンモニアが発生することで堆肥のpHが上昇する．原料中のさまざまな種類の基質が次々と分解され，高分子化合物の低分子化が進行するなかで，微生物が利用可能な基質も刻々と変化していく．この基質の変遷に加え，温度，pHなど微生物の増殖に大きな影響を与える物理的・化学的要因が劇的に変化していくなかで，堆肥中の微生物もそれら環境に適した群集へと遷移していく．腐熟期には，原料中の易分解性有機物のほとんどが分解され，リグノセルロースをはじめとした難分解性有機物が多くを占めるようになり，中温域においてこれら難分解性有機物を基質として利用可能な放線菌や糸状菌などの微生物が優占するようになる．

堆肥化時に発生する高温は，病原性微生物や寄生虫，雑草の種子などの失活にも効果を発揮する．家畜ふんや下水汚泥は *Salmonella* 菌のような病原性微生物に汚染されているケースもあることから，堆肥化は衛生面からみても有用な処理であるといえる．堆肥中で局所的に生ずる嫌気部分からはメタンが発生し，有機窒素化合物の分解過程で発生したアンモニアの一部は硝化・脱窒過程を経て一酸化二窒素（N_2O）を経由して窒素ガス（N_2）に変換される．メタン，一酸化二窒素とも堆肥中のアーキアや細菌の代謝により生じる温室効果ガスであり，悪臭とともに処理過程における発生の低減が望まれる環境負荷物質である．

〔花島　大〕

182
ガス田・油田の微生物

嫌気, メタン, 炭化水素

　ガス田・油田の成因は諸説あるが，多くのガス田・油田は地下深部の岩石中の有機物が分解して生成した気体状，液体状の炭化水素が上方に移動し，空隙に富む地層（貯留層）に集積したものである．貯留層は地下数百～数千mに存在し，地表の物質循環から地質年代スケールで隔絶された特殊な環境である（図1）．

　微生物の生育に大きな影響を与える温度や塩濃度などは，ガス田・油田ごとに異なっている．温度の高い貯留層には，至適生育温度が45～80℃の好熱菌や80℃以上の超好熱菌が，塩濃度の高い貯留層には好塩菌がみられる．貯留層は嫌気環境であるため，主にみられるのは嫌気性の微生物である．天水が混入した貯留層や原油回収のために海水が注入された貯留層には硫酸還元菌や硫黄酸化菌，鉄酸化菌などがみられる．硫酸還元菌は産油設備を劣化させる硫化水素を発生する点で，とくに問題視されてきた微生物である．個々のガス田・油田でみられる種類は異なるが，絶対嫌気性のメタン生成アーキアと，それらに水素–二酸化炭素や酢酸を供給する細菌は普遍的に検出される．

■ ガス田・油田から分離された微生物

　メタン生成アーキアについては，水素–二酸化炭素利用性のものが多くのガス田・油田において優占しており，これまでに数多く分離されている．たとえば，桿菌で中温性の*Methanobacterium*属，桿菌で好熱性の*Methanothermobacter*属，球菌で中温性の*Methanococcus*属，球菌で好熱性の*Methanothermococcus*属，中温性の*Methanoplanus*属や*Methanocalculus*属，好塩性で生育至適塩濃度が6％以上の*Methanohalophilus*属が挙げられる．ほかにはメチル化合物利用性のメタン生成アーキアとして，球菌で好熱性の*Methermicoccus*属，中温性の*Methanosarcina*属や*Methanolobus*属に帰属する株が分離されている．そのほかのアーキアとして，超好熱性の*Thermococcus*属，不定形球菌で硫酸還元能をもつ超好熱性の*Archaeoglobus*属が分離されている．

　メタン生成アーキアに水素–二酸化炭素や

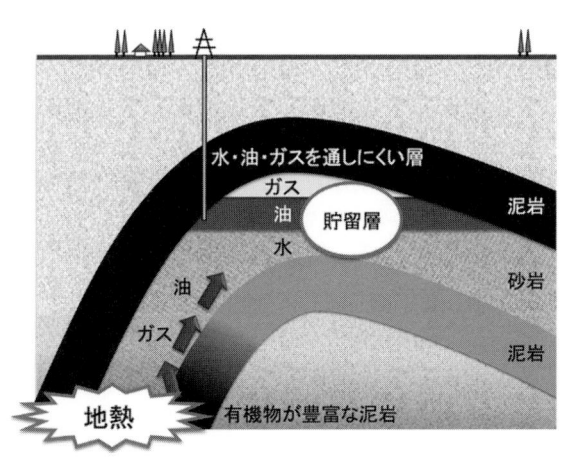

図1　ガス田・油田の概念図

酢酸を供給する細菌としては，好熱性の桿菌で細胞全体が鞘状の構造に囲まれている特徴をもつ Thermotogales 目の Thermotoga 属，Thermosipho 属，Petrotoga 属などがみられる．硫酸還元菌で最もよく分離されているのは中温性では Desulfovibrio 属，好熱性では Desulfotomaculum 属である．ほかにも硫酸イオンや亜硫酸イオンを還元する好熱性の Thermodesulforhabdus 属，3価の鉄，硝酸イオン，4価のマンガンを還元する好熱性の Deferribacter 属，好熱性でチオ硫酸イオンを還元する Thermoanaerobacter 属の細菌も分離されている．好塩性で至適塩濃度が9〜12%の Haloanaerobium 属の細菌も分離されている．

ガス田・油田環境中の遺伝子を直接調べると，上記に挙げた分離株はごく一部にすぎず，それらとは系統的に大きく異なる未知・未培養の微生物が数多く存在していることがわかっている．

■ ガス田・油田の物質循環と微生物

地下深部の有機物は，陸上や海洋表層で光合成生物により作られた後，微生物による分解や化学的な重縮合反応などを経て，巨大な分子量をもつ不溶性の物質に変化していると考えられている．ガス田・油田の原油はこのような有機物が地熱作用により分解したことが成因と考えられている．メタンについては，この熱分解起源のもの以外に，メタン生成アーキアによる微生物起源のものがある．どちらの起源かはメタンの炭素および水素安定同位体比やエタン，プロパンの和に対するメタンの濃度比によって推定される．ガス田・油田に集積しているメタンのうち，約20%が微生物起源で，残りは熱分解起源と見積もられている[1]．

ガス田・油田には通常熱分解起源のガスと原油が集積しているが，原油が存在せず，微生物起源のガスのみが集積しているユニークなガス田も存在する．埼玉県および東京都の一部から千葉にかけて広がる南関東ガス田はその一つである．このガス田からは Methanolobus 属の新種の分離株を含め7属に及ぶ多様なメタン生成アーキアが生存することが確認されており，現在もメタンが作られ続けている可能性がある[2]．しかし，地下深部の不溶性有機物がどのように微生物に利用されているのか，その生態系については今後の解明が待たれる．

ガス田・油田に存在する原油の主成分は，飽和炭化水素や芳香族炭化水素などの難分解性の有機物である．しかし，世界各地のガス田・油田でこれらの有機物が微生物により分解され，メタンに変換されていることが，有機物成分やガスの安定同位体比の分析により示唆されている．微生物による嫌気的な原油分解過程において，酢酸を分解する細菌とその分解産物である水素−二酸化炭素を利用するメタン生成アーキアの共生が，重要な役割を果たしている可能性が高い[3]．

原油の生産は貯留層内の圧力が低くなると技術的に困難となる．このため枯渇油田として生産を終えた油田にも，はじめに貯留層に存在していた原油の半量以上が残されている．この原油を微生物を利用して回収する技術 を microbial enhanced oil recovery (MEOR) と呼ぶ．その一つとして，原油を貯留層内でメタンに変換して回収する新たな生産技術の研究が進められている．

〔持丸華子〕

参考文献

1) D. D. Rice and G. E. Claypool. 1981. *AAPG Bulletin*. **65**: 5-25.
2) H. Mochimaru *et al.* 2007. *Geomicrobiol Journal*. **24**: 93-100.
3) D. M. Jones *et al.* 2008. *Nature*. **451**: 176-180.

183

生分解性プラスチックと微生物の話

微生物分解, 高分子

生分解性プラスチックは,「自然界において,微生物が関与して,低分子化合物に分解するプラスチック（高分子化合物及びその配合物）」と定義されている[1]. よく似た名称のバイオ（マス）プラスチックとしばしば混同される場合があるが, これは原料として再生可能なバイオマス, およびその変換物を用いたプラスチックであり, 生分解性は問わない. 逆に, 生分解性プラスチックは生分解性を有していれば原料は石油由来の化成品でもよく, 両者の意味するものは大きく異なる.

■ ポリヒドロキシアルカノエート（PHA）

生分解性プラスチックは当初微生物由来のPHAが主流であった. PHAは微生物が体内にエネルギー源として貯蔵する物質であり, 短鎖ヒドロキシアルカン酸がエステル結合によってポリマー化したものである. グラム陽性・陰性を問わず, 多くの微生物がPHAを生産することが知られており, 原料となる炭素源も原理的には生産菌が利用できるものであれば何でもよい. このため, バイオマスプラスチックとしての側面もあり, 多くの研究例がある.

PHAは微生物の菌体内貯蔵物質であるため, 生産菌にはこれを分解・利用する機能も当然備わっている. 微生物由来のPHA分解酵素（PHAデポリメラーゼ）には, 菌体内型と菌体外型があるが, 環境中でのプラスチック分解に関与するのは菌体外型である. 本酵素は固体高分子であるPHAを効率よく分解

$$\left(\mathrm{O-CH-CH_2-C}\atop{R}{\|\atopO}\right)_n$$

図1 PHAの構造式

するために, 触媒部位に加えて基質であるPHA表面を特異的に認識し, 強く結合する部位をC末端側にもつことが特徴で, これら二つのドメインはフレキシブルなリンカードメインを介してつながっている. PHAの分解は, 酵素の基質表面への付着とそれに続く加水分解という2段階反応によって引き起こされる. これにより, 酵素と基質の会合率を飛躍的に高めることが可能で, 基質-酵素会合が制約される固体基質の分解を効率よく行うことが可能となっている.

■ そのほかの天然高分子

天然物由来の生分解性プラスチック原料としては, デンプンやセルロース, キトサンなどが使用されている. しかし, これらはそのままでは物性面で問題があるため, ほかの生分解性高分子とのブレンド体としてや, 化学修飾して使用される場合が多い. また, これらを非生分解性プラスチックとブレンドした製品もある. これらは自然界で天然高分子成分が微生物により分解されると崩壊するため,（生物）崩壊性プラスチックとも呼ばれる.

■ 合成高分子

石油化学製品, もしくはバイオマスからの発酵生産によって作られるモノマーを化学的に重合させたもので, そのほとんどがポリエステルである. 代表例としてコハク酸と1,4-ブタンジオールとの重合体であるポリブチレンサクシネート（PBS）やそのアジピン酸とのコポリマー（PBSA）, ポリ乳酸などがある. とくにポリ乳酸は原料モノマーが乳酸発酵で生産可能であるので, バイオマスプラチックとしても注目されている.

合成高分子系の生分解性プラスチックは, PHAとは異なり, 自然界に存在しない化合物（xenobiotics）であるため, 一般的に生分解性は劣る. これまでの知見から, 芳香族ポリエステルよりも脂肪族ポリエステルの方がはるかに生分解を受けやすいことが知られているが, 分解には重合度や側鎖の有無なども

大きく関わっており，普遍的な法則性は明らかになっていない．以前は製品のほとんどが脂肪族ポリエステルであったが，近年物性の向上と生分解性の両立を目指して，脂肪族-芳香族ポリエステル系の生分解性プラスチックが開発され，商品化されている．

PHA分解菌ほどではないが，合成高分子系の生分解性プラスチックを分解する微生物も多く報告されている．これまで報告されている分解菌としては，グラム陽性，陰性菌のみならず，カビや酵母なども知られており，多種多様にわたっている．また，その一部については分解酵素や分解遺伝子が明らかにされている．

現在，合成高分子系生分解性プラスチックのほとんどがポリエステル系であることから，報告されている微生物由来の分解酵素もエステラーゼやリパーゼ，プロテアーゼなどの加水分解酵素である．また，一部の酵素はPHA分解酵素と同様にプラスチック表面への付着—加水分解という2段階反応によって分解を行っていることが明らかになっている．しかし，前述のPHA分解酵素がPHA以外には付着できないのに対し，合成高分子系生分解性プラスチックの分解酵素においてはそのような特異性はない．またその付着ドメインも特定されていない．なお，一部のカビにおいては，誘導的に分泌されるハイドロフォビンなどの疎水性タンパク質が，分解酵素のプラスチック表面への付着を助けている例が報告されている．

まだ研究例が少ないため断定することはできないが，一般的な難分解性物質の分解酵素同士では，アミノ酸の相同性などの進化的関連が認められる場合が多いのに対し，合成高分子系生分解性プラスチックの分解酵素同士の関連性はほとんど見受けられず，その由来は多様である．このことから，微生物はこれらの生分解性プラスチックを手持ちの酵素を使って偶発的に分解しているにすぎず，その分解酵素自身の真の基質はほかにある（天然ポリエステルなど）可能性が高い．

■ **自然環境での生分解性プラスチック**

残念ながら，これまで述べたプラスチック分解菌についての知見は，ほとんどがスクリーニングの結果得られた個別の分解菌のものである．しかし，生分解性プラスチックは主に環境中への放出を前提として使用される．そのため，その普及においては自然界での生分解性プラスチック分解に伴う分解菌，および微生物叢全体の挙動についての知見が重要になるであろう．自然界においては培養困難な微生物も多く存在することから，これらの微生物の関与も考えられ，今後の進展が期待される．　　　　　　　　　　〔中島敏明〕

参考文献

1) 福田和彦．1995．生分解性プラスチックハンドブック（土肥義治編），p.25．シーエムシー．

184

微生物による土壌・地下水浄化

バイオレメディエーション,バイオスティミュレーション,バイオオーグメンテーション,MNA

　微生物により土壌や地下水を浄化する技術は,「bio（生物）」と「remediation（修復）」を組み合わせた造語である「bioremediation（バイオレメディエーション）」と呼ばれており,近年,多く採用されるようになっている.

■ バイオレメディエーション

　バイオレメディエーションは,土壌や地下水中の有害化学物質を,微生物のさまざまな能力（分解,共代謝,還元作用,電子受容体として利用されることによる無毒化など）を利用して浄化する技術の総称である.微生物を利用するため,物理・化学的浄化方法と比較して環境への二次的負荷や汚染が生じにくく,浄化コストは一般的に小さい.近年,汚染土壌を掘削せずに帯水層（地下水）を浄化する技術（原位置浄化技術）としてバイオレメディエーションが適用される機会が増えており,遺伝子解析法による浄化微生物の検出方法（リアルタイム PCR 法など）が浄化事業の適正管理のために利用されている.

■ バイオスティミュレーション

　国内で実用化されているほとんどのバイオレメディエーションは,汚染土壌および地下水に生息している有用微生物を活性化して汚染物質を浄化するバイオスティミュレーションである.本技術は,浄化対象の土壌や地下水中に有用微生物が存在し,増殖を促進させる物質および活性化方法が明確な場合に有効である.好気性の石油分解菌は油臭や油膜が生じる大部分の油類を炭素源として直接分解することが可能であり,このような細菌が地域を選ばずに地盤環境中に広く存在しているため,油汚染土壌に空気と窒素やリンなどの栄養塩を供給して浄化を行うバイオスティミュレーションは油汚染土壌の代表的な浄化方法として広く普及している.

■ バイオオーグメンテーション

　浄化対象の土壌や地下水中に有用微生物が存在していない,あるいは有用微生物の浄化能力が低い場合には,バイオスティミュレーションの適用が難しい.そのような汚染環境に対して,優れた分解能力をもつ有用微生物を外部から導入して汚染物質の浄化を促進させる技術をバイオオーグメンテーションと呼んでいる.本技術では,地盤環境に導入される有用微生物の効果と安全性が課題となっており,これを解決する手段として,経済産業省および環境省が「微生物によるバイオレメディエーション利用指針」を告示している.本指針に基づいて菌体の浄化効果や安全性の評価を行うことにより,浄化に用いる菌体の浄化効果や安全性について公的な確認を受けることが可能であり,2013 年度までに 8 件の大臣認定が行われている.

■ MNA（科学的自然減衰）

　地下水中のトリクロロエチレンやベンゼンなどの揮発性有機化合物は,土壌粒子への吸着,気相への揮発,希釈・拡散,化学分解,微生物分解などによる自然減衰効果でゆっくりと減少する.このメカニズムを利用して,人為的な浄化を行わずに,地下水中の汚染物質の自然減衰状況を科学的に評価しながら浄化完了を待つ方法を MNA（monitored natural attenuation）と呼んでいる.MNA は揚水処理などの効果がみられなくなった場合の代替浄化手段として注目されているが,自然減衰効果はサイト固有のものであるため,汚染物質の長期的観測に基づく適切なリスク診断の下で MNA の導入を行う必要がある.

〔髙畑　陽〕

185 バイオレメディエーション技術

オンサイトバイオレメディエーション，
原位置バイオレメディエーション

　微生物を利用して土壌や地下水を浄化するバイオレメディエーション技術は，汚染土壌を掘削して地上で浄化を行うオンサイトバイオレメディエーションと，土壌を掘削せずに浄化を行う原位置バイオレメディエーションに大別される．

■ **オンサイトバイオレメディエーション**

　オンサイトバイオレメディエーションは，油汚染土壌の浄化方法として広く普及している．掘削した土壌に栄養塩（通常，窒素およびリン）と空気（酸素）を供給して土壌にもともと存在している好気性の油分解菌を活性化させるバイオスティミュレーションが多く用いられている．土壌に栄養塩を添加した後に通気管上に盛土して空気を連続的に供給する「バイオパイル工法」が最もよく用いられているが，初期汚染濃度の低い場合や処理土壌が少ない場合には，重機を用いて土壌の撹拌・切り返しにより空気の供給を行う「ランドファーミング工法」も用いられる．これらの工法は複雑な装置が不要であり，夏期であれば比較的迅速に油汚染土壌を浄化することが可能である．外気温に制約を受けやすい工法であり，気温が15℃以下に低下する冬期には浄化期間が長くなる点に留意する必要がある．また，汚染土壌に細粒分が多く含まれる場合は，空気を土壌に供給することが難しい場合があるため，通気性を改善する資材を土壌に添加する対策を行う場合がある．

■ **原位置バイオレメディエーション**

　バイオスパージング/バイオベンティング　バイオスパージングは，ベンゼン，ガソリン，シアン化合物などの汚染が帯水層（地下水が存在する地盤）に存在する場合，一定の間隔で井戸を設置して汚染域の下部より空気を供給する浄化技術である．バイオベンティングは，油分などが存在する不飽和層（地下水位より上の地盤）に井戸を設置して，土壌間隙中の空気を吸引する浄化技術である．両者ともに，好気性の有用分解菌の活性を高めるために地盤内に空気（酸素）を効率的に供給する技術であり，両者を組み合わせて用いる場合も多い．

　還元脱塩素化反応促進工法　嫌気微生物による還元脱塩素化反応促進工法は，トリクロロエチレンなどの揮発性有機塩素化合物で汚染された帯水層に，即効性もしくは徐放性の有機物を井戸などから供給する浄化技術である．有機物が帯水層中に供給されると，*Dehalococcoides* 属細菌などの有用な脱塩素化菌の増殖に適した嫌気環境が形成されるとともに，有機物が分解していく過程で水素が生成され，脱塩素化菌が揮発性有機塩素化合物を脱塩素化する際の電子供与体として利用される．

　バイオバリア　バイオバリアは，汚染物質の生物学的な分解・無害化・固定化などの浄化機能を有する浄化壁を構築して，地下水の流れを妨げずに敷地境界などから汚染物質の拡散を防ぐことを目的とした浄化技術である．本技術では，バリア（透過性浄化壁）内の脱窒菌を活性化させて地下水中の硝酸性窒素濃度を低減する方法や，脱塩素化菌を利用して揮発性有機塩素化合物を無害化する方法が主に用いられている．浄化材料として徐放性有機物をバリア内に埋設することにより，有用微生物を活性化する有機物（水素供与体）を数年単位の長期間にわたり地下水に供給できるため，浄化効果が長期的に持続する．バイオバリアは一旦設置すれば長期的にメンテナンスフリーで汚染物質の拡散を防止でき，地上部の利用が制約されない点に特長がある．

〔高畑　陽〕

186
塩素系化合物による汚染の浄化

嫌気性脱塩素

塩素系化合物はドライクリーニングの溶剤や金属の洗浄剤などとして使用されており，不適切な管理や投棄などにより土壌・地下水を汚染する場合がある．これらの物質には発がん性や肝機能障害を誘発しうるものもあり，土壌・地下水汚染が社会問題となっている．

物質によるが，塩素系化合物は細菌（bacteria）やアーキア（archaea）により好気条件下で酸化分解され，あるいは嫌気条件下で還元分解されることが知られている．一般に，分子内の塩素数が多いほど酸化耐性が強く，好気条件下で酸化分解されるよりも嫌気条件下で還元分解されやすい．

テトラクロロエチレン（PCE）やトリクロロエチレン（TCE）などの塩素化エチレンについては汚染事例が多く，上記微生物反応を利用したバイオレメディエーションが普及している．

嫌気性の塩素化エチレン分解菌にはエネルギー代謝で塩素化エチレンを分解するものと，共代謝（co-metabolism）で分解するものがある．エネルギー代謝は塩素化エチレンを電子受容体として利用する呼吸（halorespiration）が知られており，菌体増殖を伴う．電子供与体は分子状水素とされている．一方，共代謝とは酵素の基質特異性が低いことなどのためにたまたま基質を分解するものであり，菌体増殖を伴わない．

エネルギー代謝する代表的な細菌はDehalococcoides属細菌（D. maccartyi, D. sp.）であり，塩素化エチレンを完全に脱塩素化（dechlorination）し，エチレンにまで還元分解できる．その分解経路を図1に示す．いくつかの株では全ゲノムが解読されて

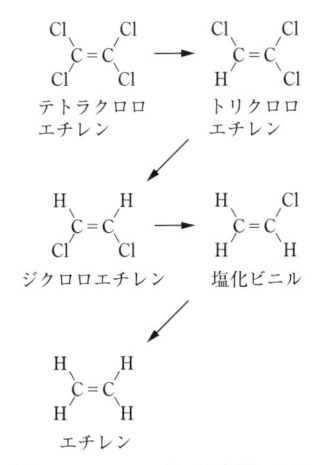

図1 Dehalococcoides属細菌による塩素化エチレンの分解経路

いる．また，TCE還元デハロゲナーゼや塩化ビニルレダクターゼもその遺伝子配列が明らかにされており，リボソームRNA遺伝子とともに，PCRを用いた検出に利用されている．

Dehalococcoides属細菌の塩素化エチレン分解能を表1に示した．CBDB1株を除き，すべて塩素化エチレンの脱塩素化により増殖でき，その菌体収率は10^8copies/μmol-Cl程度である．

また，PCEやTCEをジクロロエチレン（DCE）まで脱塩素化するものとして，たと

表1 Dehalococcoides属細菌の塩素化エチレン分解能（Bioaugmentation for Groundwater Remediation（SERDP and ESTCP）より）

菌株	PCE	TCE	c-DCE	t-DCE	1,1-DCE	VC
195	○	○	○		○	
VS		○	○		○	○
FL2		○	○	○		
BAV1			○		○	○
CBDB1						
GT		○	○		○	○

"○"は脱塩素化により増殖できることを意味する．

えば,*Dehalospirillum multivorans*, *Enterobacter agglomerans* MS-1, *Dehalobacter restrictus* PER-K23 などがある.

一方,ある種のメタン生成菌(methanogen)や硫酸還元菌(sulfate reducing bacteria)が共代謝により PCE や TCE を DCE まで脱塩素化することが知られている.

好気性の TCE 分解菌としては,メタン酸化菌,フェノール酸化菌,アンモニア酸化菌など,さまざまなものが知られている.表2に TCE 分解菌を例示する.また,*Methylocystis* sp. M による TCE の分解経路を図2に示す.なお,好気性 PCE 分解菌は現在までに発見されていない.

これらの細菌による TCE の分解は,共代謝であるため,TCE を唯一の炭素源として増殖することはできない.継続的に TCE を分解するためには,酸素とともに誘導基質としてメタンなどを供給する必要がある.また,TCE よりも誘導基質の方が基質親和性が高いため,誘導基質の供給条件を厳密に管理する必要がある.

表2 好気性 TCE 分解菌の例

メタン酸化菌
Methylocystis sp. M
Methylosinus trichosporium OB3b
フェノール酸化菌
Pseudomonas cepacia G4
Pseudomonas putida KN1
トルエン酸化菌
Pseudomonas putida F1
アンモニア酸化菌
Nitrosomonas europaea

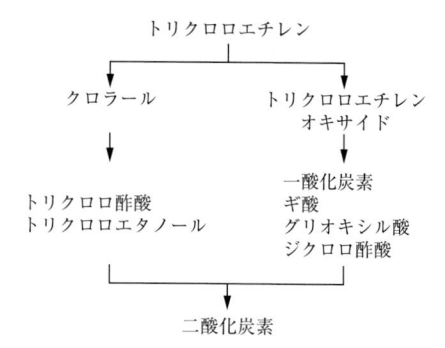

```
トリクロロエチレン
   ├────────────┐
   ▼            ▼
クロラール    トリクロロエチレン
              オキサイド
   ▼            ▼
トリクロロ酢酸   一酸化炭素
トリクロロエタノール ギ酸
              グリオキシル酸
              ジクロロ酢酸
   └────┬───────┘
        ▼
     二酸化炭素
```

図2 *Methylocystis* sp. M による TCE の分解経路

前述のように,嫌気分解は塩化ビニル(VC)を経由するが,VC は発がん性が高いため,一時期は嫌気分解よりも好気分解が脚光を浴びた.しかし,*Dehalococcoides* 属細菌の登場で完全脱塩素が可能であることが認知されるようになり,また,好気条件で分解できない PCE も嫌気条件では分解できることから,現在では嫌気性バイオレメディエーションの方が多く適用されている.通常基質は有機物であり,栄養塩とともに供給される.また,土着微生物を用いるバイオスティミュレーション(bio-stimulation)が主であるが,近年,外来微生物を導入するバイオオーグメンテーション(bio-augmentation)も適用されつつある.

なお,ここでは塩素化エチレンを中心に述べたが,トリクロロエタン,四塩化炭素,ペンタクロロフェノールなどの塩素系化合物も微生物分解が知られており,主として同様の脱塩素化によるバイオレメディエーションが試みられている. 〔上野俊洋〕

187

石油系物質による汚染の浄化

ベンゼン，直鎖炭化水素

石油系物質による汚染は，ガス製造プラントやガソリンスタンドから土壌・地下水への漏洩，オイルタンカーから海洋への流出などによって発生する．石油系物質のなかにはベンゼンや多環芳香族炭化水素（polycyclic aromatic hydrocarbon, PAH）など人体に有害なものもある一方で，有害性の低いものも多い．しかしながら，有害性を問わず，石油系物質は油臭・油膜といった形で嗅覚的・視覚的に認知されるため，環境中に放出されると問題になりやすい．

油臭・油膜は観測者によってばらつくことがあり，同じ油分濃度でも土質などによって変化するため一律基準を設けることは難しい．したがって，事前に利害関係者で十分なリスクコミュニケーションを行い，対象現場ごとに現場条件に応じた浄化目標を設定，共有することが重要となる．

石油系物質は，一般に嫌気条件よりも好気条件の方が微生物分解が速く，その浄化に好気条件でのバイオレメディエーションが行われることが多い．ただし，ベンゼンやトルエンなど，メタン生成条件や硝酸還元条件で分解する物質もあり，今後バイオレメディエーションへの応用が期待される．

石油系物質分解菌としては，*Pseudomonas*属や*Acinetobacter*属，*Rhodococcus*属，*Alcanivorax*属，*Arthrobacter*属などの細菌や*Candida*, *Rhodotorula*などの酵母が知られている．これらの細菌は自然環境に広く分布しているため，石油系物質のバイオレメディエーションでは土着微生物を用いることが多い．いわゆるバイオスティミュレーション（bio-stimulation）である．しかしながら，対象系に分解菌が生息していない場合や，浄化を加速したい場合，外来微生物を導入することもある．いわゆるバイオオーグメンテーション（bio-augmentation）である．バイオオーグメンテーション用の微生物製剤はさまざまなものが市販されている．バイオオーグメンテーションでは，環境中に大量の微生物を放出することになるため，その安全性を事前に確認しておく必要がある．それには「微生物によるバイオレメディエーション利用指針」が参考になる．

石油系物質のうち，ガソリンや灯油，軽油など，常圧蒸留により精製される成分は微生物分解を受けやすい．一方，重油や潤滑油，アスファルトなど，減圧蒸留により精製される成分は微生物分解を受けにくい．

また，炭化水素は分岐鎖をもつものよりも直鎖状のものの方が，不飽和よりも飽和の方が微生物分解を受けやすい．

以下に代表的な石油系物質の分解経路について概説する．

アルカン　図1に示すように，まず末端メチル基が酸化され，アルコールを経てカルボン酸となる．次いで，β酸化（beta-oxidation）により，二つの炭素が脱離し，炭素が二つ分短くなったカルボン酸が生成する．離脱した二つの炭素はアセチルCoAとなり細胞に同化され，あるいはTCA回路（tricarboxylic acid cycle）を経るなどして二酸化炭素に異化される．以降，β酸化が繰り返され，分解されていく．

ベンゼン　図2に示すように，ジオキシゲナーゼもしくは2段階のモノオキシゲナーゼによる反応によって二つのヒドロキシル基が導入され，カテコールが生成，ベンゼン

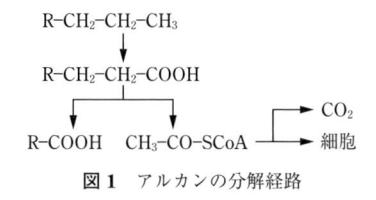

```
R-CH_2-CH_2-CH_3
       ↓
R-CH_2-CH_2-COOH
   ↓         ↓
R-COOH   CH_3-CO-SCoA ──→ CO_2
                          細胞
```

図1　アルカンの分解経路

図2 ベンゼンの分解経路

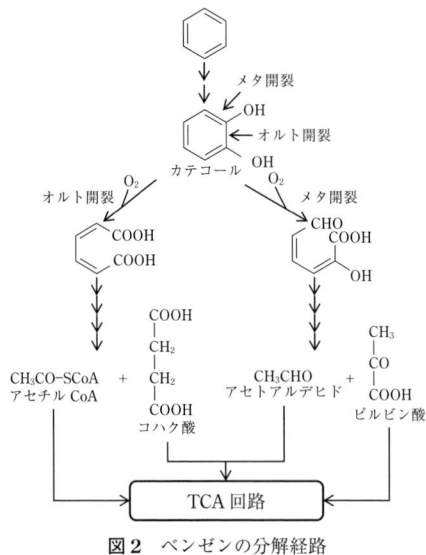

環が開裂する．開裂反応には，オルト開裂とメタ開裂があり，前者ではカテコールの二つのヒドロキシル基の間で開裂し，二つのカルボキシル基が生じる．後者では二つのヒドロキシル基の隣で開裂し，カルボニル基とカルボキシル基が生じる．開裂によって生じた化合物は，それぞれオルト開裂経路，メタ開裂経路という代謝経路を経て，最終的にはTCA回路に組み込まれ，代謝される．

石油系物質を速やかに分解するためには，石油系物質が速やかに微生物細胞内に取り込まれる必要がある．その形態としては，①水溶性成分だけ取り込むもの，②界面活性剤により疎水性成分を乳化・分散して取り込むもの，③油層の表面に付着して直接取り込むものがある．

石油系物質の水への溶解度は一般的に低いため，溶解速度も小さく，①の場合，分解速度は溶解律速となる場合が多い．

②の形態では微生物自体がバイオサーファクタント（bio-surfactant）を産生し，石油系物質の乳化・分散を促進する．分解速度は①よりも大きい．バイオサーファクタントは，タンパク，脂質および炭水化物の混合物であり，ラムノ脂質やトレハロース脂質などがある．バイオレメディエーションにおいては微生物の産生に頼るのではなく，界面活性剤を積極的に供給し，浄化を加速することも行われている．ただし，石油系物質に微生物活性を阻害する性質がある場合，乳化・分散を促進させると微生物に取り込まれやすくなる分，浄化に悪影響を及ぼす場合があり，適用にあたっては詳細な検討が必要である．

③の形態では，微生物が油層に付着することが重要であり，界面活性剤存在下では分解が阻害されることもある．この場合も界面活性剤の適用にあたっては詳細な検討が必要である．

石油系のバイオレメディエーションでは酸素律速となることが多い．また，栄養塩も律速因子である．したがって，これらの物質をいかに効果的・効率的に供給できるかが重要である．土壌・地下水のバイオレメディエーションでは，定期的に土壌を撹拌して酸素を供給するランドファーミング（land farming）や地下水中に空気を吹き込むエアースパージング（air sparging）などが広く適用されている．また，過酸化マグネシウムを用いた酸素徐放剤を土壌中に注入する方法も普及している．　　　　　　〔上野俊洋〕

188
硝酸性窒素汚染と浄化

化学肥料, 有機肥料, 硝化, 脱窒

■ 硝酸性窒素汚染概観

近年, 硝酸性窒素による水系の汚染が国内外で深刻な環境問題となっている. わが国においても環境省が実施している調査によると, 硝酸性窒素の環境基準値の超過率は最も高い. 硝酸性窒素は河川や湖沼に流入して富栄養化を引き起こす. 一方, 硝酸性窒素は乳幼児に健康被害をもたらす. 硝酸性窒素は体内に入ると還元され亜硝酸が生成される. 亜硝酸はヘモグロビンを酸素と結合することのできないメトヘモグロビンに酸化し酸素欠乏状態にするメトヘモグロビン血症を引き起こす. 実際に地下水に含まれた硝酸性窒素による乳児の死亡例が欧米で報告されている.

■ 農耕地土壌からの硝酸性窒素の溶脱

硝酸性窒素の汚染源は, 窒素肥料, 家畜排泄物, 生活排水などだが, 窒素肥料が最も大きな原因とされている. 農耕地に施用される窒素肥料には主に化学肥料と有機肥料があり, 両者とも硝酸性窒素の汚染原因となる. 化学肥料の形態は硫酸アンモニウム (硫安), 硝酸アンモニウム (硝安), 硝酸カリウム, 尿素などである. 有機肥料としては, 家畜排泄物を原料とした堆肥, 魚粕, 油粕などがある. 農耕地に投入される窒素肥料の量は作物により大きく異なる. 一般的に生殖成長が重要な作物 (実を収穫する作物) は施肥量が少なく, 水稲では $90\,kgN\,ha^{-1}\,年^{-1}$ 程度である. これに対して栄養成長が重要な作物 (葉を収穫する作物) では多量の窒素肥料が施用される. たとえば, 茶園には $400\,kgN\,ha^{-1}\,年^{-1}$ もの窒素肥料が施用され, また一年に複数回収穫する葉物野菜の施肥量も $800\,kgN\,ha^{-1}\,年^{-1}$ に達するものもある. このような窒素施肥量の多い農耕地が硝酸性窒素の汚染源となっている場合が多い.

土壌は一次鉱物, 二次鉱物 (粘土), 土壌有機物, 微生物などからなる複雑な構造物である. その特徴の一つが粘土鉱物や土壌有機物に由来する陽イオン交換能である. 硫安などの化学肥料に含まれるアンモニア性窒素や有機肥料が土壌微生物により分解され生成したアンモニア性窒素は陽電荷をもつため, 土壌粒子にイオン交換反応によって保持され作物に吸収される. しかし, 硝化菌の働きによりアンモニアから生成した硝酸性窒素は陰電荷をもつため土壌溶液中に放出される. 硝化菌は, アンモニアを亜硝酸に酸化してエネルギー源とするアンモニア酸化菌と亜硝酸を硝酸に酸化してエネルギー源とする亜硝酸酸化菌の総称で, 窒素肥料の施用により菌数が増加し活性が高まる.

日本のように降水量の多い地域では, 土壌中の硝酸性窒素は雨水とともに地下部に移行する. この過程で脱窒や DNRA (dissimilatory nitrate reduction to ammonium) などさまざまな微生物反応を受け, 最終的には地下水や河川などに流入する. 溶脱する肥料由来の硝酸性窒素量は, 作物によっては年間窒素施肥量の 50% 以上に達する場合もある.

アンモニア性窒素の酸化により生成した水素イオンは土壌や水系を酸性化し, さらに土中の多量成分の一つであるアルミニウムを可溶化する. 実際にアルミニウムイオンを含む酸性水の流入による, ため池の魚類への被害も報告されている.

■ 汚染対策

硝酸性窒素の溶脱を防ぐことは, 水系の汚染, 窒素肥料損失, 土壌酸性化を防止しさらには温室効果ガス一酸化二窒素 (N_2O) の発生の低減化にもつながることから, 環境保全および農業の両面において重要である. 汚染原因の調査は汚染対策を立案するうえで不可欠である. 汚染源の調査には, 窒素の安定同位体比の解析が有効である. 化学肥料の窒素の $\delta^{15}N$ 値は 0 に近いが, 生物の代謝を経る

にしたがって同位体分別が起こり，有機肥料や生活排水はそれぞれ特有の $\delta^{15}N$ 値を示す．この性質を利用して汚染の起源を推定することができる．

　農耕地の場合，最も効果的な汚染防止対策は窒素肥料の施用量の削減である．肥料の削減は各自治体で意欲的に取り組まれ，成果を上げている．たとえば硝酸性窒素の地下水汚染や酸性水の流入問題が発生した茶産地では，茶の収量や品質への影響を最小限に抑えて，窒素施肥を削減することに成功している．一方，アンモニアや尿素などの窒素成分がゆっくりと溶出する緩効性肥料の使用やアンモニア酸化菌の活性を特異的に阻害する硝化抑制剤の施用により，硝化を抑えて硝酸性窒素の生成と溶脱を防止する対策もとられている．硝化抑制剤としては，ジシアンジアミドが国内外で広く使用されている．このほかにもアンモニア酸化酵素への作用機作が異なる数種類の硝化抑制剤が国内外で開発されている．また最近，硝化において重要な役割を担うと指摘されているアンモニア酸化アーキアも硝化抑制剤の作用を受けるが，その程度に関しては研究の途上にある．硝化抑制剤の効果は土壌への吸着率や土壌微生物による分解性などに影響される．最近では，温室効果ガス一酸化二窒素の発生を防止するという視点から，硝化抑制剤の再評価が行われている．硝酸性窒素の溶脱防止には減肥，緩効性肥料，硝化抑制剤を組み合わせる複合的な方法が有効であろう．

■ **浄化方法**

　農耕地周辺の広範囲な汚染浄化法として，地形連鎖を利用した浄化方法が検討されている．たとえば施肥量の多い茶園は台地に広がる場合が多く，水田はその下方に広がる場合が多い．そこで茶園周辺で生じる硝酸性窒素濃度の高い水を水田に取り入れ，水田を窒素吸収および除去に利用する方法が検討されている．湛水期間中の水田土壌は嫌気状態が発達しており高い脱窒能を有している．そのため茶園水系から流入してくる硝酸性窒素は，水田土壌の高い脱窒活性により窒素ガスまで還元され除去される．また，一部は水稲に吸収される．しかしこの浄化法は水田の水管理が水稲の生育やその地域の水事情に合わせて行われているため，継続的に流出する汚染水の除去に利用するには多くの課題がある．このほか農地造成時に土壌下層に廃材などを埋設し，脱窒菌の住処と電子供与体として利用して，溶脱してくる硝酸性窒素を脱窒により窒素ガスにする技術や，水路に窒素吸収量の多い植物を生育させ，さらに河床などに微生物のバイオフィルムを発達させて脱窒能を高めるなどした植物や微生物の作用を利用したバイオジオフィルターという浄化技術も検討されている．また硫黄とカルシウム化合物からなる資材を充填した浄化槽に硝酸性窒素を含む農業排水などを通水し，硫黄酸化菌の脱窒作用により硝酸性窒素を除去する方法が提案されている．物理化学的浄化法として，イオン交換法，逆浸透法，電気透析法などがある．

〔早津雅仁〕

189
難分解有機物汚染と浄化

POPs, PCB, ダイオキシン

科学の発達とともに，人類は多くの化学物質を造り出し，その多くは工業や農業の発展に大きく貢献してきた．たとえば1881年にドイツで合成されたPCB（ポリ塩化ビフェニル（polychlorinated biphenyl）の略）は，絶縁性が高く熱に対して安定であるため，熱媒体や変圧器用の絶縁油として広く用いられた．また，農薬であるγ-HCH（γ-hexachlorocyclohexane，以前はγ-BHCとも呼ばれていた．γ-HCHの純度が99％以上のものはリンデンと呼ばれている）は広い殺虫スペクトルをもち安定であることから多くの国で用いられた．しかし，PCBは日本では1968年のカネミ油症事件によりその毒性が明らかになったことにより，現在では製造・使用・廃棄が禁止されている．γ-HCHも人体に対して有害であることが判明し，使用が禁止されている．PCBやγ-HCHのような物質は，一定の目的のもとで生産された物質（意図的生成物）であるが，ダイオキシン類のように農薬などの合成時の副生成物として生成する物質（非意図的生成物）もある．ダイオキシンはジベンゾ-p-ジオキシン（DD）やジベンゾフラン（DF）に塩素が結合したものおよびPCBの一部（コプラナーPCBと呼ばれる）を含む化合物の総称であるが，そのなかでも2,3,7,8-TCDD（DDの2,3,7,8位の炭素に四つの塩素が置換されたもの）はとくに毒性が強いことが知られている．

これらの化合物の共通した性質として，難分解性と生体蓄積性が挙げられる．化学物質として安定であることは，有用な物質の場合利点となる一方，有害である場合は，環境に長く残留し，処理が難しいというデメリットとなってしまう．また，これらの化合物は水に溶けにくいため生体内に蓄積しやすい．このような物質は残留性有機汚染物質（persistent organic pollutants, POPs）と呼ばれており，その削減は国際的な課題であるとして，2001年，ストックホルムにおいて

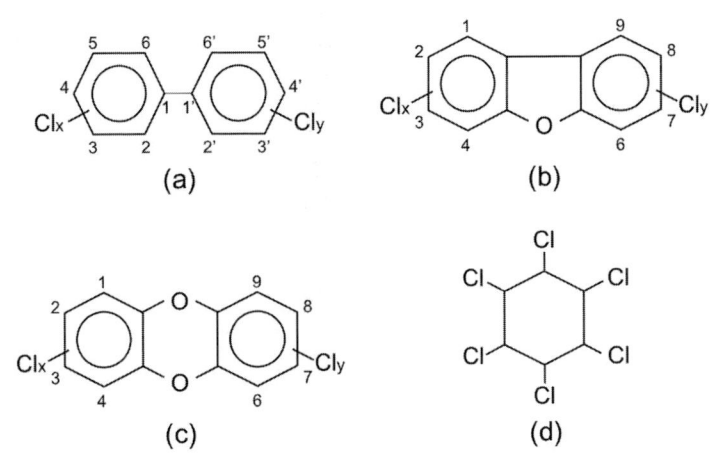

図1 (a) PCB, (b) ジベンゾフラン, (c) ジベンゾ-p-ジオキシン, (d) γ-HCHの構造式．炭素に番号が付いている．塩素の数と置換する場所は一定ではないので，xとyで表している．PCBの場合，x, yは0～5, DF, DDの場合，x, yはそれぞれ0～4となる．

「残留性有機汚染物質に関するストックホルム条約」が採択された．この条約はPCBなどの物質の製造・使用，輸出入の禁止，DDTなどの物質の製造・使用，輸出入の制限，意図せず生産されたダイオキシンなどの物質の削減，POPs廃棄物の適正な管理を定めており，2012年現在，日本を含む176か国が締結している．

POPsによる環境汚染の浄化や保管されているPOPsの処理のために，物理的方法，化学的方法と並んで，生物学的方法（バイオレメディエーション）が研究されている．微生物（とくに細菌）の力でこれらの物質を分解する方法として，脱塩素を伴う嫌気的な分解と，好気的な分解の2種類が存在するが，前者は186［塩素系化合物による汚染の浄化］に詳しく述べられているため，本項では好気的な分解に関わる細菌について述べる．これまでに，PCBなどの有害物質を好気的に分解する多くの細菌が単離され，その分解遺伝子群の構造および分解タンパク質の機能が調べられてきた．PCBやダイオキシン類の分解菌を例として述べると，これらの好気的な分解菌の多くは，PCB，ダイオキシン類の基本骨格であるビフェニルやDF，DDなど塩素をもたない物質を単一の炭素・エネルギー源として生育する菌として単離された．これらの菌が生産する分解酵素群の基質特異性は広いため，PCBやダイオキシン類も分解することが可能である．しかし，分解の際には分解酵素群の生産を誘導するために，本来の基質である塩素をもたない物質も同時に加える必要がある．これを共代謝という．ターゲットとなる物質が同じであっても，それぞれの菌によって分解タンパク質のアミノ酸配列は異なるため分解できる異性体の種類も異なるが，PCBの場合，塩素置換数1〜8の異性体の分解が報告されている．分解の機構としては，PCBのような芳香族化合物の場合，分子状の酸素を芳香環に添加し，環の開裂を経て分解を進める．塩素は反応中に自発的に脱離するか，それ以上分解できない代謝産物中に留まる．また，γ-HCH分解菌のように複数の種類の酵素で塩素をある程度取り除いてから酸素を添加する分解機構も知られている．これらの分解遺伝子は世界各地で単離された分解菌から単離されているが互いに相同性を示し，また，分解遺伝子群の周辺にはISやトランスポゾンなどが存在することが多いことから［→30 遺伝子の水平伝播］，遺伝子の水平伝播が伺える．　　　　〔宮内啓介〕

190
文化財と微生物

微生物劣化，制限因子，文化財保存科学

■ 文化財と微生物との関わり

　文化財とは，人類の文化的活動によって生み出された文化的所産のことを指し，音楽・工芸・伝統技術などといった無形の文化財と，美術工芸品・建造物などといった有形の文化財がある．恒久的に状態が保存されることを望む有形文化財の多くにとって，微生物は価値の減少・損失を引き起こす主因の一つとして認識されている．微生物による価値の減少・損失を総じて微生物劣化（microbial deterioration）といい，光や化学物質といった物理化学的な要因による劣化とともに，文化財保存科学（conservation science）という学問分野で体系化されている[1]．本項では，このような有形文化財の微生物劣化について概説する．

■ 文化財の微生物劣化

　有形文化財における微生物劣化とは，①文化財の構成材料を栄養物として利用し，材質を劣化させる，ことに加えて，②文化財に接触した状態で，代謝産物を生成し，直接もしくは間接的に材質を劣化させる，③文化財に接触した状態で，菌糸などを伸長させ，物理的に材質を劣化させる，また，④文化財表面上で発育して美的価値を減少させる，ことも広義の微生物劣化に含まれている．

■ 有形文化財の材料と生態系

　有形文化財の構成材料は，大きく有機物と無機物に分けられる．有機物には，木彫刻などの木材や古文書などの紙材といった植物由来材質や，服飾品などの絹・皮・毛といった動物由来材質がある．また，製作や修復の材料として用いられるデンプン糊や膠（にかわ）なども上述のいずれかに分類される．有機物であることは，生態系の1要素であるこ

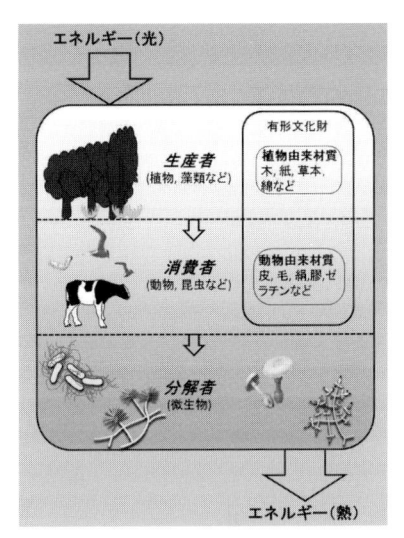

図1 生態系における有形文化財

とを意味し，地球の物質循環に組み込まれていく．つまり生産者によって光エネルギーから作られた有機物が文化財の材料となり，消費者や分解者によって分解され，熱となって放出される（図1）．有形文化財の微生物劣化は生態系において自然の流れとして捉えることができる．

■ 有機物材料の文化財と微生物劣化

　さて，有機物材料の微生物劣化の一例として，歴史的建造物の伝統的塗装部位において認められた微生物劣化について紹介する[2]．この歴史的建造物では建物の壁面に胡粉（ごふん）や黄土（おうど）といった顔料を膠に混合して塗布する伝統的な塗装が施されたが，場所によって施工後数か月のうちに糸状菌の発育が認められ，発育部位では顔料の剥落が認められた．この原因として，新しい膠は多種の糸状菌が利用可能な易分解性の有機物に富んでいること，年間を通して多湿な環境であり，膠の乾燥がすぐに進まなかったこと，などが推察された．そして劣化部位から分離された糸状菌の大部分がタンパク質分解能を有しており，接着剤として機能していた

膠のタンパク質を分解することで顔料の剥落を引き起こしていたと考えられた[2].

■無機物材料の文化財と微生物劣化

有形文化財のもう一つの構成材料である無機物はどうだろうか．石塔やモニュメントなどの石材は，無機物でできた文化財であるが，物理化学的風化作用とともに微生物劣化を受ける．多くの場合，光合成を行う独立栄養生物（地衣類，シアノバクテリア類，緑藻類など）が石材表面に付着・増殖する．その後光合成産物などによってほかの従属栄養生物が増殖して有機酸や無機酸などのさまざまな代謝産物を生成し，これらが石材の劣化を促進する．また，石材表面で増殖することで，菌糸などを内部の微小空間に伸長させ，物理的に石材を破損させることもある．光が届かない場所でも，化学合成無機独立栄養細菌によって劣化が進行する場合がある．たとえば，硝化菌や硫黄酸化菌は，アンモニアや硫黄を酸化することで増殖して，有機物を供給するとともに，代謝産物の硝酸や硫酸は石材を劣化させる物質として重要である[3].

■屋内文化財と屋外文化財の保存

さて，生態系の要素である文化財の保存には，どのような方法があるだろうか．文化財の構成材料が有機物である，もしくは無機物であるといった違いだけでなく，それが置かれている場所によっても劣化の原因となる微生物と対応策が大きく異なる．美術館，博物館，神社仏閣などに置かれる屋内文化財の場合，湿度を管理することができれば，微生物による劣化はほとんど問題にならない．たとえば，相対湿度を60％以下に保つことができれば，その環境では微生物の増殖は起こらない．このように微生物の増殖の制限因子（limiting factor）を管理することは効果的な保存の方法である．しかし，このように生態系から切り離して文化財を保存するには，多くのエネルギーを要する空調管理のされた収蔵施設が必要なため，理想的な環境に置くことが困難な文化財も多い．

石塔や古墳など屋外文化財は水分や光といった制限因子の管理が困難な場合が多いため，文化財表面ではしばしば地衣類の繁茂やバイオフィルムの形成が認められる．地衣類やバイオフィルムが固着した部位は先述したように代謝産物の生成によって劣化速度が上がると考えられている．屋外文化財の保存には，地衣類であれば遮光といった水分以外の制限因子の管理や薬剤塗布や紫外線照射などによる増殖抑制などが行われている．しかし，処置によって文化財の劣化を人為的に促進させる可能性もあるため，処置が文化財に及ぼす影響については慎重な研究が行われている．このように生態系から切り離せない屋外文化財の効果的な保存については，今後の大きな研究課題となっている．

〔佐藤嘉則・木川りか〕

参考文献

1) 東京文化財研究所編. 2011. 文化財の保存環境. 中央公論美術出版.
2) 佐藤嘉則, 森井順之, 木川りかほか. 2012. 保存科学. **51**: 47-58.
3) X. Li, H. Arai, I. Shimoda *et al.* 2008. *Microbes. Environ.* **23**: 293-298.

第 9 章
発酵食品の微生物

191
国菌：麴菌

ゲノム，進化，有性生殖

　麴菌 *Aspergillus oryzae* は糸状菌であり，日本の伝統的発酵産業（日本酒，味噌，醤油などの醸造）に使用されている．さらに，高峰譲吉博士により麴菌の酵素抽出物から消化剤タカジアスターゼが開発され，またその後，麴菌はアミラーゼなどの酵素生産にも使用されている．このように，麴菌は多種多様な酵素を生産できることから，「酵素の宝庫」と呼ばれる．また，1987年に形質転換システムが確立されたことで，優れた分泌生産能力と安全性から，組換えタンパク質生産の宿主としても利用されている．

　以上で述べた日本における産業での重要な貢献から，麴菌は2006年に日本を代表する微生物「国菌」として日本醸造学会で認定された．

　麴菌の全ゲノム配列はわが国の産学官のコンソーシアムにより解読・解析され，その成果は2005年に科学雑誌 Nature で発表された．ゲノムサイズは約37メガ塩基であり，8本の染色体を有し，12,074個の遺伝子が存在する．近縁の糸状菌と比較し，麴菌は多くの遺伝子をもつが，とくに，加水分解酵素をコードする遺伝子が多く，麴菌が醸造において原料を分解する能力が優れていることを裏付ける結果となった．

　また，麴菌は近縁の糸状菌と比較し，二次代謝に関連する遺伝子を多くもつ．しかし一方で，麴菌は二次代謝産物をほとんど産生しないことが知られている．その一つの例，カビ毒アフラトキシンは，1960年にイギリスで七面鳥が大量に死んだ原因を分析した際に見つかった．その後，*Aspergillus* 属の一部の菌が産生することが明らかになったが，麴菌はアフラトキシンを産生しないことが証明された．麴菌のゲノム解析などにより，アフラトキシンの生合成に関与する遺伝子群が欠落しているか，もっていても機能しないことが明らかになった．これらの結果は，日本人の長年にわたる食経験で安全であることからも実証されている．アフラトキシンを産生する糸状菌 *Aspergillus flavus* は，麴菌の祖先とされている．醸造に適した麴菌が選抜された過程で，このようなカビ毒を産生する能力が失われたと推定されている．

　麴菌は有性世代が発見されておらず，不完全菌とされている．前述のゲノム解読の結果により，有性生殖に関連する遺伝子が存在することがわかった．さらに，日本酒，味噌，醤油の製造に使用される麴菌株には，接合型という微生物の雄と雌にあたる性別があることが明らかになった．菌核は菌糸が絡まりあって接着・融合した耐久性の構造であり，*A. flavus* で有性生殖が発見されたときには，成熟した菌核の内部に有性胞子が形成されていた．一方で，麴菌は菌核の形成効率が低下しており，このことは醸造という家畜化の過程で野生の性質が失われたことを意味する．

　ゲノム解読は麴菌研究を劇的に進展させる契機となったが，その成果をもとに「国菌」としてのさらなる活躍が期待されている．

〔丸山潤一〕

192
麹菌の多様性

日本酒,焼酎,泡盛,醤油

　麹菌とは,狭義で日本酒などの製造に使用される *Aspergillus oryzae* のことを指し,分生子(無性胞子)が黄色であることから黄麹菌とも呼ばれている.

　一方で,広義では,日本のさまざまな醸造で使用される *A. oryzae* 以外の *Aspergillus* 属糸状菌も含めて麹菌と呼ぶ場合がある.

　焼酎は,麦や芋などを原料にして麹を造り,もろみでアルコール発酵させたのち,蒸留して製造する.この麹造りで使用されているのは,*Aspergillus kawachii* という糸状菌であり,分生子が白いため白麹菌と呼ばれる.明治末期まで焼酎醸造に黄麹菌が使用されていたが,その後の河内源一郎氏の技術指導により,分生子が黒いことから黒麹菌と呼ばれる *Aspergillus awamori* が九州で広く普及することになる.これは,黒麹菌がクエン酸を多く生成するため,もろみを比較的強い酸性(pHは約3)に保つことができ,気温が高くても腐敗を防ぐのに適していたからである.しかし,黒麹菌が作る黒い分生子が飛散して,建物や作業員の身体を汚すのが問題であった.1924年,河内源一郎氏が黒麹菌のなかから,偶然発見した白色変異株が白麹菌である.この白麹菌は黒色の色素を産生しないことから,やがて,九州の焼酎製造で広く使用されることとなった.

　泡盛は,タイ米で麹を造り,もろみを蒸留して製造する,沖縄県の伝統的発酵飲料である.現在,泡盛の製造では黒麹菌 *A. awamori* と,同じく黒麹菌と呼ばれる *Aspergillus saitoi* を混合した麹が使用されている.一方でこれら二つの黒麹菌が,「琉球」にちなむ *Aspergillus luchuensis* という学名に統一して分類できるとの説もある.1945年の沖縄戦での被害により,当時まで各酒造所で受け継がれていた黒麹菌の大半が失われた.しかし,坂口謹一郎東京帝国大学教授(当時)が太平洋戦争前に採取した黒麹菌の存在が,1998年に明らかとなり,その株を使って製造した泡盛が復刻されたことが話題となった.

　醤油は大豆・小麦を主原料とし,麹菌,乳酸菌,酵母の働きにより作られる発酵調味料である.醤油製造には黄麹菌 *A. oryzae*,または醤油麹菌と呼ばれる *Aspergillus sojae* のどちらかが使用されている.醤油製造に用いられる *A. oryzae* の菌株や *A. sojae* は,日本酒製造に用いられる *A. oryzae* の菌株に比べてプロテアーゼ活性は強く,アミラーゼ活性が弱い傾向にある.カビ毒アフラトキシンを産生する *Aspergillus parasiticus* が,*A. sojae* の祖先であると推定されているが,*A. sojae* はアフラトキシンを産生しないことが証明されている.これは,アフラトキシンを産生しない *A. oryzae* と,その祖先とされるアフラトキシン生産菌 *Aspergillus flavus* の関係と似ている.

　以上のように,焼酎,泡盛,醤油の製造に使用される *Aspergillus* 属糸状菌も広い意味では麹菌に含まれる.このような麹菌の多様性は,日本人がそれぞれの醸造産物に適した菌を選抜し,品質を極めてきたことを示している.

〔丸山潤一〕

193 日本酒の微生物

酵母, 麹菌, 乳酸菌, 麹造り

■ 日本酒の微生物

清酒醸造とは，酵母と麹菌という2種類の微生物を巧みに操ることにより，20％を超える高いアルコール度数の醸造酒を造る技術である．清酒の原料である白米のデンプンは，酵母が直接資化することはできないため，デンプンをグルコースに分解した後に，酵母によるアルコール発酵を行う必要がある．このデンプンをグルコースに分解する糖化反応を担うのが麹菌の生産する酵素である．ただし，清酒醸造の特徴は，この糖化と発酵の二つの反応を同時に並行に進めることである（並行複発酵）．並行複発酵では，デンプンから徐々にグルコースが供給され，順次エタノールに変換されるため，ほかの醸造酒には例をみない高いアルコール発酵が可能となる．ただし，この並行複発酵を順調に進めるためには，糖化と発酵のバランス，すなわち麹菌と酵母の働きのバランスをうまく調整する必要がある．

■ 清酒酵母[1]

1985年に清酒もろみからはじめて酵母が単離され，矢部規矩治博士によりサッカロミセス・サケと命名された．現在では出芽酵母 Saccharomyces cerevisiae として，ワイン酵母，パン酵母や一部のビール酵母も同じ属種に分類されている．ただし同じ S. cerevisiae に分類される酵母でも，清酒酵母とパン酵母，ワイン酵母とは大きく性質が異なっている．とくに清酒酵母はアルコール発酵能力が高く，前述の並行複発酵を行ってもほかの酵母では20％を超えるアルコールを造ることはできない．また清酒醸造で最も重要な要素である「清酒らしい独特の香味」においては，清酒酵母でないと付与することはできない．近年のゲノム情報からは，これらの酵母のゲノム間の差異は1％以下とされており，この微妙な形質の差異がそれぞれの醸造発酵に大きく影響を及ぼしていると考えられる．

このようにわが国における長年の清酒醸造の歴史から清酒醸造に適した酵母として選抜された優秀な清酒酵母は，各地から単離されて，現在日本醸造協会の「きょうかい酵母」として保存・頒布されている．なかでもきょうかい7号酵母は，発酵力が強く，果実様の芳香が強い点から，多くの醸造場で使用されている．また既存の優良酵母だけでなく，育種技術を駆使して新しい有用酵母の開発も行われている．たとえば，「泡なし酵母」とは，旺盛な発酵とともに形成される酵母の泡（高泡）を発生しない酵母で，高泡によるタンクからの噴きこぼれを防止するだけでなく，仕込み量を大幅に増加できる利点をもっている．また吟醸酒の香気成分の解析やその生成経路を検討した結果，吟醸香の有用な成分であるカプロン酸エチルを大量に生産する酵母も開発されている．このような酵母は，市場の吟醸酒の香りをより華やかにすることに貢献している．

■ 清酒麹菌[2]

清酒に使用する麹菌は，黄麹菌 Aspergillus oryzae である．黄麹菌は清酒だけでなく，味噌や醤油などの発酵食品にも使用されている．カビを用いて原料を分解する技術は東アジアに広く分布しているが，この黄麹菌をさまざまな発酵食品に利用しているのはわが国だけで，日本で独自に発展・利用されてきたカビと考えられる．このような背景から，2006年に日本醸造学会によって，麹菌は「日本の国菌」であると認定された．麹菌の役割は，原料である白米のデンプンやタンパク質を分解し，酵母の発酵を促進させることであり，これらの高分子の分解能力の高い菌が望まれる．とくに清酒麹菌の場合は，デンプンを分解する酵素であるαアミラーゼやグルコアミラーゼを高生産する菌株が選抜さ

れており，酵母と同様に「清酒醸造」に最適な性質に育種されている．

　これらの酵素を高生産させるには，菌株の選抜に加えて，カビ特有の培養方法である「固体培養：麹造り」が挙げられる．カビを固体状の穀類に生育させると，周囲の水分量は減少し，なおかつ固体内部のような物質移動のきわめて困難な環境で増殖する必要があるため，麹菌は穀類内部に菌糸を伸ばし，大量の酵素を生産することになる．また培養後は，抽出や分離操作を行うことなく，そのまま副原料・酵素剤としてもろみ発酵に利用することができる．先人達が編み出した固体培養：麹造りとは，原料分解に必要な酵素生産方法として誠に理にかなった方法といえる．

■ 清酒醸造と乳酸菌[3]

　清酒醸造において乳酸菌の役割は，「功」と「罪」に分かれる．まずはその「功」について述べる．微生物の知識がない時代に，どのようにして清酒酵母だけを優先的に生育することができたのだろうか？　それは，「酒母造り」と呼ばれる培養操作によって，清酒酵母のみが生育しやすい環境を整えることができたからである．その中心的な役割を担ってきたのが乳酸菌である．麹と米を水ですりつぶして冷やした桶に適度な攪拌や温度管理を行うことより，乳酸菌が増殖を始め，その生産する乳酸によって野生酵母などの雑菌が死滅する．清酒酵母は，耐酸性が高く，乳酸菌の生育した環境でも旺盛に増殖することができる．また乳酸以外の乳酸菌の代謝物も，酵母の栄養となり清酒酵母の増殖をさらに促進する．乳酸菌は清酒酵母の純粋培養に大きく貢献している．

　一方，乳酸菌によっては，清酒を腐敗させるものもある．いわゆる「罪」の部分である．清酒が微生物に汚染されて白濁することを「火落ち」と呼ぶ．これは清酒中で乳酸菌が増殖することにより起こる．通常15％以上のアルコールを含む清酒の中で，乳酸菌は増殖することはできないが，一部の乳酸菌は逆に高いアルコールを好んで生育する．これは火落菌と命名され，*Lactobacillus homohiochi*, *L. fructivorans*, *L. casei* などに分類される．火落菌は酒蔵などで多く検出されることや，生育には清酒特有な成分を必要とすることなどから，人類が酒造りを始めたことによって，清酒の中でも生育できる乳酸菌に変異したものではないかともいわれている．

〔秦　洋二〕

参考文献

1) 清酒酵母・麹研究会．2002．清酒酵母の研究．日本醸造協会．
2) 村上英也．1987．麹学．日本醸造協会．
3) 日本醸造協会．2000．増補改訂最新酒造講本．日本醸造協会．

194 世界のワインと酵母

酵母の多様性，酵母の伝播

　ワインとは果実，一般的にはブドウから造られる醸造酒の総称であり，日本を含め，世界の広い地域で親しまれている．ワイン醸造の歴史は古く，紀元前5000年には古代エジプト・メソポタミア地方において，果物を原料にワインなどの発酵飲料が造られていたとの記録がある．その後，ワイン醸造の文化は世界に広まっていき，地中海からギリシャへは紀元前2000年，イタリアに紀元前1000年，北ヨーロッパに紀元100年，そしてアメリカには紀元1500年に伝わった．こうした長い歴史のあるワインは今日ではバリエーションにも富んでおり，炭酸ガスを含まない非発泡性ワイン（赤，白，ロゼなど），炭酸ガスを含む発泡性ワイン，アルコール度数を高めた酒精強化ワイン，薬草などで香味を添加した混成ワインなどがある．

　「良いワインは良いブドウから」といわれるほど，ワインの味には原料のブドウの品質が大きく影響する．しかし，ブドウを醸してワインに変えるのは，酵母である．つまり酵母は，ブドウの糖分をエタノールに変換し，さらにはさまざまな芳香成分を作ることによって，美味しいワインを造り出す立役者である．なお，ワイン醸造には，ブドウに付着していたり，蔵に住み着いていたりする酵母を使って自然発酵で造る方法と，純粋培養されたワイン酵母を意図的に投入して発酵させる方法がある．いずれの発酵法でもワインの場合，発酵中のアルコール度数が高くなるので，アルコールに対する耐性も酵母には必要である．このようなワイン酵母にはいくつかの種類があり，たとえば *Saccharomyces cerevisiae*, *S. bayanus*, *S. uvarum* などがある．つまり，ワイン酵母には多様性があると

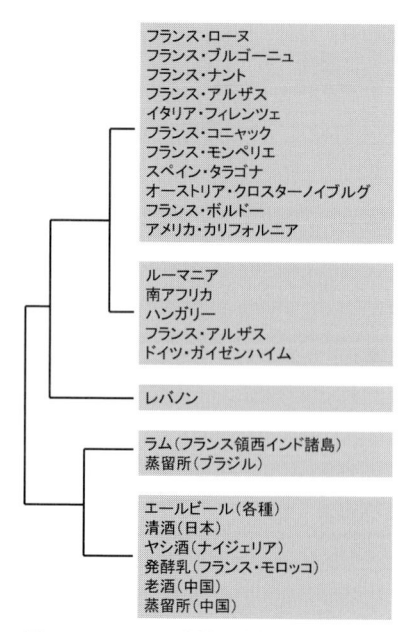

```
フランス・ローヌ
フランス・ブルゴーニュ
フランス・ナント
フランス・アルザス
イタリア・フィレンツェ
フランス・コニャック
フランス・モンペリエ
スペイン・タラゴナ
オーストリア・クロスターノイブルグ
フランス・ボルドー
アメリカ・カリフォルニア

ルーマニア
南アフリカ
ハンガリー
フランス・アルザス
ドイツ・ガイゼンハイム

レバノン

ラム（フランス領西インド諸島）
蒸留所（ブラジル）

エールビール（各種）
清酒（日本）
ヤシ酒（ナイジェリア）
発酵乳（フランス・モロッコ）
老酒（中国）
蒸留所（中国）
```

図1 *S. cerevisiae* 菌株の遺伝的な系統関係（文献1）を改変）

いえる．これに関連して，ワイン醸造文化の伝播とワイン酵母の多様性の関係についても，研究が行われている．たとえば，LegrasらやGotoは，*S. cerevisiae* を対象にして，どのような遺伝子型のワイン酵母が分布しているかを地域ごとに調べた研究を報告している[1,2]（図1）．それによれば，ワイン酵母のグループは，中央ヨーロッパ群と地中海沿岸群に分けられた．さらに，それらの菌株の95％は同じ遺伝系統に分類されたのであるが，そのルーツはレバノン地方の菌株群に近かったことから，現在のワイン酵母の多くはメソポタミア地方に起源があると考えられている．さらにワイン酵母は，ドナウ川や地中海を介してヨーロッパに伝播したと推測されているが，このことは人々の活動との密接な関係を想起させるものである．つまりワイン酵母は，商業活動や文化交流などの機会における人々の移動や，ブドウの苗木の広がりに

伴い伝播したとの仮説も立てられる．ワインの原料であるブドウの伝播と，発酵の立役者であるワイン酵母の多様性の関係は，非常に興味深いものである．また，日本で分離されたワイン酵母，たとえばOC-2株やW-3株は，欧米のワイン酵母と系統が類似していた．ただ，これらの株は，現在一般的に用いられている欧米からの輸入乾燥酵母が普及する前に分離されたものであるため，明治時代に欧米から導入されたブドウ苗木に付いてきた可能性が提唱されている．一方，アジア各地で醸造酒に用いられる菌株や清酒酵母は，ワイン酵母とは遺伝的に遠く離れている．つまり，ワイン酵母の遺伝的多様性には，地域性と用途の両方が深く関連しているといえる．

ワイン酵母のゲノムについても簡単に紹介する．近年，市販ワイン酵母 S. cerevisiae EC1118株のゲノムが解読されたが，本株のゲノムには，ワイン汚染菌である *Zygosaccharomyces bailii* 由来の染色体領域が含まれていた[3]．なお，*S. cerevisiae* 同士の交雑，あるいは，*S. cerevisiae* とその近縁種，つまり *Saccharomyces* 属の他酵母種との交雑によって，新たな菌株が生まれることはある．ただしこの場合，その交雑種は両親の染色体セットをすべてもつことが基本である．しかしながら，*Z. bailii* は *S. cerevisiae* とは遠縁であり，さらにはEC1118株がもつ *Z. bailii* 由来の染色体領域は，ほんの一部でしかなかったため，EC1118株の祖先の *S. cerevisiae* 株が，*Z. bailii* のゲノムの一部を交雑によらずに取り込んだ可能性が大いに考えられる．また，このような他種酵母の染色体領域は，ワイン酵母株の集団に広く見出されたことから，ワイン酵母の祖先となった株はすでにこの染色体領域を獲得していたことが示唆された．このような他種酵母からの部分的なゲノムの獲得が，ワイン醸造にどのような影響を及ぼしているのかは明らかではないが，ワイン酵母の独自性と多様性に大きく影響していることは，想像に難くない．

古代から行われているワイン醸造において必要不可欠なワイン酵母は，人々の活動やブドウの苗木と一緒に移動・伝播したと考えられ，その多様性には地域性がみられる．ただ，ワイン酵母は，ワイン醸造以外で用いられる酵母と遺伝子レベルでおおむね区別できることから，*S. cerevisiae* の集団のなかで，用途による選抜も受けてきたといえる．ワイン醸造ではブドウの作柄に注目が集まることが多いが，酵母にも目を向けてみると，ワインの味わいがまた一段と深まるのではないだろうか．

〔生嶋茂仁・小林　統〕

参考文献

1) J. L. Legras *et al.* 2007. *Mol. Ecol.* **16**: 2091-2102.
2) 後藤奈美．2008．醸造協会誌．**103**: 418-425.
3) M. Novo *et al.* 2009. *Proc. Natl. Acad. Sci. USA.* **106**: 16333-16338.

195
世界のビールと酵母

酵母, ビールの起源, 育種

ビールは, 一般に, 大麦を発芽させた麦芽を酵母で発酵させて造られる. 人類最古のビールの記録は, メソポタミア地方にシュメール人が残した紀元前30世紀の遺物とされている. 当時のビールは, 穀物でパンを焼き, それを湯でふやかせ, 発酵させて造っていたらしい[1]. そこから古代エジプト, さらに, 1世紀頃にはゲルマン人により, ビールは現在のドイツ近辺にまで広められ, 古代ローマ帝国が崩壊した後も, ビールは修道院で進歩した. そして14～15世紀には, 爽やかな香りや独特の苦味, 盛り上がるような白い泡をビールにもたらし, さらには, 目的の酵母以外の雑菌の繁殖を抑える効果をもつホップが, 大陸のビールでは利用されるようになっていた. 16世紀後半にはホップビールはイギリスにも伝えられ, 大衆に浸透していった. ここで発展したビールはエールビールと呼ばれるが, これは果実のような華やかな香りが強いことが特徴であり, イギリスでは今もなお, 多くの人々に愉しまれている. なお, このビールは, *Saccharomyces cerevisiae* に属するエール酵母による20℃程度の高温での発酵によって造られる. 発酵タンクの中で浮遊している酵母が多いため, 上面発酵酵母といわれることもある. 一方, 15世紀には南ドイツの僧院醸造所で, 長期の保存が可能となるように低温 (約10℃) で発酵させるラガービールの醸造が始められた. この種のビールは香りが穏やかであり, 爽快な飲み応えを特徴としている. ラガービールは, 当初は冬にしか造ることができなかったが, 19世紀にアンモニア式冷凍機が発明されると, 一年を通して造ることができるようになった. その結果, このビールは世界中に広められ, 現在の世界の商業用ビールのほぼすべてを占めている. なお, ラガービールを造るラガー酵母は, 発酵後期になると沈む性質があることから, 下面発酵酵母とも呼ばれ, 分類学上では, *S. pastorianus* に属している. このように, ビールを造る酵母には大きく分けて2種類が存在している.

エール酵母の遺伝的な多様性については, エールビールを含め, さまざまな食品 (ワイン, 清酒, ヤシ酒, チーズ) の製造に用いられる *S. cerevisiae* 株, さらには自然界から分離された同種の株の遺伝子配列が調べられた研究がある[2,3]. それによれば, ワイン酵母を除く酵母株は, 分離された地域にかかわらず, 同じ用途の酵母株が, 互いに遺伝的に近縁な関係にあった. つまり, *S. cerevisiae* の集団における多様性には, 地域ではなく, 用途が強く反映されているのである. しかしながら, エール酵母も遺伝子レベルで区別することは, それほど難しくない. つまり, エール酵母の集団は, 比較的, 遺伝的に多様であるといえる. たとえば, 20株の菌株について, 複数箇所の遺伝子型を調べたところ, ゲノム塩基配列中の一塩基の違い (single nucleotide polymorphism, SNP) が数多く見出され, その20株すべての菌株が各々に特徴的な遺伝子型を有していた[4]. エールビールは, 古代から造られていて, それぞれに特徴的な香味のものも多いために, 遺伝子のレ

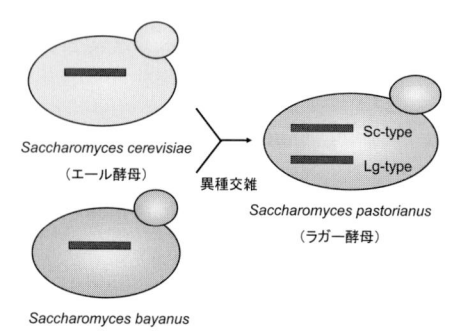

図1 ラガー酵母の起源

ベルでも多様性に富んでいるのかもしれない．一方，ラガー酵母は，S. cerevisiae と S. bayanus の雑種であり（図1），S. cerevisiae のもつ高い発酵力と S. bayanus が有する低温環境での優れた生育能を兼ね備えている．ラガー酵母の集団の各遺伝子のコピー数，さらには SNP を調べた研究により，ラガー酵母はどの菌株も，遺伝的には比較的近縁であり，大別するとわずか2群に分けられることが示された[5]．想像の域を脱しないが，ラガー酵母の多様性が低い理由は，ラガービールの歴史はエールビールに比べて短いために，あるいは，雑種形成のイベントが起こってからあまり時間が経っていないために，酵母が遺伝的に変化する期間が比較的短いからであるかもしれない．そのほかには，ラガービールに求められる特徴は，エールビールに比べると均一であるために，菌株のバラエティーもそれほど必要でなかった可能性もある．ちなみに，親株の片方の S. cerevisiae はエール酵母であり，それも2種類であると推測されている．他方の親株の S. bayanus 型ゲノムだけを有する酵母については，分離されないままに長らく探索がなされてきたが，2011年にようやく，南米のパタゴニア諸島の森で発見された[6]．これによって，ラガー酵母の起源や進化，伝播の研究が進むことが期待される．

世界中で親しまれているビールを造るために，酵母は，効率よく麦芽由来の糖を利用できるようになるなどのゲノムの変遷を経て，ビール醸造に適した酵母株が形成されている．つまり，今日ビール酵母として用いられている株は，人類が作り出した麦汁という環境のなかでの生育に有利である点，さらには，人類にとって美味しいビールを作ることができる点で，選抜されてきた株であるといえる．よりよい酵母が育種されることで，よりよいビールが世に出てくることを期待したい． 〔生嶋茂仁・小林　統〕

参考文献
1) 鳥山國士，北嶋　親，浜口和夫編．1994．ビールのはなし．技報堂出版．
2) J. L. Legras *et al.* 2007. *Mol. Ecol.* **16**: 2091-2102.
3) 後藤奈美．2008．醸造協会誌．**103**: 418-425．
4) S. Ikushima *et al.* 2012. *J. Biosci. Bioeng.* **113**: 496-501.
5) B. Dunn and G. Sherlock. 2008. *Genome Res.* **18**: 1610-1623.
6) D. Libkind *et al.* 2011. *Proc. Natl. Acad. Sci. USA* **108**(35): 14539-14544.

196 天然酵母はどこから来る？

天然酵母，集団遺伝学

読者のなかには，本項の表題にある「天然酵母」という言葉を目にしたことがある方も多いのではないだろうか．ただ，そもそも，「天然酵母」とは何を意味するのであろうか？　自然環境中に生息している株を指すのであろうか？　一度でも意識的に人が培養した酵母は，天然酵母と呼べないのであろうか？　現状では，いずれも，天然酵母と呼びうる．つまり，「天然酵母」の学術的定義は現時点においてはなく，各人が異なる定義をしても許される状況にある．この背景のもと，本項は，読者の皆さんに，「天然酵母とは何か」を考えるきっかけとしていただきたい．

Saccharomyces cerevisiae は，自然環境中から容易に分離できるが，この酵母に対して，人類の活動が及ぼす影響が調べられている．たとえば，スペインのマドリードのある限定された区画で，商業用のワイン酵母 *S. cerevisiae* K1M 株を散布し，その後，区画内のブドウ果実や葉，樹皮，土壌から，酵母のサンプリングが行われた[1]．その結果，散布した2年後には一部を除き，噴霧された植物体からK1M株は検出されず，散布後3年目にはまったく見つからなくなっていた．もちろん，その区画に，酵母はたくさん存在していた．つまり，生きた酵母が環境中に放出されても，必ずしもそこで生息できるわけではないのである．一方，ポルトガルの Vinho Verde という地域のブドウ園において，収穫されたブドウの自然発酵物から，*S. cerevisiae* に属する市販のワイン酵母 Zymaflore VL1 株由来と考えられるクローンが100種類分離されたとの報告がある[2]．この地域では，調査の5～10年前からその酵母株が利用されていたらしい．ただ，市販のVL1株とは，ゲノムやミトコンドリアDNAの配列やコピー数に違いがあった．VL1株がニッチを形成するために，自然環境での生育に有利なように適応した結果であるのかもしれない．つまり，自然環境中にいる酵母を人類が利用する一方で，人類によって利用された酵母が自然環境中に戻ることもあるのである．

本項のタイトルである「天然酵母はどこから来る？」という問いに戻ってみると，少なくとも *S. cerevisiae* に関しては，自然界に生息する酵母であっても，人類による影響が見え隠れしている．このような状況は，「天然酵母」とは何であるかを考えることを，より一層，難しくしうるであろう．一方，酵母は現在，*S. cerevisiae* などが属する子嚢菌系酵母だけでも1,000に近い種に分類されているが，人類によってまだ発見されていない酵母もきっと存在するであろう．「天然酵母」の定義にかかわらず，今後も次々と，新種の酵母や，酵母の新たな利用法が発見され，人類がその恩恵にあずかれることが期待される．

〔生嶋茂仁・小林　統〕

参考文献
1) G. Cordero-Bueso *et al.* 2011. *FEMS Microbiol. Ecol.* **77**: 429-437.
2) D. Schuller *et al.* 2007. *Yeast.* **24**: 625-636.

197

醤油の微生物

醤油，麴菌，醤油乳酸菌，醤油酵母

醤油は，大豆，小麦，食塩を原料に，主に3種類の微生物（麴菌，乳酸菌および酵母）の働きによって作られる日本伝統の発酵食品である．その製造方法（本醸造方式）は，①麴製造工程，②もろみ（諸味，醪）発酵工程，③圧搾製成工程の大きく三つに分けられ（図1），①，②の工程でそれぞれの微生物が働く．おいしい醤油を作るには「一麴，二櫂，三火入れ」といわれるように①の麴製造工程が最も重要となる．ここでいう麴とは，蒸した大豆と炒った小麦に麴菌を生育させたもので醤油麴とも呼ぶ．麴菌は，「酵素の宝庫」と呼ばれ，麴製造工程でタンパク質分解酵素や糖質分解酵素などさまざまな酵素を生産する．麴菌によって生産された酵素により，原料タンパク質，デンプン質やそのほかの成分が分解される．分解されて生じるアミノ酸や糖類などは醤油に呈味を与えるとともに，乳酸菌や酵母の栄養源ともなる．醤油醸造に用いられる麴菌は，Aspergillus 属に属する糸状菌で，A. oryzae と A. sojae とがある．ともに発がん性物質であるアフラトキシンを生産しない安全な菌である．A. oryzae は，明治初期，ドイツ人 Ahlburg により，甘酒麴から分離された．一方，A. sojae は，坂口らによって全国の醸造場や種麴メーカーから分離された麴菌のなかに，分生子表面に小突起を有し，分生子柄壁が平滑である菌群として発見され，1944年に新種として発表された．両分類種間では，製造した醤油の醸造特性に差が生じることが観察されている[1]．醤油醸造に利用されている麴菌は，醸造に適した菌株として選抜されてきた背景があるが，その起源は自然界から混入されたものと推定されている．稲穂，花や緑茶などから分離された A. oryzae のなかに，酵素活性のバランスが実用醸造株ときわめて類似した株の存在が報告され，それを示唆している[2]．選抜された特徴ある麴菌は種麴として販売されているが，大手メーカーでは独自の麴菌を保有している．さらには，生産効率向上や品質向上のために育種改良される場合もある．育種法には，X線，紫外線やニトロソグアニジンなどの化学薬品を用いた人工変異誘発法，プロトプラスト融合法などが挙げられ，原料タンパク質分解を向上させたプロテアーゼ高生産株や麴中の炭水化物消費量を減少させた α-アミラーゼ低生産株などの優良株が得られている．

続くもろみ発酵工程では，麴に食塩水が混ぜられる．この操作を仕込みといい，食塩水と混じり合った麴をもろみと呼ぶ．もろみ発酵工程では，麴菌酵素による原料分解と乳酸菌および酵母による発酵が起こる．もろみになると食塩濃度（17～18％）が高いため，非耐塩性の微生物は生育できず，仕込み後短時間で，麴菌は死滅し，代わって，耐塩性または好塩性の微生物が生育してくる．仕込み後，最初に生育してくるのが，好塩性の醤油乳酸菌である．醤油乳酸菌は，1907年に斎

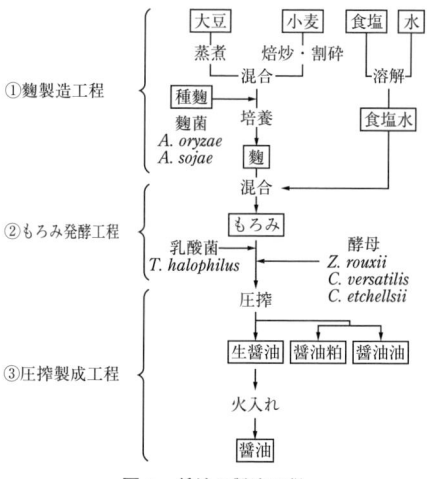

図1 醤油の製造工程

藤らによって醤油もろみから分離された．当初は，*Pediococcus* 属に分類されたが，1993 年に *Tetragenococcus halophilus* とされた． *T. halophilus* は，グラム染色陽性の 0.6〜0.9 μm の球菌で 4 連球菌の場合が多く，培地条件にもよるが 5〜10% 食塩存在下で最も生育が良好な好塩性の細菌である．醤油，味噌以外にも食塩含有食品であるアンチョビなどからも分離される．菌株ごとの多様性に富み，アミノ酸分解能，糖類発酵性，還元能，有機酸代謝などの性質に違いがみられる．醤油乳酸菌は，麴菌由来の糖質分解酵素類により小麦のデンプン質が分解されて生成したグルコースを乳酸に，大豆中に存在するクエン酸を酢酸に代謝する．その結果，もろみの pH が低下し，醤油にわずかな酸味と味ののびを与える．醤油乳酸菌の後に，生育してくるのが耐塩性酵母であり，主発酵酵母と熟成酵母とがある．前者は，*Zygosaccharomyces rouxii* に分類され，醤油の香味にきわめて重要な影響を与える．醤油，味噌以外にも花や朽ち葉などからも分離されている．後者は，もろみの後熟期まで活躍する酵母で，耐塩性の *Candida* 属酵母に分類され，*C. versatilis* と *C. etchellsii* の 2 種がある．*Z. rouxii* は，グルコースを資化して 2〜4% のエタノールと少量のグリセリンを生成すると同時に，醤油の特徴香である 4-hydroxy-2(or 5)-ethyl-5(or 2)-methyl-3(2H)-furanone（HEMF）やメチオノール，そのほかの多種類の香気成分を生成する．一方，熟成酵母である *C. versatilis* は，小麦リグニン由来のフェノール化合物から 4-ethylguaiacol（4EG）などの特徴ある香気成分を生成する．*Z. rouxii* は，高濃度食塩存在下（18%）では，生育 pH 域が 4.0〜5.0 と狭くなるため，醤油乳酸菌による乳酸発酵によりもろみ pH が低下することで旺盛に生育することが可能となる．醤油乳酸菌や醤油酵母は，主として，麴，仕込み容器や仕込み室の環境中に生息して，もろみに混入したものであるが，近年では，目的に合った優れた性質をもつ菌株を純粋培養してもろみに添加する方法が広く普及している．醤油乳酸菌は，菌株ごとの多様性を利用し，有用な菌が分離・選択されているが，人工変異誘発による育種例もある．たとえば，醤油の増色抑制を目的としたグルコース存在下でもペントースを優先的に代謝する変異株や開放系で問題となるファージに抵抗性を示す変異株の育種が報告されている．一方，醤油酵母は，生育速度，アルコール発酵能，香気成分生成能の優れた菌株が分離選択され，実用化されている．また，人工変異誘発により，アミノ酸アナログ耐性を利用した高級アルコール高生産株などの育種例も報告されている．近年，麴菌や醤油乳酸菌のゲノム情報が明らかにされてきており，今後は，醤油醸造微生物の分子育種などの発展が期待される．以上のように醤油は，3 種の醸造微生物の調和した働きによって味や香りが作り上げられる世界でも類まれな醸造食品である．

〔伊藤考太郎〕

参考文献

1) 林 和也, 寺田 勝, 水沼武二. 1981. 日本醤油研究所雑誌. **7**: 166-172.
2) 阿部真紀, 小針清子, 秋田 修. 2012. 実践女子大学 生活科学部紀要. **49**: 7-14.
3) 栃倉辰六郎. 1998. 醤油の科学と技術, pp.152-170. 財団法人 日本醸造協会.
4) 吉澤 淑ほか. 2002. 醸造・発酵食品の事典, pp.402-430. 朝倉書店.
5) 栃倉辰六郎ほか. 2001. 発酵ハンドブック（(財)バイオインダストリー協会 発酵と代謝研究会編）, pp.588-592. 共立出版.

198 味噌の微生物

麹菌，耐塩性酵母，耐塩性乳酸菌

味噌は大豆を主原料として高濃度食塩の存在下で微生物により発酵させた醸造調味料である．味噌醸造の微生物は糸状菌，酵母，および乳酸菌の3群に大別される．耐塩性酵母および耐塩性乳酸菌の活動は味噌のフレーバー生成のために重要であり，とくに赤色系辛味噌のような長期熟成型の味噌では両菌群の十分な増殖が必要である．

表1 味噌醸造に関わる微生物

菌 群	主要菌種	役 割
糸状菌	Aspergillus oryzae	製麹
乳酸菌	Tetragenococcus halophilus	塩なれ，酸味，淡色化
	Streptococcus faecalis	
	Streptococcus faecium	
	Pediococcus acidilactici	味噌の酸敗
	Enterococcus sp.	
酵母	Zygosaccharomyces rouxii	主発酵酵母
	Candida versatilis	後熟酵母，
	Candida etchellsii	香気生成
	Pichia membranaefaciens	産膜酵母
	Hansenula anomala	
細菌	Micrococcus sp.	酸臭
	Staphylococcus sp.	
	Bacillus sp.	雑菌臭
	Clostridium sp.	悪臭

■ 味噌麹の微生物

製麹はふつう開放で行われるため，麹にはさまざまな微生物が棲みつく．麹においては麹菌以外の微生物はすべて雑菌ということになる．製麹中の微生物増殖速度は製麹経過の麹物料中の水分含量によって左右される．味噌麹に含まれる微生物はふつう好気性細菌 $10^{4\sim7}$ cells g^{-1}，嫌気性細菌 $10^{4\sim6}$ cells g^{-1}，酵母 $10^{4\sim6}$ cells g^{-1} であるが，大豆麹にあっては好気性細菌 $10^{8\sim11}$ cells g^{-1}，嫌気性細菌 $10^{8\sim11}$ cells g^{-1}，酵母 $10^{2\sim3}$ cells g^{-1} に及ぶ．麹中で増殖した Micrococcus 属，Enterococcus 属，Bacillus 属などの一般細菌は味噌仕込み時に味噌中に移行する．

■ 製品味噌中の微生物

長期熟成型の味噌では，麹に混入していた雑菌である Micrococcus 属細菌や Staphylococcus 属細菌などは仕込み後ただちに高濃度食塩によって死滅へと向かう．それと入れ替わりに増殖を始めるのは耐塩性の乳酸菌 Tetragenococcus halophilus であり，熟成の初期までに最高菌数に達するが増殖に伴って生成した乳酸によるもろみ（諸味，醪）のpH低下によって死滅へと向かう．弱酸性の環境を好む Zygosaccharomyces rouxii は乳酸菌の活動に続いて増殖を開始し，アルコール発酵しながら最高菌数に達した後は死滅期に向かう．後熟酵母 Candida versatilis および C. etchellsii は発酵後期に増殖して味噌の特徴香の一つである4-エチルグアヤコールを生成し香気形成に寄与する．製品味噌においては残存している耐塩性酵母は 10^4 cells/g レベル以下である．味噌は通常加熱殺菌を行わないため，残存酵母は保管・輸送中に二次発酵を行い炭酸ガスを生成して小袋の膨れを生じることがある．豆味噌では発酵源となる糖分がほとんど含まれないため，耐塩性酵母の増殖はほとんどない．

麹中の一般細菌は，味噌へ移行した後は高濃度食塩のため熟成中に次第に死滅していき，Bacillus 属などの耐熱性菌は胞子を形成して休眠状態で生存するものが多い．市販味噌中の一般細菌数は 10^4 cells g^{-1} 以下，耐熱性菌数は 10^3 cells g^{-1} 以下となっている．

■ 味噌用麹菌

米味噌用麹は清酒用麹と同じ Aspergillus oryzae を用いる．市販味噌用種麹は1～4株で構成されており，それらの多くの菌叢は中毛，色調は黄緑であり，アミラーゼ力価およ

びプロテアーゼ力価が高い．

■ 酵　　母

味噌の発酵・熟成パターンは2種類あり，一つは主として麹の酵素作用を中心に熟成させ発酵を必ずしも必要としないもので，熟仕込みのあと酵母を殺菌もしくは静菌するのが特徴である．もう一方は，酵素作用と並行して酵母などの耐塩性微生物の発酵を不可欠とするものであり，大部分の長期熟成型の辛口味噌がこれに該当する．

味噌中での酵母の役割は，原料臭，未熟臭，温醸臭などの消失もしくはマスキング，芳香の付与，塩なれの促進，および産膜酵母の発生抑制である．長期熟成型味噌製造においては培養酵母の添加が行われ，培養酵母の添加なしでは香りの高い味噌は作りえないとまでいわれる．培養酵母として用いられる Z. rouxii は，対水食塩濃度（味噌中の水溶性部分の食塩濃度）22％まで生育可能な耐塩性酵母である．生育適温は30℃であるが18％食塩存在下では40℃で生育可能となるものがある．食塩存在下での生育pH範囲から三つのタイプに分類される．すなわち，①Aグループ：食塩3M（約17.5％）存在下でもpH 3.5〜6.5でよく増殖し，同時に味噌中での発酵が最も旺盛，②Bグループ：食塩3M存在下ではpH 3.5〜5.5でのみよく増殖し，味噌中での発酵はAグループとCグループの中間型，③Cグループ：食塩3M存在下ではpH 4.0〜5.0でのみよく増殖し，味噌中での発酵は緩慢型，である．Aグループ株は赤色味噌あるいは塩分濃度の高い味噌に適し，Cグループは淡色味噌あるいは塩分濃度の低い味噌に適している．

味噌への Z. rouxii の添加量は 1×10^5〜$2\times10^6\,\mathrm{g}^{-1}$ の範囲内で，対水食塩濃度23％以上になると生育は抑制され，20％以下では生育が早くなり発酵過多になりやすい．

Z. rouxii と Candida 属酵母は食塩18％存在下でのマルトース資化性や硝酸塩資化性の差を利用して分別計数することができる．

■ 乳 酸 菌

味噌中で生育しうる乳酸菌は好塩性もしくは耐塩性の乳酸菌である．味噌の発酵に関与する主要乳酸菌は，グルコースから乳酸のみを生成するホモ型の四球菌 T. halophilus である．仕込み直後の味噌では Streptococcus faecalis や P. acidilactici は一時的に減少するがその後再び増加する．P. soyae は仕込み直後にはわずかにしか存在しないが次第に増加し最高 $10^6\,\mathrm{g}^{-1}$ 程度になる．その頃になると生産した乳酸によりpH 5以下に低下し耐酸性の弱い P. soyae は減少してくる．それに対し耐酸性の強い P. acidilactici は増殖を続けることができるので，pHの著しい低下を招いて酸敗の原因にもなる．　〔前橋健二〕

参考文献

1) 好井久雄．1966．醸造協会誌．**61**: 776-780.
2) 海老根英雄．1985．醸造協会誌．**80**: 102-108.
3) 全国味噌技術会．2006．新・みそ技術ハンドブック．全国味噌技術会．
4) 好井久雄．1986．微生物の分離法（山里一英ほか編），p.286．R&Dプランニング．

199

糠床の微生物

乳酸菌，酵母

　糠漬けは古くから日本の食卓で親しまれてきた漬物であり，ダイコンやキュウリなどの野菜を糠床に漬け込むことで作られる．その糠床は，米の副産物である米糠に，食塩と水を加えて練り合わせ，微生物の力で自然発酵させて調製される．通常多くの漬物は，食塩などの浸透圧により野菜の細胞膜が破壊され，細胞中の糖や酸，遊離アミノ酸，核酸関連物質などが食塩と混和することによりうまみを呈している．そして，それらの野菜由来の養分や酵素とともに，糠床中の微生物が発酵することにより，糠漬け特有の風味と呈味が醸し出される．とくに，乳酸菌は，糠床およびそこに漬けられた野菜の発酵に主要な役割を果たし，著量の有機酸を生産し，漬物の酸味を醸し出すとともに，保存性を高めている．わが国では，各家庭にて糠床を発酵させる文化もあり，ときには世代を超えて一つの糠床が継代される．

　糠床には1gあたり10^8〜10^9個の微生物細胞が存在している．その微生物叢は，主に乳酸菌と酵母により構成される．この乳酸菌と酵母の微生物叢中でのバランスが，糠漬けに与える酸味や風味などに作用し，また乳酸菌はバイオプリザバティブの役割を演じており，糠床の保存性にも大きく貢献している．これは，乳酸菌の発酵によって生産される有機酸が糠床のpHを低下させることにより，雑菌の増殖が抑えられるからである．食中毒菌の多くがpH 4.5以下になると生育が抑制されることや，味覚上の点からpH 4.5〜5.0程度のpH調整を行うことが多い．また有機酸自体にも抗菌力があり，pH低下作用との協同効果によって保存性が高められている．さらに糠床中の乳酸菌が，乳酸への糖発酵能に加えて，バクテリオシンと呼ばれる，抗菌性ペプチドを生産することも知られている．これまでに，糠床よりさまざまなバクテリオシン生産菌が分離されている．その例として，*Lactococcus lactis*に属する乳酸球菌が糠床より分離され，本菌はNisin Zを生産することがわかっている[1]．

　ただし室温で長期間保存を可能とするためには，①1日から数日に1回糠床をかき混ぜる，②定期的に生糠あるいは炒り糠を加える，という作業が必要であり，これを怠ると雑菌の増殖により糠床は腐敗してしまう．このことには糠床中の微生物叢が大きく関係している．乳酸菌は通性嫌気性菌であり，酸素の少ない糠床内部で増殖し，発酵を行っている．一方，酸素のほとんどない深部には偏性嫌気性菌である酪酸菌が，糠床の表層には好気性の産膜酵母が多く生息している．酪酸菌の増殖によって，酪酸由来の異臭を発生させ，また乳酸菌の生育が阻害される．産膜酵母は増殖することで糠床表面が白くなるが，これが過剰になると，外観ばかりでなく，風味を損なう原因となり，また変敗菌の増殖を誘発する．これらを防ぐためにも，酪酸菌を空気に触れさせ，産膜酵母を空気の少ない深部の方へ，糠床の上下を入れ替えるようにかき混ぜることで，その生育を抑制させる必要がある．また，約1か月ごとに生糠あるいは炒り糠を加えることで，水分量を調節するとともに，糠床中の微生物への栄養源の供給を行うことも必要である．その結果，良好な品質が維持され，長期間にわたる利用も可能となる．その究極の例として，北部九州地方には，小倉小笠原藩由来という長期熟成（約300年以上）糠床が，現在もなお受け継がれている．

　糠床の発酵および品質維持において重要な働きをする微生物群については，いくつかの研究論文がある．今井らは，糠床の熟成過程における細菌叢の変化を培養法によって調査し，熟成初期には，*Pediococcus pentosaceus*

や *Enterococcus faecalis* などの乳酸球菌が主体であり，熟成が進むにつれて *Lactobacillus plantarum* や *L. brevis* などの乳酸桿菌が支配的になっていくことを示している[2]．一方，阪本らは，遺伝子解析により，16 サンプルの長期熟成糠床の細菌叢を解析している．熟成糠床より直接細菌ゲノム DNA を抽出し，微生物を培養することなくサンプル中の細菌 16S リボソーム RNA 遺伝子の配列を直接解析する方法により，微生物叢を解析した．その結果，51 菌種の *Lactobacillus* 属細菌が検出され，それらが糠床の細菌叢の主体となっていることが示された[3]．なかでも，多くの熟成糠床において，乳酸桿菌 *L. acetotolerans* と *L. namurensis* が優占種として生息していることが見出された．しかし，これら 2 菌種は，糠床中ではまったく異なる倍加時間で増殖しており，倍加時間が速くヘテロ乳酸発酵 (2 モルのヘキソースから 1 モルの乳酸と炭酸ガス，そして合わせて 1 モルの酢酸とエタノールを産生する) を行う *L. namurensis* に続いて，緩慢に増殖する *L. acetotolerans* がホモ乳酸発酵 (1 モルのヘキソースから 1 モルの乳酸を産生する) を行うことにより，効率よく糠床の pH を低下させている[4]．

長期間の熟成過程を経て，球菌主体から桿菌主体への細菌叢に変化していくことは，桿菌が球菌よりも，低い pH や高い塩分濃度における耐性が強いことに起因すると思われる．実際に，*L. acetotolerans* は，清酒や米酢の汚染菌としても知られており，その高いストレス耐性の特性から，長時間をかけて集積されてきているものと思われる．また，この糠床中における *L. acetotolerans* は代謝活性を著しく低く保っており，培養困難な状態にあることも知られている．

このように，多種多様な乳酸菌を主体とする微生物叢が，さまざまな形で糠床の品質維持に貢献している．しかしながら，このような複合微生物系において，個々の微生物がもつ機能や相互作用には明らかになっていない部分が多く，現在研究が進められている．

〔中山二郎・加唐圭太〕

参考文献

1) H. Matsuzaki, N. Endo, K. Sonomoto *et al.* 1996. *Food Sci. Technol. Int.* **2**: 157-162.
2) 今井正武，平野 進，饗場美恵子．1983．日本農芸化学会誌．**57**: 1105-1112.
3) N. Sakamoto, S. Shigemitsu, K. Sonomoto *et al.* 2010. *Int. J. Food Microbiol.* **144**: 352-359.
4) J. Nakayama, H. Hoshiko, M. Fukuda *et al.* 2010. *J. Biosci. Bioeng.* **104**: 481-489.

200
食酢を作る微生物の生態

発酵，酢酸菌

■食酢（酢酸）と酸化発酵 (oxidative fermentation)

　食酢は，世界で最も古くから使用され続けている調味料であり，かつ，人間の手が加わった最古の調味料でもある．わが国には4世紀頃に中国大陸から醸造法が伝えられたといわれている．現在，世界で醸造されている食酢の代表的なものとしては，穀物酢，果実酢，香酢，バルサミコ酢，ワインビネガー，モルトビネガー，パイナップルビネガー，シェリービネガーなどが挙げられる．

　食酢を醸（かも）す微生物は酢酸菌 (acetic acid bacteria) である．酢酸菌の代表的な属としては，エタノール酸化能が強い *Acetobacter* と *Gluconacetobacter*，グルコース酸化能が強い *Gluconobacter* が知られている．酢酸菌は，好気性細菌であり，アルコールを不完全に酸化して酢酸を生成する．この過程は酢酸発酵（acetic acid fermentation）と呼ばれているが，代謝的には発酵ではないことに注意されたい．また，好気性微生物が触媒する，中間代謝物蓄積を伴う有機物の不完全酸化は，酸化発酵と総称されており，酢酸菌による酢酸生成のほか，*Pseudomonas* 属細菌，*Serratia* 属細菌，カビによるグルコン酸生成などが知られている．酢酸菌による酢酸生成においては，基質の酸化は細胞膜上に存在する酸化酵素系（アルコールデヒドロゲナーゼとアルデヒドデヒドロゲナーゼ）により触媒されている．なお，嫌気性菌の一種である *Clostridium* 属や *Moorella* 属の細菌も，グルコースなどの糖質から酢酸を生成するが，これらの菌群による代謝は酢酸発酵とは呼ばれない．

■食酢の種類と醸造量

　平成20年度の統計によれば食酢のうち99.7%を醸造酢が占めている．また，平成20年度食酢生産実績調査結果によれば，醸造酢生産量は日本全体で約403,000 k*l* であり，そのうち穀物酢が191,000 k*l*（約47%）を占めている．平成5年の醸造酢生産量が約385,000 k*l* であったことから，日本国内の食酢生産量はほぼ横ばい状態が続いているものと判断できる．

■食酢醸造方法と酢酸菌

　食酢の醸造方法には，表面発酵法，深部発酵法，そして固体発酵法が知られている．大量生産には深部発酵法が向いているが，伝統的手法である表面発酵法や固体発酵法もよく用いられている．

①表面発酵法：静置培養により食酢を醸造する方法．静置発酵槽に仕込み液を入れ，種酢を植えた後，2～3週間程度発酵を続ける．*Acetobacter pasteurianus* が主要な酢酸菌である．なお，鹿児島県福山町にある坂元醸造では黒酢醸造を行っているが，種酢を植えることはなく発酵期間も約半年となっている．

②深部発酵法：通気撹拌状態を良好にして，液内培養によって食酢を醸造する方法．通気発酵装置に仕込み液を入れ，種酢を加えた後，4～6日程度発酵を続ける．*A. xylinus* や *A. polyoxogenes* が主要な酢酸菌である．

③固体発酵法：固体表面で酢酸発酵を生じさせ，食酢を醸造する方法．中国で醸造される食酢には固体発酵法により醸造されるものが多い．山西老陳醋，鎮江香醋，四川麸醋などがその代表例として知られている．酢酸発酵まで終了したもろみ（諸味，醪）は抽出用容器に入れられ，冷水などにより酢が抽出される．なお，日本でも東京都の横井醸造が固体発酵法による食酢醸造を進めている．

■ 食酢を作る微生物の生態～坂元醸造における黒酢醸造過程を一例に～

坂元醸造における黒酢の醸造方法は以下の通りである．原料には，蒸し米・米麹（黄麹）・地下水だけが用いられている．素焼きの壺の中に，混ぜ麹，蒸し米，地下水の順番で原料を入れ，最後に水面を覆うように振り麹を撒く．仕込み直後から，米麹が蒸し米のデンプンを分解してブドウ糖を作り（糖化（saccharification）），ブドウ糖は，酵母の働きによってアルコールへと代謝される（アルコール発酵（alcohol fermentation））．アルコール発酵は糖化と並行して，仕込みから1～2か月ほど進行する．アルコールが生成されると振り麹は液中に沈み込むとともに，酢酸菌の働きによって，アルコールは酢酸へと代謝される（酢酸発酵）．酢酸発酵は仕込みから半年ほどかけて進行する．特筆すべきは一つの壺の中で，糖化，アルコール発酵，酢酸発酵の3種類の代謝が，原料以外添加されることなく進行している点である．酢酸発酵の後には，壺寄せが行われ，さらに半年～3年ほどの熟成期間がとられている．

発酵過程の主要酢酸菌 *A. pasteurianus* と発酵後期の主要乳酸菌 *Lactobacillus acetotolerans* は，壺内壁に存在していることが示唆されている．しかし，これらの細菌がどのようにして壺内壁に留まり続けられるか，その詳細はいまだ不明である．ただし，*A. aceti* が検出された壺も存在していたことから，*A. pasteurianus* 以外の酢酸菌により酢酸発酵が進行している壺が存在する可能性もある．

また，主要酢酸菌 *A. pasteurianus* には，株レベルでの多様性があることがわかってきた．一方で，わが国の表面発酵法による食酢醸造では，種酢中の *A. pasteurianus* がほぼ一つの株に集約していることが知られているため，黒酢醸造において株レベルで多様性がみられていることは，非常に興味深い現象である．

発酵食品製造においては，複数種の異なる微生物がさまざまな役割を担い，互いに影響を及ぼしあっていることが多い．黒酢の醸造過程でも，乳酸菌の変遷がみられていることから，微生物間には多様な相互作用が働いていると推測される．こうした相互作用を解析し，明らかにすることは，微生物生態学的にも興味深いことであり，発酵，醸造食品の基礎，応用に対して新しい一面を切り開くことにつながるものと思われる．

なお，本項では食酢醸造に焦点をあてて記述したが，酢酸菌の生態と広く捉えると，同菌が頻繁に単離される環境（エタノール発酵が進行しているような環境，花の蜜，傷ついた果実など）における酢酸菌の生態も，将来的には重要な研究対象となってくることと推察される． 〔石井正治〕

参考文献

1) 足立収生．2001．発酵ハンドブック（(財) バイオインダストリー協会 発酵と代謝研究会編），pp.196-197．共立出版．
2) 円谷悦造．2001．発酵ハンドブック（(財) バイオインダストリー協力 発酵と代謝研究会編），pp.599-604．共立出版．
3) 石谷孝佑．2004．発酵と醸造 III（東 和男編著），pp.47-54．光琳．
4) S. Haruta, S. Ueno, I. Egawa *et al.* 2006. *Int. J. Food Microbiol.* **109**: 79-87.

201
調味料を作る微生物

グルタミン酸, グルタミン酸生産菌

アミノ酸の一種であるグルタミン酸は, うま味物質の一つであり, 昆布や野菜などに多く含まれている. うま味とは, 甘味, 酸味, 塩味, 苦味と並ぶ基本味の一つであり, 料理のおいしさに重要な役割を果たす. グルタミン酸のナトリウム塩はうま味調味料として, 世界中で広く販売されている. 本項では, このうま味物質であるグルタミン酸を作る微生物について紹介したい.

■ グルタミン酸/グルタミン酸生産菌の発見

1908年に東京帝国大学の池田菊苗先生が, 昆布だしの主要な味の成分がグルタミン酸であることを発見し, 「うま味」と命名した. 発見以来, グルタミン酸は小麦タンパクを分解して抽出されていたが, グルコースから直接グルタミン酸を分泌生産する微生物が発見され, わが国において画期的な工業生産方法が確立された. 当時の微生物学の常識では, 微生物にとって必須であり大切なアミノ酸を無駄に過剰に産生することはありえないと考えられていた. しかし, 鵜高らは, ①効率的なスクリーニング法を確立し, ②適当な培養液を用い, ③自然界に生産菌を求め, ④グルタミン酸の簡便なアッセイ法の利用を行うことで, グルタミン酸を菌体外に著量に分泌生産する能力をもつ菌を発見した.

■ グルタミン生産菌の特徴

グルタミン生産菌は, コリネバクテリウム (*Corynebacterium*), ブレビバクテリウム (*Brevibacterium*) と呼ばれる属に多く見出される. これらは, グラム陽性細菌であり, 唯一の生育因子としてビオチンを要求することがよく知られている. ビオチンを制限すると, 細胞膜に異常が生じ, 蓄積されたグルタミン酸の細胞外への流出を抑制していた構造が崩れ, 流出する. また, 流出により細胞内のグルタミン酸濃度が低下するため, グルタミン酸合成が進行し, 再び, 細胞外へと放出され培養液中に蓄積されることになる. ビオチンは細胞膜を構成している脂肪酸の合成に重要なビタミンの一つである. したがって, ビオチンを制限することは, 細胞膜の合成を制限することになる. ペニシリンや界面活性剤でも同様のことが生じるため, 細胞膜の排出機能がグルタミン酸生産には重要であることがわかる. 最近の研究から, グルタミン生産菌の細胞膜が浸透圧の変化を感知してグルタミン酸を細胞外に排出するチャネル (メカノセンシティブチャネル) に変異がある菌は, このチャネルがつねに "on" の状態で, グルタミン酸が排出されることが明らかとなった.

■ グルタミン酸の工業生産

炭素源として純品のグルコースを用いることは, コストの面から, 実際の工業生産において現実的ではないため, デンプンまたはサトウキビから得られる粗糖や糖蜜を用いる. デンプンは酵素で糖化してから用いられる. 糖蜜はサトウキビとサトウ大根からの粗糖結晶を採取した残液の晶析母液で, 比較的安価に得られる. また, 糖蜜は, スクロースを高含有し良好な糖原料ではあるが, ビオチンも高含有しているため, これまで述べたようにグルタミン酸生産効率が顕著に低下してしまうという課題がある. そのため, ビオチン過剰下でも, 細胞壁を壊すためにペニシリンを添加したり, 界面活性剤を添加して細胞膜に異常をきたさせたり, 温度変化により細胞膜に異常が生じる突然変異をグルタミン酸生産菌の遺伝子にいれたりとさまざまな工夫がなされている. いずれの方法でも, 最適培養条件下であれば, 高収率で生産することができる.

実際の生産プラントでは, 数階建てのビルと同様の大きさに匹敵する 500 k*l* 規模の巨大な発酵タンク (ファーメンター) が使われ

ている．現在グルタミン酸発酵をはじめとするアミノ酸発酵で使用されるタンクは，深部培養システム（抗生物質の生産のために開発された）をベースに確立された．このシステムの構成要素は①空気殺菌，②培地殺菌，③温度コントロール，④pH コントロール，⑤全体系の殺菌の五つである．この五つより，中央に位置する発酵タンクでの通気攪拌培養をコンピューター制御によりコントロールしている．また，酸素の供給法，培養法，培養液の浸透圧の調節，発泡の制御などにより，グルタミン酸生産菌にとって最適な条件を設定し，生産が行われている． 〔柴草哲朗〕

参考文献
1) （財）バイオインダストリー協会 発酵と代謝研究会．2001．発酵ハンドブック．共立出版．
2) 太田次郎ほか編著．1992．微生物―バイオテクノロジー入門．朝倉書店．
3) 中森 茂．2008．アミノ酸発酵技術の系統化調査．国立科学博物館 産業技術史資料情報センター．

Column ❖ 海藻好きの日本人の腸内細菌

　人間の腸内にはつねに約100兆個もの細菌が存在する．私たちが日々口にする食物は，腸から分泌される分解酵素のほか，腸内の細菌が生産する酵素によっても分解され消化される．腸内細菌の助けなしに，私たちは取り込んだ食物を完全には利用できない．一方，腸内細菌は人間が取り込む食物なしには生きることはできない．このように，食物と腸内細菌はお互いに影響を与えあい，両者は深い関係をもち続けている．

　2010年，日本人が好む海藻「海苔」が，日本人の腸内細菌のゲノムに影響を与えたという論文が紹介された[1]．日本人の糞便中から分離された腸内細菌が，海洋細菌しかもっていない炭水化物活性酵素 (carbohydrate active enzymes, CAZymes) をもっていたという報告である．この論文には，「海苔」の多糖類を分解する CAZymes が海洋細菌 Zobellia galactanivorans から見つかり，その酵素をコードする DNA について同じ配列をもっている生物を調べた結果，日本人の糞便から分離された腸内細菌 Bacteroides plebeius だけがその配列をもっていた．そしてまた，メタゲノム解析された人間の腸内細菌を比較した結果，日本人のデータからは頻繁に見つかるこの酵素が，北アメリカ人のデータにはなかったことが記載されている．そしてこの論文では，「海苔」の分解利用に関わる CAZymes をもつ海洋細菌が，「生の海苔」を食す文化をもつ日本人の体内に入り込み，進化の長い時間経過のなかでその CAZymes の DNA を腸内細菌に受け渡したと考察している．

　その後の研究からアメリカ人やスペイン人の腸内細菌にもこの CAZymes をもつものが見つかり，日本人のみに特有ではなかったことが報告されたが，外界から遮断された腸内に棲み続ける細菌が新たな形質を獲得する方法として，我々の食習慣の影響が大きいことを証明した興味深い報告であった．

〔塚本久美子〕

参考文献
1) J. Hehemann, C. Gaelle, B. Tristan et al. 2010. Nature. 464: 908–U123.

202
鰹節の微生物

鰹節，水分減少，カビ付け

　鰹節は，独特の風味や香りからおいしさのベースとなる鰹だしの材料として日本料理全般に広く使用されてきた日本の伝統食品である．本項では，大変ユニークである鰹節作りにおける微生物の作用について紹介したい．

■ 鰹節作り

　鰹節作りの最大目的は，ある時期にたくさん獲れる鰹を「保存」することにあり，そのためには，水分を減らすことが重要となってくる．水分を40%以下にできれば，細菌による腐敗を防ぐことができ，さらに15%以下にすれば，カビの繁殖を防ぐことができる．この水分を減らす作業のなかで，香りや呈味が格段に向上する．はじめに，鰹節作りの作業工程を紹介する（図1）．生切り（三枚におろす），煮熟（95℃で1.5時間），焙乾（数時間の燻乾と放冷を約10日間繰り返す）の工程を経て，タールのついた荒節（このとき水分は約20%）が作られる．次に，この表面のタールを削り（裸節と呼ばれる），カビ付け庫でカビ付けを約2週間行う．カビ（一番カビ）の付いた節を取り出し，日乾後，カビを払い落とし，再び，カビ付けを行う．この作業を4回ほど行うと，カビが生えなくなり，本枯節（このとき水分は14%）が完成する．鰹節作りの作業工程はかなり複雑で，生切りから本枯節ができるまで，3か月程度時間を要する．

■ カビ付けの意義

　非常に手間がかかるカビ付けを行う意義として下記のことが挙げられる．

　水分除去　カビ付けにより節の水分が約20%から約14%になることはすでに述べたが，水分が14%という数字は，おそらく加工食品のなかでも最も堅い食品といえる．カビが，鰹節の組織の奥深くまで菌糸をのばして，生育に必要な水分を吸収するのだが，カビの作用なしではここまで水分を減らすことは難しいといわれている．その前に，ヒビが入ったりするためである．

　脂肪の除去　カビ付けにより節のトリグリセリドが減少し，遊離脂肪酸が増える．これは，カビの酵素であるリパーゼがトリグリセリドを加水分解していることによるものといわれている．また，興味深いことに，カビ付けによりDHAが多量に残存することが知られている．これは，鰹節のカビは主にパルミチン酸とオレイン酸を資化して育ち，DHAは利用しないことによるものといわれ

```
┌─────────┐
│ 生切り  │
└─────────┘
    三枚におろす
┌─────────┐
│ 煮熟    │
└─────────┘
    約95℃で1.5時間程度煮る
┌─────────┐
│ 焙乾    │
└─────────┘
    数時間の燻乾と放冷を約10日間
    繰り返す
    →荒節
┌─────────┐
│ 削り    │
└─────────┘
    表面のタールを削る
    →裸節
┌─────────┐
│ カビ付け │
└─────────┘
    カビ付け，日乾，払落を4回
    繰り返す
    →本枯節
```

図1　鰹節作りの作業工程概略

ている．カビ付けした鰹節でとった鰹だしには，濁りがないとよくいわれているが，これらのことが理由ではないかと考えられる．

香気の向上　カビ付けの工程は，各種香気成分を変化させる．油脂成分からアルコール類を生成したり，フェノール類をメチル化したり分解したりして，燻煙臭をまろやかにする効果があるといわれている．また，トリメチルアミンのような悪臭成分も除去することが知られている．

不良カビの繁殖抑制　優良カビの増殖により，タンパク質の分解力が強く，悪臭の原因となるアンモニアを生成しやすい不良カビの繁殖を抑制できるといわれている．

■ **カビ付けに使われる微生物**

鰹節のカビ付けは，もともとは江戸時代に荒節を輸送する間に生えてしまったことから始まったといわれている．その後，裸節を木箱などに入れて自然にカビが付くのを待っていたが，近年では，カビ付け庫に入れて優良カビの胞子を噴霧する．カビ付けに用いられるカビは *Aspergillus glaucus* グループに属し，学名は "*Eurotium herbariorum*" という優良カビである．好乾性の菌であり，水分が20％前後の荒節のような環境ではよく生育し，脂肪分解力が強く，よい香気を生じる．鰹節中の水分の減少に伴って，青色→カーキ色→茶色へと変化する特徴をもつため，カビの色の変化から鰹節の乾燥状態を判断できる．

鰹節作りにおけるカビ付け工程は，偶然のなかからヒントを得た，究極まで水分を減少させ保存性を高めるための作業である．その知恵と努力には改めて感心させられる．

〔柴草哲朗〕

参考文献

1) 河野一世．2009．だしの秘密―みえてきた日本人の嗜好の原点―．建帛社．
2) 小泉武夫編著．2012．鰹節 発酵食品学．講談社．
3) 太田静行．1996．だし・エキスの知識．幸書房．
4) 和田　俊．2005．かつお節の製法と利用科学　日本人はなぜかつおを食べてきたか．味の素食の文化センター．
5) 宮下　章．1999．鰹節 ものと人間の文化史．法政大学出版局．

203 くさやの微生物

保存性,臭い,嫌気性菌,らせん菌,VBNC 細菌

くさやは主に新島,大島,八丈島などの伊豆諸島で作られている魚の干物の一種で,独特の臭気と風味をもち,普通の干物よりも腐りにくいことが特色の一風変わった食べ物である.

■ 製　　法

くさやの原料には,アオムロ,ムロアジ,トビウオなどが用いられる.開いた原料魚を十分水洗,血抜きを行って水切りし,独特のくさや汁に10〜20時間ほど浸漬する.その後,魚体をざるに取り出して汁を滴下後,水洗し,天日乾燥または通風乾燥する.

■ くさや汁の特徴

くさや汁は同じ液が百年以上にわたって繰り返し使用されているもので,粘性を有し,強い臭いがする.くさや汁の成分は,pH（中性）,総窒素（0.40〜0.46 g/100 ml）,生菌数（10^7〜10^8 ml^{-1}）などには島の間に大きな差異はみられないが,食塩濃度は八丈島のくさや汁は 8.0〜11.1% であるが,他島のものでは 2.7〜5.5% と低い.また,魚の代表的な腐敗臭成分であるトリメチルアミンは新島のくさや汁からは検出されないという特徴がみられる.

■ くさや汁の微生物

くさや汁の特徴的な微生物は暫定的に *Corynebacterium* に分類されている胞子非形成のグラム陽性桿菌と好塩性らせん菌,嫌気性菌である.らせん菌の一群は新種の *Marinospirillum megaterium*, *M. insulare* などである.嫌気性菌としては *Clostridium*, *Peptostreptococcus*, *Sarcina* などが分離される.以上のほか,くさや汁中には分離培養できていない細菌（VBNC 細菌, viable but nonculturable bacteria）が 10^{11}/ml 存在する.くさや汁より直接 DNA を抽出し,DGGE 解析を行った結果,くさや汁中には上記の細菌群以外に,*Bacteroides*, *Flavobacterium*, *Fusobacterium*, *Eggerthela*, *Clostridium* などが存在すると考えられた.

■ 微生物の役割

くさや汁中の微生物の主な役割としては,これまでにくさやの臭気成分の生成と保存性への寄与が知られている.くさやの臭気成分は,汁中の成分が浸漬中に移行したものであり,酢酸,プロピオン酸,イソ酪酸,n-酪酸,イソバレリアン酸,プロピオンアルデヒドなどのほか,揮発性硫黄化合物が重要である.

くさやのあまり知られていない特徴は腐りにくいということである.このことは実験的にも証明されていて,不思議なことにくさやの方が普通の干物よりも倍近く日もちがよい.その原因として,くさや汁中に 10^8 ml^{-1} 存在する *Corynebacterium* の産生する抗菌物質が考えられている.しかし,この *Corynebacterium* は通常の培地では増殖できないため,詳細な生理性状は不明であり,抗菌物質も不安定なためその性質はまだ十分明らかではないが,単純タンパクと考えられ,幅広い抗菌性を有する.くさやの加工に従事している人は手に怪我をしても化膿しないといわれていることも,この考え方が正しいことを裏づけていて興味深い.くさやの保存性にはこのほか,汁の酸化還元電位が低いこと（-320〜-360 mV）や,種々の抗菌成分が蓄積していることなども関係していると考えられる.

いずれのくさや汁にも存在するらせん菌の意義についても興味がもたれるところである.

〔藤井建夫〕

204 ふなずしの微生物

臭い，乳酸菌，発酵

塩蔵した魚介類を米飯に漬け込み，その自然発酵によって生じた乳酸などの作用で保存性や酸味を付与した製品を馴れずしという．ふなずし，さば馴れずし，はたはたずし（いずし）など多種類の製品がある．これらのうち，ふなずしは滋賀県の特産品で，わが国に現存する馴れずしのなかでは最も古い形態を残していると考えられている．東南アジア雲南地方の山岳盆地で魚の貯蔵法として生まれたものが，稲作とともにわが国に伝来したものといわれ，平安時代には宮廷への献上品の記録のなかにふなずしがみられる．今も琵琶湖周辺では自家で作っていたり，魚店や漁師に漬け込んでもらったものを貯蔵している家庭もある．県下には専門の加工業者も10軒近くある．

■ ふなずしの製法

ふなずしでは，ニゴロブナの鱗を取り除いたのち，エラを取り，そこから内臓を除去する．魚卵は体内に残したまま腹腔へ食塩を詰め込み，それを桶中に並べて食塩をかぶせ，何層にも重ねた状態で重石をして塩漬けする．約1年してから取り出し，塩を全部洗い出す．次に米飯に塩を混ぜ，子を潰さないように注意して，エラ穴から魚の内部へ詰めたのち，桶に米飯と魚を交互に漬け込む．重石をして2日後ぐらいに塩水を張り，この状態で約1年間発酵・熟成させる．

■ ふなずしの成分と微生物相

ふなずしは独特の強い臭いと酸味をもっており，pH 4.0～4.5，水分64%，食塩2.3%，粗脂肪4.5%，粗タンパク25%である．有機酸は乳酸（1.1%）のほか，ギ酸，酢酸，プロピオン酸，酪酸などが検出される．

ふなずしの製品および米飯漬け過程からは *Lactobacillus plantarum*, *L. alimentarius*, *L. pentoaceticus*, *L. kefir*, *Streptococcus faecium*, *Pediococcus parvulus* などのほか，培養困難な *L. acidotolerance* などの乳酸菌が分離される．

■ 熟成における微生物の役割

ふなずしの発酵・熟成過程における微生物の役割についてはまだ十分解明されていないが，最も重要な工程は米飯漬けであり，この間に風味と保存性が付与される．この風味づけは主として，魚肉の自己消化によって生成される種々のエキス成分や，乳酸菌，嫌気性細菌，酵母などが生産する有機酸やアルコールなどによるものである．また生成された有機酸の影響でpHが低下することにより，腐敗細菌の増殖が抑制されるため，同時に保存性も付与されることになる．したがってよい製品を作るためには，漬け込み後に急速かつ十分に発酵を行わせることが重要であるので，漬け込みは通常夏の土用に行われ，盛夏を越すようにしている．また，この発酵過程は嫌気性であるので，重石をして，さらに押し板の上を水で満たして気密を保つようにしている．

また，米飯漬けの前処理として行われる塩蔵も重要な工程である．この間に，魚肉中での腐敗細菌の増殖抑制，自己消化の進行の抑制，肉質の脱水，硬化，血抜きなど多面的な効果があると考えられている．また，塩蔵中にすでにふなずし特有の臭いが発生しており，魚体からの酸度が時間とともに増加していくことから，塩蔵中にも発酵が起こっていると考えられている．

〔藤井建夫〕

205

納豆菌の生態と利用

納豆菌，枯草菌，ポリ-γ-グルタミン酸

　納豆菌（*Bacillus subtillis* subsp. *natto*）は，枯草菌（*Bacillus subtillis*）の亜種である．枯草菌は，枯れ草をはじめ，さまざまな場所から発見される．一方，納豆菌は稲わらに多く，芽胞状態で付着している．納豆菌は稲作とともに渡来し，大豆の栽培が始まると，時を待たずに納豆も生まれたとされている．枯草菌には糸を曳くような腐敗を引き起こすなどの負のイメージが付きまとうが，納豆菌となれば，途端に健康食品の雄を作り出す有用微生物に変貌するから不思議である．

　微生物生態学の観点から納豆菌と枯草菌を区別するのは容易ではない．事実，いずれも盛んに芽胞を形成する特徴を有し，似通った生活環を示す．納豆の糸はポリ-γ-グルタミン酸（PGA）と呼ばれるバイオポリアミドを主成分としている．PGAは粘着性高分子の代表格であり，その物性は芽胞や細胞成分を稲わらに付着させる際にとくに有効と考えられる．納豆菌のコロニー集団の固定化や形質転換/遺伝情報交換による環境適応戦略についても集落形成（バイオフィルム化）は優位に働くものと思われる．納豆菌と枯草菌を区別する難しさについて述べてきたが，最近のゲノム解析が該課題を解決してくれるかもしれない．たとえば，納豆菌も含め，天然に存在する細菌からは広く挿入因子（IS）が見つかる一方，枯草菌標準株の染色体上にISは存在しない．

　さて，PGAは納豆菌の生態を特徴づけるものと信じられている．そのため，真の生理的役割に関する議論が盛んに行われている．PGAの物性を鑑みれば，動植物体表面への付着説や集落形成に伴う環境適応説に一票を投じたくなるところだが，実は，これらとはまったく異なる説が信じられている．栄養不足になったときの非常食らしい[1]．これが真実なら，納豆菌はきわめて特異な生態をもつことになる．非常食，すなわち"貯蔵物質"の存在部位は，動植物・微生物を問わず，細胞内とするのが常識で，利己的活動の最たる証拠でもある．ところがPGAは菌体外に放出され，しかも納豆菌自身の酵素ではD-グルタミン酸の含有比率の高いPGA分解物に対する異化はほぼ進まないと予想されている［➡ 206 納豆菌と炭疽菌の違い］．非常食を得る対象が納豆菌以外の他者（異種微生物）となれば，それほど進化していない微生物の段階ですでに"助け合い"の行動が成立していることになる．現時点でPGAの非常食説を受け入れるのには慎重になるべきと心得るが，興味深い仮説であることに間違いはなく，さらなる研究の発展に期待したい．

　最後に納豆菌とPGAの利用技術とともに，留意すべき点について述べる．納豆菌はその安全性や生息地の広さから食や環境のバイオツールとして有望である．ただし，化粧品や体内に注入する医薬品利用には抵抗を感じる．そこで，該先端分野では納豆菌PGAの応用を目指すことになるが，その前に，検討すべき課題がある．PGAの高い粘着性が災いし，芽胞混入が防ぎきれない点である．それゆえ，PGAの物性や構造を変えることなく，確実に芽胞を除くことができるかどうか，言い換えれば，生物（芽胞）汚染の危険のない，納豆菌PGAを基礎とするバイオ新素材を得るための道筋や工夫が担保されているかどうか，この点を見極めることが何より重要になってくる．

〔芦内　誠〕

参考文献
1) 木村啓太郎．2011．身近な"？"の科学（10月号）（Newton編），pp.120-121．ニュートンプレス．

206
納豆菌と炭疽菌の違い

発酵と感染，D-アミノ酸，PGA合成

　納豆菌（*Bacillus subtilis* subsp. *natto*）と炭疽菌（*Bacillus anthracis*）はともに，芽胞形成能を備えた好気性グラム陽性細菌である．自然界に普遍的に存在する点も似ている．納豆菌は典型的な桿菌で短径 $0.7 \sim 0.8$ μm × 長径 $2 \sim 3$ μm の大きさをもつ．炭疽菌の細胞は短径 $1 \sim 2$ μm × 長径 $5 \sim 10$ μm の円筒状で，病原細菌のなかで最大級の大きさを誇る．細胞形状でも違いがみられる．実際，納豆菌（枯草菌）は鞭毛（＋）；莢膜（－），炭疽菌は鞭毛（－）；莢膜（＋）である．そのため，炭疽菌の莢膜形成（capsulation）に関与する遺伝子群を *cap* と表記することがある．該表記の意味が熟知できていれば，納豆菌（枯草菌）から *cap* に類似の遺伝子が見つかったとしても，安易に"納豆菌 *capB* 遺伝子"などと命名することは避けるべきとの判断に至るはずである．

　さて，納豆菌の発見（単離）は 1913 年まで遡る．納豆菌研究の歴史は一世紀を経たことになるが，実はその大半が暗黒期／黎明期にあったといわざるをえない．転機は 1997 年，歴史的な枯草菌ゲノムの全塩基配列の公開とともに訪れた．2010 年には納豆菌の全ゲノム配列が完全公開され，納豆菌と枯草菌の比較ゲノム学も可能になった．納豆に独特の風味を与えるネバネバだが，この形質は実験室で培養する限りにおいてとくに重要ではないことがわかってきた．実際，ネバネバを作る能力を失った実験室保存株も少なくないが，生育速度をはじめ，基本的な性質はほとんど変わらない．ちなみに，枯草菌標準株の 168 株もまた完全にネバネバの合成能を失っている．翻って考えると，納豆菌は日本人の"ねばり好き"の食文化のおかげで手厚く保護されてきたわが国の貴重な生物資源といえる．

　炭疽菌の歴史は納豆菌のそれとは明らかに異なる側面をもつ．納豆菌は人にとって有益な"発酵"現象に関わるが，炭疽菌の場合，人をも死に至らしめる"感染"を引き起こす．いわゆる"炭疽（anthrax）"である．1876 年，コッホ（Robert Koch）が炭疽菌を分離した．1881 年にはパストゥール（Louis Pasteur）が炭疽菌の弱毒生ワクチンの開発に成功した．今現在，抗生物質による治療が有効とされているが，多様な抗生物質耐性遺伝子の存在が予断を許さない状況を生み出している．他方，生物兵器や生物テロなどの脅威に対抗するため，予防効果の高い炭疽菌ワクチンの開発も進行している．ここでターゲットにしたのが莢膜成分の一つ，ポリ-γ-グルタミン酸（PGA）である．PGA は納豆の糸の主成分でもあり，それ自体は人に無毒で産業利用価値も高い．炭疽菌 PGA 最大の特徴は哺乳動物の免疫網から逃れる，いわゆる"隠れ蓑"機能にある．そのため，PGA を纏う炭疽菌は強毒化する傾向がある．ちなみに，上述の生ワクチンは莢膜合成能を失って弱毒化した炭疽菌変異株を用いて作る（毒素生産能は失っていない）．炭疽菌 PGA は最も抗体の作りにくい対象の一つとされてきたが，現代の先端医療科学はこの難題をも突破したことになる．

　では，PGA はどのような生物代謝経路で合成されるのであろうか？　納豆菌の PGA も炭疽菌のそれも非タンパク質性の"D-グルタミン酸（D-Glu）"に富む点で特徴的である．PGA 合成酵素の構造と反応機構の解析から，グルタチオンやペプチドグリカンの合成酵素群と同類のアミドリガーゼの一種であることが示された．これらの酵素種は基質アミノ酸の立体化学性をそのまま生成ペプチドの立体化学性に反映させるという特徴をもつ．現在，グルタミン酸ラセマーゼは PGA 中の D-Glu 供与の中心酵素として注目され

ている．該酵素が細菌の細胞分裂が盛んな対数増殖期において細胞壁ペプチドグリカン合成に必須のD-Gluを供給する．一般的な細菌グルタミン酸ラセマーゼ（MurI）ではD→L方向とL→D方向の最大反応速度に大差がない．ところが，納豆菌のグルタミン酸ラセマーゼ（Glr）ではL→Dの最大反応速度がD→L方向の20倍ほど高い．この事実は細胞内グルタミン酸プールの大半がL体で占められる生理条件下でGlrが発現すると，D体への変換反応が素早く進むことを示唆している．対する逆反応はきわめて遅いことを意味している．対数増殖期から定常期に移ると，ペプチドグリカン合成速度は低下する．結果としてGlr活性の高い納豆菌ではグルタミン酸プール中のD-Glu比率が高まることになる．高濃度のD-Gluには細胞毒性が示唆されている．大腸菌や枯草菌をはじめ，多くの細菌は外界からD-Gluを取り込む能力が極端に低いが，かえって，細胞内D-Glu濃度の急激な変化を抑制するのに役立っている．一方，L-Gluの場合，パーミアーゼをはじめ，積極的に取り込む機構が存在する．以上より，定常期に入った納豆菌では細胞内に蓄積したD-Gluを別の物質に変換する必要が出てくる．方法論に従えば，異化か同化か，いずれかの代謝経路を利用するしかない．少なくとも，Glrの存在のみでD-Gluが異化代謝される[1]と結論付けるのは難しい．納豆菌が好気性の細菌であることを鑑みれば，D-Glu異化反応には酸化酵素関与の可能性が最も期待できる．あるいは，GlrとL-Glu酸化酵素の共役系が存在してもよい．ただし，残念なことだが，中核的役割を果たす該酸化酵素類は納豆菌に存在しないことがわかっている．そのため，D-Glu異化を基盤とする生存戦略は納豆菌の代謝系では成立しにくいと予想されている．D-Gluが一定濃度以上になれば，芽胞を形成して危険を回避する手もある．芽胞形成能の高い枯草菌標準株では理に適った生存戦略になりうる．一方，韓国版納豆菌の戦国醤菌はあまり芽胞を形成しないという特徴がある．該菌の戦略は同化を基盤とするものであった．戦国醤菌が作るPGAの分子量（重合度）は納豆菌のそれをはるかに上回ることが判明した．そのため，戦国醤菌は余剰D-Gluを効率的にPGA合成に利用することで栄養細胞下でのD-Glu毒性発現を回避している可能性が高い．また，PGA合成と芽胞形成の双方の能力をもつ納豆菌は枯草菌標準株と戦国醤菌の中間的な生存戦略をとるものと思われる．

最後に，PGA分解酵素は単純にPGAを分解するためだけのものではなく，むしろ，PGAに独特の生理機能（菌体外粘着高分子や莢膜成分）を与える"個性化"酵素とする見方[2]もあることを述べて終わりとしたい．

〔芦内　誠〕

参考文献

1) 木村啓太郎．2012．生物工学会誌．**90**(6): 315-319.
2) M. Ashiuchi. 2011. *Cellulose Commun.* **18**(4): 163-169.

207

乳酸菌の分類と分布

乳酸発酵, ヒト常在細菌, 発酵食品

　乳酸菌は動物の消化管，植物など，環境中に広く分布しているのみならず，漬物，チーズ，ヨーグルトなどの多くの発酵食品製造に関わる微生物である．意外と思われるかもしれないが，チョコレートの製造にも乳酸菌が重要な役割を果たす．チョコレートの主原料であるカカオ豆は，収穫された後，一週間程度の発酵工程があり，その際に乳酸発酵が行われ，良質なカカオ豆には乳酸菌が重要である．そのほか，乳酸菌はヒトの消化管・膣などの常在細菌として健康にも深く関係している．乳酸菌は食や健康を通して人と最も身近な微生物の一つであるといえるが，実はこの「乳酸菌」とは分類学上の正式名称ではない．一般的に，乳酸菌とは糖を発酵して多量の乳酸（通常，生成する酸の50％以上が乳酸）を産生するとともに，グラム陽性，非運動性，無芽胞，カタラーゼをもたない球菌または桿菌という特徴を有する細菌群の総称である．本項では，乳酸菌の分類，分布および生息環境などを概説するとともに，特定の環境における酸素代謝に関して紹介したい．

　遺伝子情報が微生物の進化，分類・同定などの研究に役立てられており，乳酸菌でもリボソームRNA遺伝子の塩基配列をもとに系統解析が行われ，乳酸菌の仲間として乳酸桿菌目（Order Lactobacillales）が提唱された．2009年発刊のBergey's Manual of Systematic Bacteriologyでは，乳酸桿菌目は6科，33属で構成されており，いわゆる乳酸菌と呼ばれる細菌の大半がこれらのなかに包括されている．なお，乳酸桿菌目はグラム陽性低G＋C含有細菌群であるFirmicutes門に含まれる．乳酸菌に該当する属および種の詳しい分類および特徴などに関しては成書をご参照願いたい[1]．

　乳酸菌の主な生息場所は，ヒトおよび動物の消化管や膣，植物，乳製品などであり，発酵食品だけでなく自然界にも広く分布する．消化管・膣に生息する乳酸菌として，*Lactobacillus acidophilus, Lb. gasseri* などのアシドフィルスグループの乳酸菌が高頻度に分離される．生体内の環境は，栄養豊富である一方で，宿主の免疫，抗菌物質および消化液など細菌を排除する機能があるなかで定着・生息している．植物から分離される乳酸菌としては，*Lb. plantarum, Lb. casei, Lb. brevis*，ロイコノストック（*Leuconostoc*）属，ペディオコッカス（*Pediococcus*）属などがよく検出されるが，漬物，サイレージ，発酵茶などの分離源によって種類が大きく異なる．たとえば，食塩濃度が高い環境である沢庵漬，味噌，醤油などでは耐塩性のあるテトラジェノコッカス（*Tetragenococcus*）属の乳酸菌が主に分離される．乳製品の製造としては，ヨーグルトでは *Streptococcus thermophilus* と *Lb. delbrueckii* subsp. *bulgaricus* が使用される．チーズではラクトコッカス（*Lactococcus*）属，ラクトバチルス（*Lactobacillus*）属およびエンテロコッカス（*Enterococcus*）属などの乳酸菌が主に分離され，スターターとして添加された乳酸菌のほかに，原料乳に含まれる乳酸菌が熟成中に増加することが知られている．

　乳酸菌は漬物，チーズおよび発酵乳などの発酵食品として馴染み深いが，もともとは動物の消化管や植物が主な生息場所であったと思われる．たとえば，傷ついた果実，樹液および植物の堆積物などからは，漬物から検出される菌種と同じような種類がよく分離される．興味深い例では，ヨーグルトに使用される *Stc. thermophilus* と *Lb. delbrueckii* subsp. *bulgaricus* は，ヨーグルト発祥地であるブルガリア国においては植物からも分離される[2]．両菌種はヨーグルトのなかで共生関係にあるが，菌株によって共生関係に強弱があ

ることが知られており，一般的に共生関係の強い組合せがヨーグルトの製造に用いられる．世界中にはさまざまな発酵食品が存在するが，人類は自然界に存在する乳酸菌を古くから有効利用し，さらには育種により発酵食品に適した菌種・菌株を得てきた．

上述したように，乳酸菌はヒトや動物の消化管内，漬け樽，サイレージなどのような嫌気的環境に好んで生息し，酸素はタンパク質，脂質，核酸を傷つける強力なストレス因子である．実際に，乳酸桿菌目に属する細菌は，カタラーゼをもたない通性嫌気性といった特徴をもち，一般的には酸素存在下での生残性は低い．しかしながら，条件によっては乳酸菌が呼吸をすることで，より効率的な代謝を行っている可能性が明らかになってきた[3]．代表的なチーズスターターである *Lactococcus lactis* はヘムが存在すると酸素を利用して呼吸を行い，さらに発酵によって生育した菌株に比較して呼吸で生育した菌株は菌体タンパク質や核酸の損傷が少なく，生残性が高いことが明らかとなっている．本菌種ではメナキノン合成遺伝子，チトクロームオキシダーゼ遺伝子などの呼吸に関連する遺伝子が見つかっている．一方，クエン酸回路は不完全であり，ヘム合成に必要な遺伝子も一部しか存在しない．本菌種の呼吸メカニズムの全容は明らかになってはいないが，環境中のヘムを利用して代謝を大きく変化させるといった現象は非常に興味深い．また，ストレプトコッカス（*Streptococcus*）属の菌種のなかには，ほかの細菌の代謝物（キノン）と環境中の成分を利用して，実際に環境中で呼吸を行っている可能性が示唆されている．乳酸菌の種類によっては，このように環境に合わせて代謝様式を変化させる柔軟な対応力をもっているようである． 〔北條研一〕

参考文献

1) 鈴木健一郎, 飯野隆夫. 2010. 乳酸菌とビフィズス菌のサイエンス（日本乳酸菌学会編），pp.24-35. 京都大学学術出版会.
2) M. Michaelova, S. Minkova, K. Kimura *et al.* 2007. *FEMS Microbiol. Lett.* **269**: 160-169.
3) 佐々木泰子. 2008. 未来をつくるバイオ（日本生物工学会編），pp.42-43. 学進出版.

208 生体における乳酸菌の働き

乳酸菌, 腸内細菌叢, プロバイオティクス

ヒトや動物の外界に接する部分には各種の常在微生物が存在しており，常在菌叢を形成している．とくに腸管には約500種，100兆個以上もの常在微生物が存在し，いわゆる腸内細菌叢を形成している．腸内細菌叢を構成する微生物には宿主に有害な作用を示すもの，あるいは成長や健康維持に役立つものなどがあり，構成菌群の相互作用によりつねに一定のバランスを維持している．外的要因としての食餌・薬物・ストレス・有害微生物などによって腸内細菌叢のバランスが乱されると，下痢症・便秘症および各種感染症などを引き起こすことが知られている．また，腸内細菌叢の構成菌群のなかでも，乳酸菌やビフィズス菌（*Bifidobacterium*）は，有害菌の増殖抑制や免疫機能の賦活化などを通じて，宿主に有益に働くことも知られている．

ヒトや動物の腸内細菌叢を形成し，代表的な乳酸菌として知られている *Lactobacillus* 属は，グラム陽性の無芽胞桿菌であり，ヒトの便中からは通常約 $10^5 \sim 10^8$ cfu/g の割合で検出される．これらは宿主による個体差が大きく，個体によってはまったく検出されないこともある．また，年代別にみると，高齢者に *Lactobacillus* 属の菌数が多いことも報告されている．ヒト腸管から分離される主要な菌種には，*Lactobacillus gasseri*, *Lb. mucosae*, *Lb. fermentum*, *Lb. salivarius*, *Lb. oris*, *Lb. casei*, *Lb. crispatus*, *Lb. amylovorus*, *Lb. plantarum*, *Lb. vaginaris*, *Lb. reuteri*, *Lb. brevis*, *Lb. rhamnosus*, *Weissella confusa* などがある．

一方で，食物として摂取した乳酸菌やビフィズス菌の「腸内細菌叢に及ぼす影響」と，宿主の「健康状態の変化」について解明を目指した研究も広く行われている．乳酸菌のように健康への寄与が大きいと考えられる生きた微生物を，便秘症や下痢症の改善，有害微生物による腸管感染症などの予防・治療に積極的に応用しようという試みとして，"プロバイオティクス"という概念が登場してきた．プロバイオティクスとは，一般的には1989年にFullerが定義した「腸内細菌叢のバランスを改善することにより，宿主の健康に有益な影響をもたらす生きた微生物」といわれているが，最近では，「健康に有益な影響をもたらす生きた微生物」と広義に解釈され，腸内細菌叢のバランスの改善だけでなく，さまざまな感染症の予防や治療，あるいは免疫に関連した領域などへの応用が盛んに行われている．

プロバイオティクスの宿主への働きとしては，「整腸作用」をはじめとして，「感染防御作用」，「抗腫瘍作用」，「免疫賦活化作用」，「抗アレルギー作用」，「抗変異原作用」，「コレステロール低減作用」などが解明されており，さらに，近年では，「ピロリ菌の抑制」「インフルエンザ予防」「口臭予防」といったユニークな視点からの研究も進められている．このように優れた保健機能を有し，製造適性を満たした菌株が選抜され，発酵乳や乳酸菌飲料などに効果的に利用されている．

プロバイオティクスを摂取した後の消化管機能への影響と，健康効果を発揮する詳細な分子メカニズムは十分に解明されてはいないが，多くの腸内細菌が存在する消化管内では，腸内細菌叢やその代謝に影響を与えることで，健康効果を発揮することが有力な見解とされている．このほか，プロバイオティクスの菌体成分が直接的に免疫機能などに対して影響を与えること，あるいは，それらの複合的な作用が生体に影響を及ぼすと考えられており，その作用メカニズム解明を目指した研究が近年盛んに行われている．

〔内田英明〕

209

世界の発酵乳と乳酸菌

発酵乳, 乳酸菌, ヨーグルト, ビフィズス菌

発酵乳の歴史は人類による乳用家畜の利用とともに始まり,紀元前数千年に遡ると考えられている.元来発酵乳は人間が意識的に生み出したものではなく,乳に含まれていた乳酸菌の作用によって乳が偶然に乳酸発酵してできたものである.やがて,乳を自然発酵させる方法は,乳の嗜好性や保存性を高めるための技術となり,それが継承・伝播されて世界各地の気候・風土に適した多種多様な発酵乳が作り出されていった.発酵乳に用いられる乳としては,牛乳が最も一般的であるが,牛以外にも山羊,羊,馬,ラクダなどの乳が発酵乳に利用されている.

世界にはさまざまな発酵乳が存在しているが,代表的な発酵乳として,ブルガリアを中心としたバルカン地方のヨーグルト (yoghurt) をはじめとして,スカンジナビア半島のヴィリ (viili),インド・ネパールのダヒ (dahi),コーカサス地方のケフィア (kefir),中央アジアのクーミス (kumiss),などが挙げられる.

もともとヨーグルトはブルガリアを中心としたバルカン地方で作られる発酵乳であったが,20世紀初頭にロシアのMechinikoffによって,ヨーグルトが「不老長寿の妙薬」として紹介された[1]ことがきっかけとなり,ヨーグルトは世界中に広まり,今日では世界中で最も消費量の多い発酵乳となっている.FAO(国連食糧農業機関)とWHO(世界保健機関)により設立された,「コーデックス委員会」の発酵乳改正規格案によると,ヨーグルトとは *Streptococcus thermophilus* と *Lactobacillus delbrueckii* subsp. *bulgaricus* で乳を発酵させたものと定義されている.

ヴィリは,主にフィンランドを中心とした北欧で消費されている発酵乳で,*Lactococcus lactis* subsp. *lactis* や *Lc. lactis* subsp. *cremoris* などの乳酸球菌のほか,カビが使用されている世界的にも珍しい発酵乳である.これらの乳酸球菌は粘性多糖を産生するため,ヴィリは糸を引くような特徴的な物性を示し,表面には白カビがビロード状に生育している.また,ダヒは,牛乳,水牛乳,ヤク乳などを *Stc. thermophilus*, *Lb. delbrueckii* subsp. *lactis*, *Lb. delbrueckii* subsp. *indicus* などの乳酸菌で発酵させて作られる.

ケフィアやクーミスは,乳酸菌による乳酸発酵だけでなく,酵母によるアルコール発酵を伴っていることが特徴である.ケフィア中にはさまざまな乳酸球菌,乳酸桿菌,酢酸菌および酵母などが含まれるが,これらの微生物は不溶性多糖を産生し,ケフィア粒を形成している.ケフィアに含まれる微生物は不溶性多糖などが構成するマトリックス中に保持された状態になっており,このケフィア粒をスターターとして新鮮な乳に添加することで,新たなケフィアが作られる.また,クーミスは,馬乳から作られる発酵乳で,主に乳酸桿菌や酵母が含まれている.

発酵乳にはさまざまな乳酸菌が用いられているが,乳を発酵する能力に最も優れている菌種は *Stc. thermophilus* および *Lb. delbrueckii* subsp. *bulgaricus* である.現在,工業的に製造されているほとんどの発酵乳には,これら2菌種の両方,あるいは一方が使用されている.これらの乳酸菌は,発酵中に迅速に乳酸を産生しpHを低下させ,発酵乳のカード形成に寄与するだけでなく,アセトアルデヒドなどの香気物質を産生し発酵乳に良好な風味を付与したり,菌体外多糖を産生し発酵乳の物性を滑らかにするなど,発酵乳の風味・物性に大きく関与している.

また,*Stc. thermophilus* と *Lb. delbrueckii* subsp. *bulgaricus* は共生関係にあり,それぞれを単独で発酵させたときよりも,共生させたときの方が発酵が促進される.すなわち,

Stc. thermophilus は，ギ酸および二酸化炭素を生成し，これらの物質が *Lb. delbrueckii* subsp. *bulgaricus* の発育を促進する．一方，*Lb. delbrueckii* subsp. *bulgaricus* は乳タンパク質を分解し，ペプチドと遊離アミノ酸を生成し，これらが *Stc. thermophilus* の発育を促進する．

また近年では，乳酸菌やビフィズス菌（*Bifidobacterium*）の保健機能に関する研究が盛んに行われており，さまざまな保健機能を指標に選択された菌株，いわゆるプロバイオティクスを添加した発酵乳が開発されている．一般的にプロバイオティクスとして使用されている乳酸菌やビフィズス菌は乳を発酵する作用が弱く，単独で発酵乳を製造することは困難であるため，通常は *Stc. thermophilus* および *Lb. delbrueckii* subsp. *bulgaricus* が併用されている． 〔木村勝紀〕

参考文献
1) E. Metchnikoff. 2006. 長寿の研究．平野威馬雄訳．幸書房．

用 語 集

アーキア（archaea） 生物の3ドメインの一つ．膜に囲まれた細胞小器官をもたない原核生物．かつては「古細菌」と称されていた．同じ原核生物である細菌とは，膜構造や遺伝子の複製・翻訳機構などに違いがある．（春田）

ウィルス（virus） 宿主細胞に感染し宿主の遺伝子発現系や複製系を利用して増殖する．自身では増殖できない．ゲノム構造（二本鎖か一本鎖か，DNAかRNAか，など）によって分類される．細菌を宿主とするウイルスをとくにバクテリオファージという．（森川）

温室効果ガス（greenhouse gas） 大気圏に存在するガスのなかで，地球からの熱放散を妨げて地球の温度を保つ効果をもつガス．なかでも，二酸化炭素（CO_2），亜酸化窒素（一酸化二窒素，N_2O），メタン（CH_4）は微生物による生成の寄与も大きい．生成と消費のバランスが崩れると地球温暖化の原因となる．（栗栖）

化学合成（chemosynthesis） 化学反応で得られるエネルギーを用いて生命維持と生物体の合成（同化）を行うことをいう．たとえば，硫黄やアンモニアなどの酸化によるエネルギー獲得と炭酸固定を指す．なお，化学合成生物（chemotroph）という場合には，より広義にエネルギー源が光でなく化学物質であることでのみ定義され，従属栄養生物と独立栄養生物の両方を含む．生物が取りうるもう一つの方法は光エネルギーを用いる方法（光合成）である．（栗栖）

カビ（mold） 生物学上の厳密な呼称ではないが，狭義には子実体を形成しない，菌糸からなる体の姿をもつ菌類（糸状菌）のこと．また，菌糸を形成しない小型の菌類や菌糸状の姿をもつ菌類以外の真核微生物もカビと称されることがある．（村瀬）

環境DNA（environmental DNA） 環境試料から直接抽出したDNAのことでeDNAともいわれる．対象とする環境に生息するすべての生物に由来するDNAを含むと考えられ，環境微生物の群集構造の分子生物学的解析にしばしば用いられる．（村瀬）

寒天培地（agar medium） 寒天を加えて固形にした培地．基礎となる培地に寒天を加え，加温またはオートクレーブで融解し，シャーレや試験管内で冷まして作成する．シャーレで固めた平板培地ではコロニーを単離することができ，雑多な細菌集団から特定の細菌を分離培養することが可能となる．試験管では高層培地，斜面培地，半斜面培地などがあり，細菌の生化学的性状を調べる際によく利用される．通常1.5％の寒天を加えて固形とするが，寒天濃度を下げて半流動培地として使用することもある．（森川）

キノコ（mushroom） 担子菌類あるいは子嚢菌類に属する菌類が形成する比較的大型の子実体，あるいは子実体を形成する菌類に対する通俗名称．（村瀬）

クオラムセンシング（quorum sensing） 細菌がその生息密度を感知し，密度に依存して特定の遺伝子の発現を調節する機構のこと．例として発光細菌による発光現象や緑膿菌によるバイオフィルムの形成などが挙げられる．（村瀬）

グラム染色（Gram staining） 細菌の同定において最も基本となる染色方法の一つである．紫色の色素（クリスタルバイオレット）で染色後，アルコールで脱色，その後赤色の色素（サフラニン）で染色する．アルコール脱色されない細菌は紫色（グラム陽性細菌），脱色される細菌はその後のサフラニン染色によって赤色（グラム陰性細菌）となる．グラム染色性の差は細胞壁構造の違いによるものとされる．（森川）

蛍光顕微鏡（fluorescent microscopy） 光学

顕微鏡の1種で，試料に励起光を照射し試料中の蛍光物質が発する蛍光を観察する．蛍光物質には試料自身に含まれるものと，特定の物質を検出するために試料に添加する蛍光標識色素がある．（村瀬）

ゲノム（genome）　ある生物の遺伝的特性を規定している遺伝子，DNA領域などの遺伝情報一揃いのこと．ほとんどの生物種でDNAだが，一部のウイルスではRNAである．（村瀬）

原核生物（prokaryote）　核DNAは膜に囲まれておらず，またその他の膜に囲まれた細胞小器官をもたない原核細胞からなる生物．生物の3ドメインのうち，細菌とアーキアが含まれる．（春田）

嫌気呼吸（anaerobic respiration）　エネルギー獲得様式である呼吸のうち，電子伝達系において最終的に電子を受け取る物質（最終電子受容体）が酸素以外の物質の場合をいう．有機物，硝酸，硫酸，重金属，二酸化炭素などを最終電子受容体として利用する原核生物が知られ，最終電子受容体に応じて——還元菌，——呼吸と称される（例　硝酸還元菌，硝酸呼吸）．（春田）

原生生物（protist）　菌類，陸上植物，多細胞性の動物を除いた真核生物の総称．多くが単細胞性であるが，多細胞性のものもある．葉緑体をもち光合成する真核藻類のほかに，細胞性粘菌，アメーバ，繊毛虫，鞭毛虫など，かつて原生動物（protozoa）と称されていた従属栄養生物も含まれる．（春田）

光合成（photosynthesis）　エネルギー獲得様式の一つ．光で励起されたクロロフィルによって，光エネルギーを化学エネルギーに変換する．シアノバクテリアや真核藻類の光合成は，水から電子を引き抜き，酸素の発生を伴うのに対し（酸素発生型光合成），紅色細菌，緑色硫黄細菌や緑色糸状性細菌などの光合成は，酸素発生を伴わない（酸素非発生型光合成）．（春田）

抗生物質（antibiotics）　細胞の増殖や機能を阻害する物質．本来は微生物が産生するものという定義であったが，広義には動植物由来や人工的に合成されたものも含む．抗菌薬，抗真菌薬，抗ウイルス薬，抗ガン剤，抗寄生虫薬など．（森川）

酵母（yeast）　分類学上の正式名称ではなく，栄養期を単細胞で過ごす菌類の総称．子嚢菌門と担子菌門の一部の菌類が該当する．子嚢菌酵母である *Saccharomyces cerevisiae* は，酵母の代表種として，発酵食品や生物学研究に広く利用されている．（春田）

呼吸（respiration）　エネルギー獲得様式の一つ．膜にある電子伝達系を介して生み出すプロトン濃度勾配・電位差を利用し，ATP合成酵素によって，ATPを合成する．電子伝達系において最終的に電子を受け取る物質が酸素の場合を好気呼吸（酸素呼吸）といい，それ以外の物質の場合を嫌気呼吸という．（春田）

コロニー（colony）　微生物の集落．とくに，寒天平板培地上に生じた一細胞由来の目に見える集落を指す．集落の性状（色，形，大きさ，同定培地での着色など）は細菌の種を同定する際の重要な特徴である．（森川）

細菌（bacteria）　生物の3ドメインの一つ．膜に囲まれた細胞小器官をもたない原核生物．同じ原核生物であるアーキアとは，膜構造や遺伝子の複製・翻訳機構などに違いがある．（春田）

シアノバクテリア（cyanobacteria）　酸素発生型の光合成を行う細菌グループ．藻類の分類体系では藍藻類もしくはラン藻類（blue-green algae）とも呼ばれる．地球上で最も古い系統の酸素発生型光合成生物であり，シアノバクテリアの祖先生物がほかの真核生物に共生することによって葉緑体になったと考えられている．（濵﨑）

糸状菌（filamentous fungi）　糸状の菌糸で

生活する菌類で，一般に「カビ」と呼ばれる真核微生物．（村瀬）

従属栄養（heterotroph）　生物体合成の炭素源に有機物を用いること．（栗栖）

純粋培養（pure culture）　単一種類の微生物だけを培養すること．用いる器具や培地の滅菌，分離培養が必要となる．分離培養とは複数の微生物の混合サンプルから単一種を分離することで，とくに寒天培地に生じるコロニーを単離することをいう．純粋培養は病原体の同定においてとくに重要な技術である．（森川）

硝化（nitrification）　アンモニアを硝酸に酸化すること．アンモニアはアンモニア酸化微生物により亜硝酸に酸化され，亜硝酸酸化微生物により硝酸に変換される．（栗栖）

真核生物（eukaryote）　生物の3ドメインの一つ．細胞の核は核膜に覆われており，ミトコンドリアなどの膜に囲まれた細胞小器官をもつ．（春田）

真菌（true fungi）　菌類界に含まれる真核微生物の総称で，いわゆる糸状菌（カビ），酵母，キノコの仲間が含まれる．自然界では広く分解者として重要な生態的役割を担っている．（村瀬）

増殖曲線（growth curve）　細胞集団を培養したとき，時間の経過に対応して細胞数がどのように変化するかを示す曲線．成長曲線ともいう．（村瀬）

藻類（algae）　コケ植物，シダ植物，種子植物を除く酸素発生型光合成生物の総称．主に水圏環境に生息し，珪藻のような単細胞の藻類は微細藻類（microalgae），コンブやワカメのような多細胞の海藻類は大型藻類（macroalgae）と呼ばれる．（濵﨑）

脱窒（denitrification）　硝酸イオンや亜硝酸イオンを窒素ガスに変換すること．主に分子状酸素（O_2）が存在しない条件で，有機物などの電子供与体に対し硝酸イオンや亜硝酸イオンが電子受容体として用いられて還元される．（栗栖）

炭酸固定（carbon fixation）　二酸化炭素を細胞内に取り込み，有機物に変換する代謝反応．光合成生物による炭酸固定経路として，カルビン回路がよく知られている．その他，独立栄養性の細菌やアーキアによる炭酸固定経路として，還元的アセチルCoA経路，リバースTCA回路など五つの経路が見つかっている．（濵﨑）

窒素固定（nitrogen fixation）　大気中の分子状窒素 N_2 をアンモニア態窒素に変換する代謝反応．マメ科植物に共生する根粒菌，アゾトバクターなどの土壌細菌，ある種のシアノバクテリアなどが行う．変換酵素はニトロゲナーゼ．（濵﨑）

電子顕微鏡（electron microscopy）　電子線を使用して試料を観察する顕微鏡．電子線は可視光よりも波長が短く，高い分解能（解像度）が得られる．大きく分けて透過型顕微鏡と走査型顕微鏡の2種類がある．（村瀬）

独立栄養（autotroph）　炭酸固定を行うことにより，生物体合成の炭素源に二酸化炭素を用いること．（栗栖）

ドメイン（domain）　全生物を遺伝子塩基配列を基に分類した際の最も上位の階級として提唱されている．真核生物，細菌，アーキアの三つのドメインがある．（春田）

トランスポゾン（transposon）　転位因子．可動性遺伝因子の一つ．転移する領域の両端には特徴的な配列（逆向き繰り返し配列または挿入配列）が存在し，内側には薬剤耐性遺伝子などのマーカー遺伝子をもつ．転移を起こす酵素トランスポゼースもトランスポゾンにコードされる．（森川）

難培養微生物（uncultivated microbes）　環境中に存在することはわかっているが，一般的な栄養寒天培地や培養方法では培養できない微生物．（濵﨑）

乳酸菌（lactic acid bacteria）　分類学上の正式名称ではなく，グラム陽性，非運動性，

無芽胞，カタラーゼをもたない球菌または桿菌で，糖を発酵して多量の乳酸を産生する細菌群の総称．（春田）

バイオフィルム（biofilm）　細菌が個体表面に形成する膜状の構造．川底の石のヌメリや，歯垢もバイオフィルムである．バイオフィルムでは細菌自身が作り出す多糖類や死菌由来のDNAなどが膜状構造を作り，細菌はその中で生息している．立体的な構造をもつバイオフィルム内では嫌気度やpH環境が局所的に異なり，多様な細菌のすみかとなっている．（森川）

バイオマス（biomass）　生物体もしくは生物によって作られる物質．生物を生命体としてみるのではなく，有機物を中心として構成される物質としてみる場合の呼び方．さらに生物由来の有機性資源を指すこともある．（栗栖）

バクテリオファージ（bacteriophage）　細菌に感染するウイルス．溶菌サイクルと溶原サイクルの二つの生活環をもつ．溶菌サイクルでは宿主内で合成されたファージ粒子が宿主の破壊（溶菌）によって外部に放出される．溶原サイクルでは，ファージ粒子から宿主に注入されたファージゲノムが宿主ゲノムに挿入される（溶原化）．この状態をプロファージと呼ぶが，プロファージはプラスミドとして存在する場合もある．プロファージは宿主の増殖とともに複製されるが，紫外線照射などのストレス環境で溶菌サイクルへと移行する．（森川）

発　酵（fermentation）　エネルギー獲得様式の一つ．炭水化物を無酸素的に分解する過程で，ATPを合成する．膜にある電子伝達系を介したプロトン濃度勾配・電位差を利用しない点で呼吸や光合成と区別される．生産される有機物も多様で，アルコール発酵，乳酸発酵，アセトン・ブタノール発酵などがある．また，広義には，微生物を利用して，食品や有用物質を製造することをいう．（春田）

プラスミド（plasmid）　ゲノムとは独立して複製維持される環状二本鎖DNA．プラスミドには生存に必須な遺伝子は含まれない．薬剤耐性遺伝子や抗菌物質遺伝子などをもつ．接合に必要な遺伝子をもつプラスミドはとくに接合プラスミドと呼ばれ，それ自身が接合線毛を通して別の細胞に伝達される．（森川）

分子系統解析（molecular phylogenetic analysis）　タンパク質のアミノ酸配列や遺伝子の塩基配列の相同性を異なる生物間で比較することによって，それぞれの生物間の系統関係（進化の道筋）を推定すること．（濵﨑）

メタン生成アーキア（methanogenic archaea）　低分子有機物や，水素と二酸化炭素からメタンを生成する生物であり，アーキアの一種である．嫌気条件における有機物の分解において，硝酸イオンや硫酸イオンなどの電子受容体が存在しない場合は，この微生物によりメタンが最終分解産物として生成する．（栗栖）

リボソームRNA（ribosomal RNA/rRNA）　生物細胞内におけるタンパク質合成装置であるリボゾームを構成するRNA．リボゾームは，すべての生物の細胞内に存在する構造体で，大小二つのサブユニットからなるタンパク質とRNAの複合体である．大サブユニットには，5S rRNAと23S rRNA（真核生物は28S）が含まれ，小サブユニットには16S rRNA（真核生物は18S）が含まれる．（濵﨑）

硫酸還元菌（sulfate reducing microorganism）　有機酸や水素などを電子供与体とし，硫酸イオン（SO_4^{2-}）を還元し硫化物イオン（S^{2-}）を生成する微生物．（栗栖）

資　料

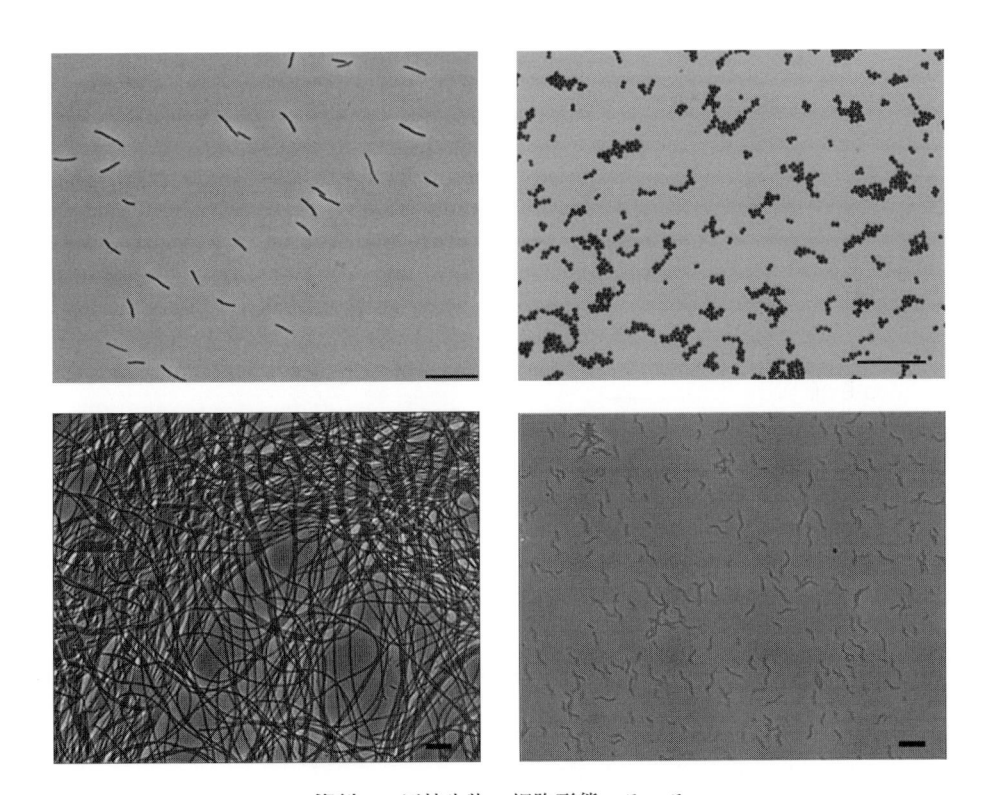

資料 1　原核生物の細胞形態いろいろ
左上：桿菌（*Methanothermobacter tenebrarum*），
右上：球菌（グラム染色した *Staphylococcus aureus*），
左下：糸状性菌（*Chloroflexus aggregans*），
右下：らせん菌（*Rhodospirillum rubrum*）．
（スケールバーは 10 μm）

アーキアドメイン 3門

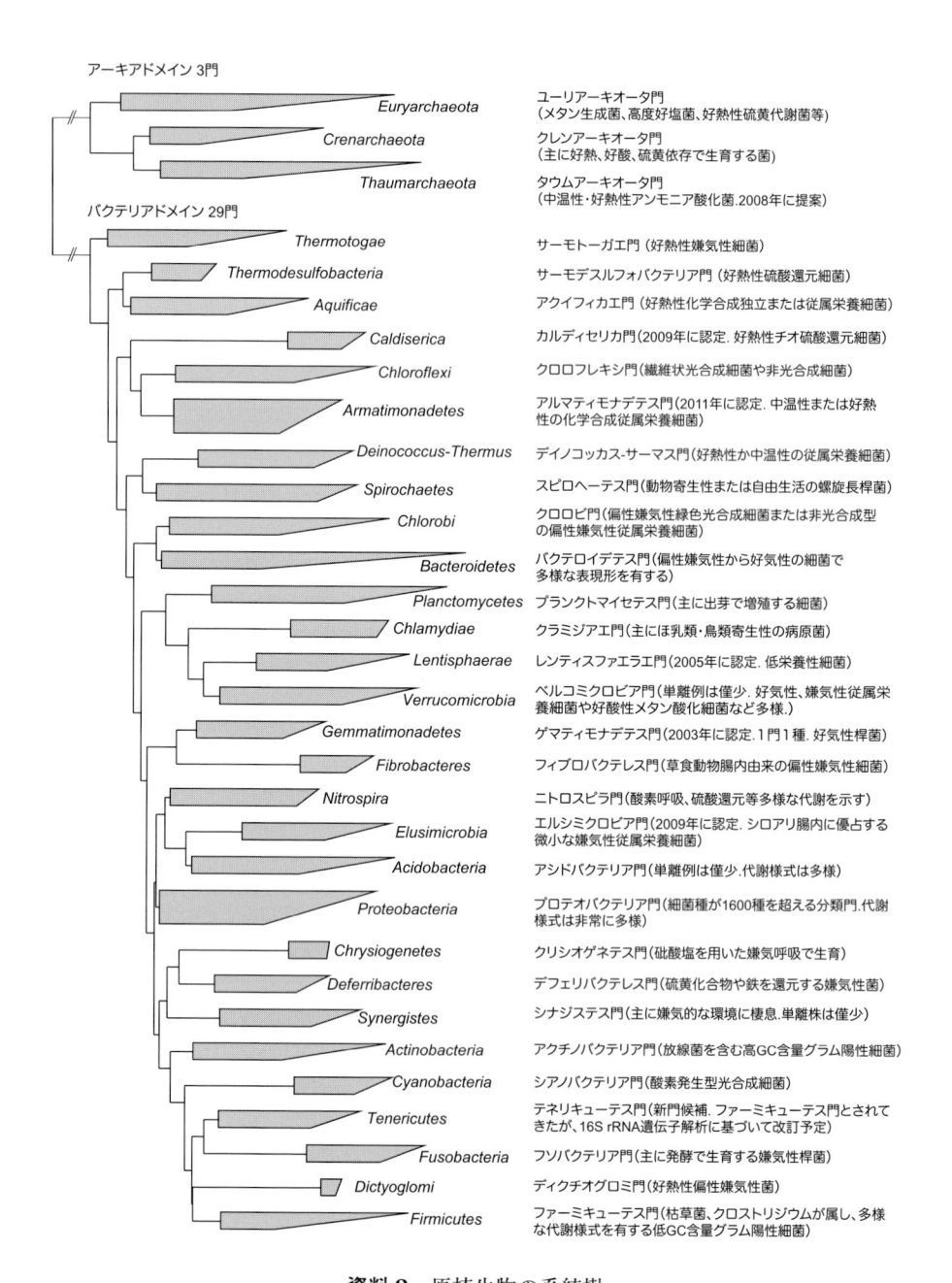

- *Euryarchaeota* ユーリアーキオータ門（メタン生成菌、高度好塩菌、好熱性硫黄代謝菌等）
- *Crenarchaeota* クレンアーキオータ門（主に好熱、好酸、硫黄依存で生育する菌）
- *Thaumarchaeota* タウムアーキオータ門（中温性・好熱性アンモニア酸化菌. 2008年に提案）

バクテリアドメイン 29門

- *Thermotogae* サーモトーガエ門（好熱性嫌気性細菌）
- *Thermodesulfobacteria* サーモデスルフォバクテリア門（好熱性硫酸還元細菌）
- *Aquificae* アクイフィカエ門（好熱性化学合成独立または従属栄養細菌）
- *Caldiserica* カルディセリカ門（2009年に認定. 好熱性チオ硫酸還元細菌）
- *Chloroflexi* クロロフレキシ門（繊維状光合成細菌や非光合成細菌）
- *Armatimonadetes* アルマティモナデテス門（2011年に認定. 中温性または好熱性の化学合成従属栄養細菌）
- *Deinococcus-Thermus* デイノコッカス-サーマス門（好熱性か中温性の従属栄養細菌）
- *Spirochaetes* スピロヘータ門（動物寄生性または自由生活の螺旋長桿菌）
- *Chlorobi* クロロビ門（偏性嫌気性緑色光合成細菌または非光合成型の偏性嫌気性従属栄養細菌）
- *Bacteroidetes* バクテロイデテス門（偏性嫌気性から好気性の細菌で多様な表現形を有する）
- *Planctomycetes* プランクトマイセテス門（主に出芽で増殖する細菌）
- *Chlamydiae* クラミジアエ門（主にほ乳類・鳥類寄生性の病原菌）
- *Lentisphaerae* レンティスファエラエ門（2005年に認定. 低栄養性細菌）
- *Verrucomicrobia* ベルコミクロビア門（単離例は僅少. 好気性、嫌気性従属栄養細菌や好酸性メタン酸化細菌など多様.）
- *Gemmatimonadetes* ゲマティモナデテス門（2003年に認定. 1門1種. 好気性桿菌）
- *Fibrobacteres* フィブロバクテレス門（草食動物腸内由来の偏性嫌気性細菌）
- *Nitrospira* ニトロスピラ門（酸素呼吸、硝酸還元等多様な代謝を示す）
- *Elusimicrobia* エルシミクロビア門（2009年に認定. シロアリ腸内に優占する微小な嫌気性従属栄養細菌）
- *Acidobacteria* アシドバクテリア門（単離例は僅少. 代謝様式は多様）
- *Proteobacteria* プロテオバクテリア門（細菌種が1600種を超える分類門. 代謝様式は非常に多様）
- *Chrysiogenetes* クリシオゲネテス門（砒酸塩を用いた嫌気呼吸で生育）
- *Deferribacteres* デフェリバクテレス門（硫黄化合物や鉄を還元する嫌気性菌）
- *Synergistes* シナジステス門（主に嫌気的な環境に棲息. 単離株は僅少）
- *Actinobacteria* アクチノバクテリア門（放線菌を含む高GC含量グラム陽性細菌）
- *Cyanobacteria* シアノバクテリア門（酸素発生型光合成細菌）
- *Tenericutes* テネリキューテス門（新門候補. ファーミキューテス門とされてきたが、16S rRNA遺伝子解析に基づいて改訂予定）
- *Fusobacteria* フソバクテリア門（主に発酵で生育する嫌気性桿菌）
- *Dictyoglomi* ディクチオグロミ門（好熱性偏性嫌気性菌）
- *Firmicutes* ファーミキューテス門（枯草菌、クロストリジウムが属し、多様な代謝様式を有する低GC含量グラム陽性細菌）

資料2　原核生物の系統樹

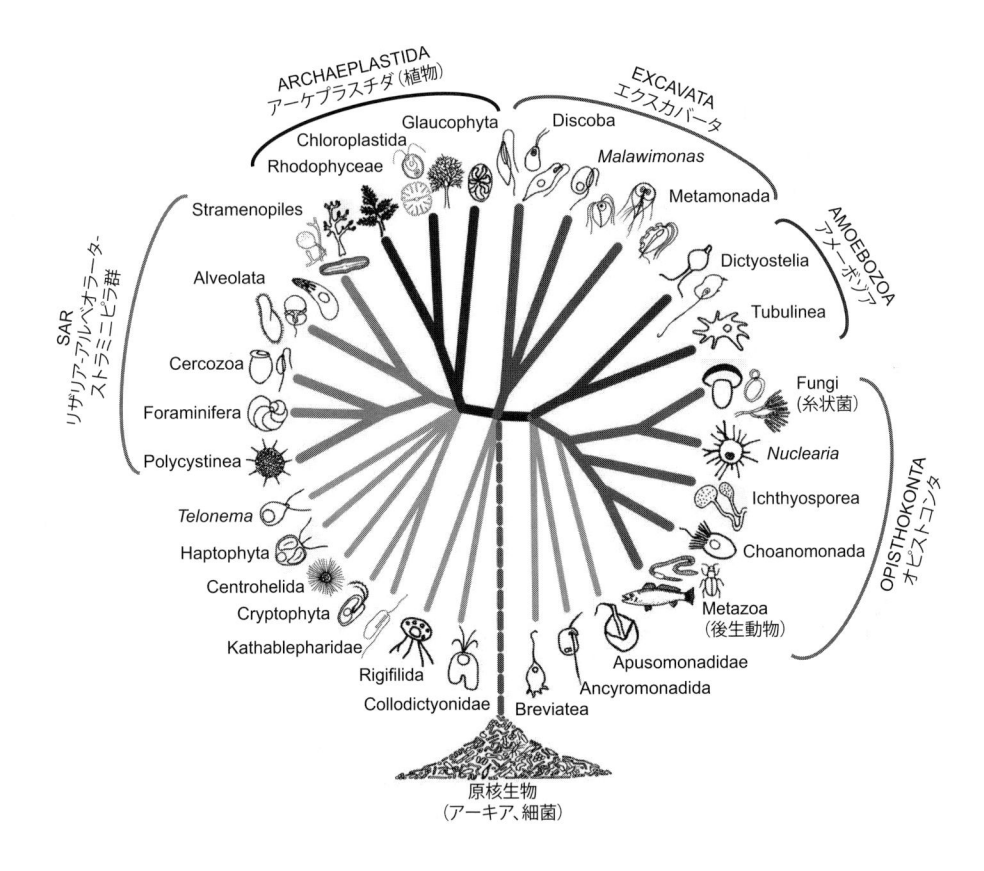

資料3 真核生物の系統樹

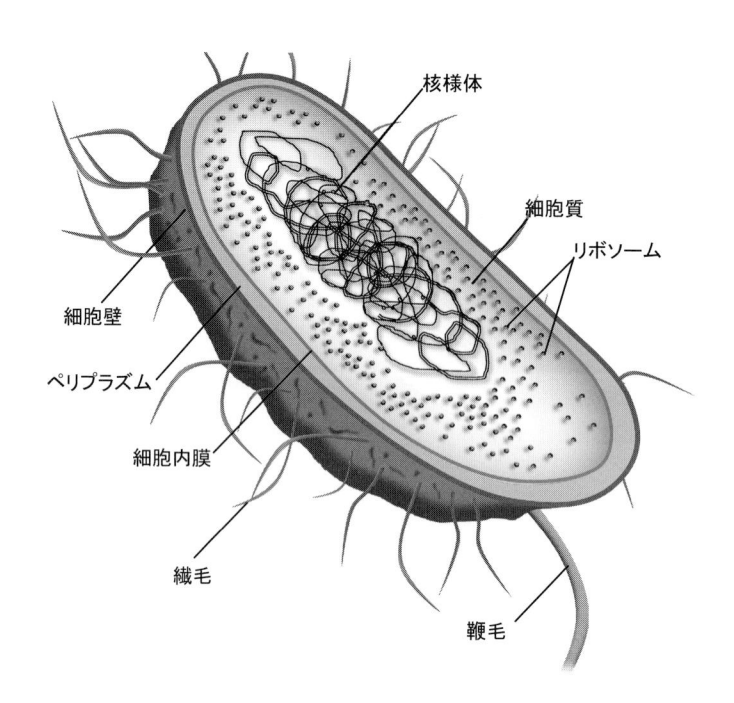

資料4 原核生物の細胞構造

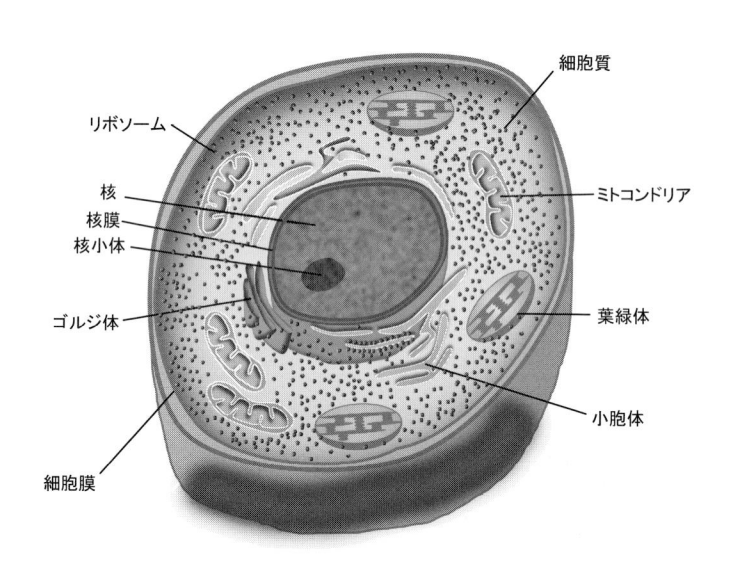

資料5 真核生物の細胞構造

事項索引

＊イタリック体のページ数は用語集のページを示す．

A

acidophile　232
N-acylhomoserine lactones　60
A-factor　62
AGP　348
α多様性　38
Ames 試験　347
AM 菌　172
anabiosis　230
ANAMMOX　337
animalcule　2
AOA　345
AOB　345
AOC　345
arbuscular mycorrhizal fungi　314
ARC-I　335
ATP　37
auto-induction　100
A 型肝炎ウイルス　240

B

Beagle 号航海　3
BOD　346
β多様性　38

C

C1 化合物代謝系　321
cell sorter　33
C/N 比
　　カビの――　190
　　細菌の――　190
compatible solute　231
cryptobiosis　230

D

DGGE　43
DMS　133, 135
DMSP　133
DNA ウイルス　114
DNA 修復　207
DNA フィンガープリント　38, 43

E

EAggEC　243
EBPR（enhanced biological phosphorus removal）法　338
EHEC　243
EIEC　243
Eikelboom Type 021N　332
endophyte　316
endosphere　320
EPEC　242
EPS（extracellular polymeric substance）　250
ETEC　243

F

flow cytometry（FCM）　33
fluorescence *in situ* hybridization（FISH）　32, 47, 50
F プラスミド（F 因子）　66

G

GBIF　42
GeoChip　46
green water　146

H

HBV　26
γ-HCH　371
HCV　26
Hfr　66
HIV　26
horizontal gene transfer　68

I

ICDP　223
infusoria　2
IODP　223

L

Liapunov function　60

M

marsh　149
milky sea　101
MNA　363
MPN 法　31
mutualism　318
mycangia　294

N

NaCl 耐性　98
Na^+/H^+ アンチポーター　233

O

ODP　223
OTU（operational taxonomic unit）　38

P

PCB　371
peatland　149
PGA 合成酵素　400
PGA 分解酵素　401
PGPR　183
phase variation　269
PhyloChip　45
plant growth-promoting fungi（PGPF）　183, 319
POPs　371
PstS 遺伝子　138

Q

quorum sensing　100

R

rhizosphere　167
RNA ウイルス　115
RNA 結合タンパク質 Hfq　205
root exudate　318
RubisCO　213
R プラスミド　66

S

SLiME 223
slipped strand mispairing（SSM） 270
SOD 260
sporosphere 167
Streeter-Phelps 式 346
sugar fungi 191

T

TEA 73
terminal electron acceptor 73
T-RFLP 43, 286

U

UASB 法 355
umu 試験 347
UPEC 242

V

VBNC 300, 397

W

wetland 149

Y

YES 法 347

Z

zooxanthellae 298

あ

アオコ 141
赤潮 115, 141, 144, 304, 305
赤潮防除 115
アカシボ 210
アーキア 102, 249, 334, 335, *407*
アキネート 153
アクネ菌 252, 253
亜酸化窒素 357
亜硝酸酸化菌 184
アスタキサンチン 211
アスペルギルス 246
圧力 29
圧力殺菌 29
アデノウイルス 286
アトピー性皮膚炎 261
アナトキシン 154
アナモックス 132

アーバスキュラー菌根菌 172, 182
アピコプラスト 276
アルカリキシラナーゼ 233
アルカリセルラーゼ 233
アルカリプロテアーゼ 233
アルカロイド 321
アレイ 45
安定同位体 47
アンブロシア菌 294
アンモニア化成 170
アンモニア酸化 327
アンモニア酸化アーキア 224, 345
アンモニア酸化菌 184, 327, 345

い

硫黄 232
硫黄還元菌 78
硫黄呼吸 175
硫黄細菌 174
硫黄酸化菌 78, 174, 215, 219, 220, 225, 341, 359, 374
異化的硫酸還元 174
易感染性患者 246
イシクラゲ 230
位相差顕微鏡 49
一細胞ゲノム解析 56
一次生産 127, 163
一酸化二窒素 327
イデユコゴメ 216
遺伝子の発現 90
医薬品類 340
インテグロン 68
インフルエンザ 244

う

ウィノグラドスキー 6
ヴィリ 405
ウイルス 68, 114, *407*
ウイルス性食中毒 240
羽状珪藻 108
う蝕 249
ウーズ 4
渦鞭毛藻 110, 115
宇宙環境 204
宇宙居住 279
宇宙放射線 204
うま味 393

埋立地 356
ウラン 82
ウルトラミクロバクテリア 72
運動性細菌 76

え

エアカソード 353
栄養塩競合 111
エストロゲン 347
エタノール 349
エネルギー 20
エフェクター T 細胞 256
エール酵母 382
エーレンバーグ 2
エンテロウイルス 286
エンドサイトーシス 312
エンドファイト 316, 321
塩分 94

お

黄色ブドウ球菌 240, 252
オキシモナス目 293
オーキシン 307
オシラトリア 212
汚泥 332
オプソニン化 256
温室効果ガス 171, 210, *407*
温泉 87
温暖化 169
温度勾配 223

か

加圧気体 29
カイアシ類 145
海底下生命圏 226
海底熱水 140
海底面 139
外部共生 297
海洋酸性化 163
化学エネルギー 21
化学合成 9, *407*
化学合成細菌 297
化学合成従属栄養 104
化学合成生物 225
化学合成微生物 140
化学進化 9
可給態リン酸 172
学名 14
核様体 260, 414
隠れ蓑 400

花崗岩　221
過酢酸　27
加水分解酵素　138, 376
火成岩　223
下層土　184
カタラーゼ　80, 260
鰹節　395
褐色腐朽菌　178
活性汚泥　330
活性汚泥法　332
活性汚泥モデル　342
活性酸素　207, 231, 260
滑走運動　71
褐虫藻　298
可動性遺伝因子（mobile gene element）　68
カドミウム耐性遺伝子　237
カドミウム耐性オペロン　237
加熱殺菌　29
カビ　407
カビ付け　395
カフェイン　286
芽胞　86, 399
カーボンニュートラル　349
下面発酵酵母　382
ガラクトシド類　319
カロテノイド　231
簡易同定キット　17
環境DNA　407
環境ゲノミクス　53
環境浄化　323
環境ホルモン　340
還元層　184
カンジダ　246
乾癬　261
感染　114, 400
感染症　263, 275, 283, 302
感染特異性　115
完全養殖　145
乾燥耐性　206, 230
緩速ろ過　344
寒天培地　407
カンピロバクター　241

き

黄麹菌　377, 378
気候変動　97, 277
希釈平板法　30
基準株　14
気生藻　230

基礎生産者　118
キチン　190
拮抗糸状菌　191
キノコ　199, 407
キャセリシジン　261
キャプシダクション　67
給餌型養殖　143
休眠胞子　109
きょうかい酵母　378
競合関係　137
共焦点レーザースキャン顕微鏡　51
共焦点レーザーラマン顕微鏡　52
共進化　199
共生　88, 198, 292, 294, 295, 318, 334
共生細菌　295
共生窒素固定　312
共生微生物　318
共代謝　365
莢膜　247
莢膜成分　400
魚類　302
　　——の雌性化　340
キレート　306
菌園　294
菌核　194, 310
菌交代症　254
菌根　314
菌根共生　179
菌糸体　168
菌体外酵素　164
菌体外重合体物質　250
菌体外多糖　250
菌体外粘着高分子　401
菌類　168, 314

く

空気伝染性病害　310
空隙率　223
クオラムセンシング　60, 88, 319, 407
くさや　397
掘削　226
クーミス　405
クラミドモナス　211
グラム陰性　319
グラム染色　407
クリオコナイト　212
グリコーゲン蓄積細菌（GAO）

339
クリプトコックス　246
グルタミン酸　393
D-グルタミン酸　399, 400
グルタミン酸ラセマーゼ　400
グルタルアルデヒド　27
黒麹菌　377
クロム耐性遺伝子　237
クロム耐性オペロン　237
クロレラ　145
クロロフィル　10
クロロホルム燻蒸培養法　36
クローン病　261
クローンライブラリ　43
群集　106

け

蛍光顕微鏡　50, 407
蛍光性シュードモナス　183
蛍光励起セルソーター　57
形質導入　66, 116, 265
珪藻　108, 110, 115, 350
珪藻土　2
ゲオスミン　188
下水処理　332
下水道　283
ゲノム　199, 408
ゲノムサイズ　72
ケフィア　405
下痢原性大腸菌　242
下痢性貝毒　112
原核生物　102, 408
嫌気　359
嫌気呼吸　9, 91, 187, 191, 408
嫌気性菌　397
嫌気性鉄還元菌　210
嫌気性廃水処理　334
嫌気性微生物　334
嫌気的アンモニア酸化　171
原生生物　104, 106, 198, 292, 319, 408
原生動物　106
原生粘菌　194
顕微鏡　49, 51
玄武岩　223
　　——を食べる微生物　140

こ

好塩菌　359
好塩性微生物　228

事項索引　417

好気呼吸　9, 187
好気性メタン酸化菌　210
抗菌剤　261
抗菌（性）ペプチド　261, 389
光合成　163, *408*
光合成硫黄細菌　135
光合成細菌　216
抗酸化　207
好酸性　232
好酸性細菌　220
鉱山廃水　175
麹菌　377, 378, 385
紅色硫黄細菌　135
抗生物質　99, 188, 200, 220, 263, *408*
酵素系洗浄剤　26
高度好熱性細菌　217
高度不飽和脂肪酸　145
好熱菌　359
酵母　290, 378, 389, *408*
厚膜胞子　310
呼吸　*408*
国際細菌命名規約　14
国際深海掘削計画　223
国際陸上科学掘削計画　223
枯草菌　399
個体群　106, 161
固体培養　379
コッホ　6
古典的食物連鎖　118
コプロスタノール　286
固有種　107
固有代謝速度　106
コリネバクテリウム　252, 393
コレラ　277, 328
コレラ菌　100
コロイド　97
コロニー　*408*
コーン　6
根系生息菌　311
根圏　167, 318
根圏浄化　323
根圏土壌　318
根圏微生物　322
混合栄養　105
根組織内部　318
昆虫　295
コンピテンス　66, 265
根面　318
根粒菌　182, 312

さ

最確値法　31
細菌　168, 365, *408*
細菌性食中毒　240
細菌染色法　3
細菌分類法　3
サイクロデキストリングルカノトランスフェラーゼ　233
再興感染症　271
再生生産　132
彩雪現象　210-212
サイトカイニン　307
細胞あたりの収量　137
細胞外酵素　97, 177
細胞外電子伝達　352
細胞性粘菌　194
細胞内寄生性細菌　257
細胞内共生　10
細胞内共生細菌　199
細胞内生細菌　88
細胞膜　137
サキシトキシン　154
酢酸菌　290, 391
作土層　184
殺菌　29
殺藻ウイルス　111
殺藻細菌　111, 299, 304, 305
サトウキビ　393
砂漠　230
サポウイルス　240
サルモネラ　240, 321
酸化還元　80, 186
酸化還元境界　139
酸化還元反応　21
酸化ストレス　260
酸化層　184
酸化マンガン　73
サンゴ礁　298
酸性微生物　232
酸素発生型光合成　9
酸素非発生型光合成　9
産膜酵母　388, 389
残留性有機汚染物質　371

し

シアノバクテリア　10, 127, 153, 159, 208, 211, 216, 349, *408*
塩なれ　388
紫外線耐性　206

自家汚染　143
志賀毒素　240
自己組織化　60
脂質　349
子実体　192
歯周病　249
糸状菌　*408*
糸状菌バイオマス　181
糸状性細菌　332
シスト　110
磁性細菌　69
歯垢　248
自然形質転換　66, 265
自然発生説　2
自然免疫　258
シゾン　216
湿原　149
湿地　149
質量分析　17
質量保存の法則　162
シデロフォア（シデロホア）　80, 183, 268
シトクロム c　80
子嚢菌　178, 192, 208, 321
指標微生物　281
死滅期　387
ジャガイモ疫病菌　310
種　14
重金属　236
重金属耐性微生物　236
集積培養法　8, 31
従属栄養　9, 102, *409*
従属栄養（性）細菌　12, 30, 125, 157
重窒素（^{15}N）　196
自由遊泳性　95
重力センサー　205
16S リボソーム RNA　32
種間水素転移　92
宿主　314
宿主領域（宿主域）　116
出芽酵母　378
出荷自主規制　112
種苗生産　145
シュワン　6
純粋培養　*409*
硝化　132, 143, 170, 327, 336, 344, 370, *409*
硝化菌　95, 374
硝化抑制剤　370

常在細菌叢　254, 300
硝酸塩　73
硝酸化成　327
硝酸還元菌　186
硝酸性窒素　369
脂溶性貝毒　112
醸造酒　378
沼沢地　149
消毒　26, 281
消毒剤　26
蒸発残留鉱物　175
上面発酵酵母　382
醤油酵母　386
醤油乳酸菌　385
除菌　26
植生浄化　323
食中毒　240, 321
食品保存料　261
植物寄生性線虫　310
植物圏　318
植物プランクトン　89, 137
植物ホルモン　307
植物リター　176
食物網　211
食物連鎖　106, 107, 120, 127, 346
シリカスケール　218
自律増殖性微粒子　72
シリンドロスパーモプシン　154
シロアリ　198
白麹菌　377
進化　114
真核生物　11, *409*
真菌　*409*
真菌症　246
真菌（カビ）脱窒　191
真菌叢　168
新興感染症　271
新興・再興感染症　271
人獣共通感染症　273
浸出水　356
新生産　132
シンター　218
人体病原細菌　321
深部培養システム　394
新門　322

す

水温成層　141
水銀耐性遺伝子　236
水銀耐性オペロン　236

水生植物　322
水素　199, 350
水素酸化菌　215
垂直伝播　264
水田土壌　186, 326
水稲　327
水媒病害　310
水分減少　395
水平伝播　68, 264
数理モデル　161
ストレス　90
ストレプトマイシン　4
ズーノーシス　273

せ

生化学的性状試験　16
生活史　109
製麹　387
制限因子　374
清酒酵母　378
生殖操作　296
静水圧　29
生存　90
生態学　2, 3
生態学的機能　107
生態系　106, 161
生態系サービス　41
生体防御　207
生物化学的酸素要求量　346
生物学的窒素除去法　337
生物学的廃水処理　342
生物学的リン除去法　338
生物活性炭　344
生物間相互作用　76
生物群系　161
生物多様性　38
生物炭素ポンプ　121
生物地理学　2
生物の多様性に関する条約　41, 201
生物ポンプ　124, 127, 128, 163
生物膜　332
生理生態　106
接合　66, 266
雪氷藻類　211
雪氷緑藻類　211
セルヴィマイシン　220
セルロース　176, 191, 192, 198
全菌数　25
洗浄　26

洗浄音波法　196
洗浄剤　26
選択培地　3, 287
選択培養　3, 7
線虫　319
線虫寄生菌　191
線虫捕捉菌　191
全反射蛍光顕微鏡　52

そ

走化性　76
増殖曲線　*409*
増殖効率　127
増殖収量　127
増殖速度　24, 25, 95
相変異　269
相利共生　318
藻類　106, 107, *409*
藻類ウイルス　114
疎水性物質　234
ソーストラッキング　285
蘇生　230

た

ダイオキシン　371
代謝停止状態　230
帯水層　221
対数増殖　24
耐性菌　261
堆積層　223
堆積物　226
大腸菌　90, 240, 285, 321
堆肥　182
堆肥化　358
ダーウィン　8
他感作用　111
脱窒　132, 171, 191, 327, 336, 369, *409*
脱窒菌　186, 327
ダニ　405
タマホコリカビ　194
多様性　38
炭酸固定　*409*
担子　178
担子菌　192
湛水　186
炭疽菌　400
炭素循環　25, 97, 123
団粒構造　166

事項索引　419

ち

チアミン　306
地衣類　208
地下圏微生物　223
地下水　221
地下水面　221
地下生物圏　13
ちきゅう　226
地球温暖化　123
逐次還元過程　186
蓄養　145
窒素関連微生物　179
窒素固定　129, 131, 170, 198, *409*
窒素固定菌　189
窒素再生　131
窒素同化　132
地熱熱水　217
チミジン法　22
中心珪藻　108
腸炎ビブリオ　240, 241
腸管凝集付着性大腸菌　243
腸管出血性大腸菌　243
腸管組織侵入性大腸菌　243
腸管毒素　240
腸管毒素原性大腸菌　243
腸管病原性大腸菌　242
超好熱アーキア　217
超好熱菌　359
調節因子 RpoS　205
腸内細菌科　254
腸内細菌叢　404
貯蔵庫　118
沈降粒子　139

つ

通性嫌気性菌　389

て

低栄養　94, 95
低栄養細菌　75
低級脂肪酸　308
底質　326
泥炭　149
泥炭地　149
ディフェンシン　261
定量 PCR　34, 286
適応免疫　258
適合溶質　229, 231
鉄　80, 89, 210, 267

鉄還元菌　186
鉄細菌　149
鉄酸化　232
鉄酸化菌　175, 213, 341, 359
鉄酸化物　73
デトリタス　100
デ・バリー　7
デルフト学派　7
電気共生　81
電気産生微生物　352
デング熱　278
電子供与体　225, 364
電子顕微鏡　409
電子受容体　225, 363
天然酵母　384
デンプン　393
田面水　184
電離放射線　207

と

同化性有機炭素　345
洞穴生物　219
統合国際深海掘削計画　223
透水性　223
同定　14
盗葉緑体　105
盗葉緑体現象　113
特殊形質導入　67
毒性試験　347
独立栄養　9, 102, *409*
独立栄養細菌　30, 220
土壌学　3
途上国　284
土壌生息菌　311
土壌伝染性病害　310
土壌有機物　176, 199
ドナン平衡　233
ド・フリース　8
ドメイン　*409*
トランスフェクション　66
トランスフォーマゾーム　67
トランスポゾン　68, *409*
鳥インフルエンザ　245
トリグリセリド　350
トリコーム　153
トリパノソーマ　292

な

内在性微生物　318
ナイシン　261

内生菌　178
内部共生　297
内部生産　346
内分泌攪乱物質　340
納豆菌　399
ナトリウム　94
ナノバクテリア　72
ナノワイヤ　352
ナンノクロロプシス　145
難培養微生物　*409*
難分解性溶存有機物　123

に

臭い　397
二酸化炭素　163
　　――の海洋隔離技術　164
二次代謝　376
ニトロゲナーゼ　129, 214, 350
乳酸　389
乳酸桿菌　390
乳酸球菌　390
乳酸菌　290, 291, 379, 389, 398, 404, *409*
ニュートン　2
尿酸　198
尿路病原性大腸菌　242
任意共生　296

ぬ

糠漬け　389
糠床　389

ね

熱殺菌法　3
粘液　298
粘菌アメーバ　194

の

ノイラミニダーゼ（NA）　244
嚢胞性線維症　251
ノロウイルス　240, 241

は

肺炎双球菌　66
バイオアッセイ　347
バイオインフォマティクス　12
バイオオーグメンテーション　363, 366, 367
バイオガス　331, 354
バイオスティミュレーション

363, 364, 366, 367
バイオセーフティレベル 246
バイオソープション 341
バイオ燃料 349
バイオフィルム 64, 250, *410*
バイオマス 12, 36, 168, 178, 223, 349, *410*
バイオマスプラスチック 361
バイオマスリン 173
バイオリーチング 341
バイオレメディエーション 363 -365, 367, 372
廃水処理 330
培地 287
ハイドロゲノソーム 293
ハイドロフォビン 362
ハイブリダイゼーション 45
白化 298
白色腐朽菌 178
白癬菌 246
バクテリオシン 145, 389
バクテリオファージ 66, 116, 265, *410*
バクテリオプランクトン 209
バクテリオロドプシン 228, 321
パストゥリゼーション 27
パストゥール 5
発酵 9, 91, 398, 400, *410*
発酵菌 223
発光細菌 100
バットグアノ 219
ハメリンプール 159
パラバサリア 293
バルキング 332
パルスフィールドゲル電気泳動 286
パンデミック 244
ハンブルグ事件 328

ひ

火落ち 379
火落菌 379
ビオチン 306, 393
光エネルギー 20
光独立栄養 104
微好気性菌 288
非根圏土壌 318
微細藻 304, 305
微細藻類 349
微小重力 204

微生物間コミュニケーション 62
微生物群集 60
微生物死滅 29
微生物制御 29
微生物生態学 3
微生物電気合成 81
微生物燃料電池 81, 352
微生物バイオマス 180
微生物捕食食物連鎖 118
微生物保存機関 14
微生物マット 215
微生物モニタリング 279
非生物粒子 96
微生物ループ 107, 120, 122, 125, 127, 163, 346
微生物劣化 373
微生物農薬 201
ヒ素 84
ヒ素還元菌 84
ヒ素耐性 84
ビタミン 306
ビタミンB_{12} 300
必須共生 296
ヒドロゲナーゼ 350
微分干渉顕微鏡 50
微胞子虫 292
病原性大腸菌 242
病原体 283, 302
病原微生物 281
表在性微生物 318
表皮ブドウ球菌 252
日和見感染 246, 279
ビール 382
ピルバラクラトン 160
貧栄養 90

ふ

ファージ 285
富栄養化 141, 143, 153
フェノール 60
フェリチン 260
付加体 222, 223
不完全菌 178, 376
不均化 136
腐植 176
腐食連鎖 118
付着 64
付着細菌 95
フック 2
物質循環 13, 103, 198

ブドウ球菌 252
ふなずし 398
普遍(一般)形質導入 67
普遍種 107
プラーク 117, 248
プラスミド 68, 266, *410*
ブラックボックスモデル 162
ブルーム 108
ブレビバクテリウム 393
フロック 332
プロテオロドプシン 157
プロトン駆動力 20
プロバイオティクス 145, 255, 301, 404
プローブ 45
プロファイル 46
分解者 13, 118, 122
文化財 373
文化財保存科学 373
分子系統解析 *410*
分布 107
糞便汚染 285
フンボルト 2
分離培養 18
分類 14

へ

ベイエリンク 7
並行複発酵 378
平板計数 4
平板法 3
ペスト 277
ヘテロシスト 130
ヘテロ乳酸発酵 390
ペプチドシグナル 62
ヘマグルチニン(HA) 244
ヘム輸送 268
ヘモグロビン 80
変換者 13
変形菌 194
変形体 194
鞭毛 94, 95

ほ

ホイゲンス 5
胞子 188, 230
放射線耐性 206, 207
放射能 82
放線菌 98
捕食 110

捕食細菌　71
捕食者　24, 118
捕食食物連鎖　118
保存性　397
補体　259
発疹チフス　277
ボツリヌス毒素　240
ホモ酢酸菌　74
ホモセリンラクトン　62, 319
ホモ乳酸発酵　390
ポリ-γ-グルタミン酸　399
ポリヒドロキシアルカノエート　361
ポリヒドロキシアルカン酸（PHA）　339
ポリリン酸蓄積細菌（PAO）　339
ボルバキア　296

ま

マイクロアレイ（法）　43, 45, 48
マイクロマニピュレーション　57
膜小胞　67
マグネトソーム　69
マクロ団粒　166
マクロファージ　256
末端電子受容体　73
麻痺性貝毒　112
マメ科植物　312
マラリア　275, 277
マリンスノー　97, 100, 128
マンガン還元菌　186
マンガン酸化　86

み

ミクロシスチン　154
ミクロ団粒　166
水の華　153
みずむし　246
未知微生物　322
ミトコンドリア　10, 292
ミドリムシ　350
ミュラー　2
ミレニアム開発目標　284
ミレニアム生態系評価　41

む

無機栄養塩　143
無機態リン　172
無機独立栄養　213
無給餌型養殖　143

無色硫黄細菌　135

め

明視野顕微鏡　49
命名　14
メカノ感知チャンネル　205
メカノセンサー　205
メタゲノミクス　54
メタゲノム　18, 42, 54
メタン　198, 210, 226, 308, 309, 331, 334, 349, 356
メタン酸化　327
メタン酸化菌　184, 225, 327, 357
メタン産生　9
メタン生成　326
メタン生成アーキア　91, 186, 223, 326, 357, 359, *410*
メタン生成菌　74, 169, 350
メタン湧水　140
メチラーゼ　270
滅菌　26
メディエーター　80
免疫グロブリン　258
メンブランベシクル　63

も

木材腐朽菌　178

や

薬剤耐性　263

ゆ

有害金属の処理　341
有機態リン　172
有機物粒子　95
有機溶媒耐性細菌　234
有光層　127
湧水　221
有性生殖　109
遊走子　310

よ

溶菌性ファージ　67
溶菌斑検定　116
葉圏　320
溶原性ファージ　67
溶存酸素　141, 143
溶存態有機物　118, 125, 127
溶存有機物　164
葉面　320

葉面微生物　178
葉緑体　10
ヨーグルト　405
予防ワクチン　275

ら

ライブニッツ　2
ラガー酵母　382
酪酸菌　389
ラジカル　207
らせん菌　397
ラッカーゼ　87
ラッセル　4
ラビリンチュラ　115
ラフィド藻　110, 115
ラボァジェ　2
ランブル鞭毛虫　292

り

リグニン　177, 191, 192
リーシュマニア　292
リゾキシン　88
リゾレメディエーション　323
リター　178
リービヒ　2
リボソーム RNA　153, *410*
リボソーム RNA 遺伝子　14
リボタイピング　286
硫化ジメチル　133
硫酸塩　73
硫酸還元菌　135, 141, 144, 174, 186, 359, *410*
硫酸呼吸菌　174
粒子状（態）有機物　118, 125, 164
緑色硫黄細菌　135
緑藻　208, 350
緑藻類　211
リン　137
リンゴ酸　319
リン酸　180, 314
リン酸イオン　172
リン酸輸送システム　84
リン酸溶解菌　172
リン脂質　224
リンネ　2

る

ルシフェラーゼ　100
ルシフェリン　100

ルートマット　180
ルーメン　308
ルーメンメタン　309

れ

レーウェンフック　5
レジオネラ症　278

連続集積培養　60

ろ

ロイシン法　22
ロドプシン　157
ロールチューブ法　30

わ

ワイン　380
ワイン酵母　380
ワックス　350
ワックスマン　4
ワムシ　145

学名索引

A

Accumulibacter phosphatis
　　Candidatus '――' 339
Acetobacter 316, 391
　　A. aceti 392
　　A. pasteurianus 391, 392
　　A. polyoxogenes 391
　　A. xylinus 391
Achnanthes 155
Achromatium 78
Acidiphilum 80
Acidithiobacillus 78, 80, 232
　　A. ferrooxidans 213, 341
　　A. thiooxidans 341
Acidobacteria 185, 219, 318, 319, 322, 353
Acidthiobacillus 78
Acinetobacter 234, 279, 322, 367
Acremonium 321
　　A. chrysogenum 200
Acropora
　　A. formosa 299
　　A. hyacinthum 299
Actinobacteria 152, 185, 188, 233, 300, 304, 318-320, 322
Actinobolina 156
Actinomadura 98
Actinomyces 179
Actinomyces 248
　　A. bifidus 254
Actinomycetales 188
Actinoplanes 98
Aedes
　　A. aegypti 278
　　A. albopictus 278
Aeromonas 300
Agaricales 193
Agrobacterium 319, 320
　　A. tumefaciens 307
Alcaligenes 327
Alcanivorax 274, 367
Alexandrium 112

A. catenella 112
A. minutum 112
A. ostenferdii 112
A. tamarense 112
A. tamiyabanichii 112
Alkalilimnicola ehrlichii MLHE-1 85
Alphaproteobacteria 69, 71, 158, 179, 185, 296, 299, 300, 304, 318-320, 327, 339
Alternaria 321
Alteromonas 100
Alvinella pompejana 297
Ambrosiella 294
Amoebozoa 194
Amorphomonas 323
Amylostereum 294
Anabaena 153, 312
　　A. flos-aquae 348
Anaeromyxobacter 185
　　A. dehalogenans 82
Ancyromonas 156
Aphanizomenon 153
Aphyllophorales 192
Aquaspirillum sp. NOX 345
Aquificae 225
Archaeoglobus 135, 359
Armatimonadetes 18, 19, 322
Armatimonas rosea 18, 19, 322
Armillaria bulbosa 192
Armillariella bulbosa 192
Arthrobacter 173, 183, 367
Arthrobotrys 191
Arthropoda 295
Arthrospira 153
Ascomycota 321
Asfaviridae 114
Aspergillus 172, 182, 190, 321, 376, 377, 385
　　A. awamori 377
　　A. flavus 246, 376, 377
　　A. fumigatus 246
　　A. glaucus 396
　　A. kawachii 377
　　A. luchuensis 377

A. niger 246
A. oryzae 377, 378, 385, 387
A. parasiticus 377
A. saitoi 377
A. sojae 377, 385
A. terreus 246
Aspergillus oryzae 376
Aspidisca 156
Asticcacaulis 323
Attini 294
Aulacoseira 151
Aureobasidium 321
Azadinium spinosum 112
Azoarucus 316
Azospirillum 170, 323
Azotobacter 170

B

Babesia 292
Baceriovorax 71
Bacillaceae 229
Bacilli 84, 304, 318, 320
Bacillus 75, 145, 172, 183, 185, 216, 233, 234, 279, 319, 357, 358, 387
　B. anthracis 400
　B. halodurans 233
　B. megaterium MB1 236
　B. subtilis 26, 75, 265, 399
　B. subtilis subsp. *natto* 399, 400
Bacillus sp. SG-1 86
Bacillus thuringensis 201
Bacteroides 254, 286, 288, 305, 397
　B. fragilis 286
　B. plebeius 394
Bacteroides–Prevotella 285
Bacteroidetes 185, 296, 304, 318, 319, 322, 335
Bdellovibrio 71
Beggiatoa 7, 78, 135, 174
Betaproteobacteria 84, 185, 209, 219, 295, 300, 304, 318–320, 335, 339
Bifidobacterium 254, 255, 285, 404, 406
　B. bifidum 254
Bodo 152
Boletaceae 192
Bordetella pertussis 269
Borrelia burgdorferi 269
Botryococcus braunii 350
Botryosphaeria dothidea 294
Brachinus plicatilis sp. complex 145
Brachionus 151

Bradyrhizobium 316
　B. elkanii 313
　B. japonicum 313
　B. japonicum USDA110 313
Brevibacterium 393
Brocadiales 148
Buchnera 295
Burkholderia 88, 185
Bursaria 152

C

Caldiserica 18, 19
Caldisericum exile 18, 19
Campylobacter 288
　C. coli 269
　C. jejuni 288
Candida 367, 386, 388
　C. albicans 190, 246, 269
　C. etchellsii 386, 387
　C. versatilis 386, 387
Candidatus
　C. Koribacter 185
　C. Solibacter 185
Cardinium 296
Castellaniella 88
Cecidomyiidae 294
Cercomonas 156
Cerrena 294
Cetobacterium somerae 300
Chaetoceros 109
　C. pseudocurvisetus 109
Chaetomium 178, 182
Chlamydomonas 211
Chlorella 114
Chlorobium 78, 80, 175, 216
Chlorochromatium aggregatum 79
Chloroflexi 318
Chloroflexi 185, 335
Chloroflexus 216
　C. aggregans 411
Chromatium 78, 175
Chroococcales 153
Citrobacter 285
Cladophialophora 191
Cladosporium 321
Clostridia 318, 320
Clostridium 170, 254, 288, 300, 321, 387, 391, 397
　C. difficile 255
　C. perfringens 265, 285
　C. sporogenes 26

Cocconeis　155
Cocholodinium polykrikoides　111
Colletotrichum　319
Collybia　192
Competibacter phosphatis
　　Candidatus '——'　339
Cortinarius　192
Corynebacterium　188, 233, 252, 253, 393, 397
　C. accolens　253
　C. diphtheriae　253
　C. jeikeium　253
　C. mucifaciens　253
　C. pseudodiphthericum　253
　C. tuberculostearicum　253
Crenarchaeota　102
Crocosphaera　130
　C. watsonii WH8501　129
Cryobacterium　88
Cryptococcus　321
　C. gattii　247
　C. neoformans　247
Cryptococcus　26
Cryptomonas　151
Cyanidioschyzon merolae　216
Cyanidium caldarium　216
Cyanobacteria　179
Cyanothece　130
Cyanothece sp. TW3　129
Cyclidium　152, 156
Cyclobacter　274
Cyclotella　151
Cylindrospermopsis　153
Cymbella　155

D

Dactylella　191
Daldinia　294
Deferribacter　360
Defluviicoccus　339
Dehalobacter restrictus PER-K23　366
Dehalococcoides　364–366
　D. maccartyi　365
Dehalospirillum multivorans　366
Deinococcus　206, 207
　D. artherius　206
　D. radiodurans　206, 207
Deinococcus-Thermus　318
Deltaproteobacteria　69, 71, 92, 185, 219, 318, 319, 335
Desmodesmus subspicatus　348

Desulfobacter　135
Desulfocapsa sulfoexigens　136
Desulfotomaculum　135, 174, 360
　D. reducens　82
Desulfovibrio　135, 174, 360
　D. magneticus RS-1　69
　D. sulfodismutans　136
Desulfuromonas　78, 79, 175
Dictyostelia　194
Dictyosteliomycetes　194
Didymium　195
Dinophysis　112
　D. acuminata　113
　D. acuta　112
　D. caudata　112
　D. fortii　113
　D. infundibulus　112
　D. miles　112
　D. mitra　112
　D. norvegica　112
　D. rotundata　112
　D. succulus　112
　D. tripos　112
Dunaliella　228
　D. salina　228

E

Ectothiorhodospira　229
Ectothiorhodospira sp. PHS-1　85
Eggerthela　397
Emiliania huxleyi　114
Ensifer
　E. meliloti　313
　E. meliloti 1021　313
　E. Sinorhizobium fredii　313
Enterobacter　254, 285
　E. agglomerans MS-1　366
　E. cloacae　353
Enterobacteriaceae　14, 300
Enterobacteriales　14
Enterococcus　254, 285, 387, 402
　E. faecalis　390
Entomocorticium　294
Entonaema　294
Epidermophyton　246
Epistylis　156
Epsilonproteobacteria　84, 185, 219, 225, 297
Escherichia　14, 285
　E. coli　14, 205, 236, 242, 254, 269, 285
Eubacterium　254

E. limosum 254
Euglena 350
Euops 294
Euplotes 156
Eurotium herbariorum 396
Euryarchaeota 102, 335

F

Ferroplasma 232
　F. acidiphilum 232
Fibrobacter succinogenes 308
Filobasidiella
　F. bacillispora 247
　F. neoformans 247
Firmicutes 185, 233, 318–320, 335, 353, 402
Flavobacteria 295, 304
Flavobacterium 234, 327, 397
Fragilaria 155
Frankia 179, 189, 312
Fusarium 74, 182, 190, 294, 311, 319, 327
　F. oxysporum 191, 311
　F. oxysporum f. sp. *fragariae* 311
　F. oxysporum f. sp. *lycopersici* 311
　F. oxysporum f. sp. *raphani* 311
Fusobacteria 322
Fusobacterium 248, 254, 397

G

Gaeumannomyces 190
Gallionella 80, 150
Gammaproteobacteria 14, 46, 69, 84, 100, 157, 185, 219, 229, 274, 295, 297, 300, 304, 318–320, 327, 339
Geminigera 113
Gemmatimonadetes 18, 19
Gemmatimonas aurantiaca 18, 19
Geobacillus kaustophilus 218
Geobacter 80, 82, 185, 210
　G. metallireducens 82
　G. sulfurreducens 352
Giardia 292
Glaucoma 156
Glomeromycota 314
Gluconacetobacter 391
Gluconobacter 391
Glycine max Williams 82 313
Gomphonema 155
Goniomonas 156
Gordonia 189
Gymnodinium 112

G. catenatum 112

H

Haemophilus 248
　H. influenza 67
　H. influenzae 251, 270
　H. parainfluenza 67
Halanaerobiales 229
Haloanaerobium 360
Halobacillus 229
Halobacteriaceae 228
Halobacterium
　H. salinarum 228
　H. salinarum JCM 9120 229
Halomonadaceae 229
Halomonas 229
Halothiobacillus 78
Halovibrio 229
Hansenula anomala 387
Helicobacter 288
　H. pylori 269
Hemiaulus 129
Herbaspirillum 316
Heterocapsa circularisquama 114
Heterosigma akashiwo 114
Hydrogenobacter 216
Hymenobacter 211

I

Ignicoccus hospitalis 72
Insecta 295

J

Janthinobacterium 323
Jatropha 350

K

Karenia brevis 112
Keratella 151
Klebsiella 170, 254, 285

L

Lactobacillales 402
Lactobacillus 255, 390, 402, 404
　L. acetotolerans 390, 392
　L. acidophilus 402
　L. acidotolerance 398
　L. alimentarius 398
　L. amylovorus 404
　L. brevis 390, 402, 404

L. casei 379, 402, 404
L. crispatus 404
L. delbrueckii subsp. *bulgaricus* 402, 405
L. delbrueckii subsp. *indicus* 405
L. delbrueckii subsp. *lactis* 405
L. fermentum 404
L. fructivorans 379
L. gasseri 402, 404
L. homohiochi 379
L. kefir 398
L. mucosae 404
L. namurensis 390
L. oris 404
L. pentoaceticus 398
L. plantarum 390, 398, 402, 404
L. reuteri 404
L. rhamnosus 404
L. salivarius 404
L. vaginaris 404
Lactococcus 265, 402
  L. lactis 389, 403
  L. lactis subsp. *cremoris* 405
  L. lactis subsp. *lactis* 405
Legionella pneumophila 278
Leishmania 292
Lentinus edodes 192
Lentisphaera 18, 19
  L. araneosa 18, 19
Leptospirillum 232
  L. ferrooxidans 213
Leptothrix 80, 150
Leucocoprineae 294
Leuconostoc 402
Lingulodinium 112
  L. polyedrum 112
Listeria 265
Litonotus 156
Lobaria oregana 179
Lotus japonicus Miyakojima MG-20 313
Lyngbya 155
Lyophyllum shimeji 192

M

Magnetococcus marinus MC-1 69
Magnetospirillum
  M. gryphiswaldense MSR-1 69
  M. magneticum AMB-1 69
  M. magnetotacticum MS-1 69, 70
Marinospirillum
  M. insulare 397

M. megaterium 397
Mariprofundus ferrooxidans 140
Medicago truncatula 313
Mesorhizobium
  M. loti 313
  M. loti MAFF303099 313
Metallogenium 86, 87
Metarhizium 191
Methanobacillus omelianski 92
Methanobacteriaceae 335
Methanobacterium 326, 355, 359
Methanobrevibacter
  M. oralis 249
Methanobrivibacter
  M. smithii 249
Methanocalculus 359
Methanococcus 359
Methanoculleus 326
Methanogenium 326
Methanohalophilus 359
Methanolobus 359, 360
Methanomicrobiales 335
Methanoplanus 359
Methanosaeta 326, 335, 354, 357
Methanosarcina 185, 326, 335, 355, 357, 359
Methanosarcinales 335
Methanothermobacter 359
  M. thermautotrophicus 63
  M. tenebrarum 411
Methanothermococcus 359
Methermicoccus 359
Methylobacter 210, 327, 357
Methylobacterium 320
Methylococcus 327
  M. capsulatus 327
Methylocystis 327
Methylocystis sp. M 366
Methylomicrobium 327
Methylomonas 327
Methylophaga 357
Methylosinus 327
  M. trichosporium OB3b 366
Micavibrio 71
Microbacterium 320
Microbispora 98, 188
Micrococcus 188, 233, 252, 387
Microcystis 153
Micromonas pusilla 114
Micromonospora 98, 99
Microsporidia 292

Microsporum 246
Microthrix parricella
　Candidatus '——' 332
Mimiviridae 114
Minibacterium massiliensis 72
Mollicutes 296
Monodinium 156
Monosiga 152
Moorella 391
Moraxella cartarrhalis 269
Mortierella 88
Mucor 182, 321
Mycena 192
　M. galopus 192
Mycetozoa 194
Mycobacterium 189
　M. tuberculosis 26
Myrionecta rubra 113
Myxococcus 71
　M. xanthus 62
Myxogastria 194
Myxomycetes 194
Myxomycota 194

N

Nannochloropsis oculata 145, 301
Nanoarcheum equitans 72
Navicula 155
　N. pelliculosa 348
Negativicutes 318
Neisseria 269
Neobodo 156
Neodenticula seminae 108
Neotyphodium 316, 321
Nitrobacter 171, 179
Nitrococcus 171
Nitrosococcus 327
Nitrosolobus 327
Nitrosomonas 147, 171, 179, 327
　N. europaea 366
Nitrosopumilus maritimus 102, 327
Nitrosospira 171, 327
Nitrospira 132, 219
Nitrospirae 69, 322
Nocardia 98, 189
　N. orientalis 200
Noctiluca 110
Nodularia 153
Nostoc 230, 312
Nostocales 153

Novosphingomonas 323

O

Ochromonas 151
Ophiostomataceae 294
Oscillatoria 155, 212
Oscillatoriales 153

P

Paecilomyces 191
Pantoea 320
Paramecium
　P. bursaria 114
　P. bursaria Chlorella virus 1 114
Paraphysomonas 152
Pediculus humanus corporis 277
Pediococcus 386, 402
　P. acidilactici 388
　P. parvulus 398
　P. pentosaceus 389
　P. soyae 388
Pelagibacter ubique 72
Pelotomaculum 335
　P. thermopropionicum 63
Penicillium 172, 190, 294, 321
　P. chrysogenum 200
　P. notatum 200
Peptostreptococcus 254, 397
Petalomonas 156
Petrotoga 360
Phaffia rhodozyma 146
Phanerochaete 191
Phoma 321
Photobacterium damselae subsp. *piscicida* 301
Phycodnaviridae 114
Phylum OP3 69
Phytophthora infestans 310
Pichia 294
　P. membranaefaciens 387
Picrophilus 232
Pinus sylvestris 193
Planctomycetales 132
Planctomycetes 148, 318–320, 322
Planktothricoides 153
Planktothrix 153, 154
Plasmodiophora 311
　P. brassicae 311
Plasmodium
　P. berghei 99
　P. falciparum 275

P. malariae 275
P. ovale 275
P. vivax 275
Pneumocystis jirovecii 247
Polyarthra 151
Polynucleobacter 72, 152, 209
Porphyromonas 248
Poterioochromonas 151
Preaxostyla 293
Prevotella 248
Prochlorococcus 137
Propionibacterium 252
    P. acnes 253
    P. hareii 253
Prorocentrum 112
    P. lima 112
Proteobacteria 14, 132, 185, 233, 318–320, 322, 353, 357
Proteus 254
    P. mirabilis 269
Protoceratium 112
Protostelia 194
Protosteliomycetes 194
Pseudoanabaena 153
Pseudochoricystis ellipsoidea 350
Pseudokirchneriella subcapitata 348
Pseudomonas 67, 172, 183, 233, 234, 252, 279, 319, 320, 323, 327, 352, 367, 391
    P. aeruginosa 26, 62, 77, 205, 250, 254
    P. cepacia G4 366
    P. fluorescens 77, 317
    P. fluorescens P17 345
    P. putida 234, 348
    P. putida F1 366
    P. putida KN1 366
Pseudomonas sp. K-62 236
Pseudonitzchia 112
Pseudonocardia 98
Pyrobaculum 217
    P. islandicum 82, 217
Pyrodinium 112
    P. bahamense var. compressum 112
Pythium 182, 311

R

Raffaelea 294
    R. lauricola 294
    R. quercivora 294
Ralstonia 311
    R. metallidurans 237

R. solanacearum 77
R. solancearum 311
Regiella 296
Reoviridae 115
Rhizobium 179
Rhizobium 77, 183, 316, 319, 320
Rhizoctonia 182, 191
    R. solani 311
Rhizopus 88, 173
Rhodococcus 98, 189, 234, 323, 367
    R. opacus 235
Rhodocyclaceae 339
Rhodomicrobium 80
Rhodospirillum rubrum 411
Rhodotorula 321, 367
Rhopalodia 130
Rhynchomonas 156
Richelia 130
    R. intracelluaris 131
Rickettsia 296
    R. prowazekii 277
Rimicaris exoculata 297
Rohdobacter 67
Rosellinia necatrix 311
Roseobacter 145, 146
Ruminococcus 309
Russulaceae 192

S

Saccharomyces 381
    S. bayanus 380, 383
    S. cerevisiae 29, 146, 230, 347, 378, 380, 382, 384
    S. cerevisiae K1M 384
    S. pastorianus 382
    S. uvarum 380
Saccharomycetales 294
Saccharopolyspora erythraea 200
Salinibacter ruber 229
Salinispora 99
Salmonella 88, 358
    S. choleraesuis 26
    S. enterica 269
    S. enterica Typhymirium 205
    S. typhimurium 347
Sarcina 397
Scenedesmus subspicatus 348
Selenastrum capricornutum 348
Serratia 173, 183, 391
Shewanella 80, 82
    S. oneidensis MR-1 352

S. putrefaciens 82
Shigella 243
　S. dysenteriae type I　243
Shinkaia crosnieri 297
Shinorhizobium 319
Siderocapsa 150
Smithella 335
Sphingobacteria 304
Sphingobium 323
Spirochaetes 322, 335
Spiroplasma 296
Spirostomum 156
Sporobolomyces 321
Sporosarcina pasteurii 201
Spumella 156
Staphylococcus 250, 252, 269, 387
　S. aureus 26, 237, 250, 252, 254, 411
　S. epidermidis 250, 252, 254
Stenotrophomonas 323
Stigonematales 153
Streptococcus 205, 248, 252, 403
　S. faecalis 388
　S. faecium 387, 398
　S. mitis 254
　S. mutans 249
　S. pneumoniae 62, 75, 265
　S. sobrinus 249
　S. thermophilus 402, 405
Streptomyces 98, 172, 188, 200, 233
　S. aureofaciens 98, 200
　S. griseus 99, 200
　S. hygroscopicus 200
　S. kanamyceticus 200
　S. nodosus 200
　S. noursei 200
　S. roseosporus 200
　S. scabies 311
　S. tsukubaensis 200
　S. venezuelae 200
Streptosporangium 98, 188
Strombilidium 156
Stropharia 191
Stylonychia 156
Stylophora pistillata 299
Sulfolobus 78, 79, 174, 216
　S. hakonensis 216
Sulfurihydrogenibium 78, 79
Sulfurospirillum 78
Synchaeta 151
Synechococcus 137

S. leopoliensis 348
Synedra 155
Syntrophobacter 335, 355
Syntrophomonas 355

T

Talaromyces 191
Teleaulax 113
Termitomyces 294
Tetragenococcus 402
　T. halophilus 386, 387
Thalassiosira nordenskioeldii 108
Thaumarchaeota 102
Thermoanaerobacter 360
Thermococcus 359
Thermodesulforhabdus 360
Thermodesulfovibrio yellowstonii 216
Thermomonospora 98
Thermoplasma 216, 232
Thermoprotei 84
Thermoproteus 78, 79
Thermosipho 360
Thermothrix 78
Thermotoga 360
Thermotogales 360
Thermus 82, 218
　T. thermophilus 218
Thiobacillus 78, 80, 135, 174
Thioglobus 140
Thiomicrospira 78, 136
Thiopedia 78
Thioploca 78, 79
Thiosphaera 78
Thiospirillum 78
Thiothrix 78, 79, 174
Thiovulum 78, 79, 174
Tolypocladium inflatum 200
Treponema denticola 254
Trichocerca 151
Trichoderma 178, 183, 191, 319
Trichodesmium 129, 131, 138
Tricholoma 192
　T. matsutake 192
Trichomonas
　T. vaginalis 292
Trichophyton 246
　T. mentagrophytes 246
　T. rubrum 246
Trichophyton spp. 26
Tricodesmium 153

Tripanosoma 292
Trochilia 156

U

Umezakia 153

V

Vampirovibrio 71
Veillonella 248
Verrucomicrobia 185, 318, 320, 322
Verrucomicrobium 319
Verticillium 190, 311
　V. dahliae 311
Vibrio 100
Vibrio 300
　V. alginolytiocus 300
　V. anguillarum 146
　V. cholerae 265, 277
　V. fischeri 100, 348
　V. parahaemolyticus 303
Virgibacillus 229

Vorticella 156

W

Weissella confusa 404
Wickerhamomyces 294
Wolbachia 296
Woronichinia 153

X

Xanthomonas 62, 311
　X. campestris pv. *oryzae* 311
Xenopsylla cheopis 277

Y

Yersinia pestis 277

Z

Zobellia galactanivorans 394
Zygosaccharomyces
　Z. bailii 381
　Z. rouxii 386, 387

環境と微生物の事典

2014 年 7 月 10 日　初版第 1 刷
2015 年 4 月 20 日　　　第 2 刷

定価はカバーに表示

編集者　日本微生物生態学会
発行者　朝　倉　邦　造
発行所　株式会社　朝　倉　書　店
　　　　東京都新宿区新小川町 6-29
　　　　郵便番号　162-8707
　　　　電　話　03(3260)0141
　　　　Ｆ Ａ Ｘ　03(3260)0180
　　　　http://www.asakura.co.jp

〈検印省略〉

© 2014〈無断複写・転載を禁ず〉　　　中央印刷・渡辺製本

ISBN 978-4-254-17158-7　C 3545　　Printed in Japan

JCOPY 〈(社)出版者著作権管理機構　委託出版物〉

本書の無断複写は著作権法上での例外を除き禁じられています．複写される場合は，そのつど事前に，(社)出版者著作権管理機構（電話 03-3513-6969，FAX 03-3513-6979，e-mail: info@jcopy.or.jp）の許諾を得てください．

カビ相談センター監修　カビ相談センター 髙鳥浩介・
大阪府公衆衛生研 久米田裕子編

カ ビ の は な し
——ミクロな隣人のサイエンス——

64042-7 C3077　　　　　A5判 164頁 本体2800円

生活環境（衣食住）におけるカビの環境被害・健康被害等について，正確な知識を得られるよう平易に解説した，第一人者による初のカビの専門書。〔内容〕食・住・衣のカビ／被害（もの・環境・健康への害）／防ぐ／有用なカビ／共生／コラム

農工大 瀬戸昌之著

環 境 微 生 物 学 入 門
——人間を支えるミクロの生物——

40016-8 C3061　　　　　B5判 128頁 本体2800円

生態系における微生物の働きと人間活動との相互作用を，平易な言葉と深い内容でやさしく説いた著者入魂の教科書。〔内容〕微生物の基礎知識／微生物の喰う，喰われるの関係／バイオテクノロジーの光と影／人間存在を支える微生物の働き／他

広島大 堀越孝雄・前京大 二井一禎編著

土 壌 微 生 物 生 態 学

43085-1 C3061　　　　　A5判 240頁 本体4800円

土壌中で繰り広げられる微小な生物達の営みは，生態系すべてを支える土台である。興味深い彼らの生態を，基礎から先端までわかりやすく解説。〔内容〕土壌中の生物／土壌という環境／植物と微生物の共生／土壌生態系／研究法／用語解説

前京大 二井一禎・名大 肘井直樹編著

森 林 微 生 物 生 態 学

47031-4 C3061　　　　　A5判 336頁 本体6400円

微生物と植物或いは昆虫・線虫等の動物との興味深い相互関係を研究結果を基に体系化した初の成書。〔内容〕森林微生物に関する研究の歴史／微生物が関与する森林の栄養連鎖／微生物を利用した森林生物の繁殖戦略／微生物が動かす森林生態系

筑波大 渡邉　信・前千葉大 西村和子・筑波大 内山裕夫・
玉川大 奥田　徹・前農生研 加来久敏・環境研 広木幹也編

微 生 物 の 事 典

17136-5 C3545　　　　　B5判 752頁 本体25000円

微生物学全般を概観することができる総合事典。微生物学は，発酵，農業，健康，食品，環境など応用にも幅広いフィールドをもっている。本書は，微生物そのもの，あるいは微生物が関わるさまざまな現象，そして微生物の応用などについて，丁寧にわかりやすく説明する。〔内容〕概説—地球・人間・微生物／発酵と微生物／農業と微生物／健康と微生物／食品（貯蔵・保存）と微生物／病気と微生物／環境と微生物／生活・文化と微生物／新しい微生物の利用と課題

日本菌学会編

菌 類 の 事 典

17147-1 C3545　　　　　B5判 736頁 本体23000円

菌類（キノコ，カビ，酵母，地衣類等）は生態系内で大きな役割を担う生物であり，その研究は生物学の発展に不可欠である。本書は基礎・応用分野から菌類にまつわる社会文化まで，菌類に関する幅広い分野を解説した初の総合事典。〔内容〕基礎編：系統・分類・生活史／細胞の構造と生長・分化／代謝／生長・形態形成と環境情報／ゲノム・遺伝子／生態，人間社会編：資源／利用（食品，産業，指標生物，モデル生物）／有害性（病気，劣化，物質）／文化（伝承・民話，食文化等）

吉澤　淑・石川雄章・蓼沼　誠・長澤道太郎・
永見憲三編

醸造・発酵食品の事典　（普及版）

43109-4 C3561　　　　　A5判 616頁 本体16000円

醸造・醸造物・発酵食品について，基礎から実用面までを総合的に解説。〔内容〕総論（醸造の歴史，微生物，醸造の生化学，成分，官能評価，酔いの科学と生理作用，食品衛生法等の規制，環境保全）／各論（〈酒類〉清酒，ビール，ワイン，ブランデー，ウイスキー，スピリッツ，焼酎，リキュール，中国酒，韓国・朝鮮の酒とその他の日本酒，〈発酵調味料〉醤油，味噌，食酢，みりんおよびみりん風調味料，魚醤油，〈発酵食品〉豆・野菜発酵食品，畜産発酵食品，水産発酵食品）

上記価格（税別）は2015年3月現在